Rechenbuch

bearbeitet von

E. Hartmann und A. Feuerbach

Lehrer am Gymnasium u. pädagog. Seminar in Giessen

Grossh. Hess. Kreisschulinspektor in Schotten

Ausgabe B

für einfache Schulverhältnisse

Erstes Heft

Der Zahlenraum von 1—100

Alfred Töpelmann

(vormals J. Ricker'sche Verlagsbuchhandlung)

Giessen 1905

Preis 40 Pfg.

I. Der Zahlenraum von 1 bis 10.

1. Zusammenzählen und Abziehen.

Die Eins bis Fünf.

1.

a) Zuzählen.

1)	2)	3)	4)
1 + 1 =	1 + 2 =	1 + 3 =	1 + 4 =
2 + 1 =	2 + 2 =	2 + 3 =	
3 + 1 =	3 + 2 =		
4 + 1 =			

5)	6)	7)	8)
1 + 1 =	2 + 1 =	3 + 1 =	4 + 1 =
1 + 2 =	2 + 2 =	3 + 2 =	
1 + 3 =	2 + 3 =		
1 + 4 =			

2.

b) Abzählen.

1)	2)	3)	4)	5)
1 — 1 =	2 — 2 =	3 — 3 =	4 — 4 =	5 — 5 =
2 — 1 =	3 — 2 =	4 — 3 =	5 — 4 =	
3 — 1 =	4 — 2 =	5 — 3 =		
4 — 1 =	5 — 2 =			
5 — 1 =				

6)	7)	8)	9)	10)
5 — 1 =	4 — 1 =	3 — 1 =	2 — 1 =	1 — 1 =
5 — 2 =	4 — 2 =	3 — 2 =	2 — 2 =	
5 — 3 =	4 — 3 =	3 — 3 =		
5 — 4 =	4 — 4 =			
5 — 5 =				

3.

c) Zu- und Abzählen wechselnd.

1)	2)	3)	4)	5)
1 + 1 =	1 + 2 =	3 + 1 =	1 + 4 =	2 + 3 =
2 — 1 =	3 — 2 =	4 — 1 =	5 — 4 =	5 — 3 =
2 + 1 =	2 + 2 =	1 + 3 =	4 + 1 =	3 + 2 =
3 — 1 =	4 — 2 =	4 — 3 =	5 — 1 =	5 — 2 =

Die Sechs.

4.

a) Zuzählen.

1)	2)	3)	4)	5)
5 + 1 =	4 + 2 =	3 + 3 =	2 + 4 =	1 + 5 =
3 + 1 =	2 + 2 =	1 + 3 =	1 + 4 =	2 + 4 =
4 + 1 =	3 + 2 =	2 + 3 =	3 + 3 =	3 + 3 =
1 + 1 =	1 + 2 =	4 + 2 =	1 + 2 =	4 + 2 =
2 + 1 =	5 + 1 =	3 + 1 =	5 + 1 =	5 + 1 =

6)	7)	8)	9)	10)
1 + 5 =	2 + 4 =	3 + 3 =	4 + 2 =	1 + 1 =
1 + 2 =	2 + 2 =	3 + 1 =	4 + 1 =	2 + 2 =
1 + 4 =	2 + 3 =	3 + 2 =	1 + 4 =	3 + 3 =
1 + 3 =	2 + 1 =	3 + 3 =	1 + 5 =	2 + 3 =
1 + 1 =	2 + 4 =	2 + 3 =	5 + 1 =	1 + 5 =

5.

b) Abzählen.

1)	2)	3)	4)	5)
6 — 1 =	6 — 1 =	6 — 2 =	6 — 3 =	6 — 4 =
6 — 3 =	3 — 1 =	3 — 2 =	3 — 3 =	5 — 4 =
6 — 2 =	4 — 1 =	4 — 2 =	5 — 3 =	5 — 4 =
6 — 4 =	5 — 1 =	2 — 2 =	4 — 3 =	6 — 5 =
6 — 5 =	2 — 1 =	5 — 2 =	6 — 6 =	6 — 6 =

Die Sieben.

6.

a) Zuzählen.

1)	2)	3)	4)	5)
6 + 1 =	5 + 2 =	4 + 3 =	3 + 4 =	2 + 5 =
4 + 1 =	2 + 2 =	2 + 3 =	1 + 4 =	1 + 5 =
5 + 1 =	4 + 2 =	3 + 3 =	2 + 4 =	3 + 4 =
3 + 1 =	3 + 2 =	1 + 3 =	4 + 3 =	4 + 3 =
2 + 1 =	1 + 2 =	5 + 2 =	4 + 2 =	4 + 1 =

6)	7)	8)	9)	10)
1 + 6 =	2 + 5 =	3 + 4 =	4 + 3 =	5 + 2 =
1 + 3 =	2 + 2 =	3 + 2 =	4 + 2 =	5 + 1 =
1 + 5 =	2 + 4 =	3 + 1 =	4 + 1 =	4 + 3 =
1 + 4 =	2 + 3 =	3 + 3 =	3 + 4 =	3 + 4 =
1 + 2 =	2 + 1 =	2 + 5 =	2 + 4 =	1 + 4 =

7.

b) Abzählen.

1)	2)	3)	4)	5)
7 — 1 =	7 — 5 =	7 — 1 =	7 — 2 =	7 — 3 =
7 — 3 =	7 — 7 =	5 — 1 =	4 — 2 =	5 — 3 =
7 — 2 =	7 — 4 =	3 — 1 =	6 — 2 =	6 — 3 =
7 — 4 =	7 — 3 =	6 — 1 =	5 — 2 =	3 — 3 =
7 — 6 =	7 — 2 =	4 — 1 =	3 — 2 =	4 — 3 =

6)	7)	8)	9)	10)
7 — 4 =	7 — 6 =	6 — 3 =	7 — 1 =	7 — 3 =
5 — 4 =	7 — 7 =	6 — 4 =	7 — 6 =	7 — 4 =
4 — 4 =	3 — 1 =	6 — 2 =	7 — 2 =	6 — 1 =
6 — 4 =	3 — 3 =	5 — 1 =	7 — 5 =	6 — 5 =
7 — 5 =	3 — 2 =	5 — 4 =	7 — 7 =	6 — 4 =

Die Acht.

8.

a) Zuzählen.

1)	2)	3)	4)	5)
7 + 1 =	6 + 2 =	5 + 3 =	4 + 4 =	3 + 5 =
5 + 1 =	4 + 2 =	3 + 3 =	2 + 4 =	1 + 5 =
3 + 1 =	2 + 2 =	1 + 3 =	3 + 4 =	2 + 5 =
6 + 1 =	3 + 2 =	4 + 3 =	1 + 4 =	1 + 2 =
4 + 1 =	5 + 2 =	2 + 3 =	2 + 1 =	1 + 1 =

6)	7)	8)	9)	10)
1 + 7 =	2 + 6 =	3 + 5 =	4 + 4 =	5 + 3 =
1 + 4 =	2 + 4 =	3 + 2 =	4 + 1 =	5 + 1 =
1 + 6 =	2 + 5 =	3 + 4 =	4 + 3 =	5 + 2 =
1 + 5 =	2 + 2 =	3 + 3 =	4 + 2 =	2 + 1 =
1 + 3 =	2 + 3 =	3 + 1 =	1 + 2 =	1 + 1 =

9.

b) Die Aufgaben in anderer Folge.

1)	2)	3)	4)	5)
1 + 7 =	1 + 6 =	1 + 5 =	1 + 4 =	1 + 7 =
2 + 5 =	2 + 4 =	2 + 3 =	2 + 2 =	2 + 6 =
3 + 3 =	3 + 2 =	3 + 1 =	3 + 5 =	3 + 5 =
4 + 1 =	1 + 2 =	4 + 4 =	6 + 2 =	4 + 4 =
1 + 1 =	5 + 3 =	5 + 2 =	7 + 1 =	5 + 3 =

10.

c) Abzählen.

1)	2)	3)	4)	5)
8 — 1 =	8 — 7 =	8 — 1 =	8 — 2 =	8 — 3 =
8 — 3 =	8 — 6 =	6 — 1 =	5 — 2 =	7 — 3 =
8 — 5 =	8 — 8 =	4 — 1 =	7 — 2 =	5 — 3 =
8 — 4 =	8 — 5 =	2 — 1 =	3 — 2 =	6 — 3 =
8 — 2 =	8 — 4 =	7 — 1 =	6 — 2 =	4 — 3 =

6)	7)	8)	9)	10)
8 — 4 =	8 — 5 =	8 — 7 =	7 — 5 =	6 — 1 =
7 — 4 =	6 — 5 =	8 — 8 =	7 — 2 =	6 — 5 =
5 — 4 =	7 — 5 =	7 — 6 =	7 — 4 =	6 — 2 =
6 — 4 =	5 — 5 =	7 — 1 =	7 — 3 =	6 — 4 =
4 — 4 =	8 — 6 =	7 — 7 =	6 — 6 =	6 — 3 =

11.

d) Weitere Übungen.

1)	2)	3)	4)	5)
5 — 1 =	4 — 1 =	3 — 1 =	7 — 1 =	8 — 6 =
5 — 4 =	4 — 3 =	3 — 2 =	7 — 3 =	8 — 4 =
5 — 2 =	4 — 2 =	2 — 2 =	7 — 5 =	8 — 2 =
5 — 3 =	4 — 4 =	2 — 1 =	7 — 7 =	8 — 7 =
5 — 5 =	3 — 3 =	1 — 1 =	7 — 6 =	8 — 5 =

Die Neun.

12.

a) Zuzählen.

1)	2)	3)	4)	5)
8 + 1 =	7 + 2 =	6 + 3 =	5 + 4 =	4 + 5 =
7 + 1 =	4 + 2 =	4 + 3 =	2 + 4 =	1 + 5 =
6 + 1 =	6 + 2 =	2 + 3 =	3 + 1 =	3 + 5 =
5 + 1 =	3 + 2 =	3 + 3 =	1 + 4 =	2 + 5 =
4 + 1 =	5 + 2 =	5 + 3 =	4 + 4 =	3 + 4 =

6)	7)	8)	9)	10)
1 + 8 =	2 + 7 =	3 + 6 =	4 + 5 =	5 + 4 =
1 + 7 =	2 + 4 =	3 + 2 =	4 + 4 =	5 + 2 =
1 + 5 =	2 + 3 =	3 + 5 =	4 + 2 =	5 + 1 =
1 + 6 =	2 + 5 =	3 + 4 =	4 + 1 =	5 + 3 =
1 + 4 =	2 + 6 =	3 + 3 =	4 + 3 =	3 + 6 =

13.

b) Die Aufgaben in anderer Folge.

1)	2)	3)	4)	5)
1 + 8 =	1 + 7 =	1 + 6 =	1 + 5 =	8 + 1 =
2 + 4 =	2 + 5 =	2 + 3 =	3 + 6 =	7 + 2 =
3 + 2 =	3 + 4 =	3 + 3 =	2 + 6 =	5 + 4 =
4 + 3 =	4 + 3 =	4 + 5 =	4 + 4 =	6 + 3 =
3 + 6 =	5 + 4 =	5 + 2 =	5 + 3 =	4 + 5 =

14.

c) Abzählen.

1)	2)	3)	4)	5)
9 — 1 =	9 — 6 =	9 — 1 =	9 — 2 =	9 — 3 =
9 — 2 =	9 — 7 =	7 — 1 =	8 — 2 =	7 — 3 =
9 — 3 =	9 — 8 =	5 — 1 =	6 — 2 =	5 — 3 =
9 — 4 =	9 — 9 =	8 — 1 =	4 — 2 =	8 — 3 =
9 — 5 =	9 — 4 =	6 — 1 =	7 — 2 =	6 — 3 =

6)	7)	8)	9)	10)
9 — 4 =	9 — 5 =	9 — 6 =	9 — 7 =	8 — 1 =
8 — 4 =	7 — 5 =	8 — 6 =	7 — 7 =	8 — 7 =
6 — 4 =	8 — 5 =	6 — 6 =	8 — 7 =	8 — 5 =
7 — 4 =	6 — 5 =	7 — 6 =	9 — 8 =	8 — 3 =
5 — 4 =	5 — 5 =	9 — 5 =	9 — 9 =	8 — 4 =

15.

d) Weitere Übungen.

1)	2)	3)	4)	5)
7 — 2 =	6 — 2 =	5 — 1 =	4 — 1 =	9 — 1 =
7 — 5 =	6 — 4 =	5 — 4 =	4 — 3 =	9 — 8 =
7 — 6 =	6 — 5 =	5 — 2 =	4 — 2 =	9 — 2 =
7 — 1 =	6 — 1 =	5 — 3 =	4 — 4 =	9 — 7 =
7 — 7 =	6 — 6 =	5 — 5 =	1 — 1 =	9 — 9 =

Die Zehn.

16.

a) Zuzählen.

1)	2)	3)	4)	5)
9 + 1 =	8 + 2 =	7 + 3 =	6 + 4 =	5 + 5 =
8 + 1 =	7 + 2 =	4 + 3 =	2 + 4 =	3 + 5 =
7 + 1 =	5 + 2 =	1 + 3 =	5 + 4 =	4 + 5 =
6 + 1 =	4 + 2 =	6 + 3 =	1 + 4 =	1 + 5 =
5 + 1 =	6 + 2 =	5 + 3 =	3 + 4 =	5 + 4 =

6)	7)	8)	9)	10)
1 + 9 =	2 + 8 =	3 + 7 =	4 + 6 =	5 + 5 =
1 + 8 =	2 + 6 =	3 + 4 =	4 + 3 =	1 + 5 =
1 + 7 =	2 + 4 =	3 + 1 =	4 + 5 =	4 + 5 =
1 + 6 =	2 + 5 =	3 + 6 =	4 + 4 =	2 + 5 =
1 + 5 =	2 + 7 =	3 + 5 =	4 + 2 =	3 + 5 =

17.

b) Die Aufgaben in anderer Folge.

1)	2)	3)	4)	5)
1 + 9 =	1 + 8 =	1 + 7 =	1 + 9 =	7 + 3 =
2 + 6 =	2 + 4 =	2 + 5 =	9 + 1 =	5 + 5 =
3 + 1 =	3 + 6 =	3 + 5 =	2 + 8 =	3 + 4 =
4 + 4 =	4 + 2 =	4 + 6 =	8 + 2 =	4 + 5 =
3 + 5 =	5 + 5 =	1 + 5 =	3 + 7 =	2 + 5 =

18.

c) Abzählen.

1)	2)	3)	4)	5)
10 — 1 =	10 — 6 =	10 — 1 =	10 — 2 =	10 — 3 =
10 — 2 =	10 — 7 =	7 — 1 =	8 — 2 =	7 — 3 =
10 — 3 =	10 — 8 =	4 — 1 =	9 — 2 =	9 — 3 =
10 — 4 =	10 — 9 =	8 — 1 =	5 — 2 =	6 — 3 =
10 — 5 =	10 — 10 =	6 — 1 =	3 — 2 =	8 — 3 =

6)	7)	8)	9)	10)
10 — 4 =	10 — 5 =	10 — 6 =	10 — 7 =	10 — 9 =
7 — 4 =	7 — 5 =	7 — 6 =	8 — 7 =	10 — 10 =
8 — 4 =	9 — 5 =	9 — 6 =	9 — 7 =	9 — 7 =
6 — 4 =	6 — 5 =	8 — 6 =	7 — 7 =	8 — 6 =
9 — 4 =	8 — 5 =	6 — 6 =	10 — 8 =	9 — 6 =

19.

d) Weitere Übungen.

1)	2)	3)	4)	5)
10 — 1 =	8 — 1 =	6 — 1 =	9 — 1 =	7 — 1 =
10 — 9 =	8 — 7 =	6 — 5 =	9 — 8 =	7 — 6 =
10 — 2 =	8 — 2 =	6 — 2 =	9 — 2 =	7 — 2 =
10 — 8 =	8 — 6 =	6 — 4 =	9 — 7 =	7 — 5 =
10 — 3 =	8 — 3 =	6 — 3 =	9 — 3 =	7 — 3 =

20.

e) Zu- und Abzählen wechselnd.

1)	2)	3)	4)	5)
2 + 8 =	4 — 4 =	9 — 2 =	3 + 1 =	10 — 8 =
6 — 4 =	1 + 6 =	2 + 1 =	8 + 2 =	5 + 1 =
4 + 5 =	2 + 2 =	1 + 9 =	8 — 7 =	8 — 5 =
3 — 1 =	4 — 1 =	3 + 4 =	4 + 2 =	7 — 3 =
1 + 3 =	7 — 5 =	8 — 2 =	9 — 1 =	5 + 5 =
5 — 5 =	1 + 2 =	2 + 5 =	4 + 6 =	8 — 1 =
3 + 7 =	6 — 5 =	6 — 2 =	2 + 3 =	7 + 3 =
7 + 1 =	3 + 3 =	4 + 4 =	6 — 6 =	10 — 9 =
4 — 3 =	1 — 1 =	6 + 1 =	7 — 2 =	4 + 1 =
1 + 8 =	5 — 1 =	10 — 10 =	1 + 4 =	9 — 6 =

6)	7)	8)	9)	10)
9 + 1 =	1 + 1 =	9 — 5 =	10 — 5 =	9 — 8 =
7 — 6 =	10 — 7 =	8 + 1 =	2 + 7 =	6 + 3 =
8 — 8 =	3 + 5 =	5 — 2 =	2 — 2 =	3 — 3 =
5 — 3 =	4 — 2 =	3 — 3 =	9 — 4 =	6 + 2 =
2 + 4 =	5 — 4 =	5 + 2 =	8 + 2 =	9 — 3 =
9 — 7 =	7 + 2 =	10 — 4 =	10 — 2 =	9 — 9 =
10 — 6 =	3 + 6 =	1 + 5 =	8 — 6 =	10 — 3 =
6 + 4 =	6 — 3 =	5 + 4 =	5 + 3 =	3 + 2 =
8 — 3 =	8 — 4 =	3 — 2 =	7 — 7 =	6 — 1 =
1 + 7 =	2 + 6 =	10 — 1 =	4 + 3 =	7 — 1 =

21.

Zahlen-Zerlegen.

1)	2)	3)	4)	5)
2 = 1 + ?	5 = 2 + ?	7 = 3 + ?	8 = 2 + ?	10 = 9 + ?
3 = 1 + ?	6 = 5 + ?	7 = 2 + ?	9 = 8 + ?	10 = 7 + ?
3 = 2 + ?	6 = 1 + ?	7 = 1 + ?	9 = 6 + ?	10 = 8 + ?
4 = 1 + ?	6 = 4 + ?	8 = 7 + ?	9 = 4 + ?	10 = 6 + ?
4 = 3 + ?	6 = 2 + ?	8 = 5 + ?	9 = 2 + ?	10 = 4 + ?
4 = 2 + ?	6 = 3 + ?	8 = 3 + ?	9 = 7 + ?	10 = 5 + ?
5 = 4 + ?	7 = 6 + ?	8 = 1 + ?	9 = 5 + ?	10 = 1 + ?
5 = 1 + ?	7 = 5 + ?	8 = 6 + ?	9 = 3 + ?	10 = 3 + ?
5 = 3 + ?	7 = 4 + ?	8 = 4 + ?	9 = 1 + ?	10 = 2 + ?

22.

Aufgaben mit 3 Zahlen.

1)	2)	3)	4)
1 + 1 + 1 =	1 + 2 + 2 =	3 — 1 — 1 =	3 + 3 — 1 =
2 + 1 + 1 =	1 + 3 + 2 =	4 — 2 — 1 =	4 + 4 — 3 =
2 + 2 + 1 =	2 + 2 + 2 =	6 — 3 — 1 =	6 + 4 — 5 =
3 + 1 + 1 =	3 + 3 + 2 =	8 — 3 — 2 =	5 + 4 — 2 =
1 + 2 + 1 =	4 + 3 + 3 =	10 — 4 — 3 =	5 + 5 — 1 =

5) 6 — 2 + 1 =
5 — 2 + 3 =
8 — 4 + 2 =
10 — 5 + 4 =
3 — 1 + 5 =

Wiederholende Betrachtung jeder einzelnen Grundzahl nach Zerlegung, Zu- und Abzählen.

23.

Die Eins und Zwei. Die Drei. Die Vier.

1)	2)	3)	4)
2 = 1 + ?	3 = 2 + ?	4 = 3 + ?	4 = 2 + ?
1 + 1 =	3 = 1 + ?	4 = 1 + ?	2 + 2 =
2 — 1 =	2 + 1 =	3 + 1 =	4 — 2 =
	1 + 2 =	4 — 1 =	
	3 — 1 =	1 + 3 =	
	3 — 2 =	4 — 3 =	

24.

Die Fünf, Sechs und Sieben.

1)	2)	3)	4)
5 = 4 + ?	5 = 3 + ?	6 = 5 + ?	6 = 4 + ?
5 = 1 + ?	3 + 2 =	5 + 1 =	4 + 2 =
4 + 1 =	5 — 2 =	1 + 5 =	2 + 4 =
1 + 4 =	2 + 3 =	6 — 5 =	6 — 2 =
5 — 1 =	5 — 3 =	6 — 1 =	6 — 4 =
5 — 4 =	5 = 2 + ?	6 = 1 + ?	6 = 2 + ?

5)	6)	7)	8)
6 = 3 + ?	7 = 6 + ?	7 = 5 + ?	7 = 4 + ?
3 + 3 =	7 = 1 + ?	5 + 2 =	7 = 3 + ?
6 — 3 =	6 + 1 =	7 — 2 =	4 + 3 =
3 — 3 =	7 — 1 =	2 + 5 =	3 + 4 =
	1 + 6 =	7 — 5 =	7 — 3 =
	7 — 6 =	7 = 2 + ?	7 — 4 =

25.

Die Acht.

1) $8 = 7 + ?$
$7 + 1 =$
$1 + 7 =$
$8 - 7 =$
$8 - 1 =$
$8 = 1 + ?$

2) $8 = 6 + ?$
$6 + 2 =$
$8 - 2 =$
$2 + 6 =$
$8 - 6 =$
$8 = 2 + ?$

3) $8 = 5 + ?$
$5 + 3 =$
$8 - 3 =$
$3 + 5 =$
$8 - 5 =$
$8 = 3 + ?$

4) $8 = 4 + ?$
$4 + 4 =$
$8 - 4 =$
$4 - 4 =$

26.

Die Neun und Zehn.

1) $9 = 8 + ?$
$9 = 1 + ?$
$8 + 1 =$
$1 + 8 =$
$9 - 8 =$
$9 - 1 =$

2) $9 = 7 + ?$
$7 + 2 =$
$2 + 7 =$
$9 - 7 =$
$9 - 2 =$
$9 = 2 + ?$

3) $9 = 6 + ?$
$6 + 3 =$
$9 - 3 =$
$3 + 6 =$
$9 - 6 =$
$9 = 3 + ?$

4) $9 = 5 + ?$
$9 = 4 + ?$
$5 + 4 =$
$9 - 4 =$
$4 + 5 =$
$9 - 5 =$

5) $10 = 9 + ?$
$9 + 1 =$
$10 - 1 =$
$1 + 9 =$
$10 - 9 =$
$10 = 1 + ?$

6) $10 = 8 + ?$
$8 + 2 =$
$2 + 8 =$
$10 - 8 =$
$10 - 2 =$
$10 = 2 + ?$

7) $10 = 7 + ?$
$7 + 3 =$
$10 - 3 =$
$3 + 7 =$
$10 - 7 =$
$10 = 3 + ?$

8) $10 = 6 + ?$
$6 + 4 =$
$4 + 6 =$
$10 - 4 =$
$10 - 6 =$
$10 = 4 + ?$

9) $10 = 5 + ?$
$10 - 5 =$
$5 + 5 =$
$5 - 5 =$

2. Malnehmen und Enthaltensein.

27.

a) Einführung.

1)
$3 + 3 =$
$2 \cdot 3 =$
3 in 6 =

2)
$3 + 3 + 3 =$
$3 \cdot 3 =$
3 in 9 =

3)
$4 + 4 =$
$2 \cdot 4 =$
4 in 8 =

4)
$5 + 5 =$
$2 \cdot 5 =$
5 in 10 =

5)
$2 + 2 =$
$2 \cdot 2 =$
2 in 4 =

6) $2 + 2 + 2 =$
$3 \cdot 2 =$
2 in 6 =

7) $2 + 2 + 2 + 2 =$
$4 \cdot 2 =$
2 in 8 =

8) $2 + 2 + 2 + 2 + 2 =$
$5 \cdot 2 =$
2 in 10 =

28.

b) Zusammenstellung.

1)	2)	3)	4)
1·2 =	1·2 =	2 in 2 =	2 in 4 =
2·2 =	3·2 =	2 in 4 =	2 in 6 =
3·2 =	5·2 =	2 in 6 =	2 in 8 =
4·2 =	4·2 =	2 in 8 =	2 in 10 =
5·2 =	2·2 =	2 in 10 =	2 in 2 =

5)	6)	7)	8)
1·3 =	1·4 =	1· 5 =	1·1 =
2·3 =	2·4 =	2· 5 =	1·2 =
3·3 =	4 in 4 =	5 in 5 =	1·3 =
3 in 6 =	4 in 8 =	5 in 10 =	1·4 =
3 in 9 =	2 in 8 =	2 in 10 =	1·5 =

9)	10)	11)
1· 6 =	1 in 3 =	1 in 8 =
1· 7 =	1 in 5 =	1 in 4 =
1· 8 =	1 in 7 =	1 in 6 =
1· 9 =	1 in 9 =	1 in 2 =
1·10 =	1 in 1 =	1 in 10 =

29.

c) Verbindung der Aufgaben in anderer Folge.

1)	2)	3)	4)	5)	6)
2·3 =	2·5 =	3 in 6 =	5 in 10 =	1·1 =	10·1 =
3·2 =	5·2 =	2 in 6 =	1 in 10 =	6·1 =	9·1 =
2·4 =	2·2 =	4 in 8 =	2 in 4 =	4·1 =	3·1 =
4·2 =	3·3 =	2 in 8 =	3 in 9 =	2·1 =	7·1 =
4·1 =	9·1 =	1 in 4 =	1 in 9 =	8·1 =	5·1 =

30.

d) Vermischte Aufgaben.

1)	2)	3)	4)
1·2 + 1 =	2·1 + 7 =	4·1 + 3 =	1·2 — 1 =
2·2 + 1 =	3·2 + 4 =	8·1 + 1 =	2·2 — 1 =
3·2 + 1 =	1·5 + 3 =	3·2 + 2 =	3·2 — 1 =
1·2 + 2 =	1·6 + 2 =	6·1 + 4 =	2·2 — 2 =
2·2 + 2 =	7·1 + 2 =	2·3 + 1 =	2·4 — 2 =

5)
1· 9 — 7 =
2· 5 — 6 =
3· 3 — 1 =
1·10 — 3 =
2· 4 — 5 =

31.

Angewandte Aufgaben über das Malnehmen.

1) Wieviel Finger hast du an 1 Hand? Wieviel an 2 Händen?
2) Ein Fenster hat 3 Scheiben. Wieviel Scheiben haben 2 Fenster?
3) Wieviel Einpfennigstücke (Einer) bekommt man für 1 Zweipfennigstück (Zweier)? Für 3 Zweier? Für 4 Zweier? Für 5 Zweier?
4) Eine einfache Postkarte kostet 5 Pfennig. Wieviel Postkarten erhält man für 10 Pfennig?
5) Eine braune Briefmarke kostet 3 Pfennig. Wieviel braune Marken erhält man für 9 Pfennig?
6) An einem Rock sitzen vorn 2 Reihen Knöpfe, in jeder Reihe 4 Stück, auf dem Rücken 2; wieviel Knöpfe sind es zusammen?

3. Malnehmen und Teilen.

32.

a) Einführung.

Vorübung: **Der zweite Teil, die Hälfte oder ein Halb = $\frac{1}{2}$**
Der dritte Teil oder ein Drittel = $\frac{1}{3}$
Der vierte Teil oder ein Viertel = $\frac{1}{4}$
usw.

1) $2 \cdot 3 =$ $6 : 2 =$ $\frac{1}{2}$ von $6 =$	2) $2 \cdot 4 =$ $8 : 2 =$ $\frac{1}{2}$ von $8 =$	3) $2 \cdot 5 =$ $10 : 2 =$ $\frac{1}{2}$ von $10 =$	4) $2 \cdot 2 =$ $4 : 2 =$ $\frac{1}{2}$ von $4 =$
5) $2 \cdot 1 =$ $\frac{1}{2}$ v. $2 =$	6) $3 \cdot 3 =$ $\frac{1}{3}$ v. $9 =$	7) $4 \cdot 2 =$ $\frac{1}{4}$ v. $8 =$	8) $5 \cdot 2 =$ $\frac{1}{5}$ v. $10 =$
9) $3 \cdot 2 =$ $\frac{1}{3}$ v. $6 =$	10) $3 \cdot 1 =$ $\frac{1}{3}$ v. $3 =$	11) $4 \cdot 1 =$ $\frac{1}{4}$ v. $4 =$	12) $5 \cdot 1 =$ $\frac{1}{5}$ v. $5 =$
13) $6 \cdot 1 =$ $\frac{1}{6}$ v. $6 =$	14) $7 \cdot 1 =$ $\frac{1}{7}$ v. $7 =$	15) $8 \cdot 1 =$ $\frac{1}{8}$ v. $8 =$	16) $9 \cdot 1 =$ $\frac{1}{9}$ v. $9 =$

17) $10 \cdot 1 =$
$\frac{1}{10}$ v. $10 =$

33.

b) Zusammenstellung.

1) $\frac{1}{2}$ v. $2 =$	2) $\frac{1}{3}$ v. $3 =$	3) $\frac{1}{4}$ v. $4 =$	4) $\frac{1}{5}$ v. $5 =$
$\frac{1}{2}$ v. $4 =$	$\frac{1}{3}$ v. $6 =$	$\frac{1}{4}$ v. $8 =$	$\frac{1}{5}$ v. $10 =$
$\frac{1}{2}$ v. $6 =$	$\frac{1}{3}$ v. $9 =$	$4 \cdot 2 =$	$5 \cdot 2 =$
$\frac{1}{2}$ v. $8 =$	$3 \cdot 3 =$	$4 \cdot 1 =$	$5 \cdot 1 =$
$\frac{1}{2}$ v. $10 =$	$3 \cdot 2 =$	$3 \cdot 3 =$	$6 \cdot 1 =$

*

5)	6)	7)	8)
$\frac{1}{6}$ v. 6 =	$\frac{1}{2}$ v. 6 =	$\frac{1}{2}$ v. 10 =	$\frac{1}{2}$ v. 4 =
$\frac{1}{7}$ v. 7 =	$\frac{1}{3}$ v. 6 =	$\frac{1}{5}$ v. 10 =	$\frac{1}{4}$ v. 4 =
$\frac{1}{8}$ v. 8 =	$\frac{1}{2}$ v. 8 =	$\frac{1}{10}$ v. 10 =	$\frac{1}{2}$ v. 6 =
$\frac{1}{9}$ v. 9 =	$\frac{1}{4}$ v. 8 =	$\frac{1}{3}$ v. 9 =	$\frac{1}{3}$ v. 6 =
$\frac{1}{10}$ v. 10 =	$\frac{1}{2}$ v. 4 =	$\frac{1}{9}$ v. 9 =	$\frac{1}{6}$ v. 6 =

34.

c) Verbindung des Teilens mit Zu- und Abzählen.

1)	2)	3)	4)
$\frac{1}{2}$ v. 6 + 1 =	$\frac{1}{3}$ v. 9 + 2 =	$\frac{1}{6}$ v. 6 + 5 =	$\frac{1}{2}$ v. 6 — 1 =
$\frac{1}{2}$ v. 8 + 1 =	$\frac{1}{3}$ v. 6 + 1 =	$\frac{1}{7}$ v. 7 + 8 =	$\frac{1}{2}$ v. 8 — 1 =
$\frac{1}{2}$ v. 10 + 1 =	$\frac{1}{4}$ v. 8 + 2 =	$\frac{1}{4}$ v. 4 + 9 =	$\frac{1}{2}$ v. 10 — 1 =
$\frac{1}{2}$ v. 4 + 1 =	$\frac{1}{5}$ v. 5 + 4 =	$\frac{1}{9}$ v. 9 + 1 =	$\frac{1}{2}$ v. 4 — 1 =
$\frac{1}{2}$ v. 2 + 1 =	$\frac{1}{3}$ v. 3 + 7 =	$\frac{1}{10}$ v. 10 + 7 =	$\frac{1}{2}$ v. 2 — 1 =

5)
$\frac{1}{5}$ v. 10 — 2 =
$\frac{1}{3}$ v. 9 — 1 =
$\frac{1}{6}$ v. 6 — 1 =
$\frac{1}{4}$ v. 8 — 2 =
$\frac{1}{3}$ v. 3 — 1 =

35.

Angewandte Aufgaben über das Teilen.

1) Ein Pfund Salz kostet 10 Pfennig; wieviel kostet $\frac{1}{2}$ Pfund?
2) Fritz hat 8 Pfennig; er teilt sein Geld in gleichen Teilen mit noch 3 Geschwistern. Wieviel Pfennige erhält jedes von ihnen?
3) Karl und Anna spielen um 9 Nüsse; Karl gewinnt $\frac{1}{3}$ der Nüsse. Wieviel Nüsse gewinnt er?
4) In 3 Nestern liegen gleichmäßig verteilt zusammen 6 Ostereier. Wieviel Eier liegen in 1 Nest?
5) Anna bezahlt für 5 Knöpfe 10 Pfennig. Was kostet 1 Knopf?

II. Der Zahlenraum von 10 bis 20.

36.

Aufbau der Zahlen von 11—15.

1)	2)	3)	4)	5)
10 + 2 =	11 = 10 + ?	10 + 1 =	15 — 1 =	10 + 2 =
10 + 4 =	13 = 10 + ?	11 + 1 =	14 — 1 =	14 — 4 =
10 + 3 =	15 = 10 + ?	12 + 1 =	13 — 1 =	10 + 1 =
10 + 1 =	14 = 10 + ?	13 + 1 =	12 — 1 =	15 — 5 =
10 + 5 =	12 = 10 + ?	14 + 1 =	11 — 1 =	10 + 3 =

6)	7)	8)	9)	10)
1 + 10 =	11 = 1 + ?	1 + 10 =	11 = 1 + ?	3 + 10 =
1 + 11 =	13 = 1 + ?	2 + 10 =	14 = 4 + ?	15 — 10 =
1 + 13 =	15 = 1 + ?	4 + 10 =	15 = 5 + ?	1 + 10 =
1 + 12 =	14 = 1 + ?	3 + 10 =	13 = 3 + ?	12 — 10 =
1 + 14 =	12 = 1 + ?	5 + 10 =	12 = 2 + ?	4 + 10 =

37.

Aufbau der Zahlen 16—20.

1)	2)	3)	4)	5)
10 + 6 =	16 = 10 + ?	15 + 1 =	16 — 1 =	10 + 8 =
10 + 9 =	18 = 10 + ?	16 + 1 =	18 — 1 =	16 — 6 =
10 + 8 =	19 = 10 + ?	17 + 1 =	20 — 1 =	10 + 9 =
10 + 7 =	17 = 10 + ?	18 + 1 =	19 — 1 =	20 — 10 =
10 + 10 =	20 = 10 + ?	19 + 1 =	17 — 1 =	17 — 7 =

6)	7)	8)	9)	10)
1 + 15 =	16 = 1 + ?	6 + 10 =	6 + 10 =	8 + 10 =
1 + 17 =	19 = 1 + ?	8 + 10 =	10 + 9 =	19 — 10 =
1 + 19 =	17 = 1 + ?	7 + 10 =	8 + 10 =	6 + 10 =
1 + 16 =	18 = 1 + ?	9 + 10 =	10 + 7 =	18 — 10 =
1 + 18 =	20 = 1 + ?	10 + 10 =	7 + 10 =	10 + 10 =

1. Zu- und Abzählen im Zahlenraum von 1—20.

38.

a) Ohne Zehnerüberschreitung.

1)	2)	3)	4)	5)
3 + 2 =	1 + 3 =	6 — 3 =	4 — 2 =	15 + 2 =
13 + 2 =	11 + 3 =	16 — 3 =	14 — 2 =	19 — 3 =
5 + 2 =	3 + 3 =	9 — 3 =	8 — 2 =	11 + 3 =
15 + 2 =	13 + 3 =	19 — 3 =	18 — 2 =	16 — 2 =
1 + 2 =	5 + 3 =	7 — 3 =	10 — 2 =	17 + 2 =
11 + 2 =	15 + 3 =	17 — 3 =	20 — 2 =	18 — 3 =
4 + 2 =	4 + 3 =	10 — 3 =	6 — 2 =	11 + 3 =
14 + 2 =	14 + 3 =	20 — 3 =	16 — 2 =	16 — 2 =
2 + 2 =	2 + 3 =	8 — 3 =	9 — 2 =	15 + 2 =
12 + 2 =	12 + 3 =	18 — 3 =	19 — 2 =	20 — 3 =

6)	7)	8)	9)	10)
1 + 4 =	1 + 5 =	1 + 6 =	14 — 3 =	15 — 4 =
11 + 4 =	11 + 5 =	11 + 6 =	17 — 4 =	16 — 5 =
3 + 4 =	3 + 5 =	3 + 6 =	20 — 2 =	17 — 4 =
13 + 4 =	13 + 5 =	13 + 6 =	16 — 5 =	18 — 6 =
4 + 4 =	5 + 5 =	2 + 6 =	12 — 2 =	19 — 8 =
14 + 4 =	15 + 5 =	12 + 6 =	15 — 3 =	20 — 5 =
6 + 4 =	2 + 5 =	4 + 6 =	18 — 4 =	19 — 4 =
16 + 4 =	12 + 5 =	14 + 6 =	13 — 3 =	16 — 3 =
5 + 4 =	4 + 5 =	1 + 7 =	19 — 2 =	20 — 9 =
15 + 4 =	14 + 5 =	11 + 7 =	19 — 5 =	20 — 8 =

39.

b) Mit Zehnerüberschreitung.

1)	2)	3)	4)	5)
9 + 1 =	8 + 2 =	7 + 3 =	6 + 4 =	5 + 5 =
9 + 2 =	8 + 4 =	7 + 4 =	6 + 6 =	5 + 6 =
9 + 3 =	8 + 6 =	7 + 6 =	6 + 5 =	5 + 7 =
9 + 4 =	8 + 3 =	7 + 5 =	6 + 7 =	5 + 9 =
9 + 5 =	8 + 5 =	7 + 7 =	6 + 8 =	5 + 10 =
9 + 6 =	8 + 7 =	7 + 8 =	6 + 9 =	5 + 8 =
9 + 7 =	8 + 10 =	7 + 9 =	9 + 6 =	4 + 6 =
9 + 8 =	8 + 9 =	9 + 7 =	8 + 7 =	4 + 7 =
9 + 9 =	8 + 8 =	8 + 7 =	7 + 8 =	3 + 7 =
9 + 10 =	9 + 8 =	10 + 7 =	6 + 7 =	3 + 9 =

6)	7)	8)	9)	10)
9 + 4 =	9 + 7 =	5 + 8 =	2 + 9 =	9 + 3 =
8 + 4 =	8 + 7 =	4 + 8 =	8 + 7 =	3 + 9 =
7 + 4 =	7 + 7 =	3 + 8 =	7 + 8 =	7 + 5 =
9 + 5 =	6 + 7 =	9 + 9 =	6 + 7 =	5 + 7 =
8 + 5 =	5 + 7 =	8 + 9 =	7 + 6 =	9 + 8 =
7 + 5 =	4 + 7 =	7 + 9 =	4 + 7 =	8 + 9 =
6 + 5 =	9 + 8 =	6 + 9 =	7 + 4 =	8 + 5 =
9 + 6 =	8 + 8 =	5 + 9 =	9 + 5 =	5 + 8 =
8 + 6 =	7 + 8 =	4 + 9 =	6 + 9 =	8 + 4 =
7 + 6 =	6 + 8 =	3 + 9 =	9 + 9 =	4 + 8 =

11)	12)	13)	14)	15)
11 − 1 =	12 − 2 =	13 − 3 =	14 − 4 =	15 − 8 =
11 − 2 =	12 − 4 =	13 − 4 =	14 − 5 =	15 − 7 =
11 − 4 =	12 − 5 =	13 − 6 =	14 − 6 =	16 − 6 =
11 − 6 =	12 − 7 =	13 − 5 =	14 − 8 =	16 − 7 =
11 − 8 =	12 − 6 =	13 − 7 =	14 − 7 =	16 − 9 =
11 − 10 =	12 − 8 =	13 − 9 =	14 − 9 =	16 − 8 =
11 − 3 =	12 − 3 =	13 − 8 =	14 − 10 =	17 − 7 =
11 − 5 =	12 − 9 =	13 − 10 =	14 − 3 =	17 − 8 =
11 − 7 =	12 − 10 =	12 − 4 =	15 − 9 =	17 − 9 =
11 − 9 =	12 − 5 =	11 − 5 =	15 − 7 =	18 − 9 =

16)	17)	18)	19)	20)
11 − 4 =	15 − 6 =	17 − 8 =	13 − 9 =	11 − 2 =
13 − 4 =	13 − 6 =	14 − 8 =	11 − 9 =	13 − 5 =
12 − 4 =	14 − 6 =	11 − 8 =	15 − 9 =	15 − 4 =
11 − 5 =	16 − 7 =	16 − 8 =	12 − 9 =	17 − 8 =
14 − 5 =	13 − 7 =	13 − 8 =	14 − 9 =	19 − 3 =
12 − 5 =	12 − 7 =	15 − 8 =	13 − 4 =	20 − 5 =
13 − 5 =	14 − 7 =	12 − 8 =	12 − 6 =	18 − 9 =
15 − 5 =	11 − 7 =	18 − 9 =	14 − 7 =	16 − 5 =
11 − 6 =	15 − 7 =	17 − 9 =	16 − 8 =	14 − 4 =
12 − 6 =	17 − 7 =	16 − 9 =	18 − 9 =	12 − 6 =

40.

Zerlegungen.

1)	2)	3)	4)
11 = 10 + ?	12 = 10 + ?	13 = 3 + ?	14 = 8 + ?
11 = 9 + ?	12 = 9 + ?	13 = 9 + ?	14 = 9 + ?
11 = 7 + ?	12 = 7 + ?	13 = 7 + ?	14 = 6 + ?
11 = 6 + ?	12 = 6 + ?	13 = 8 + ?	15 = 5 + ?
11 = 8 + ?	12 = 8 + ?	14 = 10 + ?	15 = 8 + ?

5) 15 = 9 + ?	6) 17 = 10 + ?	7) 11 = 4 + ?	8) 15 = 9 + ?
16 = 10 + ?	17 = 8 + ?	11 = 7 + ?	15 = 6 + ?
16 = 9 + ?	17 = 9 + ?	13 = 8 + ?	17 = 8 + ?
16 = 7 + ?	18 = 10 + ?	13 = 5 + ?	17 = 9 + ?
16 = 8 + ?	18 = 9 + ?	13 = 6 + ?	14 = 9 + ?

41.

Reihen und Aufgaben mit 3 Zahlen.

1)	2)	3)	4)	5)
1 + 2 = 3	2 + 2 = 4	1 + 3 = 4	19 — 2 = 17	20 — 3 = 17
3 + 2 = 5	4 + 2 = 6	4 + 3 = 7	17 — 2 = 15	17 — 3 = 14
5 + 2 usw.	6 + 2 usw.	7 + 3 usw.	15 — 2 usw.	14 — 3 usw.

6)	7)	8)	9)
6 + 5 + 4 =	7 + 6 + 6 =	13 + 4 + 3 =	9 + 3 — 4 =
9 + 3 + 5 =	8 + 4 + 4 =	11 + 5 + 3 =	8 + 5 — 6 =
8 + 7 + 5 =	9 + 5 + 5 =	12 + 4 + 2 =	9 + 8 — 7 =
7 + 5 + 6 =	6 + 6 + 6 =	14 + 3 + 3 =	7 + 4 — 6 =
4 + 8 + 6 =	3 + 9 + 7 =	11 + 6 + 2 =	6 + 6 — 3 =

Wiederholende Betrachtung der Zahlen 11—18 in der Zehnerüberschreitung.

42.

Die Elf und Zwölf.

1) 11 = 9 + ?	2) 11 = 8 + ?	3) 11 = 7 + ?	4) 11 = 6 + ?
9 + 2 =	8 + 3 =	11 = 4 + ?	6 + 5 =
11 — 2 =	11 = 3 + ?	11 — 7 =	11 = 5 + ?
11 — 9 =	11 — 8 =	11 — 4 =	11 — 6 =
11 = 2 + ?	3 + 8 =	7 + 4 =	11 — 5 =

5) 12 = 9 + ?	6) 12 = 8 + ?	7) 12 = 7 + ?	8) 12 = 6 + ?
12 = 3 + ?	8 + 4 =	12 = 5 + ?	12 — 6 =
9 + 3 =	12 — 8 =	12 — 7 =	12 — 8 =
12 — 3 =	12 — 4 =	12 — 5 =	12 — 7 =
12 — 9 =	12 = 4 + ?	7 + 5 =	12 — 9 =

43.

Die Dreizehn und Vierzehn.

1) 13 = 9 + ?	2) 13 = 8 + ?	3) 13 = 7 + ?	4) 13 — 4 =
13 = 4 + ?	8 + 5 =	13 — 6 =	5 + 6 =
13 — 9 =	13 — 8 =	13 — 7 =	13 — 8 =
13 — 4 =	13 — 5 =	13 = 6 + ?	9 + 5 =
9 + 4 =	13 = 5 + ?	7 + 6 =	13 — 7 =

5) 14 = 9 + ?	6) 14 = 8 + ?	7) 14 = 7 + ?	8) 11 — 5 =
14 = 5 + ?	14 = 6 + ?	14 — 7 =	6 + 5 =
14 — 9 =	14 — 8 =	7 — 7 =	14 — 5 =
14 — 5 =	14 — 6 =	14 — 8 =	7 + 6 =
9 + 5 =	8 + 6 =	14 — 9 =	12 — 7 =

44.

Die Fünfzehn und Sechzehn.

1) 15 = 9 + ?	2) 15 = 8 + ?	3) 16 = 9 + ?	4) 16 = 8 + ?
9 + 6 =	15 = 7 + ?	16 — 7 =	16 — 8 =
15 — 6 =	15 — 8 =	16 — 9 =	16 — 7 =
15 — 9 =	15 — 7 =	16 = 7 + ?	16 — 9 =
15 = 6 + ?	8 + 7 =	9 + 7 =	16 — 10 =

45.

Die Siebzehn und Achtzehn.

1) 17 = 9 + ?	2) 18 = 9 + ?
17 — 8 =	18 — 9 =
17 — 9 =	18 — 10 =
17 = 8 + ?	17 — 10 =
9 + 8 =	17 — 9 =

46.

Angewandte Aufgaben über Zu- und Abzählen im Zahlenraum von 1—20.

1) Wieviel Pfennig (₰) sind: **a)** 12 ₰ + 3 ₰; **b)** 9 ₰ + 4 ₰; **c)** 13 ₰ + 5 ₰; **d)** 16 ₰ + 4 ₰; **e)** 20 ₰ — 5 ₰; **f)** 16 ₰ — 3 ₰?
2) Zähle zusammen: **a)** 7 Nüsse + 4 Nüsse; **b)** 8 Äpfel + 3 Äpfel; **c)** 12 Birnen + 5 Birnen!
3) Von 10 Nüssen werden 4 weggenommen; wievielmal 2 Nüsse bleiben liegen? Wievielmal 3 Nüsse?
4) Fritz erhält von seiner Mutter 8 ₰ und von seinem Vater 4 ₰. Wieviel ₰ hat er im ganzen?
5) Wieviel ₰ erhält man für: **a)** ein Zweipfennigstück; **b)** ein Fünfpfennigstück; **c)** ein Zehnpfennigstück?
6) Karl hat ein Zehnpfennigstück und ein Fünfpfennigstück. Wieviel ₰ bleiben übrig, wenn 4 ₰ davon ausgegeben werden?
7) Anna erhält zu 9 ₰ noch soviel ₰, daß sie 1 Zehnpfennigstück und 2 Zweipfennigstücke besitzt. Wieviel ₰ hat Anna zu 9 ₰ erhalten?

8) In einem Körbchen liegen 13 Ostereier; Wilhelm nimmt soviel Eier heraus, daß nur noch 9 liegen bleiben. Wieviel Eier nimmt Wilhelm?

9) Wieviel Mark (ℳ) sind: **a)** 12 ℳ + 4 ℳ; **b)** 8 ℳ + 5 ℳ; **c)** 20 ℳ — 4 ℳ; **d)** 16 ℳ — 5 ℳ?

47.

Weitere Aufgaben.

1) Wieviel Pfennig sind: **a)** 6 ₰ + 8 ₰; **b)** 7 ₰ + 9 ₰; **c)** 4 ₰ + 7 ₰; **d)** 5 ₰ + 6 ₰; **e)** 16 ₰ — 7 ₰; **f)** 14 ₰ — 6 ₰; **g)** 18 ₰ — 9 ₰?

2) Wieviel Einpfennigstücke oder Einer (E.) sind 1 Zehnpfennigstück oder 1 Zehner (Z.)? Wieviel Z. sind 20 E.?

3) Wieviel Z. und E. sind: **a)** 13 E.; **b)** 16 E.; **c)** 19 E.; **d)** 14 E.?

4) Wieviel E. sind: **a)** 1 Z. + 6 E.; **b)** 1 Z. + 9 E.; **c)** 1 Z. + 7 E.; **d)** 1 Z. + 4 E.; **e)** 1 Z. + 8 E.?

5) Wieviel E. fehlen zu 1 Z., wenn man 6 E. hat?

6) Wieviel E. muß man noch zu 14 E. nehmen, um 2 Z. zu erhalten?

7) Eine Woche hat 7 Tage; wieviel Tage sind 1 Woche und 4 Tage? 1 Woche und 6 Tage?

8) Karl hat in seiner Sparkasse 9 ℳ; seine Schwester Anna hat 7 ℳ mehr. Wieviel hat Anna?

9) Wieviel Pfennig geben zusammen: **a)** 3 ₰ + 6 ₰ + 8 ₰ + 2 ₰; **b)** 1 Zehnpfennigst. + 1 Fünfpfennigst. + 1 Zweipfennigst.; **c)** 2 Fünfpfennigst. + 4 Zweipfennigst.?

10) 1 Jahr hat 12 Monate. Wie heißen sie? Wieviel Monate fehlen zu 1 Jahr, wenn schon verflossen sind: 2, 5, 9, 3, 7 Monate?

11) 1 Dutzend (Dutz.) hat 12 Stück (Stck.). Wieviel Stck. sind: **a)** 1 Dutz. + 7 Stck.; **b)** 1 Dutz. — 8 Stck.?

12) Wie lange dauert die Schule, wenn der Unterricht um 8 Uhr beginnt und um 12 Uhr schließt?

13) In einem Garten stehen 3 Kirschbäume, 4 Zwetschenbäume, 5 Apfelbäume und 6 Birnbäume. Wieviel Obstbäume sind es zusammen? Wieviel Steinobstbäume? Wieviel Kernobstbäume?

14) Wieviel hat Fritz für 2 Hefte zu bezahlen, wenn das eine Heft 9 ₰ und das andere 8 ₰ kostet? Wieviel erhält er auf zwei Zehnpfennigstücke heraus?

15) Luise verschenkt von 20 Briefmarken 8 Stück; wieviel behält sie?

16) Auf einem Hofe befinden sich 9 Hühner, 6 Gänse und 4 Enten. Wieviel Stück Geflügel sind es zusammen?

17) Ein Geselle verdient in einer Woche 15 ℳ, ein anderer 6 ℳ weniger; wieviel verdient der andere?

18) Karl gibt für ein Schreibheft 9 ₰, für einen Federhalter 5 ₰ und für ein Bleistift 6 ₰ aus. Wieviel ₰ gibt er im ganzen aus?

2. Malnehmen und Enthaltensein
im Zahlenraum von 1—20.

48.

Die Zweierreihe.

1)	2)	3)	4)	5)	6)
1 · 2 =	6 · 2 =	4 = ? · 2	2 in 6 =	12 = ? · 2	2 in 16 =
2 · 2 =	7 · 2 =	8 = ? · 2	2 in 10 =	14 = ? · 2	2 in 12 =
3 · 2 =	8 · 2 =	6 = ? · 2	2 in 8 =	18 = ? · 2	2 in 20 =
4 · 2 =	9 · 2 =	2 = ? · 2	2 in 4 =	20 = ? · 2	2 in 14 =
5 · 2 =	10 · 2 =	10 = ? · 2	2 in 2 =	16 = ? · 2	2 in 18 =

7) 1 Zweier = 2 ₰; 2 Zweier = 4 ₰; 3 Zweier usw. bis 10 Zweier!
8) 1 Paar = 2 Stück; 2 Paar = 4 Stück; 3 Paar usw. bis 10 Paar!
9) 1 Zweipfennigpostkarte kostet 2 ₰; 2 Karten kosten 4 ₰ usw. bis 10 Karten!

49.

Die Dreierreihe.

1)	2)	3)	4)	5)
1 · 3 =	4 · 3 =	3 = ? · 3	9 = ? · 3	3 in 9 =
2 · 3 =	6 · 3 =	6 = ? · 3	15 = ? · 3	3 in 12 =
3 · 3 =	2 · 3 =	9 = ? · 3	6 = ? · 3	3 in 6 =
4 · 3 =	5 · 3 =	12 = ? · 3	12 = ? · 3	3 in 3 =
5 · 3 =	3 · 3 =	15 = ? · 3	3 = ? · 3	3 in 18 =
6 · 3 =	1 · 3 =	18 = ? · 3	18 = ? · 3	3 in 15 =

6) Eine braune Briefmarke kostet 3 ₰; 2 br. Marken k. 6 ₰; 3 br. Marken usw. bis 6 Marken!
7) Ein Taler = 3 Mark; 2 Taler = 6 Mark; 3 Taler usw. bis 6 Taler!

50.

Die Viererreihe.

1)	2)	3)	4)	5)
1 · 4 =	2 · 4 =	4 = ? · 4	4 in 8 =	4 in 16 =
2 · 4 =	4 · 4 =	8 = ? · 4	4 in 4 =	2 in 16 =
3 · 4 =	3 · 4 =	12 = ? · 4	4 in 16 =	4 in 20 =
4 · 4 =	1 · 4 =	16 = ? · 4	4 in 12 =	2 in 20 =
5 · 4 =	5 · 4 =	20 = ? · 4	4 in 20 =	4 in 4 =

6) Ein Wagen hat 4 Räder; 2 Wagen usw. bis 5 Wagen!
7) Ein Pferd hat 4 Beine; 2 Pferde usw. bis 5 Pferde!

51.

Die Fünfer- und Zehnerreihe.

1)	2)	3)	4)	5)
1· 5 =	2· 5 =	5 = ?· 5	5 in 5 =	5 in 10 =
2· 5 =	2·10 =	10 = ?· 5	5 in 15 =	2 in 10 =
3· 5 =	4· 5 =	15 = ?· 5	5 in 10 =	5 in 20 =
4· 5 =	1· 5 =	20 = ?· 5	5 in 20 =	4 in 20 =
1·10 =	1·10 =	20 = ?·10	10 in 20 =	10 in 20 =
2·10 =	3· 5 =	10 = ?·10	10 in 10 =	2 in 20 =

6) Eine Postkarte kostet 5 ₰; was kosten 2, 3, 4 Postkarten?

7) 1 Fünfpfennigstück (Fünfer) = 5 ₰; wieviel ₰ sind 2, 3, 4 Fünfer?

52.

Die Sechser- bis Neunerreihe.

1)	2)	3)	4)	5)
2· 6 =	2· 4 =	6 = ?·6	6 in 12 =	2 in 12 =
3· 6 =	2· 6 =	12 = ?·6	7 in 7 =	3 in 12 =
2· 7 =	2· 7 =	18 = ?·6	6 in 18 =	4 in 12 =
2· 8 =	2· 9 =	6 in 6 =	7 in 14 =	6 in 12 =
2· 9 =	2· 8 =	6 in 12 =	8 in 16 =	12 in 12 =
2·10 =	2·10 =	6 in 18 =	9 in 9 =	1 in 12 =

6) Eine Arbeitswoche hat 6 Tage. Wieviel Tage haben 2 Arbeitswochen? 3 Arbeitswochen?

7) Eine Woche hat 7 Tage. Wieviel Tage haben 2 Wochen?

53.

Aufgaben mit 3 Zahlen.

1)	2)	3)	4)
2·2 + 1 =	4·2 — 1 =	6· 2 + 1 =	2·2 + 9 =
3·3 + 2 =	3·6 — 4 =	4· 3 — 5 =	2·6 — 7 =
2·5 + 6 =	2·6 — 5 =	7· 2 + 5 =	3·2 + 8 =
4·2 + 3 =	4·5 — 8 =	3· 4 — 7 =	3·6 — 9 =
3·5 + 4 =	2·9 — 6 =	2·10 — 8 =	4·2 + 7 =
2·7 + 6 =	3·6 — 7 =	8· 2 — 7 =	6·1 + 7 =

5) 8·2 + 4 =
5·4 — 9 =
3·4 — 8 =
5·3 — 9 =
3·2 + 7 =
6·2 — 4 =

54.

Zerlegen als Vorbereitung fürs Teilen.

1)	2)	3)	4)	5)
4 = 2 · ?	12 = 2 · ?	6 = 3 · ?	15 = 3 · ?	20 = 4 · ?
8 = 2 · ?	16 = 2 · ?	9 = 3 · ?	8 = 4 · ?	5 = 5 · ?
6 = 2 · ?	20 = 2 · ?	3 = 3 · ?	4 = 4 · ?	10 = 5 · ?
10 = 2 · ?	18 = 2 · ?	12 = 3 · ?	12 = 4 · ?	20 = 5 · ?
2 = 2 · ?	14 = 2 · ?	18 = 3 · ?	16 = 4 · ?	15 = 5 · ?

6)	7)	8)	9)	10)
12 = 6 · ?	16 = 8 · ?	20 = 2 · ?	18 = 9 · ?	16 = 8 · ?
6 = 6 · ?	8 = 8 · ?	20 = 20 · ?	18 = 6 · ?	16 = 2 · ?
18 = 6 · ?	9 = 9 · ?	20 = 5 · ?	18 = 3 · ?	16 = 4 · ?
7 = 7 · ?	18 = 9 · ?	20 = 4 · ?	18 = 2 · ?	15 = 3 · ?
14 = 7 · ?	20 = 10 · ?	10 = 2 · ?	8 = 2 · ?	15 = 5 · ?

3. Malnehmen und Teilen

im Zahlenraum von 1—20.

55.

1)	2)	3)	4)	5)
2 · 4 =	2 · 6 =	3 · 3 =	3 · 6 =	4 · 1 =
$\frac{1}{2}$ v. 8 =	$\frac{1}{2}$ v. 12 =	$\frac{1}{3}$ v. 9 =	3 · 4 =	4 · 2 =
2 · 3 =	2 · 8 =	3 · 2 =	$\frac{1}{3}$ v. 12 =	$\frac{1}{4}$ v. 8 =
2 · 5 =	2 · 10 =	3 · 1 =	$\frac{1}{2}$ v. 12 =	4 · 4 =
$\frac{1}{2}$ v. 10 =	$\frac{1}{2}$ v. 20 =	3 · 5 =	$\frac{1}{2}$ v. 8 =	4 · 5 =
2 · 2 =	2 · 9 =	$\frac{1}{3}$ v. 15 =	$\frac{1}{2}$ v. 18 =	$\frac{1}{4}$ v. 20 =
2 · 1 =	2 · 7 =	3 · 4 =	$\frac{1}{3}$ v. 18 =	$\frac{1}{4}$ v. 16 =

6)	7)	8)	9)	10)
5 · 1 =	6 · 2 =	7 · 1 =	8 · 1 =	9 · 1 =
$\frac{1}{5}$ v. 5 =	$\frac{1}{6}$ v. 12 =	$\frac{1}{7}$ v. 7 =	$\frac{1}{8}$ v. 8 =	$\frac{1}{9}$ v. 9 =
5 · 2 =	6 · 1 =	7 · 2 =	8 · 2 =	9 · 2 =
5 · 3 =	6 · 3 =	$\frac{1}{7}$ v. 14 =	$\frac{1}{8}$ v. 16 =	$\frac{1}{9}$ v. 18 =
$\frac{1}{5}$ v. 15 =	$\frac{1}{6}$ v. 18 =	6 · 3 =	$\frac{1}{3}$ v. 12 =	$\frac{1}{3}$ v. 18 =
5 · 4 =	$\frac{1}{6}$ v. 6 =	$\frac{1}{6}$ v. 18 =	$\frac{1}{2}$ v. 12 =	$\frac{1}{6}$ v. 18 =
$\frac{1}{5}$ v 20 =	$\frac{1}{3}$ v. 6 =	4 · 4 =	$\frac{1}{4}$ v. 12 =	$\frac{1}{2}$ v. 20 =

11)	12)	13)	14)
10 · 1 =	16 : 2 =	6 : 2 =	12 : 2 =
$\frac{1}{10}$ v. 10 =	16 : 4 =	14 : 7 =	12 : 3 =
10 · 2 =	15 : 3 =	14 : 2 =	12 : 6 =
$\frac{1}{10}$ v. 20 =	15 : 5 =	18 : 2 =	12 : 4 =
$\frac{1}{5}$ v. 20 =	20 : 4 =	18 : 3 =	10 : 5 =
$\frac{1}{8}$ v. 16 =	20 : 5 =	18 : 9 =	10 : 2 =
$\frac{1}{5}$ v. 10 =	20 : 10 =	18 : 6 =	10 : 10 =

56.

Angewandte Aufgaben über Malnehmen, Messen und Teilen im Zahlenraum von 1—20.

1) Wieviel Flügel haben 4 Vögel zusammen? Wieviel Beine haben 7 Vögel?
2) Wieviel Beine hat eine Katze? Wieviel Beine haben 3 Katzen zusammen?
3) Karl besitzt 6 Griffel, Peter 2 mal soviel. Wieviel Griffel hat Peter?
4) Wieviel Pfennig hat man für 6 Brötchen zu bezahlen, wenn 1 Brötchen 3 ₰ kostet? Wieviel Brötchen erhält man für 15 ₰?
5) In einem Korbe liegen 18 Nüsse. Wie oft kann man 3 Nüsse herausnehmen? Wievielmal dagegen 6 Nüsse? Wievielmal 2 Nüsse? Wie oft 9 Nüsse?
6) Wieviel ₰ fehlen zu 20 ₰, wenn man 2 Fünfpfennigstücke und 3 Zweipfennigstücke hat?
7) Was kosten 2 Schreibhefte, wenn man für 1 Heft 9 Pfennig bezahlt?
8) Fritz hat 20 Bleisoldaten. Wieviel Reihen kann er aufstellen, wenn in jede Reihe 2, 4, 5, 10 Soldaten gestellt werden?
9) Wie oft kann man 2 ₰ von 8 ₰ wegnehmen? Von 16 ₰? 20 ₰? 12 ₰?
10) Wievielmal sind 2 in 12 enthalten? 3 in 12? 4 in 12? 6 in 12?
11) Für 6 ₰ erhält man 1 Bleistift; wieviel Bleistifte erhält man für 12 ₰? Für 18 ₰?
12) Ein Bogen Papier kostet 2 ₰. Wieviel Bogen erhält man für 8 ₰? Für 14 ₰? 20 ₰?
13) In einem Körbchen liegen 16 Eier; wievielmal 2 Eier kann man herausnehmen?
14) Wieviel Mark sind 3 Fünfmarkstücke und 1 Zweimarkstück?
15) Wieviel Zweimarkstücke erhält man für 1 Zehnmarkstück? Wieviel Fünfmarkstücke? Wieviel für 1 Zwanzigmarkstück?
16) 3 Knaben teilen in gleichen Teilen 18 Nüsse unter sich. Wieviel Nüsse erhält 1 Knabe? Wieviel bekommt einer, wenn 6 Knaben 18 Nüsse teilen? Wenn aber 9 Knaben diese 18 Nüsse teilen?
17) Ein Ei kostet 5 Pfennig. Wieviel Eier erhält man für 15 ₰? Für 20 ₰?
18) 4 Wecke kosten 12 Pfennig; wieviel kostet 1 Weck?
19) Wieviel ist der zweite Teil oder die Hälfte von 8 ₰? Der dritte Teil von 12 ₰? Der 4te Teil von 20 ₰? Der 6te Teil von 18 ₰? Der 8te Teil von 16 ₰? Der 10te Teil von 20 ₰?

III. Der Zahlenraum von 1 bis 100.

A. Nochmals der Zahlenraum von 1—20.

57.

a) Zehner und Einer.

1) Ein Zweipfennigstück oder Zweier ist soviel wert wie wieviel Einpfennigstücke oder Einer?
2) Ein Fünfpfennigstück oder Fünfer ist soviel wert wie wieviel Einpfennigstücke oder Einer?
3) Wieviel einzelne Pfennigstücke erhält man für 1 Zehnpfennigstück oder 1 Zehner?
4) Wieviel Einer sind: **a)** 1 Zehner; **b)** 1 Fünfer; **c)** 1 Zweier?
5) Wieviel Einer sind 2 Zehner?
6) Wieviel Pfennig erhält man: **a)** für 1 Zehner und 1 Zweier; **b)** für 1 Zehner und 1 Fünfer?
7) Wieviel Zehner und Einer sind: **a)** 12 Einer, **b)** 15 Einer?
8) Wieviel Einer sind 1 Z. + 3 E., 1 Z. + 7 E., 1 Z. + 9 E.?
9) Wieviel Z. und E. sind: **a)** 13 Einer; **b)** 17 Einer; **c)** 19 Einer; **d)** 20 Einer?
10) Zerlege die Zahlen von 10 bis 20 in Zehner und Einer!

58.

b) Schreiben der Zahlen von 10—20.

1) Zeige an der Rechenmaschine 10 Kugeln! Schreibe die Zahl 10! Was bedeutet in der geschriebenen Zahl die Ziffer 1? Die Ziffer rechts von 1?
2) Zeige 11 Kugeln! Schreibe die Zahl 11! Wieviel Z. u. E. hat die Zahl? Was bedeutet die linksstehende Ziffer 1? Was die rechtsstehende Ziffer 1?
3) Zeige 12 Kugeln! Schreibe die Zahl 12! Zerlege die Zahl 12 in Z. u. E.! Zeige in der geschriebenen Zahl den 1 Z.! Die 2 E.!
4) Schreibe genau untereinander: 13, 14, 15, 16, 17, 18, 19, 20! Zerlege jede der Zahlen in Z. u. E.! Zeige in jeder Zahl den Z.! Die E.! Auf welcher Seite steht der Zehner? Wo stehen die Einer?
5) Schreibe die Zahlen von 1 bis 20 in ihrer Aufeinanderfolge untereinander!

B. Erweiterung des Zahlenraums bis 30.

59.

a) Bilden der Zahlen.

1) Zeige an der Rechenmaschine 20 Kugeln! Wievielmal 10 K. sind 20 K.? Wieviel gibt 1 · 10 K.? 2 · 10 K.?
2) Zeige 2 · 10 K. + 1 K.! Wieviel gibt 20 + 1? Zerlege die Zahl 21 in Z. + E.!
3) Zeige 2 · 10 K. + 2 K.! Was gibt 20 + 2? Zerlege 22 in Z. u. E.!
4) Zeige und zerlege: 23, 24, 25, 26, 27, 28, 29!
5) Zeige 3 · 10 K.! Wieviel sind 3 · 10? Zerlege 30 in Z. + E.!
6) Zerlege in Z. und E.: 20, 24, 28, 30, 29, 21, 23, 26, 22, 25, 27!
7) Zähle **a)** von 20 bis 30 aufwärts, **b)** von 30 bis 20 rückwärts!
8) Welche Einerzahl steht vor 24? Vor 28? Vor 21?
9) Welche Einerzahl folgt auf 24? Auf 29?

60.

b) Schreiben der Zahlen.

1) Schreibe die Zahl 10! Darunter die Zahl 20! Die Zahl 30! Zeige in den geschriebenen Zahlen die Zehner! Die Einer!
2) Schreibe die Zahl 21! Zerlege diese Zahl! Zeige in der geschriebenen Zahl die Zehner! Die Einer!
3) Zerlege die Zahlen: 23, 26, 28, 29!
4) Schreibe die Zahlen von 20 bis 30 untereinander!
5) Schreibe als eine Zahl: **a)** 20 + 3, **b)** 20 + 5, **c)** 20 + 7, **d)** 20 + 9, **e)** 20 + 10!
6) Wieviel Zehner bilden 10 Einer? 20 E.? 30 E.?
7) Wieviel Einer sind **a)** 2 Z. + 4 E., **b)** 2 Z. + 9 E.?
8) Schreibe alle Zahlen von 1 bis 30 in ihrer Aufeinanderfolge!
9) Zähle von 30 bis 1 rückwärts!

61.

c) Zu- und Abzählen.

Ohne Übergang.

1)		2)	
20 + 1 =	20 + 5 =	21 + 1 =	26 + 3 =
20 + 3 =	20 + 4 =	23 + 2 =	24 + 5 =
20 + 6 =	20 + 2 =	28 + 1 =	23 + 4 =
20 + 10 =	20 + 9 =	22 + 4 =	22 + 6 =
20 + 8 =	20 + 7 =	21 + 8 =	25 + 3 =

3)	4)	5)	6)	7)
20 + ? = 25	8 + 2 =	20 + ? = 30	21 — 1 =	29 — 3 =
21 + ? = 26	18 + 2 =	22 + ? = 30	25 — 5 =	24 — 2 =
22 + ? = 25	28 + 2 =	25 + ? = 30	28 — 8 =	28 — 7 =
21 + ? = 28	6 + 4 =	28 + ? = 30	23 — 3 =	27 — 5 =
23 + ? = 29	16 + 4 =	24 + ? = 30	26 — 6 =	26 — 3 =
22 + ? = 27	26 + 4 =	23 + ? = 30	24 — 4 =	28 — 6 =
21 + ? = 29	1 + 9 =	29 + ? = 30	29 — 9 =	29 — 8 =
24 + ? = 28	11 + 9 =	26 + ? = 30	27 — 7 =	25 — 3 =
26 + ? = 29	21 + 9 =	27 + ? = 30	22 — 2 =	27 — 4 =
23 + ? = 28	22 + 8 =	21 + ? = 30	30 — 10 =	28 — 5 =

8)	9)	10)	11)	12)
30 — 1 =	30 — ? = 27	10 — 2 =	10 — 9 =	1 + 1 = 2
30 — 2 =	30 — ? = 24	20 — 2 =	20 — 9 =	2 + 1 usw.
30 — 3 =	30 — ? = 22	30 — 2 =	30 — 9 =	bis 30
30 — 4 =	30 — ? = 25	10 — 4 =	10 — 6 =	
30 — 5 =	30 — ? = 23	20 — 4 =	20 — 6 =	**13)**
30 — 6 =	30 — ? = 21	30 — 4 =	30 — 6 =	30 — 1 = 29
30 — 7 =	30 — ? = 28	10 — 7 =	10 — 8 =	29 — 1 usw.
30 — 8 =	30 — ? = 26	20 — 7 =	20 — 8 =	bis 0
30 — 9 =	30 — ? = 29	30 — 7 =	30 — 8 =	
30 — 10 =	30 — ? = 20	30 — 3 =	30 — 5 =	

14)	15)	16)	17)
2 + 2 = 4	30 — 2 = 28	5 + 5 = 10	30 — 5 = 25
4 + 2 usw.	28 — 2 usw.	10 + 5 usw.	25 — 5 usw.
bis 30	bis 0	bis 30	bis 0

62.

Mit Übergang.

1)	2)	3)	4)	5)
19 + ? = 20	19 + 2 =	17 + 4 =	18 + 4 =	3 + 8 =
17 + ? = 20	19 + 4 =	17 + 6 =	15 + 7 =	13 + 8 =
12 + ? = 20	19 + 6 =	17 + 8 =	19 + 6 =	4 + 9 =
15 + ? = 20	19 + 3 =	16 + 5 =	14 + 8 =	14 + 9 =
18 + ? = 20	19 + 5 =	16 + 6 =	17 + 5 =	6 + 8 =
14 + ? = 20	19 + 7 =	16 + 9 =	13 + 9 =	16 + 8 =
11 + ? = 20	19 + 9 =	15 + 7 =	16 + 6 =	8 + 8 =
13 + ? = 20	19 + 8 =	15 + 9 =	19 + 8 =	18 + 8 =
16 + ? = 20	18 + 3 =	14 + 9 =	15 + 9 =	5 + 7 =
26 + ? = 30	18 + 5 =	12 + 9 =	14 + 7 =	15 + 7 =

6)	7)	8)	9)	10)
22 — ? = 20	21 — 4 =	24 — 5 =	13 — 4 =	11 — 4 =
24 — ? = 20	23 — 7 =	24 — 7 =	23 — 4 =	21 — 4 =
29 — ? = 20	26 — 8 =	24 — 6 =	15 — 7 =	13 — 6 =
25 — ? = 20	22 — 6 =	24 — 8 =	25 — 7 =	23 — 6 =
28 — ? = 20	26 — 9 =	25 — 6 =	11 — 5 =	15 — 8 =
21 — ? = 20	21 — 2 =	25 — 8 =	21 — 5 =	25 — 8 =
27 — ? = 20	23 — 8 =	25 — 7 =	12 — 4 =	12 — 9 =
26 — ? = 20	22 — 9 =	25 — 9 =	22 — 4 =	22 — 9 =
23 — ? = 20	23 — 4 =	23 — 6 =	14 — 8 =	16 — 8 =
30 — ? = 20	21 — 7 =	22 — 5 =	24 — 8 =	26 — 8 =

11)	12)	13)	14)
1 + 2 = 3	1 + 3 = 4	2 + 3 = 5	3 + 3 = 6
3 + 2 usw.	4 + 3 usw.	5 + 3 usw.	6 + 3 usw.
bis 29	bis 28	bis 29	bis 30

15)	16)	17)	18)
1 + 4 = 5	3 + 4 = 7	29 — 2 = 27	30 — 3 = 27
5 + 4 usw.	7 + 4 usw.	27 — 2 usw.	27 — 3 usw.
bis 29	bis 27	bis 1	bis 0

19)	20)	21)	22)
30 — 4 = 26	29 — 3 = 26	29 — 4 = 25	29 — 5 = 24
26 — 4 usw.	26 — 3 usw.	25 — 4 usw.	24 — 5 usw.
bis 2	bis 2	bis 1	bis 4

C. Erweiterung des Zahlenraums bis 50.

63.

a) Bilden und Schreiben der Zahlen.

1) Zeige an der Rechenmaschine 30 Kugeln! Wievielmal 10 K. sind 30 K.?
2) Wieviel gibt 30 + 1? Zerlege 31 in Z. + E.!
3) Zerlege ebenso 32, 33, 34, 35 usw. bis 40 in Z. + E.!
4) Zerlege die Zahlen 41, 42, 43, 44 usw. bis 50 in Z. + E.!
5) Nenne die Zahlen von 30 bis 40 in aufsteigender Reihe!
6) Desgleichen die Zahlen von 40 bis 50!
7) Zähle von 50 bis 30 rückwärts!
8) Schreibe die Zahlen 31, 32, 33 usw. bis 40!
9) Schreibe die Zahlen 41, 42, 43 usw. bis 50!

64.

b) Zu- und Abzählen.

Ohne Übergang.

1)	2)	3)	4)	5)
30 + 1 =	30 + ? = 37	31 + 8 =	37 + ? = 40	7 + 3 =
30 + 2 =	30 + ? = 39	32 + 4 =	35 + ? = 40	27 + 3 =
30 + 3 =	30 + ? = 32	35 + 3 =	39 + ? = 40	17 + 3 =
30 + 4 =	30 + ? = 38	33 + 6 =	38 + ? = 40	37 + 3 =
30 + 5 =	30 + ? = 35	32 + 7 =	33 + ? = 40	2 + 8 =
30 + 6 =	30 + ? = 36	34 + 4 =	36 + ? = 40	32 + 8 =
30 + 7 =	30 + ? = 40	36 + 2 =	31 + ? = 40	12 + 8 =
30 + 8 =	30 + ? = 31	31 + 9 =	30 + ? = 40	22 + 8 =
30 + 9 =	30 + ? = 34	32 + 6 =	34 + ? = 40	24 + 6 =
30 + 10 =	30 + ? = 33	35 + 2 =	32 + ? = 40	34 + 6 =

6)	7)	8)	9)	10)
40 + 2 =	40 + ? = 45	41 + 3 =	42 + ? = 50	6 + 4 =
40 + 4 =	40 + ? = 48	43 + 6 =	46 + ? = 50	36 + 4 =
40 + 7 =	40 + ? = 43	46 + 2 =	43 + ? = 50	16 + 4 =
40 + 9 =	40 + ? = 49	41 + 8 =	41 + ? = 50	26 + 4 =
40 + 10 =	40 + ? = 41	44 + 5 =	45 + ? = 50	46 + 4 =
40 + 5 =	40 + ? = 50	43 + 4 =	48 + ? = 50	3 + 7 =
40 + 8 =	40 + ? = 42	42 + 6 =	49 + ? = 50	43 + 7 =
40 + 3 =	40 + ? = 47	47 + 2 =	44 + ? = 50	13 + 7 =
40 + 1 =	40 + ? = 44	44 + 4 =	47 + ? = 50	33 + 7 =
40 + 6 =	40 + ? = 46	41 + 9 =	40 + ? = 50	23 + 7 =

11)	12)	13)	14)	15)
32 — ? = 30	34 — 3 =	44 — 2 =	40 — 2 =	10 — 6 =
34 — ? = 30	37 — 2 =	48 — 5 =	40 — 5 =	30 — 6 =
36 — ? = 30	36 — 5 =	49 — 4 =	40 — 7 =	20 — 6 =
39 — ? = 30	39 — 8 =	43 — 1 =	40 — 6 =	50 — 6 =
35 — ? = 30	32 — 1 =	47 — 5 =	40 — 9 =	40 — 6 =
41 — ? = 40	38 — 4 =	46 — 3 =	50 — 3 =	10 — 7 =
43 — ? = 40	39 — 4 =	49 — 8 =	50 — 8 =	50 — 7 =
46 — ? = 40	36 — 3 =	48 — 6 =	50 — 4 =	30 — 7 =
48 — ? = 40	37 — 6 =	47 — 4 =	50 — 7 =	40 — 7 =
44 — ? = 40	34 — 2 =	45 — 3 =	50 — 6 =	20 — 7 =
47 — ? = 40	33 — 1 =	46 — 5 =	50 — 9 =	50 — 9 =

16)	17)	18)	19)
1 + 1 = 2	2 + 2 = 4	5 + 5 = 10	50 — 1 = 49
2 + 1 usw.	4 + 2 usw.	10 + 5 usw.	49 — 1 usw.
bis 50	bis 50	bis 50	bis 0

20)	21)
50 — 2 = 48	50 — 5 = 45
48 — 2 usw.	45 — 5 usw.
bis 0	bis 0

65.

Mit Übergang.

1)	2)	3)	4)	5)
29 + ? = 30	29 + 2 =	31 — 2 =	33 — 5 =	11 — 4 =
26 + ? = 30	28 + 4 =	31 — 4 =	35 — 8 =	21 — 4 =
27 + ? = 30	27 + 6 =	31 — 6 =	37 — 9 =	31 — 4 =
23 + ? = 30	26 + 7 =	31 — 3 =	33 — 6 =	41 — 4 =
24 + ? = 30	33 + 9 =	31 — 7 =	34 — 9 =	13 — 6 =
34 + ? = 40	39 + 3 =	31 — 9 =	41 — 4 =	23 — 6 =
36 + ? = 40	36 + 9 =	31 — 5 =	42 — 6 =	33 — 6 =
32 + ? = 40	39 + 6 =	31 — 8 =	43 — 9 =	43 — 6 =
38 + ? = 40	37 + 4 =	32 — 4 =	44 — 7 =	16 — 9 =
37 + ? = 40	34 + 7 =	32 — 6 =	45 — 9 =	46 — 9 =

6)	7)	8)	9)
1 + 2 = 3	1 + 3 = 4	2 + 3 = 5	3 + 3 = 6
3 + 2 usw.	4 + 3 usw.	5 + 3 usw.	6 + 3 usw.
bis 49	bis 49	bis 50	bis 48

10) Bilde weitere Reihen von 1, 2 und 3 an, indem du zuerst 4 und dann 5 zuzählst!

11)	12)	13)	14)
50 — 4 = 46	50 — 6 = 44	49 — 5 = 44	49 — 7 = 42
46 — 4 usw.	44 — 6 usw.	44 — 5 usw.	42 — 7 usw.
bis 2	bis 2	bis 4	bis 0

66.

Angewandte Aufgaben über Zu- und Abzählen im Zahlenraum von 1—50.

1) Albert hat 3 Zehnpfennigstücke, 2 Fünfer und 3 Zweier. Wieviel Pfennig hat er im ganzen?

2) Wieviel ₰ bleiben von einem Fünfzigpfennigstück übrig, wenn man 9 ₰ + 8 ₰ + 6 ₰ zu bezahlen hat?

3) Eine Bauersfrau bringt 50 Eier auf den Markt; davon verkauft sie 10 + 5 + 8 Stück. Wieviel Eier hat sie noch übrig?

4) Wieviel Pfennig fehlen noch zum Werte von 4 Zehnpfennigstücken, wenn man 32 Pfennig hat? Wenn man aber 35 Pfennig besitzt?
5) In einem Garten stehen 24 Birnbäume, 9 Apfelbäume, 10 Zwetschenbäume und 7 Kirschbäume. Wieviel Obstbäume sind im Garten? Wieviel Kernobstbäume? Wieviel Steinobstbäume?
6) Gutsbesitzer W. hat 24 Kühe, 10 Pferde und 9 Kälber. Wieviel Stück Vieh sind es zusammen?
7) Ein Tag hat 24 Stunden. Wieviel Stunden fehlen noch zum ganzen Tag, wenn schon 16 Stunden verflossen sind?
8) In einer Schulklasse sind 45 Schüler; davon treten 6 Schüler aus. Wieviel Schüler sind dann noch in der Klasse?
9) Frau K. hat 6 ℳ + 5 ℳ + 3 ℳ zu bezahlen; wieviel erhält sie auf ein Zwanzigmarkstück zurück?
10) Elise geht mit einem Fünfzigpfennigstück zur Post. Wieviel Geld bringt sie wieder nach Hause zurück, nachdem sie 3 Zehner-, 1 Fünfer- und 3 Dreiermarken gekauft hat?

D. Erweiterung des Zahlenraums bis 100.

67.

a) Bilden der Zahlen.

1) Wieviel Einpfennigstücke oder Einer erhält man für 1 Zehnpfennigstück oder 1 Zehner? Für 2 Zehner? 4 Zehner? 5 Zehner? 6, 7, 8, 9, 10 Zehner?
2) Wieviel Einer erhält man für 6, 8, 10, 5, 7, 9, 3, 4, 2, 1 Zehner?
3) Wieviel Einpfennigstücke sind **a)** 5 Zehner + 1 Einer, **b)** 6 Zehner und 1 Zweier, **c)** 7 Zehner + 1 Fünfer, **d)** 8 Zehner + 2 Zweier, **e)** 9 Zehner + 2 Zweier, **f)** 9 Zehner + 1 Einer + 1 Fünfer, **g)** 8 Zehner + 3 Zweier, **h)** 7 Zehner + 2 Fünfer, **i)** 6 Zehner + 1 Fünfer + 2 Zweier?
4) Wieviel Zehnpfennigstücke gibt man für 50 einzelne Pfennig?
5) Wieviel Z. + E. sind: 60 ₰, 70 ₰, 80 ₰, 90 ₰?
6) Zeige an der Rechenmaschine 10 Kugeln! Zeige 20, 30, 40, 50 K.!
7) Zeige 51 K.! 55 K.! Zerlege 55 in Z. + E.!
8) Zeige 58 K.! Zerlege 58 in Z. + E.! Zeige 60! Zerlege 60!
9) Zeige und zerlege: 64, 69, 70, 73, 78, 80, 81, 89, 90, 92, 97, 100!
10) Zerlege in Z. + E.: 12, 24, 36, 47, 58, 60, 71, 83, 95, 100!
11) Wieviel Einer sind 2 Z. + 4 E.? 3 Z. + 7 E.? 4 Z. + 3 E.? 5 Z. + 5 E.? 6 Z. + 1 E.? 7 Z. + 7 E.? 8 Z. + 3 E.? 9 Z. + 10 E.?
12) Zähle von 50 aufwärts bis 100!
13) Zähle von 100 abwärts bis 50!

68.

b) Schreiben der neuen Zahlen.

1) Zeige an der Rechenmaschine 5 Z. + 2 E.! Wie heißt die erhaltene Zahl? Schreibe diese Zahl! Was bedeutet die Ziffer 5? Was die Ziffer 2?
2) Schreibe die Zahlen 50, 51, 52 usw. bis 60!
3) Zeige an der Rechenmaschine 6 Zehner! Dann 6 Z. + 6 E.! Wie heißt die erhaltene Zahl? Schreibe diese Zahl!
4) Schreibe die Zahlen 60, 61, 62 bis 70!
5) Schreibe und lies die aufgeschriebenen Zahlen 70, 71, 72 usw. bis 100!
6) Schreibe und lies die aufgeschriebenen Zahlen 100, 99, 98 usw. bis 50!

1. Zu- und Abzählen.

Noch keine Zehnerüberschreitung.

69.

a) Zu- und Abzählen reiner Zehnerzahlen.

1)	2)	3)	4)	5)
10 + 10 =	20 + 20 =	30 + 30 =	30 + 40 =	20 + 60 =
30 + 10 =	40 + 20 =	60 + 30 =	40 + 40 =	40 + 60 =
60 + 10 =	80 + 20 =	40 + 30 =	60 + 40 =	30 + 60 =
40 + 10 =	30 + 20 =	20 + 30 =	50 + 40 =	10 + 60 =
80 + 10 =	70 + 20 =	70 + 30 =	10 + 50 =	30 + 70 =
50 + 10 =	50 + 20 =	50 + 30 =	30 + 50 =	10 + 70 =
90 + 10 =	10 + 20 =	30 + 30 =	20 + 50 =	20 + 70 =
20 + 10 =	60 + 20 =	10 + 40 =	40 + 50 =	20 + 80 =
70 + 10 =	10 + 30 =	20 + 40 =	50 + 50 =	10 + 90 =

6)	7)	8)	9)	10)
50 — 10 =	60 — 20 =	70 — 30 =	90 — 60 =	10 + 30 =
80 — 10 =	30 — 20 =	100 — 30 =	70 — 60 =	80 — 40 =
20 — 10 =	90 — 20 =	50 — 40 =	100 — 60 =	50 + 40 =
90 — 10 =	70 — 20 =	80 — 40 =	80 — 60 =	90 — 60 =
70 — 10 =	100 — 20 =	70 — 40 =	80 — 70 =	30 + 50 =
100 — 10 =	40 — 20 =	90 — 40 =	100 — 70 =	80 — 20 =
60 — 10 =	40 — 30 =	80 — 50 =	90 — 70 =	20 + 70 =
40 — 10 =	80 — 30 =	100 — 50 =	100 — 80 =	90 — 50 =
30 — 10 =	60 — 30 =	90 — 50 =	90 — 80 =	30 + 70 =
50 — 20 =	90 — 30 =	70 — 50 =	100 — 90 =	100 — 60 =

70.

b) Zu Zehnern werden Einer zu- und wieder abgezählt.

1)	2)	3)	4)	5)
50 + 4 =	60 + 8 =	70 + 9 =	80 + 4 =	90 + 8 =
50 + 7 =	60 + 2 =	70 + 5 =	80 + 9 =	90 + 4 =
50 + 9 =	60 + 7 =	70 + 4 =	80 + 5 =	90 + 2 =
50 + 3 =	60 + 4 =	70 + 6 =	80 + 3 =	90 + 3 =
50 + 8 =	60 + 6 =	70 + 1 =	80 + 6 =	90 + 7 =

6)	7)	8)	9)
20 + 3 =	20 + 7 =	20 + 8 =	20 + 9 =
30 + 3 =	30 + 7 =	30 + 8 =	30 + 9 =
usw. bis	usw. bis	usw. bis	usw. bis
90 + 3 =	90 + 7 =	90 + 8 =	90 + 9 =

10)	11)	12)	13)	14)
52 — 2 =	69 — 9 =	78 — 8 =	85 — 5 =	99 — 9 =
58 — 8 =	67 — 7 =	76 — 6 =	89 — 9 =	97 — 7 =
55 — 5 =	63 — 3 =	74 — 4 =	84 — 4 =	93 — 3 =
53 — 3 =	68 — 8 =	72 — 2 =	82 — 2 =	98 — 8 =
59 — 9 =	61 — 1 =	77 — 7 =	86 — 6 =	94 — 4 =

15)	16)	17)	18)
96 — 6 =	97 — 7 =	98 — 8 =	99 — 9 =
86 — 6 =	87 — 7 =	88 — 8 =	89 — 9 =
usw. bis	usw. bis	usw. bis	usw. bis
6 — 6 =	7 — 7 =	8 — 8 =	9 — 9 =

71.

c) Zu- und Abzählen von Einern zu und von gemischten Zehnerzahlen.

1)	2)	3)	4)	5)
51 + 2 =	67 + 2 =	72 + 6 =	82 + 6 =	91 + 7 =
54 + 4 =	63 + 4 =	71 + 8 =	85 + 2 =	96 + 3 =
52 + 7 =	65 + 3 =	72 + 5 =	84 + 5 =	92 + 5 =
55 + 3 =	61 + 6 =	76 + 3 =	81 + 5 =	94 + 5 =
52 + 3 =	66 + 4 =	74 + 4 =	83 + 4 =	96 + 2 =

6)	7)	8)	9)	10)
21 + 2 =	22 + 2 =	21 + 3 =	22 + 4 =	23 + 6 =
31 + 2 =	32 + 2 =	31 + 3 =	32 + 4 =	33 + 6 =
usw. bis	usw. bis	usw. bis	usw. bis	usw. bis
91 + 2 =	92 + 2 =	91 + 3 =	92 + 4 =	93 + 6 =

11)	12)	13)	14)	15)
55 — 3 =	65 — 2 =	78 — 5 =	89 — 6 =	96 — 5 =
57 — 4 =	67 — 4 =	75 — 2 =	85 — 3 =	94 — 2 =
56 — 5 =	66 — 4 =	79 — 4 =	87 — 3 =	97 — 4 =
58 — 5 =	69 — 5 =	73 — 2 =	88 — 6 =	99 — 4 =
59 — 4 =	68 — 6 =	77 — 3 =	84 — 3 =	98 — 5 =

16)	17)	18)	19)	20)
99 — 3 =	99 — 5 =	97 — 3 =	98 — 5 =	96 — 4 =
89 — 3 =	89 — 5 =	87 — 3 =	88 — 5 =	86 — 4 =
usw. bis	usw. bis	usw. bis	usw. bis	usw. bis
9 — 3 =	9 — 5 =	7 — 3 =	8 — 5 =	6 — 4 =

72.

d) **Zu reinen Zehnerzahlen werden gemischte Zehnerzahlen zu- und wieder abgezählt.**

1)	2)	3)	4)	5)
10 + 12 =	30 + 46 =	40 + 51 =	60 + 29 =	10 + 86 =
10 + 25 =	30 + 65 =	50 + 12 =	70 + 14 =	50 + 43 =
20 + 46 =	40 + 15 =	50 + 33 =	70 + 26 =	40 + 39 =
20 + 54 =	40 + 37 =	50 + 46 =	80 + 11 =	70 + 16 =
20 + 69 =	40 + 46 =	60 + 15 =	80 + 18 =	30 + 25 =

6)	7)	8)	9)	10)
10 + 11 =	10 + 14 =	20 + 31 =	10 + 17 =	40 + 41 =
10 + 12 =	20 + 14 =	20 + 32 =	20 + 17 =	40 + 42 =
10 + 13 =	30 + 14 =	20 + 33 =	30 + 17 =	40 + 43 =
usw. bis	usw. bis	usw. bis	usw. bis	usw. bis
10 + 29 =	80 + 14 =	20 + 53 =	80 + 17 =	40 + 55 =

11)	12)	13)	14)	15)
22 — 12 =	79 — 19 =	31 — 21 =	64 — 14 =	42 — 22 =
27 — 17 =	83 — 23 =	43 — 13 =	58 — 28 =	83 — 43 =
36 — 16 =	77 — 47 =	83 — 63 =	78 — 38 =	96 — 56 =
44 — 24 =	81 — 61 =	97 — 57 =	85 — 65 =	62 — 42 =
86 — 36 =	98 — 48 =	86 — 76 =	99 — 59 =	57 — 17 =

73.

e) **Zu- und Abzählen reiner Zehner zu und von gemischten Zehnerzahlen.**

1)	2)	3)	4)	5)
36 + 20 =	41 + 20 =	31 + 40 =	38 + 40 =	16 + 60 =
14 + 10 =	86 + 10 =	25 + 30 =	27 + 50 =	13 + 80 =
69 + 30 =	78 + 20 =	29 + 60 =	39 + 40 =	36 + 30 =
52 + 30 =	66 + 10 =	18 + 70 =	22 + 10 =	77 + 10 =
33 + 40 =	43 + 30 =	12 + 50 =	24 + 70 =	52 + 40 =

6)	7)	8)	9)	10)
1 + 10 =	2 + 20 =	64 — 20 =	88 — 50 =	88 — 30 =
11 + 10 =	12 + 20 =	77 — 30 =	36 — 20 =	47 — 20 =
usw. bis	usw. bis	58 — 40 =	97 — 80 =	89 — 60 =
81 + 10 =	72 + 20 =	96 — 30 =	89 — 70 =	96 — 90 =
		59 — 40 =	96 — 80 =	68 — 40 =

11)	12)	13)	14)
93 — 30 =	62 — 60 =	94 — 10 =	99 — 20 =
74 — 50 =	34 — 10 =	84 — 10 =	89 — 20 =
71 — 40 =	96 — 50 =	usw. bis	usw. bis
23 — 10 =	91 — 70 =	14 — 10 =	29 — 20 =
32 — 20 =	82 — 70 =		

15) Bilde weitere Reihen von 98, 96, 95 aus, indem du a) 10, b) 20 abzählst!

74.

Zu- und Abzählen gemischter Zahlen.

1)	2)	3)	4)	5)
13 + 12 =	72 + 16 =	26 + 12 =	44 + 31 =	42 + 17 =
42 + 26 =	45 + 43 =	88 + 11 =	65 + 21 =	44 + 14 =
36 + 13 =	83 + 15 =	51 + 27 =	55 + 22 =	41 + 16 =
18 + 41 =	63 + 24 =	35 + 24 =	52 + 46 =	25 + 14 =
53 + 16 =	44 + 31 =	34 + 15 =	53 + 26 =	68 + 21 =

6)	7)	8)	9)	10)
25 + 41 =	24 + 44 =	14 + 35 =	26 + 43 =	13 + 56 =
11 + 76 =	11 + 27 =	33 + 46 =	38 + 41 =	16 + 33 =
33 + 66 =	35 + 43 =	12 + 54 =	17 + 51 =	18 + 51 =
16 + 53 =	24 + 61 =	23 + 36 =	15 + 22 =	22 + 47 =
25 + 41 =	12 + 57 =	46 + 52 =	12 + 64 =	13 + 75 =

75.

Zehnerergänzung und Zehnerauflösung.

a) Einer werden zu- und abgezählt.

1)	2)	3)	4)	5)
43 + 7 =	94 + 6 =	33 + 7 =	67 + 3 =	58 + 2 =
26 + 4 =	15 + 5 =	92 + 8 =	42 + 8 =	13 + 7 =
47 + 3 =	86 + 4 =	16 + 4 =	31 + 9 =	56 + 4 =
63 + 7 =	24 + 6 =	52 + 8 =	97 + 3 =	82 + 8 =
59 + 1 =	78 + 2 =	84 + 6 =	88 + 2 =	98 + 2 =

6)	7)	8)	9)	10)
37 + 3 =	54 + 6 =	65 + 5 =	14 + 6 =	62 + 8 =
29 + 1 =	93 + 7 =	73 + 7 =	83 + 7 =	34 + 6 =
61 + 9 =	85 + 5 =	57 + 3 =	12 + 8 =	94 + 6 =
25 + 5 =	11 + 9 =	18 + 2 =	21 + 9 =	57 + 3 =
48 + 2 =	73 + 7 =	39 + 1 =	69 + 1 =	72 + 8 =

11)	12)	13)	14)	15)
9 + 1 =	8 + 2 =	7 + 3 =	2 + 8 =	4 + 6 =
19 + 1 =	18 + 2 =	17 + 3 =	12 + 8 =	14 + 6 =
29 usw.	28 usw.	27 usw.	22 usw.	24 usw.

16) Bilde weitere Reihen von 6, 5, 3 aus!

17)	18)	19)	20)	21)
40 — 2 =	90 — 6 =	100 — 3 =	50 — 8 =	80 — 2 =
60 — 3 =	40 — 7 =	60 — 8 =	20 — 6 =	50 — 1 =
30 — 7 =	80 — 5 =	40 — 1 =	70 — 2 =	30 — 7 =
70 — 9 =	100 — 2 =	30 — 4 =	100 — 4 =	90 — 6 =
50 — 4 =	90 — 9 =	90 — 5 =	60 — 5 =	40 — 3 =

22)	23)	24)	25)	26)
60 — 9 =	80 — 3 =	80 — 6 =	100 — 2 =	100 — 6 =
20 — 8 =	40 — 3 =	20 — 5 =	90 — 2 =	90 — 6 =
100 — 6 =	20 — 7 =	40 — 6 =	80 usw.	80 usw.
30 — 1 =	90 — 3 =	90 — 8 =		
60 — 6 =	70 — 1 =	50 — 4 =		

27) Bilde weitere Reihen, indem du 7, 8, 9 abzählst!

76.

b) Zehner und Einer werden zu- und abgezählt.

1)	2)	3)	4)	5)
18 + 12 =	61 + 39 =	43 + 37 =	11 + 39 =	45 + 45 =
24 + 16 =	15 + 45 =	74 + 26 =	43 + 37 =	23 + 17 =
39 + 31 =	54 + 16 =	45 + 25 =	14 + 66 =	36 + 44 =
87 + 13 =	39 + 11 =	16 + 44 =	22 + 68 =	61 + 19 =
64 + 26 =	56 + 14 =	13 + 57 =	36 + 44 =	12 + 38 =

6)	7)	8)	9)	10)
49 + 41 =	65 + 15 =	18 + 82 =	64 + 16 =	35 + 15 =
57 + 43 =	78 + 22 =	27 + 53 =	83 + 17 =	28 + 22 =
69 + 11 =	66 + 24 =	32 + 38 =	56 + 24 =	57 + 33 =
78 + 12 =	58 + 12 =	14 + 46 =	55 + 35 =	44 + 16 =
27 + 33 =	44 + 16 =	17 + 33 =	77 + 13 =	13 + 67 =

11)	12)	13)
19 + 11 =	17 + 13 =	16 + 14 =
29 + 11 =	27 + 13 =	26 + 14 =
39 usw.	37 usw.	36 usw.

14) Bilde weitere Reihen von 18, 15, 14 aus!

15)	16)	17)	18)	19)
40 — 12 =	50 — 23 =	100 — 36 =	50 — 36 =	70 — 43 =
50 — 27 =	70 — 39 =	80 — 42 =	30 — 11 =	60 — 22 =
70 — 34 =	90 — 42 =	70 — 39 =	50 — 28 =	50 — 17 =
60 — 29 =	40 — 27 =	60 — 41 =	90 — 46 =	100 — 18 =
40 — 16 =	80 — 38 =	90 — 48 =	80 — 57 =	80 — 13 =

20)	21)	22)
20 — 11 =	20 — 12 =	20 — 13 =
30 — 11 =	30 — 12 =	30 — 13 =
40 usw.	40 usw.	40 usw.

23) Bilde weitere Reihen mit den Abzugszahlen 14, 15, 16!

77.

Die Zehnerüberschreitung.

a) Zu- und Abzählen von Einern.

1)	2)	3)	4)	5)
19 + 2 =	19 + 3 =	19 + 4 =	19 + 5 =	19 + 6 =
29 + 2 =	29 + 3 =	29 + 4 =	29 + 5 =	29 + 6 =
39 usw.	39 usw.	39 usw.	39 usw.	39 usw.

6)	7)	8)	9)	10)
18 + 3 =	18 + 4 =	18 + 5 =	18 + 6 =	18 + 7 =
28 + 3 =	28 + 4 =	28 + 5 =	28 + 6 =	28 + 7 =
38 usw.	38 usw.	38 usw.	38 usw.	38 usw.

11)	12)	13)	14)	15)
39 + 3 =	18 + 4 =	27 + 4 =	36 + 6 =	35 + 6 =
59 + 4 =	38 + 6 =	37 + 8 =	66 + 9 =	65 + 9 =
69 + 6 =	88 + 8 =	57 + 9 =	86 + 5 =	45 + 7 =
79 + 7 =	78 + 9 =	67 + 7 =	46 + 8 =	85 + 8 =
89 + 2 =	68 + 5 =	87 + 5 =	56 + 7 =	75 + 9 =

16)	17)	18)	19)	20)
14 + 7 =	23 + 8 =	42 + 9 =	57 + 7 =	62 + 9 =
64 + 9 =	73 + 9 =	45 + 8 =	52 + 9 =	66 + 7 =
84 + 8 =	63 + 8 =	48 + 6 =	58 + 5 =	63 + 8 =
44 + 9 =	72 + 9 =	46 + 7 =	56 + 6 =	64 + 9 =
54 + 7 =	22 + 9 =	44 + 9 =	59 + 4 =	67 + 8 =

21)	22)	23)	24)	25)
83 + 9 =	56 + 8 =	13 + 8 =	37 + 4 =	43 + 9 =
85 + 6 =	86 + 5 =	28 + 4 =	69 + 2 =	66 + 8 =
88 + 3 =	24 + 7 =	79 + 5 =	89 + 8 =	22 + 9 =
89 + 5 =	77 + 6 =	19 + 5 =	75 + 7 =	73 + 9 =
86 + 9 =	45 + 6 =	89 + 4 =	88 + 5 =	45 + 9 =

26)	27)	28)	29)	30)
4 + 4 = 8	3 + 3 = 6	8 + 8 = 16	9 + 9 = 18	7 + 7 = 14
8 + 4 usw.	6 + 3 usw.	16 + 8 usw.	18 + 9 usw.	14 + 7 usw.

31)	32)	33)	34)	35)
1 + 2 = 3	1 + 3 = 4	2 + 3 = 5	1 + 4 = 5	2 + 4 = 6
3 + 2 usw.	4 + 3 usw.	5 + 3 usw.	5 + 4 usw.	6 + 4 usw.

36) Bilde weitere Reihen, indem du 5 und 6 zuzählst!

37)	38)	39)	40)	41)
11 — 2 =	11 — 3 =	11 — 4 =	11 — 5 =	11 — 6 =
21 — 2 =	21 — 3 =	21 — 4 =	21 — 5 =	21 — 6 =
31 usw.	31 usw.	31 usw.	31 usw.	31 usw.

42)	43)	44)	45)	46)
11 — 5 =	12 — 4 =	13 — 5 =	14 — 6 =	25 — 7 =
71 — 3 =	62 — 7 =	63 — 7 =	74 — 5 =	95 — 6 =
31 — 7 =	92 — 5 =	93 — 4 =	44 — 7 =	65 — 8 =
61 — 8 =	72 — 3 =	33 — 9 =	84 — 9 =	45 — 9 =
41 — 6 =	42 — 9 =	83 — 6 =	64 — 8 =	85 — 8 =

47)	48)	49)	50)	51)
26 — 7 =	27 — 8 =	26 — 7 =	11 — 8 =	12 — 4 =
56 — 8 =	57 — 9 =	31 — 5 =	72 — 4 =	33 — 6 =
96 — 9 =	87 — 8 =	43 — 4 =	45 — 6 =	94 — 5 =
36 — 7 =	18 — 9 =	82 — 3 =	93 — 4 =	82 — 4 =
76 — 9 =	88 — 9 =	54 — 6 =	52 — 5 =	54 — 8 =

52)	53)	54)	55)
100 — 3 = 97	99 — 3 = 96	98 — 3 = 95	100 — 4 = 96
97 — 3 usw.	96 — 3 usw.	95 — 3 usw.	96 — 4 usw.

56) 99 — 4 = 95
95 — 4 usw.

57) Bilde weitere Reihen, indem du 5, 6, 7 abzählst!

78.

b) Zu- und Abzählen gemischter Zehnerzahlen.

1)	2)	3)	4)	5)
19 + 12 =	48 + 27 =	36 + 48 =	23 + 18 =	26 + 26 =
39 + 34 =	27 + 14 =	15 + 17 =	43 + 49 =	38 + 38 =
69 + 25 =	67 + 26 =	55 + 39 =	12 + 19 =	49 + 49 =
28 + 13 =	37 + 49 =	14 + 18 =	42 + 39 =	37 + 37 =
38 + 24 =	36 + 25 =	24 + 69 =	22 + 69 =	46 + 46 =

6)	7)	8)	9)	10)
23 + 59 =	36 + 47 =	26 + 58 =	64 + 28 =	37 + 16 =
28 + 67 =	48 + 44 =	68 + 25 =	47 + 39 =	78 + 14 =
17 + 68 =	14 + 77 =	33 + 38 =	16 + 36 =	16 + 47 =
15 + 77 =	39 + 25 =	16 + 19 =	23 + 48 =	27 + 36 =
14 + 78 =	26 + 19 =	15 + 17 =	76 + 16 =	37 + 55 =

11)	12)	13)	14)	15)
29 + 33 =	26 + 65 =	26 + 48 =	26 + 19 =	29 + 38 =
35 + 38 =	47 + 38 =	27 + 55 =	47 + 39 =	17 + 16 =
37 + 44 =	39 + 36 =	22 + 69 =	16 + 45 =	64 + 19 =
45 + 48 =	28 + 45 =	36 + 57 =	27 + 48 =	38 + 19 =
17 + 74 =	59 + 26 =	29 + 24 =	45 + 19 =	14 + 67 =

16)	17)	18)	19)
9 + 12 =	9 + 13 =	8 + 13 =	11 + 11 = 22
19 + 12 =	19 + 13 =	18 + 13 =	22 + 11 usw.
29 usw.	29 usw.	28 usw.	

20)	21)	22)	23)
12 + 12 = 24	16 + 16 = 32	18 + 18 = 36	24 + 24 = 48
24 + 12 usw.	32 + 16 usw.	36 + 18 usw.	48 + 24 usw.

24)	25)	26)	27)	28)
31 — 12 =	33 — 15 =	35 — 18 =	37 — 19 =	54 — 27 =
81 — 24 =	93 — 28 =	65 — 29 =	77 — 38 =	91 — 46 =
42 — 13 =	73 — 39 =	95 — 46 =	67 — 19 =	83 — 35 =
62 — 24 =	44 — 16 =	36 — 18 =	38 — 19 =	64 — 26 =
52 — 19 =	84 — 37 =	66 — 29 =	98 — 39 =	51 — 17 =

29)	30)	31)	32)	33)
41 — 14 =	93 — 18 =	61 — 19 =	67 — 28 =	56 — 18 =
56 — 29 =	72 — 27 =	52 — 27 =	74 — 49 =	82 — 33 =
97 — 39 =	56 — 19 =	93 — 36 =	51 — 25 =	41 — 15 =
61 — 23 =	61 — 24 =	64 — 38 =	82 — 39 =	76 — 29 =
87 — 38 =	92 — 35 =	71 — 22 =	75 — 18 =	93 — 37 =

79.

c) Ergänzen statt Abzählen.

1)	2)	3)	4)	5)
57 = 48 + ?	86 = 78 + ?	95 = 86 + ?	55 = 39 + ?	75 = 58 + ?
57 — 48 =	86 — 78 =	95 — 86 =	55 — 39 =	75 — 58 =

6)	7)	8)	9)	10)
94 = 79 + ?	53 = 36 + ?	64 = 49 + ?	96 = 77 + ?	100 = 84 + ?
94 — 79 =	53 — 36 =	64 — 49 =	96 — 77 =	100 — 84 =

11) Löse ebenso: **a)** 100 — 88, **b)** 100 — 85, **c)** 100 — 81, **d)** 100 — 79, **e)** 100 — 75, **f)** 100 — 69, **g)** 100 — 74, **h)** 100 — 66!

80.

Schriftliches Zu- und Abzählen.

(Rechnen mit dem Stellenwert der Ziffern.)

a) Zuzählen.

Schreibweise:

6
5
4
3
+ 5
23

Sprechweise für den Anfang: 5 Einer u. 3 Einer sind 8 Einer; 8 E. u. 4 E. sind 12 E.; 12 E. u. 5 E. sind 17 E.; 17 E. u. 6 E. sind 23 E.; 23 E. sind 2 Z. u. 3 E.; 3 E. schreibe ich in die Stelle der Einer, 2 Z. links neben diese 3 E. in die Stelle der Zehner; 6 u. 5 u. 4 u. 3 u. 5 = 23; 5 u. 3 u. 4 u. 5 u. 6 = 23.

1)	2)	3)	4)	5)	6)	7)	8)	9)
4	9	2	8	7	3	2	4	4
2	2	5	4	7	2	5	9	9
6	4	6	9	5	9	7	7	6
7	8	9	5	8	1	3	2	8
+ 3	+ 3	+ 1	+ 6	+ 6	+ 4	+ 8	+ 9	+ 5

Schreibweise:

46
+ 18
64

Sprechweise für den Anfang: 46 sind 4 Z. u. 6 E.; 18 sind 1 Z. u. 8 E.; 8 E. u. 6 E. sind 14 E.; 14 E. sind 1 Z. u. 4 E.; 4 E. schreibe ich in die Stelle der E., 1 Z. zähle ich zu den Z.; 1 Z. u. 1 Z. sind 2 Z.; 2 Z. u. 4 Z. sind 6 Z.; 6 Z. schreibe ich in die Stelle der Z.; 46 u. 18 = 64.

10)	11)	12)	13)	14)	15)	16)
55	26	49	23	29	47	25
+ 37	+ 19	+ 37	+ 58	+ 46	+ 46	+ 59

17)	18)	19)	20)	21)	22)	23)
36	16	27	37	15	39	46
25	45	18	8	49	18	5
+ 19	+ 23	+ 35	+ 26	+ 6	+ 4	+ 19

81.

b) Abzählen.

1)	2)	3)	4)	5)	6)	7)
54	86	99	87	74	99	88
— 21	— 35	— 47	— 56	— 42	— 48	— 36

Schreibweise: $6\overset{10}{0}$ -24 $\overline{\;36\;}$	**Sprechweise** für den Anfang: 60 sind 6 Z. u. 0 E.; 24 besteht aus 2 Z. u. 4 E.; 4 E. von 0 E. wegzunehmen geht nicht; ich verwandle von 6 Z. 1 Z. in 10 E.; 4 E. von 10 E. bleiben 6 E.; 2 Z. von 5 Z. bleiben 3 Z.; 60 weniger 24 bleibt 36.

8) 80	9) 70	10) 90	11) 100	12) $4\overset{14}{4}$	13) 62	14) 62
—48	—25	—56	—34	—26	—38	—38
15) 75	16) 81	17) 94	18) 64	19) 73	20) 81	21) 92
—49	—37	—59	—28	—37	—46	—55

82.

Angewandte Aufgaben über Zu- und Abzählen im Zahlenraum von 1—100.

Merke: **1 Mark (ℳ) = 100 Pfennig (₰);**
1 Meter (m) = 100 Zentimeter (cm);
1 Zentner (z) = 100 Pfund (Pf.);
1 Hektoliter (hl) = 100 Liter (l);
1 Doppelzentner (dz) = 100 Kilogramm (kg).

1) Wieviel Zehnpfennigstücke sind 60 ₰? 90 ₰? 80 ₰? 100 ₰ oder 1 ℳ?
2) Ergänze zu 1 ℳ: 94 ₰, 92 ₰, 88 ₰, 86 ₰, 84 ₰, 85 ₰, 79 ₰, 75 ₰, 72 ₰!
3) Karl hat in seiner Sparkasse 64 ₰; er erhält von dem Vater noch 8 ₰ und von der Mutter 9 ₰. Wieviel ₰ hat er alsdann im ganzen?
4) Wieviel ₰ sind 24 ₰ + 8 ₰ + 10 ₰?
5) Wieviel ₰ sind 1 ℳ — 10 ₰ — 4 ₰ — 6 ₰?
6) In einem Garten stehen 48 Obstbäume; es werden noch 8 Apfelbäume, 6 Birn- und 9 Zwetschenbäume gepflanzt. Wieviel Obstbäume sind es alsdann zusammen?
7) Eine Magd hat 1 Fünfzigpfennigstück, 2 Zehnpfennigst., 1 Fünfpfennigst., 4 Zweipfennigst. und 8 einzelne Pfennige bei sich. Wieviel fehlen ihr zu 1 ℳ?
8) Wieviel cm bleiben übrig, wenn man von 1 m Band 10 cm + 8 cm + 5 cm + 9 cm abschneidet?
9) Aus einem Faß Wein, das gerade 1 hl enthält, werden 8 l + 7 l + 9 l + 10 l verzapft. Wieviel l sind alsdann noch übrig?
10) Wieviel kg sind 1 dz — 8 kg — 9 kg — 11 kg?
11) Eine Kiste Seife wiegt 92 kg. Wieviel kg fehlen zu 1 dz?
12) Landwirt B. hat 40 Schafe; er verkauft davon 7 Stück, 8 Stück und 3 Stück. Wieviel Schafe behält er?
13) Kaufmann M. verkauft für 36 ℳ + 14 ℳ + 9 ℳ + 25 ℳ Ware. Wieviel erlöst er?
14) Zähle zus.: **a)** 25 l + 8 l + 28 l; **b)** 16 cm + 9 cm + 24 cm + 25 cm!
15) Wieviel ₰ erhält man auf 1 ℳ heraus, wenn man 36 ₰ ausgibt? 47 ₰? 59 ₰? 65 ₰?

16) Wieviel ₰ sind 4 Zehnpfennigst. + 7 Fünfpfennigst. + 6 Zweipfennigst. + 7 Pfennig?

17) Auf der einen Seite einer Straße stehen 36 Häuser, auf der anderen Seite 38. Wieviel Häuser stehen auf beiden Seiten der Straße?

18) Ein Kaufmann sendet 3 Pakete ab, die einzeln 25 ℳ, 36 ℳ und 23 ℳ Wert haben. Welchen Wert haben sie zusammen?

19) Ein Fischer fing am Montag 48, am Dienstag 27 Fische. Wieviel Fische bekam er an beiden Tagen? Wieviel am Montag mehr als am Dienstag?

20) Eine Jagdgesellschaft erlegt 25 Hasen und 23 Rehe. Wieviel Stück Wild sind dies?

21) In einer Pflanzschule stehen 48 Obstbäume, in einer anderen Pflanzschule 9 weniger. Wieviel Obstbäume stehen in beiden Pflanzschulen?

22) Von 75 kg Honig verkauft ein Bienenzüchter 36 kg. Wieviel kg behält er übrig?

23) In einer Schulklasse sind 58 Schüler, in einer anderen 16 weniger. Wieviel Schüler zählen beide Klassen zusammen?

2. Vervielfachen und Messen.

83.

Die Zweierreihe.

1)	3)	4)	5)	6)
2 + 2 = 4	1·2 =	2·2 =	2·2 + 1 =	2·2 + 1·2 =
4 + 2 usw.	2·2 =	4·2 =	5·2 + 3 =	3·2 + 2·2 =
bis 20	3·2 =	6·2 =	8·2 + 2 =	5·2 + 4·2 =
	4·2 =	8·2 =	9·2 + 5 =	1·2 + 7·2 =
	5·2 =	10·2 =	6·2 + 4 =	7·2 + 2·2 =
2)	6·2 =	9·2 =	3·2 + 9 =	3·2 + 3·2 =
20 — 2 = 18	7·2 =	7·2 =	1·2 + 4 =	4·2 — 1·2 =
18 — 2 usw.	8·2 =	5·2 =	4·2 + 5 =	9·2 — 2·2 =
bis 0	9·2 =	3·2 =	7·2 + 8 =	10·2 — 5·2 =
	10·2 =	1·2 =	10·2 + 9 =	8·2 — 4·2 =

7)	8)	9)
2 = ?·2	2 in 2 =	2 in 6 =
4 = ?·2	2 in 4 =	2 in 16 =
6 = ?·2	2 in 6 =	2 in 4 =
8 = ?·2	2 in 8 =	2 in 14 =
10 = ?·2	2 in 10 =	2 in 8 =
12 = ?·2	2 in 12 =	2 in 18 =
14 = ?·2	2 in 14 =	2 in 2 =
16 = ?·2	2 in 16 =	2 in 12 =
18 = ?·2	2 in 18 =	2 in 10 =
20 = ?·2	2 in 20 =	2 in 20 =

10) Wievielmal 2 sind: 7, 9, 13, 17, 19?

11) 1 Paar = 2 Stück
2 Paar = 4 Stück
3 Paar usw.

12) 2 ₰ = 1 Zweier
4 ₰ = 2 Zweier
6 ₰ usw.

84.

Die Dreierreihe.

1) 3 + 3 = 6
6 + 3 usw. bis 30

2) 30 — 3 = 27
27 — 3 usw. bis 0

3)	4)	5)	6)
1 · 3 =	3 · 3 =	2 · 3 + 4 =	3 · 3 + 1 · 3 =
2 · 3 =	6 · 3 =	5 · 3 + 5 =	5 · 3 + 2 · 3 =
3 · 3 =	9 · 3 =	8 · 3 + 6 =	8 · 3 + 2 · 3 =
4 · 3 =	1 · 3 =	1 · 3 + 2 =	4 · 3 + 3 · 3 =
5 · 3 =	4 · 3 =	4 · 3 + 4 =	2 · 3 + 4 · 3 =
6 · 3 =	7 · 3 =	7 · 3 + 6 =	6 · 3 — 4 · 3 =
7 · 3 =	10 · 3 =	3 · 3 + 2 =	9 · 3 — 8 · 3 =
8 · 3 =	2 · 3 =	6 · 3 + 1 =	7 · 3 — 2 · 3 =
9 · 3 =	5 · 3 =	9 · 3 + 5 =	5 · 3 — 3 · 3 =
10 · 3 =	8 · 3 =	10 · 3 + 8 =	8 · 3 — 4 · 3 =

7)	8)	9)
6 = ? · 3	3 in 3 =	3 in 12 =
12 = ? · 3	3 in 6 =	3 in 21 =
18 = ? · 3	3 in 9 =	3 in 18 =
24 = ? · 3	3 in 12 =	3 in 9 =
27 = ? · 3	3 in 15 =	3 in 15 =
9 = ? · 3	3 in 18 =	3 in 27 =
15 = ? · 3	3 in 21 =	3 in 6 =
30 = ? · 3	3 in 24 =	3 in 30 =
3 = ? · 3	3 in 27 =	3 in 24 =
21 = ? · 3	3 in 30 =	3 in 3 =

10) Wievielmal 3 sind: 7, 14, 17, 23, 26, 28, 29?

11) 1 br. Marke k. 3 ₰;
2 br. Marken k. 6 ₰;
3 br. Marken usw.

12) 3 ℳ = 1 Taler
6 ℳ = 2 Taler
9 ℳ usw.

85.

Die Viererreihe.

1) 4 + 4 = 8
8 + 4 usw. bis 40

2) 40 — 4 = 36
36 — 4 usw. bis 0

3)	4)	5)	6)
1 · 4 =	3 · 4 =	2 · 4 + 3 =	2 · 4 + 3 · 4 =
2 · 4 =	6 · 4 =	6 · 4 + 7 =	5 · 4 + 2 · 4 =
3 · 4 =	9 · 4 =	10 · 4 + 15 =	3 · 4 + 4 · 4 =
4 · 4 =	2 · 4 =	1 · 4 + 11 =	4 · 4 + 5 · 4 =
5 · 4 =	5 · 4 =	5 · 4 + 9 =	1 · 4 + 6 · 4 =
6 · 4 =	8 · 4 =	9 · 4 + 7 =	7 · 4 — 2 · 4 =
7 · 4 =	1 · 4 =	3 · 4 + 6 =	9 · 4 — 4 · 4 =
8 · 4 =	4 · 4 =	7 · 4 + 8 =	10 · 4 — 3 · 4 =
9 · 4 =	7 · 4 =	4 · 4 + 5 =	8 · 4 — 7 · 4 =
10 · 4 =	10 · 4 =	8 · 4 + 9 =	9 · 4 — 6 · 4 =

7)
4 = ? · 4
8 = ? · 4
12 = ? · 4
16 = ? · 4
20 = ? · 4
24 = ? · 4
28 = ? · 4
32 = ? · 4
36 = ? · 4
40 = ? · 4

8)
4 in 4 =
4 in 8 =
4 in 12 =
4 in 16 =
4 in 20 =
4 in 24 =
4 in 28 =
4 in 32 =
4 in 36 =
4 in 40 =

9)
4 in 12 =
3 in 12 =
2 in 12 =
4 in 16 =
2 in 16 =
4 in 24 =
3 in 24 =
4 in 36 =
4 in 4 =
2 in 4 =

10) Wievielmal 4 sind: 9, 13, 18, 23, 29, 35, 38, 39?

11) 1 Bogen = 4 Blatt (Quartblatt)
2 Bogen = 8 Blatt
3 Bogen usw.

12) Wieviel Bogen sind 4, 12, 20, 28, 36 Blatt?

86.

Die Fünferreihe.

1) 5 + 5 = 10
10 + 5 usw. bis 50

2) 50 — 5 = 45
45 — 5 usw. bis 0

3)
1 · 5 =
2 · 5 =
3 · 5 =
4 · 5 =
5 · 5 =
6 · 5 =
7 · 5 =
8 · 5 =
9 · 5 =
10 · 5 =

4)
4 · 5 =
8 · 5 =
6 · 5 =
2 · 5 =
10 · 5 =
5 · 5 =
3 · 5 =
1 · 5 =
9 · 5 =
7 · 5 =

5)
5 · 5 + 8 =
7 · 5 + 9 =
3 · 5 + 11 =
9 · 5 + 7 =
1 · 5 + 16 =
8 · 5 — 4 =
4 · 5 — 9 =
6 · 5 — 7 =
2 · 5 — 8 =
10 · 5 — 13 =

6)
2 · 5 + 4 · 5 =
5 · 2 + 3 · 5 =
4 · 5 + 4 · 5 =
5 · 5 + 1 · 5 =
3 · 5 + 6 · 5 =
7 · 5 + 3 · 5 =
8 · 5 — 2 · 5 =
8 · 5 — 4 · 5 =
9 · 5 — 6 · 5 =
10 · 5 — 3 · 5 =

7)
5 = ? · 5
15 = ? · 5
25 = ? · 5
45 = ? · 5
35 = ? · 5
20 = ? · 5
40 = ? · 5
50 = ? · 5
30 = ? · 5
10 = ? · 5

8)
5 in 5 =
5 in 10 =
5 in 15 =
5 in 20 =
5 in 25 =
5 in 30 =
5 in 35 =
5 in 40 =
5 in 45 =
5 in 50 =

9)
5 in 10 =
2 in 10 =
5 in 20 =
4 in 20 =
5 in 15 =
3 in 15 =
5 in 30 =
3 in 30 =
5 in 40 =
4 in 40 =

10) Wievielmal 5 sind: 9, 14, 23, 31, 39, 44, 49?

11) 1 Postkarte k. 5 ₰;
2 Postkarten k. 10 ₰;
3 Postkarten usw.

12) 5 ₰ = 1 Fünfer
10 ₰ = 2 Fünfer
15 ₰ usw.

87.

Die Sechserreihe.

1)
6 + 6 = 12
12 + 6 usw.
bis 60

2)
60 — 6 = 54
54 — 6 usw.
bis 0

3)	4)	5)	6)
1·6 =	2·6 =	2·6 + 9 =	2·6 + 2·6 =
2·6 =	4·6 =	5·6 + 24 =	1·6 + 4·6 =
3·6 =	6·6 =	8·6 + 5 =	5·6 + 3·6 =
4·6 =	8·6 =	10·6 + 17 =	4·6 + 2·6 =
5·6 =	9·6 =	9·6 + 8 =	6·6 + 3·6 =
6·6 =	5·6 =	3·6 + 7 =	7·6 — 1·6 =
7·6 =	3·6 =	7·6 + 9 =	9·6 — 3·6 =
8·6 =	10·6 =	6·6 + 10 =	10·6 — 4·6 =
9·6 =	7·6 =	4·6 + 7 =	9·6 — 7·6 =
10·6 =	1·6 =	1·6 + 18 =	8·6 — 4·6 =

7)	8)	9)
12 = ?·6	6 in 6 =	6 in 12 =
24 = ?·6	6 in 12 =	4 in 12 =
36 = ?·6	6 in 18 =	6 in 30 =
48 = ?·6	6 in 24 =	5 in 30 =
60 = ?·6	6 in 30 =	6 in 6 =
18 = ?·6	6 in 36 =	2 in 6 =
54 = ?·6	6 in 42 =	3 in 6 =
42 = ?·6	6 in 48 =	6 in 18 =
6 = ?·6	6 in 54 =	3 in 18 =
30 = ?·6	6 in 60 =	2 in 18 =

10)
Wievielmal 6 sind: 11, 19, 28, 37, 44, 52, 59, 61?

11)
1 Woche hat 6 Schultage;
2 Wochen haben 12 Schultage;
3 Wochen usw.

12)
Für 6 ₰ bekommt man 1 Ei;
für 12 ₰ bekommt man 2 Eier;
für 18 ₰ usw.

88.

Die Siebenerreihe.

1) 7 + 7 = 14
14 + 7 usw. bis 70

2) 70 — 7 = 63
63 — 7 usw. bis 0

3)	4)	5)	6)
1·7 =	2·7 =	3·7 + 9 =	2·7 + 2·7 =
2·7 =	4·7 =	6·7 + 15 =	1·7 + 5·7 =
3·7 =	1·7 =	9·7 + 9 =	4·7 + 3·7 =
4·7 =	5·7 =	5·7 + 8 =	5·7 + 4·7 =
5·7 =	8·7 =	7·7 + 6 =	3·7 + 5·7 =
6·7 =	10·7 =	2·7 + 11 =	9·7 — 2·7 =
7·7 =	3·7 =	4·7 + 6 =	10·7 — 4·7 =
8·7 =	9·7 =	8·7 + 8 =	8·7 — 3·7 =
9·7 =	6·7 =	10·7 + 20 =	10·7 — 5·7 =
10·7 =	7·7 =	1·7 + 18 =	9·7 — 7·7 =

7)	8)	9)
7 = ? · 7	7 in 7 =	7 in 14 =
49 = ? · 7	7 in 14 =	2 in 14 =
21 = ? · 7	7 in 21 =	7 in 28 =
42 = ? · 7	7 in 28 =	4 in 28 =
63 = ? · 7	7 in 35 =	7 in 42 =
35 = ? · 7	7 in 42 =	6 in 42 =
70 = ? · 7	7 in 49 =	7 in 35 =
28 = ? · 7	7 in 56 =	5 in 35 =
14 = ? · 7	7 in 63 =	7 in 21 =
56 = ? · 7	7 in 70 =	3 in 21 =

10) Wievielmal 7 sind: 13, 26, 34, 41, 50, 59, 62?

11) 1 Woche = 7 Tage
2 Wochen = 14 Tage
3 Wochen usw.

12) Wieviel Wochen sind 7, 28, 42, 56, 70 Tage?

89.

Die Achterreihe.

1) 8 + 8 = 16
16 + 8 usw.
bis 80

2) 80 — 8 = 72
72 — 8 usw.
bis 0

3)	4)	5)	6)
1 · 8 =	3 · 8 =	2 · 8 + 7 =	3 · 8 + 1 · 8 =
2 · 8 =	5 · 8 =	5 · 8 + 29 =	2 · 8 + 2 · 8 =
3 · 8 =	8 · 8 =	7 · 8 + 5 =	5 · 8 + 2 · 8 =
4 · 8 =	4 · 8 =	9 · 8 + 9 =	4 · 8 + 5 · 8 =
5 · 8 =	9 · 8 =	3 · 8 + 12 =	3 · 8 + 4 · 8 =
6 · 8 =	6 · 8 =	6 · 8 + 7 =	6 · 8 — 1 · 8 =
7 · 8 =	2 · 8 =	4 · 8 + 15 =	7 · 8 — 4 · 8 =
8 · 8 =	10 · 8 =	8 · 8 + 7 =	8 · 8 — 5 · 8 =
9 · 8 =	1 · 8 =	5 · 8 + 23 =	9 · 8 — 4 · 8 =
10 · 8 =	7 · 8 =	1 · 8 + 12 =	10 · 8 — 3 · 8 =

7)	8)	9)
8 = ? · 8	8 in 8 =	8 in 8 =
56 = ? · 8	8 in 16 =	4 in 8 =
72 = ? · 8	8 in 24 =	2 in 8 =
16 = ? · 8	8 in 32 =	8 in 24 =
64 = ? · 8	8 in 40 =	3 in 24 =
24 = ? · 8	8 in 48 =	4 in 24 =
80 = ? · 8	8 in 56 =	6 in 24 =
32 = ? · 8	8 in 64 =	8 in 40 =
48 = ? · 8	8 in 72 =	5 in 40 =
40 = ? · 8	8 in 80 =	4 in 40 =

10) Wievielmal 8 sind: 17, 25, 37, 45, 54, 61, 76, 84?

11) 1 Bogen = 8 Seiten
(Quartseiten)
2 Bogen = 16 Seiten
3 Bogen usw.

12) Wieviel Bogen sind 8, 24, 40, 48, 64, 72 Seiten?

90.

Die Neunerreihe.

1) 9 + 9 = 18
18 + 9 usw. bis 90

2) 90 — 9 = 81
81 — 9 usw. bis 0

3)	4)	5)	6)
1·9 =	2·9 =	2·9 + 6 =	2·9 + 4·9 =
2·9 =	9·9 =	4·9 + 8 =	3·9 + 3·9 =
3·9 =	3·9 =	7·9 + 8 =	4·9 + 4·9 =
4·9 =	8·9 =	9·9 + 15 =	5·9 + 2·9 =
5·9 =	1·9 =	5·9 + 6 =	1·9 + 8·9 =
6·9 =	10·9 =	10·9 + 7 =	7·9 — 2·9 =
7·9 =	4·9 =	8·9 + 14 =	3·9 — 2·9 =
8·9 =	7·9 =	6·9 + 25 =	10·9 — 6·9 =
9·9 =	5·9 =	3·9 + 4 =	8·9 — 4·9 =
10·9 =	6·9 =	1·9 + 66 =	9·9 — 5·9 =

7)	8)	9)
18 = ?·9	9 in 9 =	9 in 18 =
81 = ?·9	9 in 18 =	2 in 18 =
9 = ?·9	9 in 27 =	6 in 18 =
90 = ?·9	9 in 36 =	3 in 18 =
27 = ?·9	9 in 45 =	9 in 36 =
72 = ?·9	9 in 54 =	4 in 36 =
36 = ?·9	9 in 63 =	6 in 36 =
63 = ?·9	9 in 72 =	9 in 45 =
45 = ?·9	9 in 81 =	5 in 45 =
54 = ?·9	9 in 90 =	9 in 81 =

10)
Wievielmal 9 sind: 17, 30, 47, 52, 69, 71, 85, 92?

11)
1 Spiel (Kegel) = 9 Kegel
2 Spiele = 18 Kegel
3 Spiele usw.

12)
Für 9 ₰ erhält man 1 Heft;
für 18 ₰ erhält man 2 Hefte;
für 27 ₰ usw.

91.

Das Messen mit Resten.

1)	2)	3)	4)
4·2 + 1 = 9	3·3 + 2 =	6·4 + 3 =	8·5 + 3 =
2 in 9 = 4, R. 1	3 in 11 =	4 in 27 =	5 in 43 =

5)	6)	7)	8)	9)
2 in 11 =	6 in 39 =	9 in 10 =	5 in 29 =	4 in 37 =
3 in 14 =	7 in 16 =	9 in 21 =	9 in 80 =	7 in 51 =
4 in 35 =	7 in 30 =	10 in 15 =	6 in 43 =	2 in 17 =
5 in 13 =	8 in 18 =	10 in 33 =	3 in 26 =	4 in 27 =
6 in 20 =	8 in 30 =	10 in 52 =	7 in 60 =	8 in 74 =

92.

Angewandte Aufgaben über das kleine Einmaleins.

1) Adolf hat in der einen Tasche 3 ₰, in der anderen 3mal soviel; wieviel ₰ hat er in der anderen Tasche? Wieviel ₰ hat er im ganzen? Wievielmal 3 ₰? Wievielmal 6 ₰?

2) 1 Dutzend (Dutz.) Taschentücher sind 12 Stück (Stck.). Wievielmal 2 Stck. sind 1 Dutz.? Wievielmal 3 Stck.? 4 Stck.? 6 Stck.?

3) Wieviel Stck. hat ein halbes Dutz.? Wievielmal 2 Stck. hat ein $\frac{1}{2}$ Dutz.? Wievielmal 3 Stck.? Wievielmal 6 Stck.?

4) In einem Körbchen liegen 7 · 6 Äpfel; davon werden 4 · 2 Äpfel herausgenommen. Wieviel Äpfel bleiben im Körbchen liegen?

5) Ein Tag hat 24 Stunden. Wievielmal 3 Std., 4 Std., 6 Std. geben 24 Std.?

6) In einem Schulzimmer befinden sich 8 Bänke; auf jeder Bank sitzen 6 Schüler. Wieviel Schüler zählt die ganze Klasse?

7) Ein Bleistift kostet 6 ₰; wieviel kosten 4, 2, 6, 8, 5, 9 Bleistifte?

8) Wieviel Einer muß man zu 6 · 4 Einern nehmen, um 3 Zehner zu erhalten?

9) Im Frühjahr kostet 1 Ei 4 ₰, im Herbst 6 ₰. Wieviel ₰ bezahlt man im Herbst für 5 Eier mehr als im Frühjahr?

10) Wieviel ℳ erhält man für 4 Zweimarkstücke? Für 3 Fünfmarkst.? Für 6 Zweimarkst.? Für 7 Fünfmarkst.?

11) Wieviel ℳ geben 3 Fünfmarkst. und 4 Zweimarkst.?

12) Wieviel Fünfpfennigst. bekommt man für 6, 3, 8, 5, 7, 10 Zehnpfennigst.?

13) Eine Schulklasse stellt sich in Reihen auf; je 4 Schüler bilden eine Reihe. Wie stark ist die Klasse, wenn 8 Reihen gebildet werden?

14) Ein Meter Tuch kostet 6 ℳ; wieviel kosten 4, 9, 3, 6 m?

15) Eine Postkarte kostet 5 ₰; wieviel kosten 3, 5, 7, 9 Postkarten?

16) Wieviel hat man für 3, 5, 8 Eier zu bezahlen, wenn ein Ei 6 ₰ kostet?

17) Eine Woche hat 6 Arbeitstage; wieviel Arbeitstage haben 5, 7, 4, 9 Wochen?

18) Karl hat 7 · 5 ₰, Franz 7 · 6 ₰; wieviel ₰ hat Franz mehr?

19) 4 Zehnpfennigst. und wieviel Fünfpfennigst. geben eine halbe ℳ?

3. Teilen.

93.

Ohne Reste.

1)	2)	3)	4)	5)
2 : 2 =	3 : 3 =	4 : 4 =	5 : 5 =	6 : 6 =
4 : 2 =	6 : 3 =	8 : 4 =	10 : 5 =	12 : 6 =
usw.	usw.	usw.	usw.	usw.

6)	7)	8)
7 : 7 =	8 : 8 =	9 : 9 =
14 : 7 =	16 : 8 =	18 : 9 =
usw.	usw.	usw.

9)	10)	11)	12)	13)
$\frac{1}{2}$ v. 6 =	$\frac{1}{3}$ v. 6 =	$\frac{1}{4}$ v. 4 =	$\frac{1}{5}$ v. 10 =	$\frac{1}{6}$ v. 18 =
$\frac{1}{2}$ v. 20 =	$\frac{1}{3}$ v. 15 =	$\frac{1}{4}$ v. 40 =	$\frac{1}{5}$ v. 45 =	$\frac{1}{6}$ v. 42 =
$\frac{1}{2}$ v. 8 =	$\frac{1}{3}$ v. 9 =	$\frac{1}{4}$ v. 16 =	$\frac{1}{5}$ v. 20 =	$\frac{1}{6}$ v. 60 =
$\frac{1}{2}$ v. 16 =	$\frac{1}{3}$ v. 27 =	$\frac{1}{4}$ v. 28 =	$\frac{1}{5}$ v. 35 =	$\frac{1}{6}$ v. 6 =
$\frac{1}{2}$ v. 4 =	$\frac{1}{3}$ v. 18 =	$\frac{1}{4}$ v. 8 =	$\frac{1}{5}$ v. 50 =	$\frac{1}{6}$ v. 36 =
$\frac{1}{2}$ v. 18 =	$\frac{1}{3}$ v. 30 =	$\frac{1}{4}$ v. 32 =	$\frac{1}{5}$ v. 25 =	$\frac{1}{6}$ v. 48 =
$\frac{1}{2}$ v. 2 =	$\frac{1}{3}$ v. 21 =	$\frac{1}{4}$ v. 12 =	$\frac{1}{5}$ v. 5 =	$\frac{1}{6}$ v. 12 =
$\frac{1}{2}$ v. 10 =	$\frac{1}{3}$ v. 24 =	$\frac{1}{4}$ v. 20 =	$\frac{1}{5}$ v. 30 =	$\frac{1}{6}$ v. 30 =
$\frac{1}{2}$ v. 14 =	$\frac{1}{3}$ v. 12 =	$\frac{1}{4}$ v. 36 =	$\frac{1}{5}$ v. 15 =	$\frac{1}{6}$ v. 54 =
$\frac{1}{2}$ v. 12 =	$\frac{1}{3}$ v. 3 =	$\frac{1}{4}$ v. 24 =	$\frac{1}{5}$ v. 40 =	$\frac{1}{6}$ v. 24 =

14)	15)	16)	17)
$\frac{1}{7}$ v. 14 =	$\frac{1}{8}$ v. 8 =	$\frac{1}{9}$ v. 18 =	Der 3. Teil v. 12 =
$\frac{1}{7}$ v. 42 =	$\frac{1}{8}$ v. 32 =	$\frac{1}{9}$ v. 45 =	20 : 4 =
$\frac{1}{7}$ v. 7 =	$\frac{1}{8}$ v. 56 =	$\frac{1}{9}$ v. 90 =	$\frac{1}{6}$ v. 36 =
$\frac{1}{7}$ v. 49 =	$\frac{1}{8}$ v. 16 =	$\frac{1}{9}$ v. 27 =	Der 8. Teil v. 48 =
$\frac{1}{7}$ v. 70 =	$\frac{1}{8}$ v. 40 =	$\frac{1}{9}$ v. 54 =	81 : 9 =
$\frac{1}{7}$ v. 56 =	$\frac{1}{8}$ v. 24 =	$\frac{1}{9}$ v. 9 =	$\frac{1}{7}$ v. 63 =
$\frac{1}{7}$ v. 21 =	$\frac{1}{8}$ v. 64 =	$\frac{1}{9}$ v. 81 =	35 : 5 =
$\frac{1}{7}$ v. 63 =	$\frac{1}{8}$ v. 48 =	$\frac{1}{9}$ v. 63 =	Der 6. Teil v. 42 =
$\frac{1}{7}$ v. 28 =	$\frac{1}{8}$ v. 80 =	$\frac{1}{9}$ v. 36 =	27 : 9 =
$\frac{1}{7}$ v. 35 =	$\frac{1}{8}$ v. 72 =	$\frac{1}{9}$ v. 72 =	$\frac{1}{8}$ v. 64 =

94.

Mit Resten.

1)	2)	3)	4)	5)
$\frac{1}{2}$ v. 7 =	$\frac{1}{3}$ v. 7 =	$\frac{1}{5}$ v. 11 =	$\frac{1}{7}$ v. 15 =	$\frac{1}{9}$ v. 20 =
$\frac{1}{2}$ v. 11 =	$\frac{1}{3}$ v. 11 =	$\frac{1}{5}$ v. 27 =	$\frac{1}{7}$ v. 24 =	$\frac{1}{9}$ v. 46 =
$\frac{1}{2}$ v. 15 =	$\frac{1}{4}$ v. 10 =	$\frac{1}{5}$ v. 41 =	$\frac{1}{7}$ v. 40 =	$\frac{1}{9}$ v. 80 =
$\frac{1}{2}$ v. 17 =	$\frac{1}{4}$ v. 18 =	$\frac{1}{6}$ v. 13 =	$\frac{1}{8}$ v. 18 =	$\frac{1}{10}$ v. 22 =
$\frac{1}{2}$ v. 19 =	$\frac{1}{4}$ v. 39 =	$\frac{1}{6}$ v. 44 =	$\frac{1}{8}$ v. 43 =	$\frac{1}{10}$ v. 93 =

95.

Vervielfachen zweistelliger Zahlen.

1)	2)	3)	4)	5)
1·20 =	1·30 =	1·60 =	20 = ?·10	60 = ?·10
2·20 =	2·30 =	1·70 =	20 = ?·20	60 = ?·20
3·20 =	3·30 =	1·80 =	40 = ?·10	60 = ?·30
4·20 =	2·40 =	1·90 =	40 = ?·20	80 = ?·10
5·20 =	2·50 =	3·30 =	30 = ?·10	80 = ?·20

6)	7)	8)	9)
2·10 + 2·1 =	3·10 + 3·1 =	4·10 + 4·1 =	5·10 + 5·1 =
2·11 =	3·11 =	4·11 =	5·11 =

10)	11)	12)	13)	14)
1·11 =	1·12 =	1·13 =	1·14 =	1·15 =
2·11 =	2·12 =	2·13 =	2·14 =	2·15 =
usw. bis	usw. bis	usw. bis	usw. bis	usw. bis
9·11	8·12	7·13	7·14	6·15

15)	16)	17)	18)	19)
1·16 =	1·17 =	1·18 =	1·19 =	1·21 =
2·16 =	2·17 =	2·18 =	2·19 =	2·21 =
usw. bis	usw. bis	usw. bis	usw. bis	3·21 =
6·16	5·17	5·18	5·19	4·21 =

20)	21)	22)	23)	24)
2·22 =	3·12 =	4·15 =	6·11 =	10·2 =
2·34 =	3·16 =	4·22 =	6·14 =	20·2 =
2·38 =	3·24 =	4·24 =	7·13 =	40·2 =
2·43 =	3·31 =	5·15 =	8·12 =	20·3 =
2·49 =	3·33 =	5·19 =	9·11 =	30·3 =

25)	26)	27)	28)	29)
10·2 =	10·3 =	10·4 =	10·5 =	10·6 =
11·2 =	11·3 =	11·4 =	11·5 =	10·6 =
usw. bis	usw. bis	usw. bis	usw. bis	usw. bis
50·2	33·3	25·4	20·5	16·6

30)	31)	32)	33)	34)
10·7 =	10·8 =	11·5 =	24·2 =	15· 2 =
11·7 =	11·8 =	13·3 =	29·2 =	2·15 =
12·7 =	12·8 =	15·4 =	22·3 =	3·12 =
13·7 =	10·9 =	17·4 =	27·3 =	12· 3 =
14·7 =	11·9 =	12·8 =	24·4 =	4·14 =

96.

Schriftliches Vervielfachen.

(Rechnen mit dem Stellenwert der Ziffern.)

Schreibweise: 26 · 2 = 52; **Sprechweise** für den Anfang: 26 besteht aus 2 Z. u. 6 E.; 2 mal 6 E. sind 12 Einer; 12 E. sind 1 Z. u. 2 E.; 2 E. schreibe ich in die Einerstelle; 1 Z. zähle ich zu den Z.; 2 mal 2 Z. sind 4 Z.; dazu 1 Z. = 5 Z.; 5 Z. schreibe ich in die Zehnerstelle; 26 · 2 = 52.

oder: 26 · 2
52

1) 38 · 2	2) 46 · 2	3) 19 · 3	4) 28 · 3	5) 29 · 3
6) 23 · 4	7) 17 · 5	8) 29 · 2	9) 18 · 4	10) 14 · 7

97.

Messen und Teilen größerer Zahlen.

a) Messen.

1)	2)	3)
2 in 20 =	3 in 30 =	5 in 50 =
2 in 40 =	3 in 60 =	5 in 100 =
2 in 60 =	3 in 90 =	6 in 60 =
2 in 80 =	4 in 40 =	7 in 70 =
2 in 100 =	4 in 80 =	8 in 80 =

4)	5)	6)	7)
2 in (20 + 2) =	2 in (20 + 4) =	3 in (30 + 3) =	3 in (30 + 6) =
2 in 22 =	2 in 24 =	3 in 33 =	3 in 36 =

8)	9)	10)	11)	12)
2 in 20 =	2 in 50 =	3 in 30 =	3 in 60 =	4 in 40 =
2 in 22 =	2 in 52 =	3 in 33 =	3 in 63 =	4 in 44 =
usw. bis	usw. bis	usw. bis	usw. bis	usw. bis
2 in 50	2 in 100	3 in 60	3 in 90	4 in 100

13)	14)	15)	16)	17)
5 in 50 =	6 in 60 =	7 in 91 =	2 in 25 =	4 in 70 =
5 in 60 =	6 in 72 =	7 in 98 =	2 in 57 =	4 in 97 =
5 in 70 =	6 in 90 =	8 in 80 =	3 in 38 =	5 in 54 =
5 in 75 =	7 in 70 =	8 in 96 =	3 in 80 =	5 in 89 =
5 in 90 =	7 in 84 =	9 in 99 =	4 in 54 =	5 in 99 =

18)	19)	20)	21)	22)
6 in 64 =	8 in 81 =	2 in 67 =	4 in 59 =	9 in 73 =
6 in 79 =	8 in 90 =	2 in 79 =	5 in 59 =	8 in 73 =
6 in 82 =	8 in 99 =	3 in 82 =	6 in 59 =	7 in 73 =
7 in 96 =	9 in 92 =	5 in 96 =	7 in 59 =	6 in 73 =
7 in 99 =	9 in 100 =	4 in 99 =	8 in 59 =	5 in 73 =

98.

b) Teilen.

1)	2)	3)	4)
20 : 2 =	30 : 3 =	50 : 5 =	(20 : 2) + (2 : 2) =
40 : 2 =	60 : 3 =	100 : 5 =	22 : 2 =
60 : 2 =	90 : 3 =	60 : 6 =	**5)**
80 : 2 =	40 : 4 =	70 : 7 =	(20 : 2) + (4 : 2) =
100 : 2 =	80 : 4 =	80 : 8 =	24 : 2 =

6)	7)	8)	9)	10)
26 : 2 =	48 : 2 =	64 : 2 =	33 : 3 =	69 : 3 =
28 : 2 =	42 : 2 =	68 : 2 =	39 : 3 =	66 : 3 =
32 : 2 =	46 : 2 =	84 : 2 =	36 : 3 =	99 : 3 =
36 : 2 =	62 : 2 =	88 : 2 =	45 : 3 =	96 : 3 =
44 : 2 =	66 : 2 =	86 : 2 =	63 : 3 =	93 : 3 =

11)	12)	13)	14)	15)
44 : 4 =	66 : 6 =	50 : 2 =	70 : 5 =	30 : 3 =
84 : 4 =	77 : 7 =	70 : 2 =	80 : 5 =	60 : 3 =
48 : 4 =	88 : 8 =	90 : 2 =	90 : 5 =	60 : 2 =
88 : 4 =	99 : 9 =	100 : 4 =	100 : 5 =	60 : 4 =
55 : 5 =	30 : 2 =	60 : 5 =	90 : 6 =	60 : 5 =

16)	17)	18)	19)	20)
$\frac{1}{2}$ v. 20 =	$\frac{1}{3}$ v. 30 =	$\frac{1}{4}$ v. 40 =	$\frac{1}{5}$ v. 50 =	$\frac{1}{6}$ v. 60 =
$\frac{1}{2}$ v. 22 =	$\frac{1}{3}$ v. 33 =	$\frac{1}{4}$ v. 44 =	$\frac{1}{5}$ v. 55 =	$\frac{1}{6}$ v. 66 =
usw. bis	usw. bis	usw. bis	usw. bis	usw. bis
$\frac{1}{2}$ v. 60 =	$\frac{1}{3}$ v. 60 =	$\frac{1}{4}$ v. 80 =	$\frac{1}{5}$ v. 100 =	$\frac{1}{6}$ v. 96 =

21)	22)	23)	24)	25)
$\frac{1}{7}$ v. 70 =	$\frac{1}{8}$ v. 80 =	$\frac{1}{2}$ v. 7 =	$\frac{1}{4}$ v. 35 =	$\frac{1}{7}$ v. 30 =
$\frac{1}{7}$ v. 84 =	$\frac{1}{8}$ v. 96 =	$\frac{1}{2}$ v. 29 =	$\frac{1}{4}$ v. 85 =	$\frac{1}{7}$ v. 100 =
$\frac{1}{7}$ v. 98 =	$\frac{1}{8}$ v. 88 =	$\frac{1}{3}$ v. 26 =	$\frac{1}{5}$ v. 92 =	$\frac{1}{8}$ v. 60 =
$\frac{1}{7}$ v. 91 =	$\frac{1}{9}$ v. 99 =	$\frac{1}{3}$ v. 76 =	$\frac{1}{6}$ v. 14 =	$\frac{1}{8}$ v. 92 =
$\frac{1}{7}$ v. 77 =	$\frac{1}{9}$ v. 90 =	$\frac{1}{3}$ v. 95 =	$\frac{1}{6}$ v. 74 =	$\frac{1}{9}$ v. 100 =

99.

Schriftliches Teilen.

(Rechnen mit dem Stellenwert der Ziffern.)

Schreibweise: 35 : 2 = 17
2
15
14
R. 1

Sprechweise für den Anfang: 35 besteht aus 3 Z. u. 5 E.; der 2. Teil von 3 Z. ist 1 Z., Rest 1 Z.; 1 Z. verwandle ich in 10 E., dazu 5 E. = 15 E.; der 2. Teil von 15 E. = 7 E., Rest 1 E.; 35 : 2 = 17 Rest 1.

1)	2)	3)	4)	5)
45 : 2 =	59 : 3 =	74 : 4 =	97 : 4 =	81 : 5 =
6)	7)	8)	9)	10)
99 : 5 =	69 : 6 =	87 : 6 =	88 : 7 =	99 : 8 =

100.

Angewandte Aufgaben über das erweiterte Vervielfachen, Messen und Teilen im Zahlenraum von 1—100.

1) In einem Körbchen liegen 24 Äpfel. Wie oft kann man 3 Äpfel herausnehmen? Wie oft 4, 6, 8 Äpfel?

2) Wievielmal kann man 3 ₰ von 27 ₰ wegnehmen? 6 Nüsse von 42 Nüssen? 8 Eier von 40 Eiern?

3) Wie oft sind: **a)** 4 E. in 32 E. enthalten; **b)** 6 E. in 2 Z. 4 E.; **c)** 7 E. in 6 Z. 3 E.; **d)** 9 E. in 8 Z. 1 E.?

4) Wieviel ist der dritte Teil von 21 ₰? $\frac{1}{4}$ von 36 ₰? $\frac{1}{5}$ von 35 ₰? $\frac{1}{6}$ von 48 ₰?

5) Gib $\frac{1}{4}$ von 12 Stunden an! $\frac{1}{5}$ von 20 Std.! $\frac{1}{8}$ von 24 Std.!

6) Wieviel Paar Strümpfe sind 12, 16, 20 Strümpfe?

7) Wieviel Std. hat ein halber Tag? $\frac{1}{4}$ Tag? $\frac{1}{6}$ Tg.? $\frac{1}{8}$ Tg.? $\frac{3}{4}$ Tg.? $\frac{5}{6}$ Tg.?

8) 1 m Band kostet 6 ₰; wieviel m erhält man für 24, 42, 18, 60 ₰?

9) Wieviel Zehnpfennigmarken erhält man für 20 ₰; für 50 ₰; für 30 ₰? Wieviel Postkarten zu **a)** 5 ₰, **b)** 2 ₰ erhält man für das angegebene Geld?

10) Ein Arbeiter verdient in 1 Woche (6 Arbeitstage) 18 ℳ. Wieviel verdient er in einem Tag?

11) 1 Jahr hat 12 Monate. Wieviel Monate zählt: **a)** $\frac{1}{2}$ Jahr; **b)** $\frac{1}{4}$ Jahr; **c)** $\frac{1}{3}$ Jahr; **d)** $\frac{1}{6}$ Jahr?

12) Wieviel ₰ kostet 1 Glas Bier, wenn man für 6 Glas **a)** 54 ₰, **b)** 60 ₰ bezahlt?

13) Wieviel ist die Hälfte von 12 und $\frac{1}{3}$ von 24? $\frac{1}{8}$ von 56 und $\frac{1}{10}$ von 70? $\frac{1}{5}$ von 45 und $\frac{1}{4}$ von 32?

14) Für 8 ₰ erhält man 5 Schreibfedern; wieviel Federn bekommt man für 24 ₰? Für 40 ₰? 72 ₰?

15) Wieviel Stück geben $\frac{1}{2}$ Dutzend und $\frac{1}{4}$ Dtz.? $\frac{1}{3}$ Dtz. und $\frac{1}{6}$ Dtz.?

16) Gib den 9ten Teil folgender Zahlen an: 31, 49, 57, 63, 72, 83, 19, 26, 42, 60! Den 8ten Teil! 10ten Teil! 7ten Teil!

17) Ein Dutzend hat 12 Stück, eine Mandel 15 Stück. Wieviel Stück sind: **a)** 3, 7, 5, 8, 4 Dtz.; **b)** 2, 4, 6, 3, 5 Mandel; **c)** 5 Dtz. + 9 Stck., 5 Mandel + 11 Stck.?

18) Ein Tag hat 24 Stunden. Wieviel Std. sind 2, 4, 3 Tg.? 2 Tg. + 18 Std.? 3 Tg. + 15 Std.?

19) Wieviel ist das Doppelte von 36? Das Dreifache von 27? Das Vierfache von 17?

20) Wieviel ₰ sind: **a)** 3 · 16 ₰ + 4 · 13 ₰; **b)** 5 · 18 ₰ — 5 · 12 ₰?

21) Ein l Milch kostet 18 ₰; wieviel kosten 3, 5, 4 l?

22) In einem Garten stehen 8 Baumreihen, in jeder Reihe 12 Bäume. Wieviel Bäume sind im Garten?

23) Ein Pfund Mehl kostet 18 ₰; wieviel kosten 3 Pfund?

24) Wieviel muß man für 6 Pfund Kirschen bezahlen, wenn 1 Pfund 16 ₰ kostet? Wieviel für 4, 2, 5 Pfund?

25) Wie oft sind 3 ₰ in 75 ₰ enthalten? 4 ₰ in 96 ₰?

26) Wieviel Postkarten zu 5 ₰ erhält man für 80 ₰? Für 1 ℳ?

27) In welcher Zeit erspart sich ein Geselle 100 ℳ, wenn er wöchentlich **a)** 4 ℳ, **b)** 5 ℳ erspart?

28) 1 m Tuch kostet 6 ℳ; wieviel kosten 14 m? 16 m?

29) 1 Monat wird zu 30 Tagen gerechnet; wieviel Monate und Tage sind 100 Tage?

30) Eine Std. hat 60 Minuten; wieviel Min. sind $\frac{1}{2}$, $\frac{1}{3}$, $\frac{1}{4}$, $\frac{1}{5}$, $\frac{2}{3}$, $\frac{3}{4}$, $\frac{2}{5}$, $\frac{5}{6}$ Std.?

31) Wieviel Schreibhefte kann man aus 100 Bogen Papier herstellen, wenn man zu einem Heft **a)** 4 Bogen, **b)** 5 Bogen braucht?

Druck von C. G. Röder, Leipzig.

I. Der Zahlenraum von 1 bis 1000.

1. Erweitern des Zahlenraums.

1.

Teils mündlich, teils schriftlich.

1) Bilde folgende Reihe: 1 ℳ = 100 ₰; 2 ℳ = 200 ₰ usw. bis 10 ℳ!

2) Zähle in Hunderterzahlen aufwärts von 100 bis 1000!

3) Schreibe die Hunderterzahlen von 100 bis 1000!

4) Zähle in Hunderten abwärts von 1000 bis 100!

5) Bilde folgende Reihe:
 1 Mark + 1 Zehnpfennigstück (Zehner) = 110 ₰
 1 Mark + 2 Zehner = 120 ₰
 1 Mark + 3 Zehner usw. bis
 1 Mark + 10 Zehner!

6) Zähle in Zehnerzahlen aufwärts von 100 bis 200!

7) Schreibe die Zehnerzahlen von 60 bis 200!

8) Wieviel ₰ sind: 1 Mark + 7 Zehner; 2 Mark + 1 Zehner; 2 Mark + 8 Zehner; 3 Mark + 5 Zehner; 5 Mark + 4 Zehner; 8 Mark + 3 Zehner; 9 Mark + 1 Zehner; 9 Mark + 9 Zehner?

9) a) Zähle in Zehnerzahlen aufwärts von 120 bis 360!
 b) Schreibe die Zehnerzahlen aufwärts von 380 bis 540!
 c) Zähle in Zehnerzahlen von 750 bis 1000!
 d) Schreibe die Zehnerzahlen von 830 bis 1000!

Merke: **100 Z. = 1 Hunderter (H.); 1000 E. = 1 Tausender (T.)**

10) Fasse zusammen: 100 Z. = 1 H., 200 Z. = 2 H. usw. bis 1000 Z.!

11) Schreibe: **a)** 110 E. = 1 H. + 10 E., 120 E. = 1 H. + 20 E., 130 E. usw. bis 300 E.; **b)** 740 E. = 7 H. + 40 E., 750 E. = 7 H. + 50 E., 760 E. usw. bis 900 E.!

12) Fasse zusammen: **a)** 100 E. = 10 Z., 200 E. = 20 Z., 300 E. usw. bis 1000 E.; **b)** 110 E. = 11 Z., 120 E. = 12 Z., 130 E. usw. bis 300 E.!

13) Wieviel ₰ sind: 1 Mark + 1 Einpfennigstück (Einer); 1 Mark + 2 Einer; 1 Mark + 5 Einer; 2 Mark + 7 Einer?

14) Zähle in Einern aufwärts von 100 bis 150!

15) Schreibe die Einerzahlen aufwärts von 100 bis 150!

16) Schreibe die Einerzahlen aufwärts **a)** von 450 bis 500; **b)** von 880 bis 920!

17) Schreibe die Einerzahlen abwärts **a)** von 1000 bis 940; **b)** von 814 bis 750; **c)** von 543 bis 485; **d)** von 321 bis 274!

18) Zerlege:

a)	b)	c)
101 = 1 H. + 1 E.	151 = 1 H. 5 Z. 1 E.	181 = 18 Z. 1 E.
102 = 1 H. + 2 E.	152 = 1 H. 5 Z. 2 E.	182 = 18 Z. 2 E.
103 usw. bis 130;	153 usw. bis 170;	183 usw. bis 200!

19) Zerlege auf 3 Arten: 243, 318, 409, 571, 625, 705, 856, 911!
Z. B.: **a)** 243 = 2 H. 4 Z. 3 E., **b)** 243 = 24 Z. 3 E., **c)** 243 = 2 H. 43 E.

2. Zu- und Abzählen.

2.

a) Nur Einer werden zu- und abgezählt.

Mündlich.

1)	2)	3)	4)	5)
110 + 4	213 + 6	617 + 5	776 + 8	806 + 8
135 + 3	259 + 3	683 + 6	490 + 6	368 + 5
167 + 2	386 + 4	727 + 4	347 + 6	800 + 2
189 + 5	455 + 7	802 + 6	203 + 7	983 + 8
196 + 6	561 + 4	956 + 8	500 + 8	227 + 9

6)	7)	8)
102 + 3 = 105	107 + 6 = 113	212 + 7 = 219
105 + 3 usw.	113 + 6 usw.	219 + 7 usw.
bis 162	bis 185	bis 422

9)	10)	11)
350 + 8 = 358	431 + 9 = 440	364 + 9 = 373
358 + 8 usw.	440 + 9 usw.	373 + 9 usw.
bis 750	bis 881	bis 679

12)	13)	14)	15)	16)
146 — 6	421 — 3	150 — 4	1000 — 5	814 + 5
197 — 2	585 — 4	210 — 5	1000 — 9	633 — 9
205 — 4	656 — 6	470 — 8	800 — 3	317 + 6
308 — 5	831 — 4	580 — 9	500 — 8	441 — 7
163 — 4	995 — 7	660 — 6	200 — 6	522 + 9

17)	18)	19)
1000 — 4 = 996	1000 — 7 = 993	980 — 8 = 972
996 — 4 usw.	993 — 7 usw.	972 — 8 usw.
bis 840	bis 650	bis 572

20)	21)	22)
903 — 9 = 894	812 — 6 = 806	951 — 9 = 942
894 — 9 usw.	806 — 6 usw.	942 — 9 usw.
bis 453	bis 392	bis 591

3.

b) Zu- und Abzählen reiner Zehnerzahlen.

Mündlich.

1)	2)	3)	4)	5)
100 + 30	200 + 20	700 + 10	120 — 20	610 — 10
100 + 90	300 + 40	800 + 30	270 — 70	730 — 30
100 + 50	400 + 70	900 + 60	330 — 30	890 — 90
100 + 80	500 + 80	800 + 20	480 — 80	940 — 40
100 + 40	600 + 90	600 + 30	520 — 20	980 — 80

6)	7)	8)	9)	10)
110 + 60	220 + 30	620 + 50	130 — 10	570 — 30
120 + 40	250 + 40	740 + 40	180 — 60	650 — 10
140 + 30	310 + 70	810 + 70	240 — 30	790 — 40
160 + 20	430 + 30	960 + 20	370 — 40	830 — 20
130 + 60	510 + 80	940 + 50	460 — 50	960 — 40

11)	12)	13)	14)	15)
110 + 90	630 + 70	200 — 10	700 — 50	130 = 200 —
240 + 60	760 + 40	300 — 40	800 — 50	260 = 300 —
330 + 70	880 + 20	400 — 30	900 — 50	470 = 500 —
420 + 80	910 + 90	500 — 40	1000 — 50	660 = 700 —
550 + 50	890 + 10	600 — 80	1000 — 70	940 = 1000 —

16)	17)	18)	19)	20)
90 + 20	60 + 50	30 + 80	190 + 30	580 + 40
90 + 40	60 + 80	20 + 90	180 + 60	690 + 60
80 + 60	50 + 60	40 + 80	270 + 50	780 + 40
80 + 80	50 + 90	60 + 70	390 + 80	870 + 60
70 + 50	40 + 70	70 + 80	460 + 60	880 + 90

21)	22)	23)	24)	25)
110 — 30	120 — 40	210 — 40	520 — 70	750 — 80
130 — 60	140 — 80	240 — 60	560 — 80	950 — 80
150 — 70	160 — 90	320 — 30	610 — 50	650 — 80
170 — 80	130 — 90	350 — 80	640 — 90	450 — 80
180 — 90	140 — 70	410 — 50	720 — 60	250 — 80

26)	27)	28)	29)	30)
83 + 30	94 + 60	46 + 90	85 + 70	61 + 80
183 + 30	194 + 60	346 + 90	285 + 70	161 + 80
483 + 30	394 + 60	546 + 90	485 + 70	361 + 80
683 + 30	594 + 60	646 + 90	785 + 70	661 + 80
883 + 30	794 + 60	846 + 90	885 + 70	761 + 80

31)	32)	33)	34)	35)
124 + 50	196 + 30	686 + 40	94 — 50	368 — 70
68 + 40	272 + 60	775 + 70	194 — 50	468 — 70
168 + 40	325 + 70	817 + 20	294 — 50	968 — 70
75 + 60	468 + 80	937 + 60	494 — 50	868 — 70
175 + 60	596 + 60	876 + 90	794 — 50	168 — 70

36)	37)	38)	39)	40)
265 — 40	856 — 10	112 — 30	124 — 60	135 — 60
461 — 50	356 — 30	432 — 50	331 — 50	204 — 80
694 — 70	648 — 40	348 — 60	422 — 90	305 — 90
775 — 20	259 — 20	211 — 70	653 — 80	401 — 70
943 — 40	362 — 50	742 — 80	913 — 70	902 — 90

4.

c) Gemischte Zehnerzahlen werden zu- und abgezählt.

Mündlich.

1)	2)	3)	4)
11 + 11 = 22	12 + 12 = 24	13 + 13 = 26	14 + 14 = 28
22 + 11 usw.	24 + 12 usw.	26 + 13 usw.	28 + 14 usw.
bis 110	bis 120	bis 130	bis 140

5)	6)	7)	8)
15 + 15 = 30	16 + 16 = 32	17 + 17 = 34	18 + 18 = 36
30 + 15 usw.	32 + 16 usw.	34 + 17 usw.	36 + 18 usw.
bis 150	bis 160	bis 170	bis 180

9)	10)	11)	12)
19 + 19 = 38	24 + 24 = 48	660 + 17 = 677	442 + 18 = 460
38 + 19 usw.	48 + 24 usw.	677 + 17 usw.	460 + 18 usw.
bis 190	bis 240	bis 1000	bis 1000

13)	14)	15)	16)
373 + 19 = 392	540 + 23 = 563	350 + 26 = 376	240 — 12 = 228
392 + 19 usw.	563 + 23 usw.	376 + 26 usw.	228 — 12 usw.
bis 1000	bis 1000	bis 1000	bis 0

17)	18)	19)
300 — 15 = 285	320 — 16 = 304	360 — 18 = 342
285 — 15 usw.	304 — 16 usw.	342 — 18 usw.
bis 0	bis 0	bis 0

20)	21)	22)
480 — 24 = 456	1000 — 13 = 987	1000 — 16 = 984
456 — 24 usw.	987 — 13 usw.	984 — 16 usw.
bis 0	bis 610	bis 520

23)	24)	25)
1000 — 18 = 982	1000 — 14 = 986	1000 — 19 = 981
982 — 18 usw.	986 — 14 usw.	981 — 19 usw.
bis 424	bis 622	bis 411

26)	27)	28)	29)	30)
66 + 42	126 + 23	184 + 27	264 + 31	794 + 35
78 + 34	138 + 64	169 + 55	356 + 47	842 + 39
84 + 55	157 + 28	131 + 74	485 + 39	813 + 89
96 + 46	184 + 53	159 + 25	511 + 87	915 + 38
99 + 73	192 + 46	186 + 52	624 + 52	973 + 27

31)	32)	33)	34)	35)
106 — 34	238 — 25	379 — 44	636 — 28	845 — 39
108 — 45	249 — 73	426 — 18	643 — 82	902 — 14
113 — 26	262 — 84	431 — 59	763 — 41	935 — 48
124 — 55	334 — 13	545 — 26	784 — 49	981 — 65
142 — 63	351 — 64	563 — 84	809 — 14	525 — 87

5.

Angewandte Aufgaben über das Zu- und Abzählen 2stelliger Zahlen.

Mündlich.

Merke: **1 Meter (m) = 1000 Millimeter (mm);**
1 Kilogramm (kg) = 1000 Gramm (g);
1 Ries (Rs.) = 1000 Bogen (Bg.).

Wiederholung: **1 ℳ = 100 ₰; 1 dz = 100 kg; 1 hl = 100 l;**
1 z = 100 Pf.; 1 Std. = 60 Min.; 1 Min. = 60 Sek.

1) Wieviel ₰ hat man übrig, wenn man von einer ℳ ausgibt: **a)** 28 ₰, **b)** 45 ₰, **c)** 63 ₰, **d)** 74 ₰, **e)** 86 ₰?

2) Ergänze zu 1 ℳ: **a)** 76 ₰, **b)** 58 ₰, **c)** 47 ₰, **d)** 38 ₰, **e)** 29 ₰!

3) Wieviel gibt: **a)** 98 ₰ + 57 ₰; 74 ₰ + 49 ₰; **b)** 2 ℳ 85 ₰ + 67 ₰; 4 ℳ 52 ₰ + 79 ₰; 5 ℳ 61 ₰ + 84 ₰?

4) Rechne: 2 ℳ — 75 ₰; 4 ℳ — 86 ₰; 9 ℳ — 63 ₰; 3 ℳ 10 ₰ — 65 ₰; 7 ℳ 20 ₰ — 49 ₰!

5) Emil hat in seiner Sparkasse 7 Markstücke, 1 Fünfzigpfennigst., 9 Zehnpfennigst., 7 Fünfpfennigst., 6 Zweipfennigst. und 3 ₰. Wieviel ℳ und ₰ besitzt er im ganzen?

6) Wieviel cm sind: **a)** 180 cm oder 1 m 80 cm + 70 cm; 3 m 40 cm + 80 cm; 5 m 65 cm + 45 cm; 6 m 70 cm + 85 cm; **b)** 2 m — 30 cm; 4 m — 80 cm; 5 m — 24 cm; 8 m — 56 cm; 3 m 76 cm — 54 cm; 9 m 30 cm — 75 cm?

7) Wieviel Pfund sind 1 z — 36 Pf.? 4 z — 52 Pf.? 3 z 20 Pf. + 48 Pf.? 6 z 80 Pf. + 72 Pf.? 2 z 60 Pf. + 54 Pf.? 5 z 75 Pf. + 80 Pf.? 3 z 40 Pf. — 18 Pf.?

8) Von 2 Fässern Öl wiegt das eine 68 kg, das andere 37 kg; wieviel kg wiegen die Fässer zusammen? Wieviel kg wiegt das eine Faß mehr als das andere? Wieviel kg fehlen an dem Gewicht jedes Fasses zu 1 dz?

9) Von 6 hl Kartoffeln werden verkauft 201 + 501 + 801 + 451. Wieviel l bleiben übrig?

10) Von 1 hl Bier werden nacheinander in Flaschen gefüllt 15 l + 27 l + 18 l + 12 l. Wieviel l bleiben im Faß?

11) In dem Dorfe O. besuchen 74 Knaben und 65 Mädchen die Schule. Wieviel Schulkinder sind es zusammen? Wieviel zählt die Schule nach Ostern, wenn 14 Kinder entlassen werden und 21 neu eintreten?

12) Metzger K. bezahlt für ein Rind 325 ℳ, für ein Schwein 98 ℳ; was kosten beide Tiere zusammen? Wieviel kostet das Rind mehr als das Schwein?

13) In einer Baumschule stehen 468 Apfelbäume; Birnbäume zählt man 75 weniger. Wieviel Birnbäume sind es?

14) Wieviel cm beträgt der Rest, wenn von 3 m Band 35 cm + 68 cm + 72 cm abgeschnitten werden?

15) Von 1 kg werden verbraucht 20 g + 65 g + 85 g; wieviel g bleiben übrig?

16) Wieviel mm sind 1 m — 85 mm — 70 mm — 90 mm?

17) Wieviel Std. und Min. sind 36 Min. + 50 Min.? 48 Min. + 37 Min.? 54 Min. + 48 Min.?

18) Wieviel Min. fehlen noch zu 1 Std. an 24, 35, 18, 29, 43 Min.?

19) Wieviel Min. und Sek. sind 26 Sek. + 35 Sek.? 49 Sek. + 24 Sek.? 54 Sek. + 58 Sek.?

20) In der Familie unsres Nachbars ist der Vater 58, die Mutter 49, der Sohn 24, die Tochter 19 Jahre alt; **a)** wieviel Jahre ist der Sohn jünger als der Vater; **b)** wieviel die Tochter jünger als die Mutter?

6.

d) Hunderter und Zehner werden zu- und abgezählt.

Mündlich.

1)	2)	3)	4)	5)
100 + 100	100 + 200	200 + 500	400 — 100	1000 — 500
400 + 100	400 + 200	300 + 600	500 — 200	900 — 700
600 + 100	200 + 300	100 + 700	600 — 300	600 — 500
800 + 100	600 + 300	200 + 800	900 — 400	800 — 400
900 + 100	300 + 400	400 + 500	1000 — 600	700 — 600

6)	7)	8)	9)	10)
110 + 100	230 + 200	100 + 110	160 — 100	250 — 150
140 + 200	350 + 200	300 + 240	280 — 200	490 — 190
160 + 500	410 + 400	500 + 340	490 — 300	650 — 250
170 + 700	550 + 300	600 + 280	670 — 400	910 — 610
190 + 800	320 + 600	100 + 770	980 — 500	870 — 370

11)	12)	13)	14)	15)
120 + 110	320 + 160	220 — 110	260 — 130	990 — 110
100 + 130	450 + 440	280 — 150	370 — 160	880 — 220
170 + 220	520 + 240	470 — 240	860 — 330	660 — 440
180 + 310	610 + 350	580 — 360	950 — 420	870 — 450
210 + 250	740 + 250	690 — 410	230 — 120	980 — 650

16)	17)	18)	19)	20)
150 + 150	310 + 190	650 + 350	200 — 140	500 — 220
160 + 200	330 + 270	680 + 320	200 — 160	600 — 170
170 + 130	450 + 150	560 + 440	200 — 180	700 — 340
260 + 140	470 + 230	330 + 370	300 — 190	800 — 460
280 + 220	510 + 190	440 + 160	400 — 210	1000 — 530

21)	22)	23)	24)	25)
90 + 120	260 + 250	220 — 130	410 — 220	840 — 470
80 + 150	390 + 440	240 — 180	530 — 360	910 — 560
60 + 190	470 + 280	310 — 150	640 — 280	930 — 690
130 + 180	560 + 430	340 — 160	750 — 390	980 — 490
240 + 170	680 + 240	360 — 270	810 — 570	410 — 250

7.

e) Hunderter, Zehner und Einer werden zu- und abgezählt.

Mündlich.

1)	2)	3)	4)	5)
100 + 115	110 + 119	190 + 224	200 — 134	480 — 225
200 + 134	230 + 425	180 + 365	400 — 225	670 — 168
400 + 256	340 + 248	370 + 552	600 — 318	890 — 365
600 + 388	420 + 547	690 + 243	800 — 247	410 — 253
800 + 117	670 + 328	450 + 478	1000 — 549	820 — 469

6)	7)	8)	9)	10)
276 + 113	484 + 211	485 + 119	576 — 342	553 — 267
439 + 243	261 + 428	234 + 178	468 — 257	375 — 296
327 + 355	143 + 539	356 + 265	397 — 144	485 — 399
545 + 436	258 + 423	573 + 269	483 — 146	542 — 275
342 + 159	345 + 426	692 + 269	778 — 256	758 — 189

11)	12)	13)	14)	15)
136 + 157	429 — 238	235 + 446	369 — 175	411 — 262
436 + 157	929 — 238	535 + 446	769 — 175	811 — 262
247 + 189	845 — 347	186 + 257	642 — 315	624 — 399
547 + 189	565 — 347	386 + 257	942 — 315	824 — 399
747 + 189	765 — 347	586 + 257	542 — 315	924 — 399

8.

Angewandte Aufgaben über das Zu- und Abzählen dreistelliger Zahlen.

Mündlich.

1) Wie groß ist der Unterschied zwischen: **a)** 380 und 495; **b)** 726 und 834; **c)** 572 und 740; **d)** 134 und 921?

2) Die größere zweier Zahlen heißt 129, der Unterschied ist 75; wie heißt die kleinere Zahl?

3) Wieviel ₰ sind: **a)** 136 ₰ + 258 ₰; **b)** 894 ₰ — 278 ₰; **c)** 714 ₰ — 360 ₰?

4) Wieviel ℳ und ₰ sind: **a)** 2 ℳ 28 ₰ + 3 ℳ 40 ₰ + 1 ℳ 90 ₰; **b)** 1 ℳ 14 ₰ + 2 ℳ 70 ₰ + 4 ℳ 35 ₰?

5) Wieviel ℳ und ₰ sind: **a)** 8 ℳ — 3 ℳ 48 ₰; **b)** 10 ℳ — 5 ℳ 64 ₰; **c)** 7 ℳ 40 ₰ — 3 ℳ 20 ₰; **d)** 9 ℳ 70 ₰ — 4 ℳ 30 ₰; **e)** 8 ℳ 40 ₰ — 3 ℳ 90 ₰; **f)** 7 ℳ 25 ₰ — 4 ℳ 70 ₰; **g)** 3 ℳ 78 ₰ — 1 ℳ 46 ₰; **h)** 3 ℳ 15 ₰ — 1 ℳ 36 ₰?

6) Wieviel cm sind 140 cm + 235 cm + 384 cm?

7) Wieviel m und cm sind 2 m 18 cm + 3 m 70 cm + 1 m 90 cm?

8) Wieviel l sind 95 l + 170 l + 248 l?

9) Wieviel hl und l sind 1 hl 40 l + 2 hl 16 l + 3 hl 25 l?

10) Wieviel Einwohner hatte das Dorf O., das bei der Volkszählung 228 Männer, 290 Frauen und 225 Kinder zählte?

11) Gutsbesitzer W. verkauft 235 hl Korn, 340 hl Weizen, 126 hl Gerste; wieviel hl Frucht verkauft er?

12) Wieviel ℳ erhält man auf einen Tausendmarkschein heraus, wenn man 528 ℳ zu bezahlen hat?

13) Wieviel g sind: **a)** 1 kg — 185 g; **b)** 1 kg — 244 g; **c)** 1 kg — 375 g?

14) Wieviel mm sind 1 m — 75 mm — 250 mm?

15) Wieviel Bogen sind 1 Rs. — 84 Bg. — 160 Bg. — 340 Bg.?

16) Papierhändler S. verkaufte von 250 Schreibheften 136 und von 180 Rechenheften 92; **a)** wieviel Hefte verkaufte er im ganzen; **b)** wieviel hat er noch zu verkaufen?

17) Auf der einen Seite einer Straße befinden sich 465 Bäume, auf der anderen Seite 18 weniger. Wieviel Bäume stehen auf beiden Seiten der Straße?

18) An einer Landstraße steht auf einer Telegraphenstange in der Mitte des Dorfes A die Zahl 136, die Telegraphenstange in der Mitte des Dorfes B hat die Nummer 275. Wieviel Telegraphenstangen befinden sich zwischen A und B?

9.

Das schriftliche Zusammenzählen.

(Rechnen mit dem Stellenwert der Ziffern.)

Zusammenzählen oder **addieren.** Die Zahlen, die man zusammenzählt, heißen **Posten** oder **Summanden.** Die Zahl, die man beim Zusammenzählen erhält, heißt **Summe.** Was versteht man unter Posten oder Summanden? Was unter Summe?

Merke: Beim schriftlichen Zusammenzählen werden die **gleichen Einheiten der Posten genau unter einander geschrieben.**

Schreibweise:	
7	**Sprechweise** für den Anfang: 4 E., 10 E., 18 E., 23 E., 30 E.; 30 E. s. 3 Z. 0 E.; 0 E. schreibe ich in die Einerstelle, 3 Z. links daneben in die Zehnerstelle; 4 u. 6 u. 8 u. 5 u. 7 = 30.
5	
8	
6	
+ 4	
30	

1) a)	b)	c)	d)	2) a)	b)	c)	d)
5	6	18	34	57	14	63	71
5	12	37	97	30	63	89	26
9	9	8	6	49	29	97	39
8	28	54	85	70	80	65	54
+ 7	+ 34	+ 71	+ 9	+ 87	+ 47	+ 46	+ 63

3) a)	b)	c)	4) a)	b)	c)	d)
196	234	185	240	370	36	203
8	57	7	36	42	58	87
32	4	48	149	156	206	345
269	19	250	28	37	358	69
+ 374	+ 367	+ 83	+ 376	+ 269	+ 196	+ 174

5) Schreibe folgende Zahlen genau untereinander und addiere sie: **a)** 46 + 8 + 7 + 54 + 60; **b)** 32 + 9 + 47 + 58 + 6 + 27; **c)** 138 + 14 + 57 + 296 + 39 + 318; **d)** 106 + 213 + 37 + 328; **e)** 9 + 37 + 84 + 139 + 247 + 368!

6) Zähle zus.: **a)** 136 + 84 + 35 + 276 + 69 + 8 + 119 + 68!
b) 279 + 19 + 7 + 345 + 82 + 39 + 7 + 169!

7) Zähle zus.: **a)** 92 + 87 + 463 + 8 + 176 + 49 + 15 + 47!
b) 234 + 57 + 6 + 109 + 82 + 309 + 9 + 149!

8) a)	b)	c)	d)	e)	f)
276	309	8	156	346	16
98	47	36	39	24	479
493	8	459	287	189	25
57	196	62	56	17	116
6	78	185	3	8	39
+ 43	+ 294	+ 63	+ 378	+ 265	+ 374

9) Wieviel ₰ geben 3 ℳ 86 ₰ + 94 ₰? 4 ℳ 27 ₰ + 2 ℳ 68 ₰?

10) Wieviel l sind 3 hl 24 l + 96 l + 2 hl 25 l + 37 l + 88 l?

11) Wieviel cm sind 1 m 85 cm + 39 cm + 2 m 48 cm + 63 cm?

12) Wieviel Pf. sind 1 z 24 Pf. + 97 Pf. + 8 Pf. + 2 z 39 Pf. + 16 Pf. + 43 Pf.?

13) Welche Zahl besteht aus den Posten 96, 128, 39, 345, 85 und 87?

14) Frau M. gibt im April 97 ℳ, im Mai 83 ℳ, im Juni 79 ℳ aus, wieviel in den genannten Monaten zusammen?

15) Wirt O. gibt in einer Woche für Fleisch 180 ℳ, für Brot 56 ℳ und für Kartoffeln 16 ℳ aus. Wieviel macht dies zusammen?

16) Kaufmann F. hat 568 kg Kaffee auf Lager; er empfängt dazu noch 85 kg + 124 kg + 170 kg. Wieviel kg beträgt alsdann sein Vorrat?

17) 1 kg Ware kostet den Kaufmann 2 ℳ 75 ₰; wie teuer muß er das kg verkaufen, wenn er daran 36 ₰ gewinnen will?

18) Ein Ballen Tuch wird zu 183 ℳ eingekauft und mit einem Gewinn von 39 ℳ verkauft. Wieviel beträgt der Verkauf?

10.

Das schriftliche Abzählen.

(Rechnen mit dem Stellenwert der Ziffern.)

Abziehen oder **subtrahieren.** Die Zahl, von der man abzieht, heißt **Vollzahl** oder **Minuend.** Die Zahl, die abgezogen wird, heißt **Abzugszahl** oder **Subtrahend.** Die Zahl, die man beim Abziehen erhält, wird **Rest, Unterschied** oder **Differenz** genannt.
Wie findet man die Vollzahl, wenn die Abzugszahl und der Rest bekannt sind?

Schreibweise:
```
    11
 1 6 1
 — 3 8
 1 2 3
```

Sprechweise für den Anfang: 161 besteht aus 1 H. 6 Z. u. 1 E.; 38 besteht aus 3 Z. u. 8 E.; 8 E. von 1 E. wegzunehmen (1 E. weniger 8 E.) geht nicht; ich verwandle von 6 Zehnern 1 Z. in 10 E., 1 E. dazu sind 11 E.; 8 E. von 11 E. (11 E. weniger 8 E.) bleiben 3 E.; 3 Z. von 5 Z. bleiben 2 Z.; 0 H. von 1 H. bleibt 1 H.; 161 weniger 38 bleibt 123.

Schreibweise:
```
   10 10
 4 0 0
—2 4 5
 1 5 5
```

Sprechweise für den Anfang: 400 besteht aus 4 H. 0 Z. u. 0 E.; 245 besteht aus 2 H. 4 Z. u. 5 E.; 5 E. von 0 E. wegzunehmen geht nicht; weil Zehner nicht vorhanden sind, verwandle ich von 4 Hundertern 1 H. in 10 Z. und von diesen 10 Zehnern 1 Z. in 10 E. usw., wie oben angegeben; 400 weniger 245 bleibt 155.

	a)	b)	c)	d)	e)	f)	g)	h)
1)	39	57	86	68	97	43	85	89
	— 27	— 41	— 36	— 25	— 34	— 21	— 32	— 43
2)	90	70	90	82	91	75	76	93
	— 24	— 36	— 57	— 56	— 37	— 38	— 29	— 46
3)	157	248	249	729	896	976	809	790
	— 23	— 34	— 36	— 314	— 543	— 603	— 205	— 310
4)	780	940	807	251	618	702	470	630
	— 276	— 318	— 145	— 139	— 375	— 491	— 190	— 490

	a)	b)	c)	d)	e)	f)	g)	h)
5)	230	420	950	817	734	835	513	847
	—146	—187	—286	—349	—586	—289	—246	—369
6)	871	914	862	982	741	452	817	324
	—239	— 86	— 94	— 93	—236	—196	— 98	—176
7)	916	811	864	432	720	631	562	823
	— 89	— 67	— 76	— 95	— 89	— 68	— 47	— 86
8)	231	518	940	632	763	810	514	631
	—168	—279	—328	—276	—209	—306	—115	—279
9)	703	802	905	405	804	701	902	803
	—208	—319	—348	—207	—176	—365	—489	—519
10)	700	400	800	900	700	600	500	600
	— 92	— 63	— 34	—250	—308	—217	—123	—165
11)	1000	1000	1000	1000	1000	1000	1000	1000
	— 48	—257	—345	—709	—280	—374	—591	—999

12) Karl hat in seiner Sparkasse 3 ℳ 24 ₰, Fritz besitzt 5 ℳ 13 ₰; wieviel ₰ hat Fritz mehr?

13) Von 560 Obstbäumen werden 128 umgehauen; wieviel Bäume bleiben stehen?

14) Ein Band mißt 8 m 20 cm; davon werden 6 m 75 cm verkauft. Wieviel cm sind übrig?

15) A. und B. beziehen zusammen 125 kg Ware; A. erhält davon 58 kg. Wieviel kg bekommt B.?

16) Eine Ware kostet im Einkauf 295 ℳ, im Verkauf 384 ℳ. Wieviel ℳ werden verdient?

17) Wie groß ist der Verlust, wenn eine Ware zu 428 ℳ eingekauft und zu 397 ℳ verkauft wird?

18) Wieviel g bleiben übrig, wenn man von 1 kg 184 g wegnimmt?

19) Wieviel mm geben 1 m weniger **a)** 225 mm; **b)** 340 mm?

20) Die Vollzahl heißt 824, die Abzugszahl 357; bestimme den Rest!

21) Drei Kisten Seife wiegen zusammen 226 kg; die eine Kiste wiegt 84 kg, die andere 75 kg. Wie schwer ist die dritte Kiste?

22) In einem Jagdgebiet wurden 505 Hasen und 189 Rebhühner weniger als Hasen geschossen. Wieviel Rebhühner erlegte man?

23) Wie groß ist der Rest, wenn die Vollzahl 1000, die Abzugszahl 325 ist?

24) Zähle 36 + 129 + 256 + 97 + 347 + 68 zusammen und ziehe von der Summe 389 ab!

3. Vervielfachen.

11.

a) Die Grundzahlen werden vervielfacht.

Mündlich.

1) **a)** 10·5, 11·5 usw. bis 30·5; **b)** 10·2, 11·2 usw. bis 30·2
2) **a)** 10·4, 11·4 usw. bis 30·4; **b)** 10·8, 11·8 usw. bis 30·8
3) **a)** 10·3, 11·3 usw. bis 30·3; **b)** 10·6, 11·6 usw. bis 30·6
4) **a)** 10·9, 11·9 usw. bis 30·9; **b)** 10·7, 11·7 usw. bis 30·7
5) **a)** 51·5, 52·5 usw. bis 80·5; **b)** 71·2, 72·2 usw. bis 100·2
6) **a)** 51·4, 52·4 usw. bis 80·4; **b)** 71·8, 72·8 usw. bis 100·8
7) **a)** 51·3, 52·3 usw. bis 80·3; **b)** 71·6, 72·6 usw. bis 100·6
8) **a)** 51·9, 52·9 usw. bis 80·9; **b)** 71·7, 72·7 usw. bis 100·7

12.

b) Vervielfachen der Zehnerzahlen.

Mündlich.

1) **a)** 1·50, 2·50 usw. bis 20·50; **b)** 1·20, 2·20 usw. bis 20·20
2) **a)** 1·40, 2·40 usw. bis 20·40; **b)** 1·80, 2·80 usw. bis 12·80
3) **a)** 1·30, 2·30 usw. bis 20·30; **b)** 1·60, 2·60 usw. bis 15·60
4) **a)** 1·90, 2·90 usw. bis 11·90; **b)** 1·70, 2·70 usw. bis 14·70

13.

c) Vervielfachen gemischter Zehnerzahlen.

Mündlich.

1) **a)** 1·11, 2·11 usw. bis 20·11; **b)** 1·12, 2·12 usw. bis 20·12
2) Vervielfache ebenso die Zahlen 13, 14, 15, 16, 17, 18 und 19 nacheinander mit 1, 2, 3 usw. bis 20!
3) Vervielfache mit 2 die Zahlen 21, 31 usw. bis 91; 26, 36 usw. bis 96!
4) Vervielfache mit 3 die Zahlen 22, 32 usw. bis 92; 27, 37 usw. bis 97!
5) Vervielfache mit 4 die Zahlen 23, 33 usw. bis 93; 28, 38 usw. bis 98!
6) Vervielfache mit 5 die Zahlen 24, 34 usw. bis 94; 29, 39 usw. bis 99!
7) Nimm 6 mal: **a)** 25, 35 usw. bis 95; **b)** 26, 36 usw. bis 96!
8) Nimm 7 mal: **a)** 22, 32 usw. bis 92; **b)** 27, 37 usw. bis 97!
9) Nimm 8 mal: **a)** 23, 33 usw. bis 93; **b)** 28, 38 usw. bis 98!
10) Nimm 9 mal: **a)** 24, 34 usw. bis 94; **b)** 29, 39 usw. bis 99!

14.

d) Vervielfachen dreistelliger Zahlen.

Mündlich.

1) Rechne: **a)** 1·200, 2·200, 3·200, 4·200, 5·200; **b)** 1·300, 2·300, 3·300; **c)** 1·400, 2·400; **d)** 1·500, 2·500!
2) Vervielfache die Zehnerzahlen 110, 120 usw. bis 300 mit 2 und 3!
3) Vervielfache mit 4 die Zehnerzahlen 110, 120, 130 usw. bis 250!
4) Vervielfache mit 5 die Zehnerzahlen 110, 120, 130 usw. bis 200!
5) Nimm 6 mal: 110, 120, 130, 140, 150, 160!
6) Nimm 7 mal: 110, 120, 130, 140!
7) Rechne: 8·110, 8·120; 9·110; 3·330; 2·360; 2·380; 2·480!
8) Vervielfache mit 2 die Zahlen 102, 155, 214, 277, 336, 448, 453!
9) Vervielfache mit 3 die Zahlen 106, 115, 171, 209, 235, 314, 325!
10) Nimm 4 mal: 109, 216, 225! Nimm 5 mal: 108, 133, 172, 188!
11) Nimm 6 mal: 105, 118, 124, 129; 7 mal: 112, 118, 127, 135; 8 mal: 104, 116, 125; 9 mal: 105, 108, 111!

15.

Angewandte Aufgaben über das Vervielfachen.

Mündlich.

Merke: **1 Monat (Mon.) = 30 Tage (Tg.);**
1 Schock (Sch.) = 60 Stück (Stck.).

Wiederholung: **1 Stunde (Std.) = 60 Minuten (Min.);**
1 Minute = 60 Sekunden (Sek.).

1) Wieviel ₰ sind: 9·30 ₰; 7·20 ₰; 6·40 ₰; 40·8 ₰; 50·5 ₰?
2) Wieviel ₰ erhält man für 4, 6, 8, 12, 17, 28 Fünfzigpfennigst.?
3) Wieviel ℳ und ₰ sind: **a)** 7·50 ₰ + 2·20 ₰; 6·40 ₰ + 5·30 ₰; **b)** 80·2 ₰ + 60·5 ₰; 70·4 ₰ + 50·8 ₰; 8·90 ₰ — 3·50 ₰; 7·40 ₰ — 4·20 ₰?
4) Wieviel Tage sind 9 Monate, den Monat zu 30 Tagen gerechnet?
5) 1 m Band kostet 20 ₰; wieviel kosten 3, 5, 7, 9, 19, 36 m Band?
6) Gib das Vierfache von 20 ₰, 40 ₰, 50 ₰ an! Ebenso das Sechsfache! Das Neunfache!
7) Für eine Doppelkrone erhält man 20 ℳ, wieviel für 4, 6, 9, 10 Doppelkronen?
8) Wieviel ℳ und ₰ sind 40, 65 Fünfpfennigst.? 80 Zweipfennigst.?
9) Bäcker W. liefert täglich in eine Wirtschaft 8 Brote, das Stück zu 50 ₰; wieviel hat der Wirt nach einer Woche zu bezahlen?
10) Für 9 ₰ erhält man 50 Nüsse, wieviel für 27 ₰? Wieviel für 36 ₰? Für 54 ₰?

*

11) Otto hat in seiner Sparkasse 7·80 ₰, sein Bruder besitzt 2·40 ₰ weniger. Wieviel besitzen beide zusammen?

12) Wieviel ist das 9fache von 60 ₰ und das 7fache von 30 ₰? Das 10fache von 90 ₰ weniger 1 ℳ 40 ₰?

13) Wieviel ℳ und ₰ sind 3·70 ₰? 9·80 ₰? 60·8 ₰? 90·7 ₰?

14) Wieviel Min. hat 1 Std.? Wievielmal 60 Min. sind 3, 7, 9 Std.?

15) Wieviel Sek. hat 1 Min.? Wievielmal 60 Sek. sind 6, 8, 10 Min.?

16) Wieviel Min. sind 3 Std. 18 Min.? 7 Std. 45 Min.?

17) Wieviel Sek. sind 4 Min. 25 Sek.? 8 Min. 52 Sek.?

18) Wieviel Tg. sind: **a)** 3, 5, 8, 10 Mon.; **b)** 4 Mon. 8 Tg., 9 Mon. 6 Tg., 10 Mon. 25 Tg.?

19) Wieviel Stück sind: **a)** 3, 7, 9 Schock; **b)** 2 Sch. 24 Stck., 6 Sch. 52 Stck., 8 Sch. 45 Stck.?

20) 1 kg kostet 90 ₰; wievielmal 90 ₰ kosten 4, 7, 9 kg?

21) Für 4 ₰ erhält man 40 Nüsse, wieviel für 3 mal 4 ₰ oder 12 ₰? Wieviel für 20 ₰? 32 ₰? 40 ₰?

22) 1 m Band kostet 80 ₰; wieviel kosten 3, 4, 7, 9, 10, 15 m Band?

23) In einer Pflanzschule stehen 8 Reihen Obstbäumchen, in jeder Reihe 90; aus der Pflanzschule werden 6 mal 40 Bäumchen verkauft. Wieviel bleiben stehen?

24) Karl hat in seiner Sparkasse 3 Markstücke, 5 Fünfzigpfennigst., 9 Zwanzigpfennigst.; Franz hat im ganzen 7 ℳ 50 ₰. Welcher der beiden Knaben besitzt mehr? Wieviel mehr?

16.

Weitere Aufgaben.

Mündlich.

Merke: **1 Jahr = 12 Monate (Mon.) = 52 Wochen (Wo.) = 365 Tage (Tg.); 1 Woche = 7 Tage (6 Arbeitstage); 1 Arbeitsjahr = 300 Arbeitstage = 50 Arbeitswochen.**

1) Wieviel Einer geben 26·8 E.? 35·9 E.? 4·76 E.? 9·87 E.? 2·354 E.? 136·3 E.?

2) Wieviel Stck. sind 9 Dutz.? 2 Dutz. 4 Stck.? 6 Dutz. 7 Stck.?

3) Wieviel ℳ und ₰ sind: **a)** 8·87 ₰, 9·74 ₰, 3·65 ₰; **b)** 28·3 ₰, 47·5 ₰, 69·8 ₰; **c)** 3·2 ℳ 70 ₰, 4·1 ℳ 80 ₰, 3·2 ℳ 24 ₰?

4) 1 m kostet 75 ₰; wieviel kosten 2 m? 4 m? 7 m? 10 m? 24 m?

5) Eine Eierhändlerin bringt 6·24 Eier auf den Markt und verkauft davon 7·12 Eier. Wieviel Eier besitzt sie noch?

6) Fritz hat in seiner Sparkasse 1 ℳ 48 ₰, Otto besitzt 4 mal soviel; wieviel hat Otto?

7) Ein Dienstmädchen erhält monatlich 13 ℳ Lohn; wieviel beträgt der Lohn in 3 Mon.? In 8 Mon.?

8) 1 kg Mehl kostet 32 ₰; wieviel kosten 5 kg? 9 kg? 25 kg?

9) 1 l Wein kostet 85 ₰; wieviel kosten 4 l? 6 l? 8 l? 10 l? 22 l?
10) In einer Schachtel sind 12 Dutz. Stahlfedern. Wieviel bleiben in der Schachtel, wenn 6 • 5 Federn herausgenommen werden?
11) Wieviel Mon. sind: **a)** 7, 3, 9 Jahre; **b)** 2 Jahre 8 Mon., 5 Jahre 11 Mon., 7 Jahre 9 Mon.?
12) Wieviel Wo. sind: **a)** 4, 6, 10 Jahre; **b)** 6 Jahre 14 Wo., 8 Jahre 45 Wo., 9 Jahre 20 Wo.?
13) 1 z Steinkohlen kostet 95 ₰; wieviel kosten 3, 5, 9, 10, 21 z?
14) 1 Pfund Kaffee kostet 1 ℳ 10 ₰; wieviel kosten 3, 5, 8, 12 Pfund?
15) 1 m Tuch kostet 8 ℳ 60 ₰; wieviel kosten 4, 5, 8 m?
16) Wieviel Stck. sind: **a)** 3, 5, 8, 9 Schock; **b)** 4, 6, 10 Mandel; **c)** 3 Schock 16 Stck., 8 Mandel 12 Stck.?
17) Wieviel Tage sind: **a)** 18, 26, 52 Wochen; **b)** 24 Wo. 4 Tg., 38 Wo. 5 Tg.?
18) Wieviel Std. sind: **a)** 7, 3, 9 Tg.; **b)** 4 Tg. 14 Std., 8 Tg. 23 Std.?
19) Ein Ei kostet 6 ₰; wieviel kosten: **a)** 1 Schock + 25 Stck.; **b)** 3 Mandel + 10 Stck.?
20) Wieviel Tage sind 2 Jahre? 1 Jahr 215 Tg.? 2 Jahre 160 Tg.?
21) Wieviel Pflastersteine sind zum Pflastern eines Hofweges nötig, wenn 78 Reihen entstehen und jede Reihe 9 Steine zählt?

4. Teilen und Messen.

17.

Mündlich.

Vorübungen:

a) 1 : 4 = der 4te Teil v. 1 = $\frac{1}{4}$
1 : 5 = der 5te Teil v. 1 = $\frac{1}{5}$
1 : 10 = der 10te Teil v. 1 = $\frac{1}{10}$

b) 3 : 4 = der 4te Teil v. 3 = $\frac{3}{4}$
3 : 5 = der 5te Teil v. 3 = $\frac{3}{5}$
3 : 10 = der 10te Teil v. 3 = $\frac{3}{10}$

c) 1 mal der 4te Teil v. 1 = $\frac{1}{4}$
3 mal der 4te Teil v. 1 = $\frac{3}{4}$
1 mal der 5te Teil v. 1 = $\frac{1}{5}$
3 mal der 5te Teil v. 1 = $\frac{3}{5}$

1) Nimm die Hälfte von 200, 400, 600, 800, 1000; 300, 500, 700, 900!
2) Ein Drittel von 300, 900, 600; $\frac{1}{4}$ v. 800; $\frac{1}{5}$ v. 1000; $\frac{1}{6}$ v. 600; $\frac{1}{8}$ v. 800!
3) **a)** $\frac{1}{2}$ v. 20, 40, 60 usw. bis 200; **b)** $\frac{1}{3}$ v. 30, 60, 90 usw. bis 300!
4) **a)** $\frac{1}{4}$ v. 40, 80, 120 usw. bis 400; **b)** $\frac{1}{5}$ v. 50, 100, 150 usw. bis 500!
5) **a)** $\frac{1}{6}$ v. 60, 120 usw. bis 600; **b)** $\frac{1}{7}$ v. 70, 140 usw. bis 700!
6) **a)** $\frac{1}{8}$ v. 80, 160 usw. bis 800; **b)** $\frac{1}{9}$ v. 90, 180 usw. bis 900!
7) Teile 22, 26, 28, 30, 44, 50, 66, 70, 76, 82, 88, 90, 94, 98 durch 2!
8) Teile 33, 39, 42, 48, 54, 57, 63, 69, 75, 81, 87, 96, 99 durch 3!
9) Teile 44, 48, 56, 60, 68, 76, 84, 92, 96, 100 durch 4!

10) Teile 55, 60, 70, 80, 85, 90, 100 durch 5!

11) Teile 66, 78, 84, 96 durch 6! 77, 91, 84, 98 durch 7! 88 durch 8! 99 durch 9!

12) Berechne $\frac{1}{2}$ v. 260, 440, 820, 880, 244, 366, 534, 682, 748, 864!

13) Berechne $\frac{1}{3}$ v. 120, 270, 360, 660, 399, 966! $\frac{1}{4}$ v. 164, 448, 844! $\frac{1}{5}$ v. 255, 455, 550! $\frac{1}{6}$ v. 186, 486, 666! $\frac{1}{8}$ v. 384, 592, 856, 880!

14) Nimm 3mal den 10ten Teil ($\frac{3}{10}$) von 20! Von 30!

15) Rechne ebenso: $\frac{3}{10}$ v. 40, 60, 80, 100, 110, 150, 250, 330, 450!

16) Ebenso: $\frac{2}{5}$ v. 30; $\frac{4}{5}$ v. 60; $\frac{6}{5}$ v. 200; $\frac{3}{4}$ v. 80; $\frac{5}{4}$ v. 120; $\frac{7}{4}$ v. 200!

17) Ebenso: $\frac{5}{6}$ v. 60; $\frac{11}{6}$ v. 72; $\frac{3}{7}$ v. 21; $\frac{5}{7}$ v. 63; $\frac{9}{7}$ v. 140, v. 280!

18) Ebenso: $\frac{1}{8}$ v. 48; $\frac{3}{8}$ v. 56; $\frac{7}{8}$ v. 96; $\frac{2}{9}$ v. 18; $\frac{5}{9}$ v. 90; $\frac{10}{9}$ v. 180!

19) Wie oft ist 20 in 140 enthalten? 30 in 360? 40 in 280? 50 in 600? 60 in 720? 70 in 770? 80 in 880? 90 in 810?

18.

Angewandte Aufgaben über das Messen und Teilen.

Mündlich.

1) Wie oft kann man wegnehmen: **a)** 2 ₰ von 80 ₰, 3 ₰ von 240 ₰ oder 2 ℳ 40 ₰, 8 ₰ von 3 ℳ 20 ₰, 9 ₰ von 2 ℳ 70 ₰; **b)** 3 ℳ von 210 ℳ, 7 ℳ von 350 ℳ, 9 ℳ von 540 ℳ; **c)** 20 ₰ von 1 ℳ 60 ₰, 40 ₰ von 2 ℳ 80 ₰, 60 ₰ von 5 ℳ 40 ₰, 80 ₰ von 2 ℳ 40 ₰?

2) Wieviel ist die Hälfte von 1 ℳ 70 ₰, der dritte Teil von 2 ℳ 34 ₰, der 4te Teil von 3 ℳ 80 ₰, der 8te Teil von 2 ℳ 88 ₰, der 9te Teil von 3 ℳ 78 ₰?

3) Gib den 20sten Teil von 1 ℳ 80 ₰ an! Den 30sten Teil von 3 ℳ 60 ₰! Den 60sten Teil von 8 ℳ 40 ₰! Den 80sten Teil von 9 ℳ 60 ₰!

4) Wie oft kann man von einem Band, das 4 m 80 cm mißt, **a)** 40 cm, **b)** 60 cm, **c)** 80 cm abschneiden?

5) In einem Körbchen liegen 200 Nüsse; wievielmal kann man **a)** 20, **b)** 40, **c)** 50 Nüsse herausnehmen? Wievielmal **a)** 2, **b)** 4, **c)** 5 Nüsse?

6) Wievielmal **a)** 4 l, **b)** 5 l, **c)** 10 l, **d)** 20 l geben 1 hl Milch?

7) Wie lange reichen 360 ℳ, wenn täglich **a)** 3 ℳ, **b)** 4 ℳ, **c)** 5 ℳ, **d)** 6 ℳ, **e)** 8 ℳ ausgegeben werden?

8) 20 Arbeiter verdienen bei gleicher Bezahlung in einem Tage 50 ℳ; wieviel verdient 1 Arbeiter?

9) Eine Frau erhält für 20 ₰ vier Eier; wieviel Eier erhält sie für 6mal 20 ₰ oder 1 ℳ 20 ₰? Für 1 ℳ 80 ₰?

10) Wieviel Päckchen Zigarren zu 50 Stück können aus 1000 Stück hergestellt werden?

11) Mit wieviel **a)** Markstücken, **b)** Zweimarkst., **c)** Fünfmarkst., **d)** Zehnmarkst. (Kronen), **e)** Zwanzigmarkst. (Doppelkronen) können 100 ℳ bezahlt werden?

12) Wieviel Pfund Butter erhält man für 10 ℳ 80 ₰, wenn 1 Pfund 90 ₰ kostet?

13) Ein Pfund Fleisch kostet 60 ₰; wieviel Pfund erhält man für 2 ℳ 40 ₰? Für 4 ℳ 20 ₰?

14) Von 448 Obstbäumen erfror im Winter der 8te Teil; wieviel Bäume gingen zugrunde?

15) Wieviel kg Butter geben 240 l Milch, wenn man zu 1 kg Butter durchschnittlich 30 l Milch braucht?

16) 8 m Tuch kosten 51 ℳ 20 ₰; wieviel kostet 1 m?

17) 6 kg Erbsen kosten 1 ℳ 38 ₰; wieviel kostet 1 kg?

18) Fruchthändler P. verkauft 1000 kg Roggen zu 160 ℳ; wie hoch kommen **a)** 100 kg, **b)** 10 kg?

19) Ein Pächter hat 800 hl Getreide geerntet; die Hälfte davon ist Weizen, ein Viertel ist Roggen, der Rest ist Hafer. Wieviel hl einer jeden Sorte hat er geerntet?

19.

Das schriftliche Vervielfachen und Teilen.

(Rechnen mit dem Stellenwert der Ziffern.)

a) Vervielfachen.

Vervielfachen oder **mnltiplizieren.** Die Zahl, die man vervielfacht, heißt **Vervielfachungszahl** oder **Multiplikand.** Die Zahl, mit der vervielfacht wird, heißt **Vielfacher** oder **Multiplikator.** Die zu vervielfachenden Zahlen nennt man auch **Faktoren.** Die Zahl, die man beim Vervielfachen erhält, wird **Vielfaches** oder **Produkt** genannt.

Was versteht man unter Multiplikand? Unter Multiplikator? Was unter Faktoren? Unter Produkt?

Schreibweise:

I. 27 · 8 = 216

II.
```
27 · 8
------
 216
```

Sprechweise für den Anfang: 27 besteht aus 2 Z. u. 7 E.; 8 mal 7 E. sind 56 E.; 56 E. sind 5 Z. u. 6 E.; 6 Einer schreibe ich in die Einerstelle; 5 Z. zähle ich zu den Z.; 8 mal 2 Z. sind 16 Z., dazu 5 Z. = 21 Z.; 21 Z. sind 2 H. u. 1 Z.; 1 Z. schreibe ich in die Zehnerstelle, 2 H. links davon in die Hunderterstelle; 27 · 8 = 216.

1)	2)	3)	4)	5)
78 · 3	34 · 9	36 · 8	27 · 4	134 · 2
85 · 6	65 · 8	47 · 7	38 · 9	256 · 3
94 · 8	79 · 6	68 · 3	54 · 6	187 · 4
37 · 7	87 · 7	94 · 6	61 · 7	146 · 6
69 · 9	96 · 9	25 · 9	83 · 5	127 · 7

6)	7)	8)	9)	10)
159 · 4	468 · 2	126 · 4	109 · 6	160 · 6
269 · 3	309 · 3	237 · 3	304 · 3	230 · 4
139 · 6	241 · 4	189 · 5	208 · 4	320 · 3
156 · 4	156 · 5	147 · 2	106 · 8	189 · 4
379 · 2	269 · 3	308 · 3	403 · 2	168 · 5

20.

b) Teilen.

Teilen oder **Dividieren.** Die Zahl, die geteilt wird, heißt **Teilungszahl** oder **Dividend,** die Zahl, durch die man teilt, **Teiler** oder **Divisor.** Die Zahl, welche man beim Teilen erhält, wird **Teil** oder **Quotient** genannt.

Was versteht man unter dem Dividenden? Was unter dem Divisor? Dem Quotienten?

Schreibweise für den Anfang:

```
385 : 4 = 96
36
‾‾
 25
 24
 ‾‾
  1
```

Sprechweise für den Anfang: 385 besteht aus 3 H., 8 Z. u. 5 E. oder 38 Z. u. 5 E.; der 4. Teil von 38 Z. sind 9 Z., Rest 2 Z.; 2 Z. verwandle ich in 20 E.; dazu 5 E. = 25 E.; der 4. Teil von 25 E. sind 6 E., Rest 1 E.; 9 Z. u. 6 E. = 96 E.; 385 : 4 = 96, R. 1.

Schreibweise später: 385 : 4 = 96
Rest 1

1) 125 : 2	**7)** 325 : 8	**13)** 316 : 6	**19)** 589 : 7	**25)** 908 : 9
2) 237 : 3	**8)** 472 : 4	**14)** 465 : 8	**20)** 825 : 8	**26)** 900 : 2
3) 208 : 5	**9)** 525 : 6	**15)** 356 : 9	**21)** 302 : 2	**27)** 500 : 3
4) 317 : 7	**10)** 447 : 9	**16)** 817 : 3	**22)** 407 : 4	**28)** 700 : 4
5) 436 : 8	**11)** 366 : 2	**17)** 547 : 4	**23)** 605 : 6	**29)** 800 : 5
6) 169 : 2	**12)** 439 : 5	**18)** 694 : 5	**24)** 801 : 7	**30)** 700 : 8

31) Teile **a)** 976 durch 2, 3, 4, 5 und 6; **b)** 701 durch 5, 7, 8 und 9!
32) Teile **a)** 999 durch 4, 6, 7, 8 und 9; **b)** 803 durch 4, 6, 7 und 8!
33) Teile **a)** 837 durch 2, 3, 4, 5 und 6; **b)** 911 durch 2, 4, 7 und 9!
34) Teile **a)** 900 durch 2, 3 usw. bis 9; **b)** 1000 durch 2, 3 usw. bis 9!

21.

Wiederholungsaufgaben.

Teils mündlich, teils schriftlich.

1) Landmann N. erntet 148 hl Roggen, 95 hl Weizen, 57 hl Gerste und 79 hl Hafer. Wieviel hl Getreide sind es im ganzen?

2) Kaufmann B. besitzt 275 m Tuch; davon verkauft er 36 m + 27 m + 54 m. Wieviel m hat er noch übrig?

3) Ein Faß mit Wein wiegt 186 kg, das leere Faß 29 kg; bestimme das Gewicht des Weines!

4) Um wieviel ist 628 größer als 396?

5) Jemand hat 24 ℳ + 16 ℳ + 9 ℳ zu bezahlen; wieviel ℳ werden ihm auf einen Hundertmarkschein herausgegeben?

6) Ein dreistöckiges Fabrikgebäude zählt in jedem Stockwerk 35 Fenster. Wieviel Fenster sind am ganzen Gebäude?

7) Kaufmann M. verkauft 5 kg Ware, das kg zu 1 ℳ 70 ₰. Wieviel gewinnt er, wenn ihn 1 kg 1 ℳ 30 ₰ gekostet hat?

8) Welchen Verdienst hat ein Milchhändler in einem Tage, wenn er für 1 Liter Milch 13 ₰ bezahlt und täglich 35 Liter, das Liter zu 20 ₰, absetzt?

9) Wieviel ₰ sind $\frac{1}{2}$ ℳ + $\frac{1}{5}$ ℳ? $\frac{1}{10}$ ℳ + $\frac{1}{20}$ ℳ? $\frac{1}{25}$ ℳ + $\frac{1}{50}$ ℳ?
10) Wieviel Stück sind $\frac{1}{3}$ Dutz. + $\frac{1}{4}$ Dutz.? $\frac{1}{2}$ Dutz. + $\frac{1}{6}$ Dutz.?
11) Schneider K. berechnet für den Stoff zu einem Anzug 42 ℳ, für Macherlohn und Zutaten 26 ℳ, für einen neuen Überzieher 53 ℳ und für verschiedene Ausbesserungen 7 ℳ. Auf welche Summe lautet die Rechnung?
12) Für 5 ₰ erhält man 1 Ei; wieviel Eier bekommt man für $\frac{1}{10}$ ℳ? Für $\frac{1}{2}$ ℳ?
13) Fleischwarenhändler L. kauft 4 Schinken von 8, 7, 6 und 5 kg Gewicht, das kg zu 2 ℳ. Wieviel gewinnt er, wenn er im Ausschnitt für das kg 4 ℳ erhält und auf jeden Schinken 1 kg für Knochen und Abfall gerechnet werden muß?
14) Ein Obsthändler verkauft an einem Tage 328 kg Äpfel und 285 kg Birnen. Wieviel kg sind dies zusammen? Wieviel kg Äpfel sind es mehr als Birnen?
15) Landmann N. erntet 250 dz Kartoffeln; wieviel kann er verkaufen, wenn er 78 dz selbst verbraucht?
16) Von einer Erbschaft von 950 ℳ erhält A. 230 ℳ, B. 170 ℳ, C. 340 ℳ und D. den Rest. Wieviel erhält D.?
17) Wieviel l sind $\frac{1}{2}$ hl + $\frac{1}{5}$ hl? $\frac{1}{4}$ hl + $\frac{1}{10}$ hl?
18) Welche Zahl ist um 279 größer als 396? Welche ist um ebensoviel kleiner?
19) Metzger A. schlachtet 4 Schweine im Gewicht von 118 kg, 127 kg, 132 kg, 143 kg. Wieviel beträgt das Gesamtgewicht?
20) Wieviel ℳ erhält Kaufmann B. auf einen Tausendmarkschein heraus, wenn er 348 ℳ zu bezahlen hat?
21) Obsthändler Z. bezahlt für 1 dz Äpfel 18 ℳ; davon verkauft er die Hälfte zu 16 ℳ und den Rest zu 12 ℳ. Wieviel gewinnt er?
22) Wieviel ₰ ist die Hälfte, ein Fünftel und ein Zehntel von einer Mark?
23) In einem Haushalte werden wöchentlich 36 l Milch verbraucht, wieviel l Milch in 6 Wochen? In 8 Wochen?
24) Bei einem Familienfeste erhalten 4 Kinder gleichviel, zusammen 18 ℳ 40 ₰, in ihre Sparkasse; wieviel erhält ein Kind?
25) In einem Garten stehen 128 Kernobstbäume und 97 Steinobstbäume. Wieviel Obstbäume sind es zusammen? Wieviel Kernobstbäume sind es mehr als Steinobstbäume?
26) Ein Geselle verdient in einer Woche 18 ℳ, wieviel in **a)** 6 Wochen, **b)** 9 Wochen?
27) An einem Bau sind 28 Arbeiter beschäftigt; die Hälfte der Arbeiter verdient täglich je 3 ℳ, die andern Arbeiter je 4 ℳ. Wieviel verdienen die Arbeiter zusammen in einer Woche?

II. Der höhere Zahlenraum.

1. Erweitern des Zahlenraums.

22.

a) Von 1000 bis 10 000.

Teils mündlich, teils schriftlich.

1) Bilde folgende Reihe: 1 m = 1000 mm, 2 m = 2000 mm usw. bis 10 m!

2) Zähle 1000, 2000 usw. bis 10 000!

3) Zähle in Tausenderzahlen abwärts von 10 000 bis 1000!

4) Schreibe die Tausenderzahlen bis 10 000!

5) Wieviel Millimeter sind 1 m + 100 mm? 1 m + 200 mm? 1 m + 300 mm usw. bis 1 m + 1000 mm?

6) Zähle in Hunderterzahlen aufwärts 1100, 1200 usw. bis 3000!

7) Zähle in Hunderterzahlen abwärts 6000, 5900 usw. bis 3000!

8) Schreibe die Hunderterzahlen von 8000 bis 10 000!

9) Wieviel mm sind 1 m + 1 mm? 1 m + 2 mm? 1 m + 8 mm? 1 m + 10 mm? 1 m + 30 mm? 1 m + 90 mm? 1 m + 16 mm? 1 m + 54 mm? 1 m + 99 mm?

10) Zähle und schreibe die Einerzahlen: **a)** von 1001 bis 1059; **b)** von 1178 bis 1222; **c)** von 3986 bis 4025; **d)** von 7560 bis 7620!

11) Zähle und schreibe 10 000, 9999, 9998 usw. abwärts bis 9900!

12) Lies folgende Zahlen: 1100, 1250, 1406, 2930, 4000, 5006, 6010, 7305, 8000, 8040, 8009, 8328, 9009, 9900, 9990, 9999!

Merke: **10 000 E. = 1 Zehntausender (Zt.).**

13) Schreibe zehn vierstellige Zahlen an und zerlege sie auf 2 Arten!

Z. B.: **a) 1836 = 1 T. 8 H. 3 Z. 6 E.; b) 1836 = 18 H. 36 E.**

14) Schreibe zehn vierstellige Zahlen untereinander und zerlege sie in folgender Weise: 1745 = 1000 + 700 + 40 + 5!

15) Schreibe als **eine** Zahl an: **a)** 2 T. 1 H. 3 Z. 5 E.; **b)** 4 T. 0 H. 3 Z. 7 E.! (Bilde selbst Zahlen!)

16) Welche Zahl steht **a)** vor 6401, 5999, 9000, 7900; **b)** nach diesen Zahlen?

17) Welche Zahl ist um 1 kleiner als 2000, 4000, 7000, 9000, 10 000?

23.

b) Von 10000 bis 100000.

Teils mündlich, teils schriftlich.

1) Bilde folgende Reihe: 10 km = 10000 m, 20 km = 20000 m usw. bis 100 km!

2) Schreibe die Zehntausenderzahlen bis 100000! Von 100000 abwärts bis 10000!

3) Bilde folgende Reihe: 11 km = 11000 m, 12 km = 12000 m usw. bis 20 km!

4) Schreibe die Tausenderzahlen von 10000 bis 20000! Von 30000 bis 40000! Von 90000 bis 100000!

5) Wieviel m sind 10 km + 100 m? 10 km + 200 m? 10 km + 300 m usw. bis 10 km + 1000 m?

6) Schreibe die Zahlen **a)** 10100, 10200 usw. bis 11000; **b)** 30100, 30200 usw. bis 40000; **c)** 70100, 70200 usw. bis 85000!

(Die Tausender sind von den Hundertern durch einen Zwischenraum zu trennen.)

7) Wieviel m sind 10 km + 1 m? 10 km + 2 m? 10 km + 3 m usw. bis 10 km + 10 m?

8) Schreibe **a)** die Zahlen 10001, 10002 usw. bis 10020; **b)** 40001, 40002 usw. bis 40040!

9) Lies folgende Zahlen: 11245, 13580, 24364, 39601, 65089, 76014, 88005, 92007, 90064, 90009, 90019!

Merke: **100000 E. = 1 Hunderttausender (Ht.).**

10) Zerlege die Zahlen in Nr. 9 auf 2 Arten! Z. B. **a)** 11245 = 1 Zt. 1 T. 2 H. 4 Z. 5 E.; **b)** 11245 = 11 T. 245 E.

11) Schreibe zehn 5stellige Zahlen an und zerlege sie in folgender Weise: 39871 = 30000 + 9000 + 800 + 70 + 1!

12) Schreibe als **eine** Zahl an: **a)** 1 Zt. 8 T. 4 H. 3 Z. 6 E.; **b)** 8 Zt. 3 T. 0 H. 6 Z. 5 E.! (Bilde selbst weitere Zahlen!)

24.

c) Von 100000 bis 1000000 (1 Million) und darüber.

Teils mündlich, teils schriftlich.

1) Bilde folgende Reihe: 100 km = 100000 m; 200 km = 200000 m usw. bis 1000 km!

2) Schreibe die Hunderttausenderzahlen bis 1 Million (1000000)! Von 1000000 abwärts bis 100000!

3) Wieviel m sind 100 km + 1 km? 100 km + 2 km? 100 km + 3 km? 100 km + 16 km? 100 km + 75 km? 100 km + 99 km?

4) Schreibe die Tausenderzahlen von **a)** 101000 bis 110000; **b)** 301000 bis 320000; **c)** von 840000 bis 850000!

5) Lies folgende Zahlen: 218 364, 376 431, 845 211, 981 256, 443 260, 588 400, 609 387, 650 000, 504 088, 800 205, 700 001, 900 099!

Merke: **1 000 000 E. = 1 Million (M.).**

6) Zerlege die Zahlen in Nr. 5 auf 2 Arten! Z. B. **a)** 218 364 = 2 Ht. 1 Zt. 8 T. 3 H. 6 Z. 4 E.; **b)** 218 364 = 218 T. 364 E.

7) Schreibe zehn 6stellige Zahlen untereinander und zerlege sie auf folgende Art: 419 278 = 400 000 + 10 000 + 9000 + 200 + 70 + 8!

8) Schreibe als **eine** Zahl an: **a)** 7 Ht. 5 Zt. 8 T. 4 H. 0 Z. 0 E.; **b)** 3 Ht. 7 Zt. 8 T. 0 H. 4 Z. 6 E.; **c)** 4 Ht. 8 Zt. 0 T. 0 H. 0 Z. 3 E.!

Merke: **10 Millionen = 10 000 000**
100 Millionen = 100 000 000
1000 Millionen = 1000 000 000
1 Milliarde = eintausend Millionen
1 Billion = eine Million Millionen.

In der wievielten Stelle stehen: **a)** die Einer; **b)** die Zehner; **c)** die Hunderter; **d)** die Tausender; **e)** die Zehntausender; **f)** die Hunderttausender; **g)** die Million?

Welche Einheiten stehen in der **a)** ersten, **b)** dritten, **c)** 5ten, **d)** 7ten, **e)** 2ten, **f)** 4ten, **g)** 6ten Stelle?

25.

d) Zusammenfassende Übungen.

Teils mündlich, teils schriftlich.

1) Wieviel T. geben 3 Zt.? 8 Zt.? 10 Zt.?
2) Wieviel Zt. und T. sind 36 T.? 92 T.?
3) Wieviel T. sind 4 Zt. + 8 T.? 7 Zt. + 9 T.?
4) Wieviel Zt. sind 3 Ht.? 6 Ht. + 4 Zt.? 9 Ht. + 2 Zt.?
5) Wieviel Ht. und Zt. sind 24 Zt.? 85 Zt.?
6) Wieviel Ht. sind 3 M.? 5 M. + 2 Ht.? 7 M. + 9 Ht.?
7) Welche Einheit bildet das 10fache von 1 Tausender? Von 1 Zehner? 1 Hunderttausender? 1 Zehntausender?
8) Welche Einheit bildet den 10ten Teil von 1 Zt.? Von 1 Ht.? 1 M.?
9) Wie schreibt man in einer Zahl an: **a)** 4 Zt. + 9 H. + 3 E.; **b)** 8 Ht. + 7 T. + 9 H. + 4 E.; **c)** 3 M. + 8 Zt. + 7 H. + 5 E.; **d)** 1 M. + 1 T. + 1 E.; **e)** 4 M. + 3 Ht. + 6 H. + 3 Z.?
10) Die wievielte Stelle nehmen die Tausender ein? Die Hunderttausender? Die Million?
11) Gib die Einheiten der Zahl 368 954 an! Der Zahl 6 903 240!
12) Lies die Zahl 25 008 027! Aus welchen Einheiten besteht sie? An Stelle welcher Einheiten steht eine Null?
13) Welche Einheit bildet das 10fache einer Million? Das 100fache? 1000fache? In der wievielten Stelle stehen die Hundertmillion? Die Tausendmillion?

14) Gib nacheinander alle Zahleneinheiten bis zur Million an, zuerst die Einer!

15) Welche Einheiten stehen rechts von den Tausendern? Links von den Zehntausendern?

16) Wieviel Einer geben einen Zehner? Wieviel Tausender einen Zehntausender? Wieviel Einer einen Hunderter? Wieviel Tausender einen Hunderttausender?

17) Schreibe 6 M. 837 T. 964 E. als eine Zahl so an, daß die Millionen von den Hunderttausendern, die Tausender von den Hundertern durch eine merkliche Lücke getrennt werden! Wieviel Gruppen von Ziffern entstehen bei dieser Zahl?

Merke: Beim Lesen größerer Zahlen teilt man dieselben von rechts nach links in Gruppen von je 3 Stellen ein und spricht jede Gruppe für sich aus.

18) Lies folgende Zahlen: 6 345 009, 8 104 376, 19 432 890, 24 009 047, 36 080 204, 145 238 614!

19) London, die größte Stadt der Erde, zählt etwa 5 Million Einwohner; wie wird diese Zahl geschrieben?

20) Im Jahre 1871 haben die Franzosen 4 Milliarden ℳ Kriegskosten bezahlt. Wie schreibt man diese Zahl?

21) Man gibt jetzt die Anzahl der Menschen auf der ganzen Erde auf 1800 Millionen an. Wie schreibt man diese Zahl?

22) Auf der ganzen Erde bekennen sich annähernd 500 Millionen Menschen zum Christentume. Schreibe diese Zahl an!

2. Zusammenzählen.

26.

Mündlich.

1) Zähle zus.: **a)** 90 ₰ + 160 ₰ + 230 ₰; **b)** 240 ℳ + 350 ℳ + 490 ℳ; **c)** 120 l + 84 l + 370 l; **d)** 350 m + 45 m + 220 m; **e)** 130 kg + 240 kg + 730 kg!

2) Addiere: **a)** 1 300 + 400 + 700; **b)** 500 + 390 + 810; **c)** 2 520 + 350 + 980; **d)** 760 + 230 + 370; **e)** 3 680 + 290 + 300; **f)** 250 + 84 + 790; **g)** 1520 + 270 + 860; **h)** 980 + 350 + 200!

3) Ein Garten wird zu 2470 ℳ angekauft und mit einem Gewinn von 750 ℳ verkauft. Wie groß ist die Verkaufssumme?

4) A. gibt zu einem Unternehmen 3500 ℳ, B. 2700 ℳ, C. 2350 ℳ; wieviel beträgt die ganze Summe?

5) Von 4 Brüdern hat der älteste 1950 ℳ, der zweite 2480 ℳ, der dritte 1420 ℳ, der vierte 890 ℳ erspart. Wieviel haben sie zusammen erspart?

6) Von 3 Kisten mit Ware wiegt die erste 186 kg, die zweite 215 kg, die dritte 248 kg; wieviel kg wiegen sie zusammen?

7) Die Ausgaben einer Familie betrugen im Januar 195 ℳ, im Februar 170 ℳ, im März 216 ℳ, im April 220 ℳ. Wie groß war die Gesamtausgabe in diesen vier Monaten?

8) Der Ort A ist von dem Orte B 6450 m entfernt, der Ort B von dem Orte C 5820 m; wie groß ist die Strecke von A über B nach C?

27.

Schriftlich.

1)

a)	b)	c)	d)	e)	f)
469	1345	3864	3589	209	9506
78	36	923	7	86	7
965	894	17	36	1265	876
92	2769	589	804	8	1724
536	987	4837	9659	2534	546
+ 979	+ 3849	+ 2943	+ 8369	+ 99	+ 82

2) Addiere die wagerechten, dann die senkrechten Reihen:
a) 765 + 382 + 964 + 90 + 28 + 1837 + 963 + 3594
b) 2196 + 58 + 743 + 7 + 963 + 3194 + 687 + 966
c) 4586 + 2359 + 768 + 79 + 8347 + 2096 + 24 + 7205

3) a) 280 ℳ + 4688 ℳ + 597 ℳ + 66 ℳ + 7585 ℳ + 352 ℳ;
b) 856 kg + 3950 kg + 75 kg + 2963 kg + 1530 kg + 64 kg;
c) 920 hl + 5318 hl + 1236 hl + 874 hl + 3296 hl + 298 hl;
d) 256 m + 4374 m + 769 m + 2486 m + 974 m + 1357 m!

4) Gutsbesitzer M. verkauft einen Acker für 2875 ℳ, eine Wiese für 1879 ℳ und einen Weinberg für 4895 ℳ. Wieviel ℳ beträgt die ganze Verkaufssumme?

5) Pächter K. nahm für Getreide 3829 ℳ, für Kartoffeln 986 ℳ, für Obst 765 ℳ, für Milch, Butter und Käse 2748 ℳ, für Vieh 1920 ℳ ein. Wie groß war die ganze Einnahme?

6) In der Gemarkung O. befinden sich 3487 Apfelbäume, 2936 Birnbäume, 987 Kirschbäume und 5738 Zwetschenbäume. Wieviel Kernobstbäume sind es? Wieviel Steinobstbäume? Wieviel Bäume zusammen?

7) Zum Bau eines Hauses werden ausgegeben: Für den Bauplatz 3850 ℳ, für Baumaterialien 6358 ℳ, für Maurerarbeit 5879 ℳ, für Zimmerarbeit 1326 ℳ, für Dachdeckerarbeit 458 ℳ; der Glaser erhält 987 ℳ, der Weißbinder 869 ℳ, der Schreiner 2154 M, der Schlosser 639 ℳ. Wieviel beträgt die ganze Summe?

8) In einer Milchwirtschaft wurden an Futterkosten ausgegeben: 1340 ℳ für Heu, 4189 ℳ für Kleie, 936 ℳ für Grünfutter, 1840 ℳ für Rapskuchen, 2345 ℳ für Rüben und Kartoffeln. Wieviel kostete die Fütterung?

9) In dem Krankenhaus zu F. wurden jährlich ausgegeben: für Steinkohlen 2420 ℳ, für Braunkohlen 1856 ℳ, für Holz 1294 ℳ, für Koks 173 ℳ. Wieviel betrugen die Kosten für die Brennmaterialien?

10) Die Ware auf einem Lastwagen, der ein Gewicht von 1240 kg hat, wiegt 3425 kg; wieviel kg wiegt der Wagen mit der Ladung?

11)

a) 34 896	b) 76 932	c) 56 839	d) 9 648	e) 24 561
2 784	17 498	1 728	34 205	943
650	9 832	689	768	6 588
46 783	456	63 745	70 411	64 289
9 876	82 392	28 934	4 623	6 541
+ 45	+ 1 876	+ 37 683	+ 68 512	+ 87 204

12) In der Stadt G. befinden sich 36 840 Infanteristen, 7960 Kavalleristen und 2980 Artilleristen. Wieviel Soldaten sind in der Stadt?

13) Zähle zunächst die wagrechten, dann die senkrechten Reihen zusammen:

a) 27 098 + 897 + 345 762 + 976 + 189 454 + 45 986
b) 639 457 + 486 + 18 654 + 35 876 + 289 + 563 894
c) 176 954 + 659 + 8 396 + 72 069 + 570 325 + 8 763
d) 38 945 + 578 + 760 849 + 37 684 + 896 576 + 396

14)

a) 1 765 442	b) 796 543	c) 189 654	d) 240 054
379 864	3 456 982	4 567 839	365 816
23 698	821 964	820 908	439
965	83 967	3 427	75 526
3 672 348	5 496	889	8 657
+ 205 864	+ 160 728	+ 45 672	+ 67 299

15) Landwirt S. besitzt drei Grundstücke, welche 4575 ℳ, 2340 ℳ und 3180 ℳ wert sind. Welchen Wert hat der Besitz?

3. Abzählen.

28.

Mündlich.

1) 2000 — 21	2) 7800 — 43	3) 8900 — 2000	4) 6500 — 1870
3000 — 56	4900 — 68	7500 — 1600	3200 — 1290
6000 — 209	6800 — 250	9400 — 3800	4500 — 2230
7000 — 340	9200 — 360	7400 — 2180	8100 — 4670
9000 — 538	5700 — 839	8500 — 3290	9200 — 5210

5) 3 800 ℳ — 1 600 ℳ	6) 1 400 kg — 930 kg
7 900 ℳ — 2 800 ℳ	3 700 kg — 1 280 kg
12 000 ℳ — 7 400 ℳ	9 400 kg — 3 250 kg
18 000 ℳ — 8 400 ℳ	12 800 kg — 9 240 kg
25 000 ℳ — 10 800 ℳ	18 600 kg — 10 350 kg

7) 1560 l — 490 l	8) 1240 ₰ — 390 ₰
1203 l — 340 l	1520 ₰ — 830 ₰
1830 hl — 760 hl	26 ℳ 90 ₰ — 7 ℳ 45 ₰
2070 hl — 850 hl	39 ℳ 82 ₰ — 8 ℳ 64 ₰

9) In einer Kasse befinden sich 4800 ℳ; davon werden 2780 ℳ ausgegeben. Wie groß ist alsdann der Kassenvorrat?

10) J. nimmt 5680 ℳ mit auf die Reise; nach der Rückkehr besitzt er noch 1730 ℳ. Wieviel ℳ hat er ausgegeben?

11) Nach einem strengen Winter schlugen von 3860 Obstbäumen nur 2180 aus. Wieviel Bäume erfroren?

29.

Schriftlich.

1) 7469	2) 5789	3) 7428	4) 5691	5) 7680
—2315	—2143	—3103	—2384	—3254
6) 8963	7) 7186	8) 5246	9) 4376	10) 4890
—2749	—4049	—1674	—2548	—2963
11) 9841	12) 7931	13) 9730	14) 8254	15) 9720
—3695	—4386	—3456	—2136	—3452

16) 10 361	17) 21 407	18) 36 076	19) 41 080
— 3 458	—9 368	—12 938	—17 634
20) 63 124	21) 104 371	22) 210 450	23) 100 130
—14 379	—32 894	—97 638	—20 693

24) Wie groß ist der Unterschied zwischen: **a)** 7940 und 3893; **b)** 19 540 und 12 789; **c)** 28 019 und 13 695?

25) Um wieviel ist 38 762 größer als 19 867?

26) Wieviel bleibt übrig, wenn man abzieht: **a)** 2368 von 10 054; **b)** 45 957 von 84 320?

27) Welche Zahl muß man zu 4963 zählen, um 12 059 zu erhalten?

28) Welche Zahl erhält man, wenn man zu 13 825 die Zahlen 4769 und 23 854 zählt und von der Summe 17 876 abzieht?

29) Ziehe von der Summe der nachstehenden Zahlen die einzelnen Posten wieder ab:

a) 34 596 + 786 + 3 945 + 28 694 + 5265 + 286 579
b) 58 627 + 3 984 + 17 658 + 23 965 + 897 + 64 833
c) 69 826 + 17 924 + 9065 + 45 083 + 9485 + 694 278

30) In einem Gemeindewald werden 5874 Fichten, 2536 Eichen, 1945 Buchen, 3958 Kiefern gezählt. Wieviel Laubholzbäume sind es zusammen? Wieviel Nadelholzbäume? Wieviel Laubholzbäume weniger als Nadelholzbäume?

31) Kaufmann F. besitzt ein Vermögen von 126 890 ℳ; die Schulden betragen 28 975 ℳ. Wie groß ist das reine Vermögen?

32) Bauunternehmer M. verkaufte ein Haus für 36850 ℳ. Wieviel verdiente er, wenn der Bauplatz 2460 ℳ kostete, die Baumaterialien 13987 ℳ und die übrigen Baukosten 15264 ℳ betrugen?

33) Welche Zahl ist um 18947 kleiner als 57134?

34) In eine Baumschule wurden 12840 Bäumchen gepflanzt, wovon nur 9286 Stück gediehen; wieviel Bäumchen gingen zugrunde?

35) G. kaufte ein Haus für 24950 ℳ und bezahlte sogleich 15865 ℳ; wieviel war noch zu bezahlen?

36) Löse:

a) 347801	b) 721945	c) 450784
— 123456	— 318676	— 234519
d) 1234508	e) 3140681	f) 4001231
— 769479	— 1034790	— 2340639

37)

a) 2489305 — 466249	b) 6123243 — 1659487
c) 3900843 — 187695	d) 2706148 — 129653
e) 4008437 — 276284	f) 8110236 — 2345072
g) 1111000 — 987934	h) 1602000 — 290601

38) Von 3 Kaufleuten besitzt der erste ein Vermögen von 1234190 ℳ, der zweite 976387 ℳ, der dritte 476985 ℳ. Wieviel ℳ besitzen sie zusammen? Wieviel hat der erste mehr als der zweite? Wieviel der zweite mehr als der dritte?

39) Im Jahre 1895 hatte die Stadt F. 126897 Einwohner, 1900 dagegen 145968. Um wieviel Einwohner nahm die Stadt zu?

40) Das Deutsche Reich zählte 1890 49422928 Einwohner, im Jahre 1900 dagegen 56369178. Berechne die Bevölkerungszunahme! Wieviel Einwohner zählte Deutschland im Jahre 1895, wenn es von da an bis 1900 um 4087277 Köpfe zunahm?

41) Ein Heer von 136820 Soldaten hatte mit einem Feinde zu kämpfen, der ihm um 67930 Mann überlegen war. Wie stark war das feindliche Heer? Wieviel Soldaten kämpften im ganzen?

42) In einer Schlacht fielen von 125600 Mann 13784; der Feind, welcher 140580 Mann zählte, verlor 15633. Wieviel betrug der Gesamtverlust? Wieviel Truppen waren noch kampffähig?

43) Wieviel erhält man, wenn man von der Summe der Zahlen 38945, 9643, 27965, 76982 und 376 die Zahl 49876 abzieht?

44) Der Kreis O. zählte 1895 101956 Einwohner, 1900 dagegen 121278; der Kreis G. zählte 1895 77386 Einwohner, 1900 aber 81978. Um wieviel Einwohner nahm **a)** der Kreis O., **b)** der Kreis G. innerhalb der genannten Zeit zu?

45) Um wieviel ist die Summe der Zahlen 76984, 9863, 87, 36945, 8394 und 178436 größer als die Summe der Zahlen 49632, 8459, 57837, 976 und 82?

46) Um wieviel ist der Unterschied der Zahlen 2106840 und 763458 kleiner als der zwischen 3001651 und 876945?

4. Vervielfachen.

a) Der Vielfacher ist einstellig.

30.

Mündlich.

1) 1·200; 2·200 usw. bis 9·200; 1·300; 2·300 usw. bis 9·300!
2) Bilde dieselben Reihen mit 400, 500 usw. bis 900!
3) 1·2000; 2·2000 usw. bis 9·2000!
4) 1·3000; 2·3000 usw. bis 9·3000!
5) Bilde dieselben Reihen mit 4000, 5000 usw. bis 9000!
6) Rechne: 2·230; 3·350; 2·270; 2·509; 4·407; 8·509; 9·611!
7) Rechne: 5·340; 6·210; 7·170; 8·205; 9·108; 4·536; 8·214!
8) Rechne: 2·1000; 3·4000; 4·6000; 5·8000; 6·9000; 9·7000!
9) Rechne: 2·1100; 3·3300; 4·2500; 6·1500; 8·1200; 9·2500!
10) Rechne: 2·1220; 4·2015; 5·1120; 6·1240; 8·1110; 3·2080!
11) Zu einem Geschäftsunternehmen gibt A. 5600 ℳ, B. dreimal soviel; wieviel gibt B.?
12) Vervielfache die Zahl 365 mit 2, 3, 4, 5, 6, 7, 8 und 9!
13) Wieviel ist das 5fache von 1244? Das 8fache von 2050?
14) A., B. und C. teilen eine Erbschaft. A. erhält 1275 ℳ, B. 2 mal, C. 3 mal soviel als A. Wieviel erhält B.? Wieviel C.?

31.

Schriftlich.

1) 234·5 2) 487·2 3) 798·4 4) 704·7 5) 608·5
6) Vervielfache mit 2, 3 usw. bis 9 die Zahlen: 376, 463, 787, 609!

7)	2348·2	12)	7 306·4	17)	34 638·4	22)	189 503·6
8)	3750·6	13)	6 830·5	18)	69 087·8	23)	208 607·8
9)	5890·3	14)	8 965·8	19)	123 456·2	24)	300 843·7
10)	7060·7	15)	12 346·5	20)	319 527·3	25)	120 099·9
11)	9048·9	16)	20 857·6	21)	486 375·4	26)	200 516·7

27) Wieviel ist das 8fache von 260 006? Das 9fache von 103 965?
28) Vervielfache mit 2, 3 usw. bis 9 die Zahlen: **a)** 4789, **b)** 39 868, **c)** 74 309, **d)** 180 549, **e)** 279 653!
29) In der Stadt W. wurden 1595 Mann einquartiert, in O. 6 mal soviel. Wieviel Mann Einquartierung erhielt die Stadt O.?
30) Das Dorf D. lieferte an das Regiment 2655 kg Hafer, das Dorf M. 5 mal soviel. Wieviel lieferte das Dorf M.?

31) Von einer Erbschaft erhält der Sohn 2478 ℳ, die Mutter 3 mal soviel; wieviel erhält die Mutter?

32) Zur Errichtung einer Mauer hat man 62 500 Backsteine nötig. Was kosten die Steine, wenn für 1 Backstein 3 ₰ berechnet werden?

32.

b) Der Vielfacher ist zweistellig.

Mündlich.

1) Rechne: 10 · 100; 10 · 200; usw. bis 10 · 900!
2) 10 · 150; **3)** 10 · 260; **4)** 10 · 480; **5)** 10 · 510; **6)** 10 · 830;
7) 10 · 154; **8)** 10 · 265; **9)** 10 · 484; **10)** 10 · 512; **11)** 10 · 839;
12) 10 · 1124; **13)** 10 · 3641; **14)** 10 · 5891; **15)** 10 · 9637

Nimm das Zehnfache von 354! Vergleiche mit der neuen Zahl 3540 die Zahl 354! In welche Stelle sind die 4 Einer gerückt? Welchen Wert haben sie also angenommen? Welchen die 5 Zehner? Die 3 Hunderter?

Merke: **Eine Zahl wird mit 10 vervielfacht, indem man eine Null anhängt.**

16) 10 · 26 348 **17)** 10 · 59 321 **18)** 10 · 76 573
19) Bilde nachstehende Reihe: 20 · 10; 20 · 20 usw. bis 20 · 90!
20) Desgleichen folgende Reihe: 30 · 10; 30 · 20 usw. bis 30 · 90!
21) Bilde weitere Reihen, indem du die Zehnerzahlen bis 100 mit 40, 50 usw. bis 90 vervielfachst!
22) Vervielfache **a)** 18, **b)** 24, **c)** 37, **d)** 59, **e)** 74 mit 20, 30 usw. bis 90, indem du zuerst das Zehnfache nimmst!
23) Vervielfache die Zahl 36 mit 20, 30, 40, 50, 60, 70, 80 und 90!
24) Nimm 20 mal: 26, 38, 43, 57, 62, 65, 69, 73, 78, 84, 87, 96!
25) Wieviel **a)** Mon., **b)** Wo. sind 20 Jahre? 50 Jahre? 80 Jahre?
26) Verwandle in Std.: 30, 40, 60, 70, 90, 110 Tage!
27) Wieviel Std. sind 50 Tage + 18 Std.; 70 Tage + 20 Std.?
28) Verwandle in Min.: 18, 24, 36, 45, 52, 68, 75, 84 Std.!
29) Wieviel Sek. sind: **a)** 15 Min., **b)** 26 Min., **c)** 32 Min. und 40 Sek.?
30) Wieviel Stück sind **a)** 30 Dutz., **b)** 50 Dutz., **c)** 70 Dutz., **d)** 90 Dutz.?
31) Wieviel ℳ und ₰ sind 20 · 38 ₰? 50 · 46 ₰? 80 · 24 ₰? 30 · 4 ℳ 8 ₰? 20 · 5 ℳ 12 ₰? 50 · 7 ℳ 25 ₰? 40 · 8 ℳ 50 ₰?
32) Ein Meister bezahlt an seinen Gesellen 18 ℳ Wochenlohn; wieviel macht dies in **a)** 20, **b)** 50 Wochen?
33) 1 hl Roggen wiegt 74 kg; wieviel kg wiegen **a)** 30 hl, **b)** 40 hl, **c)** 50 hl Roggen?
34) Wie schwer sind **a)** 30 hl, **b)** 40 hl, **c)** 50 hl Hafer, wenn 1 hl Hafer um 27 kg leichter ist als 1 hl Roggen?
35) Eine Kasse zahlt an einem Tage 50 · 48 ₰, am folgenden Tage 40 · 65 ₰ aus. Wieviel zahlt sie an beiden Tagen aus?

33.

Schriftlich.

Vervielfache die Zahlen von Nr. 1 bis 10 mit 20, 30 usw. bis 90!

1) 245 **2)** 374 **3)** 489 **4)** 796 **5)** 1256 **6)** 2389 **7)** 3047 **8)** 4109 **9)** 6895 **10)** 7009

Rechne aus: **I. 48 · 13; II. 57 · 24!**

I. Schreibweise für den Anfang: 48 · 13 = 48 · 10 + 48 · 3 = 480 + 144 = 624

Dann: $\frac{48 \cdot 10}{480} + \frac{48 \cdot 3}{144}$; 480 + 144 = 624

Schließlich: 48 · 13
144
480
624

II. Anfangs: 57 · 24 = 57 · 20 + 57 · 4 = 1140 + 228 = 1368

Dann: $\frac{57 \cdot 20}{1140} + \frac{57 \cdot 4}{228}$; 1140 + 228 = 1368

Schließlich: 57 · 24
228
1140
1368

Lösungsweise: Ich vervielfache eine Zahl mit 24, indem ich sie zuerst mit 4, dann mit 20 vervielfache und hernach die beiden Produkte zusammenzähle.

11) 23 · 18	**16)** 19 · 24	**21)** 47 · 37	**26)** 44 · 44	**31)** 68 · 62
12) 36 · 14	**17)** 24 · 23	**22)** 48 · 39	**27)** 59 · 48	**32)** 74 · 73
13) 48 · 16	**18)** 39 · 26	**23)** 29 · 36	**28)** 74 · 59	**33)** 89 · 85
14) 63 · 17	**19)** 84 · 28	**24)** 59 · 39	**29)** 87 · 58	**34)** 93 · 92
15) 57 · 16	**20)** 97 · 29	**25)** 72 · 34	**30)** 77 · 55	**35)** 99 · 94

36) 344 · 19	**41)** 489 · 19	**46)** 12 345 · 12	**51)** 64 093 · 23
37) 468 · 35	**42)** 638 · 24	**47)** 28 705 · 14	**52)** 134 965 · 34
38) 563 · 49	**43)** 890 · 27	**48)** 34 695 · 16	**53)** 209 376 · 45
39) 826 · 57	**44)** 6809 · 23	**49)** 27 930 · 19	**54)** 350 097 · 68
40) 275 · 13	**45)** 7008 · 87	**50)** 50 876 · 27	**55)** 587 624 · 72

56) Wieviel Mon. sind 18, 32, 45, 86 Jahre?

57) Wieviel Wo. sind 15, 36, 148, 239 Jahre?

58) Jemand ist 76 Jahre alt. Berechne, wieviel a) Mon., b) Wo. er schon lebt!

59) A. legte 12 Jahre lang wöchentlich 75 ₰ in die Pfennigsparkasse ein. Wie groß war die Gesamteinlage?

60) Wieviel Std. sind 15, 37, 178, 236, 308 Tage?

61) Ein Arbeiter verdient in einer Woche 26 ℳ; wieviel verdient er in 36 Wochen? In 45 Wochen?

62) Auf einer Seite eines Buches stehen durchschnittlich 2190 Buchstaben. Wieviel Buchstaben stehen auf 28 Seiten? Wieviel im ganzen Buche, das 94 Seiten hat?

63) Gutsbesitzer N. hat 8 Pferde, 16 Kühe, 12 Rinder, 18 Schweine. Berechne den Gesamtwert der Tiere, wenn ein Pferd durchschnittlich 825 ℳ, eine Kuh 286 ℳ, ein Rind 160 ℳ, ein Schwein 74 ℳ wert sind!

64) Welche Zahl erhält man, wenn man 4386 und 9758 zusammenzählt, von der Summe 8794 abzieht und den Rest mit 65 vervielfacht?

34.

c) Der Vielfacher ist ein reiner Hunderter oder Tausender.

Teils mündlich, teils schriftlich.

Vervielfache die Zahlen von Nr. 1 bis 10 mit 200, 300 usw. bis 900, indem du zuerst das Hundertfache nimmst!

1) 24 **2)** 35 **3)** 107 **4)** 594 **5)** 616 **6)** 778 **7)** 925 **8)** 1478 **9)** 3086, **10)** 5009

Vervielfache 354 mit 100! Vergleiche mit der erhaltenen Zahl 35400 die Zahl 354! Welchen Wert haben die 4 Einer angenommen? Die 5 Zehner? Die 3 Hunderter?

Vervielfache nun 354 mit 1000! Vergleiche auch die Zahl 354000 mit 354! Sprich dich über die Veränderung im Stellenwert der einzelnen Ziffern aus!

Merke: **Man vervielfacht eine Zahl mit 100, indem man 2 Nullen, mit 1000, indem man 3 Nullen anhängt.**

11) Vervielfache die Zahlen in Nr. 1 bis 10 mit 2000, 3000 usw. bis 9000, indem du zuerst das Tausendfache nimmst!

12) Wieviel ₰ sind: **a)** 15 ℳ, 23 ℳ, 85 ℳ; **b)** 16 ℳ 25 ₰, 29 ℳ 49 ₰, 63 ℳ 90 ₰?

13) Wieviel l sind: **a)** 18 hl, 54 hl, 92 hl; **b)** 25 hl 16 l, 45 hl 52 l, 95 hl 80 l?

14) Wieviel g sind: **a)** 7 kg, 15 kg, 36 kg; **b)** 8 kg 40 g, 12 kg 380 g, 25 kg 760 g?

15) Wieviel cm sind: **a)** 24 m, 92 m, 125 m; **b)** 12 m 45 cm, 34 m 83 cm, 65 m 92 cm?

16) Wieviel mm sind: **a)** 9 m, 15 m, 28 m; **b)** 8 m 30 mm, 16 m 280 mm, 45 m 790 mm?

17) Wieviel Bogen sind: **a)** 9 Rs., 17 Rs., 56 Rs.; **b)** 7 Rs. 16 Bg., 18 Rs. 70 Bg., 25 Rs. 280 Bg.?

18) Gib das 200fache von 6 ℳ an! Das 300fache von 9 ℳ! 27 ℳ!

19) Wieviel ist das 1000fache von 16 ℳ? Von 24 ℳ? 35 ℳ? 58 ℳ?

35.

d) Der Vielfacher ist eine beliebige drei- oder vierstellige Zahl.

Schriftlich.

Rechne aus: **3764 · 246!**

Schreibweise:	I.	II.
	3764 · 246	3764 · 246
	22584	22584
	150560	15056
	752800	7528
	925944	925944

1) 346 · 180	**4)** 784 · 360	**7)** 1478 · 490	**10)** 867 · 487
2) 895 · 230	**5)** 952 · 570	**8)** 2690 · 560	**11)** 1569 · 382
3) 376 · 490	**6)** 847 · 650	**9)** 746 · 123	**12)** 2584 · 579

13) 6574 · 736	**20)** 8073 · 1247	**27)** 6885 · 4235	**34)** 2317 · 407
14) 4329 · 689	**21)** 4228 · 1415	**28)** 9244 · 2310	**35)** 4801 · 304
15) 7875 · 418	**22)** 2567 · 1825	**29)** 338 · 204	**36)** 2044 · 106
16) 2375 · 526	**23)** 3687 · 2467	**30)** 464 · 206	**37)** 3090 · 504
17) 2345 · 375	**24)** 8432 · 2576	**31)** 588 · 302	**38)** 2000 · 409
18) 4506 · 498	**25)** 5748 · 1238	**32)** 653 · 404	**39)** 3006 · 402
19) 5194 · 624	**26)** 4853 · 3286	**33)** 1926 · 109	**40)** 4009 · 705

41) 13 468 · 2004 **43)** 30 736 · 4009
42) 27 590 · 3006 **44)** 45 624 · 5007

45) Vervielfache **a)** 3987 mit 49; **b)** 49 mit 3987; **c)** 4539 mit 806; **d)** 2009 mit 3894; **e)** 270 mit 3769!

Merke: Beim Vervielfachen zweier mehrstelligen Zahlen ist diejenige Zahl als Vielfacher anzusehen, die bei der Ausrechnung weniger Reihen ergibt.

Z. B. $\underbrace{764 \cdot 4593}_{\text{4 Reihen}}$, dagegen $\underbrace{4593 \cdot 764}_{\text{3 Reihen}}$

46) Vervielfache 786 mit 67, 496, 1807, 5760, 7492!

47) Vervielfache 497 mit 2684, 1967, 5872, 9306!

48) Von 480 Soldaten erhält jeder 275 g Brot; wieviel kg und g Brot erhalten die Soldaten zusammen?

5. Teilen.

36.

a) Der Teiler ist einstellig.

Mündlich.

1) Nimm: a) die Hälfte von 200, 400 usw. bis 2000; **b)** ein Drittel von 300, 600 usw. bis 3000; **c)** ein Viertel von 400, 800 usw. bis 4000; **d)** ein Fünftel von 500, 1000 usw. bis 5000; **e)** ein Sechstel von 600, 1200 usw. bis 6000; **f)** ein Siebentel von 700, 1400 usw. bis 7000; **g)** ein Achtel von 800, 1600 usw. bis 8000; **h)** ein Neuntel von 900, 1800 usw. bis 9000!

2) Löse: **a)** 2000 : 2, 4000 : 2 usw. bis 20 000; **b)** 3000 : 3, 6000 : 3 usw. bis 30 000; **c)** 4000 : 4, 8000 : 4 usw. bis 40 000; **d)** 5000 : 5, 10 000 : 5 usw. bis 50 000; **e)** 6000 : 6, 12 000 : 6 usw. bis 60 000; **f)** 7000 : 7, 14 000 : 7 usw. bis 70 000; **g)** 8000 : 8, 16 000 : 8 usw. bis 80 000; **h)** 9000 : 9, 18 000 : 9 usw. bis 90 000!

3) Teile 2400, 4800, 6400, 8600, 5400, 3200, 5600, 7200 durch 2!

4) Teile 3600, 6600, 9900, 4200, 4800, 5700, 7500, 8400 durch 3!

5) Teile 5500, 6000, 7500 durch 5! 6600, 9000, 9600 durch 6!

6) Teile 8400, 9800 durch 7! 9600, 11 200 durch 8! 9900 durch 9!

7) Ein Beamter bezieht einen Gehalt von 2884 ℳ jährlich; $\frac{1}{7}$ davon muß er für Wohnungsmiete ausgeben. Wieviel Miete hat er vierteljährlich zu bezahlen?

8) B. kauft ein Anwesen für 47 500 ℳ und zahlt $\frac{2}{5}$ des Preises sogleich. Wieviel bleibt er schuldig?

9) A. und B. teilen 945 ℳ Gewinn untereinander; A. erhält $\frac{2}{5}$ davon. Wieviel erhält A., wieviel B.?
10) Wieviel ist $\frac{1}{6}$ von 480? $\frac{5}{6}$ von 480?
11) Suche **a)** $\frac{1}{3}$, **b)** $\frac{2}{3}$ von 1260!
12) Berechne von der Zahl 1800 **a)** $\frac{1}{3}$, **b)** $\frac{2}{3}$, **c)** $\frac{1}{6}$, **d)** $\frac{5}{6}$, **e)** $\frac{1}{9}$, **f)** $\frac{7}{9}$!

37.

Schriftlich.

Schreibweise für den Anfang:

```
2546 : 7 = 363
21
 44          Probe: 363 · 7
 42                 2541
  26                  + 5
  21                2546
   5
```

Schreibweise später:

```
379 516 : 7 = 54 216
Rest 4
```

1)	378 : 2	**6)**	2496 : 2	**11)**	2664 : 4	**16)**	4536 : 7	**21)**	14 008 : 3
2)	257 : 3	**7)**	5618 : 2	**12)**	5917 : 4	**17)**	5920 : 8	**22)**	89 220 : 4
3)	509 : 6	**8)**	4281 : 3	**13)**	3925 : 5	**18)**	7619 : 8	**23)**	35 080 : 5
4)	450 : 7	**9)**	6154 : 3	**14)**	4611 : 5	**19)**	2394 : 9	**24)**	126 006 : 7
5)	568 : 9	**10)**	8645 : 3	**15)**	3344 : 6	**20)**	7683 : 9	**25)**	270 041 : 9

26) Teile jede der Zahlen: 375, 2635, 6005, 53 401, 554 006 nacheinander durch **a)** 2, **b)** 3, **c)** 5, **d)** 8!
27) Ebenso: 55 004, 176 002 nacheinander durch **a)** 4, **b)** 6, **c)** 7, **d)** 9!
28) Bestimme von der Zahl 3672 **a)** $\frac{1}{3}$, **b)** $\frac{2}{3}$, **c)** $\frac{1}{4}$, **d)** $\frac{3}{4}$, **e)** $\frac{1}{9}$, **f)** $\frac{5}{9}$!
29) Berechne von der Zahl 19 260 **a)** $\frac{1}{5}$, **b)** $\frac{3}{5}$, **c)** $\frac{1}{6}$, **d)** $\frac{5}{6}$, **e)** $\frac{1}{9}$, **f)** $\frac{7}{9}$!
30) Wieviel gibt zusammen: **a)** der 4te und der 5te Teil von 3060; **b)** der 6te und der 8te Teil von 13 464?
31) Die Stadt D. zählte 59 310 Einwohner. Davon gehörte der 6te Teil dem Arbeiterstande an. Wieviel Personen waren dies?
32) Bei einer Versteigerung von Äckern werden 30 840 ℳ erlöst; die Hälfte wird gleich, $\frac{3}{5}$ des Restes nach 3 Monaten und das Übrige nach 1 Jahre bezahlt. Wieviel wird **a)** gleich, **b)** nach 3 Monaten, **c)** nach 1 Jahre bezahlt?

38.

b) Der Teiler ist zweistellig.

Mündlich.

1) Teile 100, 200, 400, 1200, 2800, 4500, 8400, 8300 durch 10!
2) Teile 450, 880, 1260, 2780, 3490, 6320, 9580, 7460 durch 10!
3) Teile 367, 924, 1426, 3906, 5803, 6002, 8005, 9004 durch 10!

Nimm den 10ten Teil von 354! Vergleiche mit der erhaltenen Zahl 35 (Rest 4) die Zahl 354! Was ist aus den 5 Zehnern geworden? Was aus den 3 Hundertern?
Merke: **Man teilt eine Zahl durch 10, indem man rechts eine Stelle abschneidet; die abgeschnittene Zahl bezeichnet den Rest.**

4) Teile alle im vorhergehenden Abschnitt in Nr. 1—25 vorkommenden Zahlen durch 10!

5) Teile 400, 600, 1040, 1260, 2680, 4420, 6840, 9480 durch 20, zunächst durch 10, dann durch 2!

6) Teile ebenso 600, 990, 1230 durch 30! 800, 1640 durch 40! 1000, 3050 durch 50!

7) Teile 1860 durch 60! 1540 durch 70! 1920 durch 80! 1980 durch 90!

8) Wieviel ist der 10te Teil von 1 ℳ oder 100 ₰? Der 20ste Teil? Der 50ste Teil?

Wodurch muß man wieder den 10ten Teil teilen, um den 20sten Teil von 1 ℳ zu erhalten? Um den 50sten Teil von 1 ℳ zu erhalten?

Wieviel ₰ erhält man, wenn man von 1 ℳ zuerst den 2ten Teil und von diesem den 10ten Teil nimmt? Wenn man zuerst den 5ten und dann den 10ten Teil nimmt?

Merke: **Man teilt eine Zahl durch 20, 30 usw. bis 90, indem man sie zuerst durch 10 und danach das Ergebnis nochmals durch 2, 3 usw. bis 9 teilt.**

9) Wieviel ₰ sind $\frac{7}{10}$ ℳ? $\frac{11}{20}$ ℳ? $2\frac{7}{50}$ ℳ? $4\frac{3}{10}$ ℳ?

10) Wieviel l sind $\frac{9}{10}$ hl? $\frac{13}{20}$ hl? $4\frac{8}{10}$ hl? $9\frac{7}{20}$ hl?

11) Wieviel g sind $\frac{1}{10}$ kg? $\frac{6}{10}$ kg? $\frac{17}{50}$ kg? $2\frac{7}{10}$ kg? $3\frac{9}{20}$ kg?

12) Wieviel ist der 10te, 20ste, 40ste, 50ste, 80ste Teil von 8 ℳ oder 800 ₰?

13) Bestimme $\frac{1}{10}$, $\frac{1}{20}$, $\frac{3}{20}$, $\frac{11}{20}$, $\frac{1}{60}$, $\frac{7}{60}$ von 6 ℳ 60 ₰ oder 660 ₰!

14) Suche von der Zahl 4500 a) $\frac{1}{10}$, b) $\frac{3}{10}$, c) $\frac{9}{10}$, d) $\frac{1}{50}$, e) $\frac{3}{50}$, f) $\frac{7}{50}$!

15) Berechne $\frac{17}{50}$ von 5000! $\frac{13}{60}$ von 7200! $\frac{13}{90}$ von 1800! $\frac{11}{70}$ von 8400! $\frac{19}{80}$ von 4800!

39.

Schriftlich.

Kurze Schreibweise: 37 965 : 20 = 1884
Rest 15

Beachte: Man wendet die kurze Schreibweise an, wenn der Teiler eine einstellige Zahl oder ein reiner Zehner, Hunderter oder Tausender ist.

Schreibweise: 54 301 : 21 = 2585
42
123
105
180
168
121
105
16

1) 368 : 20	7) 9162 : 60	13) 586 : 31	19) 4102 : 91
2) 1175 : 30	8) 8344 : 70	14) 928 : 41	20) 1009 : 31
3) 1936 : 40	9) 5678 : 80	15) 796 : 51	21) 3169 : 61
4) 3986 : 50	10) 9033 : 90	16) 1895 : 61	22) 2962 : 12
5) 7381 : 40	11) 436 : 11	17) 2753 : 71	23) 3752 : 22
6) 5032 : 50	12) 895 : 21	18) 3098 : 81	24) 5819 : 52

25) 7908 : 62	27) 26 534 : 52	29) 40 168 : 72
26) 9013 : 82	28) 10 963 : 92	30) 52 096 : 62

31) Teile: **a)** 13 984 durch 13, 43, 63, 83, 93; **b)** 39 645 durch 14, 34, 54, 74, 94; **c)** 57 638 durch 15, 35, 55, 85, 95!

32) 18 945 : 66	**37)** 281 965 : 27	**42)** 195 012 : 77	**47)** 103 425 : 18
33) 23 094 : 76	**38)** 325 176 : 37	**43)** 201 394 : 87	**48)** 315 621 : 96
34) 35 127 : 86	**39)** 451 642 : 47	**44)** 103 846 : 79	**49)** 105 834 : 87
35) 45 167 : 96	**40)** 512 830 : 57	**45)** 316 750 : 49	**50)** 2 810 429 : 58
36) 52 710 : 17	**41)** 601 942 : 67	**46)** 425 132 : 99	**51)** 17 351 184 : 65

52) Schäfer B. erlöste beim Verkauf von 86 Schafen 1376 ℳ. Wie teuer verkaufte er ein Schaf?

53) An 18 arme Frauen wurden 216 kg Brot verteilt; wieviel kg trug es einer Frau?

54) 15 Arbeiter teilen in gleichen Teilen ihren Verdienst von 2175 ℳ; wieviel erhält 1 Arbeiter?

55) In 16 Wochen verdient A. 384 ℳ. Wieviel beträgt der Wochenverdienst?

56) Teile die Summe der Zahlen 2763, 498, 79 und 4598 durch 18!

57) Ein Beamter bezieht in 1 Jahr 1560 ℳ Gehalt; wie hoch beläuft sich der Gehalt für 1 Monat?

40.

c) Der Teiler ist drei- oder vierstellig.

Mündlich.

1) 400 : 100	**2)** 1500 : 100	**3)** 2800 : 100	**4)** 6600 : 100
5) 9500 : 100	**6)** 840 : 100	**7)** 2470 : 100	**8)** 6350 : 100
9) 7490 : 100	**10)** 9460 : 100	**11)** 9580 : 100	**12)** 9910 : 100

Teile 354 durch 100! Welchen Wert haben die 3 Hunderter der Zahl 354 nach der Teilung durch 100? Was bezeichnet alsdann 54?

Merke: **Man teilt eine Zahl durch 100, indem man rechts zwei Stellen abschneidet; die abgeschnittenen zwei Stellen bezeichnen den Rest.**

13) 536 : 100	**14)** 2156 : 100	**15)** 4783 : 100	**16)** 6490 : 100

17) Schreibe 10 dreistellige und 10 vierstellige Zahlen untereinander und teile sie durch 100!

18) 2000 : 1000	**19)** 25 000 : 1000	**20)** 44 000 : 1000
21) 69 000 : 1000	**22)** 5400 : 1000	**23)** 28 400 : 1000
24) 79 600 : 1000	**25)** 75 613 : 1000	**26)** 84 633 : 1000

Wie teilt man eine Zahl durch 1000? Wiederhole, wie man verfährt, wenn man eine Zahl durch 10, 100, 1000 ohne Ausrechnung teilen will!

27) Schreibe 5 vierstellige und 5 fünfstellige Zahlen auf und teile sie durch 1000! Nun auch durch 100!

28) Suche den 1000sten Teil von **a)** 498 000 ℳ; **b)** 2 384 570 ℳ!

29) Fuhrmann H. fährt mit 100 Fuhren 125 500 Backsteine zur Baustelle; wieviel Backsteine lädt er durchschnittlich auf den Wagen?

30) Wieviel ist der 100ste Teil von 1 ℳ? Von 3 ℳ? 9 ℳ? 10 ℳ? 15 ℳ? 24 ℳ?

31) Wieviel mm ist der 1000ste Teil von 1 m? Von 8 m? 15 m? 36 m? 75 m? Der 1000ste Teil von 1 kg? Von 7 kg? 10 kg? 20 kg? 40 kg?

32) Nimm 3mal den 100sten Teil von 1 ℳ, 4 ℳ, 8 ℳ, 15 ℳ, 27 ℳ!

33) Nimm 9mal den 1000sten Teil oder $\frac{9}{1000}$ von 1 kg, 2 kg, 5 kg!

34) Suche $\frac{3}{100}$ von 4 hl! $\frac{11}{100}$ von 6 m! $\frac{23}{100}$ von 5 hl! $\frac{7}{1000}$ von 2 Ries!

35) Gib den **a)** 200sten, **b)** 500sten Teil von 10 ℳ oder 1000 ₰ an! Von 30 ℳ! 70 ℳ!

Wieviel ist der 100ste Teil von 10 ℳ? Wodurch muß man wieder den 100sten Teil von 10 ℳ teilen, um den 200sten Teil zu erhalten? Wenn man den 500sten Teil nehmen soll? Wieviel ₰ erhält man, wenn man von 10 ℳ zuerst die Hälfte und dann von der Hälfte den 100sten Teil nimmt? Wenn man von 10 ℳ zuerst den 5ten und dann von diesem wieder den 100sten Teil nimmt?

Merke: **Man teilt eine Zahl durch 200, 300 usw. bis 900, indem man sie zunächst durch 100 und danach das Ergebnis nochmals durch 2, 3 usw. bis 9 teilt, durch 2000, 3000 usw. bis 9000, indem man den 1000sten Teil der Zahl nochmals durch 2, 3 usw. bis 9 teilt.**

36) Teile **a)** 20 m, **b)** 50 m, **c)** 80 m durch 200! Durch 500!

37) Gib **a)** den 2000sten Teil von 6 m, 10 m, 20 m, 30 m, 40 m an; **b)** den 3000sten Teil von 30 kg; **c)** den 5000sten Teil von 60 kg!

38) Nimm 3mal den 200sten Teil von 1 kg! $\frac{7}{200}$ von 1 kg! $\frac{7}{200}$ von 4 kg!

41.

Schriftlich.

Kurze Schreibweise: 89401 : 700 = 127
Rest 501

1) 26400 : 200	**10)** 8176 : 204	**19)** 304687 : 639
2) 34512 : 300	**11)** 13870 : 603	**20)** 521873 : 428
3) 87690 : 400	**12)** 25763 : 804	**21)** 97823 : 2000
4) 90123 : 500	**13)** 17094 : 112	**22)** 75644 : 5000
5) 83109 : 600	**14)** 63875 : 514	**23)** 47892 : 7000
6) 92345 : 700	**15)** 72003 : 618	**24)** 823768 : 9000
7) 109634 : 800	**16)** 31694 : 926	**25)** 96854 : 1300
8) 231621 : 900	**17)** 139654 : 723	**26)** 73952 : 3800
9) 4599 : 102	**18)** 297168 : 842	**27)** 71568 : 2714

28) 407612 : 5734	**29)** 2091008 : 5937
30) 4070900 : 2795	**31)** 10684005 : 1456

32) Teile:
a) 13 452 durch 100, 200, 300, 400, 500, 600, 700, 800, 900;
b) 23 968 durch 109, 203, 308, 409, 506, 607, 704, 809, 905;
c) 91 617 durch 180, 230, 340, 450, 570, 690, 780, 860, 970;
d) 127 694 durch 113, 218, 319, 423, 534, 679, 794, 865, 911;
e) 315 729 durch 376, 459, 827, 543, 279, 657, 845, 932, 979!

33) Teile:
a) 379 615 durch 1000, 2000, 4000, 6000, 7000, 8000, 9000;
b) 134 276 durch 1008, 2009, 3020, 4050, 5070, 6080, 8070;
c) 346 894 durch 1600, 2900, 3804, 5709, 6370, 7840, 9350;
d) 2 561 841 durch 1634, 2796, 3457, 4976, 5832, 7698, 8279!

34) Welche Zahl erhält man, wenn man 67 859 von 75 964 abzieht, den Rest mit 780 vervielfacht und das Produkt durch 390 teilt?

6. Enthaltensein oder Messen.

42.

Mündlich.

1) Wie oft ist 10 in 100, 130, 200, 250, 370, 600, 650, 810 enthalten?
2) Wie oft ist 100 in 300, 800, 1900, 3400, 6600, 8900 enthalten?
3) Wie oft ist 1000 in 4000, 7000, 16 000, 25 000, 84 000, 93 000, 126 000 enthalten?
4) Miß 100, 400, 450, 600, 800, 1150, 4000, 6050, 8000 durch 50!
5) Miß 100, 140, 200, 280, 300, 500, 1000, 2000, 5000 durch 20!
6) Wieviel ℳ sind 1800 ₰, 2500 ₰, 3600 ₰, 4500 ₰, 6400 ₰?
7) Wieviel ℳ und ₰ sind 1325 ₰, 1827 ₰, 3485 ₰, 6105 ₰, 8307 ₰?
8) Wieviel hl und l sind 1840 l, 3250 l, 4570 l, 5925 l, 6275 l?
9) Wieviel m und cm sind 936 cm, 1242 cm, 1680 cm, 2590 cm?
10) Wieviel kg und g sind 4050 g, 6080 g, 5700 g, 3840 g, 7625 g?
11) Verwandle in m: 3000 cm, 9000 cm, 15 000 cm, 27 000 cm!
12) Verwandle in m und mm: 4600 mm, 6750 mm, 5840 mm, 8310 mm!
13) Wieviel Ries sind 4000 Bg., 9000 Bg., 12 000 Bg., 32 000 Bg.?
14) Wieviel Rs. und Bg. sind 5400 Bg., 8710 Bg., 9820 Bg., 10 240 Bg.?
15) Wie oft kann man 50 ₰ ausgeben, wenn man **a)** 7 ℳ oder 700 ₰, **b)** 12 ℳ, **c)** 15 ℳ 50 ₰ besitzt?
16) Herr K. gibt im Monat 100 ℳ aus; wie lange reichen ihm 2250 ℳ?
17) Gärtner L. hat in seiner Baumschule 1440 Bäumchen stehen. In wieviel Reihen stehen sie, wenn jede Reihe 60 Bäumchen zählt?
18) Auf dem Übungsplatze sind 2800 Soldaten in Reihen zu je 350 Mann aufgestellt. Wieviel Reihen Soldaten sind es?

43.

Schriftlich.

Kurze Schreibweise:
4 in 519 = 129 mal
Rest 3

Schreibweise: 68 in 4593 = 67 mal
408
513
476
37

1) 2 in 391, 476, 568, 792, 351, 583, 1769, 2911, 3496, 2753
2) 3 in 279, 401, 582, 912, 235, 611, 1853, 2955, 3578, 4192
3) 4 in 299, 324, 452, 564, 631, 1739, 2879, 3915, 4973, 5692
4) 5 in 465, 641, 805, 795, 432, 1548, 3637, 5843, 6193, 4576
5) 6 in 576, 788, 846, 906, 1248, 3540, 5801, 6248, 8934, 9028
6) 7 in 613, 875, 714, 511, 3562, 6945, 8653, 8904, 9207, 9400
7) 8 in 256, 676, 752, 992, 1524, 2360, 19 255, 25 411, 106 588
8) 9 in 243, 657, 711, 855, 3407, 5949, 35 671, 40 108, 263 402
9) 11 in 486, 543, 804, 916, 5648, 8670, 11 215, 53 265, 400 036

10) 23 in 7 845	15) 200 in 20 244	20) 560 in 79 241
11) 35 in 17 355	16) 300 in 18 000	21) 670 in 85 763
12) 48 in 39 201	17) 500 in 24 390	22) 125 in 43 725
13) 74 in 60 345	18) 800 in 39 507	23) 244 in 125 916
14) 86 in 99 104	19) 240 in 26 800	24) 637 in 430 290

25) Wie oft muß ein Fuhrmann zur Lieferung von 11 520 Backsteinen fahren, wenn 720 Backsteine eine Ladung geben?

44.

Verwandlungen mit Bruchzahlen.

Mündlich.

1) Wieviel ₰ sind $4\frac{1}{2}$, $9\frac{1}{5}$, $12\frac{1}{10}$, $7\frac{9}{10}$ ℳ?
2) Wieviel l sind $2\frac{1}{4}$, $7\frac{2}{5}$, $9\frac{1}{20}$, $12\frac{7}{20}$ hl?
3) Wieviel mm sind $1\frac{1}{2}$, $4\frac{1}{20}$, $5\frac{3}{5}$, $6\frac{7}{50}$ m?
4) Wieviel Std. sind $2\frac{1}{3}$, $3\frac{1}{4}$, $4\frac{1}{6}$, $7\frac{5}{6}$ Tg.?
5) Wieviel Mon. sind $4\frac{1}{6}$, $5\frac{1}{3}$, $6\frac{3}{4}$, $7\frac{2}{3}$ J.?
6) Wieviel ℳ und ₰ sind: **a)** $3\frac{1}{5}$ ℳ + $4\frac{1}{10}$ ℳ; **b)** $7\frac{1}{20}$ ℳ + $9\frac{1}{50}$ ℳ; **c)** $2\frac{3}{5}$ ℳ + $7\frac{9}{10}$ ℳ?
7) Wieviel kg und g sind: **a)** $1\frac{1}{10}$ kg + $2\frac{7}{10}$ kg; **b)** $3\frac{3}{10}$ kg + $4\frac{7}{20}$ kg; **c)** $5\frac{3}{50}$ kg + $7\frac{9}{100}$ kg?
8) Wieviel J. und Mon. sind: **a)** $2\frac{1}{6}$ J. + $3\frac{1}{4}$ J.; **b)** $4\frac{2}{3}$ J. + $5\frac{3}{4}$ J.; **c)** $7\frac{1}{12}$ J. + $6\frac{5}{6}$ J.?
9) Wieviel Tg. u. Std. sind: **a)** $2\frac{1}{3}$ Tg. + $3\frac{1}{4}$ Tg.; **b)** $4\frac{1}{6}$ Tg. + $5\frac{1}{12}$ Tg.; **c)** $7\frac{3}{8}$ Tg. + $6\frac{2}{3}$ Tg.?

Wiederholungsaufgaben.

45.

Schriftlich.

1) Verwandle in Jahre: **a)** 1872, 13104 Wochen; **b)** 3385, 4745, 11680 Tage!

2) Wieviel Tage sind 18 Jahre? 43 Jahre? 32 Jahre 265 Tage?

3) Der jährliche Gehalt eines Beamten beträgt 2580 ℳ. Wie groß ist der monatliche Gehalt?

4) A. und B. teilen zusammen 450 ℳ, A. erhält davon $\frac{2}{5}$; wieviel bekommt A.? Wieviel B.?

5) Bestimme die Zahl, die **a)** um 23498 größer ist als 179427, **b)** um ebensoviel kleiner!

6) Ein Butterhändler erhält 4 Ballen Butter: **a)** 12 kg, das kg zu 1 ℳ 80 ₰, **b)** 15 kg, das kg zu 2 ℳ 10 ₰, **c)** 20 kg, das kg zu 1 ℳ 90 ₰, **d)** 9 kg, das kg zu 1 ℳ 70 ₰. Wieviel hat er zu bezahlen?

7) Wieviel ist $\frac{5}{6}$ von 486? $\frac{3}{4}$ von 860? $\frac{7}{10}$ von 1250? $\frac{4}{15}$ von 3675?

8) Es werden in einer Münzanstalt 2000000 Einpfennig- und 1000000 Fünfpfennigstücke geprägt. Wieviel Zehnmarkstücke (Kronen) haben denselben Wert? Wieviel Zwanzigmarkstücke (Doppelkronen) haben gleichen Wert?

9) Wie heißt die Zahl, die durch 18 geteilt den Quotienten 69 ergibt?

10) Das 36fache einer Zahl heißt 8460; wie heißt diese Zahl?

11) 1 kg kostet 2 ℳ 60 ₰; wieviel kostet $\frac{1}{2}$ kg? Wieviel kosten $3\frac{1}{2}$ kg?

Rechne aus:

12)		13)		14)	
a)	378 · 96	**a)**	4206 · 345	**a)**	37695 · 3700
b)	907 · 85	**b)**	9370 · 760	**b)**	10694 · 2009
c)	460 · 47	**c)**	7068 · 908	**c)**	27080 · 5208
d)	1395 · 32	**d)**	3009 · 476	**d)**	46392 · 6789

Teile und mache die Probe:

15)		16)		17)	
a)	8476 : 18	**a)**	19645 : 24	**a)**	123476 : 328
b)	9504 : 13	**b)**	20706 : 53	**b)**	370963 : 754
c)	14579 : 16	**c)**	31284 : 76	**c)**	415618 : 637
d)	25063 : 19	**d)**	49708 : 69	**d)**	1568342 : 1894
e)	31278 : 17	**e)**	72369 : 35	**e)**	3791642 : 2468

18) 1 hl Wein kostet 72 ℳ; wie teuer kommt 1 l? $\frac{1}{5}$ hl? $\frac{3}{10}$ hl? $\frac{7}{20}$ hl?

19) Eine Familie verbraucht täglich 3 l Milch, den l zu 18 ₰. Wieviel ist für Milch in einem Jahre zu bezahlen?

20) Die Kosten für ein Faß Wein stellen sich auf 64 ℳ 50 ₰. Wie teuer kommt eine Flasche, wenn das Faß 75 Flaschen Wein gibt?

21) In einer Backsteinbrennerei werden 84800 Backsteine gebrannt; welchen Wert haben die Steine, wenn 1 Stück 3 ₰ kostet?

22) Wie oft muß ein Wagen zur Verladung von 384000 Backsteinen fahren, wenn er jedesmal 1200 Backsteine lädt?

23) A. gibt zu einem Geschäft 4500 ℳ, B. 850 ℳ weniger als A., C. soviel als A. und B. zusammen. Wieviel geben sie zusammen?

24) Im Jahre 1890 hatten von 193318 Rekruten im Deutschen Reiche 192283 die Schule besucht. Wieviel Rekruten waren ohne Schulbildung?

25) Berlin zählte im Jahre 1885 1315287 Einwohner, im Jahre 1890 1579244. Um wieviel Einwohner ist Berlin in diesen 5 Jahren gewachsen?

26) In einer Stunde legt ein Flußdampfer durchschnittlich 14500 m, ein Seedampfer 18200 m, ein Personenzug 60800 m, ein Schnellzug 75600 m zurück. Um wieviel m bleibt in 1 Std. **a)** der Flußdampfer hinter dem Seedampfer zurück; **b)** der Personenzug hinter dem Schnellzug?

Druck von C. G. Röder in Leipzig.

Das Rechnen mit mehrfach benannten Zahlen.

I. Die deutschen Münzen.

Als Münze bezeichnet man ein Stück Edelmetall, dessen Feinheit und Gewicht vom Staate beglaubigt ist.

1. Einführung.

1. **Goldmünzen:** (Mischung 900 Teile Gold und 100 Teile Kupfer.)
   a) Zwanzigmarkstücke oder Doppelkronen, b) Zehnmarkstücke oder Kronen.
2. **Silbermünzen:** (Mischung 900 Teile Silber und 100 Teile Kupfer.)
   a) Fünfmarkstücke, b) Zweimarkstücke, c) Einmarkstücke, d) Fünfzigpfennigstücke.
3. **Nickelmünzen:** (Mischung 75 Teile Nickel und 25 Teile Kupfer.)
   a) Zehnpfennigstücke, b) Fünfpfennigstücke.
4. **Kupfermünzen:** (Mischung 95 Teile Kupfer, 4 Teile Zinn und 1 Teil Zink).
   a) Zweipfennigstücke, b) Einpfennigstücke.

In Deutschland ist **Goldgeld** das Hauptzahlungsmittel und muß in jedem Betrage in Zahlung genommen werden, **Silbergeld** dagegen nur bis zum Betrage von 20 ℳ, **Nickel-** und **Kupfergeld** bis zu 1 ℳ.

Silber-, Nickel- und Kupfermünzen dienen im Kleinverkehr zur Ausgleichung und heißen Scheidemünzen.

Betrachte die Vorderseite einer jeden Münze! Ebenso die Rückseite! Was ist auf der Vorderseite einer Doppelkrone zu sehen? Was auf der Vorderseite einer Krone? Eines Fünfmarkstücks? Eines Einmarkstücks? Die Bildnisse regierender Fürsten, Inschriften, Wappen, Zeichen und Ziffern auf Münzen faßt man unter der Bezeichnung „Gepräge" zusammen. Wiederhole, was man unter Gepräge versteht!

Die Prägung hat die Bedeutung einer Beglaubigung, sie schützt gegen Falschmünzerei und zu starke Abnützung im Verkehr.

Außer den Münzen gibt es in Deutschland:

1. **Reichskassenscheine:**
   a) Fünfmark-, b) Zwanzigmark-, c) Fünfzigmarkscheine.
2. **Banknoten:** a) 100 ℳ, b) 500 ℳ, c) 1000 ℳ.

Die Einheit der deutschen Reichsmünzen bildet die Mark;
„Mark = ℳ, Pfennig = ₰; 1 ℳ = 100 ₰".

In Deutsch-Ostafrika rechnet man eine Rupie (Silbergeld) = 64 Pesas (Kupfergeld), 1 Pesas = 3 ₰.

2. Verwandlungen.

a) Verwandlung höherer Münzsorten in niedere (Resolvieren).

Mündlich.

1) Wieviel ₰ sind: **a)** 8, 15, 24 Zweipfennigstücke oder Zweier; **b)** 4, 16, 40 Fünfpfennigstücke oder Fünfer; **c)** 7, 13, 36 Zehnpfennigst. oder Zehner; **d)** 3, 9, 13 Fünfzigpfennigst. oder Fünfziger?

2) Wieviel ₰ sind 3 Fünfziger und 4 Zehner? 2 Fünfziger und 3 Fünfer?

3) Wieviel ₰ sind: **a)** 7, 12, 65 ℳ; **b)** 1 ℳ 9 ₰, 3 ℳ 80 ₰, 13 ℳ 70 ₰; **c)** 1 ℳ 4 Zehn₰st., 3 ℳ 8 Zweier, 7 ℳ 9 Fünfer, 6 ℳ 3 Fünfziger?

4) Wieviel 2₰stücke sind: 1 ℳ, 3 ℳ 20 ₰, 9 ℳ 40 ₰?

5) Wieviel Fünfer sind: 1 ℳ, 4 ℳ, 9 ℳ 20 ₰, 6 ℳ 60 ₰?

6) Wieviel Zehner sind: 8 ℳ, 37 ℳ, 4 ℳ 70 ₰, 12 ℳ 90 ₰?

7) Wieviel Fünfziger sind: 4 ℳ, 18 ℳ, 13 ℳ 50 ₰, 48 ℳ 50 ₰?

8) Wieviel ℳ sind: **a)** 3, 19, 56 Zweimarkst.; **b)** 2, 24, 75 Fünfmarkst.?

9) Wieviel ℳ sind: **a)** 9, 26, 120 Zehnmarkstücke oder Kronen; **b)** 4, 9, 37 Zwanzigmarkstücke oder Doppelkronen?

10) Wieviel ℳ sind 3 Doppelkronen und 9 Kronen? 12 Kronen, 3 Fünfmarkstücke und 4 Zweimarkstücke?

11) Wieviel ₰ sind zusammen 7 Fünfmarkstücke, 5 Zweimarkstücke und 3 Fünfzigpfennigstücke?

b) Verwandlung niederer Münzsorten in höhere (Reduzieren).

Mündlich.

1) Wieviel 2₰stücke haben den Wert von: 18, 32, 70 ₰?

2) Wieviel 5₰stücke sind 95 ₰? 1 ℳ 30 ₰?

3) Wieviel 10₰stücke erhält man für 30 ₰? Für 1 ℳ 60 ₰?

4) Wieviel 10₰stücke erhält man für 20 Zweier und 12 Fünfer? Für 16 Fünfer und 10 Zweier?

5) Wieviel Fünfziger erhält man für 400 ₰? Für 6 ℳ 50 ₰?

6) Wieviel ℳ sind 300 Zweier? 80 Fünfer? 130 Zehn₰st.? 14 Fünfziger?

7) Wieviel Zweimarkstücke sind: 30, 120, 270 ℳ? Wieviel Fünfmarkstücke sind dies?

8) Wieviel Kronen erhält man für: **a)** 70, 230, 580 ℳ; **b)** 8, 30, 140 Fünfmarkst.; **c)** 40, 70, 100 Zweimarkst.; **d)** 6 Fünfmarkst. und 30 ℳ?

9) Wieviel Zwanzigmarkst. geben: **a)** 140, 300, 460 ℳ; **b)** 28, 36 Kronen?

10) Wieviel Doppelkronen geben: **a)** 32, 80 Fünfmarkstücke; **b)** 20, 90 Zweimarkstücke?

11) Wieviel ℳ und ₰ sind 980 ₰? Wieviel Zweimarkst. und Zehnpfennigst.?

12) Wieviel ℳ und ₰ sind 2070 ₰? Wieviel Fünfmarkstücke und Zehnpfennigstücke? Wieviel Zweimarkstücke und Fünfpfennigstücke?

3. Zusammenzählen oder Addieren. Anschreiben in Dezimalzahlen.

Wiederholung: Die Zahlen, die man zusammenzählt, heißen **Posten** oder **Summanden**. Die Zahl, die man beim Zusammenzählen erhält, wird **Summe** genannt.

Mündlich.

1) Rechne mit Vorteil: **a)** 19 + 38, **b)** 57 + 79, **c)** 84 + 97!
2) Wieviel ₰ sind 18 ₰ + 27 ₰ + 36 ₰?
3) Wieviel ℳ und ₰ sind: **a)** 38 ₰ + 75 ₰ + 92 ₰;
   b) 1 ℳ 20 ₰ + 3 ℳ 50 ₰ + 4 ℳ 80 ₰;
   c) 2 ℳ 15 ₰ + 3 ℳ 27 ₰ + 5 ℳ 48 ₰?
4) Zähle zusammen: **a)** 8 ℳ 14 ₰ + 3 ℳ 25 ₰ + 12 ℳ 40 ₰;
   b) 3 Zehnmarkstücke + 14 ℳ 30 ₰ + 25 ℳ 64 ₰!
5) Wieviel ℳ und ₰ geben 2 Doppelkr. + 3 Kr. + 5 Fünfmarkst. + 2 ℳ 60 ₰ + 75 ₰?
6) A. besitzt 2 Geldbeutel; in dem einen befinden sich 3 Zweimarkstücke + 2 Einmarkst. + 4 Fünfzigpfennigst. + 18 ₰, in dem anderen 3 Kronen + 1 Fünfmarkst. + 3 Zweimarkst. + 8 Zehnpfennigst. + 7 ₰. Wieviel ℳ und ₰ besitzt er im ganzen?
7) Frau B. gab auf dem Markte für Eier 1 ℳ 60 ₰, für Butter 2 ℳ 10 ₰, für Obst 36 ₰, für Gemüse 24 ₰ aus. Wie groß war die Ausgabe?
8) Der Stoff zu einem Anzuge kostet 32 ℳ 80 ₰. Der Schneider erhält 27 ℳ 45 ₰ Macherlohn; wieviel kostet der fertige Anzug?
9) Ein Vater verdient an einem Tage 3 ℳ 80 ₰, die Mutter 1 ℳ 60 ₰, der Sohn 2 ℳ 75 ₰; wieviel verdienen sie zusammen?
10) Landwirt F. verkauft ein Rind für 260 ℳ 50 ₰ und ein Schwein für 72 ℳ 40 ₰; wieviel nimmt er ein?
11) Ein Schuhmacher rechnet für ein Paar Stiefel 14 ℳ 60 ₰, für ein Paar Schuhe 7 ℳ 80 ₰; wieviel ist dies zusammen?

Übungen: **a)** $1 : 10 = \frac{1}{10} = 0{,}1$; $1 : 100 = \frac{1}{100} = 0{,}01$;
$6 : 10 = \frac{6}{10} = 0{,}6$; $40 : 100 = \frac{40}{100} = 0{,}40$;
b) $\frac{1}{10}$ ℳ = 0,1 ℳ = 1 mal der 10te Teil von 1 ℳ;
$\frac{4}{10}$ ℳ = 0,4 ℳ = 4 mal der 10te Teil von 1 ℳ;
$\frac{1}{100}$ ℳ = 0,01 ℳ = 1 mal der 100ste Teil von 1 ℳ;
$\frac{18}{100}$ ℳ = 0,18 ℳ = 18 mal der 100ste Teil von 1 ℳ;
c) $29 : 10 = \frac{29}{10} = 2\frac{9}{10} = 2{,}9$; $316 : 100 = 3\frac{16}{100} = 3{,}16$;
d) $1\frac{1}{10}$ ℳ = 1,1 ℳ; $4\frac{7}{10}$ ℳ = 4,7 ℳ;
$1\frac{1}{100}$ ℳ = 1,01 ℳ; $9\frac{21}{100}$ ℳ = 9,21 ℳ.

12) Der wievielte Teil von 1 ℳ ist 1 ₰? Ein Zehnpfennigstück?
13) Wieviel hundertstel ℳ sind: 4, 20, 36, 92 ₰?
14) Wieviel zehntel ℳ sind: 3, 7, 9 Zehnpfennigstücke?
15) Wie schreibt man: **a)** 3, 9, 6 zehntel ℳ; **b)** $\frac{4}{10}, \frac{7}{10}, \frac{8}{10}$ ℳ;
    c) 4, 30, 45 hundertstel ℳ; **d)** $\frac{6}{100}, \frac{45}{100}$ ℳ?

Merke: Zehntel und Hundertstel bezeichnet man als dezimale Einheiten. **Eine Zahl mit dezimalen Einheiten heißt eine Dezimalzahl.**

16) Wie schreibt man 3, 60, 95 ₰ als ℳ in einer Dezimalzahl?

17) Wie schreibt man als ℳ: 2 ℳ 4 ₰, 5 ℳ 40 ₰, 12 ℳ 8 ₰, 36 ℳ 25 ₰, 240 ℳ 18 ₰?

18) Wie schreibt man als ℳ in einer Dezimalzahl: a) 8 ganze und 3 zehntel ℳ, 12 ganze und 9 zehntel ℳ, 3 ganze und 4 hundertstel ℳ, 18 ganze und 90 hundertstel ℳ; b) $2\frac{5}{10}$, $19\frac{7}{10}$, $23\frac{9}{10}$ ℳ; c) $6\frac{1}{100}$, $28\frac{29}{100}$, $36\frac{80}{100}$ ℳ; d) $\frac{27}{10}$, $\frac{184}{10}$, $\frac{239}{100}$, $\frac{7645}{100}$ ℳ?

Auf welcher Stelle rechts vom Komma stehen die Zehnpfennigstücke oder 10tel ℳ? Die Einpfennigstücke oder 100stel ℳ? Auf welcher Seite vom Komma aus steht die ganze Mark? In der wievielten Stelle links vom Komma stehen die Einmarkstücke oder Einer? In der wievielten die Zehnmarkstücke oder Zehner? Als was für Einheiten kann man die Hundertmarkscheine bezeichnen? Die Tausendmarkscheine? Welche Einheit ist der 10te Teil des Hunderters? Welche der 10te Teil eines Zehners? Der 10te Teil eines Einers? Der 10te Teil eines Zehntels?

Merke: Jede nach links folgende Einheit (Stelle) einer Zahl hat den 10fachen Wert der vorhergehenden, jede nach rechts folgende Einheit dagegen den 10ten Teil des Wertes der vorhergehenden.

Die Einer werden von den Zehnteln durch ein Komma getrennt.

19) Wie werden als ℳ geschrieben 3 Kr. 7 ℳ 9 ₰? 8 Kr. 40 ₰? 9 Kr. 1 ℳ 5 ₰? 2 Doppelkr. 8 ₰? 3 Doppelkr. 8 ℳ 50 ₰? 15 Kr. 1 ℳ 80 ₰? 6 Hundertmarkscheine 8 Kr. 4 ℳ 3 ₰?

20) Wieviel ℳ und ₰ sind: 2,60 ℳ; 3,05 ℳ; 18,37 ℳ?

21) Wie sind folgende Dezimalzahlen zu lesen: 2,6; 3,05; 9,04; 12,60; 28,92; 0,5; 0,40; 0,93? (2,6 = 2 Ganze und 6 Zehntel.)

Schriftlich.

Welche Einheiten ganzer Zahlen werden bei der schriftlichen Addition genau untereinander geschrieben? Gib das Verfahren beim Zusammenzählen ganzer Zahlen an! Welches sind die kleinsten Einheiten, wenn man ₰ als ℳ in einer Dezimalzahl anschreibt? Wie heißen die nächstgrößeren Einheiten? Welches Zeichen trennt die Einer von den Zehnteln? Wo stehen die Zehn₰stücke oder 10tel ℳ? Die Ein₰stücke oder 100stel ℳ? In welche Einheiten wird die Summe der 100stel ℳ verwandelt, wenn sie 10 und mehr beträgt? Die Summe der 10tel ℳ? Gib an, wie man Dezimalzahlen addiert!

1) Schreibe in Dezimalzahlen als ℳ an und zähle zusammen: a) 7 ₰ + 14 ₰ + 60 ₰ + 92 ₰; b) 2 ℳ 6 ₰ + 3 ℳ 9 ₰ + 12 ℳ 30 ₰ + 19 ℳ 24 ₰ + 5 ₰ + 164 ℳ 8 ₰; c) 237 ℳ 80 ₰ + 739 ℳ 7 ₰ + 34 ₰ + 59 ℳ 8 ₰!

2) Schreibe in Dezimalzahlen als ℳ an und zähle zusammen 3 ℳ 6 ₰ + 35 ₰ + 8 ℳ 74 ₰ + 12 ℳ 8 ₰ + 17 ₰ + 40 ₰!

3) Zähle zusammen: a) 9,34 ℳ + 0,72 ℳ + 9 ₰ + 0,26 ℳ + 4 ℳ 65 ₰ + 2 ℳ 9 ₰ + 3 Kr. 1 ℳ 80 ₰; b) 37 ₰ + 18 hundertstel ℳ + 6 ganze 9 hundertstel ℳ + 3 zehntel ℳ + 2,38 ℳ + 18 ganze 5 zehntel ℳ + 7 ℳ 34 ₰!

4) Wieviel ℳ sind 54 ₰ + 8,67 ℳ + 19,72 ℳ + 5 ℳ 8 ₰ + 2 ℳ 80 ₰ + 2 Kr. 3 ℳ 7 ₰?

5) Zähle zusammen:

a)	b)	c)	d)	e)
24,09 ℳ	7,28 ℳ	0,79 ℳ	12,32 ℳ	316,94 ℳ
8,76 „	19,36 „	0,84 „	234,67 „	792,68 „
0,07 „	24,75 „	16,59 „	128,49 „	83,04 „
6,23 „	36,89 „	2,93 „	75,30 „	1369,49 „
+ 67,89 „	+ 49,74 „	+ 9,56 „	+ 8,72 „	+ 4093,56 „

6) Frau N. gab am Montag 3 ℳ 96 ₰, Dienstag 4,59 ℳ, Mittwoch 5 ℳ 8 ₰, Donnerstag 3 ℳ 78 ₰, Freitag 4,09 ℳ, Samstag 6 ℳ 84 ₰, Sonntag 4 ℳ 36 ₰ aus. Wie groß war ihre Ausgabe in der Woche?

7) A. nimmt ein: 136,45 ℳ, 248 ℳ 96 ₰, 194 ℳ 8 ₰, 87 ℳ 95 ₰, 150 ℳ 40 ₰; wieviel beträgt die Gesamteinnahme?

8) Nach der Ausbesserung eines Hauses erhielt der Maurer 280,75 ℳ, der Zimmermann 126 ℳ 40 ₰, der Schreiner 470 ℳ 60 ₰, der Schlosser 72,40 ℳ, der Weißbinder 54,65 ℳ, der Tapezier 148 ℳ 90 ₰. Wieviel betrugen die Kosten der Ausbesserung insgesamt?

9) Wie hoch beläuft sich die jährliche Ausgabe, wenn gebraucht werden für Wohnung 160 ℳ, Lebensmittel 720,65 ℳ, Kleidung 180,48 ℳ, Brennmaterialien 58,20 ℳ, sonstige Ausgaben 46 ℳ 96 ₰?

10) Bei einer Versteigerung wurden für Möbel 368,75 ℳ, für Weißzeug 134 ℳ 60 ₰, für Bilder 29 ℳ 56 ₰, für Ackergeräte 86,24 ℳ, für Holz 67 ℳ 21 ₰ gelöst; wie groß war der Gesamterlös?

11) Kaufmann M. hatte an Wocheneinnahmen: 236 ℳ 42 ₰; 304 ℳ 8 ₰; 418,60 ℳ; 397 ℳ 96 ₰; 284 ℳ 7 ₰; 172,38 ℳ; 93 ℳ 27 ₰. Wie groß war die Summe?

12) B. entlieh aus einer Kasse: 82,64 ℳ; 120 ℳ 50 ₰; 64 ℳ 87 ₰; 95 ℳ 75 ₰; 145 ℳ; 208 ℳ 40 ₰. Wie groß ist seine Schuld?

4. Abziehen oder Subtrahieren.

Wiederholung: Die Zahl, von der man abzieht, heißt **Vollzahl** oder **Minuend**; die Zahl, die abgezogen wird, heißt **Abzugszahl** oder **Subtrahend**. Die Zahl, die man beim Abziehen erhält, wird **Rest, Unterschied** oder **Differenz** genannt.

Mündlich.

1) Löse mit Vorteil: **a)** 87 — 29, 92 — 38, 136 — 97;
b) 90 ₰ — 38 ₰, 88 ₰ — 49 ₰, 74 ₰ — 39 ₰, 130 ₰ — 49 ₰, 210 ₰ — 78 ₰!

2) Wieviel ℳ und ₰ sind: **a)** 8 ℳ — 70 ₰, 3 ℳ — 80 ₰;
b) 9 ℳ — 2 ℳ 20 ₰, 12 ℳ — 3 ℳ 30 ₰, 20 ℳ — 7 ℳ 50 ₰;
c) 6 ℳ — 1 ℳ 96 ₰, 9 ℳ — 3 ℳ 24 ₰;
d) 8 ℳ 60 ₰ — 2 ℳ 40 ₰, 9 ℳ 70 ₰ — 3 ℳ 25 ₰?

3) Rechne aus:

a) 9,40 ℳ — 75 ₰!	**b)** 20 ℳ — 4 ℳ 95 ₰!
8,06 ℳ — 2 ℳ 20 ₰!	30,82 ℳ — 7,36 ℳ!
12 ℳ 70 ₰ — 3,94 ℳ!	54,68 ℳ — 10,50 ℳ!

4) Ein Mädchen bezahlt bei einem Metzger 2 ℳ 86 ₰; wieviel erhält es auf ein Zehnmarkstück heraus?

5) Wieviel hat man zu 3 ℳ 24 ₰ hinzuzulegen, um 10 ℳ zu erhalten?

6) Wieviel fehlen bei 1 ℳ 53 ₰ an 5 ℳ? Bei 6 ℳ 32 ₰ an 20 ℳ? Bei 4 ℳ 83 ₰ an 20 ℳ?

7) Wieviel ℳ und ₰ erhält man auf eine Doppelkrone heraus, wenn man zu bezahlen hat: **a)** 2 ℳ 40 ₰; **b)** 3 ℳ 76 ₰; **c)** 4,38 ℳ; **d)** 6 ℳ 94 ₰; **e)** 12 ℳ 18 ₰; **f)** 13 ℳ 56 ₰?

8) Jemand gibt von 354 ℳ aus 27 ℳ + 36 ℳ + 42 ℳ + 120 ℳ + 65 ℳ; wieviel behält er übrig?

9) Wieviel beträgt der Gewinn, wenn ein Ei zu 6 ₰ eingekauft und zu 7 ₰ verkauft wird?

10) Wieviel kostet ein Ei im Einkauf, wenn es zu 8 ₰ mit 1 ₰ Gewinn verkauft wird? Wenn es dagegen zu 8 ₰ mit 1 ₰ Verlust verkauft wird?

11) Wie teuer wird ein Ei verkauft, wenn es zu 5 ₰ eingekauft und **a)** mit 1 ₰ Gewinn, **b)** mit 1 ₰ Verlust verkauft wird?

12) Der Einkauf einer Ware beträgt 24 ℳ 16 ₰; beim Verkauf werden 28 ℳ 48 ₰ eingenommen. Wie groß ist der Gewinn?

13) Eine Ware wurde zu 85 ℳ 60 ₰ mit 17 ℳ 80 ₰ Gewinn verkauft; wie groß war der Einkauf?

14) Wieviel beträgt der Verkauf, wenn der Einkauf 120 ℳ 50 ₰, der Verlust 8 ℳ 90 ₰ beträgt?

15) Der Einkauf beträgt 82,74 ℳ, der Gewinn 15 ℳ 8 ₰; wieviel beträgt der Verkauf?

16) An einer Ware, welche zu 48 ℳ 90 ₰ verkauft wird, werden 3,54 ℳ verloren; wieviel hat die Ware im Einkauf gekostet?

Schriftlich.

Wie verfährt man, wenn man ganze Zahlen voneinander abziehen soll? Wie beim Addieren von Dezimalzahlen? Wie aber beim Abziehen?

Beim Zusammenzählen und Abziehen von Dezimalzahlen werden die gleichnamigen Stellen oder Einheiten untereinander geschrieben und dann wird addiert oder subtrahiert wie bei ganzen Zahlen, die Einer trennt man von den Zehnteln durch ein Komma.

1) Wieviel ℳ sind: **a)** 12,96 ℳ — 3,45 ℳ; 159,57 ℳ — 36,26 ℳ; 345 ℳ 97 ₰ — 134,71 ℳ;
b) 141,24 ℳ — 87,50 ℳ; 18,04 ℳ — 8,57 ℳ; 15 ℳ — 7,40 ℳ; 26 ℳ — 10,28 ℳ; 170,05 ℳ — 124,69 ℳ; 360 ℳ — 292,79 ℳ?

2) Rechne:

a) 26,80 ℳ — 13,26 ℳ	**b)** 97,04 ℳ — 38,92 ℳ	**c)** 124,27 ℳ — 96,85 ℳ
d) 236,75 ℳ — 123,89 ℳ	**e)** 3845,00 ℳ — 936,79 ℳ	**f)** 400,76 ℳ — 123,89 ℳ

3) Kaufmann N. nahm am ersten Markttage 458 ℳ 65 ₰ ein, am zweiten nur 306,87 ℳ. Wie groß war die Einnahme an beiden Tagen? Wieviel betrug die Einnahme am ersten Tage mehr als am zweiten?

4) Ein Gut wird für 36 900 ℳ verkauft. Der Verkäufer besitzt nach Bezahlung seiner Schulden noch 12815,46 ℳ; wieviel war er schuldig?

5) Eine Ware wurde zu 475,90 ℳ mit 86 ℳ 65 ₰ Gewinn verkauft; wie teuer wurde sie eingekauft?

6) Ein Meister gibt nach Ablauf eines Monats dem ersten Gesellen 87,60 ℳ, dem zweiten 78 ℳ 90 ₰, dem dritten 5,40 ℳ weniger als dem zweiten und dem vierten 18 ℳ 75 ₰ weniger als dem ersten. Wieviel erhalten die Gesellen zusammen?

7) Wie groß war die Ersparnis, wenn die jährlichen Einnahmen 1938 ℳ 48 ₰ und die Ausgaben 1754,92 ℳ betrugen?

8) Schreiner W. bezieht für 89,60 ℳ Steinkohlen; wieviel ℳ erhält der Kohlenhändler, wenn der Schreiner eine Gegenrechnung von 37,24 ℳ vorlegt?

9) In einer Kasse befanden sich 1265 ℳ 84 ₰. Davon wurden ausgegeben 123,45 ℳ + 96,92 ℳ + 34 ℳ 8 ₰ + 257 ℳ 95 ₰ + 274 ℳ 36 ₰. Wieviel beträgt der Kassenvorrat?

10) Ein Dienstmädchen, das in einem Jahre an Lohn und Geschenken 136,50 ℳ erhalten hatte, gab für Kleider 28,60 ℳ, für Schuhe 14,75 ℳ und für sonstige Bedürfnisse 12,80 ℳ aus; das übrige Geld schickte es seinen Eltern. Wieviel erhielten diese?

11) Im Jahre 1902 betrugen die Einlagen in eine städtische Schulsparkasse 7839,80 ℳ, die Rückzahlungen nur 148,90 ℳ. Um wieviel überstiegen die Einlagen die Rückzahlungen?

12) Die jährlichen Einnahmen betrugen 960 ℳ 40 ₰ + 76,80 ℳ + 325 ℳ 72 ₰ + 148,75 ℳ + 260,06 ℳ + 740 ℳ 8 ₰; die Ausgaben: 236,85 ℳ + 360 ℳ 94 ₰ + 238 ℳ 6 ₰ + 65 ℳ 52 ₰ + 437 ℳ 27 ₰ + 568,76 ℳ. Wieviel Geld befand sich am Ende des Jahres in der Kasse?

13) Ein Arbeiter erhält am Ende der Woche 19 ℳ 50 ₰; wieviel bleibt ihm übrig, wenn er für Lebensmittel dem Metzger 3 ℳ 48 ₰, dem Bäcker 4 ℳ 39 ₰ und dem Krämer 1,85 ℳ zu bezahlen hat?

14) Berechne den Kassenbestand aus folgenden Einnahmen und Ausgaben im April 1904:

Einnahme. ℳ				Ausgabe. ℳ
12,40	Am 1. April Kassenbestand			
13,20	7. April Wochenlohn für 2./4.—7./4.			
	8.	„	der Wäscherin bezahlt	1,28
	10.	„	dem Schuhmacher bezahlt . . .	6,54
13,20	14.	„	Wochenlohn für 9./4.—14./4.	
	16.	„	für einen Hut bezahlt	2,40
13,20	21.	„	Wochenlohn für 16./4.—21./4.	
	25.	„	ein Messer gekauft	1,60
13,20	28.	„	Wochenlohn für 23./4.—28./4.	
	30.	„	für Wohnung und Kost	35,00
	30.	„	sonstige Ausgaben	2,25

Die Einnahme beträgt . . . . ℳ
Die Ausgabe beträgt . . . . „
Kassenbestand am 1. Mai . . ℳ

15) Ein Kaufmann nimmt auf die Reise 1365 ℳ 50 ₰ mit; nach seiner Rückkehr besitzt er noch 268,75 ℳ. Wieviel hat er ausgegeben?

16) Zähle zusammen 18 ℳ 6 ₰ + 59 ₰ + 43 ℳ 64 ₰ + 15 ℳ 7 ₰ + 25 ₰ + 56 ℳ 32 ₰!

17) Ziehe von der in Nr. 16 berechneten Summe ab 21 ℳ 8 ₰ + 0,74 ℳ + 13 ℳ 12 ₰ + 34 ℳ 93 ₰ + 4 ₰ + 87 ₰!

5. Vervielfachen oder Multiplizieren.

Wiederholung: Die Zahl, die man vervielfacht, heißt **Vervielfachungszahl** oder **Multiplikand**; die Zahl, mit der vervielfacht wird, heißt **Vielfacher** oder **Multiplikator**. Die zu vervielfachenden Zahlen nennt man auch **Faktoren**. Die Zahl, die man beim Vervielfachen erhält, wird **Vielfaches** oder **Produkt** genannt.

Mündlich.

1) Löse mit Vorteil: 7·29, 8·97, 20·48, 19·35, 30·49!

2) Wieviel ℳ und ₰ sind: a) 9·30 ₰, 8·90 ₰, 6·70 ₰, 4·29 ₰, 8·54 ₰; b) 12·40 ₰, 15·70 ₰, 24·60 ₰, 20·34 ₰?

3) Rechne aus: 4 ₰·18, 7 ₰·35, 9 ₰·46, 48 ₰·10, 24 ₰·100, 6 ₰·1000, 8 ₰·200, 4 ₰·3000!

4) Ein Ei kostet 7 ₰; wieviel kosten 24 Eier? 32 Eier?

5) 2 Eier kosten 9 ₰; wieviel kosten 18 Eier? 46 Eier?

6) Wieviel ist das Sechsfache von 32 ₰? Von 98 ₰?

7) Wieviel ℳ und ₰ sind 3·6 ℳ 60 ₰? 9·5 ℳ 18 ₰? 4·12 ℳ 30 ₰? 5·18 ℳ 70 ₰? 8·2 ℳ 84 ₰?

8) Vervielfache 7 ℳ 15 ₰ mit 2, 9, 20!

Wieviel ist das Zehnfache von 4 ₰ oder 0,04 ℳ? Das Hundertfache? Um wieviel Stellen rückt man das Komma nach rechts, wenn man mit 10 vervielfacht? Um wieviel bei dem Vervielfachen mit 100? Vergleiche die Anzahl der gerückten Stellen mit der Anzahl der Nullen im Vielfacher!

Eine Dezimalzahl wird mit 10 vervielfacht, indem man das Komma um eine Stelle, mit 100, indem man es um zwei Stellen nach rechts rückt.

9) Wieviel ist das Zehnfache von 8 ₰? 36 ₰? Von 2,45 ℳ? 3,05 ℳ? 14,75 ℳ? Wieviel ist das Hundertfache?

10) Jemand besitzt ein Fünfmarkst., 2 Einmarkst. und 54 ₰, ein anderer hat das Fünffache; wieviel hat dieser?

11) Ein Kind hat in seiner Sparkasse 8 ℳ 70 ₰, ein anderes 15mal soviel; wieviel hat dieses?

12) Metzger W. kauft zu gleichen Preisen 4 Schweine, das Stück zu 85 ℳ 70 ₰; wieviel hat er zu bezahlen?

13) Ein Arbeiter verdient wöchentlich 18,40 ℳ; wieviel verdient er in 4 Wochen? In 10 Wochen?

14) Die monatliche Einnahme beträgt 140 ℳ 50 ₰; wieviel beträgt die Einnahme in 3 Monaten? In 8 Monaten?

15) Wieviel beträgt das 20fache von 3 ℳ 40 ₰? Das 50fache von 4 ℳ 60 ₰? Das 60fache von 6 ℳ 90 ₰?

16) Wieviel beträgt das Kostgeld für a) 24, b) 32 Tage, wenn täglich 1 ℳ 60 ₰ zu bezahlen sind?

Schriftlich.

Schreibe 8 ℳ 36 ₰ als ₰ an! Nun als ℳ! Welche Einheiten werden hier durch ein Komma getrennt? Gib das Verfahren an, wie man die ganze Zahl 836 ₰ mit 9 vervielfacht! Wie verwandelt man im Produkte die Pfennig in Mark? Vervielfache nun 8,36 ℳ mit 9! Gib das Verfahren dazu an! Multipliziere 836 ₰ mit 24! Ebenso 8,36 ℳ mit 24! Wieviel Dezimalstellen enthält jetzt wieder der Multiplikand? Wieviel auch das Produkt? Wie lautet demnach die Regel über das Vervielfachen von Dezimalzahlen mit ganzen Zahlen?

Dezimalzahlen werden wie ganze Zahlen vervielfacht, im Produkte schneidet man so viele Stellen von rechts nach links ab, als die Dezimalzahl Dezimalstellen hat.

1) Vervielfache: a) 367 ℳ 98 ₰ mit 2, 3, 4 bis 9; b) 296 ℳ 8 ₰ mit 20, 30 usw. bis 90; c) 5 ℳ 76 ₰ mit 200, 300 usw. bis 900; d) 147 ℳ 9 ₰ mit 2000, 3000 usw. bis 9000!

2) Vervielfache 25 ℳ 68 ₰ mit 12, 38, 280, 403, 957!

3) Wieviel ℳ und ₰ sind:
a) 4,36 ℳ · 18; 147,08 ℳ · 46; 238 ℳ 90 ₰ · 59?
b) 457,16 ℳ · 128; 671 ℳ 84 ₰ · 238?
c) 8,45 ℳ · 2006; 9,72 ℳ · 3074; 15,69 ℳ · 4596?

4) Berechne folgende Summen:
a) das 9fache von 47 ℳ 68 ₰ und das 4fache von 56 ℳ 7 ₰;
b) das 24fache von 68,07 ℳ und das 35fache von 93 ℳ 40 ₰;
c) das 230fache von 358,42 ℳ und das 405fache von 937 ℳ 65 ₰!

5) Vervielfache: a) 82,69 ℳ mit 349, 607, 763; b) 35,80 ℳ mit 4069, 6580, 8207; c) 136 ℳ 4 ₰ mit 3785, 2643, 5849!

6) Die monatliche Einnahme beträgt 165 ℳ 74 ₰; wie groß ist die Jahreseinnahme?

7) Der Landwirt P. nimmt jährlich 2700,80 ℳ ein; die monatlichen Ausgaben betragen durchschnittlich 186 ℳ 40 ₰. Wieviel erübrigt er jährlich?

8) Wieviel beträgt die jährliche Hausmiete, wenn die monatliche 35 ℳ 75 ₰ beträgt?

9) Bei einem Wegbau waren 28 Arbeiter 4 Wochen und 6 Fuhrleute 2 Wochen lang beschäftigt. Wieviel kostete die Herstellung des Weges, wenn jeder Arbeiter 2,40 ℳ und jeder Fuhrmann 9,75 ℳ täglich erhielt?

10) Jemand raucht täglich durchschnittlich 4 Zigarren, das Stück zu 6 ₰; wieviel gibt er jährlich für Zigarren aus? Wie groß wäre seine Ersparnis in 25 Jahren, wenn er das Rauchen unterließe?

11) Herr M. gibt auf der Reise am ersten Tage 4 ℳ 96 ₰ aus, am zweiten Tage zweimal soviel, am dritten Tage 1 ℳ 8 ₰ mehr als am ersten Tage. Wie groß ist seine Ausgabe in diesen drei Tagen insgesamt?

12) Multipliziere den Unterschied der Zahlen 2014,06 und 798,39 mit a) 238, b) 796, c) 1569, d) 3796!

6. Messen und Teilen oder Dividieren.

Wiederholung: Die Zahl, die geteilt wird, heißt **Teilungszahl** oder **Dividend**; die Zahl, durch die man teilt, wird **Teiler** oder **Divisor** genannt. Die Zahl, die man beim Teilen erhält, heißt **Teil** oder **Quotient**.

Unter **Maß** versteht man eine bestimmte Größe, mit der man eine andere gleichartige Größe messen kann. Beim **Messen** oder **Enthaltensein** müssen deshalb Teiler und Teilungszahl die gleiche Benennung haben, der Teil ist unbenannt. Beim **Teilen** dagegen sind Teilungszahl und Teil benannt, der Teiler ist unbenannt.

Mündlich.

1) Wie oft sind 8 ₰ in 48 ₰ enthalten? Wie oft in 1,20 ℳ? 1,68 ℳ? 2,40 ℳ? 4 ℳ 48 ₰?
2) Wie oft kann man 15 ₰ ausgeben, wenn man **a)** 75 ₰, **b)** 1 ℳ 50 ₰, **c)** 2,10 ℳ, **d)** 5,25 ℳ besitzt?
3) Wievielmal kann man 20 ₰ von 3,60 ℳ ausgeben? Wievielmal 30 ₰? 40 ₰? 90 ₰? 12 ₰? 36 ₰?
4) In einer Sparkasse befinden sich 12 ℳ 80 ₰; wie oft kann man 80 ₰ herausnehmen?
5) Für 3 ℳ erhält man wieviel Briefmarken zu **a)** 5 ₰; **b)** 10 ₰; **c)** 20 ₰; **d)** 50 ₰; **e)** 3 ₰; **f)** 25 ₰?
6) Eine Wurst kostet 12 ₰; wieviel Würste erhält man für 96 ₰? Für 1,44 ℳ? 2,40 ℳ?
7) Für 9 ₰ erhält man 2 Eier; wieviel Eier erhält man für 72 ₰? Für 1,35 ℳ? 2,07 ℳ? 3 ℳ 60 ₰?
8) Wieviel ist der 8te Teil von 1,60 ℳ? Von 2 ℳ 40 ₰? 4,80 ℳ? 7,20 ℳ? 3 ℳ 68 ₰? 10 ℳ 40 ₰?
9) Gib den 4ten Teil an von: 52 ₰; 1,80 ℳ; 3,84 ℳ; 9 ℳ 20 ₰; 15 ℳ 60 ₰; 21,60 ℳ!

Wieviel ist der 10te Teil von 60 ₰ oder 0,60 ℳ? Der 100ste Teil von 3 ℳ? Vergleiche die Stellung des Kommas bei 0,60 ℳ mit der bei 0,06 ℳ! Ebenso bei 3 ℳ mit 0,03 ℳ! Um wieviel Stellen wird das Komma nach links gerückt, wenn man: **a)** durch 10, **b)** durch 100 teilt? Wie lautet die Regel über die Division einer Dezimalzahl durch 10 oder 100?

Eine Dezimalzahl wird durch 10 oder 100 geteilt, indem man das Komma um eine oder zwei Stellen nach links rückt.

10) Wieviel ist der 10te Teil von: **a)** 3 ℳ, 12 ℳ, 54 ℳ; **b)** 2,40 ℳ, 3,80 ℳ, 6,90 ℳ, 15,70 ℳ?
11) Wieviel ist der 100ste Teil von 8 ℳ? 62 ℳ? 120 ℳ?
12) Wieviel ist der 1000ste Teil von 10 ℳ? 70 ℳ? 720 ℳ?
13) Wieviel kostet 1 Apfel, wenn 100 Äpfel **a)** 1 ℳ, **b)** 2 ℳ, **c)** 3 ℳ kosten?
14) Wieviel ist der 20ste Teil von 2 ℳ 40 ₰? Von 3,60 ℳ? Von 4 ℳ 80 ₰? Wieviel der 30ste Teil? 40ste Teil?
15) Wieviel ist der 2te, 5te, 20ste, 50ste Teil von 3 ℳ?
16) 4 Personen teilen 9 ℳ 60 ₰; wieviel erhält 1 Person?
17) Wieviel erhält 1 Person, wenn 6 Personen **a)** 13 ℳ 80 ₰, **b)** 20,40 ℳ, **c)** 45 ℳ 60 ₰ teilen?
18) 8 Arbeiter erhalten bei gleicher Bezahlung zusammen 115,20 ℳ Wochenlohn; wieviel verdient 1 Arbeiter in einem Tage?

19) Für eine Schule werden 500 Bleistifte, das Stück zu 12 ₰, und 500 Federhalter gekauft. Wieviel kostet ein Federhalter, wenn für die ganze Anschaffung 100 ℳ ausgegeben werden?

Übung: Der 5te Teil von 1 ℳ = 1 ℳ : 5 = 1 fünftel ℳ = $\frac{1}{5}$ ℳ,
der 10te Teil von 1 ℳ = 1 ℳ : 10 = 1 zehntel ℳ = $\frac{1}{10}$ ℳ,
der 20ste Teil von 1 ℳ = 1 ℳ : 20 = 1 zwanzigstel ℳ = $\frac{1}{20}$ ℳ.

20) Wieviel ₰ sind $\frac{1}{2}$, $\frac{1}{5}$, $\frac{1}{10}$, $\frac{1}{20}$, $\frac{1}{25}$, $\frac{1}{50}$, $\frac{1}{100}$ ℳ?

Übung: $\frac{1}{5}$ ℳ = 1 mal der 5te Teil von 1 ℳ = 20 ₰,
$\frac{3}{5}$ ℳ = 3 mal der 5te Teil von 1 ℳ = 60 ₰.

21) Wieviel ₰ sind $\frac{2}{5}$, $\frac{7}{10}$, $\frac{9}{20}$, $\frac{13}{50}$, $\frac{17}{100}$ ℳ?

Übung: 3 ℳ + $\frac{1}{2}$ ℳ = $3\frac{1}{2}$ ℳ = 350 ₰; 7 ℳ + $\frac{3}{5}$ ℳ = $7\frac{3}{5}$ ℳ = 760 ₰.

22) Wieviel ₰ sind $2\frac{1}{2}$, $3\frac{2}{5}$, $4\frac{9}{10}$, $5\frac{7}{20}$ ℳ?

23) Wieviel ₰ sind 9 zehntel ℳ? 13 zwanzigstel ℳ? 2 ℳ + 4 fünftel ℳ? 3 ℳ + 17 fünfzigstel ℳ?

24) Wie oft sind 5 ₰ in 10 ₰ enthalten? Wie oft $\frac{1}{20}$ ℳ in $\frac{1}{10}$ ℳ? $\frac{1}{20}$ ℳ in $\frac{3}{10}$ ℳ? $\frac{1}{5}$ ℳ in $\frac{4}{5}$ ℳ? $\frac{1}{10}$ ℳ in $\frac{4}{5}$ ℳ?

25) Wievielmal sind enthalten: $\frac{1}{2}$ ℳ in 5 ℳ? $\frac{2}{5}$ ℳ in 6 ℳ? $\frac{3}{10}$ ℳ in 9 ℳ?

Schriftlich.

1) Wie oft sind 80 ₰ in 480 ₰ oder 4 ℳ 80 ₰ enthalten? Wie oft in 7,20 ℳ? In 17,60 ℳ? 26,40 ℳ?
(Schreibweise: 80 ₰ in 480 ₰ = 6)

2) Wie oft kann man 18 ₰ von 4 ℳ 50 ₰ wegnehmen? Von 23 ℳ 40 ₰? Von 38,70 ℳ?

3) 337,50 ℳ wurden unter eine Anzahl Personen so verteilt, daß jede Person 13,50 ℳ erhielt; wieviel Personen waren es?
(1350 ₰ in 33750 ₰)

4) F. hat monatlich 15,60 ℳ übrig; in welcher Zeit werden 187,20 ℳ erspart?

5) Ein Geselle verdient wöchentlich 28,80 ℳ; in welcher Zeit nimmt er 460,80 ℳ ein?

Gib an, wie man eine ganze Zahl, z. B. 3654 durch 7 teilt! Wieviel beträgt hier der Quotient? Welche Einheiten werden in diesem Falle zuerst durch 7 dividiert? Welche, wenn man 3654 ₰ setzt und die Einmarkst. oder Einer von den Zehn₰st. oder zehntelℳ durch ein Komma trennt? Wieviel Dezimalstellen bekommt dadurch die Teilungszahl oder der Dividend? Wieviel auch der Teil oder Quotient? Nach welchen Einheiten hat man immer das Komma zu setzen? Wie wird eine Dezimalzahl durch eine ganze Zahl geteilt?

Eine Dezimalzahl wird durch eine ganze Zahl geteilt, indem man teilt wie bei ganzen Zahlen und im Quotienten nach den Einern ein Komma setzt.

(Später wird bei der Ausrechnung, sobald die Division auf 2 Dezimalstellen nicht aufgeht, der Quotient in der Weise gekürzt, daß man die Ziffer der 2ten Dezimalstelle um 1 erhöht, wenn sich auf der dritten Stelle 5, 6, 7, 8 oder 9 ergibt.)

6) Löse: **a)** 340,57 ℳ : 2, 3, 4, 5, 6, 7, 8, 9!
(Schreibweise: $\frac{340{,}57 \text{ ℳ} : 2}{\text{Rest } 0{,}01 \text{ ℳ}}$ = 170,28 ℳ.)

b) 5284,90 ℳ : 10, 20, 30, 40, 50, 60, 70, 80, 90!

c) 23847,46 ℳ : 100, 200, 300, 400, 500, 600, 700, 800, 900!

(Die kurze Schreibweise wird nun immer angewendet, wenn der Divisor aus Einern, aus reinen Zehnern, Hundertern oder Tausendern besteht.)

7) 5 Geschwister erhalten von den Großeltern zusammen 13,50 ℳ in die Sparkasse. Wieviel Sparmarken zu 10 ₰ kann jedes Kind kaufen?
8) Bei einer Christbescherung für arme Kinder war für jedes Kind ein Geschenk im Durchschnittswerte von 85 ₰ vorgesehen. Wieviel Kinder waren es, wenn im ganzen 40,80 ℳ ausgegeben wurden?
9) Eine Gesellschaft von 8 Personen bezahlt bei einem Ausflug für die Fahrkarten 7,60 ℳ, für das Mittagessen 14,40 ℳ, für Getränke 6,80 ℳ, für andere Ausgaben 3,84 ℳ. Wie hoch stellte sich die Auslage für eine Person?
10) Teile: **a)** 3587,26 ℳ durch 18, 24, 56; **b)** 2385,46 ℳ durch 136, 384, 796; **c)** 14598,53 ℳ durch 1876, 2549, 3758!
11) An 15 Arme sollen 576,75 ℳ in gleichen Teilen verteilt werden; wieviel erhält jeder?
12) Eine Erbschaft von 38945,16 ℳ ist in 12 gleiche Teile zu teilen; wie groß wird ein Teil?
13) Frau M. erhält jeden Samstag zur Bestreitung der wöchentlichen Ausgaben 26,25 ℳ; wieviel darf sie durchschnittlich in einem Tage ausgeben?
14) Aufseher M. hat einen jährlichen Gehalt von 696 ℳ, wovon monatlich für Benutzung einer Dienstwohnung 3,40 ℳ abgezogen werden; wieviel zahlt man ihm monatlich aus?
15) Eine Frau bezahlt für 8 Pfund Kaffee und 24 Pfund Zucker 16,96 ℳ. Ein Pfund Zucker kostet 24 ₰; wieviel kostet 1 Pfund Kaffee?

II. Längenmaße.

1. Einführung.

Die Einheit für das Längenmaß bildet das (oder der) **Meter (m)**, (der 40millionste Teil des Erdumfangs). Der 10te Teil eines m wird ein Dezimeter (dm), der 100ste Teil ein **Zentimeter (cm)**, der 1000ste Teil ein **Millimeter (mm)** genannt. 10 m bilden einen Dekameter (dkm), 10 Dekameter einen Hektometer (hm), 10 Hektometer einen **Kilometer (km)**. Im praktischen Leben werden Längen nur in **km, m, cm** und **mm** ausgedrückt. (Eine deutsche Meile = 7500 m.)

Merke: **1 km = 1000 m; 1 m = 100 cm = 1000 mm; 1 cm = 10 mm.** Deka bedeutet 10, Hekto 100, Kilo 1000, Dezi den 10ten Teil, Zenti den 100sten Teil, Milli den 1000sten Teil.

Zeige an dem Meterstab 1, 2, 4, 7, 10 dm! 1, 3, 25, 90 cm! 10, 20, 35, 100, 300, 800, 1000 mm!

Miß die Länge und Breite des Tisches! Des Schulzimmers! Bestimme im Schulhof die Länge eines dkm! Auf der Straße die Länge eines hm!

(Auch die nicht gesetzlichen Längenmaße dm, dkm, hm finden in Verwandlungsaufgaben und beim Anschreiben in Dezimalzahlen in diesem Buche Anwendung, um den Wert der Dezimalstellen und die Erweiterung des dekadischen Zahlensystems leichter erkennen zu lassen.)

2. Verwandlungen.

Mündlich.

1) Wieviel dm sind: a) 5, 27, 35 m; b) 3 m 4 dm, 13 m 7 dm?
2) Wieviel cm sind: a) 2, 15, 48 m; b) 3 m 8 cm, 15 m 24 cm?
3) Wieviel mm sind: a) 5, 14, 37 m; b) 3, 25, 72 cm?
4) Wieviel mm sind 8 m 3 mm? 12 m 48 mm? 24 m 260 mm? 9 m 8 dm 2 cm 3 mm? 4 m 6 dm 9 cm 5 mm?
5) Verwandle 8 m in cm! 9 m 4 cm in mm!
6) Verwandle in mm: 13 m 25 cm, 28 m 80 cm!
7) Wieviel m sind: a) 80, 340 dm; b) 300, 1200 cm; c) 8000, 12000 mm?
8) Wieviel m und dm sind: 34, 96, 125 dm?
9) Wieviel m und cm sind: 136, 257, 3645 cm?
10) Wieviel m und mm sind: 2004, 4126, 7965 mm?
11) Wieviel m und cm sind: 3060, 12070 mm?
12) Wieviel m sind: a) 3, 26 km; b) 4, 19 hm; c) 9, 24 dkm; d) 8 km 7 m, 12 km 36 m, 45 km 250 m; e) 4 km 3 hm 8 m, 15 km 7 dkm 8 m?
13) Wieviel km sind: a) 3000, 17000 m; b) 200, 1500 dkm; c) 90, 480 hm?
14) Wieviel km und m sind: 2004, 12840, 25932 m?
15) Verwandle in km: 30 hm, 700 dkm, 18000 m!

3. Anschreiben in Dezimalzahlen.

1) Der wievielte Teil eines Meters ist 1 dm? 1 cm? 1 mm?
2) Wieviel zehntel m sind: 1, 2, 4, 8 dm?
3) Wieviel hundertstel m sind: 1, 4, 13, 92 cm?
4) Wieviel tausendstel m sind: 1, 3, 49, 370 mm?
5) Wieviel zehntel und hundertstel m sind: 36, 78, 95 cm?
6) Wieviel zehntel, hundertstel und tausendstel m sind: 245, 597, 864 mm?
7) Wie schreibt man als m in einer Dezimalzahl: a) 3 dm, 9 dm; b) 1, 12, 70, 85 cm; c) 1, 8, 30, 45, 700, 203 mm?
8) Wie schreibt man als m: 8 m 4 dm, 9 m 5 cm, 15 m 40 cm, 36 m 92 cm, 4 m 7 mm, 13 m 72 mm, 16 m 230 mm, 5 m 7 cm 9 mm, 18 m 4 dm 3 cm 5 mm?
9) Schreibe 348 mm als m an!

Aus wieviel dm oder 10tel m, cm oder 100stel m, mm oder 1000stel m kann man sich 348 mm zusammengesetzt denken? Auf welcher Stelle rechts vom Komma stehen die 10tel m oder dm? Auf welcher die 100stel m oder cm? Die 1000stel m oder mm? Auf welcher Seite vom Komma aus stehen die Einer?

Schreibe 6 m 597 mm als m an und bezeichne die Einheiten in doppelter Weise!

10) Wie liest man folgende Dezimalzahlen: 0,9; 8,60; 7,04; 18,23; 0,05; 0,90; 7,006; 8,042; 0,004; 0,037; 0,743; 26,845?
(9,425 = 9 Ganze und 425 Tausendstel.)

11) Der wievielte Teil eines km ist 1 hm? 1 dkm? 1 m?

12) Wieviel a) 10tel km sind: 3, 8, 9 hm; b) 100stel km: 4, 19, 36 dkm; c) 1000stel km: 9, 15, 136, 360 m?

13) Wieviel 10tel, 100stel und 1000stel km sind 246 m? 974 m?

14) Wie schreibt man als km in einer Dezimalzahl: a) 1, 9 hm; b) 1, 12, 96 dkm; c) 1, 60, 124 m; d) 16 km 5 m, 6 km 30 m, 7 km 94 m, 36 km 250 m, 52 km 374 m?

15) Wieviel m sind 0,237 km? 6,750 km?

16) Der wievielte Teil eines km ist 1 dm? 1 cm? 1 mm?

17) Wieviel zehntausendstel km sind: 3, 7, 9 dm?

18) Wieviel hunderttausendstel km sind: 2, 5, 30 cm?

19) Wieviel millionstel km sind: 3, 85, 237 mm?

20) Wie schreibt man als km: 9 dm, 4 cm, 35 cm, 8 mm, 36 mm, 280 mm, 3 dm 4 cm 9 mm?

21) Wie schreibt man 4369 m 587 mm als m an?
Auf welcher Seite vom Komma aus stehen die Einer oder m? Die Zehner oder dkm? Die Hunderter oder hm? Die Tausender oder km? Gib zusammenfassend die Stellung aller Einheiten an!
Schreibe 5706 m 380 mm als m und bezeichne die Einheiten in doppelter Weise!

22) Schreibe 9876 m 543 mm als km!
Welche Längeneinheiten werden hier als Einer bezeichnet? Welche als 10tel km? Als 100stel km? 1000stel km? 10000stel km? 100000stel km? 1000000stel km? Auf welcher Stelle rechts vom Komma stehen die 1000stel km oder m? Die 100000stel km oder cm? Die 1000000stel km oder mm?

23) Schreibe 4507 m 356 mm als km und benenne die Einheiten auf 2 Arten! Ebenso als m!

24) Lies folgende Dezimalzahlen: 4,1; 8,16; 0,19; 2,45; 0,368; 27,00; 36,2584; 0,0004; 0,0026; 0,0743; 0,00045; 0,00738; 0,04265; 0,23456; 0,000007; 0,000063; 0,000432; 0,120638; 2,340009; 12,85432! (3,006305 = 3 Ganze und 6305 Millionstel.)

4. Zu- und Abzählen.

Mündlich.

1) Zähle zusammen: a) 18 m + 37 m + 39 m; 45 m + 99 m + 48 m!
b) 36 cm + 15 cm + 48 cm + 69 cm!
c) 3 m 18 cm + 27 cm + 4 m 30 cm + 5 m 29 cm + 8 m!
d) 230 mm + 80 mm + 8 m 50 mm + 9 m 360 mm!
e) 2 km 8 m + 3 km 4 m + 7 m + 8 km 5 m!
f) 4 km 50 m + 360 m + 3 km 240 m + 7 km 800 m!

2) Die Länge eines viereckigen Tisches beträgt 1 m 36 cm, die Breite 1 m 8 cm. Wieviel beträgt der Umfang des Tisches?

3) Von einem Stück Tuch werden am ersten Markttage 8 m 70 cm verkauft, am zweiten 12 m 50 cm, am dritten so viel als am ersten und zweiten zusammen. Wieviel m werden im ganzen verkauft?

4) Wieviel cm sind 86 cm — 34 cm? 92 cm — 47 cm? 1 m — 38 cm?

5) Wieviel m und cm sind 4 m — 39 cm? 12 m — 75 cm? 15 m — 3 m 40 cm? 18 m — 5 m 70 cm? 8 m 20 cm — 3 m? 19 m 60 cm — 8 m 20 cm? 25 m 30 cm — 9 m 70 cm?

6) Wieviel mm sind 780 mm — 320 mm? 1 m — 40 mm? 1 m — 28 mm? 1 m — 260 mm? 1 m — 483 mm?

7) Wieviel m und mm sind 3 m — 85 mm? 6 m — 370 mm? 9 m 40 mm — 3 m 20 mm? 8 m 370 mm — 2 m 150 mm?

8) Löse: 1 km — 48 m; 1 km — 260 m; 3 km — 780 m; 9 km 80 m — 4 km 25 m; 12 km 600 m — 7 km 350 m!

9) Ein Baumstamm ist 18 m 36 cm lang; davon wird ein Stück von 6 m 50 cm abgesägt. Wie lang ist das übrige Stück?

10) Die Länge eines Hauses beträgt 27 m 60 cm, die Breite 12 m 40 cm. Um wieviel m ist das Haus länger als breit? Wieviel m betragen **a)** die beiden Längsseiten zusammen, **b)** der Umfang des Hauses?

Schriftlich.

1) Schreibe folgende Maße als m und zähle sie zusammen: **a)** 3 m 25 cm + 9 cm + 36 cm + 5 m 96 cm + 12 m 8 cm + 15 m 24 cm + 85 cm; **b)** 4 m 48 mm + 375 mm + 9 m 6 mm + 12 m 40 mm + 834 mm + 5 m 72 mm!

2) Schreibe als km und zähle zusammen 5 km 370 m + 28 m + 19 km 895 m + 7 km 6 m + 8 km 92 m + 15 km 380 m + 498 m!

3) Zähle zusammen: **a)** als m: 8,24 m + 36 cm + 5 m 7 cm + 24,96 m + 32 m 80 cm + 43,87 m + 94 cm; 4 m 25 mm + 36 mm + 459 mm + 8,70 m + 9,36 m + 9,286 m + 15 m 720 mm + 983 mm!
b) als km: 3,406 km + 9 km 36 m + 280 m + 7 km 65 m + 9,190 km + 13,254 km + 25,376 km; 7,654 km + 9 km 850 m + 8 km 6 m + 12 km 24 m + 158 km 32 m + 2 km 349 m!

4) Addiere:

a)	**b)**	**c)**	**d)**
2,895 m	36,845 m	0,854 km	3,654328 km
0,26 „	29,76 „	3,92 „	19,25863 „
3,750 „	354,985 „	8,75 „	8,479695 „
12,94 „	76,496 „	0,963 „	24,817 „
+ 36,089 „	+ 357,892 „	+ 12,754 „	+ 39,564321 „

5) Die Bahnstrecke von dem Orte A nach dem Orte B beträgt 65,8 km, die von B nach C ist um 68,1 km größer. Wie groß ist die Strecke von B nach C? Wieviel km beträgt die Bahnstrecke von A über B nach C?

6) Wieviel m sind a) 12 m 36 cm — 7 m 14 cm; b) 34,59 m — 13,23 m; c) 12,84 m — 9,32 m; d) 6,849 m — 3,214 m; e) 12,947 m — 3,45 m; f) 24,086 m — 17,073 m?

7) Wieviel km sind 9,479 km — 4,123 km? 12,876 km — 8,354 km? 39 km 638 m — 27,215 km?

8) Löse:

a) 36,80 m — 17,25 m!	b) 14,380 km — 9,876 km!
9,23 m — 4,695 m!	8,490 km — 3,754 km!
12,47 m — 7,864 m!	24,6 km — 15,928 km!

9) Die Länge eines Bauplatzes beträgt 24,80 m, die Breite ist um 7 m 95 cm kleiner; wieviel beträgt diese?

10) Ein Stück Tuch mißt 60 m. Davon werden 4,80 m + 6,75 m + 8,45 m + 7,30 m + 9,94 m verkauft; wieviel m sind noch übrig?

11) Ein Personenzug legt in 1 Minute durchschnittlich 583,20 m zurück, ein Schnellzug dagegen 914,40 m. Um wieviel m eilt der Schnellzug in einer Minute voraus?

12) Ein Bote geht von dem Orte A nach dem Orte B, welcher 16,850 km von A entfernt liegt. Wieviel km hat er noch zu gehen, wenn 9,60 km zurückgelegt sind?

13) Ein Haus besteht aus dem Sockel, drei Stockwerken und dem Dachstuhl? Welche Höhe hat das Haus, wenn der Sockel 1,25 m, jedes Stockwerk 4,20 m und der Dachstuhl 2,50 m hoch sind?

14) Die 4 Seiten eines Gartens messen 68,24 m, 85,30 m, 72,40 m und 85,82 m. Wie groß ist der Umfang des Gartens?

5. Vervielfachen.

Mündlich.

1) Wieviel m sind: 8 · 50 cm; 15 · 20 cm; 4 · 250 mm; 20 · 150 mm?

2) Wieviel m und cm sind: 3 · 54 cm; 10 · 69 cm; 50 · 28 cm?

3) Wieviel m und mm sind: 40 · 68 mm; 4 · 960 mm; 8 · 325 mm?

4) Berechne: 16 m · 9; 24 m · 8; 125 m · 6; 3 m 50 cm · 7; 12 m 40 cm · 9; 24 m · 40; 64 m · 90!

5) Berechne mit Vorteil: 23 km · 9; 39 km · 8; 9 km · 20; 27 km · 50, 8 km · 15; 20 km · 24; 50 km · 45!

6) Die Höhe eines Zimmers beträgt 3 m 40 cm, die Höhe des Hauses 4mal so viel. Wie hoch ist das Haus?

7) Zu einem Anzuge braucht man 3 m 15 cm Tuch; wieviel m Tuch sind zu 9 gleich großen Anzügen nötig?

8) Ein Fußgänger legt durchschnittlich in 1 Stunde 5 km 400 m zurück; wieviel km legt er in a) 5, b) 8 Stunden zurück?

9) Der Umfang eines Wagenrades mißt 3 m 25 cm; welche Strecke hat es nach a) 6, b) 10, c) 20 Umdrehungen durchlaufen?

10) Ein m Tuch kostet 8,40 ℳ; wieviel kosten: 3, 10, 15 m?

11) Für 8 ₰ erhält man 1 m 25 cm Band, wieviel für 48 ₰? Für 72 ₰? 1,60 ℳ?
12) Vervielfache 0,25 m mit 10! 0,36 m mit 100! 0,004 m mit 1000! 1,85 m mit 1000!
13) Ein Schulzimmer ist 8,55 m lang und 6,35 m breit; wie groß ist der Umfang des Schulzimmers?
14) 1 m Tuch kostet 9 ℳ; wieviel kosten 2 m 50 cm? 8 m 50 cm?
15) Ein Weber webt täglich durchschnittlich 9,50 m Tuch; wieviel webt er in **a)** 6 Tagen, **b)** 2 Wochen?
16) Wie teuer ist 1 m, wenn 1 cm **a)** 9 ₰, **b)** 11 ₰, **c)** 15 ₰ kostet? Wievielmal soviel wie 1 cm kostet 1 m? Wievielmal soviel kosten 3 m?

Merke: **Soviel ₰ der cm kostet, soviel ℳ kostet der m.**
Bilde selbst Aufgaben!

Schriftlich.

1) Wieviel m sind: **a)** 16,54 m · 20; **b)** 0,345 m · 400; **c)** 2,9 m · 3000; **d)** 0,368 m · 980; **e)** 0,745 m · 305; **f)** 18,62 m · 3040?
2) Vervielfache **a)** 18,36 m mit 90, 27, 135; **b)** 9,450 m mit 80, 24, 129; **c)** 7,985 km mit 60, 75, 360!
3) Wieviel km sind: **a)** 2,745 km · 2000; **b)** 8,906 km · 5006; **c)** 3,628 km · 3080; **d)** 14,952 km · 7092; **e)** 6,986 km · 9876?
4) Multipliziere **a)** 38 m 74 cm mit 83, 127, 458, 507, 693! **b)** 12 km 358 m 75 cm mit 30, 85, 279, 349, 598!
5) Wieviel km sind 3 km 796 m · 18? 24 km 65 m · 46?
6) Ein Fußgänger legt in 1 Tag durchschnittlich 26 km 450 m zurück; welche Strecke legt er in **a)** 5 Tagen, **b)** 4 Wochen zurück?
7) Der Durchmesser der Erde beträgt 12712 km, der Durchmesser der Sonne ist 112 mal so groß; wie groß ist der Sonnendurchmesser?
8) Das Vorderrad eines Wagens hat einen Umfang von 2,75 m, das Hinterrad einen von 3,65 m; um wieviel m ist der Umfang des Hinterrades größer als der des Vorderrades? Welche Strecke legt jedes Rad nach 148 Umdrehungen zurück?
9) In der Luft pflanzt sich der Schall in einer Sekunde 0,333 km fort. Welchen Weg legt er in 24 Sekunden zurück? Wie weit ist ein Gewitter noch entfernt, wenn zwischen Blitz und Donner 8 Sekunden vergehen?

6. Messen und Teilen.

Mündlich.

1) Wie oft sind 3 m in 90 m enthalten? 4 m in 160 m? 8 cm in 72 cm? 3 m 20 cm in 6,40 m?
2) Wievielmal kann man 15 cm von 1,80 m wegnehmen?
3) Wievielmal können 25 cm Band von **a)** 3 m, **b)** 4 m 50 cm abgeschnitten werden?
4) Ein Wagenrad hat einen Umfang von 3,25 m; wieviel Umdrehungen macht es auf einer Strecke von 32 m 50 cm? (325 cm in 3250 cm).

5) Für 3,75 m Band bezahlt man 1 ℳ; wieviel bezahlt man für 37,50 m?
6) Wieviel ist die Hälfte von: **a)** 1 m, 9 m; **b)** 1 m 20 cm; 3,40 m; 5 m 24 cm?
7) Wieviel ist der dritte Teil von: 1 m 50 cm, 3 m 60 cm, 8 m 40 cm, 12 m 90 cm?
8) Wieviel ist $\frac{1}{8}$ von 1,60 m? Von 5 m 68 cm? 7,60 m?
9) Wieviel ist $\frac{1}{6}$ von 35 m 40 cm? Von 33,60 m?
10) Wieviel cm sind: **a)** $\frac{1}{2}$, $\frac{1}{4}$, $\frac{1}{5}$, $\frac{1}{10}$, $\frac{1}{20}$, $\frac{1}{25}$, $\frac{1}{50}$ m; **b)** $\frac{3}{4}$, $\frac{4}{5}$, $\frac{7}{10}$, $\frac{9}{20}$ m; **c)** $\frac{1}{4}$ m + $\frac{1}{5}$ m, $\frac{1}{10}$ m + $\frac{1}{20}$ m, $\frac{4}{5}$ m + $\frac{3}{10}$ m?
11) Wieviel m sind: $\frac{2}{5}$, $\frac{7}{10}$, $\frac{13}{20}$, $\frac{19}{100}$ km?
12) 1 m Tuch kostet 8 ℳ; wieviel kosten $\frac{1}{10}$, $\frac{4}{10}$, $\frac{1}{100}$, $\frac{48}{100}$ m?
13) Wieviel ₰ gibt man für 1 cm aus, wenn 1 m **a)** 6 ℳ, **b)** 8 ℳ, **c)** 12 ℳ kostet?

Den wievielten Teil des Preises eines Meters kostet 1 cm? 1 dm? 1 mm?

14) Wieviel kosten **a)** 20 cm, **b)** 30 cm Band, wenn 1 m 2 ℳ kostet?
15) 3 m Stoff kosten 30 ℳ; wie hoch kommen 10 cm? Wieviel kosten $2\frac{1}{2}$ m? $5\frac{3}{10}$ m?

Schriftlich.

1) Wie oft sind 36 cm in 720 cm oder 7,20 m enthalten? 65 cm in 5,20 m? 475 mm in 11,4 m? 36 m in 7,2 km?
2) Ein Baumstamm ist 22,50 m lang; wieviel Stücke von 75 cm Länge kann man davon abschneiden?
3) Mit je 33 m Tiefe steigt die Erdwärme um etwa 1 Grad; wieviel beträgt die Wärmezunahme bei 693 m Tiefe?
4) Teile: **a)** 6,985 m durch 2, 3 usw. bis 9;
b) 398,421 km durch 20, 30 usw. bis 90;
c) 1579,317 km durch 200, 300 usw. bis 900!
5) Dividiere: **a)** 316,854 m durch 18, 39, 92, 304, 706, 908;
b) 5269,204 m durch 160, 230, 356, 482, 894!
6) Auf beiden Seiten einer Straße von 3900 m Länge sollen in gleichen Abständen 650 Bäume gepflanzt werden; wie weit kommen diese von einander zu stehen?
7) 15 m Tuch kosten 127,50 ℳ; wieviel kostet 1 m? Wieviel kosten 6 m? 24 m?
8) Ein Reiter legt in einer gewissen Zeit einen Weg von 236,460 km zurück, ein Fußgänger in derselben Zeit nur den 6ten Teil dieser Strecke. Wieviel km legt der Fußgänger zurück? Um wieviel km eilt der Reiter in der angenommenen Zeit voraus?
9) Ein Schneider braucht zu einem Anzug 3 m 30 cm, zu einem Überrock 3 m 25 cm Tuch. Wieviel m Stoff sind zu **a)** 12 Anzügen, **b)** 15 Überröcken nötig?
10) Ein Stück Leinwand mißt 61,20 m; wieviel Hemden können daraus verfertigt werden, wenn man zu einem Hemd 3,40 m braucht?
11) Frau L. kauft 12 m Tuch, den m zu 7,60 ℳ, 36 m Band, den m zu 1,25 ℳ, 45 m Leinwand, den m zu 1,25 ℳ; wieviel ist zu bezahlen?

12) Ein Garten von 24,80 m Länge und 18,20 m Breite soll mit einem Zaune umgeben werden. Wie teuer kommt der Zaun, wenn für den laufenden m 2,50 ℳ bezahlt werden? Wieviel Pfosten sind erforderlich, wenn dieselben 4,30 m entfernt von einander zu stehen kommen? (Verwandle m in cm!)

13) Dividiere das 36fache von 8,64 durch 12 und multipliziere den Quotienten mit 75!

III. Flächenmaße.

Zum Ausmessen von Flächen dienen Vierecke mit gleichgroßen Seiten und rechten Winkeln. Solche Vierecke werden Quadrate genannt. Die Einheit der Flächenmaße bildet der **Quadratmeter (qm)**, d. i. ein Quadrat, dessen Seite 1 m mißt. Die kleineren Quadratmaße heißen: **Quadratdezimeter (qdm), Quadratzentimeter (qcm)** und **Quadratmillimeter (qmm)**. Größere Flächenmaße sind: **Ar (a)** (Quadratdekameter), **Hektar (ha)** (Quadrathektometer) und **Quadratkilometer (qkm)**.

Merke: **1 qm = 100 qdm = 10000 qcm**
1 a = 100 qm; 1 ha = 100 a
1 qkm = 1000000 qm

Mündlich.

Wie nennt man ein Quadrat, dessen Seite 1 m mißt? Wie heißt das Quadrat, wenn die Seite 1 dm lang ist? 1 cm? 1 mm? Wenn die Seite des Quadrats 10 m oder 1 dkm mißt? 100 m oder 1 hm? 1000 m oder 1 km? Was versteht man unter einem Ar? Einem Hektar? Was ist ein qkm? 1 qcm? 1 qdm?

Wieviel Quadratdezimeter kann man sich auf die Grundlinie eines Quadratmeters angelegt denken? Wieviel solcher Reihen enthält 1 qm? Wieviel qdm enthält also 1 qm? Stelle dies durch Zeichnung an der Schultafel dar!

Wieviel qcm liegen an der Grundlinie eines qdm an? Stelle dies durch Zeichnung mit Hilfe des Maßstabs auf der Schiefertafel dar! Wieviel qcm hat der qdm?

Stecke im Schulhof einen Ar ab!

1) Wieviel qcm sind: **a)** 4 qdm, 12 qdm; **b)** 2 qdm 60 qcm; 7 qdm 25 qcm?
2) Wieviel qcm sind: 1 qm, 5 qm, 26 qm, 3 qm 25 qcm?
3) Wieviel qm sind: 1 a, 2 a, 3 a, 7 a, 24 a 90 qm?
4) Wieviel qm sind: 1 ha, 9 ha, 15 ha?
5) Wieviel a sind: 1 ha, 11 ha, 35 ha?
6) Der wievielte Teil eines qm ist 1 qdm? Bezeichne als qm: 7 qdm, 92 qdm!
7) Wie schreibt man als qm: 1 qdm, 20 qdm, 8 qm 9 qdm, 12 qm 40 qdm, 25 qm 75 qdm?
8) Wie schreibt man als qm: 7 qcm, 90 qcm, 148 qcm?
9) Wie schreibt man als a: 2 qm, 30 qm, 82 qm?
10) Wie schreibt man als ha: 30 a, 95 a, 3 ha 4 a, 17 ha 32 a?
11) Gib den 100sten Teil an von: **a)** 1 qm, 8 qm; **b)** 1 a, 4 a; **c)** 1 ha, 9 ha!
12) 1 ha Land kostet 1240 ℳ; wieviel kostet 1 a?

Schriftlich.

1) Wieviel qm sind 8,45 qm + 36 qm 48 qdm + 54,76 qm + 126 qm 27 qdm + 984 qdm + 0,45 qm?
2) Wieviel ha sind: **a)** 39 ha 52 a — 13,84 ha; **b)** 125,70 ha — 96,86 ha?
3) Wieviel a sind: **a)** 73,25 a — 16 a 48 qm; **b)** 65 a 16 qm — 49,95 a?
4) Zu einem Gut gehören 3,54 ha Gartenland, 345,72 ha Ackerland, 89,37 ha Wiesen, 2,75 ha Wald. Wie groß ist das Gut?
5) Europa ist 9730000 qkm, Afrika 29823000 qkm groß. Um wieviel qkm ist Afrika größer als Europa?
6) Von einem Wald von 79 ha 36 a wurden 25,93 ha in Ackerland umgewandelt. Wieviel ha Wald blieben übrig?
7) Löse: **a)** 248,9548 qm • 9; **b)** 36,8374 qkm • 24; **c)** 48,75 ha • 278; **d)** 8,4596 ha • 369!
8) Berechne: **a)** 48,25 qm : 5; **b)** 316,64 ha : 8, **c)** 328,4064 qm : 24; **d)** 9765,4344 qkm : 376; **e)** 2162,40 ha : 1360!
9) Welchen Wert hat ein Garten von 16 a, wenn 1 a zu 124,50 ℳ angeschlagen wird?
10) Wie groß sind zusammen 25 nebeneinander liegende Bauplätze, wovon jeder 7,96 a groß ist?
11) Von einem Acker, der 33,68 a groß ist, wird der 4te Teil für 520,80 ℳ verkauft. Welchen Wert hat der ganze Acker?
12) Ein Grundstück von 38,40 a soll mit Bäumen bepflanzt werden. Wieviel Bäumchen sind erforderlich, wenn für einen Baum 64 qm Flächenraum bestimmt sind?

IV. Körpermaße.

Zum Ausmessen von Räumen und Gegenständen benutzt man Körper, die von sechs gleichgroßen Quadraten begrenzt werden. Ein jeder solcher Körper, Würfel (**Kubus**) genannt, ist seiner Größe nach bekannt; sie bilden zusammen die Körper- oder Kubikmaße. Länge, Breite und Höhe eines Würfels sind einander gleich; mißt dessen Seite oder Kante 1 m, so nennt man ihn einen **Kubikmeter (cbm)**. Ist die Kante des Würfels 1 dm lang, so heißt er **Kubikdezimeter (cdm)**; der Würfel mit 1 cm Kantenlänge heißt **Kubikzentimeter (ccm)**, der mit 1 mm Kantenlänge **Kubikmillimeter (cmm)**.

Bei Holz wird der Kubikmeter in der Regel als Raummeter (rm) (Kurzholz, Klaftern oder Scheitholz) oder als Festmeter (fm) (Bau- oder Langholz) bezeichnet.

Merke:

cbm		cdm		ccm		cmm
1	=	**1000**	=	**1000000**		
		1	=	**1000**	=	**1000000**
				1	=	**1000**

Mündlich.

Wieviel Kubikdezimeter können auf den Boden eines würfelförmigen Kastens, dessen Kante 1 m mißt, aufgestellt werden? Wieviel solcher Schichten sind bis zu einer Höhe von 1 m nötig? Wieviel cdm gehen in den ganzen Kasten? Wieviel cdm enthält somit 1 cbm?

1) Wieviel cdm sind: 2 cbm, 10 cbm, 15 cbm, 3 cbm 24 cdm?
2) Wieviel cbm und cdm sind: 2080 cdm, 3460 cdm, 14295 cdm?
3) Wieviel Würfel von 1 cm Seitenlänge gehen in einen würfelförmigen Blechkasten, dessen Kante 1 dm mißt? Wieviel ccm sind 8 cdm?
4) Wieviel ccm sind: 2 cdm 85 ccm, 7 cdm 230 ccm?
5) Wieviel cdm und ccm sind: 2000 ccm, 2106 ccm, 3080 ccm?
6) Wieviel ccm sind 8 cbm 96 ccm? 12 cbm 248 ccm?
7) Der wievielte Teil eines cbm ist 1 cdm? 1 ccm?
8) Wie schreibt man als cbm: **a)** 1, 9, 70, 240 cdm; **b)** 4 cbm 8 cdm; 15 cbm 90 cdm; 36 cbm 380 cdm?
9) Wie schreibt man als cdm: 1, 16, 147, 890 ccm?
10) Wieviel cdm sind: $\frac{1}{2}$, $\frac{3}{5}$, $\frac{9}{10}$, $\frac{11}{20}$ cbm?

Schriftlich.

1) Zähle zusammen: 3 cbm 48 cdm + 24 cbm 260 cdm + 7,459 cbm + 857 cdm + 15,743 cbm!
2) Wieviel cbm sind: **a)** 234,850 cbm — 126 cbm 367 cdm; **b)** 3,857 cbm · 38; **c)** 14,196 cbm · 276; **d)** 25,862 cbm · 680?
3) Jemand verkauft 13,250 cbm Buchenholz, 18,900 cbm Eichenholz, 24,750 cbm Tannenholz; wieviel cbm Holz verkauft er im ganzen? Wieviel cbm Tannenholz mehr als Eichenholz?
4) 1 cbm Holz kostet 12,80 ℳ; wieviel kosten 12 cbm? 25 cbm?
5) Ein Fuhrmann liefert zum Pflastern einer Straße täglich 6 Wagen Steine, den Wagen durchschnittlich mit 0,950 cbm; wieviel cbm Steine liefert er in einer Woche?
6) Wieviel ist zusammen das 18fache von 9,235 cbm und das 25fache von 12,630 cbm?
7) Dividiere **a)** den Unterschied zwischen 354,006 cbm und 216,358 cbm durch 16, **b)** die Summe aus 184,735 cbm und 738,940 cbm durch 25!
8) Ein Schreiner bezahlt für 24 cbm Eichenholz und 35 cbm Tannenholz 915 ℳ. Wieviel kostet der cbm Eichenholz, wenn für den cbm Tannenholz 9 ℳ berechnet werden?

V. Hohl= oder Flüssigkeitsmaße.

1. Einführung.

Die Einheit der Flüssigkeits= oder Füllmaße bildet das (oder der) **Liter (l)**; 1 l = 1 cdm = $\frac{1}{1000}$ cbm. Größere Hohlmaße sind das **Hektoliter (hl)** und der **Kubikmeter**, kleinere werden in der Regel als zehntel, hundertstel und tausendstel Liter angegeben; 1 tausendstel l = 1 ccm.

Von alten Hohlmaßen finden noch Anwendung: der Schoppen (Sch.) = $\frac{1}{2}$ l, die Ohm = 160 l, das Stück = 1200 l, der Scheffel = $\frac{1}{2}$ hl = 50 l.

Merke: **cbm**	**hl**	**l** (cdm)		
1 =	**10** =	**1000**		1 l = 2 Schoppen
	1 =	**100**	**ccm**	$\frac{1}{2}$ l = 1 „
		1 =	**1000**	$\frac{1}{4}$ l = $\frac{1}{2}$ „

2. Verwandlungen.

Mündlich.

1) Wieviel l sind: 1, 8, 15, 58 hl?
2) Wieviel l sind 4 hl 5 l? 8 hl 14 l? 25 hl 36 l?
3) Wieviel Schoppen sind: 1, 5, 13, 20 l?
4) Wieviel hl und l sind: 200, 306, 824, 1472, 15006 l?
5) Wieviel l sind: 8, 26, 60 Sch.?
6) Ein cdm Wasser faßt soviel wie ein Liter; wieviel l sind: 7, 15, 40, 68, 100 cdm?
7) Wieviel l sind: 1, 9, 23 cbm Wasser?
8) Wieviel hl sind: 12, 38, 50 cbm Wasser?
9) Wieviel ccm Wasser sind: 3, 15, 59 l?
10) Wieviel l sind 3 cbm 25 cdm? 8 cbm 92 cdm?
11) Wieviel cbm und hl sind: 20, 90, 170, 830, 36, 275 hl?
12) Wieviel cbm und l sind: 3000, 15000, 1730, 2946, 12325 l?

3. Anschreiben in Dezimalzahlen, Zu- und Abzählen.

Mündlich.

1) Der wievielte Teil eines hl ist 1 l? Wieviel 100stel hl sind 2, 15, 38 l?
2) Wie schreibt man als hl in einer Dezimalzahl: 1, 8, 50, 92 l?
3) Wie schreibt man als hl: 1 hl 4 l, 7 hl 30 l, 13 hl 45 l, 34 hl 8 l, 125 hl 96 l?
4) Den wievielten Teil eines cbm füllt 1 l? Wieviel 1000stel cbm füllen: 7, 14, 32, 57 l?
5) Wie kann man als cbm schreiben: **a)** 20, 85, 97, 148 l; **b)** 1 cbm 4 l, 3 cbm 57 l, 9 cbm 80 l?
6) Wieviel l sind **a)** 39 l + 66 l, 53 l + 98 l; **b)** 18 l + 27 l + 36 l + 42 l + 57 l?
7) Wieviel hl und l sind 2 hl 20 l + 3 hl 50 l + 7 hl 96 l?
8) Wieviel l sind 20 Sch. + 12 Sch. + 26 Sch. + 60 Sch. + 24 Sch.?
9) Zähle **a)** in hl, **b)** in l ausgedrückt zusammen:
   1 cbm 8 hl + 9 hl + 2 cbm 5 hl + 3 cbm 6 hl!
   2 cbm 300 l + 5 cbm 400 l + 1 cbm 900 l!
10) Rechne: **a)** 68 l — 23 l, 94 l — 57 l; **b)** 1 hl — 40 l, 3 hl — 90 l, 2 hl — 28 l; **c)** 2 hl 50 l — 80 l, 4 hl 3 l — 90 l; **d)** 3 hl 4 l — 28 l, 4 hl 32 l — 56 l, 5 hl 20 l — 2 hl 10 l, 7 hl 84 l — 3 hl 32 l; **e)** 1 cbm — 45 l, 1 cbm — 2 hl 4 l!
11) Ein Kaufmann empfängt 2 Faß Öl, wovon das eine 1 hl 20 l, das andere 1,45 hl enthält; er verkauft in der ersten Woche 75 l, in der zweiten 62 l Öl. Wieviel l verkauft er im ganzen? Wieviel hat er noch übrig?

12) Eine Milchhändlerin bringt 3 Kannen Milch in die Stadt; die erste enthält 14 l, die zweite 16 l, die dritte soviel wie die beiden ersten zusammen; wieviel l sind es im ganzen?

Schriftlich.

1) Wieviel hl sind 94 l + 3,48 hl + 96 l + 5,67 hl + 13 hl 4 l + 5 hl 26 l + 18,76 hl?

2) Addiere:

a)	b)	c)	d)
73,96 hl	27,09 hl	64,57 hl	126,59 hl
0,86 „	0,76 „	37,96 „	28,64 „
12,84 „	2,84 „	8,59 „	257,90 „
25,39 „	52,93 „	76,80 „	368,45 „
+ 37,48 „	+ 0,08 „	+ 47,94 „	+ 729,34 „

3) Ein Wirt erhält: **a)** 3 hl 45 l, **b)** 2,96 hl, **c)** 1 hl 85 l, **d)** 2,78 hl Wein. Wieviel hl sind es im ganzen?

4) Zähle als hl zusammen: **a)** 86 l + 39 l + 1 hl 25 l + 12 hl 3 l + 4 hl 80 l + 5 hl 48 l; **b)** 36 hl 24 l + 286 hl 95 l + 95 hl 72 l + 134 hl 61 l!

5) Rechne:

a)	b)	c)	d)
36,42 hl	124,60 hl	95,410 cbm	130,420 cbm
— 19,57 „	— 76,97 „	— 86,539 „	— 79,983 „

6) Wieviel hl sind: **a)** 19 hl 45 l — 7,98 hl; **b)** 215,08 hl — 137 hl 79 l?

7) Wieviel hl sind 24,96 hl + 87 l + 3 hl 54 l + 79 l + 38,42 hl — 49 hl 29 l?

8) Ein Weinhändler verkaufte an einem Tage 2,46 hl Wein aus dem ersten Faß mit 6 hl 25 l; 3 hl 24 l aus dem zweiten Faß mit 5 hl 60 l; 1,54 hl aus dem dritten Faß mit 5 hl 40 l und 4,75 hl aus dem vierten Faß mit 9,52 hl. Wieviel hl enthielten die 4 Fässer. Wieviel hl wurden verkauft? Wieviel hl hatte der Weinhändler insgesamt noch übrig?

4. Vervielfachen und Teilen.

Mündlich.

1) Wieviel l sind 8·36 l? 9·69 l? 20·15 l? 50·27 l? 16·25 l?

2) Wieviel hl und l sind 4·2 hl 6 l? 6·4 hl 70 l? 8·7 hl 31 l?

3) Ein Faß enthält 64 l, ein zweites 4mal soviel. Wieviel l enthält das zweite Faß? Wieviel l enthalten beide Fässer zusammen?

4) Wieviel ist das 3fache von 4 hl 30 l? Das 6fache von 5 hl 54 l? Das 8fache von 3 hl 72 l? Das 20fache von 84 l?

5) 1 l Wein kostet **a)** 70 ₰, **b)** 75 ₰, **c)** 85 ₰; wieviel kostet 1 hl?
Merke: **Soviel ₰ das Liter, soviel ℳ das hl!**
Beziehe diesen Satz auf das Verhältnis von cm und m! Bilde Aufgaben!

6) 1 hl Wein kostet 92 ℳ; wieviel kosten: **a)** 5, 9, 20 hl? **b)** 1, 8, 15 l? Den wievielten Teil des Preises eines hl kostet 1 l?

7) Was kosten 3 hl, wenn 1 hl 140 ℳ kostet?

8) 1 hl Bier kostet 21,50 ℳ; wieviel kosten: 4, 9, 10 hl?
9) Für 1 ℳ erhält man 4 l, wieviel für: 16, 24, 35 ℳ?
10) Wie oft kann man 3 l von 24 l wegnehmen? 8 l von 160 l? 12 l von 3 hl 60 l? 15 l von 4 hl 50 l?
11) In einem Faß befinden sich 1,25 hl Erdöl. Nach wieviel Tagen wird das Faß leer sein, wenn jeden Tag 25 l herausgenommen werden?
12) Ein Wirt verzapft täglich durchschnittlich 3 hl 50 l Bier; wie lange reichen 7 hl? 42 hl?
13) Ein Faß, welches auf 4 hl 80 l geeicht ist, soll mit Wasser gefüllt werden. Wieviel Eimer zu 12 l braucht man zum Füllen des Fasses?
14) Wieviel ist die Hälfte von: 76 l, 1 hl 24 l, 2 hl 50 l, 12 hl 26 l, 20,08 hl; 31,40 hl?
15) Wieviel ist der dritte Teil von 75 l? Von 1 hl 80 l? 2,40 hl? 5,10 hl? 10,50 hl?
16) Gib den 5ten Teil von 1 hl 40 l, 3 hl 50 l, 15,40 hl, 34,10 hl an!
17) Wieviel ist der 20ste Teil von: 3 hl, 5,40 hl, 8,60 hl?
18) Eine Familie verbraucht in einer Woche 14 l Milch, den l zu 15 ₰ gerechnet; wieviel wird täglich für Milch ausgegeben? Wieviel in 4 Wochen?
19) Wieviel l sind: $\frac{1}{4}$, $\frac{2}{5}$, $\frac{7}{10}$, $\frac{13}{20}$, $\frac{9}{25}$, $\frac{11}{50}$, $\frac{37}{100}$ hl?
20) Wieviel l sind $\frac{2}{5}$ hl + $\frac{3}{10}$ hl? $\frac{7}{20}$ hl + $\frac{21}{50}$ hl?

Schriftlich.

1) Wieviel hl sind: **a)** 1,35 hl · 7; **b)** 3,47 hl · 60; **c)** 6,83 hl · 38; **d)** 9,74 hl · 67; **e)** 86 l · 120; **f)** 1 hl 34 l · 265; **g)** 3,73 hl · 346?
2) Vervielfache: **a)** 1 hl 93 l mit 3060; **b)** 2,48 hl mit 2507; **c)** 7 hl 25 l mit 3698; **d)** 9,73 hl mit 4289!
3) Wieviel hl enthalten 24 Fässer, wovon jedes Faß 3,85 hl faßt?
4) 1 l Wein kostet 1,45 ℳ; wieviel kosten 16, 45, 130 l?
5) Löse: **a)** 3286,35 hl : 2, 3, 4 usw. bis 9; **b)** 5739,46 hl : 20, 30, 40 usw. bis 90; **c)** 8965,43 hl : 200, 300, 400 usw. bis 900!
6) Teile 364,24 hl durch **a)** 16, **b)** 38, **c)** 54, **d)** 69, **e)** 75, **f)** 84!
7) Teile 2586 hl 34 l durch **a)** 124, **b)** 245, **c)** 368, **d)** 489, **e)** 595!
8) Ein Kaufmann verkaufte in 12 Wochen 4,92 hl Erdöl; wieviel l durchschnittlich in 1 Woche?
9) K. erhält ein Faß Wein von 1 hl 25 l; wieviel hat er zu bezahlen, wenn das Liter 85 ₰ kostet?
10) Bei Müller D. werden täglich durchschnittlich 85 hl 50 l Getreide gemahlen, wieviel in **a)** 6 Wochen, **b)** 24 Wochen?
11) Ein Wirt schüttet zu 4 l Wein, das l zu 1,50 ℳ, noch 4 l einer anderen Sorte, das l zu 1,20 ℳ. Wieviel ist 1 l der Mischung wert?
12) Die Weinhandlung „Schmidt u. Söhne" kauft 34,20 hl Wein, das Liter zu 85 ₰. Die Hälfte davon wird zu 252 ℳ, von der anderen Hälfte jedes Liter zu 1,10 ℳ verkauft. Wie groß ist **a)** die Ausgabe, **b)** die Einnahme, **c)** der Gewinn?

5. Vermischte Aufgaben.

1) Wieviel ℳ bleibt von einem Hundertmarkschein übrig, wenn man ausgibt: 7 ℳ 6 ₰ + 13 ℳ 24 ₰ + 85 ₰ + 13 ℳ 90 ₰ + 9 ℳ 7 ₰ + 60 ₰?

2) Ein Milchmann verkauft in einem Tage durchschnittlich 75 l Milch, wieviel hl in **a)** 4 Wochen, **b)** 15 Wochen?

3) Jemand verbrauchte in einem Jahre 3,56 hl Kartoffeln, im folgenden Jahre 4,20 hl; wieviel betrug der Unterschied?

4) Ein Eisenbahnzug legt in 9 Stunden eine Strecke von 421,875 km zurück, wieviel in 1 Stunde?

5) D. gibt in einem Tage 3,85 ℳ aus, wieviel in 12 Wochen? In $\frac{1}{2}$ Jahr?

6) Wie teuer kommt ein cbm Buchenholz, wenn 15 cbm 186 ℳ kosten?

7) Von einem Stück Leinwand von 60 m Länge werden 3,80 m, 6,25 m, 7 m 40 cm, 18 m 50 cm abgeschnitten; wieviel m bleiben übrig?

8) Zur Herstellung einer Decke werden 2,60 m Stoff, der m zu 8 ℳ, und 6,50 m Quasten, der m zu 2 ℳ, verwendet. Wie hoch kommt die Decke?

9) Wie lange reichen 102 ℳ Haushaltungsgeld, wenn täglich durchschnittlich 3,40 ℳ ausgegeben werden? (340 ₰ in 10200 ₰.)

10) Ein Wirt kauft von einem Weinhändler 12,80 hl Weißwein, das Hektoliter zu 55 ℳ, und 4,75 hl Rotwein, das Hektoliter zu 90 ℳ. Wieviel hat er zu bezahlen? Wie groß ist sein Gewinn, wenn er das 1 Weißwein zu 80 ₰ und das 1 Rotwein zu 1,20 ℳ verkauft?

11) Kaufmann M. verkaufte von einem Stück Tuch 3,50 m; 5 m 60 cm; 4,85 m; 7,30 m; 8,90 m, den m zu 8 ℳ. Wieviel m blieben ihm übrig, wenn das ganze Stück eine Länge von 48 m hatte? Wie groß war die Einnahme?

12) Für 1 ℳ bekommt man 3,75 m Band; wieviel m erhält man für 18 ℳ? Für 45 ℳ?

13) 2 Arbeiter haben in einer Woche 9 cbm Scheitholz, den cbm für 1,80 ℳ, und 500 Wellen, das Hundert zu 3,10 ℳ, klein gemacht; wieviel hat ein Arbeiter verdient?

14) Aus 58 hl Äpfeln erhält ein Wirt 16,65 hl Apfelwein; wie hoch steht ihn 1 l, wenn er für 1 hl Äpfel 5,60 ℳ und für sonstige Ausgaben 8 ℳ 20 ₰ bezahlt hat?

15) In einem Haushalt werden täglich 3 l Milch, das l zu 18 ₰ verbraucht. Wieviel wird für Milch in einem Jahre ausgegeben?

16) Dividiere **a)** (bis zu 2 Dezimalst.): 934,65 ℳ : 18; 1345 m : 27; 475,72 ha : 45; 1397,04 hl : 78; **b)** (bis zu 3 Dezimalstellen): 1976,453 m : 182; 527,316 cbm : 326; 23974 km : 657!

17) Welche Strecke durchläuft ein Rad, das einen Umfang von 3 m 125 mm hat, bei **a)** 136, **b)** 280 Umdrehungen?

18) Wie groß ist die jährliche Ersparnis, das Jahr zu 300 Arbeitstagen gerechnet, wenn ein Arbeiter täglich 4 ℳ 25 ₰ verdient und wöchentlich 20 ℳ 30 ₰ ausgibt?

19) Ein Mädchen hat für 3 Pfund Butter 3 ℳ 15 ₰, für 35 Eier 2,10 ℳ, für Gemüse 48 ₰ zu bezahlen. Wieviel bekommt es auf ein Zwanzigmarkstück heraus?

20) Wieviel Handtücher von 1 m 40 cm Länge kann man aus einem Stück Leinwand von 35 m Länge herstellen? (140 cm in 3500 cm.)

21) In einem Waisenhause, in dem 45 Kinder untergebracht waren, wurden in einem Jahre ausgegeben: Für Kost 5487 ℳ 30 ₰, für Kleidung 2943,40 ℳ, für Bücher und andere Sachen 1158,80 ℳ; **a)** wieviel betrugen die Jahresausgaben für ein Kind; **b)** wieviel die Ausgaben in einem Tag?

VI. Gewichtsmaße.

1. Einführung.

Das Gewicht, das ein Liter (cdm) reines Wasser bei + 4° C. hat, heißt ein **Kilogramm (kg)**. Das Kilogramm bildet die Einheit der Gewichtsmaße. 1000 kg nennt man eine **Tonne (t)**, gleich dem Gewichte von 1000 l oder 1 cbm reinen Wassers. 100 kg geben einen Doppelzentner (dz). Der 1000ste Teil eines Kilogramms heißt ein **Gramm (g)** und ist gleich dem Gewichte eines Kubikzentimeters Wasser; der 1000ste Teil eines Gramms wird **Milligramm (mg)**, der 100ste Teil Zentigramm (cg), der 10te Teil Dezigramm (dg) genannt.

Im Geschäftsverkehr kommen noch Zentner und Pfund zur Anwendung. 1 Zentner (z), = 50 kg oder 100 Pfund (Pf.); 1 Pfund = $\frac{1}{2}$ kg oder 500 g. Alle im Handel und Verkehr gebrauchten Maße und Gewichte müssen amtlich geeicht sein.

Merke: **1 t** = 10 dz = **1000 kg** = **1000000 g**
1 kg = **1000 g** = **1000000 mg**
1 g = **1000 mg**
1 dz = **100 kg** = **100000 g**

1 t = 20 z
1 z = 50 kg = 100 Pf.
1 kg = 2 Pf.
$\frac{1}{2}$ kg = 1 Pf. = 500 g

2. Verwandlungen.

Mündlich.

1) Wieviel Pf. sind: 1, 3, 20, 65 kg?
2) Wieviel g sind: **a)** 1, 2, 25 kg; **b)** 1, 3, 20 Pf.?
3) Wieviel dg, cg, mg sind 1 g? 7 g?
4) Wieviel g sind 3 kg 24 g? 8 kg 350 g? 15 kg 790 g?
5) Wieviel mg sind 3 g 25 mg? 12 g 400 mg? 5 kg 126 g?
6) Wieviel dz hat 1 t? Wieviel z? Wieviel kg?
7) Wieviel dz sind: **a)** 8, 30 t; **b)** 3 t 4 dz, 5 t 7 dz, 9 t 8 dz?

8) Verwandle in kg: **a)** 2, 9, 24 t; **b)** 2 t 6 kg, 4 t 180 kg!
9) Wieviel g sind: **a)** 1, 4, 25 t; **b)** 2 t 8 kg, 8 t 360 kg?
10) Verwandle in kg: **a)** 1, 5, 40 dz; **b)** 7, 16, 30 z!
11) Wieviel kg sind 3 dz 8 kg? 7 z 30 kg? 12 z 48 kg?
12) Wieviel Pf. sind 2 dz 7 Pf.? 5 z 40 Pf.? 9 z 82 Pf.?
13) Wieviel t sind: **a)** 40, 100, 260 dz; **b)** 60, 140, 280 z?
14) Wieviel t und dz sind 154 dz? 350 z?
15) Wieviel t und kg sind: 4075, 12440, 36794 kg?
16) Wieviel t und g sind 7000450 g? 45003842 g?
17) Wieviel t, kg und g sind 3065840 g? 7045936 g?
18) Verwandle **a)** in dz: 200, 600, 800 kg, **b)** in z: 800, 2500, 4200 Pf.!
19) Wieviel z und kg sind: 68, 124, 432 kg?
20) Wieviel z und Pf. sind: 148, 574, 1238 Pf.?
21) Wieviel kg sind: 14, 28, 72, 90 Pf.?
22) Wieviel kg und g sind: 4080, 12304, 15872 g?
23) Wieviel t, dz und kg sind 1235 kg? 3412 kg?
24) Wieviel t, dz und g sind 3450720 g? 7945936 g?

3. Anschreiben in Dezimalzahlen.

Mündlich.

1) Der wievielte Teil einer t ist 1 kg? Wieviel 1000stel t sind: 4, 98, 748 kg?
2) Wie schreibt man als t in Dezimalzahlen: **a)** 1, 8, 10, 37, 200, 490, 805 kg; **b)** 4 t 6 kg, 9 t 80 kg, 12 t 205 kg, 28 t 300 kg 45 t 864 kg?
3) Der wievielte Teil eines dz ist 1 kg? Wieviel 100stel dz sind: 2, 30, 48 kg?
4) Gib als z an: **a)** 9, 30, 92 Pf.; **b)** 8 z 4 Pf., 9 z 16 Pf.!
5) Der wievielte Teil eines kg ist 1 g? Wieviel 1000stel kg sind 2, 96, 250, 892 g?
6) Wie werden 3, 15, 40, 150, 724 g als kg angeschrieben?
7) Gib als kg an: 1 kg 4 g, 9 kg 10 g, 12 kg 54 g, 19 kg 200 g, 37 kg 380 g, 54 kg 576 g!
8) Wieviel kg sind 0,04 dz? 0,92 dz? 2,07 dz?
9) Der wievielte Teil einer t ist 1 g? Wieviel millionstel t sind: 6, 20, 408, 1240 g?
10) Gib als t an: **a)** 8, 40, 136, 780 g; **b)** 2 t 18 g, 3 t 796 g, 5 t 16 kg 48 g, 12 t 240 kg 390 g!
11) Wieviel t, kg und g sind 0,007834 t? 0,234754 t? 2,105437 t?
12) Gib **a)** 3, 35, 90, 320 mg, **b)** 8 g 46 mg, 25 g 260 mg als g an!

4. Zu- und Abzählen.

Mündlich.

1) Rechne mit Vorteil: 37 kg + 49 kg; 73 g + 98 g; 42 kg + 59 kg + 87 kg!
2) Wieviel t sind: **a)** 2 dz + 8 dz + 9 dz + 1 dz; **b)** 3 z + 15 z + 13 z + 9 z; **c)** 4 t + 5 z + 6 t + 7 z + 15 z + 4 t 13 z?
3) Wieviel kg sind 48 kg + 35 kg + 27 kg + 58 kg + 67 kg?
4) Wieviel t und kg sind 400 kg + 250 kg + 640 kg + 920 kg?
5) Wieviel dz und kg sind 6 dz 18 kg + 24 kg + 2 dz 70 kg?
6) Wieviel z und Pf. sind 3 z 36 Pf. + 54 Pf. + 2 z 62 Pf.?
7) Wieviel g sind 360 g + 470 g + 580 g + 38 g + 49 g + 72 g?
8) Wieviel kg und g sind 2 kg 300 g + 3 kg 400 g + 4 kg 550 g?
9) Wieviel dz sind 1 t — 8 dz? 3 t — 5 dz? 4 t — 9 dz?
10) Wieviel t und z sind 3 t 12 z — 1 t 8 z? 7 t 14 z — 2 t 10 z?
11) Wieviel kg sind 1 dz — 15 kg? 1 z — 20 kg? 1 z — 38 kg?
12) Wieviel Pf. sind 1 z — 25 Pf.? 1 z — 36 Pf.?
13) Löse: **a)** 1 kg — 300 g, 1 kg — 275 g, 4 kg — 560 g; **b)** 8 kg 500 g — 3 kg 240 g, 9 kg 720 g — 5 kg 380 g!
14) Metzger K. kauft 4 Schweine, welche 90 kg, 78 kg, 74 kg, 87 kg wiegen. Wieviel kg wiegen die 4 Schweine zusammen?
15) Ein Ochse wog am Anfang der Mast 9,20 z, am Ende dagegen 12,75 z. Wieviel Pf. betrug die Gewichtszunahme?
16) Ein l Wasser wiegt 1 kg, ein l Eis 0,920 kg, ein l Leinöl 0,953 kg, ein l Weingeist 0,792 kg; wieviel g wiegt ein l Wasser mehr als ein l **a)** Eis, **b)** Leinöl, **c)** Weingeist?
17) Bäcker M. erhält 2 Säcke Mehl, welche 54,7 kg und 49,3 kg wiegen. Wieviel kg sind es im ganzen? Wieviel wiegt der eine Sack mehr als der andere?
18) Eine Frau verkauft 3 Ballen Butter **a)** 2,5 kg, **b)** 3,2 kg, **c)** 4,3 kg, das kg zu 2 ℳ; wieviel nimmt sie ein?

Schriftlich.

1) Wieviel t sind 8,564 t + 740 kg + 0,952 t + 12,789 t + 15 t 360 kg + 340 kg + 8,796 t?
2) Wieviel kg sind 8,234 kg + 970 g + 6,765 kg + 2,488 kg?
3) Zähle zusammen:

a) 3,955 kg	**b)** 15,794 kg	**c)** 8,425 t	**d)** 0,458963 t
3,874 „	63,876 „	3,296 „	2,768635 „
15,796 „	90,953 „	24,825 „	3,009876 „
0,853 „	312,605 „	49,183 „	5,431109 „
+ 0,187 „	+ 534,987 „	+ 7,298 „	+ 4,745387 „

4) Ein Landwirt hat an Getreide geerntet: 9 t 48 kg Roggen, 7 t 350 kg Weizen, 5 t 84 kg Gerste und 3,960 t Hafer. Wieviel t sind es im ganzen?

5) Wieviel t sind 16 t 24 kg — 7,956 t? 28,354 t — 14 t 876 kg?
6) Wieviel kg sind 9,743 kg — 3,879 kg? 150 kg 380 g — 52,638 kg? 374,608 kg — 48 kg 490 g?
7) Wie groß ist der Unterschied zwischen **a)** 6 t 24 kg und 1396 kg; **b)** 34 kg 98 g und 17,582 kg?
8) Ein Wagen mit Steinkohlen wiegt 3268,560 kg, der leere Wagen 958,750 kg. Wieviel kg wiegen die Kohlen?
9) Ein Brot wiegt vor dem Backen 3,500 kg, nach dem Backen 2,824 kg. Wie groß ist der Gewichtsverlust?
10) Ein hl Kartoffeln wiegt im Herbst 92,5 kg, im Frühjahr 8,6 kg weniger. Wieviel kg wiegen die Kartoffeln im Frühjahr?
11) Von 2 t 345 kg Kaffee werden in 1 Woche verkauft: 48,330 kg + 52 kg 600 g + 140 kg + 125,980 kg + 56 kg 500 g + 67,840 kg; **a)** wieviel kg werden im ganzen verkauft; **b)** wieviel kg bleiben noch übrig?
12) Drei Frauen bestellen zusammen 25 kg Kaffee, das Pfund zu 1 ℳ 40 ₰. A. nimmt 7 kg, B. 8 kg, C. den Rest; **a)** wieviel hat jede Frau zu bezahlen; **b)** wieviel sparen sie zusammen, wenn das kg im Einzelverkauf 3 ℳ 10 ₰ kostet?
13) Ein Metzger verkauft an einem Tage 48 kg Ochsenfleisch, das Pfund zu 74 ₰, 32 kg Kalbfleisch, das Pfund zu 62 ₰, 28 kg Schweinefleisch, das Pfund zu 65 ₰. Wieviel kg Fleisch sind es zusammen? Wieviel nimmt er im ganzen ein?
14) Eine Wirtin kauft auf dem Markte 4 Schlachtgänse; die erste wiegt 6,250 kg, die zweite 5,730 kg, die dritte 4,880 kg, die vierte 740 g weniger als die dritte. Bestimme das Gesamtgewicht! Wieviel ist zu bezahlen, wenn das kg zu 1,10 ℳ berechnet wird?

5. Vervielfachen und Teilen.

Mündlich.

1) Rechne mit Vorteil: 5·48 g, 30·29 g, 15·36 kg, 3·196 kg!
2) Wieviel dz und kg sind 4·3 dz 80 kg? 5·4 dz 32 kg? 10·8 dz 76 kg?
3) Wieviel z und Pf. sind 3·6 z 15 Pf.? 20·46 Pf.? 16·54 Pf.?
4) Wieviel kg und g sind 2·6 kg 40 g? 15·3 kg 98 g?
5) 1 Pf. Fleisch kostet 65 ₰; wieviel kosten: 3, 7, 10 Pf.?
6) 1 z Kartoffeln kostet 3 ℳ 25 ₰; wieviel kosten 9 z?
7) Je 1 dz Weizen kostet 18,50 ℳ, Roggen 15,40 ℳ, Gerste 16,25 ℳ, Hafer 15,20 ℳ; wieviel kosten von jeder Sorte 10 dz?
8) Ein l Spiritus wiegt 790 g; wieviel wiegen 3 l? 0,20 hl?
9) 1 kg Kaffee kostet 2,40 ℳ; wieviel kosten 7 kg? 25 kg?
10) Für 1 ℳ erhält man 4 kg Grieß, wieviel für 7 ℳ? 25 ℳ? 36 ℳ?
11) Für 1 ℳ erhält man 3,500 kg Mehl, wieviel für 3 ℳ? 10 ℳ?
12) Wie oft sind 8 g in 360 g enthalten? 12 kg in 288 kg?

13) Für 30 ₰ erhält man 1 Pf. Reis, wieviel für 1 ℳ 50 ₰? Für 2,10 ℳ? 6 ℳ?

14) Wieviel kg Mehl erhält man für a) 2,40 ℳ, b) 3,60 ℳ, wenn 1 kg 24 ₰ kostet?

15) Wieviel kg sind: a) $\frac{1}{2}$, $\frac{1}{5}$, $\frac{1}{10}$, $\frac{1}{20}$, $\frac{1}{50}$, $\frac{1}{100}$ t; b) $\frac{2}{5}$, $\frac{7}{10}$, $\frac{19}{100}$ t?

16) Wieviel dz sind: a) $\frac{3}{5}$, $\frac{9}{10}$, $1\frac{2}{5}$, t; b) $2\frac{1}{2}$ t + $3\frac{1}{5}$ t?

17) Wieviel Pf. sind: $\frac{3}{10}$, $\frac{2}{5}$, $\frac{9}{20}$, $\frac{7}{25}$, $\frac{8}{50}$ z?

18) Wieviel z ist $\frac{1}{4}$ t mehr als $\frac{1}{5}$ t? $\frac{1}{10}$ t mehr als $\frac{1}{20}$ t?

19) Wieviel g ist a) der 2, 4, 5, 10te, b) der 20, 25, 50, 100ste Teil von 1 kg?

20) Wieviel ist der 3te Teil von 1 kg 200 g? Von 4 kg 500 g?

21) 50 z Steinkohlen kosten 47,50 ℳ; wieviel kostet 1 z?

22) Wieviel kostet 1 kg, wenn 100 kg a) 8 ℳ, b) 15 ℳ, c) 36 ℳ kosten?

23) Wieviel kostet 1 g, wenn 1 kg a) 10 ℳ, b) 30 ℳ kostet?

24) 12 Personen beziehen zusammen 48 t 600 kg Kohlen. Wieviel kg erhält eine Person bei gleichmäßiger Verteilung? Wieviel hat jede Person zu bezahlen, wenn der z zu 90 ₰ berechnet wird?

Schriftlich.

1) Rechne:

a)	b)	c)	d)
3,698 t · 15	4,965 kg · 509	0,043267 t · 17	9,456 t · 7016
16,975 t · 24	15,083 kg · 230	0,987654 t · 32	12,978 kg · 9580
39,068 t · 56	34,620 kg · 468	2,408096 t · 64	35,084 kg · 3479.

2) 1 l Milch wiegt 1012 g, 1 l Spiritus 845 g, 1 l Quecksilber 13,596 kg; wieviel wiegen a) 85 l, b) 276 l, c) 594 l, d) 872 l jeder Sorte?

3) Rechne aus: a) 12 t 84 kg · 27 und 9 t 456 kg · 96;
b) 38 kg 425 g · 246 und 49 kg 804 g · 357;
c) 1 t 96 kg 305 g · 97 und 2586,640 kg · 456!

4) Kaufmann P. bezog folgende Waren: 165 kg Zucker, das kg zu 48 ₰; 97 kg Kaffee, das kg zu 2,50 ℳ; 28 kg Reis, das kg zu 0,64 ℳ; 35 kg Sago, das kg zu 56 ₰. Wieviel war zu bezahlen?

5) Kaufmann S. erhält 12 Säcke Kaffee, den Sack zu 96 kg; welchen Wert hat der Kaffee, wenn 1 kg 1,84 ℳ kostet?

6) Metzger K. verkaufte von einem Ochsen, der 420 kg Schlachtgewicht hatte, die Hälfte des Fleisches, das Pfund zu 0,68 ℳ, den Rest zu 136,50 ℳ; a) wie groß war die Gesamteinnahme; b) wie teuer wurde 1 kg des geringeren Fleisches verkauft?

7) Löse: a) 179,358 t : 2, 3 usw. bis 9; b) 389,563 kg : 10, 20 usw. bis 90; c) 5896,280 kg : 100, 200 usw. bis 900; d) 17965,432 t : 1000, 2000 usw. bis 9000!

8) Teile: a) 5763,926 t durch 18, 146, 258; b) 18965,743 kg durch 1365 und 2679!

9) 6 Kaufleute verteilen gleichmäßig 3252 kg Kaffee, 2844 kg Reis, 2694 kg Sago. Wieviel kg jeder Sorte erhält ein Kaufmann? Wieviel hat jeder zu bezahlen, wenn das kg Kaffee 1,90 ℳ, das kg Reis 48 ₰, das kg Sago 42 ₰ kostet?

10) Was kostet 1 kg Fleisch, wenn 24 kg 31,20 ℳ kosten?

11) Wieviel kostet 1 z Kartoffeln, wenn 32 z 121,60 ℳ kosten?

12) In einer Familie werden im Oktober 8 z, im November 640 kg, im Dezember 774 kg, im Januar 18 z 25 kg, im Februar 760 kg, im März 380 kg, im April 272 kg Kohlen verbraucht; wieviel kg verbraucht man durchschnittlich in 1 Monat?

13) Landwirt F. hat von einem Kaufmann 70 ℳ geliehen. Er liefert seinem Gläubiger 18 z Kartoffeln und bleibt ihm noch 23,20 ℳ schuldig. Wie hoch wird der z Kartoffeln berechnet?

14) 3 Geschwister sammelten in 8 schulfreien Nachmittagen Heidelbeeren, die gedörrt 68 Pfund wogen. Wieviel verdienten sie an einem Nachmittage, wenn das kg Heidelbeeren zu 1,08 ℳ verkauft wurde?

15) Wie teuer ist 1 Pfund Zucker, wenn man einen Hut Zucker von 12 kg für 5,76 ℳ erhält? Wieviel wird beim Einkauf eines ganzen Hutes gespart, wenn im Einzelkauf das Pfund Zucker 27 ₰ kostet?

16) Die Stadt W. zählt 24630 Einwohner; wie groß ist der Verbrauch an Fleisch in **a)** 6 Wochen, **b)** einem Jahre, wenn man auf die Person täglich 75 g rechnet?

VII. Papiermaße.

Papiermaße sind das **Ries (Rs.)** und der **Bogen (Bg.)**.

Merke: **1 Rs. = 1000 Bg.**

Mündlich.

1) Wieviel Bg. sind: **a)** 3, 10, 25 Rs.; **b)** 4 Rs. 50 Bg., 6 Rs. 120 Bg.?

2) Wieviel Rs. und Bg. sind: 2000, 2050, 4800, 13125 Bg.?

3) Der wievielte Teil von 1 Rs. ist 1 Bg.? Wieviel 1000stel Rs. sind: 3, 50, 120, 476 Bg.?

4) Wie schreibt man als Rs. in einer Dezimalzahl: **a)** 4, 70, 130, 795 Bg.; **b)** 2 Rs. 6 Bg., 18 Rs. 90 Bg., 24 Rs. 15 Bg.?

5) Zähle zusammen: **a)** 125 Bg. + 75 Bg. + 940 Bg. + 320 Bg.; **b)** 3 Rs. 60 Bg. + 8 Rs. 200 Bg. + 5 Rs. 850 Bg. + 930 Bg.!

6) Löse: 240 Bg. — 128 Bg.; 735 Bg. — 260 Bg.; 1 Rs. — 370 Bg.; 6 Rs. — 840 Bg.; 9 Rs. 300 Bg. — 4 Rs. 180 Bg.!

7) Rechne: **a)** 3 · 240 Bg., 7 · 185 Bg., 4 · 376 Bg., 20 · 48 Bg.; **b)** 2 · 3 Rs. 80 Bg., 5 · 7 Rs. 240 Bg.!

8) Wieviel Bg. sind: $\frac{1}{4}$, $\frac{1}{5}$, $\frac{1}{10}$, $\frac{3}{10}$, $\frac{4}{5}$, $\frac{7}{20}$, $\frac{19}{100}$ Rs.?

9) 1 Rs. Papier kostet 20 ℳ; wieviel kosten **a)** $3\frac{1}{2}$ Rs., **b)** 100 Bg.?

Schriftlich.

1) Zähle zusammen: 0,890 Rs. + 2,796 Rs. + 740 Bg. + 5,639 Rs.!

2) Ein Buchbinder verkauft von 36,750 Rs. Papier 27 Rs. 964 Bg.; wieviel Rs. hat er noch übrig?

3) Wieviel kosten 18 Rs. Papier, wenn 1 Rs. a) 17,95 ℳ, b) 19,25 ℳ kostet?
4) Teile a) 49,680 Rs. durch 54; b) 522,282 Rs. durch 183!
5) Für 1 ℳ erhält man 0,575 Rs., wieviel für 25 ℳ?
6) In einem Geschäft werden wöchentlich 325 Bogen Papier verbraucht; wieviel Rs. sind in einem Jahre erforderlich?
7) Ein Buch umfaßt 8 Druckbogen; wieviel Rs. Papier sind zu 4500 Exemplaren nötig?
8) Wieviel Schreibhefte von je 5 Bogen können aus 12 Rs. 350 Bogen hergestellt werden?

VIII. Zählmaße.

Als Zählmaße gelten **Gros (Gr.)**, **Dutzend (Dutz.)** und **Stück (Stck.)**. In manchen Gegenden zählt man auch noch nach Schock (Sch.) und Mandeln (Mdl.).

Merke:	**Gr.**	**Dutz.**	**Stck.**		
	1 =	**12 =**	**144**	Das Schock	= 60 Stck.
		1 =	**12**	Die Mandel	= 15 Stck.
				Das Paar	= 2 Stck.

Mündlich.

1) Bilde folgende Reihen: 12, 24 usw. bis 120; 15, 30 usw. bis 150; 60, 120 usw. bis 600!
2) Wieviel Dutz. sind: a) 1, 3, 9, 20 Gr.; b) 3 Gr. 8 Dutz., 7 Gr. 4 Dtz.?
3) Verwandle in Stck.: a) 7, 20 Dutz.; b) 3 Dutz. 9 Stck., 6 Dutz. 11 Stck.!
4) Wieviel Stck. sind: a) 9 Sch., 2 Sch. 20 Stck.; b) 3 Mdl., 5 Mdl. 8 Stck.?
5) Wieviel Gr. und Dutz. sind 360, 1200, 90, 500 Dutz.?
6) Verwandle in Dutz. und Stck.: 84, 168, 100, 250, 609, 1204 Stck.!
7) Zähle zusammen: a) 1 Dutz. 5 Stck. + 3 Dutz. 9 Stck. + 7 Dutz. 10 Stck.; b) 2 Gr. 8 Dutz. + 5 Gr. 7 Dutz. + 6 Gr. 9 Dutz.!
8) Rechne aus: a) 1 Dutz. — 4 Stck., 3 Dutz. — 7 Stck., 9 Dutz. — 2 Dutz. 5 Stck.; b) 15 Dutz. 4 Stck. — 3 Dutz. 2 Stck.; c) 1 Gr. — 3 Dutz., 4 Gr. — 7 Dutz., 7 Gr. 8 Dutz. — 3 Gr. 5 Dutz.!
9) Vervielfache 7 · 8 Stck.! 20 · 4 Stck.! 37 · 5 Stck.! 4 · 5 Dutz. 4 Stck.! 10 · 6 Dutz. 8 Stck.! 30 · 9 Dutz. 1 Stck.!
10) Wie oft sind 4 Stck. in 3 Dutz. oder 36 Stck. enthalten? Wie oft 8 Stck. in 6 Dutz.? 6 Stck. in 10 Dutz. 6 Stck.? 6 Dutz. in 2 Gr. 6 Dutz.?
11) Wieviel Stck. gibt a) die Hälfte, b) der 3te Teil, c) der 6te Teil von 1 Dutz.? d) Wieviel Stck. sind $\frac{2}{3}$, $\frac{3}{4}$, $\frac{5}{6}$ Dutz.?
12) Ein Schreiber kaufte 4 Schachteln Stahlfedern, 1 Schachtel zu 12 Dutz. Nach einiger Zeit waren in der ersten Schachtel noch 8 Dutz. 4 Stck., in der zweiten 6 Dutz. 10 Stck., in der dritten 9 Dutz. 4 Stck., in der vierten 5 Dutz. 11 Stck.; wieviel Stck. wurden aus jeder Schachtel herausgenommen?
13) Ein Bleistift kostet 9 ₰; wieviel kostet 1 Dutz. Bleistifte? Wieviel kosten 2 Dutz. 4 Stck.? 3 Dutz. 5 Stck.?

14) Eine Händlerin verkauft das Ei zu 7 ₰; wieviel nimmt sie für 25 Eier ein? Für 48 Eier?

15) Für 9 ₰ erhält man 2 Eier, wieviel für 45 ₰? 72 ₰? 1,80 ℳ?

16) In einem Korbe liegen 30 Dutz. 10 Stck. Nüsse, welche unter 5 Knaben gleichmäßig verteilt werden; wieviel Nüsse erhält ein Knabe?

Schriftlich.

Schreibweise zu den 4 Grundrechnungsarten:

```
I.   Gr.   Dutz.          Stck.
      9     8              7
      4    11             10
      3    10              9
    + 5     9              8
      3     2
     24    40 : 12 = 3    34 : 12 = 2
           36             24
            4             10
Ergebnis: 24 Gr. 4 Dutz. 10 Stck.
```

```
II.   Gr.   Dutz.   Stck.
                14      16
       15     3       4
     −  7     6       5
Erg.:   7     8      11
```

```
III.  Gr.    Dutz.            Stck.
       9     10               11
                               · 7
      63     70               77 : 12 = 6
     + 6    + 6               72
      69     76 : 12 = 6       5
             72
              4
Erg.: 69 Gr. 4 Dutz. 5 Stck.
```

```
IV.  Gr.           Dutz.           Stck.
     25             9              10 : 9 = 2 Gr. 10 Dutz. 5 Stck.
     18            93              46
      7 · 12       90              45
     84             3 · 12          1
    + 9            36
     93 Dutz.     +10
                   46 Stck.
Erg.: 2 Gr. 10 Dutz. 5 Stck., Rest 1 Stck.
```

1) Zähle zusammen: 8 Dutz. 9 Stck. + 3 Dutz. 6 Stck. + 14 Dutz. 11 Stck. + 25 Dutz. 10 Stck. + 36 Dutz. 7 Stck. + 4 Stck.!

2) Addiere: 2 Gr. 7 Dutz. + 4 Gr. 9 Dutz. + 11 Dutz. + 12 Gr. 8 Dutz. + 16 Gr. 10 Dutz. + 5 Dutz.!

3) Löse:

```
a)   21 Gr.   4 Dutz.   9 Stck.        b)   48 Gr.  9 Dutz.  7 Stck.
      8 „     7 „       5 „                − 29 „   4 „      2 „
     15 „    11 „      10 „
   + 26 „     9 „       7 „            c)   57 Gr.  3 Dutz.  6 Stck.
                                           − 38 „   7 „      9 „
```

4) Vervielfache: a) 11 Stck. · 29; b) 3 Dutz. 8 Stck. · 35; c) 16 Dutz. 7 Stck. · 59; d) 24 Dutz. 11 Stck · 84!

5) Rechne: a) 9 Gr. 2 Dutz. 7 Stck. · 8; b) 16 Gr. 7 Dutz. 11 Stck. · 15; c) 25 Gr. 9 Dutz. 8 Stck. · 32!

6) Wieviel ist a) das 6fache von 24 Gr. 9 Dutz. 10 Stck.?
b) das 54fache von 7 Gr. 11 Dutz. 4 Stck.?

7) Wie oft sind 1 Gr. 8 Dutz. in 8 Gr. 4 Dutz. enthalten? 7 Dutz. 3 Stck. in 5 Gr. 5 Dutz. 3 Stck.?

8) Wieviel ist $\frac{1}{8}$ von 26 Dutz. 8 Stck.? $\frac{1}{5}$ von 129 Dutz. 5 Stck.? $\frac{1}{12}$ von 17 Gr. 4 Dutz. 8 Stck.?

9) Löse: **a)** 452 Dutz. 10 Stck. : 26; **b)** 261 Gr. 8 Dutz. : 47; **c)** 322 Gr. 10 Dutz. 7 Stck. : 85; **d)** 426 Gr. 7 Dutz. 11 Stck. : 120!

10) Für 15 ℳ erhält man 20 Gr. 3 Dutz. 9 Stck., wieviel für 1 ℳ?

11) Zähle zusammen: 4 Gr. 7 Dutz. 9 Stck. + 8 Gr. 11 Dutz. 7 Stck. + 15 Gr. 3 Dutz. 8 Stck.; ziehe davon 13 Gr. 11 Dutz. 11 Stck. ab, vervielfache den Rest mit 184 und teile das Produkt durch 23!

12) In einer Konditorei werden in einer Woche 45 Mdl. Eier verbraucht. Wieviel Stück sind dies in einem Jahre? Wieviel wird für Eier im Jahre ausgegeben, wenn ein Ei durchschnittlich 5 Pfennig kostet?

13) Kaufmann F. verkauft in einem Jahre 235 Schock 5 Stück Eier, das Ei durchschnittlich zu 6 ₰; wieviel Eier sind es zusammen? Wie groß ist der Erlös?

14) Für eine Schule werden an Bleistiften in einem Jahre 5 Gr. 8 Dutz. 10 Stck., im folgenden Jahre 1 Gr. 6 Dutz. 5 Stck. mehr bezogen. Wieviel Bleistifte werden in beiden Jahren bezogen? Wieviel kosten sie, wenn das Stück zu 8 ₰ berechnet wird?

IX. Zeitmaße.

1. Einführung.

Die Erde bewegt sich von Westen nach Osten um ihre Achse und um die Sonne. Die Zeit, in der sich die Erde einmal um ihre Achse dreht, heißt ein **Tag (Tg.)**, die Zeit, in der sie sich einmal um die Sonne bewegt, ein **Jahr (J.)**. Das Jahr hat **12 Monate (Mon.)** oder **52 Wochen (Wo.)** oder **365 Tage**. Der Tag ist in **24 Stunden (Std.)** eingeteilt; man zählt zweimal 12 Stunden, von Mitternacht bis Mittag und dann von Mittag bis Mitternacht. Die Stunde hat **60 Minuten (Min.)**, die Minute **60 Sekunden (Sek.)**.

Das gemeine Jahr zählt 365, das Schaltjahr 366 Tage. Im Schaltjahre hat der Februar 29, im gemeinen Jahr 28 Tage; die übrigen Monate zählen 30 oder 31 Tage. Die Silben des Wortes **Apjunseno** enthalten die ersten Buchstaben der Monate mit 30 Tagen. Welche Monate zählen also 30 Tage? Welche 31 Tage? Im geschäftlichen Leben wird der Monat zu 30, das Jahr zu 360 Tagen gerechnet.

Merke:

1 J. = 12 Mon. = 52 Wo. = 365 (366) **Tg.** (50 Arbeitsw. = 300 Arbeitst.)
1 Mon. = **30** (31, 28 oder 29) **Tg.**
1 Wo. = 7 Tg. (6 Arbeitstage).
1 Tg. = 24 Std.
1 Std. = 60 Min.
1 Min. = 60 Sek.

2. Verwandlungen.

Mündlich.

1) Bilde folgende Reihen: 30, 60 usw. bis 300; 24, 48 usw. bis 240; 52, 104 usw. bis 520!
2) Wieviel Mon. sind: **a)** 9, 30 J.; **b)** 4 J. 11 Mon., 20 J. 4 Mon.?
3) Wieviel J. und Mon. sind: 240, 420, 70, 130, 245 Mon.?
4) Verwandle in Wo.: 40 J., 3 J. 20 Wo., 7 J. 45 Wo.!
5) Wieviel J. und Wo. sind: 156, 1040, 190, 600, 1100 Wo.?
6) Verwandle in Tg.: **a)** 3, 10 J.; **b)** 4 J. 30 Tg., 6 J. 72 Tg.!
7) Verwandle in J.: 730, 3650 Tg.!
8) Wieviel Tg. sind 18 Mon., den Monat zu 30 Tg. gerechnet? 4 Mon. 8 Tg.? 6 Mon. 21 Tg.?
9) Verwandle in Mon. und Tg.: 170, 254, 410 Tg.!
10) Wieviel Tg. sind: **a)** 12, 50 Wo.; **b)** 6 Wo. 4 Tg., 16 Wo. 3 Tg.?
11) Wieviel Std. sind 11 Tg.? 4 Tg. 6 Std.? 10 Tg. 23 Std.?
12) Verwandle in Tg. und Std.: 250, 490, 735 Std.!
13) Wieviel Min. sind 20 Std.? 2 Std. 40 Min.? 3 Std. 18 Min.?
14) Wieviel Std. und Min. sind: 420, 1500, 700, 1350, 1936 Min.?
15) Wieviel Sek. sind 15 Min.? 6 Min. 30 Sek.? 9 Min. 40 Sek.?
16) Wieviel Min. und Sek. sind: 700, 1600, 1904 Sek.?

Schriftlich.

Schreibweise zu den Verwandlungsaufgaben:

Aufgabe: Wieviel Std. sind 7 J. 9 Mon. 14 Tg. 21 Std.?

```
7 · 12 Mon.     93 · 30 Tg.     2804 · 24 Std.
  84             2790            11216
+ 9            + 14              56080
  93 Mon.        2804 Tg.         + 21
                                 67317 Std.
7 J. 9 Mon. 14 Tg. 21 Std. = 67317 Std.
```

Aufgabe: Wieviel Tg., Std., Min., Sek. sind 9451379 Sek.?

```
9451379 Sek. : 60 = 157522 Min.
     59 Sek.
 157522 Min. : 60 = 2625 Std.
     22 Min.
   2625 Std. : 24 = 109 Tg.
   24
    225
    216
      9 Std.
9451379 Sek. = 109 Tg. 9 Std. 22 Min. 59 Sek.
```

1) Verwandle 36 J. in **a)** Mon., **b)** Wo.!
2) Verwandle in Tg.: 18, 254, 483 J.!
3) Wieviel Mon. sind 56 J. 11 Mon.? 85 J. 7 Mon.? 124 J. 8 Mon.?
4) Wieviel Wo. sind: 48 J. 25 Wo., 79 J. 38 Wo., 135 J. 47 Wo.?

5) Wieviel Tg. sind: a) 7 J. 168 Tg., 12 J. 240 Tg.; b) 4 J. 8 Mon. 15 Tg., 38 J. 11 Mon. 24 Tg.?
6) Wieviel J. und Tg. sind: 13796, 28432, 39561 Tg.?
7) Wieviel J., Mon. und Tg. sind: 9534, 29360, 72963 Tg.?
8) Verwandle in Std.: a) 28, 316 Tg.; b) 7 Mon. 14 Tg., 9 Mon. 15 Tg.; c) 36 J. 125 Tg., 112 J. 308 Tg.!
9) Wieviel Std. sind 7 J. 86 Tg. 14 Std.? 35 J. 247 Tg. 18 Std.?
10) Wieviel J., Tg. und Std. sind: 47948, 135721, 596534 Std.?
11) Wieviel J., Mon., Tg. und Std. sind: 189654, 842306 Std.?
12) Verwandle in Min.: a) 12 Std., b) 7 Tg. 15 Std., c) 4 J. 12 Tg., d) 3 J. 48 Tg. 13 Std., e) 8 J. 11 Mon. 15 Tg. 16 Std.!
13) Wieviel Std. und Min. sind: 13945, 84321, 235619 Min.?
14) Wieviel Tg., Std. und Min. sind: 12845, 97214, 128452 Min.?
15) Verwandle in Sek.: a) 29 Min.; b) 23 Std.; c) 137 Tg.; d) 38 J.!
16) Wieviel Sek. sind: a) 15 Tg. 9 Std.; b) 3 J. 16 Tg. 14 Std.; c) 24 Tg. 4 Std. 16 Min.; d) 7 J. 11 Mon. 16 Tg. 9 Std. 48 Min.?
17) Wieviel Std., Min. und Sek. sind: 389764, 2784532 Sek.?
18) Ein Knabe ist gerade 10 Jahre alt; wieviel Sek. sind seit seiner Geburt verflossen?

3. Zu- und Abzählen.

Mündlich.

1) Wieviel J. und Mon. sind 3 J. 8 Mon. + 4 J. 10 Mon. + 7 Mon. + 9 J. 5 Mon. + 3 Mon. + 2 J. 11 Mon.?
2) Wieviel J. und Tg. sind 2 J. 80 Tg. + 3 J. 40 Tg. + 50 Tg. + 4 J. 60 Tg. + 100 Tg. + 6 J. 230 Tg.?
3) Zähle zusammen:
   a) 7 J. 15 Wo. + 8 Wo. + 3 J. 20 Wo. + 5 J. 6 Wo. + 3 Wo.;
   b) 2 Mon. 4 Tg. + 7 Tg. + 3 Mon. 5 Tg. + 5 Mon. 9 Tg.;
   c) 7 Tg. 8 Std. + 4 Tg. 10 Std. + 9 Tg. 16 Std. + 14 Std.;
   d) 4 Std. 25 Min. + 6 Std. 40 Min. + 50 Min. + 2 Std. 9 Min.;
   e) 7 Min. 20 Sek. + 30 Sek. + 15 Min. + 8 Min. 12 Sek.!
4) Berechne:
   a) 1 J. — 7 Mon.; 3 J. — 9 Mon.; 7 J. — 11 Mon.;
   b) 4 J. 8 Mon. — 1 J. 5 Mon.; 7 J. 9 Mon. — 3 J. 4 Mon.;
   c) 1 J. — 140 Tg.; 3 J. — 200 Tg.; 5 J. 340 Tg. — 2 J. 190 Tg.;
   d) 1 Tg. — 16 Std; 4 Tg. — 18 Std.; 9 Tg. 20 Std. — 3 Tg. 15 Std.; 10 Tg. 4 Std. — 4 Tg. 1 Std.;
   e) 1 Std. — 48 Min.; 5 Std. — 32 Min.; 8 Std. 20 Min. — 3 Std. 15 Min.; 20 Std. 10 Min. — 7 Std. 30 Min.;
   f) 3 Min. — 42 Sek.; 8 Min. 40 Sek. — 5 Min. 20 Sek.; 15 Min. 20 Sek. — 9 Min. 50 Sek.!

Schriftlich.

Schreibweise wie bei den Zählmaßen.

1) Wieviel J. und Tg. sind 3 J. 165 Tg. + 321 Tg. + 6 J. 257 Tg. + 89 Tg. + 15 J. 8 Tg. + 29 J. 349 Tg.?

2) Zähle zusammen:

a)	8 J.	9 Mon.	16 Tg.	b)	5 J.	17 Wo.	4 Tg.
	4 „	11 „	24 „		9 „	51 „	6 „
	16 „	10 „	19 „		4 „	48 „	3 „
+	5 „	8 „	27 „	+	17 „	49 „	5 „

c)	6 Tg.	18 Std.	34 Min.	d)	13 Std.	45 Min.	36 Sek.
	15 „	23 „	25 „		8 „	51 „	27 „
	9 „	17 „	43 „		15 „	38 „	49 „
+	14 „	20 „	58 „	+	20 „	47 „	58 „

3) Löse:

a) 25 J. 8 Mon. — 16 J. 4 Mon.; 11 Mon. 6 Tg. — 5 Mon. 24 Tg.; 26 Tg. 17 Std. — 19 Tg. 8 Std.; 21 Std. 15 Min. — 6 Std. 43 Min.; 47 Min. 6 Sek. — 15 Min. 52 Sek.!

b)	39 J.	10 Mon.	14 Tg.	c)	68 J.	5 Mon.	9 Tg.
—	18 „	3 „	16 „	—	24 „	9 „	17 „

4) Rechne:

a)	136 Tg.	18 Std.	15 Min.	b)	93 J.	14 Tg.	19 Std.	8 Min.
—	97 „	19 „	8 „	—	45 „	234 „	7 „	50 „

c)	20 Std.	50 Min.	20 Sek.	d)	236 Tg.	4 Std.	16 Min.	20 Sek.
—	16 „	42 „	45 „	—	134 „	18 „	29 „	34 „

5) Der längste natürliche Tag dauert bei uns 16 Std. 34 Min., der kürzeste 7 Std. 48 Min. Wie groß ist der Unterschied? Wie lang ist die **a)** längste, **b)** kürzeste Nacht?

6) Der Vater ist 52 J. 8 Mon. 14 Tg. alt, die Mutter ist um 8 J. 10 Mon. 15 Tg. jünger; der Sohn ist 18 J. 9 Mon. 20 Tg. alt. Wie alt ist die Mutter? Um wieviel ist der Vater älter als der Sohn?

7) Herr F. zog von Gießen, wo er 12 J. 9 Mon. 18 Tg. lebte, nach Frankfurt a. M.; dort wohnte er 4 J. 10 Mon. 24 Tg. länger als in Gießen. Wie lange blieb er in Frankfurt?

8) Frau K. starb im Alter von 48 J. 3 Mon. 16 Tg. 18 Std.; ihr Gatte wurde 15 J. 10 Mon. 21 Tg. 10 Std. älter. Welches Alter erreichte der Gatte?

9) Von 3 Geschwistern ist das älteste Kind 18 J. 4 Mon. 26 Tg. alt, das zweite 16 J. 10 Mon. 11 Tg., das dritte ist um 4 J. 7 Mon. 25 Tg. jünger als das älteste. Wie alt ist das dritte Kind? Um wieviel ist das zweite älter als das dritte?

10) Von zwei Personen, die am gleichen Tage geboren wurden, starb die eine im Alter von 57 J. 8 Mon. 15 Tg. 16 Std.; die andere wurde 9 J. 11 Mon. 23 Tg. 12 Std. älter. Welches Alter erreichte diese?

4. Vervielfachen und Teilen.

Mündlich.

1) Löse: **a)** 9 Mon. · 7, 11 Mon. · 20; **b)** 75 Tg. · 3, 120 Tg. · 5; **c)** 39 Wo. · 6, 51 Wo. · 10; **d)** 12 Std. · 18, 23 Std. · 40!

2) Wieviel J. und Mon. sind: 2 J. 9 Mon. · 6; 4 J. 7 Mon. · 20; 5 J. 11 Mon. · 80?

3) Rechne aus: **a)** 6 Std. 30 Min. · 5, 8 Std. 52 Min. · 10; **b)** 7 Min. 24 Sek. · 4, 14 Min. 40 Sek. · 10!

4) Wie oft sind 2, 3, 4, 6 Mon. in 1 J. enthalten; wie oft 6 Mon. in 4 J. 6 Mon.; 3 Mon. in 5 J. 9 Mon.; 26 Wo. in 4 J.; 8 Std. in 3 Tg.; 20 Std. in 3 Tg. 8 Std.; 15 Min. in 8 Std.; 20 Min. in 4 Std. 40 Min.; 30 Sek. in 7 Min.; 12 Sek. in 3 Min. 48 Sek.?

5) Ein Fußgänger legt in 12 Min. durchschnittlich 1 km zurück; wieviel km legt er in 2 Std. zurück? In 3 Std. 36 Min.?

6) Ein Maurer verdient in 6 Wochen 144 *M*, wieviel in 1 J. 8 Wo.?

7) Wieviel Mon. sind: **a)** $\frac{1}{2}$, $\frac{1}{3}$, $\frac{1}{4}$, $\frac{1}{6}$, $\frac{2}{3}$, $\frac{3}{4}$, $\frac{5}{6}$, $\frac{11}{12}$ J.; **b)** $\frac{1}{3}$ J. + $\frac{3}{4}$ J., $\frac{2}{3}$ J. + $\frac{5}{6}$ J.?

8) Wieviel Wo. sind: $\frac{1}{2}$, $\frac{1}{4}$, $\frac{3}{4}$ J.?

9) Wieviel Std. sind: **a)** $\frac{2}{3}$, $\frac{3}{4}$, $\frac{1}{6}$, $\frac{5}{6}$, $\frac{1}{8}$, $\frac{3}{8}$, $\frac{1}{12}$, $\frac{7}{12}$ Tg.; **b)** $\frac{1}{3}$ Tg. + $\frac{1}{4}$ Tg., $\frac{3}{8}$ Tg. + $\frac{5}{6}$ Tg.?

10) Wieviel Min. sind: **a)** $\frac{1}{3}$, $\frac{3}{4}$, $\frac{5}{6}$, $\frac{9}{10}$, $\frac{17}{20}$, $\frac{11}{15}$, $\frac{13}{30}$ Std.; **b)** $\frac{2}{3}$ Std. + $\frac{1}{4}$ Std., $\frac{7}{10}$ Std. + $\frac{9}{20}$ Std.?

11) Wieviel Sek. sind $\frac{1}{6}$ Min. + $\frac{1}{3}$ Min.? $\frac{3}{10}$ Min. + $\frac{11}{20}$ Min.?

12) Gib den 4ten Teil von 5 J. 4 Mon., den 5ten Teil von 16 J. 3 Wo., den 8ten Teil von 32 J. 64 Tg., den 9ten Teil von 20 Tg. 6 Std. an!

Schriftlich.

Schreibweise wie bei den Zählmaßen.

1) Vervielfache: **a)** 7 J. 10 Mon. mit 8; **b)** 9 J. 214 Tg. mit 16; **c)** 12 J. 46 Wo. mit 94; **d)** 24 Tg. 18 Std. mit 240!

2) Rechne: **a)** 3 J. 7 Mon. 15 Tg. mal 8, 14, 35; **b)** 34 J. 156 Tg. 18 Std. mal 7, 29, 47; **c)** 25 Tg. 18 Std. 43 Min. mal 6, 38, 85!

3) Löse: **a)** 6 J. 11 Mon. 18 Tg. mal 30, 92, 136; **b)** 24 J. 39 Wo. 6 Tg. mal 49, 85, 259; **c)** 67 J. 235 Tg. 21 Std. mal 75, 94, 375!

4) Die Erde bewegt sich in 365 Tg. 5 Std. 48 Min. 48 Sek. einmal um die Sonne. In welcher Zeit dreht sie sich **a)** 3mal, **b)** 8mal um die Sonne?

5) Ein Kind ist 8 J. 7 Mon. 15 Tg. alt; das Alter des Vaters beträgt davon das Sechsfache und 28 Tg.; die Mutter ist 5mal so alt wie das Kind weniger 3 Mon. 26 Tg. Wie alt ist **a)** der Vater, **b)** die Mutter?

6) Dividiere: **a)** 38 J. 8 Mon. durch 8, 13, 25; **b)** 245 J. 175 Tg. durch 25, 47, 92; **c)** 361 Tg. 18 Std. durch 54, 129, 235!

7) Ebenso: **a)** 59 J. 41 Wo. 5 Tg. durch 19, 27, 49; **b)** 83 J. 215 Tg. 18 Std. durch 35, 41, 67; **c)** 164 Tg. 15 Std. 40 Min. durch 104, 137, 259; **d)** 20 Std. 48 Min. 56 Sek. durch 238, 361, 472!

8) Teile **a)** das 24fache von 9 J. 216 Tg. 13 Std. 45 Min. durch 32; **b)** das 57fache von 7 J. 11 Mon. 14 Tg. 15 Std. durch 19!

5. Zeitrechnung.

Die christliche Zeitrechnung zählt die Jahre von Christi Geburt an. Die von Chr. Geb. an zurückgelegte Zeit wird verflossene Zeit genannt; so sind am 1. Januar 1904 seit Chr. Geb. gerade 1903 Jahre, am 29. Okt. 1904 dagegen 1903 Jahre, 9 Monate, 28 Tage verflossen. Zeitanfang und Zeitende einer Begebenheit von längerer oder kürzerer Dauer werden bei genauerer Bezeichnung durch Daten (Tage, Monate und Jahre) bestimmt. Die Dauer der Begebenheit liegt zwischen ihrem Anfangs- und Enddatum. Bis zum Sterbedatum eines Menschen sind seit Chr. Geb. mehr Jahre, Monate und Tage verflossen als bis zu seinem Geburtsdatum; diesen Unterschied an verflossener Zeit (J., Mon. u. Tg.) suchen, heißt das Alter eines Menschen bestimmen. Das Sterbedatum wird aus dem Lebensalter und dem Geburtsdatum durch Addition, das Geburtsdatum dagegen aus dem Alter und Sterbedatum durch Subtraktion gefunden; dabei ist jedesmal festzustellen, wieviele Jahre, Monate und Tage bis zum Sterbe- oder Geburtsdatum seit Chr. Geb. verflossen sind.

Mündlich.

1) Wieviel Stunden des Tages sind verflossen um 10 Uhr morgens? Um 3 Uhr nachmittags? Um 11 Uhr abends?

2) Wieviel Uhr ist es, wenn vom Tage 3, 7, 11, 16 Std. verflossen sind?

3) Der Unterricht beginnt um 8 Uhr und endet um 12 Uhr; wie lange dauert er? Wie findet man die Zeitdauer, wenn Zeitanfang und Zeitende gegeben sind? Wie das Ende, wenn Anfang und Dauer bekannt sind?

4) Die Wehrpflicht eines Deutschen beginnt mit dem vollendeten 17ten Lebensjahre und dauert 28 Jahre. Mit welchem Lebensjahr endet sie?

5) Die Dienstpflicht des deutschen Soldaten beginnt mit dem vollendeten 20sten Jahre und dauert 19 Jahre. Wann endet sie für einen Wehrpflichtigen, der im Jahre 1902 eingetreten ist?

6) Welche Zeit des Tages ist verflossen: Morgens 7 U. 20 Min., mittags 12 U. 40 Min., 1 U. 50 Min., abends 9 U. 58 Min.?

7) Wieviel Uhr ist es, wenn vom Tage **a)** 2 Std. 30 Min., **b)** 8 Std. 36 Min., **c)** 12 Std. 40 Min., **d)** 21 Std. 25 Min. verflossen sind?

8) Wieviel Stunden liegen zwischen morgens 6 U. und mittags 1 U.? Morgens 10 U. und abends 10 U.? Wieviel Std. und Min. liegen zwischen morgens 8 U. 40 Min. und 10 U. 30 Min.? Zwischen morgens 9 U. 20 Min. und abends 6 U.? Mittags 12 U. 50 Min. und abends 9 U. 24 Min.?

9) Berechne die Länge des natürlichen Tages, wenn die Sonne **a)** um 6 Uhr 4 Min. auf- und um 6 Uhr 12 Min. untergeht, **b)** um 4 Uhr 30 Min. auf- und um 7 Uhr 25 Min. untergeht, **c)** am 22. Juni um 3 Uhr 44 Min. auf- und um 8 Uhr 19 Min. untergeht, **d)** am 21. Dezember um 8 Uhr 5 Min. auf- und um 3 Uhr 52 Min. untergeht!

10) Der Mond ging um 8 Uhr 35 Min. auf, folgenden Tags 1 Std. 15 Min. später; wann ging er am zweiten Tage auf?

11) Bestimme den Pfingstsonntag (50 Tage nach Ostern), wenn der Ostersonntag auf den **a)** 18. April, **b)** 10. April, **c)** 29. März fällt!

12) Der 30jährige Krieg war 1648 zu Ende; wann hat er begonnen? Der 7jährige Krieg nahm 1756 seinen Anfang; wann war er zu Ende?

13) Wieviel Tage liegen zwischen dem 5. und dem 20. Mai? Zwischen dem 12. und dem 28. Juni?

14) Wieviel Tage und Stunden liegen zwischen dem 4. April morgens 8 U. und dem 19. April abends 9 U.? Zwischen dem 6. Oktober abends 7 U. und dem 30. Oktober morgens 7 U.?

15) Welches Datum schrieb man, als seit Christi Geburt verflossen waren: 354 J. 5 Mon. 18 Tg.; 1632 J. 11 Mon. 1 Tg.; 1847 J. 4 Tg.; 1897 J. 1 Mon.?

16) Welche Zeit ist verflossen:
a) vom 1. März bis 1. Oktober desselben Jahres;
b) v. 15. Januar bis 1. November dess. Jahres;
c) v. 16. April bis 18. Dezember dess. Jahres;
d) v. 1. Februar 1870 bis 1. Februar 1903;
e) v. 15. August 1864 bis 15. August 1902;
f) v. 10. März 1887 bis 20. März 1904?

Schriftlich.

Schreibweise:

Aufgabe: Berechne die Zeitdauer vom 14. Oktober 1885 bis zum 12. April 1901!

	J.	Mon.	Tg.
		11	41
	1900	3	11
	— 1884	9	13
Zeitdauer:	15 J.	5 Mon.	28 Tg.

Aufgabe: Fürst Bismarck wurde am 1. April 1815 geboren und starb im Alter von 83 Jahren 3 Monaten 29 Tagen. Wann starb er?

J.	Mon.	Tg.
1814	3	0
+ 83	3	29
1897	6	29

Datum der Sterbezeit: 1898 am 30. Juli.

Aufgabe: Pestalozzi starb am 17. Februar 1827 im Alter von 81 Jahren 1 Monat 5 Tagen; wann wurde er geboren?

J.	Mon.	Tg.
1826	1	16
— 81	1	5
1745	0	11

Datum der Geburtszeit: 1746 am 12. Januar.

1) Welche Zeit ist verflossen **a)** vom 12. Februar 1840 bis zum 18. November 1890, **b)** vom 7. Juni 1856 bis zum 4. Dezember 1887, **c)** vom 3. März 1869 abends 7 Uhr bis zum 15. Oktober 1889 morgens 8 Uhr?

2) Kaiser Wilhelm I. wurde am 22. März 1797 geboren und ist am 9. März 1888 gestorben. Welches Alter erreichte der Kaiser?

3) Welches Alter erreichte **a)** Kaiser Friedrich III., geboren am 18. Okt. 1831, gestorben am 15. Juni 1888; **b)** König Friedrich der Große, geb. am 24. Januar 1712, gest. am 17. August 1786; **c)** Königin Luise, geb. am 10. März 1776, gest. am 19. Juli 1810; **d)** Kaiserin Augusta, geb. am 30. September 1811, gest. am 7. Januar 1890?

4) Goethe wurde am 28. August 1749 geboren und starb am 22. März 1832. Berechne sein Alter!

5) Am 22. Juni geht die Sonne um 3 Uhr 44 Min. auf und um 8 Uhr 19 Min. unter; welche Zeit kommt auf **a)** den Tagbogen, **b)** den Nachtbogen der Sonne?

6) Ein Eisenbahnzug geht morgens 9 Uhr 35 Min. in Frankfurt a. M. ab und fährt in 1 Std. 18 Min. nach Gießen; wann kommt er in Gießen an?

7) Wie lange fährt man auf der Eisenbahn, wenn man in Frankfurt a. M. morgens 8 Uhr 40 Min. abfährt und in Berlin abends 9 Uhr 23 Min. ankommt?

8) Ein Dampfboot ging in Bremen am 12. Juli mittags 1 Uhr ab und kam nach einer Fahrt von 9 Tg. 4 Std. 30 Min. in Amerika an; wann war dies?

9) Der 7jährige Krieg begann den 28. August 1756 und dauerte genau 6 J. 5 Mon. 17 Tg.; wann war der Krieg zu Ende?

10) Graf Moltke wurde am 26. Oktober 1800 geboren und erreichte ein Alter von 90 Jahren 5 Monaten 26 Tagen; wann starb er?

11) B. lieh am 16. Februar 1894 eine Summe von 4500 ℳ und zahlte sie nach 2 Jahren 4 Monaten 10 Tagen zurück. Wann erfolgte die Zurückzahlung?

12) Der Dichter Schiller starb am 9. Mai 1805 im Alter von 45 Jahren 5 Monaten 27 Tagen; wann wurde er geboren?

13) Das neue Deutsche Reich wurde am 18. Januar 1871 errichtet, genau 5 Monate 29 Tage nach Eintreffen der Kriegserklärung in Berlin; wann wurde der Krieg erklärt?

14) Kaiser Wilhelm I. kehrte am 16. Juni 1871 nach Ablauf von 10 Monaten 15 Tagen vom Kriegsschauplatz nach Berlin zurück; wann zog er ins Feld?

15) Berechne die Zeitdauer zwischen der großen Schlacht bei Leipzig am 18. Oktober 1813 und der Gefangennahme des Kaisers Napoleon III. am 2. September 1870!

16) Berechne das Alter jedes Gliedes der Kaiserlichen Familie: der Kaiser wurde geboren am 27. Januar 1859, die Kaiserin am 22. Oktober 1858, der Kronprinz Wilhelm am 6. Mai 1882, Prinz Eitel Friedrich am 7. Juli 1883, Prinz Adalbert am 14. Juli 1884, Prinz August Wilhelm am 29. Januar 1887, Prinz Oskar am 27. Juli 1888, Prinz Joachim am 17. Dezember 1890, Prinzessin Viktoria Luise am 13. September 1892!

17) Lies und schreibe die römischen Ziffern:

I	II	III	IV	V	VI	VII	VIII	IX	X
1	2	3	4	5	6	7	8	9	10

L	C	D	M
50	100	500	1000

18) Lies die Jahreszahlen: MDCCIL, MDCCCCIV!

(Die vor einer größeren Ziffer stehende kleinere wird von jener ab-, die nachstehende kleinere Ziffer dagegen zugezählt; also IC = 99; CI = 101.)

X. Vermischte Aufgaben.

1) Auf beiden Seiten einer Landstraße, die 31,140 km lang ist, sollen Bäume gepflanzt werden. Wieviel Bäume sind bei einem Abstande von 9 m nötig?

2) Bäcker M. mischt 60 kg Gerstenmehl, das kg zu 24 ₰, 60 kg Kornmehl, das kg zu 26 ₰, 80 kg Weizenmehl, das kg zu 35 ₰; wieviel ₰ ist 1 kg der Mischung wert?

3) Zu einem Dutz. Hemden braucht man 36 m Leinwand; wie teuer kommt ein Hemd, wenn 1 m Leinwand 1,20 ℳ, ein Brusteinsatz 1,40 ℳ kostet und der Macherlohn im ganzen 15,60 ℳ beträgt?

4) Der Bauer R. verkauft an einen Bierbrauer 25 z Gerste zu 180 ℳ; der Bauer M. erhält für 900 kg Gerste 136,80 ℳ. Welcher von beiden verkauft am vorteilhaftesten?

5) Die Frauen S. und J. kaufen ein Stück Schirting von 40 m zu 22 ℳ; wieviel hat jede zu bezahlen, wenn S. 23 m, J. den Rest nimmt?

6) In einer Kinderbewahranstalt sollen 18 Knaben gekleidet werden; wieviel m Stoff sind nötig, wenn für den Anzug durchschnittlich 1,85 m erforderlich sind?

7) Ein Schnellzug durchläuft in einer Minute 860 m; welche Strecke legt er in 2 Std. 40 Min. zurück? In welcher Zeit legt er 206,400 km zurück? (860 m in 206400 m.)

8) Wieviel Hemden kann man aus einem Stück Leinwand von 29,25 m Länge anfertigen, wenn man zu einem Hemd 3 m 25 cm braucht? (325 cm in 2925 cm.)

9) Wieviel kg Wolle braucht man zu 2 Dutzend Strümpfen, wenn man zu einem Strumpf 125 g braucht?

10) 1 Pfund Fleisch kostet 64 ₰, 1 kg Fisch 48 ₰; wieviel kosten 3 Pfund Fleisch mehr als ebensoviel Pfund Fisch?

11) Ein Bauer erhält am Morgen von 4 Kühen durchschnittlich 12,5 l, am Abend 13,5 l Milch; wieviel l Milch geben die Kühe durchschnittlich in einer Woche? Wieviel wird für Milch wöchentlich eingenommen, wenn täglich 15 l, das l zu 16 ₰, verkauft werden?

12) In einer Schule werden 48 Tage lang an 36 arme Kinder täglich 7,2 l Milch verteilt. Wieviel l erhält jedes Kind in genannter Zeit?

13) Ein Bauer verkauft 6 dz Weizen, den dz zu 16,60 ℳ, 7 dz Korn, den dz zu 14,75 ℳ, 9 dz Gerste, den dz zu 13,70 ℳ. Wie groß ist seine Einnahme?

14) Ein Bauer erntet 3570 Garben Frucht; wieviel hl Getreide bekommt er, wenn durchschnittlich 35 Garben 1 hl geben?

15) Ein Wagen mit Heu wiegt 48 z 30 kg, der leere Wagen 9,60 z; wieviel kostet das Heu, wenn 1 z 3,35 ℳ kostet?

16) Ein fettes Schwein wiegt 136,5 kg, welchen Wert hat es, wenn das Pfund zu 64 ₰ berechnet wird?

17) Ein Wildbrethändler kauft von einer Jagdgesellschaft 628 Hasen, das Stück zu 2,60 ℳ, 234 Feldhühner, das Stück zu 75 ₰. Wieviel bezahlt er im ganzen? Wieviel verdient er, wenn er den Hasen zu 3,10 ℳ, das Feldhuhn zu 1 ℳ verkauft?

18) Ein Eierhändler bezahlt für 360 Eier 14,40 ℳ. Fahrgeld und sonstige Auslagen betragen 1,20 ℳ. Wie groß ist der Gewinn, wenn durch den Transport 12 Eier zugrunde gehen und das Ei zu 6 ₰ verkauft wird?

19) Christoph Kolumbus entdeckte nach einer Seefahrt von 2 Monaten 9 Tagen am 12. Oktober 1492 Amerika. Wann begann er die Fahrt?

20) Fürst Bismarck wurde am 1. April 1815 geboren; er starb am 30. Juli 1898. Bestimme sein Alter!

Die Bruchrechnung.

Vorbereitungen.

1. Faktorenzerlegung und Teilbarkeit der Zahlen.

Eine Zahl ist die Bezeichnung für eine bestimmte Menge von Einheiten oder Dingen. Die Zeichen zur Darstellung der Zahlen heißen Ziffern. Die einfach aufeinanderfolgende Wiederholung der Eins bildet die natürliche Zahlenreihe, die unbegrenzt ist.

Merke: **Zahlen, die sich nur durch 1 und sich selbst ohne Rest teilen lassen, heißen einfache Zahlen oder Primzahlen; die anderen werden zusammengesetzte Zahlen genannt. Die Zahl 2 und die Vielfachen von 2 heißen gerade, die andern ungerade Zahlen.**

1) Zu welchen Zahlen gehört die Zahl 5? 17? 23? 31? Durch welche Zahlen kann man 7, 19, 37 ohne Rest teilen? Wie heißen die aufeinanderfolgenden Primzahlen in der Zahlenreihe von 1 bis 50?

2) Was für eine Zahl ist 6? 15? 40? Wie heißen die Faktoren, in welche diese Zahlen zerlegt werden können? Aus welchen Faktoren können wir uns folgende Zahlen zusammengesetzt denken: 4, 6, 8, 9, 10, 12, 18, 24?

3) Durch welche Zahlen lassen sich nachstehende Zahlen ohne Rest teilen: 15, 30, 14, 36, 21?

4) Gib beliebige Faktoren der Zahlen 24, 45, 54, 60 an!

5) Gib die kleinsten Faktoren (Primfaktoren) von 36 an! Von 40!

6) Welche der folgenden Zahlen lassen sich durch 2 ohne Rest teilen: 10, 14, 15, 19, 23, 30, 52, 65, 116, 247, 1358?

An welchen Ziffern in der Einerstelle erkennt man, ob eine Zahl durch 2 ohne Rest teilbar ist? Warum beachtet man nicht die Anzahl der Zehner, Hunderter und Tausender? Wann ist demnach eine Zahl durch 2 ohne Rest teilbar?

Merke: **Eine Zahl läßt sich durch 2 ohne Rest teilen, wenn in der Einerreihe 2, 4, 6, 8 oder 0 steht.**

7) Unterstreiche von folgenden Zahlen diejenigen, die sich durch 3 ohne Rest teilen lassen: 19, 27, 38, 45, 89, 135, 271, 843, 1792, 3762!

Zähle die einzelnen Ziffern jeder unterstrichenen Zahl ohne Rücksicht auf ihren Stellenwert zusammen! Eine Summe, die man durch Addition der Ziffern einer Zahl erhält, nennt man die **Quersumme** dieser Zahl. Sieh nach, ob sich diese Quersummen ebenfalls durch 3 ohne Rest teilen lassen! Suche auch die Quersummen der anderen Zahlen! Gib an, ob sich auch diese durch 3 ohne Rest teilen lassen! In welchem Falle lassen sich also beliebige Zahlen durch 3 ohne Rest teilen?

Merke: **Eine Zahl ist durch 3 ohne Rest teilbar, wenn sich ihre Quersumme durch 3 ohne Rest teilen läßt.**

Beweis: Teilt man 1 Zehner (10), 1 Hunderter (100), 1 Tausender (1000) durch 3, so bleibt jeweils 1 übrig; die Quersumme bildet also die Zahl, die man durch Addition des Restes von Einern der einzelnen Einheiten erhält.

8) Welche der nachstehenden Zahlen sind durch 5 ohne Rest teilbar: 36, 75, 281, 365, 492, 3180, 4536, 15790?

Woran erkennt man sofort, daß eine Zahl durch 5 ohne Rest teilbar ist? Warum beachtet man nicht die Anzahl der Zehner, Hunderter und Tausender?

Merke: **Eine Zahl ist durch 5 ohne Rest teilbar, wenn in der Einerstelle 5 oder 0 steht.**

9) Gib von nachstehenden Zahlen die an, welche sich durch **a)** 2, **b)** 3, **c)** 5 ohne Rest teilen lassen: 18, 35, 60, 92, 126, 175, 294, 320, 972, 1368, 2345, 5820, 15686, 35193!

10) Zerlege folgende Zahlen in die kleinsten Faktoren: **a)** 14, 15, 24, 32, 36, 48, 56, 60, 26, 34! **b)** 120, 150, 144, 280, 360, 810, 1000!

Beispiel:	120 = 2 · 60	120 : 2 = 60;	oder: 120	2
	60 = 2 · 30	60 : 2 = 30	60	2
	30 = 2 · 15	30 : 2 = 15	30	2
	15 = **3** · 5	15 : **3** = 5	15	**3**
		5 : 5 = 1	5	5
			1	

120 = 2 · 2 · 2 · 3 · 5

11) Welche der folgenden Zahlen lassen sich durch 4 ohne Rest teilen: 76, 138, 600, 764, 971, 2000, 3852, 7519, 13728, 25746?

Sieh nach, ob sich auch deren Zehner und Einer als eine Zahl betrachtet durch 4 ohne Rest teilen lassen! Warum braucht man nicht auf die Anzahl der Hunderter, Tausender zc. zu achten?

Merke: **Eine Zahl ist durch 4 ohne Rest teilbar, wenn sich deren Zehner und Einer als eine Zahl betrachtet durch 4 ohne Rest teilen lassen.**

12) Welche der nachstehenden Zahlen lassen sich durch **a)** 2, **b)** 3, **c)** 2 und 3, **d)** 6 ohne Rest teilen: 32, 84, 135, 474, 615, 739, 1476, 3178, 4386, 5670, 13812, 25920, 34968?

Gib die Faktoren der Zahl 6 an! Sprich dich über die Teilbarkeit einer Zahl durch 6 aus!

Merke: **Eine Zahl läßt sich durch 6 ohne Rest teilen, wenn sie durch 2 und 3 ohne Rest teilbar ist.**

13) Welche der folgenden Zahlen lassen sich durch 8 ohne Rest teilen: 276, 968, 3000, 5352, 6954, 13256, 20000, 45172, 71984?

Sieh nach, ob sich auch die Hunderter, Zehner und Einer als eine Zahl betrachtet durch 8 ohne Rest teilen lassen! Teile 1000 durch 8! Auch 10000! Alle Tausender, Zehntausender zc. lassen sich durch 8 ohne Rest teilen.

Merke: **Eine Zahl läßt sich durch 8 ohne Rest teilen, wenn sich ihre Hunderter, Zehner und Einer als eine Zahl betrachtet durch 8 ohne Rest teilen lassen.**

14) Welche der nachstehenden Zahlen lassen sich durch 9 ohne Rest teilen: 63, 156, 351, 723, 945, 1782, 5637, 23931, 76581, 94143?

Welche davon sind durch 3 ohne Rest teilbar? Welche durch **3 und** 9? Bestimme die Quersumme dieser Zahlen! Welche davon lassen sich durch 3 ohne Rest teilen? Welche durch 9?

Merke: **Eine Zahl ist durch 9 ohne Rest teilbar, wenn sich ihre Quersumme durch 9 ohne Rest teilen läßt.**

15) Von welcher Zahl ist 60 das Zehnfache? Von welcher 400 das Hundertfache? 7000 das Tausendfache? Durch welche Zahl läßt sich auch das Zehnfache einer Zahl ohne Rest teilen? Durch welche das Hundertfache? Tausendfache? Woran erkennt man, daß eine Zahl durch 10 ohne Rest teilbar ist? Durch 100? 1000?

16) Gib außer den Zahlen 2, 4, 5, 10 noch andere Zahlen an, die in 100 ohne Rest enthalten sind! Wodurch läßt sich demnach jede Zahl ohne Rest teilen, wenn sich ihre Zehner und Einer durch **a)** 20, **b)** 25, **c)** 50 teilen lassen?

Eine Zahl ist durch **11** ohne Rest teilbar, wenn die Quersumme aus den Ziffern der ungeraden Stellen (Einer, Hunderter, Zehntausender rc.) gleich ist der Quersumme aus den Ziffern der geraden Stellen (Zehner, Tausender rc.) oder, wenn der Unterschied dieser beiden Quersummen sich durch **11** ohne Rest teilen läßt oder 0 ist.

Eine Zahl läßt sich durch **12** ohne Rest teilen, wenn sie durch **3** und **4** ohne Rest teilbar ist.

Läßt sich eine Zahl durch 3 und 5 ohne Rest teilen, so ist sie auch durch 15 ohne Rest teilbar.

17) Zerlege in Primfaktoren: **a)** 200, 350, 490, 1250; **b)** 132, 270, 980, 144, 77, 154, 96, 341, 424, 520; **c)** 1080, 1860, 2790, 1224, 1365, 3468!

2. Aufsuchen des größten gemeinsamen Maßes.

Jede Zahl, die in einer anderen Zahl ohne Rest enthalten ist, ist ein **Maß** dieser Zahl; ein Maß für mehrere Zahlen nennt man ihr **gemeinsames Maß**.

1) Wie oft sind **a)** 2, **b)** 3, **c)** 6 in 12 enthalten? Wie oft in 18? Welches ist die kleinste Zahl, die in 12 und in 18 ohne Rest enthalten ist? Welches ist die größte Zahl? Die Zahl 6 wird deshalb das größte gemeinsame Maß der Zahlen 12 und 18 genannt.

Was versteht man also unter dem größten gemeinsamen Maß zweier oder mehrerer Zahlen?

Merke: **Das größte gemeinsame Maß zweier oder mehrerer Zahlen ist die größte Zahl, die in den gegebenen Zahlen ohne Rest enthalten ist.**

2) Welche Zahl ist das größte gemeinsame Maß der Zahlen 24 und 36? 40 und 56? 54 und 81? 90 und 120? 150 und 240? 84 und 108?

3) Durch welche größte gemeinsame Zahl lassen sich 50 und 60 ohne Rest teilen? 75 und 100? 200 und 300? 3000 und 4000?

Zerlege 72 und 48 in die kleinsten Faktoren! Unterstreiche die gemeinschaftlichen Faktoren! Schreibe je einen dieser gemeinschaftlichen Faktoren einmal als Faktor an und multipliziere diese miteinander! Das Produkt bildet das größte gemeinsame Maß der Zahlen 72 und 48.

$$72 = 2 \cdot 2 \cdot 2 \cdot 3 \cdot 3$$
$$48 = 2 \cdot 2 \cdot 2 \cdot 2 \cdot 3.$$

Der größte gem. Teiler ist $2 \cdot 2 \cdot 2 \cdot 3 = 24$.

4) Suche den größten gemeinsamen Teiler folgender Zahlen:

a) 84 und 120	**b)** 540 und 585	**c)** 16, 24 und 32
34 „ 68	616 „ 1056	36, 60 „ 84
39 „ 65	238 „ 459	120, 280 „ 320!

3. Das kleinste gemeinschaftliche Vielfache.

1) Gib das 2, 3, 4, 5, 6, 10fache von 3 an!

2) Wieviel ist das 5fache von 7? Das 8fache von 9? Das 20fache von 8?

3) Das Wievielfache von 2 ist 18? Das Wievielfache von 3? Von 6? 9?

4) Gib das 2fache von 18 an! Das 5fache! 10fache!

5) Gib das 2fache von 12 an! Das 5fache! 10fache!

6) Das Wievielfache von **a)** 18, **b)** 12 ist die Zahl 36? Die Zahl 180? 360?

Die Zahl 36 ist das kleinste gemeinschaftliche Vielfache von 18 und 12. Welche Zahl ist auch die kleinste, die sich durch 18 und 12 ohne Rest teilen läßt? Was versteht man also unter dem kl. gem. Vielfachen zweier Zahlen?

Merke: **Das kleinste gemeinschaftliche Vielfache zweier oder mehrerer Zahlen ist die kleinste Zahl, die sich durch die gegebenen Zahlen ohne Rest teilen läßt.**

7) Gib die kleinste Zahl an, die sich ohne Rest teilen läßt durch: **a)** 2 und 5, **b)** 3 und 8, **c)** 7 und 11, **d)** 6 und 7, **e)** 6 und 12, **f)** 12 und 36, **g)** 30 und 60, **h)** 75 und 150!

8) Wie heißt das kl. gem. Vielfache von 5 und 7? Von 4 und 7? 8 und 9? Welche von diesen Zahlen sind Primzahlen?

Von Zahlen, die Primzahlen sind oder keine gemeinsamen Faktoren haben, findet man das kl. gem. Vielfache, indem man sie miteinander multipliziert.

9) Gib das kl. gem. Vielfache von 6, 8, 24, 2, 3 an! Von 5, 10, 30, 6, 2, 3! Welche der gegebenen Zahlen bildet das kl. gem. Vielfache?

Wenn die kleineren Zahlen in der größten Zahl ohne Rest enthalten sind, so ist die größte Zahl das kl. gem. Vielfache.

10) Zerlege die Zahlen 8, 12 und 18 in die kleinsten Faktoren! Nimm zu den Faktoren der größten Zahl die Faktoren der anderen Zahlen, welche nicht in gleicher Anzahl in dieser schon vorkommen, und multipliziere sie miteinander! Was bildet nun das Produkt dieser Faktoren? Teile die Zahlen 8, 12 und 18 fortgesetzt durch Primzahlen und multipliziere diese miteinander! Was erhält man wieder?

Von Zahlen, die gemeinsame Faktoren haben, findet man das kl. gem. Vielfache, indem man die Zahlen so lang als möglich durch Primzahlen teilt und diese miteinander vervielfacht.

Beispiel: **a)**

$$8 = 2 \cdot 2 \cdot 2$$
$$12 = 2 \cdot 2 \cdot 3$$
$$18 = 2 \cdot 3 \cdot 3$$
$$2 \cdot 3 \cdot 3 \cdot 2 \cdot 2 = 72$$

b)

8,	12,	18	2
4,	6,	9	2
2,	3,	3	2
1	1	1	3
			3

Das kl. gem. Vielf. $= 2 \cdot 2 \cdot 2 \cdot 3 \cdot 3 = 72$.

11) Wie heißt das kl. gem. Vielf. von: **a)** 2, 4, 8, 16, 32; **b)** 18, 9, 3, 6, 2; **c)** 4, 10, 20, 5, 2; **d)** 8, 40, 5, 2, 4, 10; **e)** 2, 3, 5; **f)** 3, 7, 11; **g)** 2, 7, 5, 9?

12) Wie heißt das kl. gem. Vielf. von: **a)** 6, 10, 16, 20; **b)** 15, 9, 18, 24; **c)** 6, 12, 18, 27; **d)** 40, 120, 160, 30; **e)** 75, 20, 50, 2, 30?

Das Rechnen mit Brüchen.

1. Das Verwandeln von Ganzen in gemeine Brüche.

1) Wieviel Halbe hat 1 Ganzes? Wieviel Drittel? Viertel? Sechstel? Zehntel?

2) Wieviel Halbe, Drittel, 4tel, 6tel, 10tel haben 2 Ganze?

3) Bilde folgende Reihe: $1 = \frac{2}{2}$, $2 = \frac{4}{2}$ usw. bis $10 = \frac{20}{2}$! Verwandle die Ganzen ebenso in Drittel, 5tel, 6tel, 8tel!

Stelle $\frac{3}{4}$ an einer gleichgroßen Strecke (einer geraden Linie, die an beiden Enden begrenzt ist) dar!

Merke: **Ein Bruch entsteht, indem man ein Ganzes in eine Anzahl gleicher Teile teilt und einen oder mehrere Teile davon nimmt.**

Gib die Anzahl der Teile des Bruches $\frac{3}{4}$ an! Wie heißen die Teile? Was gibt der Zähler an? Was der Nenner? Wie werden bei gleichen Ganzen die Stücke oder Teile, wenn der Nenner größer wird? Wonach richtet sich also die Größe der Teile? Wonach die Anzahl der Teile? Stelle an gleichgroßen Strecken $\frac{3}{4}$ und $\frac{3}{5}$ dar! Welcher der beiden Brüche hat den größeren Wert? Zeige $\frac{2}{4}$! $\frac{3}{4}$! $\frac{3}{5}$! $\frac{4}{5}$! Welcher von zwei Brüchen hat den größeren Wert, wenn ihre Nenner gleich und ihre Zähler verschieden sind?

4) Stelle an einer Strecke dar: $\frac{2}{3}$, $\frac{3}{5}$, $\frac{5}{6}$, $\frac{7}{8}$!

5) Zeige am Meterstab: $\frac{1}{2}$, $\frac{1}{5}$, $\frac{3}{5}$, $\frac{1}{10}$, $\frac{9}{10}$ m!

6) Wieviel cm sind: $\frac{2}{5}$, $\frac{3}{4}$, $\frac{7}{10}$, $\frac{13}{20}$, $\frac{17}{50}$ m?

7) Wieviel mm sind: $\frac{3}{4}$, $\frac{4}{5}$, $\frac{9}{10}$, $\frac{19}{20}$, $\frac{17}{50}$, $\frac{7}{100}$ m?

8) Wieviel ₰ sind: $\frac{3}{5}$, $\frac{9}{10}$, $\frac{7}{20}$, $\frac{17}{50}$ ℳ?

9) Wieviel g sind: $\frac{1}{2}$, $\frac{3}{5}$, $\frac{7}{10}$, $\frac{11}{20}$, $\frac{17}{50}$ kg?

10) Verwandle **a)** in Stck.: $\frac{2}{3}$, $\frac{5}{6}$, $\frac{7}{12}$, $\frac{3}{4}$ Dutz.; **b)** in Mon.: $\frac{3}{4}$, $\frac{5}{6}$, $\frac{11}{12}$, $\frac{2}{3}$ J.; **c)** in Wo.: $\frac{1}{2}$, $\frac{1}{4}$, $\frac{3}{4}$ J.; **d)** in Std.: $\frac{2}{3}$, $\frac{5}{6}$, $\frac{7}{8}$, $\frac{11}{12}$ Tg.; **e)** in Min.: $\frac{2}{3}$, $\frac{3}{4}$, $\frac{5}{6}$, $\frac{9}{10}$, $\frac{17}{20}$, $\frac{19}{30}$ Std.!

Stelle 2 Ganze an Strecken dar! Schneide von jedem Ganzen $\frac{1}{3}$ ab! Wieviel 3tel erhält man auf diese Weise? Stelle den 4ten Teil von 3 Ganzen dar!

Merke: **Ein Bruch entsteht auch, indem man mehrere Ganze in eine Anzahl gleicher Teile teilt,** z. B.:

a) 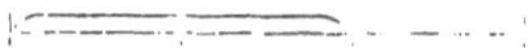 $\frac{2}{3}$ von 1 Ganzen;

b) 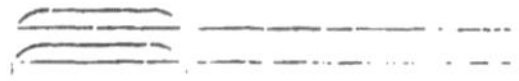 $\frac{1}{3}$ von 2 Ganzen.

11) Stelle auf 2 Arten an Strecken dar: $\frac{2}{3}$, $\frac{3}{4}$, $\frac{4}{5}$, $\frac{5}{6}$, $\frac{7}{8}$, $\frac{9}{10}$!

12) Von welcher Zahl ist $\frac{2}{3}$ der dritte Teil? $\frac{4}{5}$ der 5te Teil? $\frac{3}{8}$ der 8te Teil? $\frac{7}{9}$ der 9te Teil?

13) Welcher Bruch gibt den 8ten Teil eines Ganzen an? Von 3 Ganzen?

14) Wieviel ist der dritte Teil von 12? Wie schreibt man dies in Divisionsform an? Wie in Bruchform?

15) Schreibe **a)** in Bruchform an: 2:3; 16:20; 50:80; **b)** in Divisionsform: $\frac{4}{5}$, $\frac{3}{10}$, $\frac{13}{20}$, $\frac{29}{100}$!

16) Welche Zahl ist $\frac{1}{10}$ von 80? $\frac{1}{4}$ von 60? $\frac{2}{5}$ von 30? $\frac{9}{10}$ von 50?

17) Ein Knabe verdient 48 ₰; $\frac{3}{8}$ davon gibt er seinem Bruder. Wieviel erhält dieser?

18) Unter eine Anzahl Kinder wurden 8 ℳ so verteilt, daß jedes Kind $\frac{1}{5}$ ℳ erhielt. Wieviel Kinder waren es?

19) Wieviel Viertelliter sind 18 l? Wieviel $\frac{2}{10}$ l sind 9 l? Wieviel 12tel Dutz. sind 5 Dutz.?

20) Schreibe in Bruchform an: 1 Stck. als Dutz., 5 Mon. als J., 9 Wo. als J., 7 Std. als Tg., 25 Min. als Std.!

2. Dezimalbrüche.

1) Schreibe in Dezimalzahlen a) als m an: 1 dm oder $\frac{1}{10}$ m, 1 cm oder $\frac{1}{100}$ m, 1 mm oder $\frac{1}{1000}$ m; b) als km: 1 m oder $\frac{1}{1000}$ km, 1 dm oder $\frac{1}{10000}$ km, 1 cm oder $\frac{1}{100000}$ km, 1 mm oder $\frac{1}{1000000}$ km! Wie schreibt man als Dezimalzahlen: $\frac{2}{10}$, $\frac{6}{10}$, $\frac{9}{10}$, $\frac{7}{100}$, $\frac{91}{100}$, $\frac{3}{1000}$, $\frac{20}{1000}$, $\frac{36}{1000}$, $\frac{217}{1000}$, $\frac{4}{10000}$, $\frac{16}{10000}$, $\frac{30}{10000}$, $\frac{219}{10000}$, $\frac{3516}{10000}$, $\frac{3}{100000}$, $\frac{27}{100000}$, $\frac{389}{100000}$, $\frac{36}{1000000}$, $\frac{256}{1000000}$? Nur welcher Teil des gemeinen Bruches wird durch Ziffern angeschrieben?

Der wievielte Teil eines Einers ist ein Zehntel? 1 Hundertstel ist wievielmal so klein als 1 Zehntel? Vergleiche 1 Tausendstel mit 1 Hundertstel! Wie heißt der 10te Teil von 1 Tausendstel? Von 1 Zehntausendstel? Von 1 Hunderttausendstel?

Merke: **Brüche, deren Teile immer der zehnte Teil des nächst höheren Bruchteils sind, nennt man zehnteilige Brüche oder Dezimalbrüche.**

Wodurch werden die Ganzen von den Bruchteilen getrennt? Zwischen welchen Einheiten steht das Komma? In welchem Fall setzt man an Stelle der Ganzen eine Null? Nur welche Nenner kommen in Dezimalbrüchen vor? Vergleicht in obigen Beispielen die Anzahl der Dezimalstellen mit der Anzahl der Nullen im Nenner! Wieviel Dezimalstellen bekommt der Dezimalbruch, wenn der Nenner des entsprechenden gemeinen Bruches a) 100, b) 10000 heißt? Wieviel, wenn der Nenner a) 3, b) 6 Nullen hat? Wonach richtet sich also die Anzahl der Dezimalstellen?

2) Schreibe in Dezimalbrüchen: a) als ℳ: 7, 30, 35 ₰; b) als m: 1, 17, 80 cm; 5, 40, 92, 970 mm; c) als km: 1, 34, 107 m; d) als hl: 4, 50, 92 l; e) als kg: 1, 36, 210 g; f) als t: 60, 406, 846 kg!

3) Schreibe folgende Dezimalbrüche als gemeine Brüche an: 0,3; 0,01; 0,60; 0,97; 0,002; 0,043; 0,060; 0,760; 0,956!

Wodurch unterscheiden sich die Dezimalbrüche von den gemeinen Brüchen? Wie heißen die Nenner solcher gemeinen Brüche, die man sofort, d. h. ohne weitere Verwandlung, als Dezimalbrüche anschreiben kann? Gib Dezimalbrüche mit a) 2, b) 3, c) 5 Dezimalstellen an!

3. Echte und unechte Brüche, gemischte Zahlen.

Mündlich.

1) Nenne einen Bruch, dessen Wert kleiner ist als ein Ganzes! Gib noch mehr Brüche gleicher Art an! Gib Brüche an, deren Wert je einem Ganzen gleich ist!

2) Gib an, wieviel zu einem Ganzen bei folgenden Brüchen fehlt: $\frac{1}{2}$, $\frac{3}{4}$, $\frac{1}{6}$, $\frac{3}{8}$, $\frac{7}{9}$, $\frac{2}{10}$, $\frac{14}{20}$!

3) Nenne Brüche, die größer sind als ein Ganzes! Um wieviel sind $\frac{3}{2}$, $\frac{7}{4}$, $\frac{8}{5}$, $\frac{11}{6}$, $\frac{13}{10}$, $\frac{39}{20}$, $\frac{108}{100}$ größer als ein Ganzes?

Merke: **Brüche, die kleiner sind als ein Ganzes, nennen wir echte, die andern unechte Brüche.**

4) Gib echte Brüche an! Unechte! Bei welchen Brüchen ist der Zähler kleiner als der Nenner? Woran erkennt man also einen echten Bruch?

5) Gib Brüche an, deren Wert gleich ist dem Werte von 2, 5, 6, 10 Ganzen!

6) Gib Brüche an, die größer sind als 1 Ganzes, aber kleiner als 2 Ganze!

7) Bilde unechte Brüche, deren Zähler 3, 9, 10, 14 heißen!

8) Gib unechte Brüche an, deren Nenner 4, 7, 12, 50 heißen!

Aus welchen beiden Bestandteilen setzt sich die Zahl $3\frac{1}{2}$ zusammen?

Merke: **Zahlen, die aus Ganzen und einem echten Bruch bestehen, nennt man gemischte Zahlen.**

9) Wieviel Drittel sind 2 Ganze? Wieviel 4tel? 5tel? 10tel?

10) Verwandle 7 Ganze in 6tel! 8tel! 10tel!

11) Wieviel a) 50₰stücke oder halbe Mark sind: $7\frac{1}{2}$, $9\frac{1}{2}$, $24\frac{1}{2}$ ℳ;
b) 10₰stücke oder zehntel Mark sind: $3\frac{4}{10}$, $7\frac{9}{10}$, $14\frac{7}{10}$ ℳ;
c) 5₰stücke oder zwanzigstel Mark sind: $5\frac{3}{20}$, $6\frac{7}{20}$, $8\frac{9}{20}$ ℳ;
d) 2₰stücke oder 50stel Mark sind: $3\frac{4}{50}$, $6\frac{9}{50}$, $8\frac{11}{50}$ ℳ;
e) 1₰stücke oder 100stel Mark sind: $3\frac{7}{100}$, $8\frac{3}{100}$, $12\frac{5}{100}$ ℳ;
f) mm oder 1000stel m sind: $2\frac{3}{1000}$, $7\frac{19}{1000}$, $14\frac{13}{1000}$ m?

12) Verwandle in **a)** Mon. oder 12tel J.: $3\frac{1}{12}$, $5\frac{3}{12}$ J.; **b)** Tg. oder 30stel Mon.: $2\frac{7}{30}$, $5\frac{19}{30}$ Mon.; **c)** Std. oder 24stel Tg.: $2\frac{3}{24}$, $5\frac{5}{24}$ Tg.; **d)** Sek. oder 60stel Min: $3\frac{1}{60}$, $5\frac{13}{60}$ Min.!

13) Wie schreibt man in einer gemischten Zahl an **a)** als ℳ: 3 ℳ 20 ₰, 7 ℳ 50 ₰, 4 ℳ 25 ₰, 9 ℳ 70 ₰; **b)** als m: 4 m 20 cm, 7 m 90 cm, 3 m 75 cm, 5 m 200 mm, 9 m 500 mm, 12 m 900 mm; **c)** als Jahre: 4 J. 6 Mon., 5 J. 3 Mon., 7 J. 10 Mon.; **d)** als Tage: 1 Tg. 12 Std., 5 Tg. 4 Std., 9 Tg. 16 Std.?

14) Gib in einer gemischten Zahl an **a)** als t: 35 dz, 52 z; **b)** als hl: 125 l, 360 l!

15) Verwandle in **a)** Drittel: $3\frac{2}{3}$, $9\frac{1}{3}$, $20\frac{2}{3}$; **b)** Viertel: $3\frac{1}{4}$, $5\frac{3}{4}$, $18\frac{1}{4}$; **c)** Sechstel: $1\frac{5}{6}$, $3\frac{4}{6}$, $9\frac{1}{6}$!

16) Verwandle in unechte Brüche: **a)** $3\frac{1}{2}$, $7\frac{4}{5}$, $8\frac{1}{10}$; **b)** $2\frac{1}{5}$, $3\frac{3}{5}$, $5\frac{7}{10}$, $8\frac{7}{50}$; **c)** $1\frac{3}{4}$, $2\frac{1}{3}$, $5\frac{5}{6}$, $7\frac{11}{12}$; **d)** $2\frac{1}{2}$, $3\frac{2}{3}$, $5\frac{1}{6}$, $7\frac{3}{10}$; **e)** $3\frac{1}{5}$, $6\frac{4}{5}$, $2\frac{7}{10}$, $9\frac{7}{20}$; **f)** $20\frac{2}{3}$, $16\frac{1}{2}$, $25\frac{3}{4}$, $30\frac{5}{6}$, $42\frac{4}{5}$!

Merke: **Eine gemischte Zahl wird eingerichtet oder in einen unechten Bruch verwandelt, indem man die Anzahl der Ganzen mit dem Nenner des Bruches vervielfacht und den Zähler dazuzählt. Die erhaltene Zahl bildet den Zähler des unechten Bruches, als Nenner setzt man den Nenner des Bruches der gemischten Zahl.**

Schriftlich.

1) Wieviel Wo. sind: $3\frac{7}{52}$, $28\frac{19}{52}$, $97\frac{17}{52}$, $138\frac{41}{52}$ J.?
Schreibweise: $3\frac{7}{52}$ J. = $\frac{163}{52}$ J. = 163 Wo.
2) Wieviel Stck. sind: $8\frac{7}{12}$, $35\frac{3}{12}$, $64\frac{1}{12}$, $561\frac{8}{12}$ Dutz.?
3) Wieviel Std. sind: $6\frac{7}{24}$, $34\frac{1}{24}$, $61\frac{19}{24}$, $359\frac{11}{24}$ Tg.?
4) Wieviel 5tel sind: $18\frac{4}{5}$, $67\frac{2}{5}$, $7369\frac{3}{5}$, $36958\frac{1}{5}$?
5) Wieviel 6tel sind: $27\frac{1}{6}$, $149\frac{3}{6}$, $845\frac{2}{6}$, $27903\frac{5}{6}$?
6) Verwandle folgende gemischte Zahlen in unechte Brüche: $18\frac{2}{3}$, $37\frac{1}{4}$, $59\frac{1}{2}$, $87\frac{5}{6}$, $146\frac{4}{5}$, $18\frac{19}{20}$, $39\frac{17}{50}$, $459\frac{1}{6}$, $869\frac{7}{8}$, $27\frac{11}{12}$!
7) Richte folgende gemischte Zahlen ein: $17\frac{3}{4}$, $28\frac{7}{9}$, $36\frac{3}{8}$, $42\frac{3}{5}$, $89\frac{7}{11}$, $234\frac{1}{2}$, $356\frac{1}{4}$, $896\frac{2}{3}$, $874\frac{19}{20}$, $1845\frac{1}{2}$, $3796\frac{5}{6}$, $258\frac{11}{12}$, $379\frac{14}{30}$, $468\frac{17}{50}$!
8) Ein Bleistift kostet 6 ₰; wieviel kosten $1\frac{7}{12}$ Dutz.? $5\frac{11}{12}$ Dutz.? $8\frac{5}{12}$ Dutz.?
9) 1 Dutz. Schreibfedern kostet 15 ₰; wieviel kosten $1\frac{3}{12}$ Gr.? $3\frac{7}{12}$ Gr.? $18\frac{11}{12}$ Gr.?
10) Verwandle in unechte Brüche: $39\frac{17}{24}$, $45\frac{23}{52}$, $139\frac{17}{125}$, $467\frac{13}{150}$!

4. Das Verwandeln von Brüchen in ganze und in gemischte Zahlen.

Mündlich.

1) Wieviel ℳ sind: **a)** 32, 54, 68, 120 halbe ℳ oder 50 ₰stücke; **b)** 70, 160, 210, 380 zehntel ℳ oder 10 ₰stücke; **c)** 60, 180, 320, 560 zwanzigstel ℳ oder 5 ₰stücke?
2) Wieviel m und cm sind: $\frac{316}{100}$, $\frac{1235}{100}$, $\frac{3427}{100}$ m?
3) Wieviel kg und g sind: $\frac{1896}{1000}$, $\frac{7521}{1000}$, $\frac{12180}{1000}$ kg?
4) Wieviel t und dz sind: $\frac{39}{10}$, $\frac{67}{10}$, $\frac{136}{10}$ t?
5) Wieviel Dutz. und Stck. sind: $\frac{15}{12}$, $\frac{29}{12}$, $\frac{140}{12}$ Dutz.?
6) Wieviel Std. und Min. sind: $\frac{87}{60}$, $\frac{314}{60}$, $\frac{500}{60}$ Std.?
7) Wieviel Ganze sind: **a)** $\frac{21}{3}$, $\frac{51}{3}$, $\frac{126}{3}$; **b)** $\frac{28}{4}$, $\frac{64}{4}$, $\frac{128}{4}$; **c)** $\frac{54}{6}$, $\frac{90}{6}$, $\frac{126}{6}$; **d)** $\frac{48}{8}$, $\frac{160}{8}$, $\frac{400}{8}$?
8) Wieviel Ganze und 5tel sind: $\frac{19}{5}$, $\frac{34}{5}$, $\frac{69}{5}$, $\frac{108}{5}$?
9) Wieviel Ganze und 20stel sind: $\frac{39}{20}$, $\frac{52}{20}$, $\frac{139}{20}$, $\frac{352}{20}$?
10) Verwandle in gem. Zahlen: $\frac{19}{4}$, $\frac{29}{5}$, $\frac{38}{6}$, $\frac{57}{8}$, $\frac{92}{10}$, $\frac{92}{20}$, $\frac{125}{30}$, $\frac{215}{60}$, $\frac{126}{12}$!

Merke: **Aus einem unechten Bruch erhält man die Ganzen, indem man den Zähler durch den Nenner teilt.**

Schriftlich.

1) Wieviel Dutz. und Stck. sind: $\frac{76}{12}$, $\frac{97}{12}$, $\frac{134}{12}$, $\frac{196}{12}$, $\frac{285}{12}$ Dutz.?
Schreibweise: $\frac{76}{12}$ Dutz. = $6\frac{4}{12}$ Dutz. = 6 Dutz. 4 Stck.
2) Wieviel Tg. und Std. sind: $\frac{81}{24}$, $\frac{115}{24}$, $\frac{236}{24}$, $\frac{348}{24}$, $\frac{796}{24}$ Tg.?
3) Wieviel J. und Mon. sind: $\frac{93}{12}$, $\frac{125}{12}$, $\frac{189}{12}$, $\frac{278}{12}$ J.?
4) Wieviel Tg. und Std. sind: $\frac{178}{24}$, $\frac{391}{24}$, $\frac{557}{24}$, $\frac{1098}{24}$ Tg.?

5) Verwandle folgende unechte Brüche in gemischte Zahlen: $\frac{17}{3}$, $\frac{59}{8}$, $\frac{138}{4}$, $\frac{169}{5}$, $\frac{237}{6}$, $\frac{258}{7}$, $\frac{123}{8}$, $\frac{345}{9}$, $\frac{276}{10}$, $\frac{341}{12}$, $\frac{459}{20}$, $\frac{791}{4}$, $\frac{984}{5}$, $\frac{2345}{9}$, $\frac{3476}{8}$, $\frac{5721}{30}$, $\frac{6719}{50}$, $\frac{63845}{100}$!

6) Bringe auf gemischte Zahlen: $\frac{319}{4}$, $\frac{894}{7}$, $\frac{2351}{9}$, $\frac{3842}{11}$, $\frac{7963}{12}$, $\frac{38967}{50}$, $\frac{47196}{25}$, $\frac{9814}{16}$, $\frac{31972}{24}$, $\frac{84761}{52}$!

7) Richte folgende gemischte Zahlen ein und mache darauf die Probe: $17\frac{2}{3}$, $43\frac{5}{6}$, $98\frac{7}{8}$, $139\frac{4}{9}$, $257\frac{11}{12}$, $386\frac{19}{20}$, $745\frac{13}{24}$!

5. Gemischte Zahlen als Dezimalbrüche.

Schreibe 245 mm in einer Dezimalzahl als m an! Wieviel ganze m erscheinen in der Dezimalzahl? Wieviel 10tel m? Wieviel 100stel m? 1000stel m? Aus wieviel Brüchen können wir daher uns diese Dezimalzahl zusammengesetzt denken? Auf welcher Stelle **rechts** vom Komma stehen die 10tel? Die 100stel? Welche Einheiten der Ganzen werden bei Dezimalbrüchen auf die erste Stelle **links** vom Komma gesetzt? Welche auf die zweite Stelle? Dritte Stelle? Wie schreibt man 38 m 245 mm als m an?

1) Schreibe in Dezimalbrüchen an:
   a) als ℳ: 7 ℳ 4 ₰, 19 ℳ 6 ₰, 28 ℳ 40 ₰, 36 ℳ 92 ₰;
   b) als m: 8 m 5 cm, 46 m 92 cm, 8 m 5 mm, 37 m 80 mm;
   c) als km: 9 km 8 m, 14 km 50 m, 21 km 26 m, 59 km 240 m;
   d) als hl: 9 hl 6 l, 15 hl 20 l, 37 hl 49 l;
   e) als kg: 3 kg 5 g, 17 kg 20 g, 34 kg 160 g, 52 kg 389 g!

2) Lies folgende Dezimalbrüche: 4,5; 0,6; 3,75; 6,009; 0,058; 24,651; 300,003; 4045,0045!

3) Schreibe folgende Dezimalbrüche als gemischte Zahlen mit Anwendung gemeiner Brüche: 7,8; 9,36; 12,70; 24,006; 38,2214; 51,569; 62,795; 3,7452; 8,1564; 5,00042; 8,00432; 12,72135; 9,000765; 15,432809; 27,238542!

4) Schreibe in Dezimalbrüchen an: $7\frac{3}{10}$, $8\frac{7}{100}$, $6\frac{6}{1000}$, $12\frac{46}{1000}$, $39\frac{420}{1000}$, $6\frac{521}{10000}$, $7\frac{41}{10000}$, $24\frac{3}{100000}$, $42\frac{59}{100000}$, $73\frac{72}{1000000}$, $8\frac{34561}{1000000}$!

6. Das Erweitern der gemeinen Brüche.

1) Wieviel Einpfennigstücke oder 100stel ℳ sind: $\frac{1}{2}$, $\frac{7}{10}$, $\frac{9}{20}$, $\frac{13}{50}$ ℳ?
2) Wieviel 5 ₰ st. oder 20stel ℳ sind: $\frac{1}{2}$, $\frac{3}{10}$, $\frac{9}{10}$ ℳ?
3) Wieviel **a)** 100stel, **b)** 1000stel sind: $\frac{3}{5}$, $\frac{9}{10}$, $\frac{17}{20}$, $\frac{4}{25}$, $\frac{6}{50}$?
4) Verwandle in 20stel: $\frac{1}{2}$, $\frac{1}{4}$, $\frac{3}{5}$, $\frac{9}{10}$! In 12tel: $\frac{2}{3}$, $\frac{3}{4}$, $\frac{5}{6}$!
5) Verwandle in 24stel: $\frac{2}{3}$, $\frac{5}{6}$, $\frac{5}{8}$, $\frac{11}{12}$! In 60stel: $\frac{3}{4}$, $\frac{7}{15}$, $\frac{19}{20}$, $\frac{29}{30}$!
6) Wieviel 4tel, 6tel, 8tel, 10tel, 12tel, 20stel hat $\frac{1}{2}$?
7) Wieviel 8tel, 12tel, 20stel, 40stel, 100stel sind $\frac{3}{4}$?
8) Zeige, an Strecken dargestellt, daß **a)** $\frac{1}{2} = \frac{2}{4} = \frac{3}{6} = \frac{4}{8} = \frac{5}{10}$, **b)** $\frac{2}{3} = \frac{4}{6} = \frac{6}{9} = \frac{8}{12}$, **c)** $\frac{3}{4} = \frac{6}{8} = \frac{9}{12}$ sind!

Z. B. $\frac{4}{5} = \frac{8}{10} = \frac{12}{15}$:

9) Beweise an Längenmaßen, wieviel **a)** 10tel, **b)** 100stel, **c)** 1000stel dem Werte nach $\frac{4}{5}$ sind!

10) Zeige an Zeitmaßen, wieviel 12tel, 24stel, 60stel gleich $\frac{5}{6}$ sind!

11) Wieviel 12tel kann man für $\frac{3}{4}$ setzen?

Welche Veränderung tritt in der Anzahl der Teile ein, wenn wir $\frac{9}{12}$ für $\frac{3}{4}$ setzen? Welche in der Größe der Teile? Wie werden dabei Zähler und Nenner?

Merke: **Werden Zähler und Nenner eines Bruches mit der gleichen Zahl (Erweiterungszahl) vervielfacht, so wird der Bruch erweitert; sein Wert bleibt unverändert.**

12) Erweitere $\frac{1}{2}$, $\frac{2}{3}$, $\frac{3}{4}$, $\frac{4}{5}$, $\frac{7}{8}$, $\frac{3}{10}$ mit **a)** 3, **b)** 5, **c)** 10, **d)** 12!

13) Erweitere $\frac{3}{4}$, $\frac{2}{5}$, $\frac{3}{8}$, $\frac{4}{7}$, $\frac{7}{9}$, $\frac{11}{12}$ mit 2! Mit 6! Mit 8!

14) Verwandle **a)** $\frac{1}{2}$, $\frac{2}{3}$, $\frac{3}{4}$, $\frac{5}{6}$ in 12tel; **b)** $\frac{1}{5}$, $\frac{7}{10}$, $\frac{3}{20}$, $\frac{9}{50}$ in 100stel!

15) $\frac{3}{4}$ sind $\frac{?}{8} = \frac{?}{16} = \frac{?}{20} = \frac{?}{40} = \frac{?}{100}$

16) $\frac{4}{5}$ sind $\frac{8}{?} = \frac{16}{?} = \frac{40}{?} = \frac{80}{?} = \frac{800}{?}$

17) Gib die Erweiterungszahl an: **a)** $\frac{1}{2} = \frac{5}{10}$, **b)** $\frac{3}{4} = \frac{18}{24}$, **c)** $\frac{7}{9} = \frac{56}{72}$!

18) Welche Wertveränderung eines gemeinen Bruches tritt ein, wenn nur der Zähler mit **a)** 2, **b)** 5 vervielfacht wird? Welche, wenn nur der Nenner mit diesen Zahlen vervielfacht wird? Gib Beispiele dazu an!

7. Das Erweitern der Dezimalbrüche.

1) Wieviel cm oder 100stel m sind: $\frac{1}{10}$, $\frac{3}{10}$, $\frac{7}{10}$, $\frac{9}{10}$ m?

2) Wieviel mm oder 1000stel m sind: $\frac{1}{10}$, $\frac{3}{10}$, $\frac{7}{10}$, $\frac{9}{10}$ m?

3) Schreibe 0,1 m; 0,3 m; 0,7 m als **a)** 100stel m, **b)** 1000stel m in Dezimalbrüchen an!

4) Wieviel m oder 1000stel km sind: 0,1 km; 0,4 km; 0,6 km?

Wieviel Teile werden bei $\frac{1}{10}$ oder 0,1 gezählt? Bei $\frac{10}{100}$ oder 0,10? Bei $\frac{100}{1000}$ oder 0,100? Vergleiche die Werte der Brüche $\frac{1}{10}$, $\frac{10}{100}$ und $\frac{100}{1000}$! Vergleiche die Anzahl der Teile bei den 3 Brüchen! Die Größe der Teile! Womit wird demnach ein Dezimalbruch erweitert, wenn man rechts eine Null anhängt? Wenn man zwei Nullen anhängt? Drei Nullen?

5) Erweitere **a)** 0,9 mit: 10, 1000, 100000; **b)** 0,06 mit 100, 10000!

6) Verwandle in **a)** Hundertstel: 0,2; 0,8; 0,6; **b)** Tausendstel: 0,4; 0,63; 0,20; **c)** Millionstel: 0,9; 0,35; 0,462; 0,8235!

7) Mit welcher Zahl wird erweitert, wenn man für 0,7 **a)** 0,700, **b)** 0,7000 **c)** 0,70000 setzt?

8. Das Verwandeln gemeiner Brüche in Dezimalbrüche.

1) Wieviel **a)** 10tel sind: $\frac{1}{2}$, $\frac{1}{5}$, $\frac{4}{5}$; **b)** 100stel: $\frac{1}{4}$, $\frac{3}{4}$, $\frac{7}{20}$, $\frac{11}{25}$, $\frac{39}{50}$; **c)** 1000stel: $\frac{1}{8}$, $\frac{5}{8}$, $\frac{1}{125}$, $\frac{47}{125}$?

2) Schreibe die in Nr. 1 vorkommenden gemeinen Brüche in Form einer Division an und setze dazu die gleichwertigen Dezimalbrüche, z. B. $\frac{1}{2} = 1:2 = 0{,}5$!

3) Wieviel mm sind $\frac{5}{8}$ m? Wieviel 10tel m erhält man? Wieviel 100stel m? 1000stel m?

Schreibe $\frac{5}{8}$ in Form einer Division! Wieviel Einer erhält man, wenn man 5 Einer durch 8 teilt? Was setzt man im Quotienten in die Stelle der Einer? Verwandle 5 Einer in Zehntel und teile diese durch 8! Verwandle den Rest mit 2 Zehnteln in 100stel und teile diese! Nun auch die als Rest verbleibenden 4 Hundertstel in 1000stel und teile wieder! Was für einen Bruch erhält man durch Division des Zählers durch den Nenner? Womit muß man $\frac{5}{8}$ erweitern, um $\frac{625}{1000}$ zu bekommen? Womit $\frac{2}{5}$, um 10tel zu bekommen? Womit $\frac{1}{4}$, um 100stel zu erhalten? Führe bei den Brüchen $\frac{4}{5}$ ℳ und $\frac{3}{4}$ ℳ die Teilung des Zählers durch den Nenner aus!

a) $\frac{4}{5}$ ℳ = 4 ℳ : 5 = 0 ℳ; 4 ℳ = 40 zehntel ℳ, 40 zehntel ℳ : 5 = 8 zehntel ℳ = 0,8 ℳ; 4 : 5 = 0,8

b) $\frac{3}{4}$ ℳ = 3 ℳ : 4 = 0 ℳ; 3 ℳ = 30 zehntel ℳ, 30 zehntel ℳ : 4 = 7 zehntel ℳ, Rest 2 zehntel ℳ; 2 zehntel ℳ = 20 hundertstel ℳ; 20 hundertstel ℳ : 4 = 5 hundertstel ℳ = 0,05 ℳ; 3 : 4 = 0,75

4) Verwandle $\frac{5}{8}$, $\frac{91}{125}$, $\frac{13}{16}$, $\frac{7}{32}$, $\frac{17}{40}$, $\frac{29}{80}$, $\frac{53}{64}$ in Dezimalbrüche, indem du den Zähler durch den Nenner teilst, den Rest in 10tel verwandelst, diese durch den Nenner teilst, den Rest in 100stel verwandelst, diese teilst usw.!

5) Verwandle in gemeine Brüche oder in gemischte Zahlen: 0,5; 0,70; 0,8; 0,55; 0,125; 0,750; 2,4; 3,12; 18,35; 29,64; 4,875; 9,460!

6) Verwandle $\frac{2}{3}$, $\frac{7}{9}$, $\frac{5}{11}$, $\frac{5}{6}$, $\frac{11}{12}$, $\frac{13}{22}$ in Dezimalbrüche! Wodurch unterscheiden sich diese Dezimalbrüche von den bisherigen?

Nimmt bei dem Verwandeln gemeiner Brüche in Dezimalbrüche die Division des Zählers durch den Nenner ein Ende, so erhält man endliche Dezimalbrüche, andernfalls unendliche.

Die unendlichen Dezimalbrüche zeigt man dadurch an, daß man rechts von den Dezimalstellen 3 Punkte in wagerechter Richtung setzt. Gib nun gemeine Brüche an, die bei der Verwandlung in Dezimalbrüche **a)** endliche, **b)** unendliche Dezimalbrüche ergeben!

7) Verwandle in Dezimalbrüche: $\frac{17}{80}$, $\frac{53}{400}$, $\frac{137}{640}$, $\frac{23}{800}$, $\frac{237}{1250}$, $19\frac{7}{25}$, $26\frac{19}{50}$, $38\frac{3}{8}$! Schreibweise: $\frac{17}{80}$ = 17 : 80 = 0,2125

9. Das Kürzen oder Heben der gemeinen Brüche.

1) Mit welchen Geldstücken kann man 80 ₰ bezahlen? Wieviel 50stel ℳ oder 2 ₰stücke sind $\frac{80}{100}$ ℳ? Wieviel 20stel ℳ oder 5 ₰stücke? 10tel ℳ oder 10 ₰stücke?

2) Wieviel 50stel, 20stel, 10tel ℳ sind 60 ₰? 90 ₰?

3) Wieviel **a)** 20stel ℳ sind: $\frac{35}{100}$, $\frac{65}{100}$ ℳ; **b)** wieviel 5tel ℳ: $\frac{40}{100}$, $\frac{60}{100}$ ℳ?

4) Wieviel **a)** 10tel hl sind: 20, 60, 80 l; **b)** wieviel 5tel hl: 20, 60, 80 l?

5) Wieviel halbe, 4tel, 10tel km sind 500 m?

6) Wieviel 5tel, 10tel, 20stel, 50stel m sind **a)** 60 cm? **b)** $\frac{80}{100}$ m?

7) Wieviel 4tel Jahre sind 3 Mon. oder $\frac{3}{12}$ J.? $\frac{9}{12}$ J.?

8) Wieviel drittel Dutz. sind: 4 Stck. oder $\frac{4}{12}$ Dutz.? $\frac{8}{12}$ Dutz.?

9) Wieviel halbe, 4tel, 8tel, 12tel Tg. sind 12 Std. oder $\frac{12}{24}$ Tg.?

10) Gib in gemeinen Brüchen an, **a)** als Std.: 40, 45, 36 Min.; **b)** als Min.: 30, 15, 45, 40 Sek.!

11) Verwandle in Drittel: $\frac{6}{9}$, $\frac{20}{30}$, $\frac{8}{12}$, $\frac{16}{24}$; in Viertel: $\frac{6}{8}$, $\frac{9}{12}$, $\frac{5}{20}$, $\frac{18}{24}$!

12) Stelle an gleichgroßen Strecken dar: $\frac{5}{10} = \frac{4}{8} = \frac{3}{6} = \frac{2}{4} = \frac{1}{2}$!

Vergleiche die vier ersten Brüche mit $\frac{1}{2}$! Welche Veränderung tritt bei der Verwandlung in der Anzahl der Teile ein? Welche in der Größe der Teile? Wie werden Zähler und Nenner? Wodurch werden sie jeweils geteilt?

Merke: **Werden Zähler und Nenner eines Bruches gleichzeitig durch dieselbe Zahl geteilt, so wird der Bruch gekürzt oder gehoben; der Wert des Bruches bleibt unverändert.**

13) Folgende Brüche sollen gehoben werden **a)** durch 2: $\frac{2}{4}$, $\frac{6}{10}$, $\frac{10}{12}$, $\frac{6}{50}$, $\frac{6}{8}$, $\frac{18}{20}$, $\frac{24}{100}$; **b)** durch 3: $\frac{6}{9}$, $\frac{9}{12}$, $\frac{12}{15}$, $\frac{9}{24}$, $\frac{21}{30}$, $\frac{27}{60}$; **c)** durch 5: $\frac{15}{20}$, $\frac{35}{50}$, $\frac{10}{15}$, $\frac{45}{100}$, $\frac{15}{40}$, $\frac{85}{90}$, $\frac{25}{35}$, $\frac{10}{45}$!

14) Hebe folgende Brüche: $\frac{6}{10}$, $\frac{8}{12}$, $\frac{12}{16}$, $\frac{15}{18}$, $\frac{20}{24}$, $\frac{21}{30}$, $\frac{30}{40}$, $\frac{15}{45}$, $\frac{24}{32}$, $\frac{75}{100}$, $\frac{300}{1000}$, $\frac{36}{120}$, $\frac{24}{88}$, $\frac{39}{130}$, $\frac{66}{110}$, $\frac{90}{150}$, $\frac{34}{170}$, $\frac{325}{600}$, $\frac{775}{950}$, $\frac{820}{1000}$!

15) Schreibe die Brüche $\frac{1}{24}$, $\frac{2}{24}$, $\frac{3}{24}$, $\frac{4}{24}$ usw. bis $\frac{24}{24}$ senkrecht untereinander und kürze, wo es möglich ist!

16) Schreibe folgende Divisionen in Bruchform an und hebe: **a)** 24 : 8, **b)** 80 : 32, **c)** 45 : 60, **d)** 120 : 70, **e)** 36 : 16, **f)** 125 : 50, **g)** 250 : 200!

17) Durch welche Zahlen werden die Brüche gehoben, wenn man setzt: **a)** für $\frac{9}{12} = \frac{3}{4}$; **b)** für $\frac{20}{30} = \frac{2}{3}$; **c)** für $\frac{50}{60} = \frac{5}{6}$; **d)** für $\frac{28}{35} = \frac{4}{5}$?

Welche Wertveränderung tritt bei einem Bruche ein, wenn nur der Zähler durch 2, 3, 4, 10 geteilt wird? Wenn nur der Nenner durch 2, 3, 4, 10 dividiert wird? Zeige diese Wertveränderung an Beispielen mit Anwendung von Maßen!

18) Hebe folgende Brüche: $\frac{24}{30}$, $\frac{32}{48}$, $\frac{45}{60}$, $\frac{72}{80}$, $\frac{75}{100}$, zerlege aber vorher Zähler und Nenner dieser Brüche in Faktoren, z. B.

$$\frac{24}{30} = \frac{4 \cdot 6}{5 \cdot 6} = \frac{3 \cdot 8}{3 \cdot 10} = \frac{2 \cdot 12}{5 \cdot 2 \cdot 3} = \frac{3 \cdot 2 \cdot 4}{2 \cdot 15} = \frac{2 \cdot 2 \cdot 2 \cdot 3}{2 \cdot 3 \cdot 5}$$

Durch welche Zahlen kann in den einzelnen Fällen gehoben werden? Gib die größte Zahl an, durch die sich Zähler und Nenner des Bruches $\frac{30}{45}$ ohne Rest teilen lassen! Wie nennt man eine solche größte Zahl? Durch welche Zahl wird man demnach diesen Bruch kürzen, wenn eine weitere Kürzung nicht mehr möglich sein soll?

Merke: **Ein Bruch wird sogleich auf die kürzeste Form gebracht, wenn man Zähler und Nenner durch ihr größtes gemeinschaftliches Maß teilt.**

19) Durch welche größte Zahl lassen sich kürzen: $\frac{48}{60}$, $\frac{60}{90}$, $\frac{75}{150}$, $\frac{250}{300}$?

20) Kürze: **a)** $\frac{6 \cdot 8 \cdot 9}{12 \cdot 2 \cdot 18}$; **b)** $\frac{10 \cdot 16 \cdot 24}{15 \cdot 12 \cdot 40}$; **c)** $\frac{3 \cdot 18 \cdot 35 \cdot 20}{10 \cdot 6 \cdot 14 \cdot 2}$; **d)** $\frac{13 \cdot 34 \cdot 45 \cdot 18}{6 \cdot 39 \cdot 51 \cdot 15}$;

e) $\frac{2 \cdot 3 \cdot 8 \cdot 15 \cdot 32 \cdot 42}{21 \cdot 4 \cdot 6 \cdot 30 \cdot 3}$; **f)** $\frac{13 \cdot 27 \cdot 45 \cdot 50}{15 \cdot 39 \cdot 30 \cdot 9}$; **g)** $\frac{4 \cdot 12 \cdot 18 \cdot 300 \cdot 320}{80 \cdot 36 \cdot 78 \cdot 120}$;

h) $\frac{24 \cdot 36 \cdot 250 \cdot 380}{19 \cdot 18 \cdot 75 \cdot 3 \cdot 40}$; **i)** $\frac{15 \cdot 42 \cdot 360 \cdot 9 \cdot 52}{130 \cdot 5 \cdot 70 \cdot 40 \cdot 6}$ **k)** $\frac{54 \cdot 21 \cdot 170 \cdot 14 \cdot 25}{75 \cdot 270 \cdot 7 \cdot 340}$!

21) Schreibe **a)** als 30stel Mon. an und kürze: 15, 6, 18, 20, 24 Tg., **b)** als Tg.: 8, 15, 18, 20 Std., **c)** als Std.: 20, 35, 48 Min.!

22) Schreibe a) als 12tel Dutz. an und kürze: 8, 9, 10 Stück, b) als 20stel t: 8, 10, 12, 15, 16 z, c) als 10tel t: 4, 8, 5, 2 dz!

23) Schreibe in gemischten Zahlen an und kürze die Brüche: a) als Jahre: 4 J. 3 Mon., 3 J. 8 Mon., 7 J. 9 Mon.; b) als Std.: 2 Std. 10 Min., 5 Std. 20 Min., 8 Std. 40 Min.!

24) Welcher Unterschied besteht zwischen dem Erweitern und dem Kürzen der gemeinen Brüche?

Gib die **Form**- und die **Wert**veränderung beim a) Erweitern, b) Kürzen an!

10. Das Kürzen der Dezimalbrüche.

1) Wieviel Zehnpfennigstücke oder 10tel ℳ sind 70 ₰? 90 ₰? $\frac{20}{100}$ ℳ oder 0,20 ℳ? $\frac{60}{100}$ ℳ oder 0,60 ℳ?

2) Wieviel a) 100stel, b) 10tel m sind $\frac{800}{1000}$ m oder 0,800 m? $\frac{600}{1000}$ m oder 0,600 m?

3) Schreibe 0,100 kg; 0,300 kg; 0,700 kg; 0,900 kg als a) 10tel, b) 100stel kg in Dezimalbrüchen an!

Schreibe 900 mm als m in gemeinen und in Dezimal-Brüchen an! Wievielmal so wenig Teile bekommt man, wenn man statt $\frac{900}{1000}$ m a) $\frac{90}{100}$ m, b) $\frac{9}{10}$ m setzt? Statt 0,900 m a) 0,90 m, b) 0,9 m? Wie verändert sich in jedem einzelnen Falle die Größe der Teile? Welche Veränderung in der Anzahl und in der Größe der Teile tritt bei einem Dezimalbruch ein, wenn man rechts die letzte Null abschneidet? Wenn man aber 2 Nullen abschneidet? Drei Nullen? Wie wird also ein Dezimalbruch durch 10 gehoben? Wie durch 100? 1000?

4) Hebe a) durch 10: 0,70; 0,300; 3,750; b) durch 100: 0,400; 0,0900; 3,8000!

5) Folgende Dezimalbrüche sollen gehoben werden: 2,40; 0,750; 4,800; 9,7000; 0,8500; 5,50; 9,800; 0,3050; 4,3500; 12,6000!

11. Zusammenzählen der gemeinen Brüche.

I. Gleichnamige Brüche.

Mündlich.

1) Wieviel a) zehntel ℳ sind: 3 + 6 + 8 + 9 + 5 Zehnpfennigstücke; b) 100stel m: 4 cm + 15 cm + 24 cm + 36 cm + 70 cm + 43 cm; c) 1000stel m: 6 mm + 25 mm + 72 mm + 150 mm + 240 mm?

Gib beliebige Brüche mit gleichen Nennern an! Wie kann man Brüche nennen, deren Teile gleiche Benennung oder denselben Namen haben? Gib gleichnamige Geldsorten an und zähle ihre Anzahl zusammen! Welche Benennung erhält die Summe der Stücke? Wie verfährt man also auch, wenn man gleichnamige Brüche addieren soll?

Merke: **Gleichnamige Brüche werden addiert, indem man ihre Zähler zusammenzählt und als Nenner den gemeinschaftlichen Nenner setzt.**

2) Zähle zus.: a) $\frac{4}{10} + \frac{5}{10} + \frac{6}{10} + \frac{8}{10} + \frac{7}{10}$; b) $\frac{12}{100} + \frac{27}{100} + \frac{48}{100} + \frac{90}{100} + \frac{23}{100}$; c) $\frac{400}{1000} + \frac{300}{1000} + \frac{700}{1000} + \frac{600}{1000}$!

3) Zähle zus.: a) $\frac{14}{100}$ ℳ + $\frac{19}{100}$ ℳ + $\frac{38}{100}$ ℳ + $\frac{93}{100}$ ℳ; b) $\frac{13}{100}$ z + $\frac{29}{100}$ z + $\frac{62}{100}$ z + $\frac{75}{100}$ z; c) $\frac{7}{20}$ t + $\frac{9}{20}$ t + $\frac{13}{20}$ t + $\frac{19}{20}$ t; d) $\frac{7}{12}$ Gr. + $\frac{5}{12}$ Gr. + $\frac{9}{12}$ Gr.; e) $\frac{4}{12}$ J. + $\frac{7}{12}$ J. + $\frac{9}{12}$ J. + $\frac{5}{12}$ J. + $\frac{11}{12}$ J.; f) $\frac{5}{24}$ Tg. + $\frac{14}{24}$ Tg. + $\frac{20}{24}$ Tg.; g) $\frac{13}{60}$ Min. + $\frac{19}{60}$ Min. + $\frac{27}{60}$ Min. + $\frac{43}{60}$ Min.!

4) Addiere $3\frac{8}{10}$ ℳ + $2\frac{9}{10}$ ℳ + $6\frac{7}{10}$ ℳ + $4\frac{6}{10}$ ℳ!

Welche zwei Geldsorten denkt man sich bei diesen gemischten Zahlen? Welche zählt man zuerst zusammen? Welche dann? Welche Summe erhält man auch, wenn man zuerst die kleineren Sorten addiert, diese in größere verwandelt und dann die größeren zusammenzählt? Wie verfährt man demnach auch bei der Addition gemischter Zahlen?

5) Addiere: a) $\frac{2}{5} + \frac{1}{5} + \frac{3}{5} + \frac{4}{5}$; b) $\frac{3}{8} + \frac{5}{8} + \frac{7}{8} + \frac{6}{8} + \frac{1}{8}$; c) $6\frac{3}{4} + 9 + 2\frac{1}{4} + 7\frac{3}{4}$; d) $3\frac{1}{6} + 4\frac{5}{6} + 5\frac{2}{6} + 3 + \frac{5}{6}$; e) $13\frac{1}{10} + 8\frac{7}{10} + 9\frac{4}{10} + 6\frac{9}{10}$!

6) Ein Kaufmann verkauft von einer Ware $5\frac{3}{10}$ kg, $6\frac{9}{10}$ kg, $4\frac{6}{10}$ kg, $7\frac{8}{10}$ kg; wieviel kg verkauft er im ganzen?

7) In einem Keller liegen 4 gefüllte Weinfässer, welche auf $1\frac{1}{10}$ hl, $2\frac{3}{10}$ hl, $1\frac{7}{10}$ hl, $\frac{9}{10}$ hl geeicht sind. Wieviel hl sind es zusammen?

8) Ein Müller verkauft 2 Säcke Mehl, wovon der eine $1\frac{64}{100}$ z, der andere $1\frac{72}{100}$ z wiegt. Wieviel beträgt das Gewicht beider Säcke?

Schriftlich.

Schreibweise: $7\frac{5}{6} + 3\frac{1}{6} + 8\frac{4}{6}$

$$\begin{array}{r} 7\frac{5}{6} \\ 3\frac{1}{6} \\ +\,8\frac{4}{6} \\ \hline 18\frac{10}{6} = 19\frac{4}{6} \\ 19\frac{4}{6} = 19\frac{2}{3} \end{array}$$

oder

	6
7	5
3	1
+ 8	4
18	$\frac{10}{6}$; $\frac{10}{6} = 1\frac{4}{6}$
	$19\frac{4}{6} = 19\frac{2}{3}$

1) Schreibe in Brüchen mit gleichen Nennern an und zähle zusammen: a) als Dutz.: 5 Stck. + 11 Stck. + 9 Stck. + 8 Stck. + 4 Stck. + 10 Stck.; b) als Min.: 13 Sek. + 7 Sek. + 28 Sek. + 35 Sek. + 42 Sek.!

2) Addiere: a) $\frac{17}{24} + \frac{9}{24} + \frac{23}{24} + \frac{5}{24} + \frac{13}{24} + \frac{19}{24} + \frac{15}{24}$; b) $3\frac{1}{6} + 9\frac{3}{6} + 15\frac{5}{6} + \frac{4}{6} + 8\frac{1}{6} + 12\frac{4}{6} + \frac{5}{6}$; c) $26\frac{7}{8} + \frac{5}{8} + 39\frac{3}{8} + \frac{6}{8} + 43\frac{1}{8} + 9\frac{7}{8} + 54\frac{2}{8}$!

3) Jemand erhält $286\frac{4}{5}$ ℳ + $397\frac{3}{5}$ ℳ + $563\frac{2}{5}$ ℳ; wieviel ℳ erhält er im ganzen?

4) Zähle zus.: a) $7\frac{3}{8}$ kg + $45\frac{7}{8}$ kg + $69\frac{5}{8}$ kg + $93\frac{6}{8}$ kg b) $24\frac{7}{20}$ t + $38\frac{11}{20}$ t + $\frac{19}{20}$ t + $126\frac{13}{20}$ t; c) $35\frac{19}{50}$ z + $7\frac{31}{50}$ z + $49\frac{47}{50}$ z + $85\frac{23}{50}$ z; d) $14\frac{7}{9} + 38\frac{6}{9} + \frac{4}{9} + 234\frac{8}{9} + 65\frac{5}{9}$; e) $47\frac{11}{12} + 85\frac{7}{12} + 136\frac{8}{12} + 6\frac{10}{12} + \frac{9}{12}$; f) $9\frac{13}{30} + 27\frac{19}{30} + \frac{11}{30} + 39\frac{27}{30} + \frac{28}{30} + 46\frac{17}{30}$!

5) Von einem Stück Tuch werden $6\frac{7}{10}$ m + $9\frac{3}{10}$ m + $2\frac{5}{10}$ m + $8\frac{7}{10}$ m + $4\frac{9}{10}$ m verkauft; wieviel m werden im ganzen verkauft?

6) Die jährliche Ausgabe eines Beamten betrug $1967\frac{8}{10}$ ℳ; die Einnahme war um $389\frac{7}{10}$ ℳ größer. Wie groß war die Einnahme?

7) Ein Landwirt kauft zu seinen $85\frac{75}{100}$ a Ackerland noch $16\frac{40}{100}$ a hinzu; wieviel a Ackerland besitzt er nun?

II. Ungleichnamige Brüche.

a) Die kleineren Nenner sind im größten ohne Rest enthalten.

Mündlich.

A. hat 1 Fünfzig₰st., 2 Zehn₰st., 4 Fünf₰st., 6 Zwei₰st. und 9 Ein₰stücke; wieviel Geld besitzt er? Welche der genannten Geldsorten muß er umwechseln, wenn er nur eine Sorte haben will? Wieviel Pfennigstücke sind es zusammen? Wievielmal soviel Stücke bekommt man beim Umwechseln für 1 Fünfzig₰st.? Für 2 Zehn₰st.? Für 4 Fünfer? 6 Zweier? Welche Veränderung tritt in jedem einzelnen Falle im Werte der Stücke ein? In der Anzahl der Stücke? Gib die einzelnen Geldsorten als ℳ in gemeinen Brüchen an! Auf welche Weise erhält man für alle diese Brüche eine gleiche Benennung? Merke: Ungleichnamige Brüche werden addiert, indem man sie zuerst gleichnamig macht; man erweitert alle Brüche in der Weise, daß sie gleiche Nenner haben.

Das kl. gem. Vielfache der Nenner bildet den Hauptnenner der gegebenen Brüche.

Merke: **Von mehreren Brüchen ist der größte Nenner der kleinste gemeinschaftliche Hauptnenner, wenn alle kleineren Nenner in ihm ohne Rest enthalten sind.**

1) Zähle zus.: a) $\frac{3}{10}$ ℳ + $\frac{83}{100}$ ℳ, $\frac{7}{20}$ ℳ + $\frac{54}{100}$ ℳ, $\frac{1}{5}$ ℳ + $\frac{7}{100}$ ℳ, $\frac{4}{5}$ ℳ + $\frac{61}{100}$ ℳ, $\frac{9}{20}$ ℳ + $\frac{17}{100}$ ℳ, $\frac{17}{50}$ ℳ + $\frac{31}{100}$ ℳ;
b) $\frac{2}{5}$ ℳ + $\frac{31}{50}$ ℳ, $\frac{3}{5}$ ℳ + $\frac{29}{50}$ ℳ, $\frac{3}{10}$ ℳ + $\frac{47}{50}$ ℳ, $\frac{9}{10}$ ℳ + $\frac{13}{50}$ ℳ;
c) $\frac{3}{20}$ t + $\frac{7}{10}$ t, $\frac{19}{20}$ t + $\frac{3}{10}$ t, $\frac{9}{10}$ t + $\frac{11}{20}$ t;
d) $\frac{1}{2}$ J. + $\frac{1}{3}$ J. + $\frac{1}{12}$ J., $\frac{2}{3}$ J. + $\frac{7}{12}$ J., $\frac{11}{12}$ J. + $\frac{2}{3}$ J. + $\frac{5}{6}$ J.!

2) Addiere: a) $\frac{3}{10}$ m + $\frac{41}{100}$ m + $\frac{79}{1000}$ m; b) $\frac{1}{5}$ hl + $\frac{3}{10}$ hl + $\frac{7}{20}$ hl + $\frac{19}{100}$ hl; c) $\frac{1}{2}$ ℳ + $\frac{2}{5}$ ℳ + $\frac{3}{10}$ ℳ + $\frac{7}{20}$ ℳ; d) $\frac{5}{24}$ Tg. + $\frac{5}{6}$ Tg. + $\frac{11}{12}$ Tg.; e) $\frac{1}{2}$ Dutz. + $\frac{2}{3}$ Dutz. + $\frac{11}{12}$ Dutz. + $\frac{3}{4}$ Dutz.!

3) Addiere: a) $\frac{1}{2} + \frac{3}{4} + \frac{7}{8}$; b) $\frac{2}{3} + \frac{5}{6} + \frac{11}{12}$; c) $\frac{1}{5} + \frac{1}{4} + \frac{9}{10} + \frac{7}{20}$; d) $2\frac{1}{2} + \frac{3}{4}$, $4\frac{5}{6} + \frac{2}{3}$!

4) Von einem Stück Tuch werden $3\frac{1}{2}$ m und $4\frac{3}{4}$ m abgeschnitten, wieviel m im ganzen?

5) Jemand hat auf der Reise am ersten Tage $8\frac{1}{2}$ ℳ, am zweiten Tage $9\frac{4}{5}$ ℳ, am dritten Tage $7\frac{3}{10}$ ℳ ausgegeben, wieviel ℳ in diesen drei Tagen zusammen?

6) Zu einem Rock braucht man $1\frac{1}{2}$ m Tuch, zu Hose und Weste $1\frac{3}{4}$ m; wieviel m Tuch sind zum Anzug nötig?

Schriftlich.

1) Stelle an gleichgroßen Strecken dar und zähle zusammen: $\frac{1}{2} + \frac{1}{4}$, $\frac{2}{3} + \frac{5}{6}$, $\frac{1}{2} + \frac{4}{5} + \frac{9}{10}$!

Z. B. $\frac{2}{3} + \frac{3}{4} + \frac{7}{12}$

	12
$\frac{2}{3}$	8
$\frac{3}{4}$	9
$+\frac{7}{12}$	7
	$\frac{24}{12} = 2$

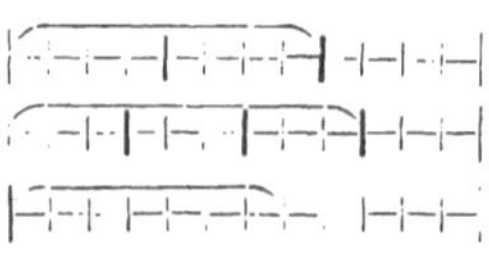

2) Löse:

a)	b)	c)	d)	e)
$\frac{5}{6}$	$9\frac{3}{4}$	$17\frac{4}{5}$	$16\frac{1}{2}$	$84\frac{5}{6}$
$\frac{7}{12}$	$\frac{1}{2}$	$6\frac{19}{20}$	$39\frac{2}{3}$	$19\frac{1}{2}$
$+\frac{1}{2}$	$+3\frac{7}{8}$	$+9\frac{7}{10}$	$+25\frac{7}{12}$	$+37\frac{2}{3}$

f)	g)	h)	i)	k)
$\frac{3}{8}$	$\frac{1}{2}$	$8\frac{1}{5}$	$49\frac{7}{50}$	$3\frac{7}{20}$
$\frac{1}{2}$	$2\frac{3}{4}$	$9\frac{7}{10}$	$3\frac{1}{2}$	$69\frac{9}{100}$
$\frac{11}{16}$	$\frac{2}{3}$	$34\frac{1}{2}$	$17\frac{9}{10}$	$16\frac{7}{10}$
$+\frac{3}{4}$	$+1\frac{11}{12}$	$+49\frac{19}{20}$	$+24\frac{19}{25}$	$+8\frac{8}{50}$

3) Von einem Baumstamm werden $3\frac{1}{2}$ m, $4\frac{3}{4}$ m, $2\frac{9}{10}$ m, $5\frac{13}{20}$ m abgesägt; wieviel m sind dies zusammen?

4) Ein Fußgänger legt am ersten Tag seiner Reise $24\frac{1}{2}$ km, am zweiten $26\frac{3}{10}$ km, am dritten $31\frac{37}{100}$ km, am vierten $16\frac{11}{20}$ km zurück. Wieviel km legt er in 4 Tagen zurück?

5) Ein Bauer verkauft $18\frac{4}{5}$ z Hafer, $23\frac{7}{10}$ z Korn, $21\frac{1}{2}$ z Weizen, $25\frac{3}{10}$ z Gerste; wieviel z Getreide verkauft er im ganzen?

6) Bei einem Unternehmen gewinnt A. $837\frac{3}{4}$ ℳ, B. $958\frac{1}{2}$ ℳ, C. $1236\frac{7}{10}$ ℳ, D. $1549\frac{13}{20}$ ℳ; wieviel beträgt der ganze Gewinn?

7) Zähle zus.:

a) $17\frac{13}{24} + 39\frac{1}{2} + 8\frac{3}{4} + 52\frac{7}{12} + 63\frac{5}{6}$; e) $769\frac{17}{60} + 368\frac{19}{30}$;

b) $9\frac{1}{2} + 34\frac{4}{5} + 16\frac{9}{10} + 59\frac{19}{30} + 87\frac{2}{3}$; f) $945\frac{19}{36} + 274\frac{23}{72}$;

c) $14\frac{3}{5} + 9\frac{17}{60} + \frac{23}{30} + 45\frac{5}{6} + 72\frac{9}{20}$; g) $293\frac{7}{16} + 189\frac{29}{48}$;

d) $26\frac{3}{4} + 7\frac{13}{80} + 9\frac{1}{2} + 53\frac{7}{20} + 82\frac{19}{40}$; h) $1368\frac{15}{32} + 457\frac{11}{16}$!

b) Die Nenner sind Primzahlen oder solche Zahlen, die keine gemeinsamen Faktoren haben.

Mündlich.

Wechsele ein 50₰stück und 20 ₰ in 10₰st. um! Verwandle $\frac{1}{2}$ ℳ und $\frac{1}{5}$ ℳ in Zehntelmark! Wie heißt das kl. gem. Vielfache der Zahlen 2 und 5? Wie auch der kl. gem. Hauptnenner der Brüche $\frac{1}{2}$ und $\frac{1}{5}$? Wie heißt der von $\frac{2}{3}$ und $\frac{3}{4}$? Von $\frac{4}{5}$ und $\frac{5}{6}$?

Merke: **Von Brüchen, deren Nenner Primzahlen sind oder keine gemeinsamen Faktoren haben, findet man den kleinsten gemeinschaftlichen Hauptnenner, indem man die Nenner miteinander vervielfacht.**

1) Zähle zus.: $\frac{1}{2}$ ℳ $+ \frac{2}{5}$ ℳ; $\frac{3}{4}$ ℳ $+ \frac{4}{5}$ ℳ; $\frac{2}{3}$ J. $+ \frac{3}{4}$ J.; $\frac{1}{4}$ Dutz. $+ \frac{1}{3}$ Dutz.; $\frac{2}{3}$ Tg. $+ \frac{7}{8}$ Tg.!

2) Löse: a) $\frac{4}{5} + \frac{2}{3}$, b) $\frac{3}{4} + \frac{4}{7}$, c) $\frac{1}{2} + \frac{6}{7}$, d) $\frac{4}{5} + \frac{5}{9}$, e) $\frac{1}{3} + \frac{3}{10}$, f) $6\frac{1}{2} + 2\frac{1}{5}$, g) $9\frac{1}{5} + 2\frac{3}{4}$, h) $8\frac{2}{3} + 3\frac{4}{5}$!

3) Von zwei Zahlen heißt die eine $8\frac{2}{3}$, die andere ist um $3\frac{1}{2}$ größer; wie heißt diese Zahl? Wieviel beträgt die Summe beider Zahlen?

Schriftlich.

1) Stelle an gleichgroßen Strecken dar und zähle zusammen: a) $\frac{1}{2} + \frac{2}{3}$; b) $\frac{1}{3} + \frac{3}{4}$; c) $\frac{3}{4} + \frac{4}{5}$!

Z. B. $\frac{2}{3} + \frac{3}{4}$

12	
$\frac{2}{3}$	8
$+\frac{3}{4}$	9
$\frac{17}{12} = 1\frac{5}{12}$	

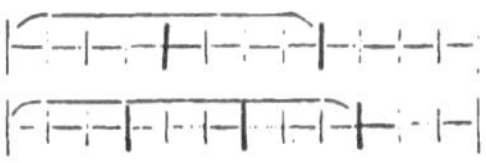

2) Zähle zus.: a) $\frac{1}{3}$ Tg. + $\frac{5}{8}$ Tg.; b) $\frac{1}{2}$ Std. + $\frac{2}{5}$ Std. + $\frac{5}{6}$ Std.; c) $\frac{3}{4}$ t + $\frac{1}{2}$ t + $\frac{2}{5}$ t; d) $16\frac{1}{4}$ Tg. + $29\frac{2}{3}$ Tg.; e) $19\frac{2}{3}$ Mon. + $26\frac{2}{5}$ Mon.; f) $24\frac{4}{5}$ km + $18\frac{3}{4}$ km; g) $6\frac{3}{5}$ kg + $7\frac{1}{2}$ kg + $9\frac{3}{4}$ kg!

3) Löse:

a)	b)	c)	d)	e)
$2\frac{1}{2}$	$1\frac{3}{4}$	$8\frac{2}{3}$	$28\frac{4}{5}$	$34\frac{1}{2}$
$\frac{2}{3}$	$9\frac{4}{5}$	$3\frac{1}{2}$	$9\frac{1}{3}$	$7\frac{1}{4}$
$+ 8\frac{3}{5}$	$+ \frac{5}{7}$	$+ 9\frac{1}{5}$	$+ 17\frac{2}{7}$	$+ 19\frac{7}{9}$

4) Von einem Sack Mehl werden $6\frac{1}{2}$ kg, $8\frac{3}{5}$ kg und $15\frac{1}{4}$ kg verkauft, wieviel kg im ganzen?

5) Eine Frau gab auf dem Markte $1\frac{1}{2}$ ℳ für Butter, $2\frac{3}{5}$ ℳ für Fleisch, $\frac{4}{5}$ ℳ für Eier, $\frac{3}{4}$ ℳ für Kartoffeln aus; wie groß war die Ausgabe?

6) Addiere: a) $37\frac{3}{4} + 9\frac{7}{8} + 2\frac{1}{2} + 43\frac{4}{5}$; b) $52\frac{2}{3} + 13\frac{3}{5} + 47\frac{1}{4} + 23\frac{1}{2}$; c) $136\frac{3}{10} + 25\frac{1}{2} + 8\frac{1}{3} + 37\frac{4}{5}$; d) $84\frac{1}{15} + 92\frac{13}{30} + 37\frac{5}{6} + 1\frac{4}{7}$!

7) In einer Familie ist der Vater $48\frac{2}{3}$ J., die Mutter $41\frac{3}{4}$ J., der Sohn $16\frac{1}{2}$ J., die Tochter $14\frac{1}{4}$ J. alt; wieviel Jahre sind dies zusammen?

8) Landwirt E. besitzt $68\frac{4}{5}$ ha Ackerland, $18\frac{1}{2}$ ha Wiesen, $1\frac{3}{4}$ ha Garten und $4\frac{1}{2}$ ha Weinberge. Wieviel ha Land besitzt er?

c) Die Nenner haben gemeinsame Faktoren.

Mündlich.

In welche gleichwertigen Geldstücke kann man 75 ₰ und 70 ₰ umwechseln? Wieviel 5 ₰ stücke oder 20 stel ℳ erhält man für 75 ₰? Für 70 ₰? Wieviel 4 tel ℳ sind 75 ₰? Wieviel 10 tel ℳ sind 70 ₰? Wie heißt das kl. gem. Vielfache der Zahlen 4 und 10? Wie auch der kl. gem. Hauptnenner der Brüche $\frac{3}{4}$ und $\frac{7}{10}$? Wie findet man von zwei oder mehreren Zahlen, die gemeinsame Faktoren haben, das kl. gem. Vielfache? Wie also auch von Brüchen, deren Nenner gemeinsame Faktoren haben, den kl. gem. Hauptnenner? (Man teilt die Nenner fortgesetzt durch Primzahlen und vervielfacht diese miteinander.)

1) Wieviel a) 20 stel ℳ sind: $\frac{1}{4}$ ℳ + $\frac{3}{10}$ ℳ; b) 12 tel J.: $\frac{3}{4}$ J. + $\frac{5}{6}$ J.; c) 24 stel Tg.: $\frac{7}{8}$ Tg. + $\frac{5}{6}$ Tg.; d) 60 stel Std.: $\frac{5}{6}$ Std. + $\frac{7}{20}$ Std.?

2) Zähle zus.: a) $\frac{1}{6} + \frac{7}{8}$; $\frac{1}{4} + \frac{7}{10}$; $\frac{9}{10} + \frac{3}{4}$; $\frac{1}{8} + \frac{1}{12}$; $\frac{7}{8} + \frac{11}{12}$; b) $\frac{1}{15} + \frac{1}{20}$; $\frac{7}{15} + \frac{19}{20}$; $\frac{4}{9} + \frac{5}{6}$; $\frac{3}{8} + \frac{3}{10}$; $\frac{1}{12} + \frac{2}{9}$; c) $4\frac{3}{4} + 5\frac{1}{6}$; $9\frac{7}{8} + 3\frac{5}{6}$; $14\frac{9}{10} + 3\frac{11}{15}$!

3) Wieviel Tg. sind $2\frac{1}{4}$ Tg. + $9\frac{1}{6}$ Tg.? $6\frac{5}{6}$ Tg. + $3\frac{7}{8}$ Tg.?

4) Wieviel hl sind $2\frac{3}{4}$ hl + $4\frac{1}{10}$ hl? $5\frac{7}{10}$ hl + $6\frac{1}{4}$ hl?

5) Wieviel t sind $5\frac{9}{10}$ t + $7\frac{1}{4}$ t? $3\frac{3}{4}$ t + $4\frac{3}{10}$ t?

6) $\frac{1}{4} + \frac{1}{6}$ einer Zahl sind 50; wie groß ist die ganze Zahl?

7) $\frac{1}{8} + \frac{1}{10}$ einer Kasse sind 900 ℳ; wie groß ist der Kassenbestand?

8) $\frac{1}{6} + \frac{1}{8}$ einer Erbschaft sind 1400 ℳ; wie groß ist die Erbschaft?

Schriftlich.

1) Stelle an gleichgroßen Strecken dar und zähle zusammen: $\frac{1}{4} + \frac{5}{6}$, $\frac{3}{4} + \frac{1}{6}$, $\frac{3}{4} + \frac{9}{10}$!

Z. B. $\frac{1}{4} + \frac{1}{6}$

$$\begin{array}{r|l} & 12 \\ \frac{1}{4} & 3 \\ + \frac{1}{6} & 2 \\ \hline & \frac{5}{12} \end{array}$$

2) Zähle zus.: a) $\frac{1}{2} + \frac{3}{4} + \frac{5}{6} + \frac{2}{3} + \frac{7}{8}$ Tg.; b) $2\frac{1}{3} + 5\frac{1}{6} + \frac{3}{8} + \frac{7}{12} + 6\frac{1}{2}$ Tg.; c) $\frac{1}{4} + \frac{4}{5} + \frac{7}{10} + \frac{1}{2} + \frac{19}{20} + \frac{37}{50}$ kg; d) $6\frac{3}{4} + 9\frac{1}{5} + 3\frac{1}{2} + 8\frac{9}{10}$ kg; e) $\frac{1}{2} + \frac{1}{4} + \frac{5}{6} + \frac{2}{3}$ Gr.; f) $5\frac{3}{4} + 6\frac{1}{6} + 9\frac{2}{3}$ Gr.!

3) Löse:

a)	b)	c)	d)	e)
$3\frac{1}{3}$	$9\frac{3}{4}$	$6\frac{4}{5}$	$23\frac{7}{8}$	$69\frac{7}{15}$
$\frac{2}{5}$	$15\frac{1}{6}$	$9\frac{13}{15}$	$39\frac{1}{6}$	$48\frac{3}{5}$
$7\frac{9}{10}$	$\frac{1}{2}$	$7\frac{2}{3}$	$5\frac{2}{3}$	$4\frac{5}{6}$
$+ 12\frac{5}{6}$	$+ 24\frac{2}{9}$	$+ 8\frac{19}{20}$	$+ 67\frac{7}{12}$	$+ 93\frac{3}{4}$

4) Ein Landmann verkaufte in eine Zuckerfabrik $18\frac{4}{5}$ dz, $21\frac{1}{2}$ dz, $24\frac{3}{4}$ dz, $23\frac{9}{10}$ dz Zuckerrüben; wieviel dz waren es im ganzen?

5) Ein Arbeiter verdiente in 6 Wochentagen wie folgt: $2\frac{4}{5}$ ℳ, $3\frac{3}{10}$ ℳ, $3\frac{11}{25}$ ℳ, $2\frac{17}{20}$ ℳ, $3\frac{1}{2}$ ℳ, $4\frac{1}{4}$ ℳ. Wieviel betrug der Wochenlohn?

6) Ein Krämer verkauft an einem Tage $25\frac{1}{10}$ kg, $8\frac{4}{5}$ kg, $16\frac{3}{4}$ kg Ware; wieviel kg beträgt der ganze Verkauf?

7) Ein Bauer besitzt $184\frac{1}{2}$ a Ackerland, $49\frac{3}{4}$ a Wiesen, $15\frac{9}{10}$ a Weinberge und $9\frac{1}{4}$ a Garten. Wieviel a beträgt sein Grundbesitz?

8) Ein Wanderer legt am ersten Tage seiner Reise $39\frac{4}{5}$ km, am zweiten $32\frac{7}{10}$ km, am dritten $28\frac{19}{25}$ km und am vierten $23\frac{3}{4}$ km zurück. Wieviel km hat er nach 4 Tagen zurückgelegt?

9) Metzger W. liefert in eine Kaserne $250\frac{3}{4}$ kg Ochsenfleisch, $92\frac{1}{2}$ kg Schweinefleisch, $85\frac{7}{10}$ kg Kalbfleisch, $134\frac{13}{25}$ kg Hammelfleisch. Wieviel kg Fleisch liefert er insgesamt?

12. Zusammenzählen der Dezimalbrüche.

Schriftlich.

Nenne 2 gleichnamige Dezimalbrüche! 2 ungleichnamige!

1) Schreibe in Dezimalbrüchen an und zähle zusammen:
   a) als m: 0,34 m + 0,09 m + 37 cm + 8,43 m + 19,85 m; 0,256 m + 0,957 m + 374 mm + 62 mm + 8,357 m!
   b) als hl: 0,82 hl + 45 l + 3 l + 0,95 hl + 8,45 hl!
   c) als km: 36 m + 0,954 km + 275 m + 24 m + 4,856 km!
   d) als t: 2,386 t + 6 kg 597 g + 987 kg + 3569 kg!

2) Wieviel m sind 8,9 m + 0,45 m + 3,48 m + 25 cm + 3 m 96 mm + 0,7 m + 895 mm + 5,763 m?

3) Wieviel km sind 3,256 km + 9,8 km + 275 m + 8 km 625 m + 5,763 km + 48 cm + 376 mm + 0,004527 km?

4) Wieviel t sind 4,3 t + 905 kg + 0,76 t + 85 kg + 16,765 t?

5) Addiere folgende Dezimalbrüche: a) 2,6; 3,85; 9,034; 1,2; 0,764; 3,0086; 0,9; b) 0,00563; 2,5; 0,76; 2,59345; 0,000645; 0,94; 0,823564!

6) Schreibe in Dezimalbrüchen an und zähle zus.: **a)** $6{,}4 + \frac{3}{4} + \frac{1}{2} + 0{,}9 + 14{,}8 + \frac{9}{10}$; **b)** $0{,}6 + 4\frac{3}{10} + 2{,}85 + \frac{13}{20} + 7{,}5 + 8\frac{4}{5} + 36{,}95$; **c)** $32{,}645 + 3\frac{1}{4} + 3\frac{2}{5} + 9{,}4 + 3{,}862 + 0{,}7652$!

7) Addiere:

a)	b)	c)
7,459	29,63585	381,765025
0,8	0,948	0,98543
3,76	31,8543	17,4289
+ 24,985	+ 0,07696	+ 63,517381

8) 4 Kaufleute haben bei einem Geschäft gewonnen: A. 386,75 ℳ, B. 475,36 ℳ, C. 532,80 ℳ, D. 680,09 ℳ; wieviel beträgt die Summe?

9) Die Bahnstrecke von A nach B mißt 64,9 km, von B nach C 133,15 km; wieviel km mißt die Strecke von A über B nach C?

10) Holzhändler W. kauft 26,8 cbm Eichenholz, 35,4 cbm Buchenholz, 47,580 cbm Tannenholz, 18,650 cbm Kiefernholz. Wieviel cbm sind es zusammen?

13. Abzählen der gemeinen Brüche.

Mündlich.

Gib 2 Geldsummen in gleichnamigen Geldsorten an und zähle die kleinere Zahl von der größeren ab! Ebenso gleichnamige Längenmaße! Gewichtsmaße! Wie verfährt man beim Zusammenzählen gleichnamiger Brüche? Wie beim Abziehen gleichnamiger Brüche? Ungleichnamiger Brüche? Fasse die Regel über die Addition und Subtraktion der gemeinen Brüche zusammen! **Gleichnamige Brüche werden addiert oder subtrahiert, indem man ihre Zähler addiert oder subtrahiert und den Nenner beibehält; ungleichnamige Brüche müssen zuerst gleichnamig gemacht werden.**

1) Ziehe $\frac{1}{2}$ von $\frac{3}{4}$ ab! $\frac{1}{2}$ von $\frac{5}{6}$! $\frac{1}{4}$ von $\frac{11}{12}$!

2) Rechne aus: **a)** $\frac{7}{10}$ ℳ — $\frac{3}{10}$ ℳ, $\frac{71}{100}$ ℳ — $\frac{29}{100}$ ℳ, $\frac{9}{20}$ ℳ — $\frac{5}{20}$ ℳ, $4\frac{49}{50}$ ℳ — $2\frac{18}{50}$ ℳ; **b)** $\frac{625}{1000}$ m — $\frac{125}{1000}$ m, $5\frac{3}{4}$ m — $2\frac{1}{4}$ m; **c)** $\frac{19}{20}$ t — $\frac{7}{20}$ t, 4 t — $1\frac{3}{5}$ t, $3\frac{9}{10}$ t — $1\frac{7}{10}$ t; **d)** $\frac{7}{12}$ Dutz. — $\frac{5}{12}$ Dutz., $9\frac{3}{4}$ Dutz. — $3\frac{1}{4}$ Dutz.; **e)** 8 Tg. — $\frac{3}{4}$ Tg., 12 Tg. — $3\frac{5}{6}$ Tg., $13\frac{7}{8}$ Tg. — $6\frac{3}{8}$ Tg.; **f)** 7 Std. — $\frac{5}{6}$ Std., 15 Std. — $4\frac{9}{10}$ Std, $8\frac{7}{20}$ Std. — $3\frac{1}{20}$ Std.!

3) Löse: **a)** $\frac{7}{10}$ ℳ — $\frac{1}{2}$ ℳ, $\frac{9}{20}$ t — $\frac{1}{4}$ t, $\frac{3}{4}$ J. — $\frac{2}{3}$ J., $\frac{2}{3}$ Dutz. — $\frac{1}{4}$ Dutz.;
b) $8 - \frac{3}{4}$, $9 - \frac{4}{5}$, $12 - \frac{7}{8}$, $15 - \frac{1}{3}$, $18 - 1\frac{5}{6}$, $7 - 2\frac{1}{2}$, $9 - 3\frac{2}{3}$;
c) $\frac{7}{8} - \frac{3}{4}$, $\frac{11}{12} - \frac{2}{3}$, $\frac{7}{12} - \frac{1}{4}$, $\frac{19}{25} - \frac{2}{5}$; **d)** $\frac{7}{8} - \frac{1}{3}$, $\frac{9}{10} - \frac{2}{3}$;
e) $\frac{5}{6} - \frac{3}{4}$, $\frac{9}{10} - \frac{1}{6}$, $\frac{19}{20} - \frac{7}{15}$, $\frac{7}{12} - \frac{3}{10}$!

4) Nimm von 90 ℳ weg: **a)** $7\frac{3}{4}$ ℳ; **b)** $12\frac{4}{5}$ ℳ; **c)** $15\frac{11}{20}$ ℳ; **d)** $8\frac{6}{10}$ ℳ; **e)** $12\frac{35}{100}$ ℳ; **f)** $25\frac{48}{100}$ ℳ!

5) Von einem Stück Tuch von 45 m Länge werden $26\frac{3}{4}$ m verkauft; wieviel m sind noch übrig?

6) Ein Arbeiter verdient wöchentlich $24\frac{1}{2}$ ℳ; wie groß ist seine Ersparnis, wenn er in der Woche $18\frac{2}{5}$ ℳ ausgibt?

7) Die Länge eines Tisches beträgt $1\frac{3}{5}$ m, die Breite $\frac{7}{10}$ m weniger; wie breit ist der Tisch? Wieviel beträgt der Umfang des Tisches?

8) In einem Faß befinden sich 4 hl 32 l Wein; wieviel l bleiben im Faß, wenn $2\frac{48}{100}$ hl abgelassen werden?

9) B. hat einen monatlichen Gehalt von 95 ℳ; wieviel bleibt ihm übrig, wenn er für Wohnung und Kost $57\frac{80}{100}$ ℳ bezahlen muß?

Schriftlich.

Schreibweise: $13\frac{1}{4} - 9\frac{5}{6}$

$$\begin{array}{r|l} & 12 \\ 13\frac{1}{4} & 3 \\ 9\frac{5}{6} & 10 \\ \hline 3 & \frac{5}{12} \end{array}$$

1) Rechne aus: a) $38\frac{17}{20}$ ℳ — $12\frac{9}{20}$ ℳ; b) $69\frac{23}{60}$ Std. — $24\frac{7}{60}$ Std.; c) $125\frac{13}{24}$ Tg. — $48\frac{19}{24}$ Tg.; d) 126 ℳ — $59\frac{18}{50}$ ℳ; e) 340 m — $182\frac{11}{20}$ m; f) 69 km — $24\frac{13}{25}$ km; g) $9\frac{13}{20} - 4\frac{19}{20}$; h) $16\frac{37}{60} - 8\frac{41}{60}$; i) $24\frac{5}{24} - 7\frac{13}{24}$; k) $39\frac{1}{50} - 14\frac{29}{50}$; l) $25\frac{3}{20} - 9\frac{17}{20}$; m) $74\frac{11}{100} - 18\frac{39}{100}$!

2) Wieviel hl sind: a) $3\frac{19}{20}$ hl — $1\frac{4}{25}$ hl; b) $8\frac{3}{4}$ hl — $3\frac{2}{5}$ hl?

3) Wieviel Gr. sind: a) $9\frac{2}{3}$ Gr. — $3\frac{3}{4}$ Gr.; b) $23\frac{5}{6}$ Gr. — $17\frac{1}{2}$ Gr.?

4) Rechne aus: a) $8\frac{1}{6}$ Tg. — $3\frac{3}{8}$ Tg.; b) $19\frac{7}{12}$ Tg. — $12\frac{7}{8}$ Tg.; c) $23\frac{4}{5}$ Std. — $12\frac{5}{6}$ Std.; d) $10\frac{11}{20}$ Std. — $8\frac{29}{30}$ Std.!

5) Löse:

a) $19\frac{3}{4}$	b) $45\frac{1}{8}$	c) $69\frac{7}{9}$	d) $181\frac{6}{7}$	e) 360
$-\,8\frac{5}{6}$	$-\,21\frac{4}{5}$	$-\,27\frac{3}{4}$	$-\,30\frac{2}{3}$	$-\,27\frac{17}{24}$
f) 541	g) $231\frac{7}{10}$	h) $452\frac{1}{6}$	i) $205\frac{3}{20}$	k) $3690\frac{13}{30}$
$-\,136\frac{3}{8}$	$-\,89\frac{19}{25}$	$-\,126\frac{7}{9}$	$-\,79\frac{17}{25}$	$-\,847\frac{41}{60}$

6) Wie groß ist der Unterschied zwischen $15\frac{3}{4}$ und $9\frac{4}{5}$? $18\frac{5}{8}$ und $7\frac{11}{12}$?

7) B. wanderte im Alter von $23\frac{3}{4}$ Jahren nach Amerika aus. Wie lange lebt er schon in Amerika, wenn er jetzt $64\frac{5}{6}$ Jahre alt ist?

8) Vermindere a) $29\frac{7}{8}$ um $13\frac{4}{5}$, b) $136\frac{1}{2}$ um $85\frac{9}{10}$, c) $296\frac{7}{12}$ um $84\frac{7}{8}$!

9) Der Steinkohlenhändler R. hat $1580\frac{1}{2}$ z Kohlen auf Lager. Davon werden in einer Woche verkauft: $87\frac{4}{5}$ z, $63\frac{1}{2}$ z, $98\frac{3}{4}$ z, $136\frac{9}{10}$ z, $158\frac{7}{20}$ z, $247\frac{3}{5}$ z. Wieviel z hat er übrig?

10) Frau M. erhält monatlich 75 ℳ zur Bestreitung ihrer Ausgaben im Haushalt. Wieviel ℳ besitzt sie noch, wenn schon ausgegeben sind: $8\frac{3}{4}$ ℳ, $9\frac{7}{10}$ ℳ, $7\frac{4}{5}$ ℳ, $12\frac{1}{2}$ ℳ, 15 ℳ 60 ₰?

11) A., B. und C. machen zusammen eine Reise. A. besitzt $360\frac{7}{10}$ ℳ, B. $450\frac{3}{5}$ ℳ, C. $520\frac{9}{20}$ ℳ, wieviel Geld besitzen sie zusammen? Wieviel ℳ hat A. weniger als B.? Wieviel hat C. mehr als B.? Wieviel C. weniger als A. und B. zusammen?

12) Kaufmann S. nimmt an einem Tage ein: $4\frac{7}{10}$ ℳ, 12 ℳ 60 ₰ $15\frac{7}{20}$ ℳ, 18 ℳ 45 ₰, 9 ℳ 80 ₰, 7 ℳ 36 ₰, $45\frac{2}{5}$ ℳ; an demselben Tag gibt er aus: $16\frac{1}{2}$ ℳ, 7 ℳ 75 ₰, $11\frac{9}{20}$ ℳ, 6 ℳ 24 ₰ und 3 ℳ 50 ₰. Um wieviel ℳ übersteigt die Einnahme die Ausgabe?

14. Abzählen der Dezimalbrüche.

Schriftlich.

1) Löse:

a) 28,75 − 13,23 b) 39,16 − 16,28 c) 7,4 − 2,56 d) 186,25 − 43,80

e) 1,75 − 0,321 f) 572,3 − 146,725 g) 6,453 − 2,894 h) 387,03 − 123,456

2) Von einem Hut Zucker von 10,8 kg Gewicht werden 4,950 kg verkauft; wieviel kg sind noch übrig?

3) Ein Bauer säete 1,78 hl Korn und erntete 13,83 hl; um wieviel hl ist die Ernte größer als die Aussaat?

4) Ein Wagen mit Heu wog 58,64 z, der leere Wagen 11,79 z; wieviel z wog das Heu?

5) Aus einem Faß, das 3,85 hl Wein enthält, werden 48 l, 0,65 hl und 1 hl 24 l genommen; wieviel hl bleiben im Faß?

6) Rechne aus:

a) 29,4591 − 7,9238 b) 54,63051 − 27,35876 c) 214,530094 − 87,651049

d) 700,060085 − 234,596237 e) 5769,02 − 876,549628 f) 9008,4 − 1349,567938

15. Vervielfachen der gemeinen Brüche.

a) Ein Bruch wird mit einer ganzen Zahl vervielfacht.

Mündlich.

Wieviel ist das 4fache von 20 ₰? Wie heißt hier die Vervielfachungszahl? Wie der Vielfacher? Das Vielfache? Schreibe in verschiedener Weise 20 ₰ als ℳ in gemeinen Brüchen an! Darunter ebenso 80 ₰! Vergleiche die Nenner der untereinander stehenden Brüche! Ebenso die Zähler! Wievielmal soviel Teile bekommt man in jedem einzelnen Falle? Wie verfährt man demnach, wenn man einen Bruch mit einer ganzen Zahl zu vervielfachen hat?

Wieviel Dutz. sind 10 Stck. · 3? $\frac{5}{6}$ Dutz. · 3? Bringe $\frac{15}{6}$ auf die einfachste Bruchform! Vergleiche nun $\frac{5}{2}$ mit $\frac{5}{6}$! Wie erhält man aus dem Nenner 6 den Nenner 2? Wie kann man also außerdem verfahren, wenn sich der Nenner durch die ganze Zahl ohne Rest teilen läßt?

Merke: **Ein Bruch wird mit einer ganzen Zahl vervielfacht, indem man den Zähler mit der ganzen Zahl vervielfacht oder den Nenner durch die ganze Zahl teilt.**

1) Rechne aus: a) $\frac{3}{4}$ ℳ · 5, $\frac{4}{5}$ ℳ · 6, $\frac{7}{10}$ ℳ · 2; b) $\frac{7}{10}$ m · 8, $\frac{3}{20}$ m · 9, $\frac{17}{100}$ m · 2; c) $\frac{3}{10}$ kg · 5, $\frac{7}{25}$ kg · 4, $\frac{19}{50}$ kg · 2; d) $\frac{7}{12}$ J. · 2, $\frac{2}{3}$ J. · 5, $\frac{3}{4}$ J. · 7; e) $\frac{3}{4}$ Tg. · 5, $\frac{5}{6}$ Tg. · 4, $\frac{7}{8}$ Tg. · 2!

2) Multipliziere: a) $\frac{1}{2}$, $\frac{2}{3}$, $\frac{3}{4}$, $\frac{4}{5}$, $\frac{9}{10}$, $\frac{11}{12}$ mit 3; b) $2\frac{1}{2}$, $4\frac{1}{5}$, $7\frac{9}{10}$ mit 5!

Bei gemischten Zahlen vervielfacht man zuerst die Ganzen und dann den Bruch, oder man richtet die gemischte Zahl ein und vervielfacht.

3) Welches Gewicht haben 45 Paketchen Tabak, wenn 1 Paketchen $\frac{1}{4}$ Pfund wiegt?

4) Ein Arbeiter verdient täglich $2\frac{4}{5}$ ℳ, wieviel in 1 Woche?
5) Wieviel beträgt die jährliche Steuer, wenn für jedes der 6 Ziele $24\frac{4}{5}$ ℳ bezahlt werden?
6) Für 1 ℳ erhält man $\frac{7}{10}$ kg, wieviel für 6 ℳ? Für 20 ℳ?
7) Von welcher Zahl ist $8\frac{1}{3}$ der 3, 4, 5, 6, 7, 8, 9te Teil?
8) 1 m Tuch kostet $8\frac{1}{2}$ ℳ; wieviel kosten 3, 6, 8, 9 m?
9) 1 kg Fleisch kostet $1\frac{1}{5}$ ℳ; wieviel kosten 2, 4, 7, 10 kg?
10) 1 kg Butter kostet $2\frac{1}{4}$ ℳ; wieviel kosten 4, 5, 8, 12 kg?

Schriftlich.

1) Stelle an Strecken dar: $\frac{2}{5} \cdot 2$, $\frac{1}{6} \cdot 5$, $\frac{1}{7} \cdot 6$, $\frac{2}{3} \cdot 3$, $\frac{4}{5} \cdot 3$!

Z. B. $\frac{3}{4} \cdot 2 = \frac{6}{4} = 1\frac{2}{4} = 1\frac{1}{2}$

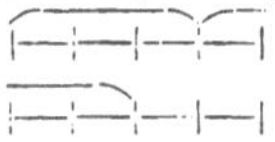

2) Löse: a) $\frac{7}{8} \cdot 15$, $\frac{8}{9} \cdot 24$, $\frac{17}{20} \cdot 36$; b) $8\frac{5}{6} \cdot 7$, $8\frac{4}{5} \cdot 5$, $16\frac{2}{3} \cdot 8$; c) $7\frac{1}{2} \cdot 19$, $5\frac{1}{4} \cdot 26$, $4\frac{2}{5} \cdot 35$; d) $19\frac{6}{7} \cdot 28$, $28\frac{7}{10} \cdot 45$, $36\frac{17}{20} \cdot 60$!

Schreibw.: I. $24\frac{5}{8} \cdot 7 = \frac{197}{8} \cdot 7 = \frac{1379}{8} = 172\frac{3}{8}$

II. $24\frac{5}{8} \cdot 7 = 24 \cdot 7 + \frac{5}{8} \cdot 7 = 168 + 4\frac{3}{8} = 172\frac{3}{8}$

3) Vervielfache: a) $36\frac{2}{3}$ mit 9, b) $48\frac{4}{5}$ mit 14, c) $54\frac{5}{6}$ mit 20, d) $126\frac{1}{2}$ mit 35!
4) Wieviel ist das 6fache von $25\frac{3}{4}$? Das 8fache von $37\frac{4}{5}$?
5) Auf einem Dache liegen in einer Reihe 125 Ziegeln, von denen jeder $14\frac{1}{2}$ cm Dachbreite bedeckt; wie lang ist das Dach?
6) Ein cbm Holz kostet $12\frac{4}{5}$ ℳ; wieviel kosten 7 cbm? 20 cbm?
7) In einer Kaserne liegen 840 Soldaten. Wieviel kg Brot sind täglich zu liefern, wenn ein Soldat $\frac{3}{4}$ kg erhält?
8) Für $\frac{1}{5}$ ℳ erhält man $2\frac{1}{2}$ m Band, wieviel für 3 ℳ? 5 ℳ?
9) Ein Ballen Kaffee wiegt $85\frac{7}{10}$ kg; wieviel wiegen a) 7, b) 16 ebenso schwere Ballen?
10) Ein Arbeiter verdient täglich $2\frac{3}{20}$ ℳ; wieviel verdienen bei gleicher Bezahlung 4, 6, 9, 12 Arbeiter?
11) Ein Kaufmann verkauft an einem Markttage 3 Stück Tuch, das Stück mit 36 m, den m zu $8\frac{3}{5}$ ℳ; wie groß ist a) die Einnahme, b) der Gewinn, wenn an 1 m $\frac{9}{10}$ ℳ gewonnen werden?
12) Wieviel Zins wird nach 1 Jahre für a) 600 ℳ, b) 900 ℳ, c) 1500 ℳ Kapital bezahlt, wenn für 100 ℳ jährlich $3\frac{1}{2}$ ℳ Zins zu bezahlen sind? (Eine ausgeliehene Geldsumme nennt man Kapital, die Entschädigung für die Benutzung des Kapitals heißt Zins.)

b) Eine ganze Zahl wird mit einem Bruch vervielfacht.

Mündlich.

1) Nimm 1 ℳ $\frac{1}{2}$, $\frac{1}{4}$, $\frac{1}{5}$ mal! 5 ℳ $\frac{1}{4}$, $\frac{1}{5}$, $\frac{1}{10}$ mal!
2) Rechne: a) 3 ℳ $\cdot \frac{1}{2}$, 5 ℳ $\cdot \frac{3}{4}$, 7 ℳ $\cdot \frac{3}{5}$; b) 1 J. $\cdot \frac{1}{2}$, 3 J. $\cdot \frac{1}{4}$, 4 J. $\cdot \frac{3}{4}$, 5 J. $\cdot \frac{5}{6}$; c) 2 kg $\cdot \frac{1}{2}$, 5 kg $\cdot \frac{3}{4}$, 7 kg $\cdot \frac{2}{5}$, 8 kg $\cdot \frac{7}{10}$!

3) Rechne aus: $3 \cdot \frac{4}{5}$, $8 \cdot \frac{7}{9}$, $2 \cdot \frac{5}{8}$, $12 \cdot \frac{1}{2}$, $15 \cdot \frac{2}{3}$, $7 \cdot \frac{5}{12}$, $11 \cdot \frac{3}{4}$, $25 \cdot \frac{2}{5}$!

4) 1 z Kartoffeln kostet 4 ℳ; wieviel kosten $\frac{1}{2}$, $\frac{3}{4}$, $\frac{4}{5}$, $\frac{7}{10}$ z?

5) Für 1 ℳ erhält man 3 m Band, wieviel m für $\frac{1}{2}$, $\frac{2}{5}$, $\frac{9}{20}$ ℳ?

6) Für 1 ℳ erhält man 5 l Erdöl, wieviel l für $\frac{1}{2}$, $\frac{4}{5}$, $\frac{7}{10}$, $\frac{11}{20}$ ℳ?

7) Eine Stadt ist von einer andern Stadt 120 km entfernt; wieviel km betragen $\frac{2}{3}$ dieser Strecke? Wieviel $\frac{5}{6}$? $\frac{7}{12}$?

8) 2 Personen haben zusammen 36 ℳ verdient, wovon die eine $\frac{5}{9}$, die andere den Rest erhält. Wieviel erhält jede Person?

Wiederhole, wie man einen gemeinen Bruch mit einer ganzen Zahl oder eine ganze Zahl mit einem gemeinen Bruch vervielfacht!

Ein gemeiner Bruch wird mit einer ganzen Zahl oder eine ganze Zahl mit einem gemeinen Bruche vervielfacht, indem man den Zähler des Bruches mit der ganzen Zahl vervielfacht und das Produkt durch den Nenner teilt.

Schriftlich.

1) Stelle an Strecken dar: $2 \cdot \frac{1}{3}$, $3 \cdot \frac{1}{4}$, $4 \cdot \frac{1}{5}$, $2 \cdot \frac{2}{3}$, $3 \cdot \frac{3}{4}$, $4 \cdot \frac{3}{5}$!

Z. B. $2 \cdot \frac{3}{5} = \frac{6}{5} = 1\frac{1}{5}$ 

2) Vervielfache 12 mit $\frac{3}{4}$! 18 mit $\frac{4}{5}$! 26 mit $\frac{2}{3}$! 39 mit $\frac{7}{8}$! 52 mit $\frac{4}{9}$!

3) Löse:

a)	b)	c)	d)	e)	f)
$9 \cdot \frac{11}{12}$	$14 \cdot \frac{3}{4}$	$215 \cdot \frac{4}{5}$	$360 \cdot \frac{9}{10}$	$34 \cdot 3\frac{1}{5}$	$132 \cdot 3\frac{1}{3}$
$5 \cdot \frac{19}{20}$	$25 \cdot \frac{7}{8}$	$357 \cdot \frac{6}{7}$	$172 \cdot \frac{13}{20}$	$58 \cdot 2\frac{1}{2}$	$246 \cdot 4\frac{2}{5}$
$3 \cdot \frac{37}{50}$	$39 \cdot \frac{2}{3}$	$138 \cdot \frac{3}{4}$	$296 \cdot \frac{27}{50}$	$25 \cdot 4\frac{2}{5}$	$381 \cdot 5\frac{5}{6}$

Schreibweise: I. $27 \cdot 2\frac{3}{4} = 27 \cdot \frac{11}{4} = \frac{297}{4} = 74\frac{1}{4}$

II. $27 \cdot 2\frac{3}{4} = 27 \cdot 2 + 27 \cdot \frac{3}{4} = 54 + 20\frac{1}{4} = 74\frac{1}{4}$

4) Beim Verkauf einer Ware wurden 235 ℳ eingenommen, wovon $\frac{3}{10}$ den Gewinn angeben. Wieviel beträgt der Gewinn?

5) Nimm das $2\frac{1}{2}$fache von 49! Das $4\frac{3}{4}$fache von 75!

6) 1 t Weizen kostet 180 ℳ; wieviel kosten $3\frac{7}{10}$, $4\frac{7}{20}$, $7\frac{11}{15}$ t?

7) 1 kg Butter kostet 2 ℳ; wieviel kosten $3\frac{1}{4}$, $7\frac{4}{5}$, $12\frac{9}{10}$ kg?

8) Von einer Ware im Gewicht von 16864 kg wurden durch Transport $\frac{3}{8}$ beschädigt; wieviel kg waren dies?

9) Ein Schaf liefert in einem Jahre durchschnittlich $1\frac{1}{5}$ kg Wolle. Welche Einnahme hat ein Schafbesitzer, der 500 Schafe hat, wenn der Doppelzentner Wolle zu $344\frac{1}{5}$ ℳ verkauft wird?

c) Ein Bruch wird mit einem Bruch vervielfacht.

Mündlich.

Rechne aus: 25 ₰ mal $\frac{1}{5}$, $\frac{1}{4}$ ℳ mal $\frac{1}{5}$; 25 ₰ mal $\frac{3}{5}$, $\frac{1}{4}$ ℳ mal $\frac{3}{5}$; 75 ₰ mal $\frac{3}{5}$, $\frac{3}{4}$ ℳ mal $\frac{3}{5}$! Wieviel 20stel ℳ erhält man für 75 ₰ mal $\frac{3}{5}$ oder $\frac{3}{4}$ ℳ mal $\frac{3}{5}$?

Wie erhält man aus den Zählern der Brüche $\frac{3}{5}$ und $\frac{3}{4}$ den Zähler des Bruches $\frac{9}{20}$? Wie aus den Nennern jener Brüche den Nenner 20? Wie verfährt man demnach, wenn man einen Bruch mit einem Bruch zu vervielfachen hat?

Ein gemeiner Bruch wird mit einem gemeinen Bruch vervielfacht, indem man Zähler mit Zähler und Nenner mit Nenner vervielfacht, oder indem man das Produkt der Zähler durch das Produkt der Nenner teilt; gemischte Zahlen richtet man vorher ein.

1) Löse: a) $\frac{1}{5}$ ℳ · $\frac{1}{4}$, $\frac{1}{2}$ ℳ · $\frac{1}{2}$, $\frac{1}{4}$ ℳ · $\frac{1}{5}$; b) $\frac{1}{5}$ ℳ · $\frac{3}{4}$, $\frac{1}{2}$ ℳ · $\frac{7}{10}$, $\frac{1}{4}$ ℳ · $\frac{4}{5}$; c) $\frac{3}{5}$ ℳ · $\frac{3}{4}$, $\frac{3}{4}$ ℳ · $\frac{4}{5}$, $\frac{9}{10}$ ℳ · $\frac{2}{3}$; d) $\frac{4}{5}$ m · $\frac{2}{5}$, $\frac{4}{5}$ m · $\frac{3}{5}$, $\frac{2}{5}$ m · $\frac{3}{10}$!

2) Löse:

	a)	b)	c)	d)	e)	f)
	$\frac{1}{2} \cdot \frac{1}{3}$	$\frac{1}{4} \cdot \frac{2}{3}$	$\frac{5}{6} \cdot \frac{1}{2}$	$\frac{3}{4} \cdot \frac{5}{6}$	$\frac{3}{10} \cdot \frac{7}{8}$	$\frac{7}{10} \cdot \frac{5}{12}$
	$\frac{1}{2} \cdot \frac{1}{4}$	$\frac{1}{2} \cdot \frac{3}{5}$	$\frac{3}{4} \cdot \frac{1}{3}$	$\frac{5}{8} \cdot \frac{4}{5}$	$\frac{2}{5} \cdot \frac{5}{8}$	$\frac{8}{15} \cdot \frac{9}{20}$
	$\frac{1}{3} \cdot \frac{1}{5}$	$\frac{1}{3} \cdot \frac{3}{4}$	$\frac{2}{3} \cdot \frac{1}{6}$	$\frac{2}{3} \cdot \frac{3}{8}$	$\frac{11}{12} \cdot \frac{2}{3}$	$\frac{11}{25} \cdot \frac{3}{4}$

3) Rechne aus: a) 2 ℳ 40 ₰ · $\frac{1}{2}$, 3 m 60 cm · $\frac{1}{3}$, 1 ℳ 20 ₰ · $2\frac{1}{2}$; b) $1\frac{2}{5}$ ℳ · $\frac{1}{2}$, $3\frac{3}{5}$ m · $\frac{1}{3}$, $1\frac{1}{5}$ ℳ · $2\frac{1}{2}$; c) $2\frac{1}{4} \cdot 1\frac{1}{2}$, $1\frac{2}{5} \cdot 2\frac{2}{3}$, $3\frac{1}{5} \cdot 2\frac{1}{2}$!

4) 1 m Tuch kostet $4\frac{1}{2}$ ℳ; wieviel kosten $2\frac{1}{5}$ m? $3\frac{1}{2}$ m?

5) 1 kg Fleisch kostet $1\frac{1}{5}$ ℳ; wieviel kosten $2\frac{7}{10}$ kg? $3\frac{1}{2}$ kg?

6) Ein Schulzimmer ist $12\frac{1}{2}$ m lang und $\frac{3}{5}$ mal so breit; wie breit ist das Zimmer?

Schriftlich.

1) Stelle an Strecken dar: $\frac{1}{2} \cdot \frac{1}{4}$, $\frac{1}{3} \cdot \frac{1}{2}$, $\frac{1}{5} \cdot \frac{1}{2}$, $\frac{2}{3} \cdot \frac{1}{4}$, $\frac{2}{3} \cdot \frac{3}{4}$!

Z. B. $\frac{3}{4} \cdot \frac{2}{3} = \frac{6}{12} = \frac{1}{2}$

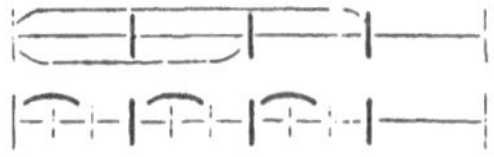

oder $\frac{2}{3}$ von $\frac{3}{4} = \frac{6}{12} = \frac{1}{2}$

2) Rechne aus: a) $3\frac{1}{2}$ ℳ · $2\frac{1}{5}$; b) $4\frac{1}{4}$ J. · $3\frac{1}{3}$; c) $3\frac{1}{2}$ J. · $2\frac{1}{3}$; d) $4\frac{1}{6}$ Dutz. · $3\frac{1}{2}$; e) $8\frac{3}{4}$ Gr. · $2\frac{1}{2}$; f) $9\frac{1}{2}$ t · $2\frac{4}{5}$; g) $18\frac{1}{2}$ kg · $3\frac{2}{5}$!

3) Löse:

	a)	b)	c)	d)	e)
	$\frac{7}{20} \cdot \frac{19}{35}$	$4\frac{4}{5} \cdot \frac{11}{12}$	$2\frac{1}{2} \cdot 3\frac{7}{9}$	$3\frac{3}{4} \cdot 9\frac{5}{6}$	$9\frac{3}{4} \cdot 2\frac{2}{3}$
	$\frac{11}{12} \cdot \frac{15}{22}$	$8\frac{1}{8} \cdot \frac{19}{20}$	$6\frac{4}{5} \cdot 8\frac{3}{4}$	$8\frac{9}{10} \cdot 7\frac{3}{5}$	$8\frac{1}{6} \cdot 3\frac{3}{5}$
	$\frac{13}{14} \cdot \frac{7}{26}$	$\frac{39}{50} \cdot 6\frac{2}{3}$	$9\frac{5}{7} \cdot 15\frac{1}{2}$	$12\frac{1}{2} \cdot 13\frac{1}{4}$	$4\frac{4}{5} \cdot 1\frac{5}{8}$

Schreibweise: I. $7\frac{1}{2} \cdot 9\frac{2}{3} = \frac{15}{2} \cdot \frac{29}{3} = \frac{435}{6} = 72\frac{3}{6} = 72\frac{1}{2}$

II. $7\frac{1}{2} \cdot 9\frac{2}{3} = \frac{15}{2} \cdot \frac{29}{3} = \frac{15 \cdot 29}{2 \cdot 3} = \frac{5 \cdot 29}{2} = 72\frac{1}{2}$

4) 1 cbm Holz kostet $12\frac{2}{5}$ ℳ; wieviel kosten $3\frac{1}{2}$, $4\frac{9}{10}$, $5\frac{3}{4}$ cbm?

5) 1 hl Wein kostet $90\frac{4}{5}$ ℳ; wieviel kosten $2\frac{1}{4}$, $3\frac{1}{2}$, $4\frac{7}{10}$, $5\frac{3}{5}$ hl?

6) 1 kg Fleisch kostet $1\frac{7}{25}$ ℳ; wieviel kosten $2\frac{1}{2}$, $3\frac{1}{4}$, $5\frac{3}{4}$, $6\frac{1}{2}$ kg?

7) Ein Fruchthändler verkauft $75\frac{3}{4}$ hl Korn, den hl zu $14\frac{2}{5}$ ℳ; wie groß ist a) seine Einnahme, b) sein Gewinn, wenn er an 1 hl $1\frac{3}{5}$ ℳ verdient?

8) Die Aussaat beträgt $18\frac{7}{10}$ z Frucht, die Ernte ergibt $12\frac{1}{2}$ mal soviel; wieviel beträgt diese?

9) Ein Personenzug legt in 1 Sekunde eine Strecke von $10\frac{1}{2}$ m zurück, ein Schnellzug dagegen $16\frac{3}{4}$ m. Um wieviel km eilt der Schnellzug in einer Stunde voraus? Welche Strecke legt jeder Zug in $2\frac{3}{4}$ Stunden zurück?

10) A. bezahlt $72\frac{3}{4}$ ℳ Ackerpacht, B. gerade $3\frac{1}{3}$ mal soviel; wieviel zahlt B.?

11) Wieviel wird für einen Hut Zucker von $12\frac{3}{4}$ kg Gewicht bezahlt, wenn ein kg zu $\frac{12}{25}$ ℳ berechnet wird?

12) Zu einem Anzug braucht man $3\frac{1}{5}$ m Tuch; der m kostet $12\frac{1}{2}$ ℳ. Wieviel kostet das Tuch?

13) 1 Dutz. Bleistifte kostet $\frac{18}{25}$ ℳ; wieviel kosten $2\frac{1}{4}$, $3\frac{1}{2}$, $8\frac{3}{4}$ Dutz.?

14) Frau M. kauft auf dem Markte 4 Pfund Butter, das Pfund zu $1\frac{1}{20}$ ℳ, Gemüse für 45 ₰ und 25 Eier. Sie erhält auf ein Zwanzigmarkstück 14 ℳ 10 ₰ zurück. Wieviel kosten die Eier?

15) Kaufmann R. kauft Ware für $240\frac{3}{5}$ ℳ ein. Wie groß ist sein Gewinn, wenn beim Verkauf $\frac{3}{20}$ des Einkaufspreises gewonnen werden?

16. Vervielfachen von Dezimalbrüchen mit ganzen Zahlen und mit Dezimalbrüchen.

Mündlich.

1) Rechne aus: **a)** $\frac{9}{10}$ (0,9) m · 3; $\frac{25}{100}$ (0,25) m · 2; $4\frac{7}{10}$ ℳ (4,7) · 5; $2\frac{9}{100}$ (2,09) ℳ · 3; **b)** $\frac{125}{1000}$ (0,125) t · 3; $5\frac{360}{1000}$ (5,360) kg · 2; **c)** 0,8 · 9; 0,24 · 3; 0,52 · 4; 2,6 · 5!

2) Wieviel m sind: **a)** 80 cm (0,8 m) · 10; 36 mm (0,036 m) · 10; **b)** 60 cm (0,6 m) · 100; 154 mm (0,154 m) · 100; **c)** 50 cm (0,5 m) · 1000; 9 mm (0,009 m) · 1000?

3) Rechne aus: **a)** 75 g (0,075 kg) · 1000; 124 mm (0,124 m) · 1000; 684 kg (0,684 t) · 1000; **b)** 24 g (0,000024 t) · 1000; 158 mm (0,000158 km) · 1000; **c)** 1 ℳ 24 ₰ (1,24 ℳ) · 10; 6 ℳ 8 ₰ (6,08 ℳ) · 100; 7 m 5 mm (7,005 m) · 1000!

Um wieviel Stellen rückt man das Komma nach rechts, wenn man einen Dezimalbruch mit 10 vervielfacht? Mit 100? 1000?

Merke: **Ein Dezimalbruch wird mit 10, 100, 1000 vervielfacht, indem man das Komma eine, zwei oder drei Stellen nach rechts rückt.**

4) Wieviel beträgt das 10fache von 3,84? Das 100fache von 8,235? Das 1000fache von 2,756? Das 1000fache von 3,0452?

5) Vervielfache: **a)** 3,6 mit 100, 1000; **b)** 8,435 mit 10, 10000!

6) Vervielfache mit **a)** 20, **b)** 50, **c)** 80, indem du zuerst das 10fache nimmst: 3,6; 2,54; 3,008!

7) Rechne aus: **a)** 3 ℳ · $\frac{2}{10}$ (0,2); 5 m · $\frac{3}{10}$ (0,3); 6 km · $\frac{7}{10}$ (0,7); **b)** 8 · 0,4; 9 · 0,7; 5 · 0,4; 7 · 0,8; 12 · 0,3; **c)** 7 ℳ · $\frac{4}{100}$ (0,04); 9 m · $\frac{6}{100}$ (0,06); 24 km · $\frac{2}{1000}$ (0,002); **d)** 9 · 0,06; 3 · 0,09; 12 · 0,04; 7 · 0,003!

8) Wieviel sind: **a)** $\frac{4}{10}$ m · $\frac{7}{10}$; $\frac{8}{100}$ m · $\frac{3}{10}$; $\frac{4}{100}$ kg · $\frac{3}{10}$; $\frac{40}{100}$ m · $\frac{9}{10}$; **b)** 0,4 m · 0,7; 0,08 m · 0,3; 0,09 kg · 0,6; 0,90 m · 0,7; **c)** $\frac{3}{100} \cdot \frac{7}{100}$; $\frac{9}{1000} \cdot \frac{3}{10}$; $\frac{4}{10} \cdot \frac{7}{1000}$; $\frac{3}{1000} \cdot \frac{9}{1000}$; **d)** 0,03 · 0,07; 0,006 · 0,2; 0,3 · 0,008; 0,005 · 0,004; **e)** 0,8 · 0,9; 0,8 · 0,5; 0,005 · 0,07; 0,012 · 0,06?

9) 1 m Stoff kostet 7,50 ℳ; wieviel kosten 3, 7, 9 m?

10) 1 Pfund Fleisch kostet 0,65 ℳ; wieviel kosten 4, 6, 10 Pfund?

11) 1 Liter Bier kostet 0,24 ℳ; wieviel kosten 3, 8, 10 l?

12) Landwirt G. verbraucht monatlich 22,4 z Heu; wieviel in **a)** einem Vierteljahr, **b)** 10 Monaten?

13) Wieviel kosten 1000 Zigarren, wenn 1 Zigarre **a)** 5 ₰, **b)** 0,06 ℳ, **c)** 5,5 ₰ kostet?

14) Ein Wirt erhält 6 Dutzend Weingläser, das Dutz. zu 5,40 ℳ; auf welchen Betrag lautet die Rechnung?

15) Herr M. raucht täglich 4 Zigarren, das Stück zu 0,06 ℳ. Welche Ausgabe für Zigarren hat er in **a)** 1 Monat, den Monat zu 30 Tagen gerechnet; **b)** $\frac{1}{2}$ Jahr?

16) Eine Familie erspart wöchentlich durchschnittlich 12,50 ℳ. Wie groß ist die Ersparnis in **a)** $\frac{1}{4}$ Jahr, **b)** 2 Jahren?

Schriftlich.

Vervielfache 348 ₰ mit 9! Auf welche Weise verwandelt man die Anzahl Pfennig im Produkte in Mark? Schreibe 348 ₰ als ℳ an und multipliziere mit 9! Welche Zahl erhält man wieder im Produkte? Bestimme das 12fache von 798 ₰! Ebenso das 12fache von 7,98 ℳ! Nimm 3 ℳ 9 zehntel (0,9) mal! 48 ℳ 15 hundertstel (0,15) mal! Vervielfache 0,24 ℳ mit 8! Ebenso 8 ℳ mit 0,24! Wie verfährt man beim Vervielfachen eines Dezimalbruchs mit einer ganzen Zahl oder beim Vervielfachen einer ganzen Zahl mit einem Dezimalbruch?

Merke: **Beim Vervielfachen eines Dezimalbruchs mit einer ganzen Zahl vervielfacht man wie bei ganzen Zahlen und schneidet im Produkte von rechts nach links so viele Stellen ab, als der Dezimalbruch Dezimalstellen hat.**

Nimm 3 ℳ 80 ₰ $\frac{4}{10}$ (0,4) mal! 24 m $\frac{16}{100}$ (0,16) mal! Vervielfache $3\frac{8}{10}$ ℳ mit $\frac{4}{10}$! $\frac{24}{1000}$ km mit $\frac{16}{100}$! Setze statt der gemeinen Brüche Dezimalbrüche und vervielfache wie bei ganzen Zahlen! Wieviel Stellen hat man im ersten Fall im Produkte abzuschneiden, um 100stel zu bekommen? Wieviel im zweiten Fall, um 100000stel zu erhalten? Wieviel Dezimalstellen haben beide Faktoren zusammen? Wieviel enthält auch das entsprechende Produkt?

Merke: **Ein Dezimalbruch wird mit einem Dezimalbruch vervielfacht, indem man verfährt wie beim Vervielfachen von ganzen Zahlen und im Produkte von rechts nach links so viele Stellen abschneidet, als beide Faktoren zusammen Dezimalstellen haben.**

1) Löse:

a) 6,45 ℳ · 18	**b)** 7 · 0,542	**c)** 9,6 · 4,5	Schreibweise:
19,09 ℳ · 24	23 · 0,383	8,7 · 3,9	
20,78 hl · 15	54 · 7,607	12,5 · 5,7	
37,95 m · 37	82 · 3,156	37,8 · 2,4	

```
7,56 · 3,42
      1512
     3024
    2268
   25,8552
```

d) 0,76 · 0,4	**e)** 0,17 · 0,09	**f)** 3,864 · 0,75
3,85 · 0,9	0,63 · 0,85	0,98 · 3,459
12,47 · 3,8	2,84 · 0,96	2,743 · 1,86
40,85 · 1,7	3,75 · 2,34	3,145 · 0,765

2) Rechne aus: **a)** 0,235 km · 0,76; 3,452 km · 2,9; **b)** 0,895 t · 4,8; 2,763 t · 0,68; **c)** 18,40 m · 12,6; 36,950 m · 9,82; **d)** 7,932 kg · 8,9; 15,720 kg · 12,75!

3) Gutsbesitzer R. erntete 112,5 hl Roggen und 6,6 mal soviel Weizen; wieviel hl Weizen also?

4) Familie M. verbraucht monatlich 98,80 ℳ Haushaltungsgeld; wieviel beträgt die Ausgabe in **a)** 3,5, **b)** 5,75 Monaten?

5) Wie groß ist der Verdienst in $\frac{1}{2}$ Jahr, wenn der Wochenlohn 38,72 ℳ beträgt?

6) Kaufmann M. erhält 2,895 t Ware, das kg zu 0,75 ℳ; wieviel hat er im ganzen zu bezahlen, wenn die Fracht und sonstige Unkosten 57 ℳ 60 ₰ betragen?

7) Zu einem Kleide braucht man 9,80 m Stoff, den m zu 2,45 ℳ, 1,50 m Besatz, den m zu 6,60 ℳ. Wie teuer kommt das Kleid, wenn der Macherlohn 15 ℳ 70 ₰ beträgt?

8) Der Bauer N. verkauft 48 z Stroh, den z zu 1,70 ℳ, und 65 z Heu, den z zu 2,30 ℳ; wieviel nimmt er im ganzen ein?

9) Bei einer Holzversteigerung kauft M. 34 cbm Tannenholz, den cbm zu 7,40 ℳ, 18 cbm Eichenholz, den cbm zu 12,80 ℳ; er bezahlt gleich 200 ℳ. Wieviel bleibt er noch schuldig?

10) Der Bäcker S. liefert dem Wirte B. 64,5 kg gemischtes Brot, das kg zu 0,28 ℳ, und 52,5 kg Schwarzbrot, das kg zu 0,24 ℳ. Wieviel hat der Wirt zu bezahlen?

11) Der Gutsbesitzer St. hat 4,5 Wochen lang 6 Drescher beschäftigt; jeder erhält außer der Kost täglich 1 ℳ 75 ₰. Wieviel verdient ein Drescher wöchentlich? Wieviel im ganzen?

12) Zu Weihnachten werden 34 arme Kinder gekleidet; für jedes werden 22,75 ℳ ausgegeben. Wieviel beträgt die Ausgabe?

13) Eine Dachkandel ist 18,5 m lang; wieviel kostet sie, wenn der m zu 2,40 ℳ berechnet wird?

14) Ein Arbeiter erhält wöchentlich 12,60 ℳ Krankengeld; wieviel beträgt dies in 6, 13, 24 Wochen?

15) Ein Bodenteppich von 3,60 m Länge und 2,80 m Breite soll mit Fransen eingefaßt werden; wie hoch kommt die Einfassung, wenn ein Meter 0,25 ℳ kostet?

16) 1 z Mehl kostet 18,20 ℳ; wieviel kosten **a)** 4,6 z, **b)** 3,7 dz Mehl?

17. Teilen der gemeinen Brüche.

a) Teilen eines Bruches durch eine ganze Zahl.

Mündlich.

Gib den 4ten Teil von 60 ₰ an! Schreibe dies an! (60 ₰ : 4 = 15 ₰). Nun auch mit kürzesten Bruchformen! ($\frac{3}{5}$ ℳ : 4 = $\frac{3}{20}$ ℳ). Vergleiche $\frac{3}{20}$ mit $\frac{3}{5}$! Was ist in beiden Brüchen gleich? Was verschieden? Wie erhält man den Nenner 20 aus dem Nenner 5? Wodurch ist der Bruch $\frac{3}{5}$ geteilt worden?

Merke: **Ein Bruch wird durch eine ganze Zahl geteilt, indem man den Nenner mit der ganzen Zahl vervielfacht und den Zähler unverändert läßt.**

1) Wieviel ist der 4te Teil von 2 ℳ, 5 ℳ, 9 ℳ? Der 5te Teil von 39 ℳ?

2) Wieviel ist: **a)** der 10te Teil von 80 ₰ oder $\frac{8}{10}$ ℳ, 30 cm oder $\frac{3}{10}$ m, 4 cm oder $\frac{4}{100}$ m, 13 cm oder $\frac{13}{100}$ m; **b)** der 100ste Teil von 30 cm oder $\frac{3}{10}$ m, 900 m oder $\frac{9}{10}$ km?

3) Wieviel ist: **a)** der dritte Teil von 3 Mon. oder $\frac{1}{4}$ Jahr, 6 Mon. oder $\frac{1}{2}$ Jahr; **b)** 4te Teil von 4 Stck. oder $\frac{1}{3}$ Dutz., 8 Stck. oder $\frac{2}{3}$ Dutz.; **c)** 6te Teil von 30 Min. oder $\frac{1}{2}$ Std., 48 Min. oder $\frac{4}{5}$ Std.; **d)** 12te Teil von 24 Sek. oder $\frac{2}{5}$ Min., 36 Sek. oder $\frac{3}{5}$ Min.?

4) Nimm den 4, 5, 6, 8, 10ten Teil von $\frac{1}{2}$! Den dritten Teil von $\frac{4}{5}$, $\frac{5}{6}$, $\frac{7}{8}$, $\frac{7}{10}$, $\frac{11}{20}$! Den 5ten Teil von $\frac{2}{3}$, $\frac{3}{4}$, $\frac{7}{8}$, $\frac{9}{10}$, $\frac{3}{20}$!

Wieviel ist der dritte Teil von 60 ₰? Gib in kürzester Bruchform 60 ₰ und 20 ₰ als ℳ an? Vergleiche $\frac{1}{5}$ mit $\frac{3}{5}$! Was ist in beiden Brüchen gleich? Was verschieden? Wie erhält man aus dem Zähler 3 den Zähler 1? Wie kann man demnach verfahren, wenn sich der Zähler des Bruches durch die ganze Zahl ohne Rest teilen läßt? Welchen Bruch erhält man, wenn man dagegen den Nenner mit der ganzen Zahl vervielfacht? Welches Verfahren läßt sich immer anwenden, sobald der Teiler eine ganze Zahl ist?

Merke: **Ein gemeiner Bruch wird durch eine ganze Zahl geteilt, indem man den Nenner mit der ganzen Zahl vervielfacht und den Zähler beibehält; ist der Zähler des Bruches durch die ganze Zahl ohne Rest teilbar, so teilt man den Zähler und behält den Nenner bei.**

5) Wieviel ist: a) der dritte Teil von 60 ₰ oder $\frac{6}{10}$ ℳ, 90 ₰ oder $\frac{9}{10}$ ℳ, 45 ₰ oder $\frac{45}{100}$ ℳ oder $\frac{9}{20}$ ℳ; b) 4te Teil von 80 cm oder $\frac{8}{10}$ m, 24 cm oder $\frac{24}{100}$ m; c) 5te Teil von 25 l oder $\frac{25}{100}$ hl oder $\frac{5}{20}$ hl, 45 l oder $\frac{45}{100}$ hl, 80 l oder $\frac{20}{25}$ hl?

6) Gib den dritten Teil von $\frac{3}{4}$, $\frac{6}{7}$, $\frac{9}{10}$, $\frac{12}{20}$ an!

7) Teile a) $\frac{1}{3}$, $\frac{2}{3}$, $\frac{1}{5}$, $\frac{4}{5}$, $\frac{1}{7}$, $\frac{6}{7}$, $\frac{1}{9}$, $\frac{8}{9}$, $\frac{1}{11}$, $\frac{10}{11}$ durch 2; b) $\frac{1}{6}$, $\frac{5}{6}$, $\frac{7}{12}$, $\frac{10}{12}$, $\frac{5}{24}$, $\frac{25}{30}$ durch 5; c) $\frac{1}{2}$, $\frac{3}{4}$, $\frac{4}{5}$, $\frac{10}{11}$, $\frac{30}{50}$, $\frac{70}{100}$ durch 10; d) $\frac{300}{1000}$, $\frac{500}{1000}$, $\frac{700}{1000}$, $\frac{900}{1000}$, $\frac{1}{10}$, $\frac{7}{10}$, $\frac{1}{2}$, $\frac{1}{5}$, $\frac{4}{5}$ durch 100!

8) Suche den a) zweiten, b) dritten Teil von $2\frac{1}{2}$, $3\frac{1}{4}$, $4\frac{2}{5}$, $5\frac{1}{6}$, $7\frac{1}{3}$, $11\frac{9}{10}$!

In welchem Fall wird die gemischte Zahl zuerst eingerichtet und dann geteilt? Wann kann man dagegen zuerst die Ganzen teilen und dann den Rest?

9) Wieviel kostet 1 l, wenn man für a) $3\frac{1}{5}$ ℳ 4 l, b) $5\frac{6}{10}$ ℳ 7 l erhält?

10) 3 kg kosten $1\frac{4}{5}$ ℳ; wieviel kostet 1 kg?

11) 3 Bleistifte kosten $\frac{6}{20}$ ℳ; wieviel kostet 1 Stück?

12) Verwandle in kg: $\frac{1}{2}$, $\frac{1}{5}$ Pfund! In l: $\frac{3}{5}$, $\frac{9}{10}$ Schoppen!

13) Wieviel ist der 4te Teil von $25\frac{1}{2}$? Der 6te Teil von $14\frac{2}{3}$? Der 5te Teil von a) $2\frac{3}{4}$, b) $7\frac{1}{2}$? Der 3te Teil von a) $1\frac{3}{4}$, b) $10\frac{1}{5}$?

Schriftlich.

1) Stelle an Strecken dar: $\frac{1}{2}:3$; $\frac{1}{4}:3$; $\frac{2}{3}:3$; $\frac{2}{3}:4$; $\frac{3}{4}:2$; $\frac{4}{5}:2$; $\frac{3}{6}:3$!

Z. B. a) $\frac{3}{4}:3=\frac{3}{12}=\frac{1}{4}$

b) $\frac{3}{4}:3=\frac{1}{4}$

2) Löse:

a) $\frac{8}{25}:12$	b) $\frac{39}{40}:13$	c) $3\frac{4}{5}:6$	d) $18\frac{1}{2}:6$	e) $25\frac{3}{4}:12$
$\frac{9}{16}:15$	$\frac{156}{250}:3$	$9\frac{2}{3}:8$	$29\frac{3}{4}:3$	$38\frac{2}{5}:18$
$\frac{13}{36}:26$	$\frac{248}{360}:4$	$7\frac{1}{2}:5$	$35\frac{2}{5}:2$	$49\frac{1}{2}:50$

Schreibweise: I. $1495\frac{2}{3}:8=\frac{4487}{3}:8=\frac{4487}{24}=186\frac{23}{24}$

II. $1495:8=186$ Rest 7

$7\frac{2}{3}:8=\frac{23}{3}:8=\frac{23}{24}$

$1495\frac{2}{3}:8=186\frac{23}{24}$

3) Ein Seil von $56\frac{1}{4}$ m Länge wird in 15 gleichgroße Stücke geteilt; wie groß wird ein Stück?

4) Wie groß ist der monatliche Gehalt, wenn der jährliche $2037\frac{3}{5}$ ℳ beträgt?

5) Der Händler S. kauft ein Stück Leinwand von 28 m zu $33\frac{3}{5}$ ℳ und gewinnt beim Verkauf $7\frac{7}{25}$ ℳ; wie teuer ist 1 m im a) Einkauf, b) Verkauf?

6) Wieviel beträgt die Steuer für jedes Ziel, wenn für 6 Ziele $151\frac{17}{25}$ ℳ zu bezahlen sind?

7) 24 gleichschwere Fässer wiegen $1569\frac{3}{5}$ kg; wieviel wiegt ein Faß?

8) Ein Dienstmädchen bezieht einen Jahreslohn von $156\frac{3}{5}$ ℳ. Wieviel Lohn hat es nach 7 Monaten beim Verlassen des Dienstes noch zu bekommen, wenn es schon $45\frac{4}{5}$ ℳ erhalten hat?

9) Eine Kiste mit 45 gleichschweren Paketen wiegt $87\frac{7}{20}$ kg, die leere Kiste $8\frac{3}{5}$ kg. Welches Gewicht hat ein Paket?

10) Ein Stück Tuch von 36 m wird zu $352\frac{4}{5}$ ℳ verkauft; wieviel kostet 1 m?

b) Teilen einer ganzen Zahl und eines Bruches durch einen Bruch.

Mündlich.

Wie oft kann man 50 ₰ oder $\frac{1}{2}$ ℳ von 4 ℳ wegnehmen? Bringe die Aufgabe in die Form einer Division! Womit muß man die Teilungszahl 4 vervielfachen, um die Zahl 8 als Teil zu erhalten?

Wie oft kann man 40 ₰ von 80 ₰ wegnehmen? $\frac{2}{5}$ ℳ von $\frac{4}{5}$ ℳ? 30 ₰ von 1 ℳ 80 ₰? $\frac{3}{10}$ ℳ von $1\frac{8}{10}$ ℳ? Wie heißt die letzte Aufgabe in Divisionsform? Wie erhält man aus der Division $\frac{4}{5} : \frac{2}{5}$ den Quotienten 2? Aus $\frac{18}{10} : \frac{3}{10}$ den Quotienten 6? Was hat man also bei gleichnamigen Brüchen nur zu dividieren?

Merke: **Gleichnamige Brüche werden geteilt, indem man ihre Zähler teilt.**

Welchen Bruch erhält man, wenn man in dem letzten Beispiel den Bruch $\frac{3}{10}$ durch 3 teilt? Wenn man aber statt durch 3 durch einen Bruch teilt, der 10 mal so klein ist? Setze nun in beiden Beispielen als Divisor einen Bruch, dessen Zähler gleich dem Nenner und dessen Nenner gleich dem Zähler des betreffenden Divisors ist! Welches Verfahren hat man nun anzuwenden, um den entsprechenden Quotienten zu bekommen?

1) Wie oft sind enthalten 25 ₰ ($\frac{1}{4}$ ℳ) in 3 ℳ, 20 ₰ ($\frac{1}{5}$ ℳ) in 5 ℳ, 40 ₰ ($\frac{2}{5}$ ℳ) in 2 ℳ?

2) Wie oft kann man wegnehmen 40 cm ($\frac{4}{10}$ m) von 8 m, 75 cm ($\frac{75}{100}$ m) von 6 m, $\frac{2}{5}$ m von 8 m, $\frac{3}{4}$ m von 6 m?

3) Wie oft kann man wegnehmen a) 3 Stck. oder $\frac{1}{4}$ Dutz. von 9 Stck. oder $\frac{3}{4}$ Dutz., $\frac{1}{3}$ Dutz. von $\frac{2}{3}$ Dutz., $\frac{1}{6}$ Dutz. von $\frac{5}{6}$ Dutz., $\frac{1}{12}$ Dutz. von $\frac{7}{12}$ Dutz.; b) $\frac{1}{10}$ ℳ von $\frac{7}{10}$ ℳ, $\frac{1}{5}$ ℳ von $\frac{3}{5}$ ℳ, $\frac{3}{20}$ ℳ von $\frac{18}{20}$ ℳ?

4) Wievielmal sind enthalten $\frac{1}{2}$ Dutz. in $2\frac{1}{2}$ Dutz., $\frac{2}{3}$ Dutz. in $2\frac{2}{3}$ Dutz., $\frac{3}{4}$ Dutz. in $3\frac{3}{4}$ Dutz.?

5) Wie oft kann man $\frac{1}{2}$ m Band von 5 m abschneiden? Wie oft $\frac{1}{4}$ m von 7 m? $\frac{1}{5}$ m von 9 m?

6) Wievielmal kann man ein $\frac{4}{10}$ Literglas aus einem Fäßchen füllen, welches a) 28 l, b) 36 l enthält?

7) Wie oft ist a) $\frac{1}{2}$, b) $\frac{1}{3}$, c) $\frac{1}{5}$ in 3 enthalten? Wie oft in 7? 10? 25?

8) Wie oft sind enthalten: a) $\frac{2}{3}$ in 2, b) $\frac{3}{4}$ in 6, c) $\frac{4}{5}$ in 12?

9) Wie oft kann man von 1 wegnehmen: $\frac{1}{2}$, $\frac{2}{3}$, $\frac{3}{4}$, $\frac{2}{5}$?

10) Teile: a) 2 durch $\frac{1}{2}$, $\frac{1}{3}$, $\frac{1}{4}$, $\frac{1}{5}$, $\frac{1}{6}$, $\frac{1}{10}$, $\frac{1}{100}$; b) 3 durch $\frac{3}{4}$, $\frac{4}{5}$, $\frac{5}{6}$, $\frac{9}{10}$!

11) Wie oft sind $\frac{2}{10}$ in $\frac{8}{10}$, $\frac{2}{5}$ in $\frac{4}{5}$, $\frac{4}{20}$ in $\frac{12}{20}$, $\frac{6}{25}$ in $\frac{24}{25}$ enthalten?

12) Löse: a) $\frac{7}{8} : \frac{3}{8}$, $\frac{9}{10} : \frac{4}{10}$, $\frac{19}{20} : \frac{3}{20}$, $\frac{39}{50} : \frac{11}{50}$; b) $1\frac{1}{3} : \frac{1}{3}$, $2\frac{1}{3} : \frac{2}{3}$, $4\frac{1}{4} : \frac{3}{4}$, $5\frac{3}{5} : \frac{4}{5}$, $6\frac{3}{10} : \frac{9}{10}$!

Wie oft kann man 20 ₰ von 90 ₰ wegnehmen? Wie oft $\frac{1}{5}$ ℳ von $\frac{9}{10}$ ℳ? $\frac{2}{5}$ ℳ von $\frac{9}{10}$ ℳ? Bringe diese Aufgabe in Divisionsform ($\frac{9}{10} : \frac{2}{5}$)! Teile $\frac{9}{10}$ durch 2! Wie heißt hier der Quotient? Wie wird dieser, wenn der Divisor 2 fünfmal so klein wird? Womit muß also $\frac{9}{20}$ vervielfacht werden? Vergleiche, welche Zahlen der beiden Brüche man miteinander vervielfacht, um $\frac{45}{20}$ zu erhalten! Kehre den Divisor um, d. h. vertausche Zähler und Nenner mit einander! Welches Verfahren schlägt man nun ein, um $\frac{45}{20}$ zu bekommen? Wie lautet demnach die Regel für alle Fälle, in denen der Divisor ein Bruch ist?

Man teilt eine ganze Zahl oder einen gemeinen Bruch durch einen Bruch, indem man im Divisor Zähler und Nenner miteinander vertauscht und dann vervielfacht; gemischte Zahlen richtet man vorher ein.

13) Wie oft kann man 25 ₰ von 50 ₰ wegnehmen? $\frac{1}{4}$ ℳ von $\frac{1}{2}$ ℳ? 20 ₰ von 70 ₰? $\frac{1}{5}$ ℳ von $\frac{7}{10}$ ℳ? 30 ₰ von 80 ₰? $\frac{3}{10}$ ℳ von $\frac{4}{5}$ ℳ? 15 ₰ von 40 ₰? $\frac{3}{20}$ ℳ von $\frac{2}{5}$ ℳ?

14) Wie oft sind enthalten $\frac{3}{100}$ m in $\frac{1}{5}$ m, $\frac{3}{20}$ m in $\frac{4}{5}$ m, $\frac{1}{4}$ m in $\frac{9}{10}$ m, $\frac{7}{1000}$ m in $\frac{3}{100}$ m?

15) Wie oft kann man 2 Dutz. von 7 Dutz., $\frac{1}{6}$ Gr. von $\frac{7}{12}$ Gr., 3 Dutz. von 10 Dutz., $\frac{1}{4}$ Gr. von $\frac{5}{6}$ Gr., 4 Dutz. von 9 Dutz., $\frac{1}{3}$ Gr. von $\frac{3}{4}$ Gr., 5 Dutz. von 10 Dutz., $\frac{5}{12}$ Gr. von $\frac{5}{6}$ Gr. wegnehmen?

16) Löse: a) $\frac{1}{2} : \frac{1}{5}$, $\frac{1}{3} : \frac{1}{4}$, $\frac{1}{5} : \frac{1}{6}$, $\frac{1}{8} : \frac{1}{10}$; b) $\frac{2}{3} : \frac{3}{5}$, $\frac{4}{5} : \frac{2}{3}$, $\frac{9}{10} : \frac{3}{8}$; c) $2\frac{1}{2} : \frac{1}{3}$, $3\frac{1}{4} : \frac{2}{5}$, $4\frac{5}{6} : \frac{1}{2}$, $2\frac{1}{3} : 1\frac{1}{2}$!

17) Für den Stoff eines Kleides werden $20\frac{4}{5}$ ℳ ausgegeben; wieviel m Stoff sind es, wenn der m $2\frac{3}{5}$ ℳ kostet?

18) Frau Z. kauft $\frac{3}{4}$ z Erbsen; wie lange reicht der Vorrat, wenn wöchentlich $1\frac{1}{2}$ Pfund Erbsen gekocht werden?

Schriftlich.

1) Stelle an Strecken dar, wie oft a) $\frac{1}{2}$ in 3, b) $\frac{2}{3}$ in 2, c) $\frac{3}{4}$ in 4 enthalten sind!

Z. B. $\frac{3}{4}$ in $2 = \frac{3}{4}$ in $\frac{8}{4} = 3$ in $8 = \frac{8}{3} = 2\frac{2}{3}$

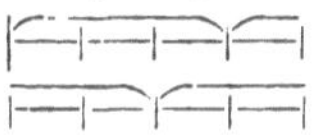

$\frac{3}{4}$ in $2 = 2\frac{2}{3}$ mal

$2 : \frac{3}{4} = 2 \cdot \frac{4}{3} = \frac{8}{3} = 2\frac{2}{3}$

2) Löse:

a)	$9 : \frac{5}{6}$	b)	$16 : \frac{3}{4}$	c)	$7 : 2\frac{1}{2}$	d)	$25 : \frac{2}{3}$
	$8 : \frac{11}{12}$		$29 : \frac{4}{5}$		$9 : 3\frac{2}{5}$		$39 : \frac{4}{5}$
	$7 : \frac{13}{20}$		$47 : \frac{2}{3}$		$8 : 2\frac{2}{3}$		$67 : \frac{5}{8}$
e)	$16 : 1\frac{3}{4}$	f)	$136 : \frac{5}{6}$	g)	$149 : 2\frac{1}{2}$	h)	$99 : 13\frac{3}{4}$
	$27 : 3\frac{3}{5}$		$258 : \frac{4}{7}$		$317 : 3\frac{3}{4}$		$136 : 14\frac{2}{5}$
	$39 : 3\frac{1}{2}$		$343 : \frac{7}{9}$		$495 : 4\frac{1}{6}$		$259 : 24\frac{1}{2}$

Schreibweise: $276 : 8\frac{3}{4} = 276 : \frac{35}{4} = 276 \cdot \frac{4}{35} = \frac{1104}{35} = 31\frac{19}{35}$

3) 1 kg Tee kostet $8\frac{4}{5}$ ℳ; wieviel kg erhält man für 88 ℳ?

4) 1 Pfund Fleisch kostet $\frac{7}{10}$ ℳ; wieviel Pfund erhält man für 14 ℳ?

5) 1 l Wein kostet $1\frac{1}{4}$ ℳ; wieviel l erhält man für 25 ℳ?

6) B. geht in 1 Std. $6\frac{3}{4}$ km, in welcher Zeit 54 km?

7) Der Landwirt H. erntet auf $8\frac{2}{5}$ ha Land 210 hl Getreide, wieviel durchschnittlich auf 1 ha?

8) Für $6\frac{2}{3}$ Monat erhält ein Dienstmädchen 81 ℳ Lohn, wieviel für 1 Monat?

9) Wieviel Schienen von $4\frac{1}{2}$ m Länge braucht man zur Herstellung eines Bahngeleises von 216 km?

10) Stelle an Strecken dar, wie oft $\frac{1}{5}$ in $\frac{4}{5}$, $\frac{1}{4}$ in $\frac{3}{4}$, $\frac{2}{3}$ in $2\frac{1}{3}$ enthalten sind!

Z. B. $\frac{3}{5}$ in $2\frac{1}{5} = \frac{3}{5}$ in $\frac{11}{5} = 3$ in $11 = \frac{11}{3} = 3\frac{2}{3}$

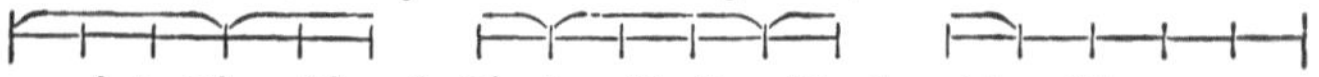

$\frac{3}{5}$ in $2\frac{1}{5} = 3\frac{2}{3}$ mal; $2\frac{1}{5} : \frac{3}{5} = \frac{11}{5} : \frac{3}{5} = 11 : 3 = \frac{11}{3} = 3\frac{2}{3}$

11) Wie oft sind a) $\frac{3}{4}$ Dutz. in $7\frac{3}{4}$ Dutz. enthalten; b) $\frac{5}{6}$ Gr. in $4\frac{1}{6}$ Gr.; c) $\frac{7}{20}$ ℳ in $8\frac{13}{20}$ ℳ; d) $2\frac{1}{2}$ Wo. in $9\frac{1}{2}$ Wo.; e) $1\frac{4}{5}$ t in $5\frac{1}{5}$ t; f) $3\frac{1}{4}$ kg in $10\frac{3}{4}$ kg?

12) Löse:

a) $\frac{7}{20} : \frac{3}{20}$	b) $2\frac{1}{4} : \frac{3}{4}$	c) $9\frac{7}{10} : 2\frac{3}{10}$	d) $24\frac{1}{2} : 7\frac{1}{2}$
$\frac{39}{50} : \frac{11}{50}$	$3\frac{4}{5} : \frac{2}{5}$	$18\frac{5}{6} : 3\frac{1}{6}$	$39\frac{4}{5} : 8\frac{2}{5}$
$\frac{23}{25} : \frac{9}{25}$	$8\frac{3}{8} : \frac{7}{8}$	$25\frac{7}{9} : 4\frac{5}{9}$	$48\frac{1}{4} : 9\frac{3}{4}$

e) $67\frac{1}{2} : 12\frac{1}{2}$	f) $384\frac{1}{3} : 7\frac{2}{3}$	g) $92\frac{7}{12} : 16\frac{1}{12}$
$93\frac{2}{3} : 14\frac{2}{3}$	$1589\frac{1}{6} : 5\frac{5}{6}$	$83\frac{9}{15} : 14\frac{1}{15}$
$145\frac{7}{8} : 23\frac{5}{8}$	$2936\frac{3}{5} : 6\frac{2}{5}$	$126\frac{11}{20} : 23\frac{7}{20}$

Schreibweise: $14\frac{5}{6} : 2\frac{1}{6} = \frac{89}{6} : \frac{13}{6} = 89 : 13 = \frac{89}{13} = 6\frac{11}{13}$

13) Wie oft kann man in ein Faß, das 3 hl $62\frac{4}{10}$ l aufnimmt, ein Fäßchen von $45\frac{3}{10}$ l füllen?

14) Stelle an Strecken dar, wie oft enthalten ist: $\frac{1}{5}$ in $\frac{1}{2}$, $\frac{1}{4}$ in $\frac{1}{3}$, $\frac{1}{3}$ in $\frac{1}{2}$, $\frac{1}{2}$ in $\frac{1}{5}$, $\frac{1}{3}$ in $\frac{1}{4}$, $\frac{1}{2}$ in $\frac{1}{3}$!

Z. B.: a) $\frac{1}{4}$ in $\frac{1}{5} = \frac{5}{20}$ in $\frac{4}{20} = 5$ in $4 = \frac{4}{5}$, b) $\frac{1}{5}$ in $\frac{1}{4} = \frac{4}{20}$ in $\frac{5}{20} = \frac{5}{4} = 1\frac{1}{4}$

a)

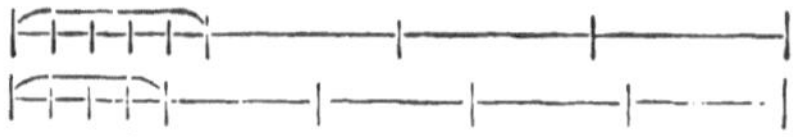

$\frac{1}{4}$ kann man von $\frac{1}{5} = \frac{4}{5}$ mal wegnehmen; $\frac{1}{5} : \frac{1}{4} = \frac{1}{5} \cdot \frac{4}{1} = \frac{4}{5}$

b)

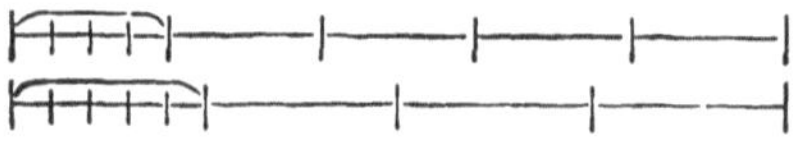

$\frac{1}{5}$ ist in $\frac{1}{4} = \frac{5}{4} = 1\frac{1}{4}$ mal enthalten; $\frac{1}{4} : \frac{1}{5} = \frac{1}{4} \cdot \frac{5}{1} = \frac{5}{4} = 1\frac{1}{4}$

15) Wievielmal sind $\frac{3}{4}$ ℳ in $7\frac{1}{2}$ ℳ, $\frac{4}{5}$ ℳ in $9\frac{6}{10}$ ℳ, $\frac{2}{5}$ m in $5\frac{2}{10}$ m, $1\frac{1}{2}$ t in $6\frac{3}{5}$ t, $4\frac{1}{3}$ Dutz. in $9\frac{3}{4}$ Dutz., $3\frac{1}{2}$ Tg. in $8\frac{3}{4}$ Tg. enthalten?

16) Löse:

a) $\frac{5}{6} : \frac{3}{4}$	b) $1\frac{7}{20} : \frac{5}{6}$	c) $2\frac{3}{4} : 1\frac{1}{3}$	d) $2\frac{4}{7} : 3\frac{1}{3}$
$\frac{9}{10} : \frac{5}{6}$	$2\frac{9}{30} : \frac{7}{8}$	$3\frac{4}{5} : 2\frac{2}{3}$	$3\frac{1}{6} : 2\frac{3}{4}$
$\frac{2}{3} : \frac{6}{7}$	$3\frac{3}{5} : \frac{9}{11}$	$7\frac{1}{2} : 3\frac{3}{5}$	$18\frac{2}{3} : 3\frac{1}{5}$

Schreibweise: $17\frac{2}{3} : 3\frac{1}{4} = \frac{53}{3} : \frac{13}{4} = \frac{53}{3} \cdot \frac{4}{13} = \frac{212}{39} = 5\frac{17}{39}$

17) L. verkauft $20\frac{1}{2}$ dz Zuckerrüben und erhält dafür $32\frac{4}{5}$ ℳ. Wieviel berechnet er für 1 dz?

18) Herr A. gibt auf der Reise täglich $6\frac{3}{10}$ ℳ aus; wie lange reichen ihm $94\frac{1}{2}$ ℳ?

19) $2\frac{2}{5}$ cbm Holz kosten $34\frac{2}{25}$ ℳ; wieviel kostet 1 cbm?

20) Frau M. bezahlte für Butter $13\frac{1}{2}$ ℳ. Wieviel kg Butter waren es, wenn 1 kg $1\frac{4}{5}$ ℳ kostete?

18. Teilen der Dezimalbrüche.

a) Teilen von Dezimalbrüchen durch ganze Zahlen.

Mündlich.

1) Wieviel ist der 5te Teil von: **a)** 30 cm ($\frac{3}{10}$ m), 45 cm ($\frac{45}{100}$ m), 125 mm ($\frac{125}{1000}$ m); **b)** 0,5 m; 0,35 m; 0,175 m?
2) Wieviel ist: **a)** der 4te Teil von 60 ₰ (0,60 ℳ), 28 kg (0,028 t), 164 g (0,164 kg); **b)** 8te Teil von 1 hl 28 l (1,28 hl), 24 kg 16 g (24,016 kg)?
3) Wieviel ist der 10te Teil von 90 cm (0,9 m), 15 cm (0,15 m), 300 cm (0,3 km), 8 m (0,008 km)?
4) Wieviel ist der 100ste Teil von 700 m (0,7 km)? Von 4 m (0,004 km)? Der 1000ste Teil von 900 m (0,9 km)? Von 30 m (0,03 km)? Von 5 m (0,005 km)?

Um wieviel Stellen rückt man das Komma nach links, wenn man einen Dezimalbruch durch **a)** 10, **b)** 100, **c)** 1000 teilt?

Merke: **Ein Dezimalbruch wird durch 10, 100 oder 1000 geteilt, indem man das Komma um 1, 2 oder 3 Stellen nach links rückt.**

5) Dividiere 0,6; 2,7; 8,4; 12,36; 0,480 durch **a)** 10, **b)** 100, **c)** 1000!
6) Von einem Gewinn von 630 ℳ erhält A. 0,4, B. 0,25 als Anteil; wieviel erhält A.? Wieviel B.?
7) Eine Lokomotive durchlief in 10 Min. eine Strecke von 9,820 km; wieviel m in 1 Min.? Wieviel km in 1 Std. 40 Min.?
8) Für 1 ℳ erhält man 2,50 m Band, wieviel für 10 ₰? Für 10 ℳ?

Schriftlich.

Nimm von 36,25 ℳ den 5ten Teil! Welche 4 Geldsorten stellen wir uns beim Nennen des Betrags 36,25 ℳ vor? Gib die Einheiten der Zahl 36,25 an! Welche werden zuerst geteilt? In welche Einheiten verwandelt man den Rest von Einern? In welche die übrig bleibenden Zehntel? Vergleiche das Verfahren mit dem der Division ganzer Zahlen!

Merke: **Ein Dezimalbruch wird durch eine ganze Zahl geteilt, indem man wie bei ganzen Zahlen teilt und im Quotienten nach den Einern ein Komma setzt.**

1) Löse: **a)** 71345,9 : 2, 3 usw. bis 9, **b)** 2758,65 : 10, 20 usw. bis 90, **c)** 63152,798 : 100, 200 usw. bis 900!

Z. B.: 1456,815 : 9 = 161,868 Rest 0,003 1456,815 : 30 = 48,560 Rest 0,015

2) Teile 90,876 (bis zu 3 Dezimalst.) durch 19, 35, 68!
3) Löse (bis zu 4 Dezimalst.): **a)** 124,257 : 24; 67,953 : 37; 359,16 : 58; 37,1 : 17; 469,5 : 79; **b)** 2196,452 : 126; 1945,32 : 379; 1843,6 : 932; **c)** 3765,8543 : 1457; 9876,54 : 3765; 93158,6 : 4937!
4) 18 kg einer Ware kosten 29,52 ℳ; wieviel kostet 1 kg?
5) 24 Eier kosten 1,68 ℳ; wieviel kostet 1 Ei?
6) Für 38 ℳ erhält man 62,700 kg, wieviel für 1 ℳ?

Bei ℳ, hl, dz, z rundet man, sobald die Division nicht aufgeht, in der Weise ab, daß die zweite Dezimalstelle im Quotienten um 1 erhöht wird, wenn in der dritten die Ziffer 5, 6, 7, 8 oder 9 steht; andernfalls bleibt die dritte Stelle unberücksichtigt. Bei m, km, t, kg rundet man auf 3 Stellen ab.

7) Rechne aus (2 Dezimalst.):
- a) 13942,5 ℳ : 36
- b) 9834,7 dz : 45
- c) 2379,84 hl : 473
- d) 14596,93 ha : 135

8) Löse (3 Dezimalst.):
- a) 3769,542 m : 916
- b) 15927,648 km : 759
- c) 29308,004 t : 2146
- d) 35071,276 kg : 3257

Schreibweise:

2349,25 ℳ : 186 = 12,63 ℳ
186
489
372
1172
1116
565
558
0,07 ℳ

b) Teilen von ganzen Zahlen und von Dezimalbrüchen durch Dezimalbrüche.

Mündlich.

1) Wie oft sind enthalten: **a)** 20 cm ($\frac{2}{10}$ m) in 3 m, 50 cm ($\frac{5}{10}$ m) in 8 m; **b)** 25 ₰ (0,25 ℳ) in 5 ℳ, 12 cm (0,12 m) in 3 m, 8 l (0,08 hl) in 4 hl?

2) Wievielmal sind enthalten: **a)** $\frac{2}{10}$ m in $\frac{8}{10}$ m, 0,2 m in 0,8 m; **b)** 20 cm in 1 m 40 cm, 0,2 m in 1,4 m; **c)** 20 cm in 3 m 60 cm, 0,2 m in 3,6 m?

3) Wie oft sind enthalten: **a)** 0,3 ℳ in 0,6 ℳ; 0,20 ℳ in 0,80 ℳ; **b)** 0,70 ℳ in 2,10 ℳ; **c)** 0,6 ℳ in 24,6 ℳ; 0,80 ℳ in 25,60 ℳ?

Wievielmal kann man 25 mm von 3 m wegnehmen?

$3 : \frac{25}{1000} = \frac{3000}{1000} : \frac{25}{1000} = 3000 : 25 = 120$

Wievielmal so groß wird in der Aufgabe 3 : 0,025 der Divisor 0,025, wenn man als Divisor 25 setzt? Wie muß nun der Dividend werden, damit der Quotient sich gleich bleibt? Wie lautet dann die Division? Wie lautet sie, wenn man gleichnamige Brüche anwendet?

4) Rechne: **a)** 9 : 0,30; 8 : 0,25; **b)** 0,12 : 0,04; 0,9 : 0,03; **c)** 0,6 : 0,12; 4,5 : 0,15!

5) Wieviel Anzüge gibt ein Stück Tuch von 32 m Länge, wenn man zu einem Anzug durchschnittlich 3,20 m Stoff braucht?

Schriftlich.

Wie oft kann man **a)** 25 cm von 600 cm oder 6 m, **b)** 24 cm von 4 m 80 cm, **c)** 96 mm von 12 m 48 cm wegnehmen?

Zu **a)** 600 : 25 = 24; 6 : 0,25 = 600 : 25 = 24

oder: $6 : 0{,}25 = \frac{6}{0{,}25} = \frac{6 \cdot 100}{0{,}25 \cdot 100} = \frac{600}{25} = 24$

Zu **b)** 480 : 24 = 20; 4,80 : 0,24 = 480 : 24 = 20

oder: $4{,}80 : 0{,}24 = \frac{4{,}80 \cdot 100}{0{,}24 \cdot 100} = \frac{480}{24} = 20$

Zu **c)** 12480 : 96 = 130; 12,48 : 0,096 = 12480 : 96 = 130

oder: $12{,}48 : 0{,}096 = \frac{12{,}48 \cdot 1000}{0{,}096 \cdot 1000} = \frac{12480}{96} = 130$

Gib das Verfahren bei der Division einer ganzen Zahl und eines Dezimalbruchs durch einen Dezimalbruch an!

Man teilt eine ganze Zahl oder einen Dezimalbruch durch einen Dezimalbruch, indem man das Komma im Dividenden und im Divisor um so viele Stellen nach rechts rückt, als der Divisor Dezimalstellen hat, und dann teilt.

1) Löse (2 Dezimalst.):

Schreibweise: 19,4321 : 6,14
1943,21 : 614 = 3,16
1842
1012
614
3981
3684
2,97

a) 1036 : 1,7	b) 36,49 : 0,32	c) 35,61 : 0,857
8695 : 2,3	238,247 : 0,29	47,9864 : 0,638
153,697 : 6,4	51,3287 : 2,48	58,7279 : 0,0834
21,5784 : 5,8	94,6471 : 3,57	3,12696 : 0,0539

2) Rechne aus (3 Dezimalst.):

a) 317,9 : 1,56	b) 198,4 : 1,136	c) 7,165 : 0,9317
753,4 : 2,73	716,71 : 3,271	147,201 : 0,8479
924,56 : 3,49	9,35013 : 7,183	235,5814 : 14,956
987,421 : 7,61	38,63027 : 9,837	4236,80351 : 23,874

3) Für ein Mittagessen werden im ganzen 37,4 kg Fleisch geliefert. Wieviel Personen nehmen an dem Essen teil, wenn das Fleisch in Portionen zu 0,275 kg ausgeschnitten werden soll?

4) Für 12,80 ℳ erhält man 15,360 kg, wieviel für 1 ℳ?

5) Wieviel Hemden kann man aus einem Stück Leinwand von 70,40 m verfertigen, wenn man zu einem Hemd 3,20 m braucht?

6) Für den Stoff eines Kleides werden 18,90 ℳ ausgegeben; wieviel m braucht man, wenn 1 m 1,80 ℳ kostet?

7) Von 51,60 ha Wald werden 2,15 ha abgeholzt, also der wievielte Teil?

8) 24,8 kg kosten 18,60 ℳ; wieviel kostet 1 kg?

9) Wie oft kann man 3,75 m Tuch von einem Stück von 41 m 25 cm Länge abschneiden?

10) Wieviel Pakete von je 275 g können aus 3,3 kg Ware gemacht werden?

11) Ein Rest Tuch wird bei einer Zwangsversteigerung für 24,64 ℳ gegeben; wie teuer steht 1 m, wenn der Rest 6,4 m betrug?

12) Für $2\frac{1}{2}$ Pfund Rindfleisch werden 1,35 ℳ bezahlt; wieviel kostet 1 Pf.?

13) Dividiere das Produkt der Zahlen 12,84 und 3,75 durch 6,42!

14) Teile die Summe der Zahlen 6,2568 und 3,852 durch 0,48!

19. Vermischte Aufgaben.

1) Die Seite eines quadratförmigen Gartens, der mit einem Zaun umgeben werden soll, mißt $15\frac{4}{5}$ m. Wie groß ist der Umfang des Gartens? Wieviel kostet der Zaun, wenn ein Meter zu 3 ℳ 60 ₰ berechnet wird?

2) 1 hl Gerste wiegt durchschnittlich 68 kg; wieviel wiegen a) $7\frac{3}{4}$ hl, b) $12\frac{4}{5}$ hl? Welchen Wert hat 1 hl, wenn auf dem Markte 100 kg zu 12 ℳ verkauft werden?

3) Ein Reisender wechselt in Deutschland amerikanisches Geld um; wieviel ℳ erhält er für 2365 Dollar, wenn 1 Dollar zu $4\frac{3}{20}$ ℳ berechnet wird?

4) Für $8\frac{1}{5}$ Tausend einer Feuer-Versicherungssumme bezahlt jemand $14\frac{7}{20}$ ℳ Prämie (Versicherungsgebühr), wieviel für ein Tausend?

5) Kohlenhändler G. liefert 27 z Steinkohlen zu 31,05 ℳ; wie teuer ist 1 z?

6) Durch das Rösten der Kaffeebohnen geht etwa $\frac{1}{3}$ des Gewichts verloren; wieviel kg wiegen **a)** 9 kg, **b)** $7\frac{1}{2}$ kg Kaffee nach dem Brennen?

7) Von einem Stück Tuch wurden $4\frac{1}{2}$ m, $5\frac{3}{4}$ m, $6\frac{4}{5}$ m und $9\frac{7}{10}$ m verkauft; wie lang war das ganze Stück, wenn der Rest noch $3\frac{1}{4}$ m betrug?

8) Zur Unterstützung einer armen Familie gibt A. $8\frac{4}{5}$ ℳ, B. 12,60 ℳ, C. 15 ℳ 75 ₰, D. $21\frac{7}{20}$ ℳ, E. $2\frac{1}{2}$ mal soviel als A., F. $1\frac{3}{5}$ mal soviel als C. Wieviel geben sie zusammen? Wieviel gibt E. mehr als B.? Wieviel F. mehr als A.?

9) Landwirt A. steigert das Gras einer Wiese für 145 ℳ 50 ₰. Er erhält $65\frac{1}{2}$ z Heu und berechnet den z zu 2,80 ℳ. Wie groß ist sein Gewinn, wenn die Unkosten für Mähen, Dürren und Heimfahren des Heues 13 ℳ 60 ₰ betragen?

10) Ein Schafbesitzer hat 345 Schafe. Berechne die Einnahme für Wolle, wenn ein Schaf durchschnittlich $3\frac{3}{5}$ Pfund Wolle jährlich liefert und 1 z zu 182 ℳ verkauft wird!

11) Ein Gefäß mit Schmalz wiegt 16,4 kg, das Gefäß allein 2,850 kg. Wieviel ist für das Schmalz zu bezahlen, wenn 1 Pfund 0,95 ℳ kostet?

12) Eine Frau gibt für 8,5 m Besatz 10,20 ℳ und für $15\frac{2}{5}$ m Band 9,24 ℳ aus. Wie teuer ist 1 m Besatz? 1 m Band?

13) Die Erde ist von etwa 1800 Millionen Menschen bewohnt; davon kommen auf Asien annähernd $\frac{8}{15}$ und auf Europa $\frac{7}{30}$. Wieviel Menschen wohnen in Asien? Wieviel in Europa?

14) Fuhrmann W. hat 4 Kisten auf seinem Wagen; die erste wiegt 48,25 kg, die zweite $75\frac{3}{4}$ kg, die dritte 89 kg 350 g und die vierte $124\frac{7}{8}$ kg. Wie schwer ist die ganze Ladung?

15) Zwei Fußgänger gehen zu gleicher Zeit nach einem Orte, der 130 km vom Ausgangspunkte entfernt liegt; A. legt in 1 Std. $6\frac{1}{2}$ km, B. in 2 Std. $12\frac{1}{2}$ km zurück. Wieviel m legt A. in einer Std. mehr zurück als B.? Nach wieviel Std. wird jeder das Ziel erreichen?

16) Eine Gesellschaft von 45 Personen macht einen Ausflug und erhält auf der Bahn $\frac{1}{3}$ Fahrpreisermäßigung. Wieviel ist im ganzen zu bezahlen, wenn eine Fahrkarte für gewöhnlich 1,65 ℳ kostet?

17) 15 m Tuch werden zu 127,50 ℳ eingekauft und zu 146,25 ℳ verkauft. Wie groß ist der Gewinn? Wieviel ℳ kostet der m im **a)** Einkauf, **b)** Verkauf?

18) Ein Bienenzüchter besitzt 40 Bienenstöcke, die in einem Jahre 426,5 kg Honig und 35,8 kg Wachs lieferten. Wie groß war der Erlös, wenn 106,5 kg Honig als Bienenfutter zurückbehalten und der Rest, das Pfund zu 92 ₰, und das kg Wachs zu 3,80 ℳ verkauft wurden?

19) 5 Pferde fressen täglich 23,75 kg Hafer und 33,5 kg Heu; wieviel kg Hafer und Heu brauchen täglich 12 Pferde? 20 Pferde?

20) Ein Schüler gibt für 3 Schreibhefte $\frac{3}{10}$ ℳ, für 2 Bleistifte $\frac{4}{25}$ ℳ, für den Einband eines Buches $\frac{4}{5}$ ℳ und für Stahlfedern $\frac{1}{4}$ ℳ aus; wieviel erhält er auf ein Fünfmarkstück heraus?

21) Ein Jäger hat 18 Hasen und 7 Feldhühner geschossen; wie groß ist seine Einnahme, wenn für jeden Hasen $2\frac{3}{4}$ ℳ und für jedes Feldhuhn $\frac{4}{5}$ ℳ bezahlt werden?

22) Schreinermeister H. zahlte 592,80 ℳ Wochenlohn aus; wieviel Gesellen konnte er auszahlen, wenn jeder wöchentlich 22,80 ℳ Lohn erhielt?

23) Die Aussaat beträgt $\frac{4}{25}$ der Ernte; wieviel hat ein Bauer geerntet, der 32 hl ausgesäet hat?

24) Eine Straße von 1620 m Länge soll gepflastert werden; der laufende m wird mit 1,50 ℳ bezahlt. Wieviel erhält jeder der Pflasterer, wenn der erste den vierten Teil der Strecke, der zweite den dritten Teil und der dritte den Rest herzustellen hat?

25) Wie lang ist eine Röhre, wenn man zu einer Wasserleitung von 568,75 m Länge 175 gleichlange Röhren nötig hat?

26) Aus 100 kg Kartoffeln gewinnt man 17,5 kg Stärkemehl; wieviel Stärkemehl gewinnt man aus 1 kg? Aus 60 kg? 320 kg?

27) Händler O. kauft 18 kg Butter zu 30,96 ℳ und verkauft sie wieder mit 5,40 ℳ Gewinn. Wieviel kostet 1 kg im **a)** Einkauf, **b)** Verkauf?

28) 1 m Tuch wurde zu $5\frac{1}{2}$ ℳ eingekauft und zu 8 ℳ verkauft. Wieviel m wurden verkauft, wenn im ganzen $102\frac{1}{2}$ ℳ gewonnen wurden?

29) Ein Gerber liefert einem Schuhmacher 2 Häute zu Sohlleder, das kg zu 4,60 ℳ. Wieviel hat der Schuhmacher zu bezahlen, wenn die eine Haut 16,125 kg und die andere 18,400 kg wiegt?

30) 4 Maurer übernahmen zu gleichen Teilen eine Arbeit für 146,80 ℳ. Wieviel erhielt noch jeder nach Vollendung der Arbeit, wenn A. schon 4,50 ℳ, B. 5,80 ℳ, C. 6,25 ℳ, D. 10,40 ℳ empfangen hatte?

31) Jemand kauft 9,50 m Tuch, den m zu 8,40 ℳ; wieviel ist zu bezahlen, wenn $\frac{1}{20}$ der ganzen Summe abgezogen wird?

32) Landwirt P. verkaufte $2\frac{1}{2}$ z Hopfen zu 255 ℳ, 16 dz Stroh zu 51,20 ℳ, und 24 dz Heu zu $134\frac{2}{5}$ ℳ. Wie teuer wurde 1 z von jeder Ware verkauft? Wie groß war die Gesamteinnahme?

Druck von C. G. Röder in Leipzig.

Das große Einmaleins.

(1 • 11 bis 1 • 20.)

1 • 11 = 11	1 • 12 = 12	1 • 13 = 13	1 • 14 = 14
2 • 11 = 22	2 • 12 = 24	2 • 13 = 26	2 • 14 = 28
3 • 11 = 33	3 • 12 = 36	3 • 13 = 39	3 • 14 = 42
4 • 11 = 44	4 • 12 = 48	4 • 13 = 52	4 • 14 = 56
5 • 11 = 55	5 • 12 = 60	5 • 13 = 65	5 • 14 = 70
6 • 11 = 66	6 • 12 = 72	6 • 13 = 78	6 • 14 = 84
7 • 11 = 77	7 • 12 = 84	7 • 13 = 91	7 • 14 = 98
8 • 11 = 88	8 • 12 = 96	8 • 13 = 104	8 • 14 = 112
9 • 11 = 99	9 • 12 = 108	9 • 13 = 117	9 • 14 = 126
10 • 11 = 110	10 • 12 = 120	10 • 13 = 130	10 • 14 = 140

1 • 15 = 15	1 • 16 = 16	1 • 17 = 17	1 • 18 = 18
2 • 15 = 30	2 • 16 = 32	2 • 17 = 34	2 • 18 = 36
3 • 15 = 45	3 • 16 = 48	3 • 17 = 51	3 • 18 = 54
4 • 15 = 60	4 • 16 = 64	4 • 17 = 68	4 • 18 = 72
5 • 15 = 75	5 • 16 = 80	5 • 17 = 85	5 • 18 = 90
6 • 15 = 90	6 • 16 = 96	6 • 17 = 102	6 • 18 = 108
7 • 15 = 105	7 • 16 = 112	7 • 17 = 119	7 • 18 = 126
8 • 15 = 120	8 • 16 = 128	8 • 17 = 136	8 • 18 = 144
9 • 15 = 135	9 • 16 = 144	9 • 17 = 153	9 • 18 = 162
10 • 15 = 150	10 • 16 = 160	10 • 17 = 170	10 • 18 = 180

1 • 19 = 19	1 • 20 = 20
2 • 19 = 38	2 • 20 = 40
3 • 19 = 57	3 • 20 = 60
4 • 19 = 76	4 • 20 = 80
5 • 19 = 95	5 • 20 = 100
6 • 19 = 114	6 • 20 = 120
7 • 19 = 133	7 • 20 = 140
8 • 19 = 152	8 • 20 = 160
9 • 19 = 171	9 • 20 = 180
10 • 19 = 190	10 • 20 = 200

Das bürgerliche Rechnen.

1. Dreisatz (Regeldetri).

Aufg.: 5 m Tuch kosten $30\frac{1}{2}$ ℳ; wieviel kosten 7 m?

Diese Aufgabe besteht aus einem **Bedingungssatz** und einem **Fragesatz** (daher Zweisatz). Man sucht, um die Aufgabe zu lösen, den Einheitspreis; es entstehen dann 3 Sätze: I. **Bedingungssatz** (5 m k. $30\frac{1}{2}$ ℳ), II. **Mittelsatz** (1 m k. den 5. Teil von $30\frac{1}{2}$ ℳ $= 6\frac{1}{10}$ ℳ), III. **Schlußsatz** (7 m k. $6\frac{1}{10}$ ℳ $\cdot 7 = 42\frac{7}{10}$ ℳ $= 42{,}70$ ℳ). Diesen Aufbau nennt man Dreisatz (Regeldetri).

I. Gerades Verhältnis.

a) Schluß von der Einheit auf die Mehrheit.

Mündlich.

1) 1 m Band kostet 1,50 ℳ; wieviel kosten **a)** 9 m, **b)** 20 m, **c)** 24 m?

2) 1 m Tuch kostet 8,20 ℳ; wieviel kosten **a)** 8 m, **b)** 15 m, **c)** 50 m?

3) 1 kg Kaffee kostet 2,60 ℳ; wieviel kosten **a)** 6 kg, **b)** 12 kg?

4) 1 Dutz. Bleistifte kostet 80 ₰; wieviel kosten **a)** 30 Dutz., **b)** 50 Dutz.?

5) 1 Pfund Grieß kostet 24 ₰; wieviel kosten 15 Pf.? 25 Pf.? 31 Pf.?

6) 1 Pfund Mehl kostet 18 ₰; wieviel kosten 9 Pf.? 12 Pf.? 42 Pf.?

7) Für 1 ℳ erhält man 2 kg Zucker, wieviel für 14 ℳ? 26 ℳ? 32 ℳ?

8) Wieviel l Mohnöl erhält man für 16 ℳ, wenn 1 Liter 1 ℳ kostet?

9) Für 1 ℳ erhält man $4\frac{1}{2}$ Dutz. Schreibfedern, wieviel für 6 ℳ? 10 ℳ?

10) In 1 Monat verdient B. $136\frac{1}{5}$ ℳ, wieviel in **a)** 4 Mon., **b)** $\frac{1}{2}$ J.?

11) In 1 Stunde legt ein Fußgänger eine Strecke von $6\frac{3}{4}$ km zurück, wieviel km in **a)** 4 Std., **b)** 6 Std.?

12) Wieviel kosten 8 kg Kleesamen, wenn 1 kg **a)** $\frac{4}{5}$ ℳ, **b)** $\frac{9}{10}$ ℳ kostet?

13) Welche Höhe hat eine Treppe mit 10 Stufen, wenn eine Treppenstufe $18\frac{1}{2}$ cm hoch ist?

14) Wieviel kosten 80 junge Obstbäume, wenn das Stück $1\frac{1}{5}$ ℳ kostet?

15) Frau M. kauft 1 dz gedörrtes Obst, das kg zu $\frac{3}{5}$ ℳ; wieviel kostet das Obst?

16) Wieviel kosten: **a)** 15 z Steinkohlen, der z zu 1,10 ℳ; **b)** 8 cbm Holz, der cbm zu 12,50 ℳ; **c)** 400 Wellen, das Hundert zu 8 ℳ 40 ₰?

17) Frau K. macht folgende Einkäufe: **a)** $2\frac{1}{2}$ Pfund Schinken, das Pf. zu 1,60 ℳ; **b)** 2 kg Butter, das Pf. zu 80 ₰; **c)** $3\frac{1}{2}$ Pf. Rindfleisch, das Pf. zu 60 ₰; **d)** $2\frac{1}{2}$ kg Grünkern, das Pf. zu 32 ₰; wieviel hat sie für jede Sorte zu bezahlen?

18) Eine Familie braucht täglich 10 Kaffeebrötchen, das Stück zu 3 ₰; wieviel ℳ werden für Brötchen in **a)** 2 Mon., **b)** $\frac{1}{2}$ Jahr ausgegeben?

19) Frau Z. kauft 25 kg Linsen und 50 kg Erbsen; wieviel hat sie zu bezahlen, wenn 1 Pf. Linsen 21 ₰ und 1 Pf. Erbsen 15 ₰ kosten?

20) Wieviel erhält ein Dienstmädchen auf ein Zwanzigmarkstück heraus, wenn es $2\frac{1}{2}$ Pf. Fleisch, das Pf. zu 70 ₰, und 5 Pf. Mehl, das Pf. zu 19 ₰, bezahlt?

21) Wieviel Wolle erhält ein Schäfer von 150 Schafen, wenn 1 Schaf durchschnittlich $1\frac{1}{2}$ kg Wolle liefert?

22) Wie hoch kommt 1 Dutz. Herrenhemden, wenn zu jedem Hemd 3 m Schirting, der m zu 60 ₰, und ein Brusteinsatz zu 1,50 ℳ erforderlich sind; der Macherlohn für das Stück beträgt 1,20 ℳ?

23) $\frac{1}{2}$ m Band kostet 45 ₰; wieviel kosten **a)** 3 m, **b)** $5\frac{1}{2}$ m, **c)** $9\frac{1}{2}$ m?

24) $\frac{1}{4}$ l Wein kostet 25 ₰; wieviel kosten $2\frac{3}{4}$ l? $3\frac{1}{2}$ l? $5\frac{1}{4}$ l? $8\frac{1}{2}$ l?

25) Ein Bauunternehmer übernahm für 2500 ℳ eine Arbeit, die in 40 Tagen von 15 Arbeitern vollendet wurde; 10 der Arbeiter erhielten je 3 ℳ Tagelohn, die übrigen je 2 ℳ; wieviel verblieb dem Bauunternehmer?

Schriftlich.

Aufg.: 1 kg Butter kostet $1\frac{3}{4}$ ℳ; wieviel kosten 12 kg?
Schreibweise: 12 kg k. $\frac{7 \cdot 12}{4}$ ℳ = 21 ℳ; oder: 1,75 ℳ · 12 = 21 ℳ

1) 1 kg Butter kostet $1\frac{3}{4}$ ℳ; wieviel kosten **a)** 16 kg, **b)** 25 kg?

2) 1 Pf. Sago kostet 28 ₰; wieviel kosten **a)** 18 Pf., **b)** 24 Pf.?

3) 1 z Steinkohlen kostet $1\frac{1}{5}$ ℳ; wieviel kosten **a)** 36 z, **b)** 28 dz?

4) Welche Strecke legt ein Eisenbahnzug in **a)** $\frac{1}{2}$ Tg., **b)** $\frac{3}{4}$ Tg. zurück, wenn er in 1 Std. 65 km zurücklegt?

5) Der monatliche Gehalt des Beamten B. beträgt $148\frac{4}{5}$ ℳ; wie groß ist sein Verdienst in **a)** $\frac{1}{4}$ J., **b)** $\frac{5}{6}$ J.?

6) Wieviel kosten 800 kg Kartoffeln, wenn der dz 5,75 ℳ kostet?

7) 1 kg Zucker kostet 48 ₰; wieviel kosten **a)** $16\frac{1}{2}$ kg, **b)** 25,5 kg?

8) Für 1 ℳ erhält man 0,75 kg Fleisch, wieviel für **a)** 8,40 ℳ, **b)** 11,60 ℳ?

9) Für 1 ℳ erhält man 0,60 m Leinwand, wieviel für **a)** 9,20 ℳ, **b)** 15,80 ℳ?

10) Wieviel kosten $36\frac{1}{2}$ z Heu, wenn 1 z zu 2,60 ℳ verkauft wird?

11) Welchen Wert haben 745 kg Hopfen, wenn 1 z zu 165 ℳ verkauft wird?

12) Landwirt D. verkaufte $12\frac{1}{2}$ hl Hafer, den hl zu 6,80 ℳ; welche Einnahme erzielte er?

13) Wieviel kosten $15\frac{1}{2}$ l Milch, wenn der Schoppen 9 ₰ kostet?

14) Gärtner M. erntet $14\frac{3}{4}$ z Äpfel und $7\frac{2}{5}$ z Birnen; welche Einnahme hat er, wenn der z Äpfel zu 8 ℳ und der z Birnen zu $12\frac{1}{2}$ ℳ verkauft wird?

15) Ein Reisender gibt täglich durchschnittlich 6,85 ℳ aus; wieviel beträgt dies in **a)** 4 Wochen, **b)** 2 Monaten?

16) Welche Einnahme hat der Landwirt B., wenn er 24,5 z Hafer, den z zu 8,20 ℳ, $18\frac{3}{4}$ dz Korn, den z zu 15,24 ℳ, 1550 kg Gerste, den z zu 7,60 ℳ verkauft?

17) Händler K. kauft von einem Gutsbesitzer $65\frac{1}{2}$ z Kartoffeln, den z zu 3,40 ℳ; 28,20 z Obst, den z zu 6,20 ℳ. Wieviel bleibt der Händler schuldig, wenn er $\frac{3}{5}$ der Kaufsumme bar bezahlt?

18) Auf dem Wochenmarkte verkaufte die Bauersfrau M. 15 Pf. Butter, das Pf. zu 95 ₰, 80 Eier, je 2 Stück zu 9 ₰, 75 Käse, das Stück zu 4 ₰; welche Einnahme hatte sie?

19) Wieviel kosten $18\frac{1}{2}$ Festmeter (fm) Buchenholz, wenn 1 fm 18,40 ℳ kostet?

20) 1 Raummeter (rm) Tannenholz kostet 7,60 ℳ; wieviel kosten **a)** $9\frac{3}{5}$ rm, **b)** 12,4 rm?

21) Ein Butterhändler verkaufte $18\frac{3}{4}$ kg und $39\frac{1}{5}$ kg Butter, das Pf. zu 95 ₰; welche Einnahme erzielte er?

22) Ein Schmalzständer wiegt leer 2,450 kg, gefüllt 19,950 kg; wieviel kostet das Schmalz, wenn 1 kg mit 1,65 ℳ bezahlt wird?

b) Schluß von der Mehrheit auf die Einheit.

Mündlich.

1) 6 Schreibhefte kosten 54 ₰; wieviel kostet 1 Heft?

2) 8 hl Wein kosten 720 ℳ; wieviel kostet 1 hl?

3) Wieviel kostet 1 Pf. Fleisch, wenn 7 Pf. 4,55 ℳ kosten?

4) Wie teuer ist 1 m Tuch, wenn 4 m 34,80 ℳ kosten?

5) Der wöchentliche Verdienst des Arbeiters R. beträgt 16,20 ℳ; wieviel verdient er in 1 Tag?

6) Was zahlt man für 1 z Kartoffeln, wenn 25 z mit 46,50 ℳ berechnet werden?

7) Für 6 Steuerziele werden 8,70 ℳ bezahlt, wieviel für 1 Ziel?

8) Für 13 m Zeug bezahlt man 66,04 ℳ, wieviel für 1 m?

9) Für 1 dz Mehl bezahlt Bäcker L. 27,50 ℳ, wieviel für 1 kg?

10) 8 Geschwister erhalten zusammen in ihre Sparkasse 25,60 ℳ; wie groß ist 1 Teil?

Schriftlich.

Aufg.: 15 Pf. Mehl kosten 2,40 ℳ; wieviel kostet 1 Pf.?
Schreibweise: 1 Pf. k. $\frac{2,40}{15}$ ℳ = 0,16 ℳ; oder: 2,40 ℳ : 15 = 0,16 ℳ

1) 15 Pf. Mehl kosten **a)** 2,55 ℳ, **b)** 3,15 ℳ, wieviel kostet 1 Pf.?

2) 25 kg Wolle kosten 61,75 ℳ, wieviel kostet 1 kg?

3) Wieviel kostet: **a)** 1 m Tuch, wenn 4 m $30\frac{4}{5}$ ℳ; **b)** 1 kg Kaffee, wenn 24 kg 44,40 ℳ; **c)** 1 Pf. Zucker, wenn $7\frac{1}{2}$ kg 3,15 ℳ kosten?

4) Die jährliche Ausgabe der Familie D. betrug 1542,60 ℳ, wieviel durchschnittlich die monatliche?

5) Landwirt M. nahm für 34 z Heu 76,50 ℳ ein; wie teuer war 1 z?

6) Für 2,60 ℳ erhält man 4,55 kg einer Ware, wieviel für 1 ℳ?

7) Landwirt B. verkaufte ein Schwein im Gewichte von 185 Pf. zu 88,80 ℳ; wie hoch kam 1 Pf.?

8) 8 gemästete Gänse, die zusammen 75,2 Pf. wogen, wurden zu 41,36 ℳ verkauft; wie teuer kam 1 Pf.?

9) Für 3,20 m Tuch zu einem Anzuge bezahlte man 26,88 ℳ; wieviel kostete 1 m?

10) Wie teuer stellt sich 1 z Obst, wenn für 8,4 z Obst 60,90 ℳ bezahlt werden?

c) Schluß von der Mehrheit auf die Mehrheit.

Mündlich.

1) 2 Pfund Schweizerkäse kosten 2,40 ℳ; wieviel kosten **a)** 6 Pf., **b)** 5 Pf., **c)** 9 Pf.?

2) 4 m Tuch kosten 32,80 ℳ; wieviel kosten 8 m? 3 m? 7 m? 10 m?

3) Für 30 ₰ erhält man 6 Eier, wieviel für 1,80 ℳ? Für 50 ₰? 70 ₰?

4) 6 Federhalter kosten 42 ₰; wieviel kosten **a)** 10, **b)** 15 Federhalter?

5) In 10 Min. durchläuft ein Schnellzug eine Strecke von $9\frac{4}{5}$ km; welche Strecke legt er in **a)** 1 Std., **b)** 15 Min., **c)** $\frac{3}{4}$ Std. zurück?

6) Der Reisende N. verdient in 3 Mon. 540 ℳ; wieviel verdient er in $\frac{3}{4}$ J.? In 10 Mon.?

7) $\frac{4}{5}$ m Tuch kosten 8 ℳ; wieviel kosten $3\frac{1}{5}$ m? 5 m?

8) Wie lange reicht man auf der Reise mit 90 ℳ aus, wenn man in 4 Tagen 20 ℳ ausgibt?

9) $\frac{5}{6}$ eines Gewinns sind 60 ℳ; wieviel sind **a)** $\frac{3}{4}$, **b)** $\frac{7}{8}$, **c)** $\frac{8}{9}$ des ganzen Gewinns?

10) Aus $\frac{3}{10}$ hl Milch erhält man durchschnittlich 3 Pf. Butter, wieviel aus **a)** 70 l, **b)** $1\frac{1}{5}$ hl Milch?

11) Aus $2\frac{1}{2}$ kg Silber werden 90 Fünfmarkstücke geprägt, wieviel aus **a)** $1\frac{3}{4}$ kg, **b)** $3\frac{1}{4}$ kg Silber?

12) Für 1 dz Mehl werden 36 ℳ bezahlt; wieviel kosten **a)** 15 kg, **b)** 24 kg Mehl?

13) Was kosten 6 Gr. Stahlfedern, wenn 4 Gr. $7\frac{1}{5}$ ℳ kosten?

14) Ein laufender Brunnen liefert in 15 Min. $1\frac{1}{5}$ hl Wasser, wieviel in **a)** 20 Min., **b)** $1\frac{1}{4}$ Std.?

15) Die jährliche Hausmiete des Beamten A. beträgt 564 ℳ; wieviel beträgt die Miete für 8 Mon.? Für $\frac{3}{4}$ Jahre?

16) Für 0,50 ℳ erhält man 5 Schreibhefte, wieviel für 1,80 ℳ? 2,50 ℳ?

17) In $1\frac{1}{2}$ Wochen verdient ein Arbeiter 22,50 ℳ, wieviel in 4 Wochen 3 Tagen?

18) Wieviel kosten 18 fm Buchenholz, wenn für 5 fm 102,50 ℳ bezahlt werden?

19) Der Fabrikarbeiter S. erspart durchschnittlich in $\frac{1}{4}$ Jahr 23,40 ℳ; wie groß ist seine Ersparnis in 5 Mon.? In $1\frac{1}{2}$ J.?

20) Aus $4\frac{1}{2}$ kg Teig erhält man 4 kg Brot; wieviel kg Brot geben **a)** 27 kg, **b)** $38\frac{1}{4}$ kg Teig?

Schriftlich.

Aufg.: 3 m Tuch k. 18 ℳ; wieviel k. 5 m?

Schreibweise (mehr und mehr gekürzt):

I.

m	ℳ
3	18
5	?
3	18
1	$\frac{18}{3}$
5	$\frac{18 \cdot 5}{3} = 30$ ℳ

II.

m	ℳ
3	18
5	?
3	$\frac{18 \cdot 5}{3} = 30$ ℳ
1	
5	

III.

m	ℳ
3	18
5	?
	$\frac{18 \cdot 5}{3} = 30$ ℳ

IV. 5 m k. $\frac{18 \cdot 5}{3}$ ℳ = 30 ℳ

Die **Sprechweise** dazu bleibt die gleiche: 3 m Tuch k. 18 ℳ; 1 m k. den dritten Teil davon = $\frac{18}{3}$ ℳ, 5 m k. 5 mal $\frac{18}{3}$ ℳ = $\frac{18 \cdot 5}{3}$ ℳ = 30 ℳ, oder: wenn 3 m Tuch 18 ℳ k., so k. 1 m den dritten Teil davon, und 5 m k. 5 mal soviel als 1 m.

1) 6 m Band kosten 2,88 ℳ; wieviel kosten **a)** 9 m, **b)** 15 m Band?

2) 5 Pfund Fleisch kosten 3,25 ℳ; wieviel kosten **a)** 8 Pf., **b)** $12\frac{1}{2}$ Pf.?

3) Der Verdienst eines Arbeiters beträgt im Jahr (50 Arbeitswochen) 660 ℳ; wie groß ist sein Verdienst in **a)** 20 Wo., **b)** 35 Wo.?

4) 8 l Spiritus kosten $11\frac{1}{5}$ ℳ; wieviel kosten **a)** $2\frac{7}{20}$ hl, **b)** $9\frac{1}{2}$ hl, **c)** $12\frac{4}{5}$ hl Spiritus?

5) $2\frac{1}{4}$ Dutz. Kragen kosten 13,50 ℳ; wieviel kosten **a)** $3\frac{1}{2}$ Dutz., **b)** 5 Dutz.?

6) 82 kg Garn geben 7,50 m Tuch; wieviel m Tuch geben **a)** 24,6 kg, **b)** 123 kg Garn?

7) Die beiden Seiten einer Landstraße sollen auf eine Strecke von 24 km 600 m mit Bäumen bepflanzt werden; wieviel Stück sind nötig, wenn man zur Bepflanzung einer Strecke von 4,1 km 925 Bäumchen braucht?

8) $3\frac{1}{2}$ kg Kaffee kosten 8,40 ℳ; wieviel kosten **a)** $7\frac{1}{2}$ Pf., **b)** $9\frac{3}{5}$ kg Kaffee?

9) Auf einem Schiff befinden sich 4 Kisten mit Waren, welche einzeln 1,748 t; 2,390 t; 1,823 t; 2,195 t wiegen; wieviel Fracht ist zu bezahlen, wenn für $1\frac{1}{2}$ t 21,30 ℳ Fracht gerechnet werden?

10) Für einen Sack Kaffee bezahlt Kaufmann S. 156,25 ℳ; wieviel kg Kaffee sind es, wenn für 2,5 kg 6,25 ℳ bezahlt werden?

11) $3\frac{1}{4}$ Dutz. Messer kosten 79,95 ℳ; wieviel kosten **a)** 7 Dutz. 4 Stck.; **b)** 1 Gr. 3 Dutz. 10 Stck.?

12) 5,4 hl Wein kosten 35,10 ℳ; wieviel kosten **a)** 12 hl, **b)** 25 hl 60 l?

13) 6,5 rm Holz kosten 84,50 ℳ; wie hoch kommen **a)** 3,25 rm, **b)** 5,75 rm Holz?

14) Für 14,40 ℳ erhält man zu einem Kleide 2,40 m Stoff; wieviel m erhält man für 43,20 ℳ?

15) 0,5 t Steinkohlen kosten 9,50 ℳ; wieviel kosten **a)** 3,8 t; **b)** 8,125 t Kohlen?

16) Für 5,25 ℳ erhält man 12,5 kg Mehl, wieviel für 36,75 ℳ?

17) 0,250 t Roggen geben 187,5 kg Mehl und 26 kg Kleie; wieviel kg Mehl und wieviel kg Kleie geben **a)** 1,560 t; **b)** 2,450 t Roggen?

18) In 8 Wochen 3 Tagen verdient der Arbeiter N. 127½ ℳ, wieviel in **a)** 5 Wo. 4 Tg.; **b)** 11 Wo. 2 Tg.?

19) Dem Landwirt K., der 36 hl Hafer zu verkaufen hat, werden für den hl, der 46 kg wiegt, 7,25 ℳ geboten; er verkauft aber nach dem Gewicht, den dz zu 16,50 ℳ. Berechne den Unterschied zwischen der angebotenen Summe und der Verkaufssumme!

20) Der Landwirt M. hat seine Feldfrüchte gegen Hagelschlag zu 1840 ℳ versichert; berechne **a)** das jährliche Versicherungsgeld, welches für das Hundert 65 ₰ beträgt; **b)** die Summe, die vergütet wird, wenn $\frac{3}{10}$ der Ernte verhagelt werden!

II. Umgekehrtes Verhältnis.

Mündlich.

1) 1 Arbeiter vollendet eine Arbeit in 4 Tagen; wie lange brauchen dazu bei gleichen Leistungen **a)** 2, **b)** 8 Arbeiter?

2) 1 Pferd verzehrt einen Vorrat Heu in 8 Wochen; wie lange reicht das Heu für 2, 4, 8 Pferde?

3) Zum Wegfahren eines Steinhaufens hat ein Fuhrmann 20mal zu laden; wievielmal müssen bei ebenso schweren Ladungen 2, 4, 5, 10 Fuhrleute fahren?

4) Gibt F. täglich 1 ℳ aus, so reicht er mit seinem Gelde 15 Wochen; wie lange reicht das Geld, wenn F. täglich **a)** 2 ℳ, **b)** 3 ℳ, **c)** 5 ℳ ausgibt?

5) Soll eine Arbeit in 1 Tag vollendet werden, so braucht man 12 Arbeiter. Wieviel Arbeiter sind nötig, wenn die Arbeit in ½ Tag fertig sein soll? Wenn sie in 2, 4, 6 Tg. vollendet sein soll?

6) Ein Garten wird in 1 Woche von 3 Arbeitern umgegraben; wieviel Arbeiter verrichten dieselbe Arbeit in ½ Wo.? In $\frac{1}{6}$ Wo.?

7) 4 Maurer errichten eine Mauer in 8 Tagen; wie lange braucht dazu 1 Maurer? 2 Maurer?

8) Ein Futtervorrat reicht für 10 Pferde 3 Mon. aus, wie lange für 1, 2, 5, 20 Pferde?

9) Ein Feld wird mit 6 Pflügen in 20 Tagen umgepflügt, in wieviel Tagen mit 1, 3, 12 Pflügen?

10) 4 Mäher mähen eine Wiese in 6 Std.; wie lange brauchen dazu 6 Mäher?

11) An dem Bau einer Straße haben 20 Mann 24 Wochen zu tun; in welcher Zeit können 30 Mann die Straße bauen?

12) Eine Besatzung von 1000 Mann ist auf 1 Jahr mit Lebensmitteln versehen; wie lange reicht dieser Vorrat, wenn die Besatzung um 500 Mann **a)** vermehrt, **b)** vermindert wird?

13) Ein Wanderer kommt in 9 Tagen an das Ziel, wenn er täglich 30 km zurücklegt; wieviel km müßte er täglich gehen, wenn er in 6 Tagen das Ziel erreichen wollte?

14) Zur Anlage einer Allee braucht man 1200 Bäumchen, wenn diese 6 m voneinander entfernt gepflanzt werden; wieviel Bäumchen wären bei einem Abstand von **a)** 9 m, **b)** 12 m nötig?

15) Zu einem Kleide braucht man 12 m Stoff, wenn dieser $1\frac{1}{4}$ m breit ist; wieviel m Stoff sind nötig, wenn er nur 1 m breit ist? Wieviel bei einer Breite von 1,50 m?

16) Kostet ein z Kartoffeln 2,50 ℳ, so kann N. für eine bestimmte Summe Geldes 15 z kaufen; wieviel kann er kaufen, wenn der dz 6 ℳ kostet?

17) Frau M. kauft 20 Eier, das Stck. zu 5 ₰; wie hoch steht ein Ei, wenn 4 davon nicht zu gebrauchen sind?

18) Aus einem Baumstamme können 20 Bretter von je 4 cm Dicke geschnitten werden; wie stark wird ein Brett, wenn man **a)** 10, **b)** 40 Bretter schneidet?

19) Trägt N. wöchentlich 3,20 ℳ ab, so ist seine Schuld in $\frac{3}{4}$ Jahren getilgt; wie lange hätte N. abzutragen, wenn er wöchentlich nur 2,40 ℳ bezahlen könnte?

20) Ein Vorrat Lebensmittel reicht für 20000 Soldaten eine bestimmte Zeit, wenn jeder täglich 1 kg erhält; wieviel kann ein Soldat nur bekommen, wenn noch 5000 Mann dazu kommen, der Vorrat aber ebenso lang reichen soll?

Wiederholung: Wievielmal so wenig Zeit brauchen bei gleicher Arbeitskraft zu derselben Arbeit **a)** 2mal, **b)** 3mal, **c)** 4mal so viele Arbeiter? Wie verhält es sich dagegen mit der aufzuwendenden Zeit beim 2ten, 3ten, 4ten Teil der Anzahl der Arbeiter? Wie verhält es sich mit der Anzahl der Arbeiter, wenn in der gleichen Zeit **a)** der doppelte, **b)** der halbe Lohn verdient wird? Wenn **a)** in der halben, **b)** in der doppelten Zeit der gleiche Lohn verdient wird? Wenn in 2mal so langer Zeit der doppelte Lohn verdient wird? In der halben Zeit **a)** der 3fache, **b)** der 4fache Lohn?

Wie verhält es sich mit der Zeit, wenn der nämliche Vorrat Lebensmittel bei gleich großen Teilen für **a)** 4mal, **b)** 6mal, **c)** 10mal so viele Verzehrer reichen soll? Wie dagegen, wenn die Anzahl der Verzehrer den 4ten, 6ten, 10ten Teil beträgt? Wie müssen die Portionen werden, wenn derselbe Vorrat für die gleiche Anzahl der Verzehrer **a)** zweimal so lang, **b)** die halbe Zeit reichen soll?

Schriftlich.

1) Ein Holzstoß ist 4,50 m breit und 1,70 m hoch; wie breit wird er, wenn er auf 1 m Höhe umgesetzt wird?
2) Welche Höhe bekommt der gleiche Holzstoß, wenn die Breite nur 3 m betragen soll?
3) Gärtner R. verkauft 780 Bäumchen, das Stck. zu 55 ₰; wie hoch steht 1 Stck., wenn 65 davon nicht wachsen?
4) Gutsbesitzer M. kauft 150 Obstbäumchen für 240 ℳ; die Kosten für den Transport und das Setzen betragen 45,60 ℳ; wie hoch berechnet sich das Stck., wenn 10 Bäumchen zugrunde gehen?
5) Ein Vorrat Lebensmittel reicht für 280 Mann 18 Wochen; wie lange reicht er für **a)** 420, **b)** 560 Mann?
6) Aus einer bestimmten Menge Mehl backt der Bäcker R. 840 Stück Brote von je $2\frac{1}{4}$ kg Gewicht; wieviel Brote von $2\frac{1}{2}$ kg könnte er daraus backen?
7) Welches Gewicht bekäme 1 Brot, wenn aus der gleichen Menge Mehl 600 Brote zu backen wären?
8) Zum Belegen eines Zimmerbodens braucht man 60 Dielen von je 15 cm Breite und 4 m Länge; wieviel cm muß die Breite einer Diele betragen, wenn 45 ebenso lange Dielen ausreichen sollen?
9) Ein Weber kann aus einer bestimmten Menge Garn ein Stück Tuch herstellen, das 35,20 m lang und $1\frac{1}{2}$ m breit ist; **a)** wie breit wird das Tuch, wenn es nur 30 m lang sein soll, **b)** wie lang dagegen, wenn es 1 m breit werden soll?
10) Zur Herstellung eines Zaunes braucht man 1840 Latten, wenn diese 10 cm voneinander stehen; wieviel Latten sind bei je 8 cm Abstand nötig?
11) 18 Personen verabreden einen Ausflug, bei dem jede Person für Fuhrwerk 40 ₰ zu bezahlen hat; wie hoch stellt sich aber die Fahrt für eine Person, wenn nur 15 Personen den Ausflug unternehmen und der Besitzer des Fuhrwerks die gleiche Summe erhält?
12) Eine bestimmte Summe Geldes reicht $7\frac{1}{2}$ Wochen, wenn man täglich 4,50 ℳ ausgibt; wie lange reicht die gleiche Summe aus bei einer täglichen Ausgabe von 5,40 ℳ?

2. Prozentrechnung.

Unter **Prozentsatz** (Prozent) versteht man die Zahl, die angibt, wieviel Einheiten gleicher Art für 100 gerechnet werden. Solche Rechnungen, in denen die Verhältniszahl zu je 100 Einheiten angegeben ist oder erst bestimmt wird, nennt man Prozentrechnungen. Wird die Verhältniszahl zu je 1000 Einheiten angegeben, so rechnet man nach **Promille**.

Merke: **pro centum** (%) heißt „für **100**“,
pro mille (‰) heißt „für **1000**“.

a) Der Prozentsatz wird gesucht.

Mündlich.

1) Kaufmann R. kauft eine Ware für 100 ℳ ein und verkauft sie zu 110 ℳ; wieviel Prozent (%) gewinnt er? Wieviel, wenn er sie zu **a)** 105 ℳ, **b)** 112 ℳ verkauft?

2) Wieviel % gewinnt Kaufmann B., wenn er an 50 ℳ **a)** 2 ℳ, **b)** $3\frac{1}{2}$ ℳ, **c)** $4\frac{1}{4}$ ℳ, **d)** $5\frac{3}{4}$ ℳ verdient?

3) Wieviel % beträgt der Gewinn, wenn man an **a)** 10 ℳ, **b)** 20 ℳ, **c)** 25 ℳ 2 ℳ gewinnt?

4) Wieviel % beträgt der Gewinn, wenn an **a)** 200 ℳ, **b)** 300 ℳ 9 ℳ gewonnen werden?

5) Wieviel % beträgt der Verlust, wenn an 100 ℳ **a)** 2 ℳ, **b)** 5 ℳ verloren werden? Wenn an 50 ℳ ebensoviel verloren werden?

6) Frau M. darf bei einem Einkauf von Ware für 250 ℳ an der Schuldsumme 10 ℳ abziehen; wieviel % beträgt der Abzug?

7) Wieviel % werden gewonnen oder verloren, wenn der Gewinn oder Verlust $\frac{1}{2}$, $\frac{1}{3}$, $\frac{2}{3}$, $\frac{1}{4}$, $\frac{3}{4}$, $\frac{1}{5}$, $\frac{4}{5}$, $\frac{1}{6}$, $\frac{1}{8}$, $\frac{1}{9}$, $\frac{1}{10}$, $\frac{3}{10}$, $\frac{1}{20}$, $\frac{1}{25}$, $\frac{1}{50}$ des Einkaufes beträgt?

Präge diese Bruchausdrücke fest ein! (Bilde selbst Beispiele!)

8) Dem Obsthändler S. faulen unter 550 Äpfeln 44 Stück; wieviel % sind dies?

9) Im Jahre 1895 zählte das Dorf O. 900 Einwohner, im Jahre 1900 dagegen 945; um wieviel % nahm die Einwohnerzahl zu?

10) Wieviel % beträgt der Verlust an Bäumchen, wenn unter 800 angepflanzten Bäumchen 40 zugrunde gehen?

11) Der Besitzer einer Schafherde verkauft von 500 Schafen 200 Stück; wieviel % sind dies?

12) Dem Beamten N. wird der seitherige Gehalt von 2000 ℳ auf 2200 ℳ erhöht; wieviel % beträgt die Zulage?

13) Wieviel % beträgt der Zusatz, wenn zu 5 hl Wein 50 l Wasser gegossen werden?

14) 1 Pfund Butter kostet 80 ₰, 4 Wochen später 1 ℳ; um wieviel % ist die Butter aufgeschlagen?

15) 1 Pfund Fleisch kostete vor 4 Wochen 75 ₰, jetzt kostet es 60 ₰; um wieviel % ist das Fleisch abgeschlagen?

16) Für 1 Schreibheft zahlt man 10 ₰, für 1 Dutz. Hefte 1 ℳ; um wieviel % kauft man im Dutz. billiger als im Einzelkauf?

17) Die Wälder Deutschlands bestehen zu etwa $\frac{2}{3}$ aus Nadelwald und $\frac{1}{3}$ Laubwald; wieviel % des Waldbestandes kommen auf den Nadelwald? Auf den Laubwald?

18) Wieviel ‰ werden gerechnet, wenn für eine Feuerversicherungssumme von 4000 ℳ **a)** 4 ℳ, **b)** 6 ℳ jährliche Prämie (Versicherungsgebühr) bezahlt werden?

Schriftlich.

Aufg.: An 350 ℳ Eink. werden 15,75 ℳ gewonnen; wieviel % sind dies?

Ansatz: ℳ Eink. ℳ Gew.

ℳ Eink.	ℳ Gew.
350	15,75
100	?
350	$\frac{15,75 \cdot 100}{350}$ = **4,5 ℳ**, also 4,5 %
1	
100	

Kürzer:
Gew. in % = $\frac{15,75}{3,50}$ ℳ = **4,5 ℳ**, also 4,5 %

Sprechweise: An 350 ℳ Eink. werden 15,75 ℳ gewonnen, an 1 ℳ wird der 350ste Teil gewonnen, an 100 ℳ hundertmal soviel als an 1 ℳ.

1) Wieviel % werden gewonnen, wenn an 324 ℳ a) 9,72 ℳ; b) 11,34 ℳ; c) 17,82 ℳ gewonnen werden?

2) Wieviel % werden verloren, wenn an 680 ℳ a) 10,20 ℳ, b) 13,60 ℳ verloren werden?

3) Wieviel % werden gerechnet, wenn für eine Lebensversicherungssumme von 1200 ℳ eine jährliche Prämie von 21,84 ℳ bezahlt wird?

4) 1 kg Butterschmalz kostet 2,80 ℳ, 1 kg Schweineschmalz 1,80 ℳ, 1 kg Kokosnußbutter 1,20 ℳ; um wieviel % ist a) Butterschmalz, b) Schweineschmalz teurer als Kokosnußbutter?

5) Eine Hausmiete wurde von 680 ℳ auf 744,60 ℳ erhöht; wieviel % betrug die Steigerung?

6) In einer Stadt von 30500 Einwohnern starben in einem Jahre 1037 Personen; wieviel % sind dies?

7) Eine Straße von 17,530 km Länge steigt im ganzen 70,12 m; wieviel % beträgt die durchschnittliche Steigung?

8) 12 kg Rindfleisch wiegen nach dem Braten nur noch 10,440 kg; wieviel % beträgt der Gewichtsverlust?

9) 286 z Zuckerrüben ergaben 35,75 z Zucker; wieviel % sind dies?

10) In einer Fabrik verdiente der Vater täglich 3,60 ℳ, der Sohn 2,50 ℳ; um wieviel % überstieg der Lohn des Vaters den des Sohnes?

11) Von einer Bevölkerung mit 876500 Köpfen zogen 1753 Personen weg; wieviel pro mille (‰) sind dies?

12) Eine Feuerversicherungsgesellschaft erhält für eine Versicherungssumme von 12840 ℳ eine jährliche Prämie von 32,10 ℳ; wieviel ‰ werden gerechnet?

b) Der Prozentsatz ist gegeben.

Mündlich.

1) Der wievielte Teil einer bestimmten Summe sind: 1 %, 2 %, 4 %, 5 %, 10 %, 20 %, 25 %, 50 %, 75 %, $33\frac{1}{3}$ %, $66\frac{2}{3}$ %, $12\frac{1}{2}$ %, $6\frac{1}{4}$ %, $8\frac{1}{3}$ %, $6\frac{2}{3}$ %?

Präge die Prozentsätze fest ein! (Bilde selbst Beispiele!)

2) Gib 1 % von 100 ℳ an! Von 400 ℳ! Von 360 ℳ! 978 ℳ!

3) Wieviel ist 1 % von 1 ℳ, 8 ℳ, 24 ℳ, 60 ℳ, 85 ℳ, 126 ℳ?

4) Wieviel ist ein $\frac{1}{2}$ % von 4 ℳ, 26 ℳ, 350 ℳ, 648 ℳ, 932 ℳ?

5) Berechne 4 % von 85 ℳ! 20 % von 240 ℳ! 25 % von 640 ℳ!

6) Wie groß ist der a) 5 %ige, b) 8 %ige Gewinn, wenn der 1 %ige Gewinn 12 ℳ beträgt?

7) K. hat bei einer Feuerversicherungsgesellschaft Möbel im Werte von 8750 ℳ versichert und bezahlt jährlich $\frac{1}{10}$ % Prämie; wieviel beträgt diese?

8) Die Spesen beim Einkauf einer Ware, die 360 ℳ kostete, betrugen 3 %; wieviel Spesen waren es?

Als Spesen bezeichnet man die bei einem Geschäft sich ergebenden Auslagen und Unkosten, z. B. Verpackungskosten, Fracht, Zoll, Lagerkosten usw.

9) Wieviel l Karbolsäure befinden sich in a) 50 l 3 %igem, b) 20 l 5 %igem Karbolwasser?

Karbolsäure ist ein starkes Gift, das mit Wasser verdünnt gegen Fäulnis und zur Entziehung des Geruchs faulender Stoffe angewendet wird.

10) Unter 30600 Backsteinen werden 3 % durch Bruch unbrauchbar; wieviel Backsteine sind dies?

11) Bei einem Ausverkauf wurde die Ware um 25 % billiger abgegeben; wieviel mußte für 1 kg Kaffee bezahlt werden, wenn der seitherige Preis a) 2,20 ℳ; b) 2,60 ℳ betrug?

12) Berechne auf verschiedene Arten: a) 5 % von 650 ℳ, 980 ℳ, 1240 ℳ; b) 10 % von 78 ℳ, 132 ℳ, 756 ℳ; c) 4 % von 75 ℳ, 350 ℳ, 825 ℳ; d) $3\frac{1}{2}$ % von 400 ℳ, 650 ℳ, 940 ℳ!

Aufg.: Berechne 5 % von 760 ℳ!
Lösungsarten:

I. Von 100 ℳ werden 5 ℳ berechnet
„ 700 „ „ 35 „ „
„ 60 „ „ 3 „ „
Von 760 ℳ werden 38 ℳ berechnet.

II. Von 100 ℳ werden 5 ℳ berechnet
„ 1 „ „ 5 ₰ „
„ 760 „ „ 5 ₰ · 760 = 38 ℳ berechnet.

III. 1 % von 760 ℳ = 7,60 ℳ
5 % „ 760 „ = 7,60 · 5 = 38 ℳ

IV. 5 % von 760 ℳ = $\frac{760}{20}$ ℳ = 38 ℳ

V. 10 % von 760 ℳ = 76 ℳ
5 % „ 760 „ = $\frac{76}{2}$ „ = 38 ℳ

13) Von einem Heere von 80400 Mann blieben in einer Schlacht 3 %; wie groß war der Verlust?

14) Ein Geschäftsvermittler erhielt für den Verkauf eines Hauses, welches 48500 ℳ kostete, $1\frac{1}{2}$ % Provision; wieviel betrug diese?

Unter Provision versteht man die Summe, die ein Geschäftsvermittler für die Besorgung eines Geschäfts erhält.

15) Beim Empfang einer Ware im Wert von 850 ℳ werden 12 % Zoll bezahlt; wieviel beträgt dieser?

16) Unter 1200 kg Bruttogewicht sind 80 % Nettogewicht; wieviel beträgt die Tara?

Das Gewicht der Ware samt der Packhülle heißt Bruttogewicht, das Gewicht der reinen Ware Nettogewicht. Die Tara bezeichnet das Gewicht der Packhülle.

*

17) Wieviel ist **a)** 1 ‰ von 2000 ℳ, **b)** 2 ‰ von 4500 ℳ, **c)** 3 ‰ von 6000 ℳ?

18) Für eine Versicherungssumme von 6420 ℳ werden jährlich $1\frac{1}{2}$ ‰ Prämie bezahlt; wieviel beträgt diese?

Schriftlich.

Aufg.: Berechne $3\frac{1}{2}$ % von 760 ℳ!

Lösung:

I.

ℳ	ℳ
100	3,5
760	?

$\frac{3{,}5 \cdot 760}{100} = \underline{\underline{26{,}60}}$ ℳ

II. 1 % v. 760 ℳ = 7,60 ℳ
3,5 % v. 760 ℳ = 7,60 ℳ · 3,5 = **26,60 ℳ**

III. 3,5 % von 1 ℳ = 3,5 ₰
3,5 % v. 760 ℳ = 3,5 ₰ · 760 = 2660 ₰ = **26,60 ℳ**

1) Berechne **a)** 4 % von 328 ℳ, 536 ℳ, 1254 ℳ; **b)** $3\frac{1}{2}$ % von 740 ℳ, 938 ℳ, 1324 ℳ; **c)** 5 % von 84,60 ℳ; 230,40 ℳ; 650,20 ℳ; **d)** $4\frac{3}{4}$ % von 225 ℳ, 348 ℳ!

2) Der Verwalter B. hat von 2700 ℳ Jahreseinkommen $1\frac{1}{5}$ % Staatssteuer und $1\frac{3}{4}$ % Gemeindesteuer zu bezahlen; wieviel Steuer bezahlt er im ganzen?

3) Von 510 Millionen qkm der Erdoberfläche kommen 27 % auf das Festland; wieviel qkm beträgt **a)** das Festland, **b)** die Meeresoberfläche?

4) Ein Fluß von 36,75 km Länge hat ein durchschnittliches Gefälle von $1\frac{1}{2}$ ‰; wieviel m fällt er im ganzen?

5) Eine Eisenbahnstrecke von 32,600 km Länge hat eine durchschnittliche Steigung von 0,15 %; wieviel m steigt die Strecke?

6) Der Salzgehalt des Meerwassers beträgt durchschnittlich 3 %; das Wasser des Toten Meeres enthält 25 % Salz. Wieviel l Salz befinden sich in **a)** 4,5 hl Meerwasser, **b)** 12,40 hl Wasser des Toten Meeres?

7) Kartoffeln enthalten annähernd 20 % Stärkemehl und 3 % Eiweißstoffe; wieviel kg jedes Stoffes befinden sich in 68,5 dz Kartoffeln?

8) Wieviel kg Eiweiß und kg Fett enthält ein Stück Ochsenfleisch von $12\frac{1}{2}$ kg, wenn man 15 % Eiweiß und 28 % Fett annimmt?

9) Der Reinertrag eines Gutes betrug im vorigen Jahre 6520 ℳ, in diesem Jahre 12 % mehr; wie groß war der diesjährige Ertrag?

10) Eine geschlachtete Gans wog $4\frac{1}{4}$ kg; durch das Braten verlor sie 18 % ihres Gewichts. Wieviel kg wog sie nach dem Braten?

11) Wieviel beträgt das Nettogewicht von 3485 kg Brutto, wenn die Tara mit 9 % abzuziehen ist?

12) Hühnereier enthalten 13 % Eiweiß und 12 % Fett; wieviel kg Eiweiß und Fett enthalten 65 kg Hühnereier?

13) Ein Stück grünes Eichenholz wiegt 65,8 kg; ausgetrocknet ist es um 22,5 % leichter. Wie schwer ist das ausgetrocknete Stück?

14) Wie groß ist die jährliche Prämie für eine Viehversicherungssumme von a) 12800 ℳ, b) 6450 ℳ, wenn 1,2 ‰ gerechnet werden?

15) In der Völkerschlacht bei Leipzig betrug der Verlust beider feindlichen Heere an Toten und Verwundeten rund 21 %, zusammen etwa 90000 Mann, in der Schlacht bei Königgrätz $7\frac{1}{2}$ %, zus. 32000 Mann, in der Schlacht bei Gravelotte 8 %, zus. 27000 Mann. Berechne die Gesamtstärke der Heere in jeder der drei Schlachten!

3. Vermischte Aufgaben.

Schriftlich.

1) Der Äquator ist 40070 km lang; wieviel km durchläuft ein Punkt des Äquators in einer Minute infolge der täglichen Drehung der Erde um ihre Achse?

2) Frau M. bezieht pfundweise Mehl zu 18 ₰, gedörrtes Obst zu 17 ₰, Hülsenfrüchte zu 19 ₰. Frau B. nimmt von jeder Sorte $\frac{1}{4}$ z und bezahlt für Mehl 4,25 ℳ, für Obst 3,75 ℳ, für Hülsenfrüchte 4 ℳ. Welchen Gewinn hat Frau B.?

3) Ein Fabrikarbeiter mit einem Wochenverdienst von 12 ℳ gibt täglich 10 ₰ für Branntwein aus; wieviel a) kg Brot, das kg zu 20 ₰, b) l Milch, der l zu 15 ₰, könnten jährlich für das auf Branntwein verwandte Geld gekauft werden?

4) Der Arbeiter S. verdient in einem Tag $2\frac{3}{4}$ ℳ; wie lange muß er arbeiten, wenn $\frac{1}{5}$ seines Tagelohns für eine Schuld von 13,20 ℳ in Abzug gebracht wird?

5) Hülsenfrüchte enthalten 22 % Eiweiß (Legumin) und 54 % Stärkemehl; wieviel Eiweiß und Stärkemehl geben 45,5 kg Hülsenfrüchte?

6) Von 2 Gesellen verdiente jeder täglich 3,20 ℳ; der eine der beiden setzte im Jahre an 42 Tagen die Arbeit aus und verbrauchte an jedem dieser Tage durchschnittlich 1,30 ℳ mehr als der andere. Wie groß war sein Verlust im Jahre?

7) A. bezahlt für 48 z Steinkohlen 55,20 ℳ; B. bezieht ebensoviele Kohlen zentnerweise, den z zu 1,35 ℳ. Wieviel bezahlt B. mehr als A.?

8) Durch unmäßigen Genuß geistiger Getränke wurde ein Taglöhner mit einem täglichen Verdienst von 2,50 ℳ auf 6 Wochen krank und arbeitsunfähig. Wie groß war sein Verlust, wenn die Ausgaben für Arzt und Apotheke 36,80 ℳ betrugen?

9) Von 18,49 z Kartoffeln, die zu 2,25 ℳ der z eingekauft wurden, faulten 2,4 z; wie hoch steht nun der z Kartoffeln?

10) Zu einem Anzug braucht man $3\frac{1}{2}$ m Tuch, den m zu 9,50 ℳ; 4,20 m Futter, den m zu 80 ₰; wie teuer kommt der Anzug, wenn der Macherlohn 24,80 ℳ beträgt?

11) $2\frac{1}{2}$ l abgerahmte Milch sind fast ebenso nahrhaft wie 1 Pf. Rindfleisch; 1 l Milch kostet 15 ₰, 1 Pf. Fleisch 60 ₰. Wie groß ist die jährliche Ersparnis, wenn wöchentlich zweimal statt $1\frac{1}{2}$ Pf. Fleisch 3 l Milch gebraucht werden?

12) Gärtner K. vertauscht einen rechteckigen Garten, welcher 28,50 m lang und 12,80 m breit ist, mit einem gleichwertigen, der nur 9,60 m breit ist; wie lang muß dieser Garten sein?

13) Wieviel kg Zucker enthalten 465 dz Zuckerrüben mit 16 %igem Zuckergehalt?

14) Wieviel kg Brot erhält man aus 30,64 kg Teig, wenn 9,6 kg Teig 8,4 kg Brot geben?

15) Eine Obsthändlerin kaufte $2\frac{1}{2}$ z Kirschen, das Pf. zu 10 ₰; wie teuer mußte das Pf. verkauft werden, wenn der Transport 3,50 ℳ betrug und die Frau 9 ℳ Gewinn erzielte?

16) Ein neues Kleid kostete einschließlich des Macherlohns 42,05 ℳ; wie teuer war 1 m Stoff, wenn man 8,75 m brauchte und für sonstige Zutaten und Arbeitslohn 12,30 ℳ bezahlte?

17) Metzger H. bot dem Landwirt R. für ein gemästetes Rind 240 ℳ; R. verkaufte es an H. nach dem Lebendgewicht, das kg zu 90 ₰. Wer war im Vorteil und um wieviel, wenn das Rind 308 kg wog?

18) Frische Milch enthält durchschnittlich je 4 % Eiweiß und Fett und 5 % Zucker; wieviel Eiweiß, Fett und Zucker enthalten **a)** 125 l, **b)** 2,80 hl Milch?

4. Der Vielsatz.

Zweisatzrechnungen, in denen Bedingungs- und Fragesatz **mehr als zwei** Glieder enthalten, nennt man mehrgliedrige Zweisatzrechnungen, **Vielsatzrechnungen** oder zusammengesetzte Regeldetri. Sie lassen sich in mehrere einfache Regeldetriaufgaben **zerlegen** und wie diese lösen; bei der Ausrechnung werden dann stets nur **zwei** Verhältnisse in Betracht gezogen.

Mündlich.

Aufg.: 8 Arbeiter verdienen in 6 Tg. 96 ℳ; wieviel verdienen 10 Arbeiter in 8 Tagen?

Lösung: Es wird ausgerechnet, wieviel 10 Arbeiter in **a)** 6 Tg., **b)** 8 Tg. verdienen; oder es wird gerechnet, wieviel **a)** 8, **b)** 10 Arb. in 8 Tg. verdienen.

I. a) 8 Arb. verd. in 6 Tg. 96 ℳ
2 „ „ „ 6 „ $\frac{96}{4}$ ℳ = 24 ℳ
10 „ „ „ 6 „ 24 ℳ . 5 = 120 ℳ

b) In 6 Tg. verd. 10 Arb. 120 ℳ
„ 2 „ „ 10 „ $\frac{120}{3}$ ℳ = 40 ℳ
„ 8 „ „ 10 „ 40 ℳ . 4 = 160 ℳ

II. a) In 6 Tg. verd. 8 Arb. 96 ℳ
„ 2 „ „ 8 „ $\frac{96}{3}$ ℳ = 32 ℳ
„ 8 „ „ 8 „ 32 ℳ . 4 = 128 ℳ

b) 8 Arb. verd. in 8 Tg. 128 ℳ
2 „ „ „ 8 „ $\frac{128}{4}$ ℳ = 32 ℳ
10 „ „ „ 8 „ 32 ℳ . 5 = 160 ℳ

Aufg.: Für 8 Personen reichen 40 kg Brot 10 Tg. aus; wie lange reichen 180 kg Brot für 12 Personen?

Lösung: Es wird berechnet, wie lange **a)** 40 kg, **b)** 180 kg Brot für 12 Pers. ausreichen, oder es wird ausgerechnet, wie lange 180 kg für **a)** 8, **b)** 12 Pers. ausreichen.

I. a) Für 8 Pers. reichen 40 kg Brot 10 Tg.
„ 4 „ „ 40 „ „ 10 Tg. $\cdot$ 2 = 20 Tg.
„ 12 „ „ 40 „ „ $\frac{20}{3}$ Tg. = $6\frac{2}{3}$ Tg.

b) 40 kg reich. für 12 Pers. $6\frac{2}{3}$ Tg.
20 „ „ „ 12 „ $\frac{20}{3 \cdot 2}$ Tg. = $3\frac{1}{3}$ Tg.
180 „ „ „ 12 „ $3\frac{1}{3}$ Tg. $\cdot$ 9 = 30 Tg.

II. a) 40 kg reich. für 8 Pers. 10 Tg.
20 „ „ „ 8 „ $\frac{10}{2}$ Tg. = 5 Tg.
180 „ „ „ 8 „ 5 Tg. $\cdot$ 9 = 45 Tg.

b) Für 8 Pers. reich. 180 kg 45 Tg.
„ 4 „ „ 180 „ 45 Tg. $\cdot$ 2 = 90 Tg.
„ 12 „ „ 180 „ $\frac{90}{3}$ Tg. = 30 Tg.

1) Erhält 1 Pferd täglich 3 kg Hafer, so reicht ein bestimmter Vorrat Hafer für 10 Pferde 5 Wochen lang aus; wie lange reicht der Hafer, wenn 1 Pferd täglich nur 2 kg erhält?

2) 6 Arbeiter verdienen in 8 Tg. 120 ℳ; wieviel verdienen 8 Arb. in 10 Tg.?

3) Ein Pflasterer verpflichtete sich, eine Straße von 300 m Länge innerhalb 3 Wochen zu pflastern. Nach einer Woche hatte er mit 5 Gesellen (zus. 6 Arb.) 60 m vollendet; wieviel Arbeiter mußte er noch einstellen, um seine Verpflichtung zu erfüllen?

4) 5 Personen verzehren in 15 Tg. durchschnittlich 20 kg Brot; wieviel kg Brot brauchen 12 Pers. in 30 Tg.?

5) Bei einer Straßenlänge von 12 km braucht man zur Anpflanzung von Obstbäumchen 1800 Stück, wenn diese 6 m auseinander zu stehen kommen; wieviel Bäumchen sind für 20 km Straßenlänge bei einem Abstande von 12 m nötig?

Schriftlich.

Ansatz zu obigen 2 Beispielen (siehe mündlich!):

I.

Arb.	Tg.	ℳ
8	6	96
10	8	?

$\frac{96 \cdot 10 \cdot 8}{8 \cdot 6} = 160$ ℳ

Sprechweise: I. 8 Arb. verd. in 6 Tg. 96 ℳ; 1 Arb. verd. den 8ten Teil davon, 10 Arb. 10 mal soviel als 1 Arb., in 1 Tg. den 6ten Teil, in 8 Tg. 8 mal soviel.

II.

Pers.	kg Br.	Tg.
8	40	10
12	180	?

$\frac{10 \cdot 8 \cdot 180}{12 \cdot 40} = 30$ Tg.

II. Für 8 Pers. reichen 60 kg Br. 10 Tg., für 1 Pers. 8 mal so lang, für 12 Pers. den 12ten Teil dieser Zeit; 1 kg Br. reicht den 60sten Teil der Zeit, 270 kg Br. 270 mal so lang.

1) 12 Arbeiter verdienen in 6 Tg. 172,80 ℳ; wieviel verdienen bei gleichem Lohne 5 Arbeiter in 14 Tg.?

2) Für 16 Pferde reicht ein Vorrat Hafer 8 Wochen lang aus, wenn 1 Pferd täglich 3 kg erhält; wieviel kg erhält 1 Pferd täglich, wenn derselbe Vorrat Hafer für 20 Pferde 6 Wochen lang dauern soll?

3) Ein Schreiner braucht zum Dielen eines Zimmerbodens 44 Dielen von 3,15 m Länge und 0,50 m Breite; wieviel Dielen sind erforderlich, wenn die Länge einer Diele 2,75 m und die Breite 0,30 m beträgt?

4) Ein rechteckiger Acker von 160 m Länge und 30 m Breite kostet 2160 ℳ; welchen Wert hat ein Acker gleicher Güte, der nur 140 m lang und 20 m breit ist?

5) Ein rechteckiger Acker, der 180 m lang und 40 m breit ist, hat einen Wert von 3600 ℳ. Ein anderer Acker von gleicher Güte ist 2925 ℳ wert; wie breit ist dieser Acker bei einer Länge von 150 m?

6) 8 Arbeiter verdienen 384 ℳ in 24 Wochen; in welcher Zeit verdienen bei gleichem Arbeitslohn 9 Arbeiter 540 ℳ?

7) Ein Holzstoß von 2,5 m Länge und 1,2 m Breite kostet 36,60 ℳ; welchen Wert hat ein gleichhoher Holzstoß derselben Güte, wenn dieser 3,5 m lang und 2 m breit ist?

8) 4 Mann verdienen in 6 Tagen bei täglich 10stündiger Arbeit 60 ℳ; wieviel verdienen 10 Mann in 8 Tagen bei 9stündiger Arbeit?

9) 8 Arbeiter erhalten nach 6 Arbeitstagen bei täglich 8stündiger Arbeit 96 ℳ; in welcher Zeit verdienen 12 Arbeiter bei täglich 10stündiger Arbeit 360 ℳ?

5. Zinsrechnung.

Derjenige, der Geld ausgeliehen hat, heißt **Gläubiger** (Kapitalist, Kreditor); derjenige, welcher Geld leiht, wird **Schuldner** (Debitor) genannt. Die ausgeliehene Summe heißt **Kapital**, die Entschädigung für die Benutzung des Kapitals dagegen **Zins**. Der jährliche Zins für je 100 ℳ Kapital wird **Zinsfuß** genannt; die Höhe des Zinses richtet sich nach der Größe des Kapitals, nach der Höhe des Zinsfußes und nach der Zeitdauer des Entleihens. In Zinsrechnungen wird **das Jahr zu 360, der Monat zu 30 Tagen** gerechnet. Um die Rückzahlung des Kapitals und die Zahlung des Zinses zu sichern, läßt sich der Gläubiger vom Schuldner eine schriftliche Bescheinigung über die dargeliehene Summe, einen sog. **Schuldschein** ausstellen; oft werden auch im Schuldschein unbewegliche Güter (Immobilien), z. B. Häuser und Grundstücke, verpfändet. Derartige Schuldscheine, vom Gericht ausgefertigt, heißen **Hypotheken** und werden in das Hypothekenbuch eingetragen. Die Hypothekenschulden werden bei Zahlungsunfähigkeit des Schuldners zuerst gedeckt.

I. Berechnung der Zinsen.

a) Berechnung der Jahreszinsen.

Mündlich.

1) Der 1 %ige Jahreszins beträgt 4,50 ℳ; wieviel beträgt der 2-, 3-, 4-, 5 %ige Jahreszins?

2) Wie groß ist der 5 %ige Jahreszins, wenn der 1 %ige **a)** 25 ₰, **b)** 60 ₰, **c)** 1,40 ℳ; **d)** 3,65 ℳ; **e)** 7,92 ℳ beträgt?

3) Der 1 %ige Jahreszins beträgt 32 ℳ; wieviel beträgt der **a)** ½-, **b)** ¼-, **c)** ¾-, **d)** 2½-, **e)** 3¼-, **f)** 4¾ %ige Jahreszins?

4) Der 4 %ige Jahreszins beträgt **a)** 2,80 ℳ; **b)** 5,60 ℳ; **c)** 19,20 ℳ, wieviel der 1 %ige?

Wie berechnet man aus dem 1 %igen Jahreszins den mehrprozentigen? Wie aus dem mehrprozentigen den 1 %igen?

5) Gib den 1 %igen Jahreszins von **a)** 100 ℳ, 600 ℳ, 1500 ℳ; **b)** 1 ℳ, 7 ℳ, 15 ℳ, 62 ℳ, 384 ℳ, 5640 ℳ Kapital an!

6) Wie groß ist der **a)** 1-, **b)** 2-, **c)** 4-, **d)** 5 %ige Jahreszins von 100 ℳ Kap.? Von 200 ℳ? 700 ℳ?

7) Berechne: **a)** den 4 %igen Jahreszins von 75 ℳ, 150 ℳ, 225 ℳ; **b)** den 5 %igen Jahreszins von 60 ℳ, 120 ℳ, 240 ℳ, 380 ℳ!

Den wievielten Teil des Kap. beträgt der 1-, 2-, 4-, 5 %ige Jahreszins? Wie berechnet man also aus dem Kap. den 1-, 2-, 4-, 5 %igen Jahreszins? Wie den 2½-, 3-, 3⅓ %igen?

8) Wieviel ₰ Zins bringt jährlich 1 ℳ Kap., wenn 100 ℳ **a)** 3 ℳ, **b)** 3½ ℳ, **c)** 4¼ ℳ Zins bringen?

9) Wieviel Zins bringen jährlich: **a)** 16 ℳ Kap. zu 3 %; **b)** 18 ℳ Kap. zu 4 %; **c)** 26 ℳ Kap. zu 5 %?

10) Berechne auf verschiedene Arten die Jahreszinsen folgender Kapitalien: **a)** 20 ℳ, 80 ℳ, 260 ℳ, 340 ℳ, 720 ℳ, 85 ℳ, 146 ℳ zu 5 %; **b)** 25 ℳ, 75 ℳ, 175 ℳ, 450 ℳ, 825 ℳ, 92 ℳ, 269 ℳ zu 4 %; **c)** 50 ℳ, 75 ℳ, 150 ℳ, 375 ℳ, 725 ℳ, 83 ℳ, 192 ℳ zu 2 %!

11) Wie groß ist der 5 %ige Jahreszins von: **a)** 20 ₰, 60 ₰, 80 ₰; **b)** 1,40 ℳ; 2,80 ℳ; 3,60 ℳ; **c)** 29,20 ℳ; 38,40 ℳ; 56,80 ℳ Kap.?

12) Wieviel Zins bringen jährlich: **a)** 700 ℳ, 1200 ℳ, 450 ℳ, 650 ℳ zu 3½ %; **b)** 200 ℳ, 900 ℳ, 520 ℳ, 860 ℳ zu 4¼ %; **c)** 500 ℳ, 800 ℳ, 460 ℳ, 720 ℳ zu 3¾ %?

Schriftlich.

Aufg.: Wieviel Zins bringen 346 ℳ Kap. zu 5 % in 1 Jahre?

Lösung:

I. ℳ K. — ℳ Z.
100 — 5
346 — ?

$\frac{5 \cdot 346}{100}$ = 17,30 ℳ

II. Der 1 %ige Jz. = 3,46 ℳ
der 5 %ige Jz. = 3,46 ℳ · 5 = 17,30 ℳ

III. 5 % von 346 ℳ = $\frac{346}{20}$ ℳ = 17,30 ℳ

IV. 1 ℳ K. br. in 1 J. 5 ₰ Z.; 346 ℳ br. 5 ₰ · 346 = 1730 ₰ = 17,30 ℳ

1) Berechne die jährlichen Zinsen von folgenden Kapitalien: **a)** 287 ℳ zu 5 %; **b)** 395 ℳ zu 4 %; **c)** 728 ℳ zu 3 %; **d)** 1234 ℳ zu 2 %; **e)** 269,20 ℳ zu 5 %; **f)** 456,80 ℳ zu 4 %; **g)** 1352,50 ℳ zu 3 %!

2) Wieviel jährliche Zinsen bringen: **a)** 532 ℳ zu 2¾ %; **b)** 791 ℳ zu 3½ %; **c)** 1264 ℳ zu 4¾ %; **d)** 1792 ℳ zu 3⅞ %?

3) N. hat folgende Kapitalien ausgeliehen: **a)** 350 ℳ zu 3½ %; **b)** 460 ℳ zu 4¾ %; **c)** 524 ℳ zu 4 %; **d)** 1350,80 ℳ zu 5 %; **e)** 1645,50 ℳ zu 4 %; **f)** 2338,40 ℳ zu 3¾ %; wieviel betragen zusammen die jährlichen Zinsen?

4) Ein Haus, welches 36 800 ℳ gekostet hat, verzinst sich zu $7\frac{1}{2}$ %; wieviel beträgt der Reinertrag, wenn für Unterhaltungskosten und Steuern 1,2 % abgehen?

5) Ein Kapital von 12 840 ℳ war zu $3\frac{1}{2}$ % ausgeliehen; wie groß ist die Mehreinnahme an jährlichen Zinsen, wenn der Zinsfuß auf $4\frac{1}{4}$ erhöht wird?

6) Ein Garten kostet 1856 ℳ; wie groß ist der Reinertrag des Gartens, wenn sich das Kapital zu $8\frac{1}{2}$ % verzinst?

7) Ein Acker im Wert von 2460 ℳ lieferte $8\frac{1}{2}$ dz Weizen, den z zu 8,60 ℳ. Um wieviel übersteigt der Ertrag den 5 %igen Jahreszins des angelegten Kapitals?

8) Der Landwirt M. kaufte einen Obstgarten für 1850 ℳ; Steuer und sonstige Auslagen betrugen 70,40 ℳ. Um wieviel überstieg der Ertrag den 4 %igen Jahreszins, wenn für Obst 153,65 ℳ erlöst wurden?

9) Wie groß ist der Unterschied zwischen den $4\frac{1}{4}$ %igen und den $3\frac{3}{4}$ %igen Jahreszinsen von je 2640,80 ℳ Kapital?

10) Berechne von folgenden Kapitalien die jährlichen Zinsen: **a)** 112,85 ℳ zu $2\frac{3}{4}$ %; **b)** 237,46 ℳ zu 3,25 %; **c)** 391,04 ℳ zu $2\frac{7}{8}$ %; **d)** 1389,72 ℳ zu 3,4 %; **e)** 2564,38 ℳ zu $4\frac{1}{4}$ %; **f)** 3561,90 ℳ zu 3,6 %!

b) **Berechnung der Zinsen für mehrere Jahre, Monate und Tage.**

Mündlich.

1) Wieviel beträgt der Zins für 2 Jahre, wenn der Jahreszins 8 ℳ, 35 ℳ, 82 ℳ, 16,20 ℳ; 29,50 ℳ; 38,24 ℳ beträgt?

2) Der Jahreszins beträgt 24,60 ℳ; wie groß ist der Zins für **a)** $2\frac{1}{2}$ J., **b)** $3\frac{1}{4}$ J., **c)** $4\frac{2}{3}$ J.?

3) Der Jahreszins beträgt 30 ℳ; wieviel der Zins für $\frac{1}{2}$, $\frac{1}{4}$, $\frac{1}{3}$, $\frac{2}{3}$, $\frac{3}{4}$, $\frac{5}{6}$ J.?

4) Berechne die Zinsen von folgenden Kapitalien: **a)** 40 ℳ zu 5 % in 3 J.; **b)** 75 ℳ zu 4 % in 4 J.; **c)** 165 ℳ zu 5 % in 2 J.; **d)** 236 ℳ zu 3 % in 3 J.; **e)** 340 ℳ zu 5 % in $1\frac{1}{2}$ J.; **f)** 725 ℳ zu 4 % in $2\frac{1}{4}$ J.!

5) Wieviel Zins bringen: **a)** 650 ℳ zu $4\frac{1}{2}$ % in 3 J.; **b)** 1200 ℳ zu $3\frac{1}{4}$ % in $2\frac{1}{2}$ J.; **c)** 2000 ℳ zu $3\frac{3}{4}$ % in 1,5 Jahren?

6) Wieviel beträgt der Zins für 1 Monat, wenn der Jahreszins 24 ℳ, 60 ℳ, 84 ℳ, 120 ℳ, 36,60 ℳ; 50,40 ℳ beträgt?

7) Wie groß ist der Zins für 3, 9, 4, 8 Monate, wenn der Jahreszins 36 ℳ beträgt?

8) Der Jahreszins beträgt 48,60 ℳ, wieviel der Zins für 5, 7, 10 Monate?

9) Wieviel Zins bringen 720 ℳ zu 5 % in 1, 5, 8, 11 Monaten?

Wie berechnet man aus dem Jahreszins den monatlichen Zins? Wie den Zins für 3 Mon.? 8 Mon.? 5 Mon.? Wie aus dem monatlichen Zins den Jahreszins?

10) Berechne die Zinsen von: **a)** 240 ℳ zu 5 % in 3 Mon.; **b)** 350 ℳ zu 4 % in 9 Mon.; **c)** 2000 ℳ zu 3 % in 5 Mon.; **d)** 575 ℳ zu 4 % in 6 Mon.; **e)** 3600 ℳ zu $3\frac{1}{2}$ % in 4 Mon.; **f)** 4800 ℳ zu $3\frac{1}{4}$ % in 2 Mon.!

11) Der Jahreszins beträgt 104 ℳ, wieviel der Zins für 1, 7, 13, 20, 35, 42 Wochen?

12) Der Jahreszins beträgt 120 ℳ, wieviel der Zins für 60 Tg. oder $\frac{1}{6}$ J.? Für 90, 30, 45, 120, 150, 240 Tg.?

13) Wieviel Zins bringen 840 ℳ Kap. zu 5 % in **a)** 90, **b)** 120, **c)** 180, **d)** 240 Tg.?

14) 2500 ℳ Kap. sind zu 3 % 3 J. 4 Mon. auf Zinsen ausgeliehen; wieviel betragen die Zinsen?

15) Wieviel Zins bringen: **a)** 780 ℳ zu 5 % vom 1. April 1903 bis 1. Januar 1904; **b)** 375 ℳ zu 4 % vom 15. Juni bis 15. Dezember desselben Jahres; **c)** 1200 ℳ zu 3 % vom 4. Februar 1904 bis 4. Januar 1905?

16) Der Jahreszins beträgt 20 ℳ; gib in Bruchform den Zins für 1 Mon. an! Für 7 Mon.! 1 Wo.! 25 Wo.! 1 Tg.! 150 Tg.!

Wiederholung: Wie berechnet man aus dem Jahreszins den Zins für mehrere Jahre? Den Zins für 1 Mon.? Für mehrere Mon.? Für 1 Woche? Für 26 Wo.? 39 Wo.? Für 1 Tg.? 30 Tg.? 40 Tg.? 120 Tg.? 200 Tg.? Wie aus dem **a)** monatlichen, **b)** wöchentlichen, **c)** täglichen Zins den Jahreszins?

Schriftlich.

Aufg.: Wieviel Zins bringen 375 ℳ Kap. zu 4 % in **a)** 3 J., **b)** 5 Mon., **c)** 200 Tg.?

Lösung:

a) I.

ℳ K.	ℳ Z.
100	4
375	?

Jz. = $\frac{4 \cdot 375}{100}$ ℳ

Z. in 3 J. = $\frac{4 \cdot 375 \cdot 3}{100}$ ℳ = 45 ℳ

II. Jz. = 3,75 ℳ · 4

Z. in 3 J. = 3,75 · 4 · 3 ℳ = 45 ℳ

III. Jz. = $\frac{375}{25}$ ℳ

Z. in 3 J. = $\frac{375 \cdot 3}{25}$ ℳ = 45 ℳ

IV.

ℳ K.	J.	ℳ Z.
100	1	4
375	3	?

$\frac{4 \cdot 375 \cdot 3}{100}$ = 45 ℳ

b) I.

ℳ K.	ℳ Z.
100	4
375	?

Z. in 5 Mon. = $\frac{4 \cdot 375 \cdot 5}{100 \cdot 12}$ ℳ = 6,25 ℳ

II. Jz. = 3,75 ℳ · 4

Z. in 1 Mon. = $\frac{3,75 \cdot 4}{12}$ ℳ

Z. in 5 Mon. = $\frac{3,75 \cdot 4 \cdot 5}{12}$ ℳ = 6,25 ℳ

III. Jz. $\frac{375}{25}$ ℳ

Z. in 5 Mon. = $\frac{375 \cdot 5}{25 \cdot 12}$ ℳ = 6,25 ℳ

IV.

ℳ K.	Mon.	Z.
100	12	4
375	5	?

$\frac{4 \cdot 375 \cdot 5}{100 \cdot 12}$ ℳ = 6,25 ℳ

c) I.

ℳ K.	ℳ Z.
100	4
375	?

Z. in 200 Tg. = $\frac{4 \cdot 375 \cdot 200}{100 \cdot 360}$ ℳ = 8,33 ℳ

II. Jz. = 3,75 ℳ · 4

Z. in 200 Tg. = $\frac{3,75 \cdot 4 \cdot 200}{360}$ ℳ = 8,33 ℳ

III. Jz. = $\frac{3,75}{25}$ ℳ

Z. in 200 Tg. = $\frac{3,75 \cdot 200}{25 \cdot 360}$ ℳ = 8,33 ℳ

IV.

ℳ K.	Tg.	Jz.
100	360	4
375	200	?

$\frac{4 \cdot 375 \cdot 200}{100 \cdot 360}$ ℳ = 8,33 ℳ

1) Wieviel Zins bringen: a) 356 ℳ zu 5 % in 3 J.; b) 258 ℳ zu 4 % in $4\frac{1}{2}$ J.; c) 690 ℳ zu $3\frac{1}{2}$ % in $2\frac{3}{4}$ J.?

2) Berechne die Zinsen von folgenden Kapitalien: a) 240,80 ℳ zu 5 % in 7 J.; b) 350,75 ℳ zu 4 % in 3 J.; c) 775,40 ℳ zu 3 % in 5 J.; d) 836 ℳ zu $3\frac{1}{2}$ % in $2\frac{1}{2}$ J.; e) 954 ℳ zu $4\frac{1}{4}$ % in $1\frac{3}{4}$ J.; f) 1236 ℳ zu $4\frac{1}{2}$ % in $3\frac{2}{3}$ J.!

3) Wie hoch belaufen sich die Zinsen von: a) 154 ℳ zu 4 % in 5 Mon.; b) 372 ℳ zu $4\frac{1}{2}$ % in 10 Mon.; c) 468 ℳ zu $3\frac{1}{2}$ % in 1 J. 2 Mon.; d) 1340 ℳ zu $3\frac{3}{4}$ % in 1 J. 8 Mon.; e) 864 ℳ zu $4\frac{1}{4}$ % in 3 J. 7 Mon.?

4) Wieviel Zins erhält man von: a) 630 ℳ zu $3\frac{1}{2}$ % in 7 Mon. 20 Tg.; b) 1341 ℳ zu 4 % in 4 Mon. 12 Tg; c) 336,24 ℳ zu 5 % in 8 Mon. 15 Tg.?

5) Wieviel Zins tragen: a) 260 ℳ zu $4\frac{1}{2}$ % in 1 J. 3 Mon. 10 Tg.; b) 456 ℳ zu 4 % in 2 J. 5 Mon. 20 Tg.; c) 768 ℳ zu 5 % in 3 J. 8 Mon. 15 Tg.?

6) Wie hoch belaufen sich die Zinsen von: a) 340 ℳ zu $3\frac{1}{2}$ % vom 1. Mai bis 1. November; b) 520 ℳ zu 4 % v. 15. März bis 1. Dez.; c) 836 ℳ zu 5 % v. 10. Febr. bis 20. Nov.; d) 912 ℳ zu $4\frac{1}{4}$ % v. 25. Mai bis 10. Dez.; e) 368 ℳ zu $3\frac{3}{4}$ % v. 3. Jan. bis 21. Nov. desselben Jahres?

Aufg.: Wieviel Tg. werden gerechnet, wenn ein Kap. vom 29. Okt. 1901 an bis zum 15. April 1904 ausgeglichen war?

Lösung:	J.	Mon.	Tg.		
	1903	3	14	2 J.	= 720 Tg.
	— 1900	9	28	5 Mon.	= 150 „
					+ 16 „
	2	5	16		886 Tg.

7) Ein Kap. von 3400 ℳ stand v. 5. März 1899 bis zum 20. Nov. 1903 zu $4\frac{1}{2}$ % auf Zinsen; wieviel betrugen die Zinsen?

8) Wieviel Zins bringen: a) 1668 ℳ zu $3\frac{1}{2}$ % v. 4. Februar 1902 bis zum 16. August 1904; b) 2835 ℳ zu 4 % vom 23. Februar 1899 bis zum 4. Juni 1903?

9) Auf einem Haus ruhen zwei Hypotheken, die erste im Betrage von 23 600 ℳ zu $4\frac{1}{4}$ %, die zweite von 22 500 ℳ zu $4\frac{3}{4}$ %; wieviel bleibt dem Hausbesitzer nach Zahlung der Zinsen übrig, wenn er nach Abzug aller Unkosten eine jährliche Miete von 2450 ℳ erzielt?

10) Eine Wiese wird zu 2560 ℳ verkauft, zahlbar in 5 gleichen Teilen jeweils nach Ablauf eines Jahres mit $4\frac{1}{4}$ % Zins; wieviel Zins ist in den einzelnen Jahren zu bezahlen?

II. Berechnung des Kapitals samt Zins.

Mündlich.

1) Zu welcher Summe wachsen an: a) 100 ℳ Kap. zu 5 % in 1 J.; b) 200 ℳ zu 4 % in 2 J.; c) 300 ℳ zu $4\frac{1}{2}$ % in $3\frac{1}{2}$ J.?

2) Zu welcher Summe wachsen 450 ℳ Kap. zu 4 % in 3 Mon. an? 840 ℳ zu 5 % in 8 Mon.? 1300 ℳ zu 3 % in 1 J. 6 Mon.? 825 ℳ zu 4 % in 5 Mon.?

3) Der Landwirt N. hat auf 1 Jahr 260 ℳ zu 5 %, 350 ℳ zu 4 %, 400 ℳ zu $3\frac{1}{2}$ % und 750 ℳ zu $4\frac{1}{2}$ % ausgeliehen; wieviel erhält er an Kap. samt Zinsen zurück?

4) Zu welcher Summe wachsen an: **a)** 360 ℳ zu 5 % in 2 J.; **b)** 450 ℳ zu 4 % in 9 Mon.; **c)** 600 ℳ zu $3\frac{3}{4}$ % in 6 Mon.; **d)** 80 ℳ zu 5 % in 1 J. 9 Mon.; **e)** 125 ℳ zu 4 % in 2 J. 6 Mon.?

5) Wieviel beträgt die Summe, welche mit den Zinsen zu bezahlen ist, von: **a)** 800 ℳ Kap. zu 5 % nach 90 Tg.; **b)** 600 ℳ zu 4 % nach 60 Tg.; **c)** 450 ℳ zu 3 % nach 120 Tg.?

Schriftlich.

Aufg.: Zu welcher Summe wachsen 270 ℳ Kap. zu $4\frac{1}{2}$ % Zinsen in 2 J. an?
Lösung:

I. Z. in 2 J. = 2,70 · 4,5 · 2 ℳ = 24,30 ℳ
Kap. = 270,00 ℳ
Kap. s. Z. = 294,30 ℳ

II.

ℳ K.	ℳ K. s. Z.
100	109
270	?

$$\frac{109 \cdot 270 \text{ ℳ}}{100} = 294{,}30 \text{ ℳ}$$

1) Wieviel beträgt das Kap. samt den Zinsen von: **a)** 360 ℳ zu 4,5 % in $1\frac{3}{4}$ J.; **b)** 172 ℳ zu 4 % in 2,5 J.; **c)** 250,80 ℳ zu 5 % in 7 Mon.; **d)** 847,20 ℳ zu $3\frac{1}{2}$ % in 3 J. 4 Mon.; **e)** 1248 ℳ zu $4\frac{1}{4}$ % in 1 J. 8 Mon.?

2) Der Landwirt S. erhielt 260 ℳ Kap., die er mit den $4\frac{1}{2}$ %igen Zinsen nach 5 Mon. zurückzuzahlen hatte. Er lieferte dem Gläubiger 14,5 kg Butter, das kg zu 1,90 ℳ; 210 Eier, das Stück zu 6 ₰; 8 z Obst, den z zu 5,40 ℳ; wieviel war noch an Kap. und Zins zu bezahlen?

3) Ein Viehhändler kaufte am 1. Mai 1902 Vieh im Werte von 3245 ℳ. Davon bezahlte er $\frac{3}{5}$ gleich, den Rest mit den 5 %igen Zinsen am 15. Oktober 1904; wieviel betrug diese Summe?

4) B. kaufte ein Haus für 28400 ℳ; die Hälfte davon wurde gleich bezahlt, ein Viertel mit den 4 %igen Zinsen nach 6 Mon., der Rest mit den $4\frac{1}{2}$ %igen Zinsen nach 2 Jahren; wieviel wurde nach **a)** 6 Mon., **b)** 2 J. bezahlt?

5) Ein Acker wird für 3248 ℳ verkauft, welche Summe in 4 gleichen Teilen nebst den $4\frac{1}{2}$ %igen Zinsen jeweils nach Ablauf eines Jahres zu bezahlen ist. Wieviel ist nach jedem Termin zu bezahlen?

6) Der Gastwirt H. legte in eine Sparkasse ein: 180 ℳ am 25. Januar 1899; 72 ℳ am 4. Mai 1900; 240 ℳ am 12. Oktober 1901; 150 ℳ am 3. März 1902; 324 ℳ am 20. Dezember 1903; 432 ℳ am 15. Juli 1904. Berechne **a)** die $3\frac{1}{2}$ %igen Gesamtzinsen, **b)** das ganze Guthaben bis zum 1. Januar 1905!

(Die Sparkasse verzinst die neuen Einlagen vom ersten Tag des auf den Einzahlungstag folgenden Monats an.)

III. Berechnung des Kapitals.

Mündlich.

1) Welches Kap. bringt zu 1 % jährlich: **a)** 20 ₰, 80 ₰, 35 ₰, 96 ₰; **b)** 3 ℳ, 12 ℳ, 32 ℳ; **c)** 1,20 ℳ; 2,30 ℳ; 3,45 ℳ Zins?

2) Welche Kapitalien bringen zu 4 % jährlich: **a)** 8 ℳ, 36 ℳ, 120 ℳ; **b)** 1 ℳ, 7 ℳ, 34 ℳ, 49 ℳ Zins?

3) Welche Kap. bringen zu 5 % in 1 J.: **a)** 40 ℳ, 150 ℳ; **b)** 3 ℳ, 14 ℳ, 39 ℳ; **c)** 50 ₰, 35 ₰; 1,75 ℳ Zins?

4) Welches Kap. bringt zu **a)** 4 % in 2 J. 36 ℳ; **b)** 5 % in 3 J. 120 ℳ; **c)** $4\frac{1}{2}$ % in 4 J. 90 ℳ Zins?

5) Berechne die Kapitalien, die folgende Zinsen bringen zu: **a)** 4 % in $\frac{1}{2}$ J. 30 ℳ, **b)** 5 % in $\frac{1}{4}$ J. 3,50 ℳ, **c)** 3 % in 1 Mon. 15 ℳ, **d)** $4\frac{1}{2}$ % in 4 Mon. 9 ℳ!

6) Welches Kap. bringt 40 ℳ Z. zu: **a)** 5 % in 2 J., **b)** 4 % in $2\frac{1}{2}$ J., **c)** 4 % in $\frac{1}{4}$ J., **d)** $3\frac{1}{3}$ % in 6 J.?

Das Kapital ist wievielmal so groß als der 1=, 2=, 3=, 4=, 5=, $2\frac{1}{2}$=, $3\frac{1}{3}$ %ige Jahreszins? Wievielmal so groß als der 5 %ige Z. in 2 J.? Der 4 %ige Z. in 5 J.? Der 5 %ige Z. in 5 J.? Der $2\frac{1}{2}$ %ige Z. in 4 J.?

Wievielmal so groß muß das Kap. werden, wenn man bei gleichem Zinsfuß jährlich einnehmen will: **a)** statt 2 ₰ zwei ℳ; **b)** statt 4 ₰ vier ℳ; **c)** statt 5 ₰ zehn ℳ; **d)** statt 3 ₰ neun ℳ Zins?

Schriftlich.

Aufg.: Welches Kap. bringt zu 4 % in **a)** $2\frac{1}{2}$ J., **b)** 8 Mon. 48 ℳ Zins?

Lösung: Jahreszins $= \frac{48}{2,5}$ ℳ $= 19,20$ ℳ

a) I.

ℳ Z.	ℳ K.
4	100
19,20 $(\frac{48}{2,5})$	?

$\frac{100 \cdot 19,20}{4} = \underline{\underline{480}}$ ℳ

II. Jz. $= \frac{48}{2,5}$ ℳ

Kap. $= \frac{48 \cdot 25}{2,5} = \underline{\underline{480}}$ ℳ

III.

ℳ Z.	J.	ℳ K.
4	1	100
48	2,5	?

$\frac{100 \cdot 48}{4 \cdot 2,5} = \underline{\underline{480}}$ ℳ

b) I.

ℳ Z.	ℳ K.
4	100
$\frac{48 \cdot 12}{8}$	?

$\frac{100 \cdot 48 \cdot 12}{4 \cdot 8} = \underline{\underline{1800}}$ ℳ

II. Jz. $= \frac{48 \cdot 12}{8}$ ℳ

Kap. $= \frac{48 \cdot 12 \cdot 25}{8} = \underline{\underline{1800}}$ ℳ

III.

ℳ Z.	Mon.	ℳ K.
4	12	100
48	8	?

$\frac{100 \cdot 48 \cdot 12}{4 \cdot 8} = \underline{\underline{1800}}$ ℳ

1) Berechne die Kapitalien, wenn die jährlichen Zinsen betragen zu: **a)** 4 % 95,40 ℳ; **b)** 5 % 68,20 ℳ; **c)** $3\frac{1}{2}$ % 30,45 ℳ; **d)** $4\frac{1}{4}$ % 40,80 ℳ!

2) Wie groß ist das Kap., das zu **a)** 5 % in 3 J. 97,50 ℳ; **b)** 4 % in 2 J. 29,20 ℳ; **c)** $4\frac{1}{2}$ % in 4 J. 222,48 ℳ; **d)** 3 % in $3\frac{1}{2}$ J. 26,88 ℳ Zins bringt?

3) Welches Kap. bringt zu **a)** $3\frac{1}{2}$ % in 3 Mon. 10,50 ℳ; **b)** 5 % in 5 Mon. 36,50 ℳ; **c)** 4 % in 1 Woche 7,50 ℳ; **d)** 5 % in 20 Wochen 71,40 ℳ; **e)** 3 % in 1 Tg. 2,40 ℳ; **f)** $4\frac{1}{2}$ % in 100 Tg. 48,20 ℳ Zins?

4) Der Rentner D. gibt täglich 6,50 ℳ aus; wie groß muß das Kap. sein, wenn er von den 4 %igen Jahreszinsen leben will? (1 J. = 365 Tg.)

5) Welchen Wert hat ein Haus, das jährlich 1275 ℳ Miete einbringt, wenn sich das Haus nach Abzug von 168 ℳ für Steuern und Reparaturen zu 5 % rentiert?

6) Ein Kleeacker ergab im Sommer 48 z Heu, den z zu 3,20 ℳ, im Herbst 30 z Grummet, den z zu 2,75 ℳ; für Dünger wurden 24 ℳ ausgegeben. Wieviel hatte der Acker gekostet, wenn sich das Kap. zu 6 % verzinste?

7) Ein Kinderfreund hinterließ ein Testament, wonach für warmes Frühstück an arme Schulkinder wöchentlich 9 ℳ ausgegeben werden sollen; von welcher Vermächtnissumme ist dies der 3 %ige Zins?

8) Aus einer Stiftung werden jährlich zur Unterstützung von Armen 850,50 ℳ verausgabt; wie groß muß bei $3\frac{1}{2}$ %igem Zins das Kap. sein, das diese Zinsen bringt?

9) Der Beamte B. hat einen monatlichen Gehalt von 180 ℳ; von welchem Kap. ist dies der $3\frac{3}{4}$ %ige Zins?

10) Der Arbeiter N. erspart sich täglich 15 ₰; von welchem Kap. ist dies der Zins zu $3\frac{1}{2}$ %? (1 J. = 300 Arbeitstg.)

11) Welches Kap. wächst mit den jährlichen Zinsen an zu **a)** 5 % auf 2415 ℳ; **b)** 4 % auf 780 ℳ; **c)** $3\frac{1}{2}$ % auf 869,40 ℳ?

12) Welches Kap. wächst mit den 4 %igen Zinsen in **a)** 3 J. zu 974,40 ℳ; **b)** 9 Mon. zu 1287,50 ℳ an?

IV. Berechnung des Zinsfußes und der Zeit.

Mündlich.

1) Zu wieviel % erhält man in 1 J. von **a)** 200 ℳ Kap. 6 ℳ, 7 ℳ, $8\frac{1}{2}$ ℳ, 9 ℳ, $9\frac{1}{2}$ ℳ, 10 ℳ; **b)** von 300 ℳ Kap. 9 ℳ, 15 ℳ, $10\frac{1}{2}$ ℳ, 13,50 ℳ; **c)** von 50 ℳ Kap. $1\frac{1}{2}$ ℳ, 2 ℳ, $2\frac{1}{2}$ ℳ Zins?

2) Zu welchem Prozentsatz bringen **a)** 400 ℳ in 2 J. 32 ℳ, 36 ℳ, 40 ℳ; **b)** 500 ℳ in 3 J. 45 ℳ, 60 ℳ, $67\frac{1}{2}$ ℳ; **c)** 600 ℳ in $2\frac{1}{2}$ J. 60 ℳ, 75 ℳ, 52,50 ℳ Zins?

3) Wieviel beträgt der Zinsfuß, wenn 1 ℳ jährlich $2\frac{1}{2}$ ₰, 4 ₰, $4\frac{1}{2}$ ₰, 5 ₰ Zins bringt?

4) Zu welchem Zinsfuß bringen **a)** 1000 ℳ in 6 Mon. 20 ℳ, $22\frac{1}{2}$ ℳ, 17,50 ℳ; **b)** 2000 ℳ in 3 Mon. 25 ℳ, 15 ℳ Zins?

5) Zu wieviel % war ein Kap. von 800 ℳ ausgeliehen, wenn es einschließlich der Zinsen nach 1 J. mit 832 ℳ zurückbezahlt wurde?

6) 700 ℳ Kap. wurden nach 2 J. nebst den Zinsen mit 742 ℳ und 350 ℳ nach 6 Mon. mit 357 ℳ zurückbezahlt; bestimme für jeden Fall den Zinsfuß!

7) In welcher Zeit bringen **a)** 100 ℳ zu 4 % 8 ℳ, 20 ℳ, 32 ℳ; **b)** 200 ℳ zu 5 % 15 ℳ, 35 ℳ, 70 ℳ; **c)** 50 ℳ zu 4 % 6 ℳ, 10 ℳ, 14 ℳ; **d)** 20 ℳ zu 5 % 3 ℳ, 7 ℳ, $4\frac{1}{2}$ ℳ Zins?

8) Ein Kap. von 800 ℳ wurde nach einiger Zeit nebst den 4 %igen Zinsen mit 840 ℳ zurückbezahlt; wie lange stand das Kap. aus?

In welcher Zeit sind die **a)** 2-, **b)** $2\frac{1}{2}$-, **c)** 3-, **d)** $3\frac{1}{3}$-, **e)** 4-, **f)** 5 %igen Zinsen dem Kap. gleich?

Schriftlich.

Aufg.: Zu wieviel % bringen 840 ℳ Kap. in 150 Tg. 17,50 ℳ Zins?

Lösung: Jahreszins = $\frac{17,50 \cdot 360}{150}$ = 42 ℳ

I.

ℳ K.	ℳ Z.
840	42 ($\frac{17,50 \cdot 360}{150}$)
100	?

$\frac{42 \cdot 100}{840}$ = 5 ℳ, also 5 %

II. Jz. v. 840 ℳ = $\frac{17,50 \cdot 360}{150}$ ℳ

Jz. v. 100 ℳ = $\frac{17,50 \cdot 360}{150 \cdot 8,40}$ ℳ = 5 ℳ, also 5 %

III.

ℳ K.	Tg.	ℳ Z.
840	150	17,50
100	360	?

$\frac{17,50 \cdot 100 \cdot 360}{840 \cdot 150}$ = 5 ℳ, also 5 %

Aufg.: In welcher Zeit bringen 240 ℳ Kap. zu 5 % 20 ℳ Zins?

I.

ℳ Z.	J.
2,40 · 5	1
20	?

$\frac{1 \cdot 20}{2,40 \cdot 5}$ = $1\frac{2}{3}$ J.

II. Jz. = 2,40 · 5 = 12 ℳ

12 ℳ in 20 ℳ = $\frac{20}{12}$ mal = $1\frac{2}{3}$ mal, also $1\frac{2}{3}$ J.

III.

ℳ K.	ℳ Z.	J.
100	5	1
240	20	?

$\frac{1 \cdot 100 \cdot 20}{240 \cdot 5}$ = $1\frac{2}{3}$ J.

1) Zu wieviel % bringen jährlich **a)** 650 ℳ Kap. 26 ℳ; **b)** 420 ℳ Kap. 18,90 ℳ; **c)** 860 ℳ Kap. 43 ℳ; **d)** 740,50 ℳ Kap. 29,62 ℳ Zins?

2) Zu welchem Zinsfuß bringen **a)** 820 ℳ in $1\frac{1}{2}$ J. 36,90 ℳ; **b)** 1200 ℳ in $2\frac{1}{3}$ J. 126 ℳ; **c)** 3600 ℳ in 5 Mon. 52,50 ℳ Zins?

3) Der Wucherer B. leiht **a)** 320 ℳ unter der Bedingung aus, daß ihm monatlich 2,40 ℳ Zins bezahlt werden; **b)** 80 ℳ für wöchentlich 20 ₰ Zins; wieviel % Zins nimmt er im einzelnen Falle?

4) Ein Haus kostete 24 000 ℳ; die jährliche Einnahme an Miete beträgt 1440 ℳ. Zu wieviel % verzinst sich das angelegte Kap., wenn für Unterhaltungskosten jährlich 120 ℳ angerechnet werden?

5) Zu welchem Zinsfuße waren 1340 ℳ ausgeliehen, wenn sie nach 1 J. nebst den Zinsen mit 1400,30 ℳ zurückbezahlt wurden?

6) Die Gemeinde D. bepflanzte vor 10 Jahren ein unbebautes Gelände mit 240 Obstbäumchen. Das Stück kostete 1,80 ℳ, die Bearbeitung des Bodens 250 ℳ, das Setzen eines Bäumchens 35 ₰. Zu wieviel % verzinste sich durchschnittlich das Kap. in den letzten 5 Jahren, wenn im 6ten Jahre der Anpflanzung 50,40 ℳ, im 7ten 84 ℳ, im 8ten 106,50 ℳ, im 9ten 98 ℳ, im 10ten 159 ℳ für Obst erlöst wurden?

7) An Miete erhält der Besitzer eines Hauses, das mit angrenzendem Garten 36 500 ℳ gekostet hat, 2373 ℳ; der Garten wirft jährlich nach Abzug für Dung und Gartenarbeiten einen durchschnittlichen Ertrag von 150 ℳ ab. Zu wieviel % rentiert das Kap., wenn für Steuer und sonstige Auslagen 260 ℳ angesetzt werden?

8) In wieviel Jahren bringt ein Kap. von **a)** 380 ℳ zu $3\frac{1}{2}$ % 59,85 ℳ; **b)** 750 ℳ zu 4 % 97,50 ℳ; **c)** 120 ℳ zu 4,5 % 16,20 ℳ Zins?

9) Ein Kap. von 1320 ℳ wurde nach einiger Zeit nebst den 5 %igen Zinsen mit 1518 ℳ zurückbezahlt; wie lange stand das Kap. aus?

6. Rabattrechnung.

Die Summe Geldes, die man für eine Ware schuldig ist, nennt man **Schuldsumme**; erfolgt die Zahlung bar, d. h. sofort nach Empfang der Ware, so wird sie Barzahlung genannt. Der Betrag, den der Käufer bei Barzahlung von der Schuldsumme abziehen darf, heißt **Rabatt** oder **Skonto**, im Geld= oder Wechselverkehr **Diskont**. Der Rabatt wird in der Regel wie der Zins in Prozenten angegeben.

a) Rabatt und Barzahlung werden gesucht.

Mündlich.

1) Wieviel beträgt der 1 %ige Rabatt von 24 ℳ, 75 ℳ, 150 ℳ, 320 ℳ, 736 ℳ Schuldsumme? Wieviel der 2 %ige? 3 %ige?

2) Wie groß ist der 4 %ige Rab., wenn der 1 %ige 2,36 ℳ; 4,54 ℳ; 7,89 ℳ beträgt?

3) Wieviel ₰ beträgt der Rab. für 1 ℳ bei **a)** 4 %, **b)** 5 %, **c)** 10 %, **d)** $4\frac{1}{2}$ %, **e)** $6\frac{3}{4}$ % Rab.?

4) Wie groß ist der **a)** 3 %ige Rab. bei 86 ℳ, **b)** 4 %ige Rab. bei 175 ℳ, **c)** 5 %ige Rab. bei 260 ℳ, **d)** 10 %ige Rab. bei 148 ℳ Schuldsumme?

5) Suche die Barzahlung aus folgenden Schuldsummen und Rabattprozenten: **a)** 68 ℳ, 5 %; **b)** 72 ℳ, 4 %; **c)** 98 ℳ, 3 %; **d)** 175 ℳ, 6 %; **e)** 84,60 ℳ, 10 %!

6) Wieviel hat der Buchhändler H. bei 25 % Rab. bar zu bezahlen, wenn die Rechnung auf 340 ℳ lautet?

7) Wie groß ist die Barzahlung bei 360 ℳ Schuldf., wenn **a)** 2 %, **b)** 3 %, **c)** 4 %, **d)** 6 %, **e)** 8 % Rab. gerechnet werden?

8) A. kauft $8\frac{1}{2}$ m Tuch, den m zu 8 ℳ; wieviel beträgt die Barz. bei 5 % Rab.?

9) Zu einem Kleid braucht Frau M. $12\frac{1}{2}$ m Stoff; der m kostet 2,50 ℳ. Wieviel ist bar zu zahlen bei 4 % Rab.?

10) Der Wirt T. bezieht 8 hl Wein, den l zu 1,20 ℳ, und 6 hl, den l zu 1,50 ℳ; wieviel hat er bar zu bezahlen, wenn $2\frac{1}{2}$ % Rab. bewilligt werden?

Wie berechnet man aus der Schuldf. den 1=, 2=, 4=, 5=, 10=, 20 %igen Rab.? Wie aus dem 1 %igen Rab. den mehrprozentigen?

Schriftlich.

Aufg.: Wieviel beträgt bei 96 ℳ Schuldf. **a)** der 5 %ige Rab., **b)** die Barz.?
Lösung:

I. a) Der 1 %ige Rab. = 0,96 ℳ
Der 5 %ige Rab. = 0,96 ℳ · 5 = 4,80 ℳ
b) Barz. = 96 ℳ — 4,80 ℳ = 91,20 ℳ

II. a) Der 5 %ige Rab. v. 96 ℳ = $\frac{96}{20}$ ℳ = 4,80 ℳ
b) Barz. = 96 ℳ — 4,80 ℳ = 91,20 ℳ

III.

ℳ Sch.	ℳ B.
100	95
96	?

$\frac{95 \cdot 96}{100}$ = 91,20 ℳ

Aufg.: Ein Kaufmann erhält Ware für 348 ℳ, nach 3 Mon. zahlbar; wieviel beträgt die Barz. bei $\frac{1}{2}$ % monatl. Rabatt?

I. Rab. = $1\frac{1}{2}$ % (für 3 Mon.) v. 348 ℳ = 5,22 ℳ
Barz. = 348 ℳ — 5,22 ℳ = **342,78 ℳ**

II.

ℳ Sch.	ℳ B.
100	98,5
348	?

$\frac{98,5 \cdot 348}{100}$ = **342,78 ℳ**

1) Berechne den 6 %igen Rab., wenn die Schulds. a) 247,50 ℳ; b) 375,20 ℳ beträgt!

2) Berechne a) den 4 %igen Rab. von 429,40 ℳ; b) den 3 %igen Rab. von 936,80 ℳ Schuldsumme!

3) Wieviel beträgt die Barz. von a) 96,40 ℳ Schulds. bei $3\frac{1}{2}$ %; b) 125,60 ℳ Schulds. bei $4\frac{1}{4}$ %; c) 235,48 ℳ Schulds. bei $3\frac{3}{4}$ % Rabatt?

4) Der Wirt N. erhält 4,8 hl Wein, den hl zu 93,50 ℳ, nach 3 Mon. zahlbar; wieviel ist bar zu bezahlen, wenn für den Monat $\frac{3}{4}$ % Rab. bewilligt werden?

5) Kaufmann O. bezieht 250 kg Kaffee, das kg zu 2,10 ℳ, und 84 kg Tee, das kg zu 6,20 ℳ, nach 6 Mon. zahlbar; wieviel beträgt die Barz. bei $\frac{1}{2}$ % monatl. Rabatt?

6) Kaufmann P. erhält 3 Fässer mit gleicher Ware; jedes Faß wiegt brutto 136 kg; die Tara beträgt 6 %; 1 kg netto kostet 3,50 ℳ, nach 3 Mon. zahlbar. Wie groß ist die Barz. bei $\frac{3}{4}$ % monatl. Rabatt?

7) R. bezieht 3 Stück Tuch, das Stück mit 48 m, den m zu 9,60 ℳ, zahlbar nach 6 Mon.; wieviel beträgt die Barz., wenn ein jährlicher Rab. von 5 % gewährt wird?

8) 75 z Ware, der z zu 42,40 ℳ, sind nach 4 Mon. zu bezahlen; wie groß ist die Barz., wenn für diese Zeit $2\frac{1}{2}$ % Rab. bewilligt werden?

9) Der Metzger K. liefert einem Wirt wöchentlich 125 kg Ochsenfleisch, das kg zu 1,36 ℳ; 72 kg Kalbfleisch, das kg zu 1,04 ℳ; 58 kg Schweinefleisch, das kg zu 1,28 ℳ; wieviel erhält der Metzger nach Ablauf einer Woche, wenn der Wirt von der ganzen Summe 5 % abziehen darf?

10) Für eine Schule werden bestellt: 20 Dutz. Zeichenhefte, das Dutz. zu 1,92 ℳ; 18 Dutz. Schreibhefte, das Dutz. zu 1,08 ℳ; 21 Dutz. Bleistifte, das Dutz. zu 84 ₰; 6 Gr. Stahlfedern, das Gr. zu 1,60 ℳ; wieviel wird bei 4 % Rab. bar bezahlt?

11) Kaufmann Sch. erhält 5 Faß Erdöl; das Bruttogewicht beträgt 960 kg, die Tara 15 % davon; 100 kg netto kosten 25 ℳ, Ziel 3 Monate. Berechne die Barz. bei 6 % jährlichem Rabatt!

12) Wieviel beträgt die Barz. von a) 965 ℳ Schulds., zahlbar nach 4 Mon. mit 6 % jährl. Rab.; b) 352,60 ℳ Schulds., zahlb. nach 6 Mon. mit 10 % jährl. Rab.; c) 140,20 ℳ Schulds., zahlb. nach 2 Mon. mit $4\frac{1}{2}$ % jährl. Rabatt?

b) Die Schuldsumme und die Rabattprozente werden gesucht.

Mündlich.

1) Wie groß ist die Schulds., wenn der 1 %ige Rab. 20 ₰, 45 ₰, 2 ℳ; 3,72 ℳ; 7,98 ℳ beträgt?

2) Wieviel beträgt die Schulds., wenn der **a)** 2 %ige Rab. 9,20 ℳ; **b)** 3 %ige Rab. 6,30 ℳ; **c)** 5 %ige Rab. 16,50 ℳ; **d)** 10 %ige Rab. 21,40 ℳ beträgt?

3) Auf welchen Betrag lautet die Rechnung, wenn der **a)** 5 %ige Rab. 2,70 ℳ; **b)** 10 %ige Rab. 4,86 ℳ; **c)** 25 %ige Rab. 17,50 ℳ beträgt?

4) Welche Schuldsumme wird bei 4 % Rab. mit 48 ℳ, bei 5 % Rab. mit 47,50 ℳ, bei 6 % Rab. mit 188 ℳ, bei 3 % Rab. mit 194 ℳ, bei 10 % Rab. mit 450 ℳ bar bezahlt?

5) Wieviel % Rab. werden bewilligt, wenn von 1 ℳ **a)** 4 ₰, **b)** 6 ₰, **c)** 10 ₰, **d)** 20 ₰ abgezogen werden?

6) Kaufmann N. läßt 7,50 ℳ bei Zahlung einer Summe von 150 ℳ abziehen; wieviel % Rab. sind dies?

7) Der Verlagsbuchhändler S. gibt ein Buch, dessen Ladenpreis 1,60 ℳ beträgt, einem Wiederverkäufer für 1,20 ℳ; wieviel % Rab. werden bewilligt?

8) Wieviel % Rab. werden gewährt, wenn **a)** die Schulds. 50 ℳ und die Barz. 48 ℳ; **b)** die Schulds. 60 ℳ und die Barz. 57 ℳ; **c)** die Schulds. 300 ℳ und die Barz. 282 ℳ beträgt?

Schriftlich.

Aufg.: Wie groß ist die Schulds., wenn der 4 %ige Rab. 37,20 ℳ beträgt?

Lösung:

I.

ℳ R.	ℳ Sch.
4	100
37,20	?

$\frac{100 \cdot 37{,}20}{4} = \underline{930\ ℳ}$

II. Schulds. = 37,20 ℳ · 25 = $\underline{930\ ℳ}$

Aufg.: Wie groß ist die Schulds., wenn die Barz. bei 6 % Rab. 117,50 ℳ beträgt?

ℳ B.	ℳ Sch.
94	100
117,50	?

$\frac{100 \cdot 117{,}50}{94} = 125\ ℳ$

Aufg.: Wieviel % Rab. werden gerechnet, wenn die Barz. 209,28 ℳ und der Rab. 8,72 ℳ beträgt?

Schulds. = 209,28 ℳ + 8,72 ℳ = 218 ℳ

I.

ℳ Sch.	ℳ R.
218	8,72
100	?

$\frac{8{,}72 \cdot 100}{218} = 4$ ℳ, also 4 %

II. Auf 218 ℳ Schulds. kommen 8,72 ℳ Rab.
„ 100 „ „ „ $\frac{8{,}72}{2{,}18}$ ℳ „
= 4 ℳ, also 4 %

1) Wie groß ist die Schulds., wenn der **a)** 4 %ige Rab. 18,72 ℳ; **b)** 5 %ige Rab. 24,35 ℳ; **c)** 6 %ige Rab. 64,20 ℳ beträgt?

2) Von dem Betrag einer Rechnung wurden bei 3½ % Rab. 31,50 ℳ abgezogen; auf welchen Betrag lautete die Rechnung?

*

3) Wieviel beträgt die Schuldſ., wenn die Barz. bei a) 4 % Rab. 332,16 ℳ; b) $3\frac{1}{2}$ % Rab. 92,64 ℳ; c) 10 % Rab. 245,70 ℳ; d) 20 % Rab. 317,40 ℳ beträgt?

4) Wieviel % werden bewilligt, wenn a) die Schuldſ. 375 ℳ, die Barz. 352,50 ℳ; b) die Schuldſ. 86,50 ℳ, die Barz. 83,04 ℳ; c) die Schuldſ. 130 ℳ, die Barz. 124,15 ℳ beträgt?

5) Berechne den Rab. in Prozenten: a) Barz. 74,73 ℳ, Rab. 4,77 ℳ; b) Barz. 46,17 ℳ, Rab. 2,43 ℳ; c) Barz. 135,10 ℳ, Rab. 4,90 ℳ!

6) Der Müller R. lieferte dem Bäcker K. 75 z Mehl, den z zu 16 ℳ; wieviel % Rab. wurden bewilligt, wenn der Bäcker 1158 ℳ zahlte?

7) Kaufmann N. verkaufte 8 m Tuch, den m zu 7,40 ℳ, und 9 m Tuch, den m zu 9,60 ℳ; wieviel % Rab. gab er, wenn er 138,32 ℳ im ganzen erhielt?

8) Kaufmann S. gibt ein kg Kaffee im Einzelkauf zu 2,40 ℳ, 25 kg zuſammen für 57,60 ℳ; wieviel % Rab. werden bei Abnahme von 25 kg bewilligt?

9) Der Wirt O. bezog $4\frac{2}{5}$ hl Wein, den l zu 90 ₰, und bezahlte dafür 384,12 ℳ; wieviel % Rab. wurden gewährt?

Rabatt auf hundert. Aufg.: Eine Schuldſ. von 3460 ℳ ſoll nach 2 Jahren bezahlt werden; wieviel beträgt die Barz. bei 5 % jährlichem Rab.?

Löſung:

ℳ Sch.	ℳ B.
110	100
3460	?

$$\frac{100 \cdot 3460}{110} = 3200 \text{ ℳ}$$

1) Wie groß iſt die Barz., wenn die Schuldſ. a) nach 3 J. 784 ℳ, der Rab. 4 %; b) nach 6 Mon. 246 ℳ, der Rab. 5 %; c) nach 3 Mon. 403 ℳ, der Rab. 3 % beträgt?

2) N. bietet für ein Haus 24 000 ℳ nach 1 J. zahlbar, B. bietet 22 500 ℳ bar; welches Gebot iſt das beſſere, wenn man 5 % Rab. berechnet?

3) Bei einer Verſteigerung von Äckern werden im ganzen 15 360 ℳ erlöſt, die in 3 Zielen zu bezahlen ſind, und zwar das erſte Ziel in 6 Mon., das zweite nach 1 Jahre, das dritte nach 2 Jahren; welche Summe iſt bei 5 % Rab. zu zahlen, wenn der Verkäufer Barzahlung wünſcht?

7. Gewinn- und Verluſtrechnung.

Die Summe, die bei einem kaufmänniſchen Geſchäft den Einkauf der Ware angibt, heißt **Einkaufsſumme**; die Summe, die den Verkauf angibt, wird **Verkaufsſumme** genannt. Beide werden auch kurz als **Einkauf** oder **Verkauf** bezeichnet. Der Nutzen wird **Gewinn**, der Schaden **Verluſt** genannt.

Was gibt der Unterſchied zwiſchen dem Einkauf und dem Verkauf an? In welchem Fall iſt der Verkauf a) größer, b) kleiner als der Einkauf?

Merke: a) Verk. — Eink. = Gew.; b) Eink. — Verk. = Verl.; c) Eink. + Gew. = Verk.; d) Verk. — Gew. = Eink.; e) Verk. + Verl. = Eink.; f) Eink. — Verl. = Verk.!

Wie groß ist **a)** der Gew., wenn der Eink. 14,60 ℳ, der Verk. 18,20 ℳ; **b)** der Verl., wenn der Eink. 23,50 ℳ, der Verk. 21,30 ℳ; **c)** der Eink., wenn der Verk. 38,40 ℳ, der Gew. 4,65 ℳ; **d)** der Eink., wenn der Verk. 45,90 ℳ, der Verl. 2,10 ℳ; **e)** der Verk., wenn der Eink. 24,35 ℳ, der Gew. 3,46 ℳ; **f)** der Verk., wenn der Eink. 31,80 ℳ, der Verl. 2,54 ℳ beträgt?

a) Die Prozente werden gesucht.

Mündlich.

1) Wieviel % beträgt der Gew., wenn an 10 ℳ **a)** 60 ₰, **b)** 95 ₰, **c)** 1,28 ℳ gewonnen werden?

2) Wieviel % beträgt der Gew., wenn an **a)** 1 ℳ Eink. 4 ₰; **b)** 25 ℳ Eink. 1,35 ℳ; **c)** 50 ℳ Eink. 2,60 ℳ gewonnen werden?

3) Wieviel % werden gewonnen: **a)** Eink. 25 ℳ, Verk. 27,20 ℳ; **b)** Eink. 40 ℳ, Verk. 43,60 ℳ; **c)** Eink. 5 ℳ, Verk. 5,80 ℳ; **d)** Eink. 70 ℳ, Verk. 76,30 ℳ?

4) 1 kg Kaffee wird zu 2,50 ℳ eingekauft und zu 3 ℳ verkauft; wieviel % beträgt der Gewinn?

5) Wieviel % beträgt der Verlust, wenn an **a)** 10 ℳ Eink. 95 ₰; **b)** 50 ℳ Eink. 2,30 ℳ; **c)** 60 ℳ Eink. 3,60 ℳ verloren werden?

6) Wieviel % werden verloren: **a)** Eink. 20 ℳ, Verk. 19 ℳ; **b)** Eink. 60 ℳ, Verk. 57 ℳ; **c)** Eink. 5 ℳ, Verk. 4,90 ℳ; **d)** Eink. 75 ₰, Verk. 69 ₰; **e)** Eink. 1,50 ℳ, Verk. 1,20 ℳ?

7) Der Händler N. kauft Eier, das Stück zu 5 ₰; wieviel % gewinnt er, wenn er das Ei zu 6 ₰ verkauft?

8) Das Pfund Butter wurde zu 80 ₰ eingekauft und zu 1 ℳ verkauft; wieviel % wurden gewonnen?

9) Wieviel % wurden gewonnen, wenn **a)** das Ei zu 5 ₰ eingekauft und 20 Eier zu 1,20 ℳ verkauft, **b)** das Pfund Butter zu 90 ₰ eingekauft und 7 kg zu 15,12 ℳ verkauft werden?

10) Wieviel % werden gewonnen, wenn $\frac{1}{2}$, $\frac{1}{3}$, $\frac{1}{4}$, $\frac{1}{5}$, $\frac{1}{10}$, $\frac{1}{20}$, $\frac{3}{4}$, $\frac{2}{5}$, $\frac{3}{10}$, $\frac{7}{20}$, $\frac{11}{50}$ der Einkaufssumme gewonnen werden?

Schriftlich.

Aufg.: Wieviel % werden **a)** gewonnen, wenn der Eink. 48 ℳ, der Verk. 53,76 ℳ; **b)** verloren, wenn der Eink. 48 ℳ, der Verk. 46,56 ℳ beträgt?

Lösung:

a) Gew. = 53,76 ℳ — 48 ℳ = 5,76 ℳ

ℳ Eink.	ℳ Gew.
48	5,76
100	?

$\frac{5{,}76 \cdot 100}{48} = 12$ ℳ, also **12 %**

b) Verl. = 48 ℳ — 46,56 ℳ = 1,44 ℳ

ℳ Eink.	ℳ Verl.
48	1,44
100	?

$\frac{1{,}44 \cdot 100}{48} = 3$ ℳ, also **3 %**

1) Wieviel % werden gewonnen: **a)** Eink. 65 ℳ, Verk. 68,90 ℳ; **b)** Eink. 240 ℳ, Verk. 272,40 ℳ; **c)** Eink. 354 ℳ, Verk. 384,09 ℳ?

2) Wieviel % werden verloren: **a)** Eink. 72 ℳ, Verk. 70,92 ℳ; **b)** Eink. 124,50 ℳ, Verk. 119,52 ℳ; **c)** Eink. 236,50 ℳ, Verk. 231,77 ℳ?

3) Im Einzelverkauf kostet das Pfund Kaffee 1,20 ℳ, bei Abnahme von 40 Pfund dagegen nur 1,14 ℳ; wieviel % werden in diesem Fall gewonnen?

4) Kaufmann N. bezieht 36 kg Tee für 273,60 ℳ; er verkauft das Pfund zu 4,75 ℳ; wieviel % gewinnt er?

5) Der Weinhändler S. kauft $15\frac{3}{5}$ hl Wein, das l zu 65 ₰, und verkauft den hl zu 97,50 ℳ; wie groß ist sein Gewinn in Prozenten?

6) Der Schneider E. bezieht 18 m Tuch, den m zu 7,50 ℳ, und nimmt dafür im ganzen 162 ℳ ein; wieviel % gewinnt er?

7) Das kg einer Ware wurde zu 3,60 ℳ eingekauft und mußte zu 3,42 ℳ verkauft werden; wieviel % betrug der Verlust?

8) Ein Tuchrest von 6,75 m wurde zu 64,80 ℳ mit einem Gewinn von 10,80 ℳ verkauft; wieviel % betrug der Gewinn?

9) Der Händler B. verkauft 65 z Kartoffeln, den z zu 2,90 ℳ; wieviel % gewinnt er, wenn er 156 ℳ für die Kartoffeln und 6,50 ℳ für Transportkosten und sonstige Auslagen ausgegeben hat?

10) Für 1 Pfund Wolle bezahlt man 2,60 ℳ, für 18 Pfund dagegen 43,20 ℳ; wieviel % werden in diesem Fall gewonnen?

11) Der Landwirt S. verkauft einen Vorrat Hafer für 248 ℳ; sein Nachbar erhält 4 Wochen später für ebensoviel Hafer 257,30 ℳ; um wieviel % verkauft dieser teurer?

12) Dem Gärtner N. wurden 48 ℳ für das Obst eines Baumes geboten; er verkaufte es aber nach dem Gewichte, den z zu 6,40 ℳ. Wieviel % gewann er, wenn der Baum 9,2 z Obst ergab?

b) Die Prozente sind gegeben.

Mündlich.

1) Berechne den Verk.: **a)** Eink. 25 ℳ, Gew. 12 %; **b)** Eink. 40 ℳ, Gew. 20 %; **c)** Eink. 1,50 ℳ, Gew. 20 %; **d)** Eink. 7,20 ℳ, Gew. 10 %; **e)** Eink. 250 ℳ, Gew. 8 %!

2) Berechne den Verk.: **a)** Eink. 10 ℳ, Verl. 5 %; **b)** Eink. 80 ℳ, Verl. 2 %; **c)** Eink. 250 ℳ, Verl. $1\frac{1}{2}$ %; **d)** Eink. 350 ℳ, Verl. $\frac{1}{2}$ %!

3) Wieviel beträgt der Eink. bei **a)** 55 ℳ Verk. und 10 % Gewinn; **b)** 30 ℳ Verk. und 20 % Gew.; **c)** 230 ℳ Verk. und 15 % Gew.; **d)** 45 ℳ Verk. und 10 % Verl.; **e)** 20 ℳ Verk. und 20 % Verl.; **f)** 24 ℳ Verk. und 4 % Verl.?

4) Der 1 %ige Gew. beträgt 3,40 ℳ, wieviel der 2-, 3-, 5-, 8-, 12-, 20-, 25 %ige Gewinn?

5) Wieviel beträgt der 1-, 2-, 4-, 5-, 10-, 20-, 25-, 50 %ige Gew. von 8 ℳ? Von 45 ℳ? 120 ℳ? Den wievielten Teil des Einkaufspreises beträgt der jeweilige Gewinn?

6) Berechne von 480 ℳ Eink. den $\frac{1}{2}$-, $2\frac{1}{2}$-, $3\frac{1}{3}$-, $6\frac{1}{4}$-, $6\frac{2}{3}$-, $8\frac{1}{3}$-, $12\frac{1}{2}$-, $16\frac{2}{3}$-, $33\frac{1}{3}$-, $66\frac{2}{3}$ %igen Gewinn! Den wievielten Teil des Einkaufs beträgt im einzelnen Falle der Gewinn?

7) Berechne den **a)** 4-, **b)** 5-, **c)** 6 %igen Gewinn von 275 ℳ Einkauf!

8) Das Pfund Butter kostet im Eink. 80 ₰; wie teuer muß es verkauft werden bei 20 % Gewinn?

9) Wieviel hat das Ei im Eink. gekostet, wenn es mit 40 % Gew. zu 7 ₰ verkauft wird?

10) Das kg Butter kostete im Sommer 1,80 ℳ, im Winter 20 % mehr; wieviel betrug der Preis im Winter?

11) 1 kg des ungebrannten Kaffees kostet 2,80 ℳ, 1 kg des gebrannten 25 % mehr; wieviel kostet der gebrannte Kaffee?

12) Der Landwirt A. verkauft den z Kartoffeln zu 3,20 ℳ, sein Nachbar B. um 10 % billiger; wie teuer verkauft B. die Kartoffeln?

13) Zu welchem Preis wurde 1 l Wein eingekauft, wenn 1 hl zu 70 ℳ mit 40 % Gew. verkauft wurde?

14) Kaufmann P. verkaufte den m Tuch zu 7,50 ℳ mit einem Gew. von 25 %; wieviel betrug der Einkauf?

15) Wie groß ist **a)** der Eink., **b)** der Verk. einer Ware, wenn der 20 %ige Verlust 360 ℳ beträgt?

16) Eine Eisenbahnfahrkarte dritter Klasse kostet 7,20 ℳ; wieviel muß bezahlt werden, wenn bei einem besonderen Anlasse eine Preisermäßigung von 50 % eintritt?

Schriftlich.

Aufg.: Eine Ware wird zu 230 ℳ eingekauft und mit einem Gew. von 15 % verkauft; wie groß ist **a)** der Gew., **b)** der Verk.?

Lösung:

I. a)

ℳ Eink.	ℳ Gew.
100	15
230	?

$\frac{15 \cdot 230}{100} = \underline{\underline{34{,}50\ ℳ}}$

b) Verk. = 230 ℳ + 34,50 ℳ = $\underline{\underline{264{,}50\ ℳ}}$

II. a) Gew. = 2,30 ℳ . 15 = $\underline{\underline{34{,}50\ ℳ}}$

b) Verk. = 230 ℳ + 34,50 ℳ = $\underline{\underline{264{,}50\ ℳ}}$

III.

ℳ Eink.	ℳ Verk.
100	115
230	?

$\frac{115 \cdot 230}{100} = \underline{\underline{264{,}50\ ℳ}}$

Aufg.: Der $8\frac{1}{2}$ %ige Gew. beträgt 62,90 ℳ; wie groß ist **a)** der Eink., **b)** der Verk.?

I. a)

ℳ Gew.	ℳ Eink.
8,5	100
62,90	?

$\frac{100 \cdot 62{,}90}{8{,}5} = \underline{\underline{740\ ℳ}}$

b) Verk. = 740 ℳ + 62,90 ℳ = $\underline{\underline{802{,}90\ ℳ}}$

II. a) Eink. = $\frac{62{,}90 \cdot 100}{8{,}5} = \underline{\underline{740\ ℳ}}$

b)

ℳ Gew.	ℳ Verk.
8,5	108,50
62,90	?

$\frac{108{,}50 \cdot 62{,}90}{8{,}5} = \underline{\underline{802{,}90\ ℳ}}$

Aufg.: Wie groß ist der Eink., wenn **a)** der Verk. 145 ℳ und der Gew. 16 %, **b)** der Verk. 133,28 ℳ und der Verl. 2 % beträgt?

a)

ℳ Verk.	ℳ Eink.
116	100
145	?

$\frac{100 \cdot 145}{116} = \underline{\underline{125\ ℳ}}$

b)

ℳ Verk.	ℳ Eink.
98	100
133,28	?

$\frac{100 \cdot 133{,}28}{98} = \underline{\underline{136\ ℳ}}$

1) Berechne den Verkauf: **a)** Eink. 48,50 ℳ, Gew. 6 %; **b)** Eink. 87,20 ℳ, Gew. $5\frac{1}{2}$ %; **c)** Eink. 94,80 ℳ, Gew. 8 %; **d)** Eink. 54 ℳ, Gew. $7\frac{3}{4}$ %; **e)** Eink. 384 ℳ, Gew. 12,25 %; **f)** Eink. 27,20 ℳ, Gew. 1,75 %; **g)** Eink. 82,50 ℳ, Gew. 2,6 %!

2) Wie groß ist der Verkauf, wenn der **a)** 12 %ige Gew. 56,40 ℳ; **b)** $8\frac{1}{2}$ %ige Gew. 62,90 ℳ; **c)** $7\frac{3}{4}$ %ige Gew. 71,30 ℳ beträgt?

3) Bestimme den Verkauf, wenn der a) 5 %ige Verl. 134,45 ℳ; b) 4½ %ige Verl. 37,89 ℳ; c) 3,5 %ige Verl. 66,85 ℳ beträgt!

4) Wie groß ist der Eink., wenn a) der Verk. 352 ℳ, der Gew. 10 %; b) der Verk. 275 ℳ, der Gew. 25 %; c) der Verk. 541,08 ℳ, der Gew. 8 % beträgt?

5) Wie groß ist der Eink., wenn der Verk. a) 3175,20 ℳ, der Verl. 2 %; b) 295,50 ℳ, der Verl. 1½ % beträgt?

6) Ein Makler verkauft ein Haus zu 27 850 ℳ und berechnet 1¼ % Provision; wieviel beträgt diese?

7) Wie groß ist a) der Eink., b) der Verk., wenn der 8¾ %ige Gew. 64,40 ℳ beträgt?

8) Wieviel beträgt a) der Eink., b) der Verk., wenn bei 12,5 % Gew. im ganzen 10,50 ℳ gewonnen werden?

9) Durch 4 %ige Spesen erhöhte sich die Einkaufssumme einer Ware auf 390,26 ℳ; wieviel betrug der Eink. ohne die Spesen?

10) Das Mobiliar eines Hauses war zu 9820 ℳ versichert; nach einem Brande wurden 65 % für verbrannte und beschädigte Möbel bezahlt. Wieviel betrug diese Summe?

11) Eine Kiste mit der Ware wiegt 120 kg, die Tara beträgt 5 %; 1 kg netto kostet im Eink. 1,25 ℳ. Wieviel beträgt a) die Einkaufssumme, b) der Verkaufspreis eines kg bei 18,4 % Gewinn?

12) 1¼ z Kaffee kosten 162,50 ℳ; wie teuer muß 1 kg verkauft werden, wenn der Kaufmann 25 % gewinnen will?

13) Bei einem Ausverkauf wird eine Ware 25 % unter dem früheren Preis abgesetzt. Wieviel hat sie früher gekostet, wenn sie jetzt mit 20,40 ℳ bezahlt wird?

14) Wieviel beträgt der Verk., wenn a) bei 8⅘ % Gew. im ganzen 37,40 ℳ gewonnen; b) bei 2,5 % Verl. 6,19 ℳ verloren werden?

15) In einer Fabrik stellten 320 Arbeiter, von denen jeder täglich 2,75 ℳ verdiente, die Arbeit ein, um einen Lohn von 3,20 ℳ zu erzielen. Nach Ablauf von 6 Wochen wurde ihr seitheriger Lohn um 12 % erhöht. a) Wieviel betrug der erhöhte Tagelohn; b) welche Summe haben sie zusammen verloren; c) wie lange müssen sie arbeiten, um den Verlust zu decken?

8. Vermischte Aufgaben.

Schriftlich.

1) Die Familie E. verbraucht in einem Jahre durchschnittlich 124,5 z Brennholz, den z zu 0,70 ℳ; wieviel könnte sie sparen, wenn 65 z Steinkohlen, der z zu 98 ₰ berechnet, ebensolang ausreichten?

2) Mageres Rindfleisch enthält etwa 19,5 % Eiweiß und 2,9 % Fett; wieviel Eiweiß und Fett sind in 15,4 kg magerem Rindfleisch enthalten?

3) Zu welchem Zinsfuß müssen 3500 ℳ ausgeliehen werden, die in derselben Zeit ebensoviel Zinsen bringen sollen wie 3850 ℳ zu 4 %?

4) Müller L. kaufte $48\frac{3}{4}$ dz Weizen, den dz zu 16,10 ℳ; $54\frac{1}{2}$ dz Korn, den dz zu 13,50 ℳ; $36\frac{4}{5}$ dz Gerste, den dz zu 14,80 ℳ; **a)** wieviel Getreide kaufte er im ganzen; **b)** wieviel hatte er zu bezahlen?

5) Der Landwirt N. hat sein Fruchtfeld gegen Hagelschlag mit 7840 ℳ versichert; **a)** wieviel betragen die jährlichen Prämien bei 1,2 %; **b)** wieviel wird vergütet, wenn der Schaden, den ein Hagelwetter anrichtet, 36 % der Versicherungssumme beträgt?

6) 1 kg Hammelfleisch kostet 1,20 ℳ, 1 kg Schweinefleisch 1,40 ℳ; **a)** um wieviel % ist das Hammelfleisch billiger als das Schweinefleisch; **b)** wieviel sollte das Schweinefleisch nur kosten, da das Hammelfleisch $1\frac{1}{3}$mal so großen Nährwert besitzt als Schweinefleisch?

7) Der Landwirt M. besitzt 4 Kühe, die durchschnittlich in einem Tage 33 l Milch geben; davon werden täglich 15 l, der l zu 16 ₰, verkauft. Außerdem kann M. wöchentlich $3\frac{1}{2}$ kg Butter, das kg zu 2,20 ℳ verkaufen; welche jährliche Einnahme erzielt er aus der Milchwirtschaft?

8) Bei einem Konkurse verloren die Gläubiger 62 % ihrer Forderungen; wieviel erhielt ein Gläubiger, der 8436 ℳ zu fordern hatte?

9) Kaufmann R. bezieht ein 250 kg schweres Faß getrockneter Weintrauben; wieviel ℳ Eingangszoll ist zu bezahlen, wenn 9 % Tara in Abzug kommen und 100 kg netto mit 8 ℳ verzollt werden?

10) A. trinkt täglich 3 Glas Bier, das Glas zu 12 ₰, B. dagegen nur 2 Glas; von welchem Kapital ist die jährliche Ersparnis des B. der $3\frac{1}{2}$ %ige Zins?

11) Der Beamte N. hat einen jährlichen Gehalt von 2400 ℳ; wieviel darf er wöchentlich ausgeben, wenn er im Jahr für Wohnung, Kleidung und Feuerung 642 ℳ braucht und außerdem zur Zahlung einer Lebensversicherungsprämie $3\frac{1}{2}$ % seines Gehalts erübrigen muß?

12) A. verkauft 72,6 m Tuch, den m zu 9,50 ℳ; **a)** wieviel beträgt der 5 %ige Rabatt; **b)** wieviel % werden gewonnen, wenn der m zu 8 ℳ eingekauft worden ist?

13) Aus 8 kg frischem Obst erhält der Landwirt O. durchschnittlich $2\frac{2}{5}$ kg Dörrobst; wieviel kg Dörrobst geben $\frac{3}{5}$ seiner ganzen Obsternte, die 64,5 z beträgt?

14) Wie groß war die vorjährige Heuernte des Landwirts P., wenn seine diesjährige 245 z ergab, die vorjährige aber um 24 % größer war?

15) Wie groß ist der Ertrag eines mit Tabak angebauten Ackers, wenn der Acker 48,5 a mißt, 4 a durchschnittlich 1,2 z Tabak liefern und der z zu 38,40 ℳ verkauft wird?

16) Wieviel Zins bringen: **a)** 760 ℳ Kap. zu $4\frac{1}{2}$ % in $2\frac{3}{4}$ J.; **b)** 820,50 ℳ zu 4 % in 8 Mon.; **c)** 12360 ℳ zu 5 % vom 1. Mai 1902 bis zum 15. Juni 1904?

17) Eine Bauersfrau kauft in einem Geschäft $8\frac{1}{2}$ m Tuch, den m zu 6,50 ℳ; sie gab 20 Pfund Butter dagegen und zahlte noch 33,25 ℳ. Zu welchem Preis wurde 1 Pfund Butter berechnet?

18) Zur Anlage von Abzugsgräben und zum Ausfüllen von tiefgelegenen Stellen einer sumpfigen Wiese hat R. 360 ℳ ausgegeben. Früher lieferte die Wiese im Durchschnitt 40 z Heu, den z zu 1,60 ℳ, jetzt dagegen 56 z besseres Heu, den z zu 2,30 ℳ. Berechne, zu wieviel % das aufgewandte Kapital sich verzinst!

19) Welches Schlachtgewicht hat ein Schwein, das lebend 245 Pfund wiegt, wenn auf 100 Pf. 79 Pf. Fleisch und Speck geschätzt werden?

20) Ein Familienvater raucht täglich durchschnittlich 3 Zigarren für 15 ₰; **a)** wieviel % seines Lohnes beträgt dies, wenn er jeden Tag 4 ℳ verdient; **b)** wie groß wäre seine Ersparnis innerhalb 15 Jahren, wenn er nicht rauchte?

9. Teilungs- und Gesellschaftsrechnung.

Jede Zahl läßt sich durch Dividieren in **gleiche Teile** zerlegen; sie kann aber auch **nach gewissen Verhältnissen**, die gegeben sind und bei Verteilung einer bestimmten Summe berücksichtigt werden müssen, in **ungleiche Teile** geteilt werden. Ist z. B. eine bestimmte Summe Geldes, **Haupt-** oder **Teilungssumme** genannt, als Lohn für geleistete Arbeit zu verteilen, so werden die Arbeiter nach ihren einzelnen **Leistungen** und ihren **Arbeitstagen** bezahlt. In gleicher Weise wird der bei einem gemeinsamen Geschäft erzielte Gewinn oder der entstandene Verlust auf die einzelnen Teilhaber ausgeschlagen. Die Höhe des Betrags richtet sich nach den Leistungen und nach dem Verhältnis der Beiträge bei Gründung des Geschäfts. Die Teile werden hier ungleich; derartige Rechnungen nennt man **Teilungs- und Gesellschaftsrechnungen.**

Teils mündlich, teils schriftlich.

Aufg.: **I.** A., B. und C. verteilen 46 ℳ so, daß B. 4 ℳ mehr erhält als A. und C. 2 ℳ mehr als B.; wieviel erhält jede Person?

II. A., B. und C. verteilen 135 ℳ so, daß A. 2 mal soviel als B. weniger 10 ℳ erhält, C. die Hälfte von A.; wieviel erhält jeder?

Lösung:

I. A. erhält 1 Anteil
B. „ 1 „ + 4 ℳ
C. „ 1 „ + 6 ℳ
3 Anteile + 10 ℳ = 46 ℳ
3 „ allein = 36 ℳ
1 Anteil = $\frac{36}{3}$ ℳ = 12 ℳ
A. erhält 12 ℳ, B. 16 ℳ, C. 18 ℳ

II. A. 2 Anteile — 10 ℳ
B. 1 Anteil
C. 1 „ — 5 ℳ
4 Anteile — 15 ℳ = 135 ℳ
4 „ = 135 ℳ + 15 ℳ = 150 ℳ
1 Anteil = $\frac{150}{4}$ ℳ = 37,50 ℳ
A. erhält 65 ℳ, B. 37,50 ℳ, C. 32,50 ℳ

1) 4 Personen teilen 2000 ℳ so, daß A. $\frac{1}{5}$, B. $\frac{1}{4}$, C. $\frac{3}{20}$ und D. den Rest erhält; wieviel erhält jede Person?

2) 4 Personen teilen zusammen 1100 ℳ so, daß A. 4, B. 5, C. 6, D. 7 Teile erhält; wieviel bekommt jeder?

3) A., B. und C. teilen 1800 ℳ so, daß A. zweimal soviel erhält als C., B. dreimal soviel als A.; wieviel erhält jeder?

4) A., B. und C. teilen eine Summe Geldes so, daß A. $\frac{1}{3}$ davon, B. $\frac{1}{4}$ und C. gerade 60 ℳ erhält; **a)** wieviel erhält ein jeder; **b)** wie groß ist die ganze Summe?

5) 3 Personen gaben zusammen auf einer Reise 156 ℳ aus; so oft A. 3 ℳ ausgab, brauchte B. 4 ℳ und C. 5 ℳ. Berechne die Ausgabe eines jeden!

6) Die Familien R. und S. machten zusammen einen Ausflug und bestritten nach dem Verhältnis der Kopfzahl die Ausgaben von 40 ℳ 50 ₰; die Familie R. zählte 4, die Familie S. 5 Köpfe. Wieviel bezahlte R.? Wieviel S.?

7) Für Ausbesserung eines Weges erhielten 3 Arbeiter zusammen 120,40 ℳ; wieviel bekam jeder, wenn A. 12, B. 15 und C. 16 Tage gearbeitet hatten?

8) Vier Fuhrleute bekamen für das Wegfahren eines Erdhaufens 151,25 ℳ; wieviel erhielt jeder, wenn A. 9-, B. 11-, C. 15-, D. 20mal gefahren waren?

9) A. und B. teilen 250 ℳ so, daß A. 70 ℳ mehr erhält als B.; wieviel erhält jeder?

10) 2 Arbeiter teilen 160 ℳ so, daß A. 40 ℳ weniger erhält als B.; wieviel bekommt A.? Wieviel B.?

11) A., B. und C. teilen 450 ℳ so, daß A. und B. je 60 ℳ mehr erhalten als C.; wieviel bekommt jeder?

12) Eine Erbschaft von 12600 ℳ ist unter 3 Geschwister so zu verteilen, daß, so oft die Schwester 200 ℳ erhält, jeder der beiden Brüder 100 ℳ bekommt; wieviel fällt der Schwester zu? Wieviel jedem Bruder?

13) 3 Kisten wiegen zusammen 520 kg; die erste wiegt 30 kg weniger als die zweite, die dritte 40 kg mehr als die erste. Wie schwer ist jede Kiste?

14) A., B. und C. beziehen zusammen einen Waggon Steinkohlen mit 350 z. A. nimmt $\frac{2}{5}$ davon, B. 30 z weniger als A., C. den Rest. Wieviel hat jeder zu bezahlen, wenn der z 1,05 ℳ kostet?

Aufg.: A., B., C. und D. gewinnen bei einem gemeinschaftlichen Unternehmen 2530 ℳ. Wieviel im Verhältnis zur Einlage erhielt jede Person, wenn A. 4000 ℳ, B. 5000 ℳ, C. 6000 ℳ, D. 8000 ℳ bei Beginn des Geschäfts eingelegt hatten?

Lösung und Schreibweise:

I. A. 4000 ℳ Einl.	**II.** A. erhält 4 Anteile des Gew.
B. 5000 ℳ "	B. " 5 " " "
C. 6000 ℳ "	C. " 6 " " "
D. 8000 ℳ "	D. " 8 " " "
Auf 23000 ℳ Einl. kommen 2530 ℳ Gew.	Auf 23 Ant. k. 2530 ℳ Gew.
" 1000 ℳ " " $\frac{2530}{23} = 110$ ℳ	" 1 " " $\frac{2530}{23}$ ℳ $= 110$ ℳ

A. gew. 440 ℳ, B. 550 ℳ, C. 660 ℳ, D. 880 ℳ

Aufg.: Bei einem Wegbau arbeitete A. 30 Tg. tägl. 8 Std., B. 35 Tg. tägl. 6 Std., C. 40 Tg. tägl. 7 Std.; wieviel Lohn erhielt jeder, wenn sie zus. 438 ℳ bekamen?

Lösung: Der Verdienst in 30 Tg. bei tägl. 8stündiger Arbeit ist gleich dem Verdienst in 30 . 8 = 240 Tg. bei tägl. 1stündiger Arbeit.

A. arb.	30 Tg.	tägl.	8 Std.	= 240 Tg.	tägl.	1 Std.
B. „	35 „	„	6 „	= 210 „	„	1 „
C. „	40 „	„	7 „	= 280 „	„	1 „

Auf 730 Tg. kommen 438 ℳ

„ 1 „ „ $\frac{438}{730}$ ℳ = 0,60 ℳ

A. erhielt 0,60 ℳ . 240 = 144 ℳ; B. 0,60 ℳ . 210 = 126 ℳ; C. 0,60 ℳ . 280 = 168 ℳ

---

15) Zwei Unternehmer haben einen Reingewinn von 4900 ℳ zu verzeichnen. Wieviel erhält A. mit 20000 ℳ, B. mit 15000 ℳ Einlage?

16) A. gibt zur Gründung eines Geschäfts 6000 ℳ, B. 8000 ℳ, C. 9000 ℳ. Nach Ablauf eines Jahres beträgt der Gewinn 15 % der Einlage; wieviel gewinnt jeder?

17) Eine Gesellschaft von 4 Personen kaufte ein Lotterielos für 21 ℳ; A. bezahlte $\frac{1}{4}$ davon, B. $\frac{1}{5}$, C. $\frac{3}{10}$, D. den Rest. Wieviel erhält jeder, wenn das Los mit 2000 ℳ Gewinn gezogen wurde?

18) Zwei Obsthändler kaufen gemeinsam Obst für 420 ℳ, wovon A. $\frac{2}{3}$, B. den Rest zu bezahlen hat. Infolge schlechten Wetters geht das Obst in Fäulnis über, so daß beim Verkauf $\frac{1}{5}$ der Einkaufssumme verloren wird. Welchen Schaden erleidet jeder, wenn man die Unkosten nicht mitrechnet?

19) 3 Dörfer haben nach dem Verhältnis ihrer Einwohnerzahl 5632 ℳ Kosten zu einem Straßenbau zu bezahlen; das Dorf A. zählt 1350, das Dorf B. 1480, das Dorf C. 1570 Einwohner. Wieviel hat jeder Ort zu bezahlen?

20) Bei einem Bankrott steht der Schuldenlast von 75000 ℳ ein Vermögen von 15000 ℳ gegenüber. Wieviel erhält jeder Gläubiger, wenn A. 20000 ℳ, B. 15000 ℳ, C. 24000 ℳ und D. 16000 ℳ zu fordern hat?

21) 5 Gemeinden bauen gemeinsam eine Brücke für 10800 ℳ, welche Summe sie nach dem Verhältnis ihrer Einwohnerzahl zu bezahlen haben. Wieviel hat jede Gemeinde zu entrichten, wenn das Dorf A. in abgerundeter Zahl 800, B. 900, C. 1000, D. 1200, E. 1500 Einwohner zählt?

22) Bei einem Straßenbau arbeiteten bei gleichem Tagelohn 12 Arbeiter 32 Tage, 15 Arb. 46 Tage, 18 Arb. 51 Tage lang. Wieviel verdiente jede Arbeitergruppe, wenn im ganzen 4780,80 ℳ bezahlt wurden?

23) Von 4 Kapitalien standen 5800 ℳ zu 4 %, 3600 ℳ zu $3\frac{1}{2}$ %, 2500 ℳ zu 5 %, 1600 ℳ zu $4\frac{1}{2}$ % aus; sie brachten nach einer bestimmten Zeit 1110 ℳ Zinsen ein. Wieviel Zins erhielt man von jedem einzelnen Kapital? Wie lange standen die Kapitalien aus?

24) 3 Kapitalien stehen bei gleichem Zinsfuß auf Zinsen aus und zwar: 800 ℳ 1 J. 6 Mon., 1200 ℳ 8 Mon. und 3000 ℳ 10 Mon. lang. Wieviel Zins bringt jedes Kapital, wenn der Gesamtzins sich auf 180 ℳ beläuft? Zu welchem Zinsfuß waren die Kapitalien ausgeliehen?

25) Von 3 gleichgroßen Kapitalien stand das erste zu $3\frac{1}{2}$ % 9 Mon., das zweite zu 4 % 8 Mon., das dritte zu $4\frac{1}{2}$ % 10 Mon. auf Zinsen; sie brachten zusammen 217 ℳ Zins ein. Wieviel Zins brachte jedes einzelne Kapital? Wie groß war das Kapital?

10. Mischungs- und Durchschnittsrechnung.

Feste oder flüssige Stoffe können nach bestimmten Verhältnissen gemischt werden. Edle Metalle werden selten rein oder unvermischt verarbeitet, in der Regel wird ein geringeres Metall zugesetzt; das Gold wird mit Silber oder Kupfer oder mit beiden Metallen vermischt (legiert). Das in der Mischung (Legierung) enthaltene reine Metall oder der **Feingehalt** der Münze wird **Korn** genannt, die legierte Masse heißt **Schrot**. Die deutschen Gold- und Silbermünzen enthalten unter **1000 Teilen Mischung 900 Teile feines Metall und 100 Teile Silber oder Kupfer.**

Auf Gold- und Silberwaren findet sich in der Regel ein Stempel, der angibt, wieviel Reingehalt in der betreffenden Legierung vorhanden ist.

Steht z. B. auf einem goldenen Uhrdeckel die Zahl 585 oder 0,585, so enthält die Mischung, aus der das Uhrgehäuse hergestellt ist, in 1000 Gewichtsteilen Mischung nur 585 Gewichtsteile feines Gold. Die Zahl in dem Stempel gibt also den Gehalt an edlem Metall an und wird auf 1000 bezogen.

Bei **Mischungen von Flüssigkeiten** oder löslichen Stoffen mit Wasser wird das Verhältnis der einzelnen Bestandteile zueinander oder **der Gehalt** (Wert, Güte, Gewicht, Menge) des betr. Stoffes in **Prozenten** angegeben. So versteht man z. B. unter 5 %igem Karbolwasser eine Flüssigkeit, die aus 95 Teilen Wasser und 5 Teilen Karbolsäure besteht. **90 %iger** Spiritus ist eine Mischung von **90 Teilen reinem Alkohol** und **10 Teilen Wasser.** Rechnungen, in denen gefordert wird, verschiedene Stoffe in einem gegebenen Zahlenverhältnis zu einer gewissen Menge zu mischen oder aus einer gegebenen Mischung die Bestandteile zu berechnen, heißen **Mischungsrechnungen**; wird dagegen nur der mittlere Gehalt oder der Durchschnittswert für eine bestimmte Menge gesucht, so nennt man die Aufgaben **Durchschnittsrechnungen.**

Teils mündlich, teils schriftlich.

Aufg.: Der Weinhändler S. mischt zu 5 l Wein der besseren Sorte 3 l der geringeren; wieviel von jeder Sorte nimmt er zu einer Mischung von 240 l Wein?

Lösung: I. Sorte 5 l
II. Sorte 3 l

8 l Misch. enth. 5 l I. und 3 l II. Sorte
1 l „ „ $\frac{5}{8}$ l I. und $\frac{3}{8}$ l II. „
240 l „ „ $\frac{5 \cdot 240}{8}$ l I. und $\frac{3 \cdot 240}{8}$ l II. Sorte
240 l „ „ 150 l I. und 90 l II. Sorte.

1) Der Müller S. mischt zu 5 kg Kornmehl 3 kg Gerstenmehl; wieviel kg von jeder Sorte befinden sich in **a)** 1,12 z; **b)** 2,40 z; **c)** 3,20 z der Mischung?

2) Die deutschen Silbermünzen bestehen aus 9 Teilen Silber und 1 Teil Kupfer; wieviel kg von jedem Metall befinden sich in **a)** 2700, **b)** 3600 Einmarkstücken, wenn aus 1 kg der Mischung 180 Markstücke geprägt werden?

3) Wieviel g feines Silber enthalten a) 1,8 kg, b) 2,4 kg Mischung, wenn zu 480 g Feinsilber 120 g Kupfer gemischt werden?

Der Feingehalt einer Mischung von Metallen wird in der Regel in der Weise bezeichnet, daß man bestimmt, wieviel feines Metall 1 g der Mischung enthält. Setzt man z. B. zu 630 g Feingold 70 g Kupfer oder Silber, so ist der Feingehalt der Mischung 630 : 700 = 0,9; 1 g der Mischung enthält also 0,9 g Feinsilber.

4) Wieviel kg Nickel und Kupfer enthalten a) 28 kg, b) 50 kg deutsche Nickelmünzen, wenn zu 3 Teilen Nickel 1 Teil Kupfer gemischt wird?

5) Die deutschen Kupfermünzen bestehen aus einer Legierung, die 95 Teile Kupfer, 4 Teile Zinn und 1 Teil Zink enthält; 1 kg der Mischung gibt 500 Einpfennigstücke oder 300 Zweipfennigstücke. Wieviel kg von jedem Metall enthalten a) 45 000 Einpfennigstücke, b) 36 000 Zweipfennigstücke?

1 kg feines Gold gibt 279 Kronen; 1 kg feines Silber 200 Einmarkst., 100 kg Nickel geben 400 ℳ in 5 ₰st. oder 300 ℳ in 10 ₰st.; 100 kg Kupfer 500 ℳ in 1 ₰st. oder 300 ℳ in 2 ₰st.

6) Zur Herstellung des gewöhnlichen Glases braucht man 15 Teile Quarzsand, 5 Teile Pottasche und 1 Teil Kreide; wieviel von jeder Masse befinden sich in 159,6 kg Glas?

7) Wieviel l reinen Spiritus enthält eine Mischung von a) 60 l 80 %-igem, b) 1,50 hl 70 %igem Spiritus?

8) Ein Wirt mischt zu je 8 l der besseren Weinsorte 4 l der geringeren; wieviel l jeder Sorte enthalten a) 60 l, b) 1,44 hl der Mischung?

Aufg.: Berechne den Durchschnittspreis von 1 kg einer Mischung, wenn unter 70 kg Mischung 30 kg, das kg zu 3,50 ℳ, 25 kg, das kg zu 3,92 ℳ, und 15 kg, das kg zu 4,20 ℳ, enthalten sind?

Lösung: 30 kg kosten 3,50 ℳ . 30 = 105 ℳ
25 kg „ 3,92 ℳ . 25 = 98 ℳ
15 kg „ 4,20 ℳ . 15 = 63 ℳ
70 kg kosten 266 ℳ
1 kg kostet $\frac{266}{70}$ ℳ = 3,80 ℳ

9) Ein Wirt mischt unter 5 l Wein, den l zu 92 ₰, 3 l Wein, den l zu 60 ₰; wieviel ist 1 l der Mischung wert?

10) Welchen Wert hat 1 l der Mischung, wenn man zu 20 l Wein, den l zu 1,20 ℳ, a) 4 l, b) 5 l Wasser schüttet?

11) Kaufmann M. mischt zu 150 kg Kaffee, das kg zu 2 ℳ, 50 kg einer besseren Sorte, das kg zu 2,60 ℳ; wieviel ist 1 kg der Mischung wert?

12) Zu je 8 l Essig werden $3\frac{1}{2}$ l Wasser gegossen; wieviel l Essig enthalten 25 hl 30 l der Mischung?

13) Der Bäcker O. mischt 3 Sorten Mehl und zwar 1 z Weizenmehl zu 17,50 ℳ, 1 z Roggenmehl zu 14,70 ℳ, 1 z Gerstenmehl zu 15,80 ℳ; wieviel ist 1 Pfund der Mischung wert?

14) Zum Einmachen von 4 kg Zwetschen braucht man 2,5 kg Zucker, 30 g Zimt, 15 g Nelken und 1,2 l Weinessig; wieviel von jedem Zusatz sind zu 0,36 z Zwetschen nötig?

15) Die Händlerin N. verkauft 20 große Eier, das Stück zu 6 ₰, und 30 kleine Eier, das Stück zu 5 ₰; berechne den Durchschnittspreis!

16) Der Obsthändler P. verkauft das Pfund Kirschen der besseren Sorte zu 20 ₰ und das Pfund der geringeren Sorte zu 16 ₰; wieviel beträgt der Durchschnittspreis?

17) R. gibt am ersten Tage seiner Reise 12,20 ℳ, am zweiten 16 ℳ und am dritten 10,80 ℳ aus; wieviel durchschnittlich in 1 Tage?

18) Der Taglöhner T. verdiente in einer Woche 13,20 ℳ, in der nächsten 15,60 ℳ und in der folgenden 16,20 ℳ; wie groß war der durchschnittliche Wochenverdienst?

19) 4 Personen unterstützen eine arme Familie; A. gab 2,40 ℳ, B. 3,80 ℳ, C. 4 ℳ, D. 5,60 ℳ. Wieviel gab durchschnittlich eine Person?

20) Von 3 gleichgroßen Kapitalien ist das eine zu 5 %, das andere zu $4\frac{1}{2}$ % und das dritte zu $4\frac{3}{4}$ % ausgeliehen; welches ist der durchschnittliche Zinsfuß?

21) Händler A. verkauft 3 Sorten Butter. Von der ersten Sorte kostet das Pfund 1,15 ℳ, von der zweiten 1 ℳ und von der dritten 97 ₰; wie groß ist der Durchschnittspreis?

22) Frau D. bezieht 35 m Leinwand, den m zu 95 ₰; 42 m, den m zu 1,05 ℳ; 50 m, den m zu 1,20 ℳ; wie hoch kommt 1 m durchschnittlich?

23) Auf einem Fruchtmarkte wurden 126 dz Gerste für 1764 ℳ, 85 dz für 1300,50 ℳ und 94 dz für 1316 ℳ verkauft; welcher Durchschnittspreis wurde erzielt?

24) Von 3 Sorten Kartoffeln werden 48 z, der z zu 3,40 ℳ; 54 z, der z zu 2,80 ℳ; 62 z, der z zu 2,20 ℳ verkauft; welchen Wert hat 1 z im Durchschnitt?

25) Der Fruchthändler F. mengt 30 dz Frucht, den z zu 7 ℳ; 20 dz, den z zu 8 ℳ, und 40 dz, den z zu 6,50 ℳ. Wie teuer muß 1 dz der Mischung verkauft werden, wenn er 20 % gewinnen will?

11. Vermischte Aufgaben.

Schriftlich.

1) Der Obsthändler K. verkauft den z Obst mit 25 % Gewinn zu 8 ℳ. Acht Tage später verkauft er den z zu 8,80 ℳ; wieviel % gewinnt er jetzt?

2) Der Landmann S. kauft den Klee eines Grundstücks für 80 ℳ; er erntet 60 z Heu und berechnet für Arbeits- und Fuhrlohn 25 ℳ. Wie groß ist der Gewinn, wenn der z Heu zu 2,80 ℳ angeschlagen wird?

3) N. hat **a)** 790,24 ℳ zu $4\frac{1}{2}$ % auf $\frac{3}{4}$ Jahre, **b)** 1570,50 ℳ zu 4 % auf 10 Monate ausgeliehen. Welche Summe erhält er mit den Zinsen zurück?

4) Dem Landwirt M., der 65 dz Heu zu verkaufen hat, werden im Herbst für den z 2,75 ℳ geboten; er verkauft aber erst im Frühjahr das Heu, den z zu 3,60 ℳ. Hat er gewonnen oder verloren, wenn das Heu 14 % seines Gewichts durch Eintrocknen verloren hat?

5) Ein rechteckiger Acker von 160 m Länge und 30 m Breite kostet 2160 ℳ; welchen Wert hat ein Acker von gleicher Güte, der nur 140 m lang und 20 m breit ist?

6) Der Bauunternehmer B. bezieht von einem Ziegler 35000 Backsteine, das Tausend zu 4,20 ℳ, ferner 12000 Ziegel, das Tausend zu 5,40 ℳ. Wieviel bezahlt er bar bei 4 % Rabatt?

7) Ein Holzstoß von 2,5 m Länge und 1,2 m Breite kostet 36,60 ℳ; welchen Wert hat ein gleichhoher Holzstoß von derselben Güte, wenn dieser 3,5 m lang und 2 m breit ist?

8) Ein Gemüsegarten, der seither zu 100,10 ℳ verpachtet war, rentierte zu $5\frac{1}{2}$ %; bestimme den Wert des Gartens! Wieviel beträgt die neue Pachtsumme, wenn sich jetzt das angelegte Kapital zu $6\frac{3}{4}$ % verzinst?

9) 3 Kaufleute bezogen zusammen 1 t 400 kg Ware; die Fracht und sonstige Unkosten betrugen 168 ℳ. Wieviel hatte jeder davon zu bezahlen, wenn A. 500 kg der Ware, B. 300 kg und C. den Rest bekam?

10) In einer Möbelfabrik kostet die Herstellung eines Schrankes 72 ℳ; wieviel % werden verdient, wenn der Schrank zu 96 ℳ verkauft wird?

11) 6 Arbeiter sollen eine Arbeit in 16 Tagen vollenden. In wieviel Tagen wird die Arbeit ausgeführt, wenn nach 4 Arbeitstagen 2 Arbeiter entlassen werden?

12) N. bezieht 84 z Steinkohlen, den z zu 1,10 ℳ. Wieviel kosten die Kohlen, wenn der Fuhrlohn für den z 6 ₰ und das Verbringen der Kohlen in den Keller für den z 4 ₰ beträgt; wieviel gewinnt der Kohlenhändler, wenn ihn 100 z Kohlen auf 85 ℳ zu stehen kommen?

13) Der Reisende R. verkauft an einem Tage 4 Stück Tuch, das Stück zu 16 m, den m zu 9,60 ℳ, und 5 Stück, das Stück zu 20 m, den m zu 8,25 ℳ. Wieviel verdient er bei 1,5 % Provision?

14) Metzger S. liefert wöchentlich in eine Kaserne 450 kg Ochsenfleisch, das kg zu 1,30 ℳ; 320 kg Hammelfleisch, das kg zu 1,10 ℳ; 280 kg Schweinefleisch, das kg zu 1,14 ℳ; wieviel nimmt er für das gelieferte Fleisch ein? Welches ist der Durchschnittspreis von 1 kg Fleisch?

15) Ein Acker, der 1860 ℳ gekostet hatte, trug im ersten Jahre 92 ℳ, im zweiten 104 ℳ, im dritten 83,50 ℳ, im vierten 112,30 ℳ ein; um wieviel übersteigt der durchschnittliche jährliche Ertrag den 4 %igen Zins des Kapitals?

16) Der Landwirt W. pachtete eine Wiese auf 3 Jahre für 180 ℳ; im ersten Jahre erntete er 48 z Heu und Grummet, im zweiten 34 z, im dritten 56 z. Welchen durchschnittlichen Wertertrag lieferte die Wiese in einem Jahre, wenn für 1 dz Heu in den einzelnen Jahren 6,80 ℳ; 7,20 ℳ; 6,50 ℳ gelöst wurden? Welchen Gewinn erzielte W., wenn er während der Pachtzeit an Arbeitslohn und sonstigen Kosten 65,20 ℳ ausgegeben hatte?

Die Raumlehre.

I. Formenlehre.

1. Die Raumgrößen im allgemeinen.

1) Nenne Gegenstände im Schulzimmer! Zeige die Länge der Tafel! Die Breite! Zeige die Breite und Länge einer Bank! Die Länge, Breite und Höhe des Schrankes! Die Länge, Breite und Höhe des Schulzimmers!

Alle Dinge, die einen Raum einnehmen, sind **Körper**. Jeder Körper hat **drei** Ausdehnungen: **Länge, Breite, Höhe.**

2) Zeige die Flächen, die das Schulzimmer begrenzen! Benenne diese Flächen! Zeige die Flächen des Schrankes! Die Flächen der Tafel! Zeige die Ausdehnungen der Tafelfläche!

Die Begrenzung eines Körpers heißt **Fläche**. Eine Fläche hat **zwei** Ausdehnungen: **Länge, Breite.**

3) Zeige am Schranke, wo zwei Flächen zusammenstoßen! Zeige, wo sich zwei Zimmerflächen treffen! Zeige zwei zusammenstoßende Flächen an einem Buch! Am Tische! Zeige die Richtung, in der eine Kante der Tafel gemessen werden kann!

Die Begrenzung einer Fläche heißt **Linie**. Eine Linie hat **eine** Ausdehnung, nämlich die **Länge.**

4) Zeige an der Tafel eine Linie, die von rechts nach links führt! Eine von links nach rechts! Von oben nach unten! Zeige die Endpunkte dieser Linien!

Die Begrenzung einer Linie heißt **Punkt**. Der Punkt hat **keine** Ausdehnung.

2. Die Linien nach Entstehung und Gestalt.

5) Bezeichne auf der Tafel zwei Punkte mit a und b! Fahre mit der Kreide von dem Punkte a nach dem Punkte b!

Eine Linie entsteht durch die Fortbewegung eines Punktes.

6) Bewege die Kreide von einem Punkte der Tafelfläche aus nach einer Richtung fort! Nun auch so, daß die Kreide bei ihrer Fortbewegung zwei verschiedene Richtungen einschlägt, aber jede Richtung eine Zeit lang beibehält! Nun so, daß sie fortwährend ihre Richtung ändert!

Eine **gerade Linie** entsteht, wenn ein Punkt bei seiner Fortbewegung nur eine Richtung einschlägt; verändert der Punkt fortwährend seine Richtung, so entsteht eine **krumme Linie.**

7) Verbinde zwei Punkte auf der Schultafel durch eine gerade Linie! Nun durch mehrere krumme Linien!

Die **Gerade** zwischen zwei Punkten ist immer der **kürzeste Weg**; jede andere Verbindung zwischen den beiden Punkten ist ein **Umweg.**

8) Zeichne auf die Tafel eine gerade Linie und bezeichne sie mit 2 lateinischen Buchstaben!

9) Zeichne 2 krumme Linien, die von oben nach unten führen!

3. Die Linien nach Richtung und Lage.

10) Zeichne eine gerade Linie, die **a)** von oben nach unten, **b)** von links nach rechts führt!

Bilde aus einem Faden und einem daran zu befestigenden Schlüssel ein Senkel oder Lot!

11) Zeige im Zimmer Kantenlinien, welche die Richtung eines ruhig herabhängenden Senkels oder Lotes haben! Welche haben die Richtung des Wagebalkens einer im Gleichgewicht befindlichen Wage? Zeige Linien am Tafelgestell oder an der Schultafel, die keine dieser beiden Richtungen haben!

Eine gerade Linie ist **a) senkrecht** (lotrecht, vertikal), wenn sie die Richtung eines in Ruhe befindlichen Senkels oder Lotes hat, **b) wagerecht** (wasserrecht, horizontal), wenn sie die Richtung des Wagebalkens einer im Gleichgewicht befindlichen Wage hat, **c) schräg** (schief, diagonal), wenn sie weder senkrecht noch wagerecht ist.

12) Zeichne auf die Schultafel verschiedene gerade Linien und gib ihre Richtungen an!

13) Zeichne eine gerade Linie und begrenze sie auf beiden Seiten!

14) Zeichne eine Gerade, die nur an einer Seite begrenzt ist!

Eine Gerade, die von 2 Punkten begrenzt wird, heißt **Strecke**; ist die Gerade nur an einer Seite begrenzt, so heißt sie **Strahl**.

15) Zeichne 2 Strecken in **a)** (zum unteren Tafelrand) senkrechter, **b)** wagerechter, **c)** schräger Richtung!

16) Zeichne von einem Punkte aus **a)** nach unten, **b)** nach oben 2 Strahlen!

17) Zeige an der Schultafel Linien, die in senkrechter Richtung überall gleichweit voneinander entfernt sind oder gleichen Abstand haben! Zeige Linien mit gleichem Abstande am Schranke! An der Bank! An einem Buche! An einem Heft!

Linien, die überall gleichweit von einander entfernt sind, so daß sie sich nicht schneiden, so weit man sie auch verlängert, sind **gleichlaufend** oder **parallel**.

18) Versuche parallele **a)** senkrechte, **b)** wagerechte, **c)** schräge, **d)** krumme Linien zu zeichnen!

19) Zeige am Schultafelgestell Linien, die sich nach der einen Seite nähern, nach der andern entfernen!

20) Zeichne 2 Linien, die nach der einen Seite aufeinander zulaufen, nach der andern Seite auseinander gehen!

4. Die Linien nach Länge. Der verjüngte Maßstab.

21) Gib die Längenmaße an, wie sie ihrer Größe nach aufeinander folgen! Wieviel cm hat 1 m? Wieviel mm? Wieviel m hat 1 km? Wieviel cm? mm?

22) Zeige am Meterstabe 3 dm! 45 cm! 200 mm!

23) Schätze die Länge und Breite des Tisches! Die Breite und Höhe der Türe! Die Länge und Breite des Schulzimmers! Miß nach!

24) Miß die Länge und Breite der Schultafel!

25) Wie verwandelt man **a)** m in cm; **b)** m in mm; **c)** km in m; **d)** mm in m; **e)** cm in km; **f)** mm in km?

26) Verwandle **a)** in m: 8 km; 12,4 km; 25,280 km; **b)** in cm: 3 m; 5,9 m; 34,78 m; **c)** in mm: 9 m; 3,6 m; 25,28 m; 29,48 m; 63,459 m!

27) Verwandle **a)** in m: 725 cm; 3840 mm; 26930 mm; **b)** in km: 2490 m; 37 690 m; 463 215 m!

28) Schreibe **a)** in m an: 386 cm; 4509 cm; 8456 mm; 19 308 mm; **b)** in km: 3450 m; 14 795 m; 861 243 m!

29) Wieviel km und m sind: **a)** 9,8 km; **b)** 27,36 km; **c)** 126,004 km; **d)** 341,560 km?

30) Wieviel m und cm sind: **a)** 2,6 m; **b)** 13,80 m; **c)** 249,75 m?

31) Zeichne Strecken von **a)** 3 dm, **b)** 5 dm, **c)** 7,5 dm Länge!

32) Zeichne eine Strecke, die 10 mal so klein ist als 1 m! 20 mal so klein als 3 m! 50 mal so klein als 6 m! 300 mal so klein als 18 m!

33) Stelle eine Strecke von 120 m wirklicher Länge im **a)** 300=, **b)** 500=fach **verkleinerten** oder **verjüngten Maßstab** dar!

34) Zeichne **a)** die Länge und Breite des Schulzimmers, **b)** die Länge und Höhe einer Seitenwand im 100fach verjüngten Maßstabe (1 : 100)!

35) Die Länge der Zeichnung des Grundrisses eines Hauses im 150fach verjüngten Maßstabe (1 : 150) beträgt 16 cm, die Breite 10 cm; bestimme die wirkliche Länge und Breite des Hauses!

36) Der Unterschied zweier im 500fach verjüngten Maßstabe gezeichneten Strecken beträgt 15 cm; wie groß ist er in Wirklichkeit?

37) Bestimme die wirkliche Entfernung folgender Städte in der Luftlinie nach der Karte von Deutschland: **a)** Darmstadt und Berlin, **b)** Mainz und München, **c)** Karlsruhe und Hamburg, **d)** Basel und Königsberg!

38) Bestimme die Entfernung dieser Städte auch nach der Karte von Europa!

5. Die Winkel.

39) Zeige die Schultafelfläche! Nun einen Teil davon zwischen zwei zusammenstoßenden Kantenlinien! Zeige Flächenteile der Türe zwischen zwei in einem Punkte sich treffenden Linien! Ebenso am Schrank! An der Bank!

40) Zeichne zwei gerade Linien, die sich in einem Punkte treffen!

Ein Winkel entsteht, wenn sich zwei Linien in einem Punkte treffen!

41) Betrachte die zusammengelegten Arme oder Schenkel des Zirkels als eine gerade Linie und bewege den einen Arm aufwärts! Zeige den Punkt, um den sich der Arm bei der Bewegung gedreht hat! Zeige den Unterschied der Richtungen beider Arme, d. h. den Winkel, den die beiden Schenkel des Zirkels bilden!

*

42) Ziehe von irgend einem Punkte aus zwei Strahlen! Zeige den Richtungsunterschied beider Strahlen, d. h. den von ihnen gebildeten Winkel!

An einem Winkel unterscheidet man **zwei Schenkel** und **einen Scheitelpunkt.** Das nach einer Seite unbegrenzte Flächenstück zwischen den Schenkeln heißt **Winkelebene.** Die **Größe des Winkels** hängt **nicht** von der **Länge der Schenkel** ab.

43) Stelle mit den Zirkelarmen einen kleinen Winkel dar! Nun einen größeren! Lege den einen Zirkelarm wagerecht, stelle den anderen Arm senkrecht darauf! Richte es so ein, daß die beiden Arme in einer Geraden, aber nach entgegengesetzter Richtung liegen!

44) Zeichne auf die Tafel Winkel von verschiedener Größe und beschreibe mit dem Zirkel um den Scheitelpunkt jedes Winkels herum einen Kreis! Bezeichne jeden der Winkel mit 3 lateinischen Buchstaben und lies die Bezeichnung so, daß der Buchstabe am Scheitelpunkt in die Mitte zu stehen kommt!

Ein **rechter Winkel** umfaßt einen Viertelkreis, ein **gestreckter** einen Halbkreis, ein **voller** einen ganzen Kreis; ein **spitzer Winkel** ist kleiner als ein rechter Winkel, ein **stumpfer** dagegen größer, aber kleiner als ein gestreckter Winkel; ein **erhabener** oder **konvexer** Winkel ist größer als ein gestreckter Winkel.

45) Zeichne **a)** 2 rechte Winkel, **b)** 2 spitze Winkel, **c)** 2 stumpfe Winkel, **d)** 2 konvexe Winkel!

46) Wann bilden Stunden- und Minutenzeiger einer Uhr einen **a)** rechten **b)** gestreckten, **c)** spitzen, **d)** stumpfen, **e)** konvexen Winkel?

6. Messen der Winkel.

Um die Größe eines Winkels bestimmen zu können, hat man den Kreis in 360 **gleiche Teile** oder **Grade** eingeteilt. Wieviel Grade umfaßt also **a)** ein **voller, b)** ein **gestreckter, c)** ein **rechter** Winkel? Zum Messen der Winkel benutzt man den **Winkelmesser** oder Transporteur, der einen Halbkreis darstellt, dessen Enden durch ein Lineal (Papierstreifen usw.), in dem der Mittelpunkt des Kreises angegeben ist, miteinander verbunden sind. Der Halbkreis ist in **180 Grade** eingeteilt. Beim Messen eines Winkels legt man den Winkelmesser so an, daß der Mittelpunkt des Halbkreises auf den Scheitelpunkt des Winkels, der eine der beiden Schenkel in die Halbkreisfläche und der Halbmesser genau auf den anderen Schenkel zu liegen kommt. Der in der Halbkreisfläche liegende Schenkel zeigt am Winkelmesser die Größe des Winkels in Graden an.

Winkelzeichen: ∡; Gradezeichen: °

47) Zeichne verschiedene Winkel und benenne jeden durch drei lateinische Buchstaben! Miß die Winkel mit dem Winkelmesser und schreibe die Anzahl der Grade in die Winkelöffnung!

48) Zeichne Winkel von 50°, 110°, 140°, 230°!

49) Von 2 Winkeln mißt der eine 40°, der andere 100°; zeichne einen Winkel, der **a)** die Summe, **b)** den Unterschied beider Winkel angibt!

50) Zeichne auf die Tafel Winkel von 80° und 130°! Beschreibe mit gleicher Zirkelöffnung Bogen zwischen den Schenkeln jedes Winkels! Zeichne einen Winkel, dessen Bogen die Bogen beider Winkel umfaßt!

51) Zeichne einen Winkel von 70°! Nun mit Hilfe des Zirkels einen Winkel, der 3 mal so groß ist!

52) Zerlege mit dem Winkelmesser einen Winkel von 160° in **a)** 2, **b)** 4 gleiche Teile!

7. Neben- und Scheitelwinkel.

53) Zeichne einen spitzen Winkel! Verlängere den einen Schenkel über den Scheitelpunkt hinaus! Miß die entstandenen Winkel und schreibe die Anzahl der Grade ein!

Nebenwinkel haben einen **gemeinsamen Scheitelpunkt und Schenkel**, die nicht gemeinschaftlichen Schenkel bilden eine Gerade; Nebenwinkel betragen zusammen **180°** oder 2 R.

54) Zeichne auf die Tafel eine Gerade! Nun auf einen Punkt dieser Geraden, aber nicht auf einen Endpunkt, eine andere Gerade! Was für Winkel sind entstanden?

55) Zeichne den Nebenwinkel zu einem Winkel von 50°! Von 70°! 110°!

56) Zeige im Zimmer Nebenwinkel und schätze ihre Größe!

57) Zeichne einen beliebig großen Winkel auf die Tafel! Verlängere die beiden Schenkel über den Scheitelpunkt hinaus, miß die nun einander gegenüberliegenden Winkel und schreibe die Anzahl der Grade ein!

58) Zeichne Nebenwinkel und verlängere den gemeinsamen Schenkel über den Scheitelpunkt hinaus! Bestimme die Größe der entstandenen Winkel!

Scheitelwinkel haben einen **gemeinsamen Scheitelpunkt**; ihre Schenkel haben entgegengesetzte Richtung und bilden eine Gerade. Scheitelwinkel sind **einander gleich**.

59) Bilde mit 2 Linealen **a)** spitze, **b)** stumpfe, **c)** rechte, **d)** gestreckte, **e)** erhabene Winkel! Stelle Nebenwinkel dar! Scheitelwinkel!

60) Stelle Scheitelwinkel dar, indem du eine Gerade durch eine andere Gerade schneidest!

61) Zeichne zu einem Winkel von **a)** 30°, **b)** 70°, **c)** 90°, **d)** 120° den entsprechenden Scheitelwinkel!

62) Zeichne Scheitelwinkel, die zusammen **a)** 140°, **b)** 160°, **c)** 210° messen!

8. Gegen- und Wechselwinkel.

63) Ziehe zu einer Geraden eine Parallele! Nun eine andere Gerade, welche die beiden Parallelen schiefwinklig durchschneidet! Bezeichne alle Winkel durch lateinische Buchstaben! Miß die Winkel und schreibe die Anzahl der Grade ein!

64) Nenne die in der Zeichnung (Nr. 63) entstandenen spitzen Winkel! Die stumpfen Winkel! Nenne Nebenwinkel! Scheitelwinkel!

65) Nenne Winkelpaare, die auf einer und derselben Seite der schneidenden Geraden liegen, aber nicht Nebenwinkel sind! Nun auch Winkelpaare, die auf beiden Seiten der Schneidenden liegen, aber nicht Scheitelwinkel sind!

Gegenwinkel liegen auf **einer Seite** der schneidenden Geraden an beiden Schnittpunkten der Parallelen, **Wechselwinkel** auf **beiden Seiten**.

66) Nenne Gegenwinkel, die **a)** innerhalb, **b)** außerhalb der beiden Parallelen liegen!

67) Gib **a)** die innerhalb, **b)** die außerhalb liegenden Wechselwinkel an!

68) Gib Gegenwinkel an, von denen der eine Winkel innerhalb, der andere außerhalb der Parallelen liegt! Ebensolche Wechselwinkel!

69) Gib an, welche Winkelpaare **a)** einander gleich sind, **b)** zusammen 2 R bilden!

70) Versuche mit 3 Linealen Gegen- und Wechselwinkel darzustellen!

71) Zeichne Gegen- und Wechselwinkel, bezeichne alle Winkel durch Buchstaben und schreibe die Neben- und Scheitelwinkel, die Gegen- und Wechselwinkel untereinander!

72) Schreibe die Winkelpaare untereinander, die **a)** einander gleich sind, **b)** zusammen 2 R bilden!

9. Einteilung der Dreiecke nach den Seiten.

73) Zeichne 3 Punkte auf die Tafel, die nicht in einer geraden Linie liegen! Verbinde sie durch Geraden! Wie nennt man das eingeschlossene Stück der Ebene? Wieviel Ecken hat das Dreieck? Wieviel Winkel? Wieviel Seiten?

Ein Dreieck mit **drei gleichen Seiten** ist ein **gleichseitiges Dreieck.**

74) Zeichne mit Hilfe des Zirkels auf die Schultafel ein gleichseitiges Dreieck von **a)** 20 cm, **b)** 40 cm, **c)** 60 cm Seitenlänge!

75) Zeichne ein gleichseitiges Dreieck, dessen Umfang 90 cm beträgt!

76) Versuche aus Papier ein Dreieck zu schneiden, in dem nur zwei Seiten einander gleich sind! Miß die Winkel in diesem Dreieck!

Ein Dreieck mit **zwei gleichen Seiten** ist ein **gleichschenkliges Dreieck;** die dritte, den andern nicht gleiche Seite heißt **Grundlinie** oder **Basis.** Die **Winkel** an der Basis sind **gleich groß.**

77) Zeichne ein gleichschenkliges Dreieck, dessen Grundlinie 3 dm und dessen Seitenlinie oder Schenkel 5 dm mißt!

78) Zeichne ein gleichschenkliges Dreieck, dessen Grundlinie 8 cm mißt; die beiden Winkel an der Grundlinie sollen zusammen 150° betragen!

79) Zeichne ein Dreieck, in dem keine Seite der anderen gleich ist! Miß die Seiten und schreibe die Maßzahlen ein!

Ein Dreieck mit **drei ungleichen Seiten** ist ein **ungleichseitiges Dreieck.**

10. Einteilung der Dreiecke nach den Winkeln.

80) Zeichne auf die Schultafel zwei gleichseitige Dreiecke von verschiedener Größe! Schätze die Größe aller Winkel! Miß nach und schreibe die Anzahl der Grade ein!

81) Zeichne zwei gleichschenklige Dreiecke, in dem nur spitze Winkel vorkommen!

Ein Dreieck mit **drei spitzen Winkeln** ist ein **spitzwinkliges Dreieck.** Im gleichseitigen Dreieck ist jeder Winkel 60° groß.

82) Versuche aus Papier ein Dreieck zu schneiden, in dem ein rechter Winkel vorkommt! Bestimme die Größe seiner Seiten und Winkel!

83) Zerlege die Tafelfläche durch eine Diagonale, d. i. eine Gerade, die zwei einander gegenüberliegende Eckpunkte verbindet, in zwei Dreiecke! Miß die Winkel jedes Dreiecks und schreibe die Anzahl der Grade ein!

Ein Dreieck, in dem ein **rechter Winkel** vorkommt, ist ein **rechtwinkliges Dreieck.**

84) Zeichne ein rechtwinkliges Dreieck auf die Tafel! Zeige die beiden **Katheten**, d. h. die Seiten, die den rechten Winkel bilden! Zeige die **Hypotenuse**, d. i. die Seite, die dem rechten Winkel gegenüberliegt!

85) Zeichne ein rechtwinkliges Dreieck, dessen eine Kathete 4 dm und dessen andere 6 dm mißt!

86) Zeichne ein rechtwinkliges Dreieck, dessen Katheten gleich groß sind! Bestimme dieses Dreieck nach Seiten und Winkeln zugleich!

87) Miß in dem entstandenen Dreieck (Nr. 86) die beiden spitzen Winkel und schreibe die Grade ein!

88) Zeichne ein Dreieck, das einen stumpfen Winkel hat! Schätze die Größe aller Winkel! Miß nach und schreibe die Anzahl der Grade ein!

Ein Dreieck mit einem **stumpfen Winkel** ist ein **stumpfwinkliges Dreieck.**

89) Zeichne **a)** ein spitzwinklig-gleichschenkliges, **b)** ein rechtwinklig-gleichschenkliges, **c)** ein stumpfwinklig-gleichschenkliges Dreieck!

90) Zeichne auf die Tafel ein spitz-, ein stumpf- und ein rechtwinkliges Dreieck und fälle von der Spitze auf die Grundlinie jedes Dreiecks die Höhenlinie!

11. Quadrat und Rechteck.

91) Betrachte eine Fläche des Würfels! Wieviel Ecken hat sie? Wieviel Winkel? Wieviel Seiten? Bestimme die Größe der Winkel! Vergleiche die Seiten nach ihrer Größe unter einander!

92) Bestimme die Länge der Seiten der Schultafel! Ebenso die Größe ihrer Winkel!

93) Lege ein Schreibheft auf die Tafel und umfahre den Rand mit Kreide! Miß die Seiten und bestimme die Winkel der entstandenen Figur!

Ein Viereck mit **gleichen Seiten und 4 rechten Winkeln** heißt **Quadrat;** ein Viereck mit **zwei Paar gleichen gegenüberliegenden Seiten und 4 rechten Winkeln** heißt **Rechteck.**

94) Zeichne ein Quadrat, dessen Seite **a)** 30 cm, **b)** 40 cm, **c)** 55 cm, **d)** 60 cm mißt!

95) Zeichne ein Quadrat von **a)** 5 m, **b)** 7 m Seitenlänge im 10fach verjüngten Maßstab, d. h. jede Seite 10mal so klein, als sie in Wirklichkeit ist!

96) Zeichne ein Rechteck, dessen Grundlinie 65 cm und dessen Höhe 32 cm mißt!

97) Ein rechteckiger Bauplatz ist 18 m lang und 10 m breit; zeichne ihn im 200fach verjüngten Maßstab!

12. Raute und Schiefeck.

98) Stelle mit Hilfe des zusammenlegbaren Zentimeterstabs (Zollstabs) ein Quadrat her! Drücke das Quadrat schief, doch so, daß die gegenüberliegenden Seiten parallel bleiben! Vergleiche das entstandene Viereck mit dem Quadrat, aus dem es hervorgegangen ist, nach Seiten und Winkeln!

99) Stelle mit dem Zentimeterstab ein Rechteck her! Versuche dieses Rechteck schief zu drücken, aber so, daß die gegenüberliegenden Seiten

ebenfalls parallel bleiben! Vergleiche das entstandene Viereck nach Seiten und Winkeln mit dem Rechteck!

Alle Vierecke, in denen je zwei gegenüberliegende Seiten miteinander parallel laufen, heißen **Parallelogramme.** Es gibt **recht-** und **schiefwinklige** Parallelogramme. Das schiefwinklige Parallelogramm mit **gleichen** Seiten heißt **Raute** (Rhombus); das **ungleichseitige** schiefwinklige Parallelogramm heißt **Schiefeck** (Rhomboid).

100) Gib die rechtwinkligen Parallelogramme an! Die schiefwinkligen! Die gleichseitigen! Die ungleichseitigen!

101) Bestimme jedes Parallelogramm nach Winkeln und Seiten!

102) Zeichne auf die Tafel ein Quadrat mit 25 cm Seitenlänge!

103) Zeichne eine Raute mit 25 cm Seitenlänge; je einer der beiden spitzen Winkel betrage 60 ^{0}!

104) Zeichne die 4 Arten von Parallelogrammen und verbinde in jedem Parallelogramm die gegenüberliegenden Eckpunkte miteinander durch Diagonalen! Miß in jedem Parallelogramm die Diagonalen aus! Ebenso die Teile der sich schneidenden Diagonalen! Bestimme die Größe der Winkel an dem Schnittpunkte der Diagonalen und schreibe die Anzahl der Grade ein!

13. Trapez und unregelmäßiges Viereck.

105) Schneide aus Papier ein Dreieck! Stelle nun daraus ein Viereck her, indem du durch einen zur Grundlinie parallelen Schnitt die Spitze des Dreiecks entfernst!

Ein Viereck mit **einem Paar paralleler Seiten** heißt **Trapez;** ein Viereck, das **keine parallelen Seiten** hat, wird **unregelmäßiges Viereck** (Trapezoid) genannt.

106) Zeichne alle Arten von Vierecken, miß die Winkel jedes Vierecks und schreibe die Anzahl der Grade ein!

Die Winkel eines Vierecks betragen zusammen 360° oder 4 R.

14. Das Vieleck.

107) Schneide aus Papier ein Stück heraus, das von mehr als vier Seiten begrenzt ist! Versuche auf die Tafel eine Figur zu zeichnen, die **a)** 5 Seiten, **b)** 6 Seiten hat!

Alle geradlinigen Figuren mit **mehr als 4 Seiten** heißen **Vielecke** (Polygone). **Regelmäßige Vielecke** haben gleiche Seiten und gleiche Winkel.

108) Zeichne in das Heft Vier- und Vielecke und zerlege sie durch Diagonalen in Dreiecke!

15. Der Kreis.

109) Befestige an einer Schnur ein Stück Kreide, halte das eine Ende der Schnur auf der Tafel fest, spanne die Schnur an und beschreibe mit der Kreide einen Kreis!

110) Bezeichne auf der Tafel einen Punkt, setze den Zirkelfuß in dem Punkte ein und begrenze einen Teil der Tafelfläche durch eine Kreislinie!

Die Fläche, die von einer **Kreislinie** (Kreisumfang, Peripherie) begrenzt wird, heißt **Kreisfläche;** der Punkt in der Mitte der Kreisfläche wird **Mittelpunkt** oder **Zentrum** genannt.

111) Zeichne einen Kreis auf die Tafel! Verbinde den Mittelpunkt mit einem Punkt der Kreislinie durch eine Gerade! Nun 2 Punkte der Kreislinie durch eine Gerade! Eine andere Gerade soll die Kreislinie **a)** in 2 Punkten schneiden, **b)** nur in einem Punkte außerhalb der Kreisfläche berühren!

Ein **Halbmesser** oder **Radius** ist eine Gerade im Kreise, die den Mittelpunkt des Kreises mit der Kreislinie verbindet. Eine **Sehne** verbindet 2 Punkte der Kreislinie; die **größte** Sehne führt durch den Mittelpunkt und heißt **Durchmesser**. Eine **Schneidelinie** schneidet die Kreislinie in 2 Punkten, eine **Berührungslinie** berührt sie in einem Punkte außerhalb der Kreisfläche.

112) Zeichne einen Kreis und begrenze einen Teil der Kreisfläche durch 2 Halbmesser und einen Kreisbogen! Schneide einen Teil durch eine Sehne ab!

Ein Teil der Kreisfläche zwischen zwei Halbmessern und einem Kreisbogen heißt **Kreisausschnitt**; ein Teil zwischen einer Sehne und einem Kreisbogen wird **Kreisabschnitt** genannt.

113) Zeichne im Kreis 2 Durchmesser, die sich rechtwinklig schneiden! Verbinde die Endpunkte der Durchmesser miteinander durch gerade Linien! Welches regelmäßige Vieleck hast du erhalten?

114) Zeichne in einem Kreis Halbmesser unter Winkeln (Zentriwinkeln) von je 72° ein! Verbinde die Endpunkte der benachbarten Halbmesser miteinander durch gerade Linien! Was für ein Vieleck ist entstanden?

115) Zeichne einen Kreis, trage den Halbmesser auf der Kreislinie ab und verbinde die benachbarten Teilpunkte miteinander durch gerade Linien!

116) Miß mit einer Schnur den Durchmesser und den Umfang des Ofenrohrs und bestimme am Maßstab genau ihre Länge! Vervielfache die Länge des Durchmessers mit 3,14!

Der **Umfang** eines Kreises ist **3,14 mal so groß wie der Durchmesser.**

117) Wie groß ist die Kreislinie, wenn der Durchmesser **a)** 2 m; **b)** 4 m; **c)** 5,6 m; **d)** 7,75 m beträgt?

118) Eine Kreislinie mißt **a)** 2,512 m, **b)** 4,710 m; wie groß ist der Durchmesser?

119) Am Äquator beträgt der Umfang der Erde 40 070 km; wie groß ist ihr Durchmesser?

120) Zeichne auf die Tafel 2 Kreise mit demselben Mittelpunkte, deren Halbmesser 20 cm und 30 cm betragen!

Kreise mit demselben Mittelpunkte sind **konzentrische Kreise**! Die Fläche zwischen den beiden Kreislinien heißt **Kreisring**.

121) Zeichne konzentrische Kreise, deren Durchmesser **a)** 30 cm und 40 cm, **b)** 52 cm und 64 cm betragen!

122) Zeichne konzentrische Kreise, deren Kreislinien 10,99 dm und 14,13 dm betragen!

16. Die Ellipse.

123) Schneide eine walzenförmige Rübe schräg durch, suche nach dem Augenmaß den Mittelpunkt der Schnittfläche und bestimme mit dem Maßstab deren Länge und Breite!

124) Versuche aus freier Hand eine der Schnittfläche (Nr. 123) ähnliche Figur auf die Tafel zu zeichnen! Verbinde die 2 Punkte der krummen Linie, deren Abstand am größten ist, durch eine gerade Linie! Lege durch die Mitte dieser Linie eine senkrechte Linie! Bestimme die Länge beider Linien und den Umfang!

Eine länglichrunde, dem Kreise ähnliche Figur heißt **Ellipse**; die beiden im Mittelpunkte rechtwinklig einander schneidenden Geraden, die die Ellipse in 4 gleiche Teile teilen, heißen **große und kleine Achse** (Längen- und Breitenachse). Den Umfang einer Ellipse findet man annähernd, wenn man die **halbe Summe der Maßzahlen beider Achsen mit 3,14 vervielfacht.**

125) Welchen Umfang hat eine elliptische Tischplatte, die 1,60 m lang und 1,20 m breit ist?

II. Flächenberechnung.

17. Die Flächenmaße.

Zum Ausmessen von Flächen dienen die Flächenmaße. Es sind Quadrate, die ihrer Größe nach bekannt sind. Die Einheit der Flächenmaße bildet der **Quadratmeter (qm)**, d. i. ein Quadrat, dessen Seite 1 m mißt. Die kleineren Quadrate heißen: **Quadratdezimeter (qdm), Quadratzentimeter (qcm)** und **Quadratmillimeter (qmm).** Größere Flächenmaße sind: **Ar (a)** (Quadratdekameter), **Hektar (ha)** (Quadrathektometer) und **Quadratkilometer (qkm).**

1 qm = 100 qdm; 1 qdm = 100 qcm; 1 qcm = 100 qmm;
1 a = 100 qm; 1 ha = 100 a; 1 qkm = 100 ha.

1) Zeichne einen qdm, teile ihn in qcm ein und numeriere die qcm!

2) Zeichne auf den Zimmerboden oder, wenn möglich, auf die Schultafel 1 qm und teile ihn in qdm ein!

3) Stecke im Schulhofe ein a ab!

4) Verwandle **a)** in qdm: 8 qm; 12,4 qm; 32,68 qm; **b)** in qcm: 5 qdm; 12 qdm; 34,08 qdm; 85,96 qdm!

5) Wieviel qm und qdm sind 706 qdm? 2504 qdm? 37065 qdm?

6) Verwandle in qm: **a)** 3,76 a; **b)** 15,82 a; **c)** 4,70 ha!

7) Verwandle **a)** in a: 4 ha; 2,3 ha; 8,32 ha; **b)** in qm: 2 a; 9,6 a; 15,28 a!

8) Schreibe **a)** als qm: 7 qm 9 qdm; 25 qm 80 qdm; 4 qm 95 qcm; **b)** als a: 3 a 15 qm; 46 a 92 qm; 92 a 7 qm; **c)** als ha: 5 ha 4 a; 38 ha 50 a; 72 ha 65 qm; 9 ha 8 a 42 qm!

18. Das Quadrat.

9) Gib die einzelnen Flächenmaße an, wie sie ihrer Größe nach aufeinander folgen! Umfahre mit der Hand ein Flächenstück der Wand, das etwa 1 qm groß ist!

10) Bestimme den Umfang eines Quadrats, dessen Seite **a)** 0,8 m; **b)** 1,6 m; **c)** 2,35 m beträgt!

11) Ein quadratförmiger Bauplatz von 12,8 m Seitenlänge soll mit Brettern umgeben werden; wieviel Bretter von 20 cm Breite sind zur Umgrenzung nötig?

12) Schneide aus Papier ein Quadrat aus, dessen Seite 6 cm mißt, und teile es in qcm ein! Ebenso ein Quadrat, dessen Seite 8 cm mißt!

13) Zeichne auf die Tafel ein Quadrat von **a)** 4 dm, **b)** 5 dm Seitenlänge und gib seine Größe in qdm an!

Der Flächeninhalt eines Quadrats wird gefunden, indem man **die Maßzahl einer Seite mit sich selbst vervielfacht.**

14) Wie groß ist der Inhalt eines Quadrats, dessen Seite **a)** 5 dm, **b)** 9 dm; **c)** 12 dm; **d)** 1,6 m; **e)** 2,80 m; **f)** 4,25 m mißt?

15) Der Umfang einer quadratischen Tischplatte beträgt 4,20 m; welchen Inhalt hat sie?

16) Die Seite eines quadratförmigen Spielplatzes mißt 10,2 m; berechne **a)** den Umfang, **b)** den Flächeninhalt des Platzes!

17) Wieviel qm Glas enthalten 6 Fenster, wenn ein Fenster 8 quadratische Scheiben von 0,48 m Länge hat?

18) Wieviel kostet ein quadratförmiger Bauplatz von 36 m Länge, der qm zu 7,20 ℳ?

19. Das Rechteck.

19) Miß die Länge und Breite der Schultafel und bestimme ihren Umfang!

20) Teile die Fläche der Schultafel in qdm ein und gib die Anzahl der qdm an!

21) Zeichne auf die Tafel ein Rechteck von 5 dm Länge und 3 dm Höhe und teile es in qdm ein!

22) Bestimme die Länge und Breite des Fußbodens unseres Schulzimmers und gib an, wieviel qm er enthält!

Der Flächeninhalt eines Rechtecks wird gefunden, indem man **die Maßzahl der Grundlinie mit der der Höhe** (kurz: die Grundlinie mit der Höhe) **vervielfacht.**

23) Schätze und berechne dann genau den Flächeninhalt eines Fensters! Einer Seitenwand unseres Schulzimmers! Der Stubentür!

24) Ein Zimmer ist $8\frac{1}{2}$ m lang und 6 m breit; wieviel Bretter von 4,25 m Länge und 30 cm Breite sind zum Belegen des Fußbodens nötig?

25) Der Fußboden eines Zimmers ist 6,8 m lang und 4,9 m breit; wieviel kostet der Anstrich des Bodens, wenn der qm mit 0,48 ℳ bezahlt wird?

26) Die Höhe einer Türe beträgt 2,20 m, die Breite 0,90 m; wieviel kostet der Anstrich, wenn 1 qm 2,50 ℳ kostet?

27) Ein Zimmer ist $6\frac{1}{2}$ m lang, 5 m breit und $3\frac{1}{2}$ m hoch; welchen Flächeninhalt haben die 4 Wände? Welchen der Fußboden und die Decke?

28) Die Flächen eines Schrankes, der 1 m lang, 0,60 m breit und 2 m hoch ist, sollen mit Ausnahme der 2 Grundflächen und der Rückwand aufpoliert werden; wieviel kostet das Aufpolieren, wenn der qm mit 1,60 ℳ bezahlt wird?

29) Ein Acker ist 248 m lang und 120 m breit; wieviel Pacht wird bezahlt, wenn ein Ar sich auf 2,80 ℳ stellt? Wieviel hl Saatfrucht braucht man, wenn ein ha 2,50 hl erfordert?

30) Ein rechteckiger Hausgang ist 6,25 m lang und 2,40 m breit; wieviel quadratische Steinplättchen von 25 cm Länge sind zum Belegen des Ganges nötig?

31) Ein rechteckiger Garten von 36 m Länge und 20,5 m Breite soll mit einem Zaun umgeben werden: **a)** wieviel Latten sind nötig, wenn eine Latte zwei Zaunhöhen gibt und die Entfernung der Latten von Mitte zu Mitte 1 dm beträgt; **b)** wieviel qm enthält der Garten?

32) Ein rechteckiger Acker wird mit Kartoffeln bepflanzt; **a)** wieviel Kartoffelreihen von je 4 dm Abstand erhält man, wenn der Acker 74 m lang und 37,2 m breit ist; **b)** wieviel Setzkartoffeln kommen in eine Reihe, wenn dieselben durchschnittlich $\frac{1}{2}$ m voneinander liegen; **c)** wie groß ist die Fläche für einen Kartoffelstock?

20. Die schiefwinkligen Parallelogramme.

33) Zeichne auf die Schultafel eine Raute! Stelle daraus ein Quadrat mit derselben Seitenlänge her!

34) Zeichne ein Schiefeck und ziehe darin eine Höhenlinie! Stelle aus dem Schiefeck durch Zeichnung ein Rechteck mit derselben Grundlinie und derselben Höhe her!

35) Schneide aus Papier ein schiefwinkliges Parallelogramm! Stelle daraus ein rechtwinkliges mit derselben Grundlinie und Höhe her, indem du ein rechtwinkliges Dreieck an der einen Seite abschneidest und dasselbe Dreieck an der anderen Seite ansetzest!

Parallelogramme mit derselben Grundlinie und derselben Höhe sind einander gleich. Der Flächeninhalt jedes Parallelogramms wird gefunden, indem man **die Grundlinie mit der Höhe vervielfacht.**

36) Ein Parallelogramm ist **a)** 0,8 m lang und 0,5 m breit: **b)** 1,6 m lang und 0,9 m breit; **c)** 2,8 m lang und 1,4 m breit; wie groß ist der Inhalt?

37) Der Umfang einer Raute beträgt 3,20 m; welchen Flächeninhalt hat sie?

38) Wie groß ist die Höhe eines Parallelogramms, dessen Grundlinie 4,8 m und dessen Inhalt 28,32 qm beträgt?

39) Wie groß ist die Grundlinie eines Parallelogramms, dessen Höhenlinie 3,65 m und dessen Inhalt 27,01 qm beträgt?

40) Ein Dach hat die Form eines schiefwinkligen Parallelogramms von 18,4 m Länge und 7,2 m Breite; wieviel Ziegel sind zur Bedeckung des Daches nötig, wenn die Latten 0,12 m auseinanderliegen und die Ziegelbreite 0,15 m beträgt?

41) Eine Wiese von der Form eines Schiefecks ist 124 m breit und $2\frac{1}{2}$ mal so lang; wie groß ist der Ertrag der Heuernte, wenn 1 a durchschnittlich 75 kg Heu gibt und 1 z Heu zu 2,10 ℳ angeschlagen wird?

21. Das Dreieck.

42) Bestimme den Flächeninhalt der Schultafel nach qdm! Zerlege die Schultafelfläche durch eine Diagonale in 2 Dreiecke und gib den Inhalt eines Dreiecks an!

43) Zeichne schiefwinklige Parallelogramme, zerlege sie durch Diagonalen in Dreiecke und ziehe die Höhenlinien der beiden Dreiecke!

Ein Dreieck ist **die Hälfte eines Parallelogramms** von derselben Grundlinie und derselben Höhe.

Der Flächeninhalt eines Dreiecks wird gefunden, indem man **die Grundlinie mit der Höhe vervielfacht und das Produkt durch 2 teilt.**

44) Wie groß ist der Inhalt folgender Dreiecke: **a)** Grundlinie 4 dm, Höhenlinie 5 dm; **b)** Grundlinie 2 m, Höhenlinie 3 m; **c)** Grundlinie 1,4 m, Höhenlinie 0,8 m?

45) Berechne den Inhalt nachstehender Dreiecke: **a)** Grundlinie 2,4 m, Höhenlinie 1,8 m; **b)** Grundlinie 3,48 m, Höhe 2,5 m; **c)** Grundlinie 6,35 m, Höhe 3,6 m!

46) Wie groß ist die Grundlinie eines Dreiecks, dessen Höhenlinie 6 m und dessen Inhalt 24,60 qm mißt?

47) Wie groß ist die Höhenlinie eines Dreiecks, dessen Grundlinie 5,4 m und dessen Inhalt 7,56 qm beträgt?

48) Die Grundlinie einer dreieckigen Dachseite mißt 11,20 m, die Höhe 8,50 m; wieviel Quadratmeter bringt der Dachdecker für das Bedecken dieser Dachseite in Anrechnung?

49) Bei einem Eisenbahnbau wird von einem Stück Land ein rechtwinkliges Dreieck abgeschnitten, dessen Katheten 240 m und 170 m messen; wieviel muß für dieses Dreieck bezahlt werden, wenn 1 ha zu 1250 ℳ berechnet wird?

50) Die Giebelseite eines Hauses bildet bis zum Dache ein Rechteck von 15 m Breite und 11 m Höhe, von da an bis zum Dachrande ein Dreieck von 6,50 m Höhe. Wieviel kostet der Anstrich der ganzen Seite mit Ölfarbe, wenn für 1 qm Fläche 1,60 ℳ bezahlt werden?

22. Das Trapez.

51) Zeichne ein Dreieck mit Höhenlinie auf die Tafel; ziehe durch einen Punkt der Höhenlinie im Dreieck eine Parallele zur Grundlinie!

52) Zeichne ein Trapez auf die Tafel, bestimme die Länge der beiden Parallelen und die Höhenlinie! Stelle daraus ein Parallelogramm

her, das mit dem Trapez dieselbe Höhe und als Grundlinie die Mittellinie des Trapezes hat!

Der Flächeninhalt eines Trapezes wird gefunden, indem man **die halbe Summe der parallelen Seiten** (Mittellinie) **mit der Höhe multipliziert.**

53) Zeichne auf die Tafel ein Trapez, dessen Parallelen 60 cm und 40 cm messen, zerlege es durch eine Diagonale in 2 Dreiecke, bestimme die Länge der Diagonale und die Höhenlinien der beiden Dreiecke! Berechne den Flächeninhalt des Trapezes, indem du **a)** die Hälfte der Summe der beiden Parallelen mit der Höhe vervielfachst, **b)** den Inhalt der beiden Dreiecke zusammenzählst!

54) Berechne den Inhalt folgender Trapeze: **a)** Parallelen 50 cm und 80 cm, Höhenlinie 40 cm; **b)** Parallelen 48 cm und 72 cm, Höhenlinie 36 cm; **c)** Parallelen 1,20 m und 0,80 m, Höhenlinie 0,70 m!

55) Wie groß ist ein Acker von der Form eines Trapezes, wenn die eine Seite 154 m, die Parallele dazu 240 m und die Breite 150 m messen? Welchen Wert hat der Acker, wenn 1 ha zu 950 ℳ berechnet wird?

56) Ein Hof von der Form eines Trapezes soll gepflastert werden; die eine Parallele mißt 18,50 m, die andere 14,30 m, die Breite des Hofes 9 m. Wie hoch kommt die Pflasterung, wenn auf 1 qm Fläche durchschnittlich 45 Pflastersteine kommen, das Hundert zu 12 ℳ, und als Arbeitslohn für 1 qm 0,80 ℳ angesetzt wird?

23. Das unregelmäßige Viereck.

57) Schneide aus Papier ein unregelmäßiges Viereck und zerlege es durch eine Diagonale in 2 Dreiecke! Betrachte die Diagonale als Grundlinie der beiden Dreiecke, zeichne die Höhenlinie der Dreiecke ein und berechne den Inhalt des Vierecks!

Der Flächeninhalt eines unregelmäßigen Vierecks wird gefunden, indem man es in 2 **Dreiecke zerlegt, jedes Dreieck berechnet und die Inhalte zusammenzählt.**

58) Zeichne auf die Tafel ein unregelmäßiges Viereck, zerlege es in zwei Dreiecke, bestimme die Länge der Diagonale und der Höhenlinien der beiden Dreiecke und berechne den Inhalt des Vierecks!

59) Berechne den Flächeninhalt eines unregelmäßigen Vierecks, dessen Diagonale von 14,80 m Länge die gemeinsame Grundlinie der beiden Dreiecke bildet; die Höhe des einen Dreiecks beträgt 9,60 m, die des anderen 3,40 m!

60) Die Diagonale eines viereckigen Bauplatzes mißt 280 m; die Abstände zu den gegenüberliegenden Ecken betragen 140 m und 170 m. Wie groß ist das Baugelände? Welchen Wert hat es, wenn der qm zu 5,40 ℳ verkauft wird?

61) Ein Spielplatz von der Form eines unregelmäßigen Vierecks soll mit Kies überschüttet werden; die Diagonale als gemeinsame Grund-

linie beider Dreiecke mißt 29 m, die Höhenlinien der Dreiecke 9,40 m und 7,20 m. Wieviel kostet die Arbeit, wenn für 1 qm der bedeckten Fläche 28 ₰ bezahlt werden?

24. Das Vieleck.

62) Zeichne auf die Tafel ein beliebiges Vieleck, zerlege es durch Diagonalen in Dreiecke, zeichne die Höhenlinien der Dreiecke ein, miß die Diagonalen und Höhenlinien, berechne den Inhalt der Dreiecke und addiere die Inhalte!

63) Zeichne ein anderes Vieleck, zerlege es ebenso in Dreiecke oder auch in Trapeze und Dreiecke und berechne seinen Inhalt!

25. Die Kreisfläche. Der Kreisring.

64) Zeichne einen Kreis auf die Schultafel, dessen Radius 25 cm beträgt, und berechne den Umfang der Kreisfläche!

65) Zeichne einen Kreis, dessen Durchmesser 60 cm beträgt! Teile die Kreislinie nach dem Augenmaße in viele annähernd gleiche Teile und verbinde die Teilpunkte mit dem Mittelpunkt des Kreises!

Der Flächeninhalt eines Kreises wird berechnet, indem man die Kreislinie mit dem Halbmesser vervielfacht und das Produkt durch 2 teilt, oder indem man **den Halbmesser mit dem Halbmesser und das Produkt mit 3,14 vervielfacht.**

66) Berechne I. den Umfang, II. den Inhalt eines Kreises, dessen Halbmesser **a)** 4 cm; **b)** 60 cm; **c)** 1 m; **d)** 2,5 m mißt!

67) Berechne den Inhalt eines Kreises, dessen Durchmesser **a)** 20 cm; **b)** 90 cm; **c)** 2 m; **d)** 3,4 m; **e)** 4,5 m mißt!

68) Der Umfang eines kreisförmigen Spielplatzes beträgt 21,352 m; wie groß ist der Inhalt dieses Platzes?

69) Berechne **a)** den Umfang, **b)** den Flächeninhalt eines Beetes von 2,50 m Durchmesser! Wieviel Pflänzchen gehen in den Umfang, wenn sie durchschnittlich 25 cm weit auseinander zu stehen kommen?

70) Ein Wagenrad hat einen Durchmesser von 1,20 m; **a)** wie groß ist die ganze Kreisfläche; **b)** wieviel wiegt der Reif des Rades, wenn ein Stück von 1 m Länge 12 kg wiegt; **c)** wieviel Umdrehungen macht das Rad, bis der Wagen einen Weg von 18,840 km zurückgelegt hat?

71) Für ein Gastzimmer soll ein kreisrunder Tisch mit einem Umfang von 7,85 m angefertigt werden; wie groß wird **a)** der Durchmesser, **b)** der Flächeninhalt des Tisches?

72) Zeichne 2 Kreise mit demselben Mittelpunkte, deren Halbmesser 20 cm und 30 cm messen!

Der Inhalt eines Kreisrings wird berechnet, indem man **den Inhalt des kleinen Kreises von dem Inhalt des großen Kreises abzieht.**

73) Der Umfang eines kreisrunden Rasenplatzes mißt 51,81 m; wieviel qm sind mit Gras bewachsen, wenn sich innerhalb dieses Platzes ein kreisförmiges Blumenbeet befindet, das einen Durchmesser von 3,80 m hat?

74) Ein kreisförmiger Teich hat einen Umfang von 113,04 m; wieviel qm enthält der Wasserspiegel, wenn in der Mitte eine kreisförmige Insel von 12 m Durchmesser liegt?

26. Der Kreisausschnitt und der Kreisabschnitt.

75) Zeichne auf die Tafel mit einem Halbmesser von 20 cm einen Kreis, schneide mit gleichem Radius einen Kreisbogen ab und verbinde die Schnittpunkte mit dem Mittelpunkte durch gerade Linien!

76) Verbinde in dem Kreise Nr. 75 die Endpunkte des Bogens durch eine Sehne! Bestimme die Länge der Sehne und der Höhenlinie des Dreiecks (Sehnendreiecks) und berechne aus dem Inhalt des Ausschnitts und dem des Dreiecks den Inhalt des Abschnitts!

Den Inhalt **a)** eines Kreisausschnitts findet man, indem man **den Kreisbogen mit dem Halbmesser vervielfacht und das Produkt durch 2 teilt**, **b)** eines Kreisabschnitts, indem man den **Inhalt des Sehnendreiecks** von dem Inhalte des Ausschnitts **abzählt.**

77) Der Bogen eines Kreisausschnitts beträgt 0,80 m, der Radius 0,45 m; wie groß ist der Flächeninhalt des Ausschnitts?

78) Ein freier Platz hat die Form eines Kreisausschnitts; die beiden geraden Seiten von je 6,4 m Länge bilden einen Winkel von 72°; wie groß ist der Inhalt des Platzes?

79) Welchen Inhalt hat ein Kreisabschnitt, dessen Bogen 0,8 m und dessen Sehne 0,7 m mißt; der Halbmesser beträgt 0,6 m und die Höhe des Sehnendreiecks 0,35 m?

27. Die Ellipse.

80) Zeichne aus freier Hand auf die Tafel eine Ellipse, deren große Achse 80 cm und deren kleine Achse 60 cm beträgt!

Den Inhalt einer Ellipse findet man annähernd, wenn man **das Produkt der beiden halben Achsen mit 3,14 vervielfacht.**

81) Berechne den Inhalt folgender Ellipsen: **a)** große Achse 80 cm, kleine Achse 30 cm; **b)** große Achse 3 m, kleine Achse 2 m!

82) Die große Achse einer elliptischen Tischplatte mißt 2,80 m, die kleine Achse 1,20 m; berechne den Inhalt!

83) Ein ovales Blumenbeet ist 4,60 m lang und 3,20 m breit; welchen Flächeninhalt hat es?

84) Der Boden einer Badewanne, der die Form einer Ellipse hat, ist 1,40 m lang und 60 cm breit; welchen Flächeninhalt hat der Boden?

85) Die große Achse eines elliptischen Reitplatzes beträgt 48,60 m, die kleine Achse $\frac{2}{3}$ davon; wie groß ist **a)** der Umfang, **b)** der Inhalt des Platzes?

III. Berechnung des Oberflächeninhalts der Körper.

28. Der Würfel und das Prisma.

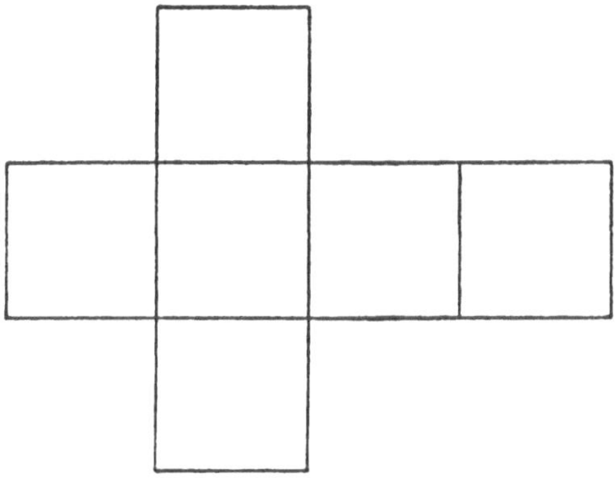

1) Numeriere die Flächen des Würfels! Bezeichne sie nach ihrer Lage! Zähle die Ecken des Würfels! Ebenso die Kantenlinien!

2) Miß die Länge einer Seite des Würfels! Berechne die Größe einer Fläche! Die Summe aller Flächen oder die ganze Oberfläche!

Der Oberflächeninhalt eines Würfels wird gefunden, indem man seine **Grundfläche mit 6 vervielfacht.**

3) Lege den Würfel auf die Schultafel, zeichne die Grundfläche und unter entsprechendem Umlegen des Würfels die übrigen Flächen!

4) Zeichne das Netz eines Würfels auf die Schultafel, dessen Seite **a)** 25 cm, **b)** 30 cm beträgt!

5) Versuche einen Würfel von 10 cm Seitenlänge aus starkem Papier herzustellen!

6) Wie groß ist der Oberflächeninhalt einer würfelförmigen Kiste, deren Seite 0,84 m mißt?

7) Benenne die Flächen, die ein **a)** 3=, **b)** 4=, **c)** 6seitiges Prisma begrenzen!

8) Welchen Flächeninhalt haben **a)** die 2 quadratischen Grundflächen **b)** die Seitenflächen eines Prismas, wenn eine Seite der Grundfläche 8 cm und die Höhe des Prismas 25 cm beträgt?

Der Oberflächeninhalt eines Prismas wird gefunden, indem man **den Inhalt der beiden Grundflächen und den der Seitenflächen zusammenzählt.**

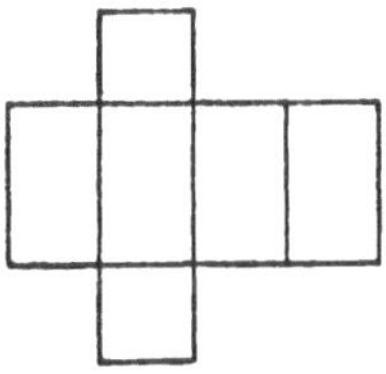

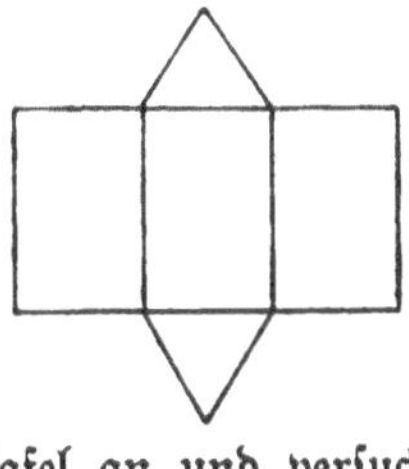

9) Lege das 4seitige Prisma an der Tafel an und versuche das Netz des Prismas zu zeichnen! Ebenso das Netz des 3seitigen Prismas!

10) Berechne den Oberflächeninhalt eines Schrankes, der 2 m hoch, 1 m breit und 60 cm tief ist! Wieviel kostet das Polieren des Schrankes, wenn für den qm 1,20 ℳ bezahlt werden?

11) Wie groß ist der Oberflächeninhalt eines Schulzimmers, das 8 m lang, 6,5 m breit und 4,2 m hoch ist?

12) In einer Kirche werden 8 gleichgroße 6 seitige Säulen mit Ölfarbe gestrichen. Wie hoch stellt sich der Anstrich, wenn eine Seite der Grundfläche 25 cm, die Höhe der Säule 8,4 m beträgt und der qm mit 1,40 ℳ bezahlt wird?

29. Die Walze oder der Zylinder.

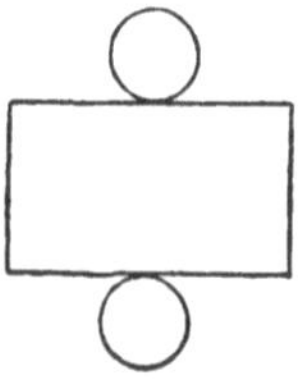

13) Bezeichne die Flächen, die eine Walze oder einen Zylinder begrenzen! Zeige die Grundflächen! Die Seitenfläche oder den Mantel!

14) Umschließe genau den Mantel mit einer Papierhülle und breite diese in eine Ebene aus!

15) Lege die Walze an der Tafel an und zeige durch entsprechendes Umlegen des Körpers, wie das Netz zu zeichnen ist!

Der Oberflächeninhalt einer Walze oder eines Zylinders wird gefunden, indem man **den Inhalt des Mantels und den der beiden Grundflächen zusammenzählt.**

16) Wie groß ist der Oberflächeninhalt einer Walze, die einen Durchmesser von 6 dm und eine Länge von 2 m hat?

17) Wieviel Blech ist zu einem Stück Ofenrohr von 3,2 m Länge nötig, wenn der Durchmesser des Rohres 12 cm beträgt?

30. Die Pyramide.

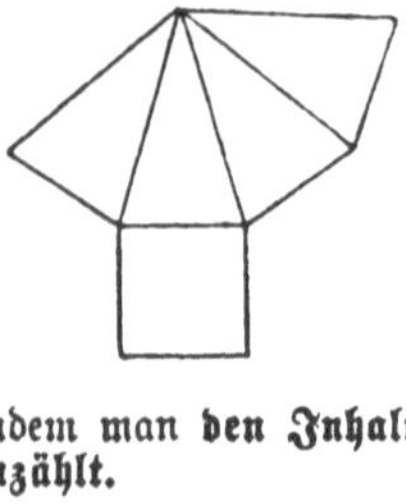

18) Benenne die Flächen, die eine 4 seitige Pyramide begrenzen! Eine 3 seitige! 6 seitige!

19) Lege die 4 seitige Pyramide an der Tafel an, zeichne zuerst ihre Grundfläche und dann die Seitenflächen!

20) Zeichne das Netz einer 3 seitigen Pyramide!

Man findet den Oberflächeninhalt einer Pyramide, indem man **den Inhalt der Grundfläche und den der Seitendreiecke zusammenzählt.**

21) Wie groß ist der Oberflächeninhalt einer 4 seitigen Pyramide mit quadratischer Grundfläche, wenn die Seite der Grundfläche 30 cm, die Höhe eines Seitendreiecks 70 cm mißt?

22) Ein Turm hat die Form einer 6 seitigen Pyramide; wie groß ist die Fläche, die mit Schiefern zu bedecken ist, wenn die Grundlinie eines Seitendreiecks 4,50 m und dessen Höhe 32,20 m messen?

31. Der Kegel.

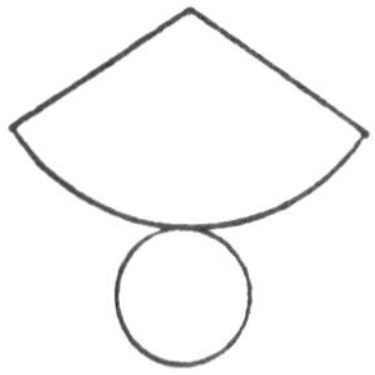

23) Zeige die Flächen, die den Kegel begrenzen! Bestimme den Umfang der Grundfläche und die Länge des Mantels!

24) Lege eine Papierhülle um den Mantel und breite sie dann auf der Tafel aus! Versuche das Netz des Kegels zu zeichnen!

Der Oberflächeninhalt eines Kegels wird gefunden, indem man **den Inhalt seiner Grundfläche und den des Mantels zusammenzählt.**

25) Wie groß ist der Oberflächeninhalt eines Kegels, wenn der Durchmesser der Grundfläche 0,8 m und die Mantelseite 2,4 m mißt?

26) Ein kegelförmiger Turm hat einen Umfang von 10,99 m und eine Seitenhöhe von 12,6 m; wie groß ist der Flächeninhalt des Mantels? Wieviel kostet der Ölanstrich des Mantels, wenn der qm mit 1,45 ℳ bezahlt wird?

32. Die abgestumpfte Pyramide und der Kegelstumpf.

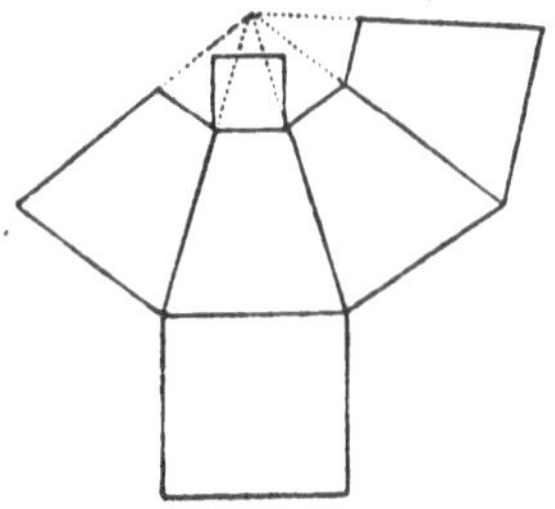

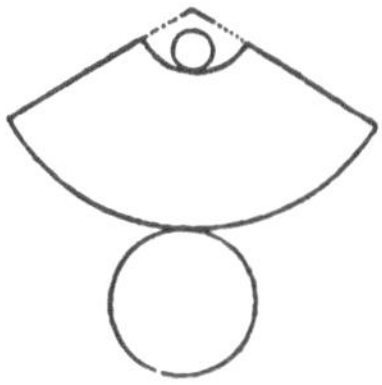

27) Benenne die Flächen, die eine abgekürzte Pyramide oder einen Pyramidenstumpf begrenzen! Gib die Flächen eines abgestumpften Kegels an!

28) Versuche das Netz einer abgekürzten 4 seitigen Pyramide mit quadratischer Grundfläche auf die Tafel zu zeichnen!

29) Lege um den Kegelstumpf eine Papierhülle und breite sie dann auf der Tafel aus!

Der Oberflächeninhalt der abgestumpften Pyramide und des Kegelstumpfs wird gefunden, indem man **den Inhalt der beiden Grundflächen und den der Seitenflächen zusammenzählt.**

30) Welchen Oberflächeninhalt hat eine abgestumpfte Pyramide mit quadratischen Grundflächen von 20 cm und 10 cm Seitenlänge, wenn die Höhe einer Seitenfläche 45 cm mißt?

31) Berechne den Inhalt der Seitenflächen eines Schornsteins, der die Form eines Pyramidenstumpfs mit quadratischer Grundfläche hat, wenn die Seite der unteren Grundfläche 1,2 m, die der oberen 0,8 m und die Höhe einer Seitenfläche 15,8 m messen!

32) Die Durchmesser der beiden Grundflächen eines Kegelstumpfs betragen 1,2 m und 0,4 m, die Seitenhöhe 1,5 m; welches ist sein Oberflächeninhalt?

33) Ein Kegelstumpf von 80 cm Seitenhöhe hat unten einen Umfang von 2,198 m, oben von 1,256 m; berechne seinen Oberflächeninhalt!

33. Die Kugel.

34) Schneide eine kugelförmige Kartoffel in der Mitte durch! Bestimme den Punkt der Schnittfläche, der von allen Punkten der Kugeloberfläche gleichweit entfernt ist!

Alle Kreise der Kugel, die den Mittelpunkt der Kugel zu ihrem Mittelpunkte haben, heißen **größte Kugelkreise.**

35) Zeige am Globus den Erddurchmesser oder die Achse! Zeige den Nordpol! Den Südpol! Den Äquator! Zeige die nördliche Halbkugel! Die südliche! Die ganze Oberfläche der Kugel!

Die Oberfläche einer Kugel wird berechnet, indem man **den Inhalt eines größten Kugelkreises mit 4 vervielfacht.**

36) Der Durchmesser einer Kugel beträgt **a)** 5 cm, **b)** 8 cm; wie groß ist ihr Oberflächeninhalt?

37) Der kugelförmige Knopf eines Kirchturms soll vergoldet werden; wieviel kostet die Vergoldung der Kugel, wenn ihr Umfang 2,355 m beträgt und der qm mit 8,40 ℳ bezahlt wird?

38) Der Durchmesser des Mondes beträgt 6950 km; wie groß ist sein Oberflächeninhalt?

39) Miß den Umfang unseres Globus und berechne **a)** den Durchmesser, **b)** den Oberflächeninhalt!

40) Welchen Oberflächeninhalt hat die Erde, deren Radius 6356 km beträgt?

IV. Berechnung des Kubikinhalts der Körper.

Kubikmaße.

Zum Ausmessen von Räumen und Gegenständen benutzt man ihrer Größe nach bekannte Räume oder Körper, die zusammen die Körper- oder Kubikmaße bilden. Ein jeder solcher Körper heißt **Würfel** oder **Kubus.** Länge, Breite und Höhe eines Würfels sind einander gleich; mißt dessen Seite oder Kante 1 m, so nennt man ihn einen **Kubikmeter (cbm).** Ist die Kante des Würfels 1 dm lang, so heißt er **Kubikdezimeter (cdm)**; der Würfel mit 1 cm Kantenlänge heißt **Kubikzentimeter (ccm)**, der mit 1 mm Kantenlänge **Kubikmillimeter (cmm).**

[Bei Holz wird der Kubikmeter in der Regel als **Raummeter (rm)** (Kurzholz, Scheitholz) oder als **Festmeter (fm)** (Bau- oder Langholz) bezeichnet.]

Die Einheit der Flüssigkeits- oder Hohlmaße bildet das (oder der) **Liter (l)**; 1 l = 1 cdm = $\frac{1}{1000}$ cbm. Größere Hohlmaße sind das **Hektoliter (hl)** und der **Kubikmeter**, kleinere werden in der Regel als zehntel, hundertstel und tausendstel Liter angegeben; 1 tausendstel l = 1 ccm.

1 cbm = 1000 cdm; 1 cdm = 1000 ccm; 1 cdm = 1 l;
1 cbm = 1000 l = 10 hl; 1 cdm Wasser wiegt 1 kg, 1 cbm Wasser 1 t.

1) Verwandle **a)** in cdm: 1 cbm; 3 cbm; 16 cbm; 7,3 cbm; 12,55 cbm; **b)** in ccm: 2 cdm; 9,4 cdm; 32,540 cdm; 3 cbm; 8,2 cbm; 15,386 cbm!

2) Wieviel l sind: **a)** 8 hl 4 l; 12,36 hl; 54,90 hl; **b)** 3 cbm 8 l; 4,5 cbm; 7,456 cbm; 32,035 cbm?

3) Schreibe a) als hl an: 35 l; 8 hl 4 l; 46 hl 80 l; b) als cbm: 9 l; 240 l; 3 cbm 25 l; 8 cbm 6 l!

4) Wieviel l sind: a) 9,36 hl; 9,36 cbm; b) 25,04 hl; 25,04 cbm?

5) Wiederhole die einzelnen Kubik- und Hohlmaße! Wie verwandelt man cbm in cdm? cdm in ccm? cbm in l? l in cbm? cdm in cbm?

34. Der Würfel.

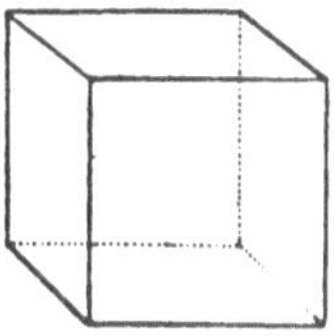

6) Zeichne mit Kreide die Grundfläche einer würfelförmigen Kiste von 1 m Seitenlänge auf den Schulzimmerboden und teile sie in qdm ein! Wieviel cdm lassen sich auf den Boden der Kiste stellen? Bestimme mit dem Lineal die Schichten oder Reihen der cdm bis zu einer Höhe von 1 m! Wieviel cdm faßt die Kiste?

7) Stelle 10 ccm-Würfelchen nebeneinander! Bilde 10 Reihen hintereinander! 10 solcher Schichten übereinander! Wieviel ccm enthält 1 cdm?

Der Kubikinhalt eines Würfels wird berechnet, indem man **die Grundfläche mit der Höhe vervielfacht.**

8) Wieviel cdm faßt ein Würfel, dessen Seite a) 2 dm, b) 5 dm, c) 8 dm mißt?

9) Wieviel ccm enthält ein Würfel von a) 7 cm, b) 9 cm, c) 12 cm Seitenlänge?

10) Wie groß ist der Kubikinhalt eines Würfels, dessen Seite a) 0,4 m, b) 1,2 m, c) 1,85 m beträgt?

11) Wieviel l Wasser faßt ein würfelförmiger Blechkasten, dessen Seite 60 cm mißt?

12) Wieviel m Leinwand sind zum Überziehen eines würfelförmigen Koffers von 0,75 m Seitenlänge nötig? Welchen Kubikinhalt hat der Koffer?

13) Wieviel kostet ein würfelförmiger Grabstein von 1,25 m Seitenlänge, wenn der cbm mit 156 ℳ bezahlt wird?

35. Das Prisma.

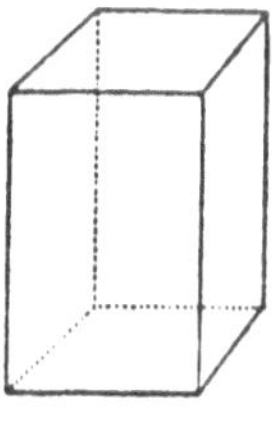

14) Stelle aus cdm-Würfeln ein vierseitiges Prisma zusammen, das 4 dm lang, 2 dm breit und 3 dm hoch ist! Multipliziere die Maßzahlen der Länge, Breite und Höhe des Prismas miteinander! Wieviel cdm sind es im ganzen?

15) Bilde mit ccm-Würfelchen ein Prisma von 8 cm Länge, 5 cm Breite und 6 cm Höhe! Multipliziere die gegebenen Maßzahlen miteinander! Ebenso die Grundfläche mit der Höhe! Wieviel ccm enthält das Prisma?

Der Kubikinhalt eines Prismas wird berechnet, indem man **die Grundfläche mit der Höhe vervielfacht.**

16) Welchen Kubikinhalt hat ein vierkantig behauener Stein **a)** von 2 m Länge, 4 dm Breite und 3 dm Dicke; **b)** von 80 cm Länge, 20 cm Breite und 10 cm Dicke?

17) Wieviel kosten 20 Balken Holz von je 8,20 m Länge, 0,40 m Breite und 0,30 m Dicke, wenn der cbm 39 ℳ kostet?

18) Welchen Rauminhalt hat ein Schulzimmer von 8 m Länge, 6 m Breite und 4 m Höhe? Wieviel cbm Raum kommen auf einen Schüler, wenn die Klasse 50 Schüler zählt?

19) Wie groß ist die Grundfläche eines prismatischen Körpers, wenn die Höhe 2,6 m und der Kubikinhalt 9,88 cbm beträgt?

20) Welche Länge hat ein prismatischer Erdhaufen, dessen Inhalt 46,612 cbm und dessen Grundfläche 5,42 qm mißt?

21) Berechne den Kubikinhalt eines Schrankes, der 2 m hoch, 1 m breit und 60 cm tief ist!

22) Wieviel hl Wasser faßt **a)** ein Teich, der 80 m lang, 48 m breit und 5 m tief ist; **b)** eine Brunnenkammer von 6 m Länge, 3,50 m Breite und 2,80 m Tiefe?

23) Wieviel Backsteine sind zur Herstellung einer Mauer nötig, welche 7,5 m lang, 0,50 m breit und 4,80 m hoch werden soll, wenn auf den cbm 420 Stück gerechnet werden? Wieviel kostet die Mauer, wenn der cbm mit 11,20 ℳ bezahlt wird?

24) Auf einem Speicher ist der Weizen 70 cm hoch in einer Länge von 8,50 m und einer Breite von 6,20 m zwischen senkrecht errichteten Brettern aufgeschüttet; wieviel hl Weizen sind es?

25) Welchen Kubikinhalt hat ein 4,80 m langes dreiseitiges Prisma; die Grundfläche bildet ein rechtwinkliges Dreieck dessen Katheten 1,20 m und 0,80 m messen?

26) Welche Tiefe hat ein viereckiger Wasserbehälter von 446,4 cbm Inhalt, wenn die Grundfläche 9 m lang und 6,20 m breit ist?

27) Welche Breite hat eine 4seitige Säule von 6,40 m Höhe und 0,90 m Dicke, wenn der Kubikinhalt der Säule 6,912 cbm beträgt?

36. Die Walze oder der Zylinder.

28) Zeige an der Walze die Mittelpunkte der beiden Grundflächen! Zeichne mit Kreide eine Gerade am Zylinder ein, die mit der Höhenlinie oder Achse gleiche Länge hat! Vergleiche den Zylinder mit einem vielseitigen Prisma nach Grund- und Seitenflächen!

Der Kubikinhalt einer Walze oder eines Zylinders wird gefunden, indem man **die Grundfläche mit der Höhe vervielfacht.**

29) Wie berechnet man die Höhe eines Zylinders, wenn sein Kubikinhalt und die Größe der Grundfläche bekannt sind? Wie den Durchmesser, wenn der Kubikinhalt und die Höhe gegeben sind?

30) Wie groß ist der Kubikinhalt einer Walze, deren Durchmesser 6 dm und deren Länge **a)** 2 m, **b)** 3 m, **c)** 2,5 m mißt?

31) Ein zylindrischer Wasserbehälter hat einen Durchmesser von 2,40 m und eine Tiefe von 3,80 m; wieviel hl Wasser faßt er?

32) Berechne den Rauminhalt eines 1,80 m langen Ofenrohres, dessen Umfang 0,471 m beträgt!

33) Wieviel hl Wasser befinden sich in einem Brunnen von 1,60 m Durchmesser, wenn das Wasser 5,20 m hoch steht? Wieviel cbm beträgt die Mauereinfassung des Brunnens, wenn sie eine Höhe von 9 m und eine Dicke von 0,30 m hat?

34) Ein Küfer verfertigt einen zylindrischen Zuber von 1,5 m Länge; wieviel l Wasser faßt er, wenn der Umfang des Zubers 2,512 m mißt?

35) Ein 12,80 m langer Baumstamm hat unten einen Durchmesser von 0,64 m, oben von 0,48 m; wie groß ist sein Kubikinhalt, wenn man den Stamm als Zylinder von mittlerem Durchmesser betrachtet? Welchen Wert hat das Holz, wenn der Festmeter 24 ℳ kostet?

37. Die Pyramide und der Kegel.

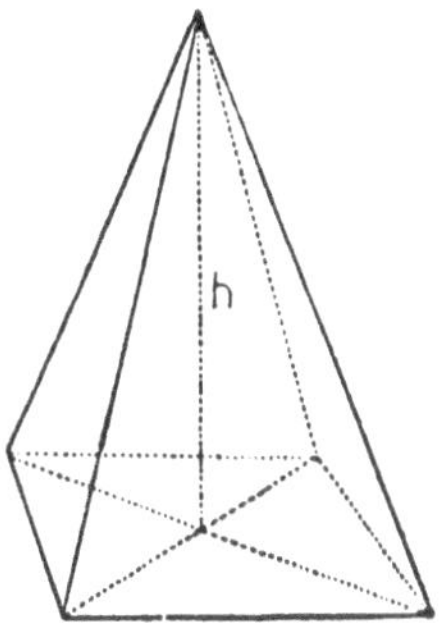

36) Beschreibe die 3seitige Pyramide! Ebenso den Kegel! Gib die gemeinsamen Merkmale beider Körper an! Die Unterschiede!

37) Vergleiche die 3seitige Pyramide mit dem 3seitigen Prisma! Ebenso den Kegel mit dem Zylinder! Worin stimmen das 3seitige Prisma und die 3seitige Pyramide überein? Worin der Kegel und der Zylinder?

38) Fülle die 3seitige hohle Pyramide mit Sand und schütte ihn in das 3seitige hohle Prisma, das die gleiche Grundfläche und die gleiche Höhe hat! Wiederhole dies so lange, bis das Prisma gefüllt ist! Mache gleichen Versuch mit Wasser! Versuche dies auch beim Kegel und Zylinder, deren Grundflächen und Höhenlinien ebenfalls einander gleich sind!

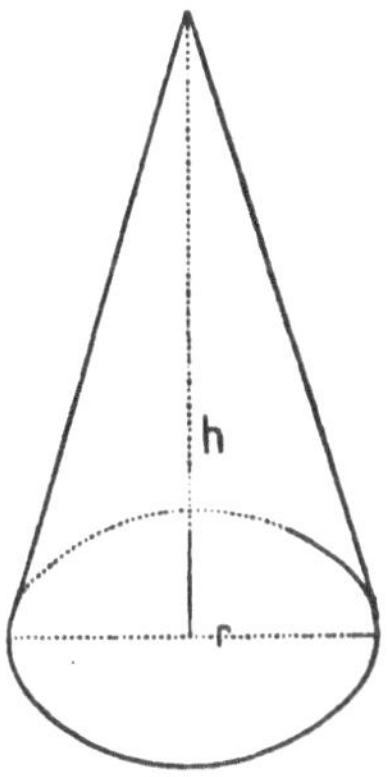

Man findet den Kubikinhalt einer Pyramide oder eines Kegels, indem man **die Grundfläche mit der Höhe vervielfacht und das Produkt durch 3 teilt.**

(Die Höhenlinie einer geraden Pyramide oder eines geraden Kegels ist die Senkrechte von der Spitze des Körpers bis zur Mitte der Grundfläche.)

39) Die Seite der quadratischen Grundfläche einer 4 m hohen Pyramide mißt **a)** 2 m, **b)** 3 m; wieviel beträgt ihr Kubikinhalt?

40) Ein pyramidenförmiges Denkmal mit quadratischer Grundfläche ist 12,5 m hoch; wieviel beträgt der Kubikinhalt, wenn die Seite der Grundfläche 6,40 m mißt?

41) Die quadratische Grundfläche einer 2,40 m hohen Pyramide mißt 1,60 m; berechne den Kubikinhalt!

42) Ein Blechgefäß hat die Form einer Pyramide, deren Grundfläche ein Rechteck bildet von 0,4 m Länge und 0,3 m Breite; wieviel l Wasser faßt es, wenn seine Höhe 0,6 m beträgt?

43) Wie groß ist der Kubikinhalt eines Kegels, wenn der Durchmesser der Grundfläche 0,8 m und die Höhe des Kegels 1,65 m beträgt?

38. Die abgestumpfte Pyramide und der Kegelstumpf.

Den Kubikinhalt einer abgestumpften Pyramide oder eines abgestumpften Kegels findet man annähernd, wenn man den halben Inhalt der beiden Grundflächen oder **die mittlere Durchschnittsfläche mit der Höhe des Körpers vervielfacht.**

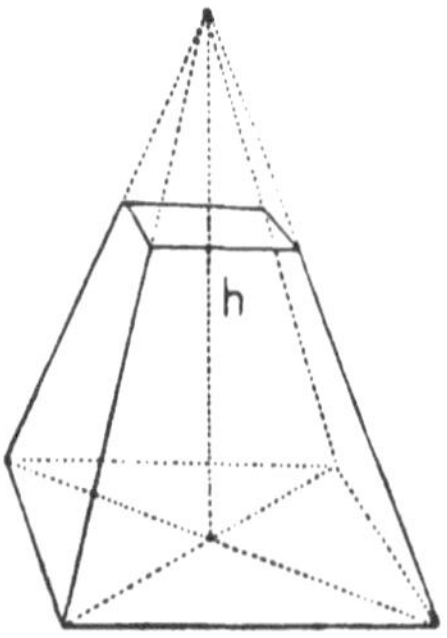

44) Ein behauener Stein hat die Form einer abgekürzten 4seitigen Pyramide; die untere Breite mißt 2,80 m, die obere 2 m, die untere Dicke 2,10 m, die obere 1,50 m, die Höhe 2,30 m; berechne den Kubikinhalt!

45) Welchen Kubikinhalt hat ein Erdhaufen von der Form einer 4seitigen abgestumpften Pyramide, wenn die untere Breite 5 m, die obere 2,4 m, die untere Dicke 4 m, die obere 2 m, die Höhe 3,60 m betragen? Wieviel Fuhren Erde gibt der Haufen, wenn ein Wagen durchschnittlich 1,72 cbm faßt?

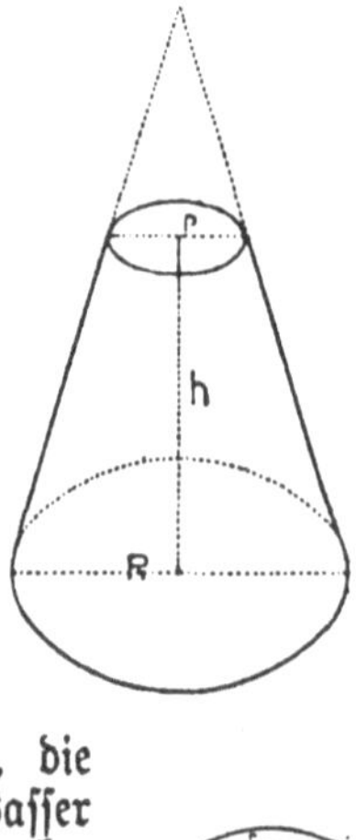

46) Der Umfang eines 6 m langen Eichstammes beträgt am unteren Ende 2,512 m, am oberen Ende 1,884 m; wieviel kostet der Stamm, wenn für 1 cbm 82 ℳ bezahlt werden?

47) Wie groß ist annähernd der Kubikinhalt eines Fasses, wenn die Spundtiefe 0,6 m, die Bodentiefe 0,5 m und die Länge des Fasses 1 m beträgt?

48) Die Spundtiefe eines Fasses beträgt 0,82 m, die Bodentiefe 0,64 m, die Länge 1,2 m; wieviel l Wasser faßt das Faß, wenn man es als einen Zylinder betrachtet, dessen mittlerer Durchmesser die Hälfte der Summe aus der Spund- und Bodentiefe mißt?

49) Wie hoch ist ein 4seitiger Pyramidenstumpf von 19,44 cbm, wenn die Seiten der quadratischen Grundflächen 2,4 m und 1,2 m messen?

39. Die Kugel.

Der Kubikinhalt einer Kugel wird berechnet, indem man ihre **Oberfläche mit dem Halbmesser vervielfacht und das Produkt durch 3 teilt.**

50) Wie groß ist der Kubikinhalt einer Kugel mit einem Durchmesser von **a)** 5 cm, **b)** 8 cm Länge?

51) Bestimme den Kubikinhalt eines Globus, dessen Umfang 0,628 m mißt!

52) Welchen Kubikinhalt hat eine Halbkugel, deren Durchmesser 12 cm mißt?

53) Wieviel cbm Gas faßt ein kugelförmiger Ballon von 12 m Durchmesser?

54) Wieviel l Wasser faßt ein halbkugeliger Kessel, dessen Durchmesser 72 cm mißt?

40. Der Kubikinhalt und das Gewicht der Körper.

Die Zahl, die angibt, wievielmal so schwer ein Körper ist wie der gleiche Rauminhalt Wasser, nennt man **das spezifische Gewicht des Körpers.**

Welchen Rauminhalt nimmt 1 kg reines Wasser [bei 4° C.] ein? Welchen dagegen 1 kg eines Gegenstandes, der 2mal so schwer ist als Wasser? Einen wievielmal so kleinen Raum wird 1 kg gehämmertes Kupfer einnehmen, das 9mal so schwer ist als Wasser?

55) Welches Gewicht haben **a)** 1 cdm, 5 cdm, 17 cdm, **b)** 1 ccm, 8 ccm, 14 ccm, $35\frac{1}{2}$ ccm, **c)** 1 cbm, 3 cbm, 4,5 cbm, 36,75 cbm, 48,325 cbm Wasser?

56) Wie schwer ist **a)** 1 cdm, **b)** 4 cdm, **c)** 7 cdm Eisen, dessen spezifisches Gewicht 7,25 beträgt?

57) Welchen Kubikinhalt hat ein Stück Eis von der Gestalt eines 4seitigen Prismas, das 0,8 m lang, 0,5 m breit und 0,65 m hoch ist? Wie schwer ist es, wenn sein spezifisches Gewicht 0,94 beträgt?

58) Das spezifische Gewicht des Granits beträgt 2,7; wie groß ist der Kubikinhalt eines Granitblocks, der 4104 kg wiegt?

59) Das spezifische Gewicht des Kiefernholzes beträgt 0,65; wie schwer ist ein Balken, der 6,30 m lang, 0,36 m breit und 0,25 m dick ist?

60) Wie schwer sind 1200 Ziegelsteine von 25 cm Länge, 12 cm Breite und 4,5 cm Dicke, wenn das spezifische Gewicht der Ziegelsteine 1,85 beträgt?

61) Eine Mauer aus Back- oder Ziegelsteinen soll 6 m lang und 50 cm dick werden; wie hoch wird die Mauer, wenn das Gesamtgewicht 25 530 kg betragen soll?

62) Welchen Kubikinhalt hat ein Zuckerhut, der 45 cm hoch ist und dessen Grundfläche einen Durchmesser von 24 cm hat? Wieviel kostet der Zucker, wenn sein spezifisches Gewicht 1,5 beträgt und 1 kg Zucker 48 ₰ kostet?

63) Wieviel wiegt ein kegelförmiges Bleilot, das 4 cm im Durchmesser und eine Höhe von 20 cm hat, wenn sein spezifisches Gewicht 11,352 beträgt?

64) Das spezifische Gewicht des Silbers beträgt 10,474, das des Goldes 19,325; wieviel kostet a) eine silberne Kugel mit einem Umfang von 12,56 cm, b) eine goldene Kugel mit einem Umfang von 6,28 cm, wenn 1 g Silber 0,18 ℳ und 1 g Gold 2,79 ℳ kostet?

65) Eine massive eiserne Kugel hat einen Durchmesser von 50 cm; wieviel wiegt die Kugel, wenn das spezifische Gewicht des Eisens 7,25 beträgt?

Zusammenstellung von Konstruktionsaufgaben.

(In das Konstruktionsheft der Schüler zur stillen Beschäftigung oder als Hausaufgabe.)

1) Zeichne eine gerade Linie und bezeichne sie durch 2 lateinische Buchstaben!

2) Zeichne mehrere gerade Linien, die durch einen Punkt gehen!

3) Zeichne zwei krumme Linien, die a) von oben nach unten, b) von links nach rechts führen!

4) Zeichne a) 2 senkrechte, b) 2 wagerechte, c) 2 schräge Linien!

5) Zeichne eine wagerechte Linie und ziehe darauf a) eine senkrechte, b) eine schräge Linie!

6) Zeichne von einem Punkte aus a) 2, b) 4, c) 6 Strahlen!

7) Zeichne eine 1 dm große Strecke und teile sie in cm ein!

8) Zeichne Strecken von a) 3 cm, b) 5 cm, c) 7,5 cm!

9) Zeichne eine Strecke, die die Summe der Maßzahlen dreier Strecken von 2 cm, 3 cm und 4 cm umfaßt!

10) Zeichne eine Strecke, die den Unterschied zweier Strecken von 9 cm und 3 cm angibt!

11) Zeichne eine Strecke, die a) 3 mal, b) 4 mal so groß ist als eine Strecke von 2 cm!

12) Zeichne eine Strecke, die a) den dritten, b) den vierten Teil einer Strecke von 12 cm angibt!

13) Zeichne zwei parallele a) senkrechte, b) wagerechte, c) schräge, d) krumme Linien mit beliebigem Abstande!

14) Zeichne 3 parallele wagerechte Linien in einem Abstande von je 2 cm!

15) Zeichne 3 parallele a) senkrechte, b) schräge Linien in einem Abstande von je 1,5 cm!

16) Zeichne 2 a) einander zulaufende, b) sich von einander entfernende Linien!

17) Zeichne 2 a) rechte, b) spitze, c) stumpfe Winkel und bezeichne jeden Winkel durch 3 Buchstaben!

18) Zeichne einen a) gestreckten, b) erhabenen Winkel!

19) Zeichne Winkel von 50°, 110°, 140°, 230°!
20) Zeichne einen Winkel, der **a)** die Summe, **b)** den Unterschied der Grade zweier Winkel von 110° und 60° angibt!
21) Zeichne einen Winkel, der **a)** 3mal, **b)** 4mal so groß ist als ein Winkel von 35°!
22) Zeichne einen Winkel von 160° und teile ihn mit dem Winkelmesser in **a)** 2, **b)** 4 gleiche Teile!
23) Zeichne Nebenwinkel, wovon der eine Winkel **a)** 30°, **b)** 60° beträgt!
24) Zeichne Scheitelwinkel von **a)** 65°, **b)** 85°!
25) Zeichne 2 parallele gerade Linien, die von einer dritten Geraden geschnitten werden; miß die entstandenen Winkel und schreibe die Anzahl der Grade in die Winkelöffnung!
26) Zeichne ein gleichseitiges Dreieck von **a)** 2 cm, **b)** 5 cm Seitenlänge!
27) Zeichne ein gleichseitiges Dreieck, dessen Umfang **a)** 6 cm, **b)** 9 cm mißt!
28) Zeichne ein gleichschenkliges Dreieck; die Grundlinie oder Basis messe $2\frac{1}{2}$ cm, ein Schenkel 4 cm!
29) Zeichne ein gleichschenkliges Dreieck, dessen Grundlinie 2 cm mißt; die beiden Winkel an der Grundlinie betragen zusammen 140°!
30) Zeichne ein Dreieck, dessen Seiten 2 cm, 3 cm, 4 cm messen!
31) Zeichne **a)** ein spitzwinkliges, **b)** ein rechtwinkliges, **c)** ein stumpfwinkliges Dreieck!
32) Miß die Winkel in den gezeichneten Dreiecken (Nr. 31) und schreibe die Anzahl der Grade in die Winkelöffnungen!
33) Zeichne ein spitzwinkliges Dreieck und fälle von der Spitze auf die Grundlinie die Höhenlinie!
34) Zeichne ein stumpfwinkliges Dreieck, dessen Höhenlinie du auf die Verlängerung der Grundlinie fällst!
35) Zeichne ein Quadrat, dessen Seite **a)** 3 cm, **b)** $4\frac{1}{2}$ cm, **c)** 5 cm mißt!
36) Zeichne ein Quadrat von 4 m Seitenlänge im **a)** 50fach, **b)** 100fach verjüngten Maßstab!
37) Zeichne ein Rechteck, dessen Grundlinie 4 cm und dessen Höhe 3 cm mißt!
38) Zeichne **a)** eine Raute, **b)** ein Schiefeck!
39) Miß die Winkel der beiden schiefwinkligen Parallelogramme (Nr. 38) und schreibe die Grade ein!
40) Zeichne **a)** ein Trapez, **b)** ein unregelmäßiges Viereck!
41) Zeichne alle Arten von Vierecken und ziehe die Diagonalen hindurch!
42) Miß die Winkel um den Schnittpunkt der Diagonalen (Nr. 41) und schreibe die Grade ein!
43) Miß die Längen dieser Diagonalen und schreibe die Maßzahlen ein!
44) Zeichne ein beliebiges Vieleck und zerlege es durch punktierte Diagonalen in Dreiecke!

45) Zeichne drei Kreise und ziehe in dem ersten **a)** einen Halbmesser, **b)** einen Durchmesser; in dem zweiten **a)** eine Sehne, **b)** eine Schneidelinie (Sekante); in dem dritten zwei Berührungslinien (Tangenten)!

46) Zeichne in einem Kreis zwei Durchmesser, die aufeinander senkrecht stehen!

47) Zeichne in einen Kreis Halbmesser, die sich unter Winkeln von 60° schneiden, und verbinde die Endpunkte der benachbarten Halbmesser miteinander durch gerade Linien!

48) Zeichne konzentrische Kreise, deren Durchmesser 3 cm und 4 cm messen!

49) Zeichne konzentrische Kreise, deren Halbmesser 1,5 cm und 2,5 cm betragen!

50) Zeichne 2 **a)** einander berührende, **b)** einander schneidende Kreise!

51) Zeichne ein Quadrat, dessen Seite 6 cm beträgt!

52) Teile das Quadrat (Nr. 51) in Quadratzentimeter und numeriere sie!

53) Zeichne einen qdm und teile ihn in qcm!

54) Zeichne zwei schiefwinklige Parallelogramme von beliebiger Größe!

55) Zeichne in beiden Vierecken (Nr. 54) die Höhenlinien ein!

56) Zeichne alle Arten von Vierecken, zerlege jedes Viereck durch eine Diagonale in 2 Dreiecke, betrachte die Diagonale als Grundlinie der Dreiecke und fälle die Höhenlinien!

57) Zeichne ein spitzwinkliges Dreieck und ziehe von jeder Ecke aus auf die gegenüberliegende Seite eine Senkrechte!

58) Zeichne das Netz eines Würfels, dessen Seite **a)** 1 cm, **b)** 2 cm mißt!

59) Zeichne das Netz eines vierseitigen Prismas; die Seite der quadratischen Grundfläche betrage 1,5 cm, die Höhe des Prismas 4 cm!

60) Zeichne das Netz einer 4 seitigen 5 cm hohen Pyramide mit quadratischer Grundfläche, deren Seite 1 cm beträgt!

Druck von C. G. Röder G. m. b. H., Leipzig. 21914. 05.

1. Die vier Grundrechnungsarten mit ganzen Zahlen.

Gebrauch von Rechenvorteilen.

Teils mündlich, teils schriftlich.

1) **Addiere, indem du die Reihenfolge der Posten änderst:** (z. B. 24 + 32 + 46 = 24 + 46 + 32); 51 + 43 + 19; 36 + 51 + 44; 42 + 57 + 38; 18 ℳ + 34 ℳ + 52 ℳ; 26 ℳ + 43 ℳ + 11 ℳ; 81 ℳ + 45 ℳ + 24 ℳ; 68 qm + 31 qm + 11 qm; 17 qm + 35 qm + 28 qm; 27 m + 81 m + 45 m + 19 m + 25 m + 13 m; 33 m + 22 m + 57 m + 48 m + 25 m + 65 m; 56 m + 18 m + 37 m + 44 m + 53 m + 62 m!

2) **Addiere den nächst höheren Zehner und vermindere das Ergebnis entsprechend:** (z. B. 32 + 69 = 32 + 70 — 1); 48 + 19; 56 + 98; 64 + 59; 76 + 57; 85 ₰ + 59 ₰; 98 ₰ + 77 ₰; 85 l + 48 l; 77 l + 79 l; 36 cm + 67 cm; 29 cm + 48 cm; 52 cm + 79 cm!

3) **Subtrahiere die nächst höheren Zehner oder Hunderter und vermehre das Ergebnis entsprechend:** (z. B. 91 — 49 = 91 — 50 + 1); 84 — 29; 102 — 59; 124 — 48; 143 — 88; 154 ℳ — 98 ℳ; 205 ℳ — 96 ℳ; 311 ℳ — 98 ℳ; 423 hl — 99 hl; 631 hl — 97 hl; 715 hl — 98 hl; 834 m — 95 m; 902 m — 94 m; 427 t — 198 t; 543 t — 299 t; 624 t — 395 t; 735 t — 294 t; 872 kg — 489 kg; 852 kg — 292 kg; 933 kg — 585 kg!

4) **Fasse die Zahlen als Vielfache des gleichen Faktors auf:** (z. B. 44 + 77 + 55 = 4 . 11 + 7 . 11 + 5 . 11 = 16 . 11); 42 + 35; 32 + 64 + 80; 36 z + 81 z + 63 z; 39 z + 52 z + 26 z + 65 z; 42 dz + 56 dz + 49 dz + 63 dz; 24 dz + 60 dz + 96 dz + 48 dz!

5) **Bestimme den Unterschied durch Ergänzen:** (z. B 1 ℳ — 88 ₰! Lösung: 88 ₰ + 12 ₰ = 100 ₰); 1 ℳ — 75 ₰; 2 ℳ — 84 ₰; 5 ℳ — 72 ₰; 8 ℳ — 63 ₰; 10 ℳ — 82 ₰; 1 m — 58 cm; 3 m — 66 cm; 6 m — 85 cm; 7 m — 72 cm; 13 m — 63 cm; 1 kg — 750 g; 2 kg — 825 g; 5 kg — 650 g; 9 kg — 375 g; 24 kg — 475 g; 1 t — 450 kg; 4 t — 560 kg; 10 t — 875 kg; 17 t — 650 kg; 50 t — 915 kg; 1 qm — 7500 qcm; 2 qm — 8650 qcm; 34 qm — 6675 qcm; 45 qm — 5125 qcm; 1 Std. — 45 Min.; 3 Std. — 38 Min.; 5 Std. — 42 Min.; 10 Std. — 28 Min.; 1 Min. — 36 Sek.; 4 Min. — 29 Sek.; 8 Min. — 26 Sek.; 23 Min. — 54 Sek.!

6) Pächter N. bestellt von seinem Gute 44 ha mit Kartoffeln, 63 ha mit Weizen, 128 ha mit Klee, 46 ha mit Zuckerrüben und 57 ha mit Korn; wieviel ha bebaut er im ganzen?

7) Ein Gut schickt 720 l Milch ab; davon erhält der Händler A. 174 l, B. 136 l und C. 216 l. Wieviel l muß man nachliefern, wenn der Händler D. 250 l Milch haben will?

8) In der obersten Reihe einer Dachfläche liegen 65, in der zweiten 63, in der dritten 61, in der vierten 59, in der fünften 57 Schiefer; wieviel Schiefer liegen in den fünf Reihen zusammen?

9) In einer Wohnung werden in 4 Zimmern die Fußböden, die 32 qm, 46 qm, 48 qm und 51 qm messen, mit Ölfarbe gestrichen; wieviel qm werden im ganzen gestrichen?

10) Ein Beamter hat folgende Jahreseinnahmen: Gehalt 2400 ℳ, Mietsentschädigung 432 ℳ, Nebeneinnahmen 350 ℳ; die Zusammenstellung seiner Ausgaben ergibt für den Lebensunterhalt 1300 ℳ, für Miete 650 ℳ, Kleidung 450 ℳ, Steuern 166 ℳ, Heizung und Beleuchtung 110 ℳ, Lebensversicherungsprämie 85 ℳ, für Feuerversicherung 12 ℳ, Ausbildung der Kinder 130 ℳ, wohltätige Zwecke 20 ℳ. Wieviel behält er nach einem Jahre übrig?

11) Bau- und Möbelschreiner M. stellt für sich folgenden Jahresvoranschlag auf: Einnahmen aus Lieferungen 16375 ℳ, aus außerhalb der Werkstatt gefertigten Arbeiten 775 ℳ, Erlös aus Abfällen 45 ℳ. Ausgaben für Wohnungs- und Werkstattmiete 1600 ℳ, für Heizung und Beleuchtung 375 ℳ, für Kleider und Wäsche 220 ℳ, für den Lebensunterhalt 1700 ℳ, für Ersatz von Haushaltungsgegenständen 65 ℳ, für Dienstmädchenlohn 216 ℳ, für Arzt und Apotheke 50 ℳ, für wohltätige Zwecke und Vergnügungen 70 ℳ, für Steuern und Versicherungen 360 ℳ, für Gesellenlöhne 2040 ℳ, für Ergänzung der Werkzeuge 85 ℳ, für Material 5800 ℳ. Berechne den Überschuß des Schreiners, wenn er für unvorhergesehene Zwecke noch 120 ℳ ansetzt!

12) Berechne das Vermögen des Herrn B. nach folgenden Angaben: der Wert der Gebäude beträgt 34 800 ℳ, der Wert der übrigen unbeweglichen Vermögensteile ist um 11 490 ℳ geringer als derjenige der Gebäude; das bewegliche Vermögen ist um 20 456 ℳ niedriger einzuschätzen als das gesamte unbewegliche Vermögen; die Schulden belaufen sich auf 67 800 ℳ!

13) **Ändere die Reihenfolge der Faktoren:** (z. B. 2 . 13 . 5 = 2 . 5 . 13); 9 • 5 • 24; 11 • 8 • 25; 7 • 2 • 7 • 3; 7 • 8 • 3 • 25; 9 • 4 • 7 • 5; 3 • 8 • 7 • 125!

14) **Vermindere das Zehner- oder Hunderterprodukt entsprechend:** (z. B. 95 . 3 = 100 . 3 — 5 . 3); 29 ₰ • 7; 48 ₰ • 3; 57 ₰ • 6; 66 ₰ • 8; 75 cm • 11; 84 cm • 7; 93 cm • 12; 69 cm • 14; 89 l • 15; 92 l • 14; 67 l • 12; 48 l • 13; 76 kg • 15; 37 kg • 12; 49 kg • 15; 96 kg • 14; 189 km • 3; 296 km • 5; 497 km • 9; 591 km • 8; 789 m • 6; 895 m • 9; 991 m • 4; 988 m • 7!

15) **Multipliziere mit 25 als einem Viertelhundert, mit 50 als einem Halb-, mit 75 als einem Dreiviertelhundert:** (z. B. 12 . 25 = 12 Viertelhundert); 23 • 25; 34 • 25; 51 • 25; 73 • 25; 88 cbm • 25; 120 cbm • 25; 163 cbm • 25; 205 cbm • 25; 241 cbm • 25; 363 cbm • 25; 19 qm • 50;

37 qm • 50; 56 qm • 50; 74 qm • 50; 83 qm • 50; 96 qm • 50; 99 qm • 50; 124 qm • 50; 261 qm • 50; 380 qm • 50; 462 qm • 50; 9 • 75 ₰; 11 • 75 ₰; 24 • 75 ₰; 60 • 75 ₰; 80 • 75 ₰; 104 • 75 ₰; 240 • 75 ₰; 11 • 125 g; 34 • 250 g; 16 • 375 g; 24 • 475 g; 48 • 575 g!

16) **Zerlege einen der beiden Faktoren bequem:** (z. B. 12 • 26 = 12 . 25 + 12 • 1); 16 • 26; 64 • 26; 80 • 26; 12 • 127 ℳ; 40 • 127 ℳ; 24 • 252 ℳ; 36 • 23 l; 44 • 78 l; 88 • 23 l; 72 • 126 m; 16 • 251 m; 24 • 123 m; 80 • 151 m; 44 • 28 mm; 88 • 128 mm!

17) **Gestalte die Multiplikation durch Teilung des einen und entsprechende Vergrößerung des anderen Faktors um:** (z. B. 44 • 15 = 22 • 30); 38 • 45; 28 • 35; 41 • 45; 61 • 55; 39 • 15 qcm; 81 • 75 qcm; 39 • 35 qcm!

18) **Zerlege den Dividenden bequem:** (z. B. 343 : 7 = (350 — 7) : 7); 441 : 9; 209 : 11; 632 Stck. : 8; 468 Stck. : 6; 708 Stck. : 12; 735 Min. : 15; 448 Min. : 16; 864 Min. : 18; 836 Bg. : 22; 936 Bg. : 24; 828 Bg. : 12; 585 Bg. : 15; 702 Tg. : 18; 432 Tg. : 24!

19) **Teile durch 25, indem du den 4fachen Dividenden durch 100 teilst:** (z. B. 1100 : 25 = 4400 : 100); 1900 : 25; 2400 ccm : 25; 3900 ccm : 25; 5500 ccm : 25; 6100 ccm : 25; 7900 ccm : 25!

Ähnlich: (7000 ha : 125 = 56000 ha : 1000); 8000 ha : 125; 22000 ha : 125; 34000 ha : 125; 54000 ha : 125; 2250 t : 125; 3175 t : 125; 4125 t : 125; 6250 t : 125; 8475 t : 125; 10150 t : 125!

20) **Verfahre ähnlich:** (z. B. 810 : 45 = (810 : 90) • 2); 420 Gr. : 35; 720 Gr. : 45; 910 Gr. : 65; 770 Gr. : 55; 1260 Gr. : 35!

21) **Zerlege jede Aufgabe in zwei Divisionen:** (z. B. 324 : 36 = (324 : 4) : 9); 630 : 42; 630 : 45; 1056 : 48; 1599 Tg. : 39; 1008 Tg. : 56; 882 Tg. : 63; 1944 Tg. : 81; 1020 Tg. : 85; 1584 Tg. : 99!

22) Wie groß ist der Heuertrag einer Wiese von 975 a, wenn auf einem Ar durchschnittlich 32 kg geerntet werden?

23) Der Schreinergeselle Sch. hat an den 6 Tagen einer Woche der Reihe nach 9, 10, 9, 8, 10, 9 Std. gearbeitet. Welchen Betrag empfängt er am Ende der Woche, wenn die Stunde mit 55 ₰ bezahlt wird und ihm 42 ₰ Krankenkassengeld und 18 ₰ Beitrag zur Alters- und Invaliditäts-Versicherung abgezogen werden?

24) Ein Glaser hat 12 Fenster mit je 8 Gefachscheiben zu verglasen. Wie hoch stellt sich seine Rechnung, wenn er für 1 Scheibe 56 ₰ fordert?

25) Eine Molkerei bezieht täglich 640 l Milch; wieviel kg Butter kann sie wöchentlich liefern, wenn 100 l Milch durchschnittlich 10 l Rahm und 2 l Rahm 1 kg Butter geben?

26) 1 qm Ziegeldach mit Sparren hat ein Gewicht von 85 kg; mit welchem Gewicht drücken 14, 36, 42 qm dieses Daches?

27) Ein Tapezierer verbraucht für eine Stube 24 Rollen Tapete, die Rolle zu 95 ₰; was kostet das Tapezieren der Stube, wenn für das Ankleben einer Rolle 45 ₰ berechnet werden?

28) Landwirt R. pachtete 25 ha Ackerland für 3275 ℳ; wieviel Pacht zahlte er für 1 ha?

29) Für 38 Stück Rindvieh sind in einer Milchwirtschaft für 5 Monate 855 z Heu vorgesehen; wieviel Pfund kommen auf 1 Stück Vieh täglich?

30) An einem Neubau wurden 36000 Backsteine verbraucht und dafür 846 ℳ bezahlt; wieviel kostete das Tausend Steine im Durchschnitt?

31) Der Gasmotor in einer Schreinerei verbrauchte im Monat Oktober 3175 cbm Gas; wie hoch stellt sich der cbm, wenn die Rechnung im ganzen auf 381 ℳ lautet?

32) Welchen Raum nimmt ein Stück Eisen von 1946 kg Gewicht ein, wenn 1 cdm 7784 g wiegt?

33) Deutschland besaß am Ende des Jahres 1840 nur 549 km Eisenbahnen, am Ende des Jahres 1890 dagegen 42869 km. Auf das Wievielfache sind die Bahnen innerhalb 50 Jahren gestiegen?

34) Für einen 867 qm großen Bauplatz werden 22542 ℳ bezahlt; wieviel wird für 1 qm berechnet?

35) Zum Aufwerfen eines Dammes verwendete man in der ersten Woche 26 Arbeiter, in der zweiten 32, in der dritten 27 und in der ersten Hälfte der vierten Woche 22 Arbeiter. Für die Arbeit wurden im ganzen 1584 ℳ Lohn gezahlt; wieviel betrug der Tagelohn eines Arbeiters?

36) Ein Schulhaus hat eine Grundfläche von 403 qm und einen Rauminhalt von 5316 cbm, der für 480 Schüler bestimmt ist; die Gesamtkosten betragen 33480 ℳ. Berechne die Kosten für 1 qm Grundfläche! Wieviel cbm Raum kommen auf einen Schüler?

2. Das Rechnen mit Bruchzahlen.

Teils mündlich, teils schriftlich.

1) Wieviel ℳ und ₰ sind: $7\frac{3}{4}$ ℳ, $19\frac{4}{5}$ ℳ, $\frac{28}{10}$ ℳ, $\frac{219}{50}$ ℳ?

2) Wieviel kg und g sind: $\frac{47}{5}$ kg, $\frac{239}{4}$ kg, $\frac{376}{20}$ kg, $\frac{932}{50}$ kg?

3) Addiere: **a)** $\frac{7}{20}$ m + $\frac{13}{20}$ m + $\frac{9}{20}$ m; **b)** $8\frac{4}{5}$ ℳ + $9\frac{3}{5}$ ℳ + $17\frac{2}{5}$ ℳ; **c)** $\frac{1}{2}$ m + $\frac{4}{5}$ m + $\frac{7}{10}$ m + $\frac{13}{20}$ m; **d)** $2\frac{1}{2}$ kg + $7\frac{3}{5}$ kg; **e)** $13\frac{7}{50}$ ℳ + $29\frac{19}{20}$ ℳ; **f)** $8\frac{7}{25}$ hl + $9\frac{3}{5}$ hl + $16\frac{9}{10}$ hl!

4) Kaufmann B. bezieht $4\frac{2}{5}$ kg, $8\frac{7}{10}$ kg, $12\frac{13}{20}$ kg, $39\frac{17}{50}$ kg einer Ware; wieviel kg und g sind es im ganzen?

5) Bestimme den Unterschied durch Addition: **a)** 3 ℳ — $1\frac{1}{5}$ ℳ; **b)** 7 ℳ — $2\frac{7}{10}$ ℳ; **c)** 25 ℳ — $9\frac{7}{20}$ ℳ; **d)** 38 ℳ — $12\frac{13}{50}$ ℳ!

6) Rechne ebenso: **a)** $4\frac{2}{5}$ ℳ — $2\frac{3}{5}$ ℳ; **b)** $9\frac{3}{10}$ ℳ — $3\frac{7}{10}$ ℳ; **c)** $8\frac{1}{5}$ ℳ — $2\frac{1}{2}$ ℳ; **d)** $13\frac{7}{10}$ ℳ — $6\frac{13}{20}$ ℳ!

7) Der Landwirt M. verkaufte an einem Tag $7\frac{3}{10}$ hl Hafer, $9\frac{7}{20}$ hl Gerste, $5\frac{7}{50}$ hl Korn, am folgenden Tag $4\frac{4}{5}$ hl Hafer, $5\frac{3}{10}$ hl Gerste, $3\frac{19}{100}$ hl Korn; wieviel hl Getreide gab er **a)** an beiden Tagen ab, **b)** am ersten Tage mehr als am zweiten?

8) Rechne: a) $\frac{7}{10}$ ℳ · 3, $1\frac{3}{5}$ ℳ · 4, $2\frac{11}{20}$ ℳ · 9; b) 2 ℳ · $\frac{3}{5}$, 7 ℳ · $\frac{9}{25}$, 6 ℳ · $2\frac{1}{5}$; c) $\frac{3}{10}$ ℳ · $\frac{1}{2}$, $\frac{1}{2}$ ℳ · $\frac{3}{10}$, $2\frac{4}{5}$ ℳ · $1\frac{7}{10}$, $1\frac{7}{10}$ ℳ · $2\frac{4}{5}$!

9) Rechne mit Vorteil: a) $3\frac{4}{5}$ kg · 7 (z. B. 4 kg · 7 — $\frac{1}{5}$ kg · 7); $9\frac{19}{20}$ kg · 6; $13\frac{23}{25}$ kg · 5; b) 4 hl · $2\frac{9}{10}$, 5 hl · $3\frac{17}{20}$, 8 hl · $4\frac{24}{25}$!

10) Wie oft kann man $\frac{1}{5}$ ℳ von $1\frac{2}{5}$ ℳ wegnehmen? $\frac{3}{10}$ ℳ von $2\frac{9}{10}$ ℳ? $\frac{7}{20}$ ℳ von $3\frac{11}{20}$ ℳ? $\frac{2}{5}$ ℳ von $\frac{7}{10}$ ℳ? $1\frac{1}{2}$ ℳ von $3\frac{4}{5}$ ℳ?

11) Rechne: a) $\frac{7}{8} : \frac{3}{8}$, $5\frac{3}{4} : 1\frac{1}{4}$, $6\frac{7}{10} : 2\frac{3}{10}$; b) $\frac{9}{10} : \frac{1}{2}$, $\frac{4}{5} : \frac{3}{10}$, $2\frac{3}{4} : \frac{4}{5}$, $8\frac{7}{10} : \frac{11}{20}$; c) $3\frac{4}{5} : 1\frac{1}{2}$, $5\frac{1}{10} : 2\frac{7}{20}$, $8\frac{3}{20} : 2\frac{7}{50}$!

12) Der Landwirt A. besitzt $260\frac{4}{5}$ a Wiesen und $425\frac{9}{10}$ a Ackerland, wieviel a im ganzen? Welchen Wert hat sein Besitz, wenn 1 ha Wiesen 4500 ℳ und 1 ha Ackerland durchschnittlich 3600 ℳ wert ist?

13) Wieviel ₰ werden bezahlt für 0,28 ℳ; 0,354 ℳ; 0,689 ℳ; 0,7628 ℳ; 0,92541 ℳ?

14) Nimm das 30-, 50-, 70-, 90fache von 2,45 ℳ, indem du zuerst das 10fache nimmst!

15) Nimm das 200-, 400-, 600-, 800fache von 0,36 ℳ, indem du zuerst das 100fache nimmst!

16) Wieviel ist a) das 3-, 4-, 6-, 9fache von 8,65 ℳ; b) das 10-, 20-, 30-, 60-, 80fache von 6,24 ℳ; c) das 100-, 400-, 700-, 900fache von 2,34 ℳ?

17) Nimm das 3000-, 5000-, 7000-, 9000fache von 0,24 ℳ, indem du zuerst das 1000fache nimmst!

18) Vervielfache 0,56 ℳ mit 1000, 2000 usw. bis 9000!

19) Rechne: a) 2,6 · 0,5; 4,25 · 1,2; 6,5 · 8,32; b) 0,34 · 1,25; 2,46 · 3,08; 4,008 · 2,05!

20) Teile 16 ℳ durch 20, 40, 80, indem du zuerst den 10ten Teil nimmst!

21) Teile 30 ℳ durch 300, 500, 600, indem du zuerst den 100sten Teil nimmst!

22) Wieviel ist der 1000ste Teil von 70 ℳ? Der 6000ste Teil von 240 ℳ? Der 9000ste Teil von 450 ℳ?

23) Teile: a) 19,36 ℳ : 2, 4, 8; b) 25,60 ℳ : 10, 20, 40, 80; c) 356 ℳ : 100, 200, 400; d) 6300 ℳ : 1000, 3000, 7000, 9000!

24) Welche Wertveränderung erleidet ein Dezimalbruch, wenn man das Komma um 4 Stellen a) nach rechts, b) nach links rückt?

Wiederholung:

1) Man addiert oder subtrahiert gleichnamige Brüche, indem man ihre Zähler addiert oder subtrahiert und den gemeinschaftlichen Nenner darunter setzt. ($\frac{4}{5} + \frac{3}{5} = \frac{7}{5} = 1\frac{2}{5}$; $\frac{4}{5} - \frac{3}{5} = \frac{1}{5}$)

2) Man multipliziert einen Bruch mit einer ganzen Zahl, indem man den Zähler mit der ganzen Zahl multipliziert oder den Nenner durch die ganze Zahl dividiert (wenn sich dieser ohne Rest teilen läßt). ($\frac{3}{10} \cdot 5 = \frac{15}{10} = 1\frac{1}{2}$; $\frac{3}{10} \cdot 5 = \frac{3}{2} = 1\frac{1}{2}$)

3) Man multipliziert einen Bruch mit einem Bruch, indem man das Produkt der Zähler durch das Produkt der Nenner teilt. ($\frac{2}{5} \cdot \frac{3}{4} = \frac{6}{20} = \frac{3}{10}$)

4) Man dividiert einen Bruch durch eine ganze Zahl, indem man den Zähler durch die ganze Zahl dividiert (wenn er sich ohne Rest teilen läßt) oder den Nenner mit der ganzen Zahl multipliziert. ($\frac{6}{10} : 2 = \frac{3}{10}$; $\frac{6}{10} : 2 = \frac{6}{20} = \frac{3}{10}$)

5) Man dividiert durch einen Bruch, indem man durch den Zähler dividiert und mit dem Nenner multipliziert. ($\frac{4}{5} : \frac{3}{10} = \frac{4}{5} \cdot \frac{10}{3} = \frac{40}{15} = 2\frac{10}{15} = 2\frac{2}{3}$)

6) Dezimalbrüche werden addiert und subtrahiert wie ganze Zahlen, die Einer trennt man von den Zehnteln durch ein Komma. $\left(\begin{array}{r} 8{,}62 \\ +\,3{,}7584 \\ \hline 12{,}3784 \end{array} \quad \begin{array}{r} 8{,}62 \\ -\,3{,}7584 \\ \hline 4{,}8616 \end{array}\right)$

7) Ein Dezimalbruch wird mit 10, 100, 1000 usw. multipliziert, indem man das Komma um so viele Stellen nach rechts rückt, als der Multiplikator Nullen hat. ($0{,}46 \cdot 10 = 4{,}6$; $0{,}285 \cdot 100 = 28{,}5$)

8) Ein Dezimalbruch wird durch 10, 100, 1000 usw. geteilt, indem man das Komma um so viele Stellen nach links rückt, als der Divisor Nullen hat. ($18{,}4 : 10 = 1{,}84$; $8{,}2 : 100 = 0{,}082$)

9) Ein Dezimalbruch wird mit einer ganzen Zahl oder mit einem Dezimalbruch vervielfacht, indem man vervielfacht wie bei ganzen Zahlen und im Produkt so viele Stellen rechts abschneidet, als der Dezimalbruch oder beide zusammen Dezimalstellen haben. ($3{,}8 \cdot 6 = 22{,}8$; $0{,}7 \cdot 0{,}4 = 0{,}28$)

10) Ein Dezimalbruch wird geteilt **a)** durch eine ganze Zahl, indem man teilt wie bei ganzen Zahlen und im Quotienten nach den Einern ein Komma setzt; **b)** durch einen Dezimalbruch, indem man im Dividenden und im Divisor das Komma um so viele Stellen nach rechts rückt, als der Divisor Dezimalstellen hat, und dann teilt. ($157{,}92 : 12 = 13{,}16$; $157{,}92 : 1{,}2 = 1579{,}2 : 12 = 131{,}6$)

3. Einfacher Dreisatz. — Geometrische Berechnungen.

Merke: **I.** Die doppelte Ware kostet den doppelten Preis, die Hälfte der Ware nur den halben Preis. Die doppelte Anzahl der Arbeiter verdient bei gleichen Löhnen in derselben Zeit den doppelten Lohn, die halbe Anzahl nur die Hälfte des Lohnes. Die dreifache Anzahl der Verzehrer braucht bei gleichen Teilen in gleicher Zeit den dreifachen Vorrat an Lebensmitteln, ein Drittel der Anzahl nur den dritten Teil. Die halbe Anzahl der Arbeiter verrichtet bei gleichen Leistungen auch nur die halbe Arbeit.

II. Die doppelte Anzahl der Arbeiter verrichtet bei gleichen Leistungen dieselbe Arbeit in der halben Zeit, die Hälfte braucht die doppelte Zeit. Für viermal so viel Verzehrer reicht ein bestimmter Vorrat Lebensmittel bei gleichen Teilen nur den vierten Teil der Zeit, für den vierten Teil der Verzehrer viermal so lang. Bei doppelter Ausgabe reicht eine bestimmte Summe Geldes die halbe Zeit, bei halber Ausgabe die doppelte Zeit.

Schriftlich.

Zusammenstellung der Formeln für **a)** Flächen-, **b)** Körperberechnung:

a) 1. **Quadrat:** Umfang $= g \cdot 4$, Inhalt $= g \cdot g$; 2. **Rechteck:** Umfang $= (g + h) \cdot 2$; Inh. $= g \cdot h$; 3. **Parallelogramm:** Inh. $= g \cdot h$; 4. **Trapez:** Inh. $= \frac{g^1 + g^2}{2} \cdot h$; 5. **Dreieck:** Inh. $= \frac{g \cdot h}{2}$; 6. **Kreis:** Umfang $= d \cdot \pi$, Inh. $= r^2 \cdot \pi$; **b)** 1. **Prisma:** Inh. $= G \cdot h$; 2. **Zylinder:** Inh. $= G \cdot h$; 3. **Pyramide:** Inh. $= \frac{G \cdot h}{3}$; 4. **Kegel:** Inh. $= \frac{G \cdot h}{3}$; 5. **Kugel:** Oberfläche $= 4 r^2 \pi = d^2 \cdot \pi$; Inh. $= \frac{4 r^3 \cdot \pi}{3} = \frac{d^3 \cdot \pi}{6}$.

1) Der Tagelohn des N. beträgt 1,65 ℳ; wieviel verdient N. in 300 Arbeitstagen oder 1 Jahr?

2) Eine Wiese von 8,5 ha wird in Akkord gemäht. Wie hoch kommt das Mähen, wenn für 25 a 1,50 ℳ Arbeitslohn bezahlt werden?

3) Eine Wiese in Gestalt eines Dreiecks hat eine Grundlinie von 125 m, eine Höhe von 180 m; sie soll gegen eine andere von gleicher Größe und Güte in Rechtecksgestalt, deren Breite 36 m beträgt, vertauscht werden; wie lang muß sie sein?

4) Das Schneiden einer Weizenernte beschäftigt 3 Arbeiter 6 Tage lang. Um wieviel muß die Anzahl der Arbeiter vermehrt werden, wenn der Weizen in 3 Tagen geschnitten sein soll?

5) Die Weizenernte des Landwirts W. beträgt 184 z, die Gerstenernte 356 z. Für den z Weizen erlöst er 8,75 ℳ, für den z Gerste 5,50 ℳ; welchen Wert hat die Ernte?

6) B. besitzt einen Acker in Form eines Rechtecks, dessen Seiten 168 m und 50 m messen. Er rechnet den a zu 35 ℳ; welchen Wert hat der Acker?

7) B. rechnet für 25 a Acker 120 z Dünger; wieviel Dünger wird er für den in Nr. 6 erwähnten Acker nötig haben?

8) Für 25 z Chilisalpeter zahlt man 26,25 ℳ; wie teuer kommen $37\frac{1}{2}$ z?

9) Landwirt M. hatte im Herbst 140 z Hafer, den z für 6,25 ℳ, verkaufen können. Im Juni nächsten Jahres erhielt er für den z 6,90 ℳ. Hatte M. nun Gewinn oder Verlust, wenn der Hafer in der genannten Zeit um $\frac{1}{40}$ seines Gewichts eingetrocknet war?

10) Die Roggenernte des Landwirts A. beträgt 431,5 hl, sein Bedarf 69,50 hl. Für die Aussaat verwendet er 59,25 hl; wieviel kann er verkaufen?

11) Ein Radfahrer legt stündlich 15,4 km zurück, in welcher Zeit eine 92,4 km lange Strecke?

12) Das Vorderrad eines Zweirades hat einen Halbmesser von 40 cm; wieviel Umdrehungen macht es auf einer Strecke von 25,12 km?

13) Auf einem Fruchtmarkt wurden verkauft: 26,5 dz Getreide, der dz zu 11,50 ℳ; 26 dz, der dz zu 13,50 ℳ; 34 dz, der dz zu 14,75 ℳ; welches war der Gesamterlös?

14) 2 hl Obst werden für 12,4 ℳ verkauft; wieviel Obst erhält man für 117,80 ℳ?

15) Landwirt J. kauft $27\frac{1}{2}$ z Saatkartoffeln, den z zu 2,40 ℳ, und 14,25 z, den z zu 3,40 ℳ; wie groß ist seine Ausgabe?

16) Wieviel cbm Holz hat ein Baumstamm von 4,5 m Länge, dessen Durchmesser 0,48 m beträgt?

17) In einer landwirtschaftlichen Zeitschrift wird von einer Kraftfutterhandlung der z Leinkuchen zu 7,25 ℳ angeboten. Bei Abnahme von 150—200 z wird $\frac{1}{5}$ des Betrags nachgelassen; wieviel ist für 265 z zu zahlen?

18) Schmied W. läßt sich für einen neuen eisernen Pflug, der 78 kg wiegt, das Pf. mit 0,54 ℳ bezahlen; was verlangt er für den Pflug?

19) Für eine Ackerparzelle von $3\frac{1}{2}$ ha werden 6615 ℳ bezahlt; wieviel kostet 1 ha?

20) Ein Lehrling gab wöchentlich für Kost, Kleidung und Wäsche an seine Mutter 3,75 ℳ ab; wieviel gab er während eines Jahres (50 Arbeitswochen) von seinem Lohne ab?

21) Ein Geselle gibt an einem Tage 15 ₰ mehr aus, als $\frac{3}{4}$ seines Verdienstes betragen; es bleibt ihm dann noch 0,90 ℳ übrig. Wieviel verdient er in 1 Tag?

22) Wie groß ist ein rechteckiger Bauplatz, der 18 m lang und 32,50 m tief ist?

23) Ein andrer Bauplatz hat die Form eines Trapezes, dessen parallele Seiten 29,4 m und 24,8 m groß sind; der Abstand der Parallelseiten beträgt 19,5 m. Berechne die Größe dieses Bauplatzes!

24) Wieviel cbm Erdreich sind zu einem Neubau auszuheben, dessen Ausschachtung 22 m lang, 14,60 m tief und 2,25 m hoch ist?

25) Diese ausgehobene Erde wird in Wagen weggefahren, deren jeder 1,5 cbm faßt. Wie oft muß gefahren werden?

26) Eine Ausschachtung wird von 10 Arbeitern in 7 Tagen vollendet; wieviel Arbeiter sind zu verwenden, wenn die Arbeit in 5 Tagen erledigt sein soll?

27) Die Frontmauer eines Kellermauerwerks ist 22 m lang, 2,25 m hoch und 0,64 m stark; wieviel cbm ist der Inhalt? Was kostet die Frontmauer, wenn für 1 cbm 13 ℳ berechnet wird?

28) 15 Maurer vollenden ein Stockwerk in 8 Tagen; wie lange brauchen 12 Arbeiter bei gleichviel Arbeitsstunden? Wie lange 10 Arbeiter?

29) Eine Treppenstufe hat eine Länge von 1,40 m, eine Breite von 25 cm und eine Höhe von 20 cm; welchen Kubikinhalt hat sie?

30) Eine Türschwelle von Granit ist 1,60 m lang, 0,30 m breit und 0,15 m hoch; **a)** wie schwer ist sie, wenn 1 cbm Granit 2750 kg wiegt; **b)** wie teuer, wenn ein qm mit 14,25 ℳ berechnet wird?

31) Welchen Kubikinhalt hat ein Balken von 55 cm mittlerer Stärke und 4,80 m Länge?

32) Maurermeister N. setzt für Zement im Kostenanschlag 446,50 ℳ an. Wieviel t rechnet er, wenn er für die Tonne 9,50 ℳ ausgibt?

33) Ein Zimmermann zahlt für 1 cbm kieferne Balken 45 ℳ; wie teuer kommen 16 Balken mit quadratischer Grundfläche, die je 7,50 m lang, unten 24 cm und oben 18 cm stark sind?

34) Ein Dach, das 20,50 m lang und 9,40 m hoch ist, soll auf beiden Seiten mit Schiefer gedeckt werden. Wieviel kostet die Bedeckung, wenn 1 qm mit 2,80 ℳ veranschlagt ist?

35) Wieviel kostet das Decken eines achtseitigen Turmes mit Schiefer, wenn eine Dachseite 1,60 m breit, 9,50 m hoch ist und 1 qm mit 3,50 ℳ berechnet wird?

36) Die Vorderseite eines Hauses mit 151,20 qm Fläche, abzüglich Öffnungen, soll ausgebessert und 3 mal in Ölfarbe gestrichen werden. Wie teuer wird der Anstrich, wenn für 1 qm einschließlich Gerüst 1,30 ℳ gezahlt wird?

37) Ein Weißbindergeselle erhält für die Arbeitsstunde 0,42 ℳ; wieviel beträgt **a)** der Tagelohn für 10½ Stunden; **b)** der Wochenlohn bei 58½ Stunden?

38) Der tägliche Verdienst eines Arbeiters beträgt 4,75 ℳ; in welcher Zeit wird er 175,50 ℳ erspart haben, wenn er in 1 Tag 2,80 ℳ verbraucht?

39) Tapezierer H. arbeitet eine Sprungfedermatratze auf und gebraucht dazu 14 Sprungfedern, das Stück zu 15 ₰, und 4,5 m Leinwand,

den m zu 0,30 ℳ; 1,25 ℳ rechnet er für Federfaden, Bindfaden und Nägel; ferner bringt er 9 Stunden Arbeitszeit, die Stunde zu 0,70 ℳ, in Ansatz. Auf welchen Betrag lautet seine Rechnung?

40) Das Tapezieren einer Zimmerdecke erforderte 9 Rollen Tapete, die Rolle zu 0,95 ℳ; für das Ankleben wurden 0,90 ℳ für die Rolle gefordert. Wieviel kostete die Decke?

41) Ein Schreiner hat für einen Neubau eine Treppe mit 84 Stufen zu liefern. Auf wieviel lautet seine Rechnung, wenn er jede Stufe mit 7,85 ℳ berechnet?

42) Schreinermeister W. ließ sich eine Probe feinen Möbellacks schicken und bezahlte für $5\frac{1}{2}$ l 20,90 ℳ. Wieviel hat er für eine Nachbestellung von 2 Kannen mit 14,5 und 11,6 l Inhalt zu bezahlen?

43) Spengler N. bezog 480 kg Zinkblech und bezahlte dafür 194,40 ℳ; wie teuer stellte sich das kg?

44) Ein Schuhmacher bezahlt $12\frac{1}{2}$ kg Sohlleder mit 40 ℳ; wie teuer stehen ihn $26\frac{1}{4}$ kg einer zweiten Sendung gleicher Güte?

45) Ein Schneider lieferte in einem Vierteljahr 18 Anzüge an ein Geschäft ab; wieviel hatte er zu beanspruchen, wenn er für 5 Anzüge 112,50 ℳ erhielt?

46) In einen Weinberg werden 41 Wagen Dünger gefahren. Wieviel ist dafür zu bezahlen, wenn 10 Fuhren mit 60,40 ℳ berechnet werden?

47) Ein Automobil fährt mit einer Geschwindigkeit von 42 km in der Stunde. Wie lange läuft es, um eine Strecke zurückzulegen, für die ein Eisenbahnzug mit einer durchschnittlichen Geschwindigkeit von 63 km $1\frac{1}{3}$ Stunden braucht?

48) Fülle nachstehende Lohnliste aus:

Lohnliste.

.... Woche vom .... bis .... 19....

	Namen	M.	D.	M.	D.	F.	S.	Anzahl der Stunden	Lohn für die Stunde	Summe des Wochenlohns	Abzug Inv.	Abzug Kr.	Auszuzahlender Lohn	Bem.
									ℳ	ℳ	ℳ	ℳ	ℳ	
1.	Weber, Vorarbeiter	10	12	12	12	12	12		0,50		0,18	0,56		
2.	Schiefer, Schreiner	9	$9\frac{1}{2}$	10	10	10	10		0,45		0,18	0,56		
3.	Holl, "	9	$9\frac{1}{2}$	10	—	—	10		0,42		0,18	0,56		
4.	Diehl, "	9	$9\frac{1}{2}$	10	10	10	10		0,40		0,18	0,56		
5.	Mühl, "	9	$9\frac{1}{2}$	10	10	10	10		0,42		0,18	0,56		
6.	Thomas, "	9	—	10	10	10	10		0,45		0,18	0,56		
7.	Horn, "	9	$9\frac{1}{2}$	10	10	10	10		0,40		0,18	0,56		
8.	Schön, "	9	$9\frac{1}{2}$	10	10	10	10		0,42		0,18	0,56		
9.	Wissel, Lehrling									9,50	0,15	0,42		
									Sa.:					

4. Allgemeine Prozentrechnung.

Teils mündlich, teils schriftlich.

Die Prozentrechnung nimmt ihre Beziehung zu der Zahl 100 (pro cent = für Hundert). Die Zahl 100 ist in Berechnungen des praktischen Lebens von größter Wichtigkeit. Der Landwirt bestimmt z. B. das Steigen des Getreides nach Prozenten; „der Weizen ist im Preise um 10 Prozent (10 %) gestiegen" will für ihn heißen, daß er nun 110 ℳ statt 100 ℳ für eine bestimmte Menge Weizen einnimmt. „Der Fettgehalt der Milch beträgt 3 %" besagt, daß in 100 kg Milch sich 3 kg Fett befinden. Der Dachdeckermeister, der eine Arbeit mit „6 % unter dem Kostenanschlag" übernimmt, läßt sich von je 100 ℳ des Voranschlags 6 ℳ Abzug gefallen. **Prozentsatz** oder **Prozentfuß** heißt die Zahl, die angibt, wieviel vom Hundert gerechnet werden. Der Prozentsatz in den vorstehenden Beispielen ist 10, 3, 6. Zuweilen wird auch die Beziehung zu 1000 (Promille: ‰) der Rechnung zugrunde gelegt. Beträgt z. B. die Erbschaftssteuer 3 ‰, so werden für je 1000 ℳ Erbschaft 3 ℳ Steuer abzugeben sein; 3 ist hier der Promillesatz. Es ergibt sich leicht, daß 1 % eines beliebigen Wertes gefunden wird, indem man den hundertsten, 1 ‰, indem man den tausendsten Teil des Betrags nimmt. Welchen Bruchteil des Wertes machen dann aus:

a) 2 %, 4 %, 5 %, 10 %, 20 %, 50 %; b) $\frac{1}{2}$ %, $2\frac{1}{2}$ %, $3\frac{1}{3}$ %, $4\frac{1}{6}$ %, $6\frac{1}{4}$ %, $6\frac{2}{3}$ %, $8\frac{1}{3}$ %, $12\frac{1}{2}$ %, $16\frac{2}{3}$ %, $33\frac{1}{3}$ %, $66\frac{2}{3}$ %?

1) Berechne 1 % von 100, 400, 900, 1800, 2350, 4965, 18214, 389588!

2) Berechne 2 %, 3 %, 4 %, 5 %, 10 % von 500 ℳ, 1200 kg, 9280 hl!

3) Suche $2\frac{1}{2}$ % von 140 l; $3\frac{1}{3}$ % von 180 kg; $6\frac{1}{4}$ % von 9,6 kg; $12\frac{1}{2}$ % von 432 hl; $6\frac{2}{3}$ % von 16,5 t; $8\frac{1}{3}$ % von 18 t; $16\frac{2}{3}$ % von 54 ℳ; $33\frac{1}{3}$ % von 4620 m; $66\frac{2}{3}$ % von 57,6 hl!

4) Vergrößere 24 ℳ um 5 %, $12\frac{1}{2}$ %, 30 %, 40 %!

5) Vermindere 3 kg um 2 %, 10 %, $16\frac{2}{3}$ %, $66\frac{2}{3}$ %!

6) Wieviel kg Zucker liefern 25 t Zuckerrüben, wenn man den Zuckergehalt im Durchschnitt mit 14 % annimmt?

7) Superphosphat fiel im Sommer um $6\frac{1}{4}$ % im Preis. Wieviel beträgt der Preisrückschlag für 12 t dieses Düngemittels, das man im Frühjahr zu 9,60 ℳ den dz gekauft hatte?

8) Infolge verbesserter Bewirtschaftung hat sich der Ertrag eines Gutes nach einem Jahr um 8 % erhöht. Wieviel beträgt der nunmehrige Ertrag, wenn der frühere einen Wert von 12600 ℳ hatte?

9) Frisch eingebrachtes Wiesenheu verliert innerhalb der ersten 5 Monate durchschnittlich 12 % an Gewicht; welches Gewicht werden alsdann 13 Wagen Heu nach 5 Monaten haben, wenn ein Wagen Heu 1550 kg wog?

10) Wieviel Stärkemehl ist in 425 kg Kartoffeln enthalten, wenn der durchschnittliche Stärkemehlgehalt der Kartoffel 17 % beträgt?

11) Schreinermeister B. ließ sich für 2890 ℳ zugeschnittenes Tannenholz schicken; die Fracht betrug 48 ℳ 60 ₰, das Wegfahren des Holzes vom Güterbahnhof $5\frac{1}{2}$ % des Kaufpreises. Wie teuer wurde das Holz?

12) Schreinermeister J. stellt seinem Lieferanten eine nicht zusagende Sendung Holz im Werte von 370 ℳ zur Verfügung, nimmt sie aber später gegen einen Preisnachlaß von 14 % an. Auf welchen Betrag lautet alsdann die Rechnung?

13) Die Malerarbeiten in einem Neubau sind mit 1244 ℳ veranschlagt. Der Maler läßt sich einen Abzug von $1\frac{3}{4}$ % gefallen; für wieviel übernimmt er die Arbeit?

14) Ein Meister muß $12\frac{1}{2}$ % seiner Auslagen für Rohmaterialien und Löhne als Geschäftsunkosten rechnen. Wie groß sind die Geschäftsunkosten bei einer Gesamtauslage von 4632,80 ℳ?

15) Ein Maurer, der seither 3,60 ℳ Tagelohn bekam, verlangt $16\frac{2}{3}$ % Lohnerhöhung. Welchen Lohn fordert er?

16) Wieviel Miete muß ein Haus bringen, das 44 800 ℳ gekostet hat, wenn sich das Kapital mit $6\frac{1}{2}$ % verzinsen soll?

17) M. hat ein Haus gebaut, das ihn 20 960 ℳ gekostet hat. Das Baukapital muß, wenn die üblichen Zinsen, Kosten für Ausbesserungen, Steuern usw. gedeckt werden sollen, $6\frac{1}{4}$ % einbringen. Wieviel Miete muß M. für seine eigene Wohnung rechnen, wenn er für die vermieteten Räume 920 ℳ einnimmt?

18) Hausbesitzer F. steigert die Miete der Wohnungen in seinem Vorderhause wie folgt: mittlerer Stock von 480 ℳ auf 510 ℳ, oberer Stock von 360 ℳ auf 384 ℳ, Mansarde von 220 ℳ auf 240 ℳ; um wieviel % steigert er die Preise der einzelnen Wohnungen?

19) Wieviel hat R. bar zu zahlen für 74 z Chilisalpeter, den z zu 12,50 ℳ, und 54 z Superphosphat, den z zu 6,75 ℳ, wenn die Handlung für beide Düngemittel $5\frac{1}{2}$ % Abzug (Skonto) bewilligt?

20) Wieviel % Abzug (Rabatt) ist gewährt worden, wenn statt 560 ℳ nur gezahlt werden: **a)** 448 ℳ; **b)** 420 ℳ; **c)** $466\frac{2}{3}$ ℳ; **d)** 504 ℳ; **e)** $373\frac{1}{3}$ ℳ?

21) Buchhändler T. bezieht von einer Verlagsbuchhandlung für 2580 ℳ Bücher; wieviel zahlt er, wenn man ihm 20 % Rabatt bewilligt?

22) Herr M. kauft ein Pianino, das mit 650 ℳ ausgezeichnet ist; als Mitglied eines Wirtschaftsverbandes erhält er 18 % Rabatt. Wieviel zahlt er?

23) Schreiner K. kauft einen größeren Posten Tannen- und Buchenholz für 1902 ℳ. Weil er durch eigenes Fuhrwerk das Holz abholen läßt, gestattet ihm die Holzhandlung $4\frac{2}{3}$ % und bei Barzahlung nochmals $2\frac{1}{2}$ % Skonto. Wieviel beträgt die Barzahlung?

24) Auf wieviel lautet die Rechnung des A., wenn er mit einem Rabatt von $6\frac{2}{3}$ % bezahlt und im ganzen 105 ℳ abziehen darf?

*

25) Ein Kohlenhändler nahm bei größeren Bestellungen für den z Kohlen statt 90 ₰ nur 84 ₰; wieviel % betrug der Rabatt?

26) Der Preis für eine t Hafer ging von 140 ℳ auf 126 ℳ zurück, also um wieviel %?

27) Wie hoch stellt sich die Rechnung, wenn eine Ware nach Abzug von 2 % Rabatt mit 2587,20 ℳ bezahlt wird?

28) Fruchthändler S. hat 350 hl Korn für 4200 ℳ eingekauft und verkauft das hl für 15 ℳ; wieviel % gewinnt er?

29) A. zahlt für 1 t Kartoffeln im Einkauf 42 ℳ; beim Verkauf muß er 50 kg für 1,75 ℳ ablassen. Wieviel % beträgt sein Verlust?

30) Händler K. kaufte für 91,70 ℳ Kartoffeln. Für Fuhrlohn zahlte er $14\frac{2}{7}$ % des Preises. Wieviel % ist sein Verdienst, wenn er die Kartoffeln für 111,35 ℳ verkauft?

31) Kaufmann S. kauft 1 t Ware für 840 ℳ, zahlbar nach 3 Monaten; er bezahlt bar mit einem Rabatt von 16 % für das Jahr. Wieviel muß er im Verkauf für 1 kg fordern, wenn er 30 % gewinnen will?

32) Die Herstellungskosten eines Schreibtisches werden mit 126 ℳ angesetzt; $13\frac{1}{3}$ % beträgt der Zuschlag für Geschäftsunkosten. Wieviel % beträgt der Geschäftsgewinn, wenn der Schreibtisch zu 151,20 ℳ verkauft wird?

33) Ein Reisender darf $4\frac{1}{3}$ % Reisekosten (Spesen) rechnen. Wieviel betragen seine Spesen, wenn er für 1591,75 ℳ Ware verkauft?

34) Auf eine Ware im Werte von 3640 ℳ kommen folgende Spesen: Vermittelungsgebühr (Provision) $1\frac{3}{5}$ %, Zoll $\frac{3}{4}$ %, Fracht und Spedition (Beförderung an Ort und Stelle) 18 %. Wie teuer wird die Ware?

35) Für das Einkassieren von 584 ℳ erhält ein Diener $1\frac{3}{4}$ % Provision; a) wie groß ist sie, b) wieviel wird bar abgeliefert?

36) Von 50 Schülern einer Klasse sind nur 45 anwesend; wieviel % fehlen?

37) Das Gewicht einer Ware mit Verpackung (brutto) beträgt 84 kg, das Gewicht der Ware allein (netto) $73\frac{1}{2}$ kg; wieviel % beträgt das Gewicht der Verpackung (Tara)?

5. Vielsatzrechnung.

Schriftlich.

Vielsatz oder mehrgliedrige Zweisatzrechnungen werden solche Rechnungen genannt, in denen Bedingungs- und Fragesatz mehr als zwei Glieder enthalten. Werden bei der Ausrechnung die zusammengesetzten Zweisatzrechnungen in einfache Regeldetriaufgaben zerlegt, so kommen jedesmal nur zwei Verhältnisse in Betracht.

Aufg. **I.** 6 Pferde verzehren in 4 Wo. 504 kg Heu; wieviel kg Heu verbrauchen 10 Pferde in 2 Wo.? **II.** 6 Pferde verzehren 504 kg Heu in 4 Wo.; in welcher Zeit verzehren 10 Pferde 420 kg Heu?

I.

Pf.	Wo.	kg H.
6	4	504
10	2	?

$\frac{504 \cdot 10 \cdot 2}{6 \cdot 4} = 420$ kg

II.

Pf.	kg H.	Wo.
6	504	4
10	420	?

$\frac{4 \cdot 6 \cdot 420}{10 \cdot 504} = 2$ Wo.

1) Mit einem Gespann pflügt man in 4 Tagen 1,60 ha Ackerfeld, wieviel mit 3 Gespannen in 3 Tagen?

2) 8 Arbeiter verdienen in 5 Tagen 100 ℳ; wieviel verdienen 6 Arbeiter in 7 Tagen?

3) Für 8 Kühe braucht man in 12 Wo. annähernd 20 dz Heu; wieviel Heu brauchen 6 Kühe in 10 Wo.?

4) Erhält ein Pferd täglich 2 kg Hafer, so reicht ein bestimmter Vorrat Hafer für 9 Pferde 5 Wochen; wie lange reicht der Hafer für 15 Pferde, wenn ein Pferd täglich 1,5 kg erhält?

5) 8000 Mann Soldaten verzehren in 30 Tagen 400 z Fleisch; wieviel verzehren bei gleichen Portionen 12 000 Mann in 50 Tagen?

6) Ein rechteckiger Acker von 120 m Länge und 20 m Breite kostet 870 ℳ; welchen Wert hat ein Acker gleicher Güte, der 160 m lang und 25 m breit ist?

7) Ein rechteckiger Acker von 160 m Länge und 36 m Breite hat einen Wert von 2160 ℳ; wie breit ist ein 120 m langer Acker gleicher Güte, dessen Wert 1800 ℳ beträgt?

8) Zum Wegfahren eines Komposthaufens, der 4 m lang, 4,5 m breit und 1,5 m hoch ist, hat man 54 mal zu laden; wieviel Fuhren gibt ein Düngerhaufen von $6\frac{1}{2}$ m Länge, 4 m Breite und 2 m Höhe?

9) Ein Holzstoß von 2,4 m Länge und 1,2 m Breite kostet 43,20 ℳ; welchen Wert hat ein gleich hoher Holzstoß, der 3,5 m lang und 2 m breit ist?

10) 5 Mann verdienen in 6 Tagen bei täglich 8 stündiger Arbeit 72 ℳ; wieviel verdienen 8 Mann in 12 Tagen bei täglich 10 stündiger Arbeit?

11) Der Gutsbesitzer T. veranschlagt, eine öde Fläche mit 20 Arbeitern in 60 Tagen urbar zu machen; nach 10 tägiger Arbeit stellt er noch 5 Arbeiter ein und nach weiteren 8 Tagen weitere 7 Arbeiter. In wieviel Tagen wird die Arbeit vollendet?

12) Zur Herstellung eines Dammes wurden 2400 cbm Erde gegraben und weggefahren. 1 Arbeiter konnte täglich 4 cbm mit dem Karren fahren. Nachdem 12 Arbeiter 30 Tage gearbeitet hatten, wurden noch so viele Arbeiter eingestellt, daß die Arbeit in 10 Tagen vollendet war; wieviel Arbeiter kamen noch dazu?

13) 820 ℳ Kap. bringen zu 5 % in $1\frac{1}{2}$ Jahren 61,50 ℳ Zins; wieviel Zins bringen zu gleichem Zinsfuß 1280 ℳ Kap. in $2\frac{1}{4}$ Jahren?

14) 1350 ℳ Kap. bringen zu 4 % in 5 Mon. 22,50 ℳ Zins; welches Kap. bringt zu 3 % denselben Zins in 1 Jahr 8 Mon.?

6. Teilungs- und Gesellschaftsrechnung.

Schriftlich.

Eine Zahl wird durch Dividieren in gleiche Teile zerlegt; ungleich werden die Teile, wenn gewisse Verhältnisse in Betracht kommen, die bei Verteilung einer bestimmten Summe, **Haupt- oder Teilungssumme** genannt, berücksichtigt werden müssen. Die Teile selbst heißen Anteile; ihre Summe ist gleich der Teilungssumme. Die Größe eines Anteils an Verdienst richtet sich z. B. bei Arbeitern nach der Höhe des **Arbeitslohnes**, nach den einzelnen **Leistungen** und nach der Anzahl der **Arbeitstage**; bei einem gemeinsamen Geschäftsunternehmen wird in ähnlicher Weise die Höhe des Gewinns oder des Verlustes nach dem Verhältnis der **Leistungen** und der **Beiträge** zur Gründung des Geschäfts auf die einzelnen Teilhaber ausgeschlagen. Alle derartigen Rechnungen nennt man Teilungs- und Gesellschaftsrechnungen.

I. Aufg.: 3 Brüdern A., B., C. wurde nach dem Tode ihrer Eltern ein Vermögen von 64000 ℳ hinterlassen; wieviel erhielt jeder, wenn A. schon 3000 ℳ, B. 2000 ℳ vorempfangen hatten?

II. Aufg.: Auf eine gemeinsame Arbeit, die einen Gewinn von 2460 ℳ abwarf, verwendete A. 36 Tage tägl. 9 Std., B. 45 Tage tägl. 8 Std., C. 50 Tage tägl. 6 Std. Zeit; wieviel bekam jeder?

I. A. erh. 1 Ant. — 3000 ℳ
B. „ 1 „ — 2000 ℳ
C. „ 1 „
3 Ant. — 5000 ℳ = 64000 ℳ
3 „ allein = 69000 ℳ
1 „ = $\frac{69000}{3}$ ℳ = 23000 ℳ
A. 20000 ℳ, B. 21000 ℳ, C. 23000 ℳ

II. A. arb. 36 Tg. tägl. 9 Std. = 324 Tg. tägl. 1 Std.
B. „ 45 „ „ 8 „ = 360 „ „ 1 „
C. „ 50 „ „ 6 „ = 300 „ „ 1 „
Auf 984 Tg. k. 2460 ℳ
Auf 1 Tg. = $\frac{2460}{984}$ ℳ = 2,5 ℳ
A. erh. 2,5 ℳ · 324 = 810 ℳ
B. „ 2,5 „ · 360 = 900 ℳ
C. „ 2,5 „ · 300 = 750 ℳ

1) Drei Handwerker teilen zusammen einen Verdienst von 870 ℳ so, daß A. 4, B. 5, C. 6 Teile erhält; wieviel bekommt jeder?

2) Drei Ortschaften stellen die zur Herstellung eines Weges erforderlichen Arbeiter, die erste 40, die zweite 68, die dritte 47; wieviel fällt jeder Ortschaft von 3007 ℳ Gesamtverdienst zu?

3) Zwei Arbeiter verdienten in der Erntezeit zusammen 93,60 ℳ; A. arbeitete 16, B. 20 Tage. Wieviel bekam jeder bei gleichem Arbeitslohn?

4) Für Ausbesserung eines Weges erhielten 4 Arbeiter zusammen 181,20 ℳ; wieviel bekam jeder, wenn A. 12, B. 14, C. 16 und D. 18 Tage gearbeitet hatten?

5) Für eine Bewässerungsanlage zahlen 6 Landwirte zusammen 2700 ℳ; A. besitzt 180 a Wiesenanteil, B. 450 a, C. 630 a, D. 360 a, E. 810 a, F. 1170 a. Wieviel hat jeder zu den Kosten beizutragen?

6) Zum Bau einer Kirche bringen 3 Ortschaften die Kosten auf; Dorf A. zählt 1255, Dorf B. 935, Dorf C. 1023 Seelen. Wie verteilen sich die Kosten von 51 408 ℳ nach der Seelenzahl?

7) Landwirt M. kauft 3 Pferde für 2400 ℳ; die Preise der Pferde verhalten sich wie 6, 5 und 4. Was kostet jedes Pferd?

8) Vier Fuhrleute bekamen für das Anfahren von Backsteinen 162,50 ℳ; wieviel erhielt jeder, wenn A. 12=, B. 15=, C. 18=, D. 20mal gefahren waren?

9) Drei Arbeiter pachten zusammen ein Stück Feld für 120 ℳ, wovon A. 30 ℳ, B. 40 ℳ und C. den Rest zu bezahlen hat; wieviel z Kartoffeln erhält jeder, wenn die Ernte 80 dz ergibt?

10) Von zwei Wiesenparzellen, die zusammen 135 a enthalten, ist die erste um 19 a größer als die zweite; wie groß ist jede Parzelle?

11) Vier Gemeinden bauen gemeinsam eine Brücke für 6240 ℳ, welche Summe nach der Einwohnerzahl bezahlt wird; wieviel hat jede Gemeinde zu entrichten, wenn A. in abgerundeter Zahl 950, B. 1100, C. 1250, D. 1500 Einwohner zählt?

12) Zwei Unternehmer haben einen Reingewinn von 4290 ℳ zu verzeichnen; wieviel davon erhält A. mit 15000 ℳ, B. mit 18000 ℳ Einlage?

13) A. gibt zur Gründung eines Geschäfts 8000 ℳ, B. 10000 ℳ, C. 12000 ℳ; wieviel beträgt nach Ablauf eines Jahres der Gewinn eines jeden, wenn $9\frac{3}{4}$ % der Einlage den Gewinn ergeben?

14) Zwei Obsthändler kaufen gemeinsam Obst für 270 ℳ, von welcher Summe der eine $\frac{3}{5}$, der andere den Rest zu bezahlen hat. Infolge schlechten Wetters geht das Obst in Fäulnis über, so daß beim Verkauf $\frac{1}{5}$ der Einkaufssumme verloren geht; welchen Schaden erleidet jeder Händler, wenn man die Unkosten nicht mitrechnet?

15) Drei Familien beziehen zusammen einen Waggon Steinkohlen mit 175 z; die erste nimmt $\frac{2}{5}$ davon, die zweite 30 z weniger als die erste, die dritte den Rest. Wieviel hat jede Familie zu bezahlen, wenn 1 z Kohlen 1,05 ℳ kostet?

16) Bei einem Straßenbau arbeiten bei gleichem Tagelohn 15 Arbeiter 32 Tage, 16 Arbeiter 48 Tage, 18 Arbeiter 54 Tage lang; wieviel verdient jede Arbeitergruppe, wenn im ganzen 6216 ℳ bezahlt werden?

7. Mischungsrechnung.

Teils mündlich, teils schriftlich.

Nach bestimmten Verhältnissen können feste oder flüssige Stoffe **gemengt** oder **gemischt** werden; edlen Metallen wird, bevor sie verarbeitet werden, in der Regel ein geringeres Metall zugesetzt. Das Gold wird mit Silber oder Kupfer vermischt oder **legiert**; der Feingehalt heißt **Korn**, die legierte Masse **Schrot**. Die deutschen Goldmünzen enthalten unter 100 Teilen Mischung 900 Teile reines Gold und 100 Teile Silber oder Kupfer; die Silbermünzen sind in gleichem Verhältnis aus Silber und Kupfer zusammengesetzt.

1 kg feines Gold gibt 279 Kronen, 1 kg feines Silber 200 Einmarkstücke; 100 kg Nickel geben 400 ℳ in 5 ₰stücken oder 300 ℳ in 10 ₰stücken, 100 kg Kupfer dagegen 500 ℳ in 1 ₰stücken oder 300 ℳ in 2 ₰stücken.

Auf Gold= und Silberwaren ist gewöhnlich zur Angabe des Feingehalts ein Stempel angebracht; steht z. B. auf einem goldenen Uhr=

deckel die Zahl 650 oder 0,650, so enthält die Mischung, aus der das Uhrgehäuse hergestellt ist, in 1000 Gewichtsteilen Mischung nur 650 Teile feines Gold.

Bei Flüssigkeiten oder löslichen Stoffen wird das Mischungsverhältnis der einzelnen Bestandteile zueinander gewöhnlich in **Prozenten** angegeben; so ist z. B. 85 %iger Spiritus eine Mischung von 85 Teilen reinem Alkohol und 15 Teilen Wasser. In den Mischungsrechnungen wird die Güte der Mischung, oder es werden die zur Mischung erforderlichen Teile gesucht, in den sog. Durchschnittsrechnungen bestimmt man den mittleren Gehalt oder den **Durchschnittswert** für eine gewisse Menge von Dingen.

I. Aufg.: Der Bäcker B. mischt zu 4 kg Mehl der besseren Sorte 3 kg der geringeren Sorte; wieviel von jeder Sorte nimmt er zu einer Mischung von 175 kg?

II. Welchen Durchschnittswert hat 1 kg der Mischung, wenn der Bäcker zu 60 kg Mehl, das kg zu 20 ₰, 40 kg Mehl, das kg zu 18 ₰, und 30 kg Mehl, das kg zu 16 ₰, mischt?

Lösung:

I. 7 kg Misch. enth. 4 kg I. Sorte und 3 kg II. Sorte
1 „ „ „ $\frac{4}{7}$ „ „ „ „ $\frac{3}{7}$ „ „ „
175 „ „ „ $\frac{4 \cdot 175}{7}$ „ „ „ „ $\frac{3 \cdot 175}{7}$ „ „ „
175 „ „ „ 100 „ „ „ „ 75 „ „ „

II. 60 kg kosten 20 ₰ . 60 = 1200 ₰
40 „ „ 18 ₰ . 40 = 720 ₰
30 „ „ 16 ₰ . 30 = 480 ₰
130 kg kosten 2400 ₰
1 „ kostet $\frac{2400}{130}$ = 18,46 ₰

1) Suche das (arithmetische) Mittel zwischen: **a)** 7 und 9; 17 und 25; 49 und 81; **b)** 5, 8, 17; 26, 32, 14; **c)** 5,18 ℳ; 6,22 ℳ; 9,45 ℳ und 23,63 ℳ!

(Das Mittel mehrerer Zahlen wird gefunden, indem man ihre Summe durch die Anzahl der Posten teilt.)

2) Der Doppelzentner Roggen wird zu 13,80 ℳ, am folgenden Tag zu 14,60 ℳ verkauft, wie teuer durchschnittlich?

3) Der Weizenertrag in 4 aufeinander folgenden Jahren betrug 68 hl; 72,50 hl; 59,30 hl; 47,40 hl; welches ist der jährliche Durchschnittsertrag?

4) Der Obsthändler R. verkauft das Pfund Kirschen der besseren Sorte zu 24 ₰, das Pfund der geringeren Sorte zu 20 ₰; wieviel beträgt der Durchschnittspreis?

5) B. gibt am ersten Tage seiner Reise 11,20 ℳ, am zweiten Tage 10,40 ℳ und am dritten Tage 9,60 ℳ aus; wieviel durchschnittlich in 1 Tag?

6) Der Taglöhner S. verdiente in einer Woche 14,40 ℳ, in der nächsten 16,20 ℳ und in der folgenden Woche 15,30 ℳ; wie groß war der durchschnittliche Wochenverdienst?

7) Zur Unterstützung einer armen Familie gaben 4 Personen wie folgt: 6,80 ℳ, 7,50 ℳ, 8,20 ℳ, 9,70 ℳ; wieviel gab durchschnittlich eine Person?

8) Die Händlerin J. verkauft 80 große Eier, das Stück zu 8 ₰, und 30 kleine Eier, zwei Stück zu 13 ₰; berechne den Durchschnittspreis eines Eies!

9) Wie hoch stellt sich der Durchschnittspreis von 1 Pfund Butter, wenn die erste Sorte mit 1,10 ℳ, die zweite mit 1 ℳ und die dritte mit 96 ₰ bezahlt wird?

10) Der Metzger D. lieferte wöchentlich in eine Kaserne 540 kg Ochsenfleisch, das kg zu 1,25 ℳ; 360 kg Hammelfleisch, das kg zu 1,04 ℳ; 250 kg Schweinefleisch, das kg zu 1,18 ℳ. Wie groß war **a)** der Durchschnittspreis für 1 kg Fleisch; **b)** die wöchentliche Einnahme?

11) Bierbrauer M. kaufte auf einem Fruchtmarkte 125 dz Gerste für 1450 ℳ, 85 dz für 884 ℳ und 92 dz für 1150 ℳ; welches war der Durchschnittspreis?

12) Von 2 Sorten Kartoffeln werden 56 z, der z zu 2,80 ℳ, und 64 z, der z zu 2,40 ℳ, verkauft; wieviel war der durchschnittliche Erlös für 1 z?

13) Der Fruchthändler O. mischt 60 dz Frucht, den z zu 7 ℳ, 40 dz, den z zu 8 ℳ, und 80 dz, den z zu 6,50 ℳ; wie teuer verkauft er den dz bei 20 % Gewinn?

14) Der Landwirt Sch. pachtete eine Wiese auf 3 Jahre für 180 ℳ; im ersten Jahre erntete er 45 z Heu und Grummet, im zweiten 38 z, im dritten 52 z. Welchen durchschnittlichen Wertertrag lieferte die Wiese in einem Jahr, wenn der Preis von 1 dz Heu in den 3 J. nacheinander 6,80 ℳ; 5,60 ℳ und 6,20 ℳ betrug? Welchen Gewinn erzielte er, wenn er während der Pachtzeit an Arbeitslohn und sonstigen Kosten 58,40 ℳ ausgegeben hatte?

15) Welchen Wert hat 1 l der Mischung, wenn man zu 40 l Wein, den l zu 1,20 ℳ, **a)** 5 l, **b)** 10 l Wasser schüttet?

16) Zu 50 l 5 %igem Karbolwasser werden 10 l Wasser geschüttet; wieviel %ig wird die Mischung?

17) Wieviel l Wasser müssen zugesetzt werden, um **a)** aus 60 Liter 5 %igem Karbolwasser 4 %iges, **b)** aus 50 Liter 4 %igem 2 %iges Karbolwasser herzustellen?

18) Zu je 10 l Essig werden 4 l Wasser gegossen; wieviel l Wasser enthalten 6,58 hl der Mischung?

19) Zum Einmachen von 6 kg Zwetschen braucht man 3,75 kg Zucker, 60 g Zimt, 30 g Nelken und 1,8 l Weinessig; wieviel von jedem Zusatz sind zu 1,44 z Zwetschen nötig?

20) Wieviel l reinen Spiritus enthält eine Mischung von **a)** 80 Liter 90 %igem, **b)** 1,20 hl 75 %igem Spiritus?

21) Zur Herstellung des gewöhnlichen Glases braucht man 15 Teile Quarzsand, 5 Teile Pottasche und 1 Teil Kreide; wieviel von jeder Masse befinden sich in 201,6 kg Glas?

22) Der Landwirt Z. mengt zu einer Grünfuttersaat 42 kg Wicken, 24 kg Erbsen und 18 kg Hafer; wieviel von jeder Sorte ist zu einer Mischung von 294 kg nötig? Wie hoch stellt sich die Mischung, wenn der z Wicken 6,40 ℳ, der z Erbsen 7 ℳ und der z Hafer 6,80 ℳ kosten?

23) Wieviel g feines Silber enthalten **a)** 2,6 kg, **b)** 3,9 kg Mischung, wenn zu 450 g Feinsilber 150 g Kupfer gemischt werden?

Der Feingehalt einer Mischung von Metallen wird in der Regel in der Weise bezeichnet, daß man bestimmt, wieviel feines Metall 1 g der Mischung enthält. Setzt man z. B. zu 630 g Feingold 70 g Kupfer oder Silber, so ist der Feingehalt der Mischung 630 : 700 = 0,9; 1 g der Mischung enthält also 0,9 g Feinsilber.

24) Die deutschen Silbermünzen bestehen aus 9 Teilen Silber und 1 Teil Kupfer; wieviel kg von jedem Metall befinden sich in **a)** 4500, **b)** 5400 Einmarkstücken, wenn aus 1 kg der Mischung 180 Markstücke geprägt werden?

25) Wieviel kg Nickel und Kupfer enthalten **a)** 32 kg, **b)** 40 kg deutsche Nickelmünzen, wenn die Mischung aus 75 % Nickel und 25 % Kupfer besteht?

26) Die deutschen Kupfermünzen bestehen aus einer Legierung, die 95 Teile Kupfer, 4 Teile Zinn und 1 Teil Zink enthält; wieviel kg von jedem Metall enthalten **a)** 48 000 Einpfennigstücke, **b)** 42 000 Zweipfennigstücke, wenn 1 kg der Mischung 500 Einpfennigstücke oder 300 Zweipfennigstücke gibt?

8. Terminrechnung.

Schriftlich.

Der Zeitpunkt, an dem eine Summe Geldes bezahlt werden soll, heißt **Zahlungstermin.** Besteht eine Schuld aus mehreren Teilen mit ungleichen Zahlungsterminen, so kann der **mittlere Termin** so berechnet werden, daß Gläubiger und Schuldner keinen Nachteil haben. Bei gleichgroßen Kapitalien mit gleichem Zinsfuße zählt man die Anzahl der Jahre, Monate oder Tage zusammen und dividiert die Summe durch die Anzahl der Kapitalien, z. B.:

600 ℳ	Kap. bringen in	3	Mon. soviel Zins wie	1800 ℳ	in 1	Mon.
600 ℳ	" " "	5	" " " "	3000 ℳ	" 1	"
600 ℳ	" " "	7	" " " "	4200 ℳ	" 1	"
1800 ℳ				9000 ℳ		

9000 ℳ bringen eine gewisse Summe Zins in 1 Mon., 1800 ℳ bringen dieselbe Summe in 5 Mon. (kurz: $\frac{3+5+7}{3} = \frac{15}{3} = 5$)

Bei ungleichen Kapitalien werden diese mit der gegebenen Zeit multipliziert und die Summe aus den Produkten durch die Kapitalsumme dividiert, z. B.:

300 ℳ	Kap. bringen in	2	Mon. soviel Zins wie	600 ℳ	in 1	Mon.
400 ℳ	" " "	3	" " " "	1200 ℳ	" 1	"
500 ℳ	" " "	4	" " " "	2000 ℳ	" 1	"
1200 ℳ				3800 ℳ		

3800 : 1200 = $3\frac{1}{6}$

3800 ℳ bringen in 1 Mon. soviel Zins wie 1200 ℳ in $3\frac{1}{6}$ Mon.

Bei Bestimmung des mittleren Zinsfußes dividiert man die Summe aus den Produkten, die man durch Multiplikation des Kapitals mit dem dazugehörigen Zinsfuß erhält, durch die Summe der Kapitalien, z. B.:

200 ℳ	Kap. bringen zu $3\frac{1}{2}$%	soviel Zins wie	700 ℳ	zu 1%
400 ℳ	" " " $4\frac{1}{4}$%	" " "	1700 ℳ	" 1%
600 ℳ	" " " $4\frac{1}{2}$%	" " "	2700 ℳ	" 1%
1200 ℳ			5100 ℳ	

$$5100 : 1200 = 4\tfrac{1}{4}$$

1200 ℳ bringen zu $4\frac{1}{4}$% in gleicher Zeit soviel Zins wie 5100 ℳ zu 1%.

Bei ungleichem Zinsfuß und verschiedenem Zahlungstermin berechnet man zuerst den mittleren Zinsfuß und dann den mittleren Termin.

1) Von vier gleichgroßen Kapitalien mit gleichem Zinsfuße wird der Zins beim ersten Kapital nach 65 Tagen, beim zweiten nach 95 Tagen, beim dritten nach 104 Tagen, beim vierten nach 152 Tagen fällig; welches ist der mittlere Zahlungstermin?

2) 750 ℳ Kapital stehen $9\frac{1}{2}$ Mon. auf Zinsen, 860 ℳ Kap. 8 Mon. und 1240 ℳ Kap. $5\frac{3}{4}$ Mon.; welches ist bei gleichem Zinsfuß der mittlere Zahlungstermin?

3) 3 Kapitalien stehen gleichlang auf Zinsen: 780 ℳ Kap. zu $4\frac{1}{4}$%, 975 ℳ zu $3\frac{1}{2}$%, 1380 ℳ zu 4%; welches ist der mittlere Zinsfuß?

4) Der Landwirt S. hat zu bezahlen: 700 ℳ zu 5% in 8 Mon., 600 ℳ zu 4% in 9 Mon., 800 ℳ zu $3\frac{3}{4}$% in 10 Mon. Zu welchem mittleren Zinsfuß und Termin kann die Summe auf einmal abgetragen werden?

5) Der Wirt S. verkaufte sein Geschäft mit der ganzen Einrichtung für 75600 ℳ, wovon 20000 ℳ gleich, 15000 ℳ nach 1 Jahr 4 Mon., 18000 ℳ nach 2 Jahren und der Rest nach 3 Jahren 6 Mon. zu bezahlen sind; berechne den mittleren Zahlungstermin! Wieviel wäre bei 5% Rabatt für die ganze Summe bar zu bezahlen?

6) Bei einem Bankrott werden 40% der Forderungen an die Gläubiger bezahlt und zwar 15% nach 2 Mon., 10% nach 3 Mon. und der Rest nach 4 Mon.; welches ist die mittlere Verfallzeit? Wieviel erhält ein Gäubiger, der 7860 ℳ zu fordern hat?

7) Bei einer Güterversteigerung werden im ganzen 24620 ℳ erlöst, welche Summe in folgender Weise zu bezahlen ist: 8000 ℳ nach 1 Jahre, 9000 ℳ nach 1 Jahre 6 Mon., der Rest nach $2\frac{1}{2}$ Jahren. Wann könnte das Kapital auf einmal bezahlt werden? Wieviel betrüge die Barzahlung bei 5% Rabatt?

9. Rechnungen über Wertpapiere.

(Anmerkung. Ein Wertpapier wird den Schülern vorgezeigt und das darauf Geschriebene gelesen; hieran schließen sich die Erläuterungen.)

Ein Staat, dessen Ausgaben nicht mehr durch seine Einnahmen gedeckt werden können, erhöht entweder die Steuern, oder er macht zur Bestreitung der Ausgaben eine Anleihe, d. h. er nimmt eine größere Summe Geldes auf (**innere Anleihen** im Inlande, **äußere** im Auslande) und stellt hierfür Schuldscheine aus.

Einen Schuldschein, den eine Staatsregierung über eine geliehene Geldsumme (Staatsanleihe) dem Gläubiger (Staatsgläubiger) einhändigt, nennt man **Staatsschuldschein, Staatsobligation** oder kurz **Staatspapier.** Diese Staatspapiere haben eine Nummer, die man sich merken muß (warum?). In der Regel wird nach einer gewissen Reihe von Jahren ein Teil der Schuldverschreibungen ausgelost und vom Staate die darauf angegebenen Beträge an die Besitzer derselben ausbezahlt, oder der Staat kauft allmählich die Papiere in gesetzlich bestimmter Frist auf. Von seiten des Inhabers sind sie unkündbar.

Auch Gemeinden, Gesellschaften usw. können Schuldscheine oder Obligationen über geliehene Geldsummen ausstellen. Dient dabei das gesamte Vermögen der Mitglieder der Gesellschaft als Unterpfand, so heißen die Schuldscheine **Pfandbriefe.** Die Summe, über welche ein Schuldschein oder eine Obligation ausgestellt wird, ist auf demselben angegeben und wird als **Nennwert** bezeichnet. Der wirkliche Wert richtet sich jedoch nach dem Angebot und der Nachfrage; er ist infolge des Handels (An- und Verkauf) an der Börse veränderlich und heißt **Kurswert.** Dieser kann entweder dem Nennwert gleich sein, dann steht das Papier auf **pari,** oder denselben übersteigen — **über pari,** oder unter demselben bleiben — **unter pari.** Der Kurs- oder Handelswert von 100 *M* Nennwert heißt **Kurs** und wird täglich durch den **Kurszettel** veröffentlicht. Ist bei gutem Kredit des Staates und bei gesunkenem Zinsfuß der Kurs über pari gestiegen, so können Zinsreduktionen oder sog. Konversionen vorgenommen werden; der Zinsfuß wird erniedrigt, und der Kurs fällt.

Wird das Wertpapier zu dem angegebenen Kurs gesucht, so steht die Bezeichnung G dabei, wird es zu diesem Preise angeboten, dagegen B — Brief, P — Papier; bz und bz G (Geld bezahlt) — das Papier ist mit diesem Preis bezahlt worden.

Die Zinsen der Staatspapiere werden meistens halbjährlich bezahlt. Zur Erhebung derselben sind dem Staatspapier Zinsscheine, Zinsquittungen oder **Coupons** beigefügt, die abgeschnitten und an dem Tage, welcher auf ihnen verzeichnet ist, gegen die darauf angegebene Summe eingetauscht werden können. Bei Einlieferung des letzten Coupons, Stichcoupon oder **Talon** genannt, wird ein neuer Bogen mit Zinsscheinen dem Gläubiger eingehändigt.

Aktien oder **Anteilscheine** sind Urkunden darüber, daß ein Mitglied einer Gesellschaft die darauf verzeichnete Summe zu einem gemeinsamen Unternehmen, Aktienunternehmen, z. B. zum Bau von Eisenbahnen, zum Betrieb einer Brauerei oder einer Fabrik usw. eingezahlt hat. Das ganze Kapital heißt Aktienkapital, die Gesellschaft eine Aktiengesellschaft; die Besitzer von Aktien heißen Aktionäre. Zinsen werden den Aktionären nicht gewährt. Bringt das Aktienunternehmen einen Gewinn ein, so wird derselbe nach Abzug der Unkosten unter die Aktionäre verteilt und heißt dann Dividende. Dieser Gewinnanteil ist in Prozenten des Wertes der Aktie angegeben und wird gegen Auslieferung des Dividendenscheins bezahlt. Reicht das Aktienkapital zum Betrieb des Unternehmens nicht aus, so werden neue Aktien gegen feste Zinsen, sog. **Prioritätsaktien** ausgegeben, die bei Verteilung von Dividenden Vorrechte vor den älteren oder **Stammaktien** haben. Aus dem Gesamtgewinn werden stets die Zinsen dieser Anleihe zuerst gedeckt.

Der An- und Verkauf von Wertpapieren geschieht meistens durch einen Bankier, der für die Besorgung des Geschäfts an der Börse eine Vergütung (Provision) erhält.

Teils mündlich, teils schriftlich.

Aufg.: Wieviel ist für ein Wertpapier über 1200 ℳ Nennwert bei einem Kurs von 98,50 zu bezahlen?

Lösung: **a)** 98,50 ℳ . 12 = 1182 ℳ

b)

ℳ Nennw.	ℳ Kursw.
100	98,50
1200	?

98,50 . 12 = 1182 ℳ

Aufg.: Wie groß ist der Gewinn, wenn 3 Aktien zu je 500 ℳ zum Kurs von 97 angekauft und zu 104 verkauft werden?

Lösung: **a)** Gew. = 7 ℳ . 15 = 105 ℳ

b)

ℳ Nennw.	ℳ Gew.
100	7
1500	?

7 . 15 = 105 ℳ

Aufg.: Zu wieviel % verzinst sich ein $4\frac{1}{2}$%iges Wertpapier, das zum Kurs von 90 angekauft wird?

Lösung: **a)** $\frac{9 \cdot 100}{2 \cdot 90} = 5$ ℳ, also 5%

b)

ℳ K.	ℳ Z.
90	4,5
100	?

$\frac{4,5 \cdot 100}{90} = 5$ ℳ, also 5%

1) Welches Kapital hat man für 100 ℳ Nennwert zu bezahlen, wenn der Kurswert auf **a)** 97, **b)** 98,60, **c)** 101,20, **d)** 103,50 steht? Wieviel bezahlt man für 400 ℳ Nennwert? Für 1200 ℳ?

2) Jemand kauft $3\frac{1}{2}$%ige Staatspapiere zum Kurs von **a)** 94,85; **b)** 96,20; wieviel ist für 1600 ℳ Nennwert zu bezahlen?

3) Wieviel ist für ein Wertpapier von 1800 ℳ Nennwert zu bezahlen, wenn der Kurs **a)** 2,50 unter pari, **b)** 1,75 über pari steht?

4) Ein Pfandbrief über 1200 ℳ wurde zum Kurswert von 96,50 angekauft und zu 102 verkauft; wie groß war der Gewinn?

5) Wie groß ist der Gewinn, wenn **a)** ein Wertpapier über 1600 ℳ Nennwert zum Kurs von 98,25 angekauft und zu 102,40 verkauft wird, **b)** ein Papier über 1400 ℳ 2,45 unter pari angekauft und 3,75 über pari verkauft wird?

6) Wie groß ist der Verlust, wenn 6 Aktien zu je 600 ℳ Nennwert zum Kurs von 92,20 angekauft und zu 86 verkauft werden?

7) Eine Obligation im Nennwert von 2700 ℳ wurde 2,40 unter pari angekauft und zum Kurs von 103,80 verkauft; wie groß war der Gewinn?

8) Eine hessische $3\frac{1}{2}$%ige Staatsobligation über 1200 ℳ wurde zum Kurs von 92,60 angekauft und zu 97,85 verkauft; berechne den Gewinn!

9) A erhält von seinen 4%igen Wertpapieren einen jährlichen Zins von 960 ℳ; er hat für die Papiere allein 24600 ℳ bezahlt. Zu welchem Kurs sind sie angekauft worden?

10) Ein 4 %iges Wertpapier von 1500 ℳ wurde pari angekauft und nach einem Jahre zu 102,40 verkauft. Zu wieviel % rentierte das angelegte Kapital?

11) Eine $3\frac{1}{2}$ %ige deutsche Reichsanleihe über 800 ℳ wurde zum Kurs von 90 angekauft und nach 1 Jahre zu 93,60 verkauft. Zu welchem Zinsfuß war das Kapital angelegt?

12) Zu wieviel % verzinst sich **a)** ein $4\frac{1}{2}$ %iges Wertpapier, das zum Kurs von 75 angekauft wurde, **b)** ein 5 %iges zum Kurs von 104,50?

13) Wie hoch verzinst sich das angelegte Kapital, wenn **a)** für 2400 ℳ 3 %ige Wertpapiere der Kurs zu 86,50, **b)** für 1600 ℳ $4\frac{1}{2}$ %ige der Kurs zu 112,50 berechnet wird?

14) Der Kapitalist S. kauft **a)** 3000 ℳ 4 %ige hessische Obligationen, Kurs 106,70; **b)** 2600 ℳ 3 %ige deutsche Reichsanleihe, Kurs 92,75; **c)** 1900 ℳ $3\frac{1}{2}$ %ige deutsche Reichsanleihe, Kurs 101,20; **d)** 3200 ℳ 4 %ige badische Staatsobligationen, Kurs 105,40. Wieviel hat er im ganzen ohne Zinsen, Provision und Stempelgebühren zu bezahlen? Zu wieviel % verzinst sich durchschnittlich das Gesamtkapital?

15) Der Gutsbesitzer N. kauft $4\frac{1}{2}$ %ige Staatspapiere im Nennwerte von 1200 ℳ und bezahlt mit den Zinsen für 120 Tage 1176 ℳ (Provision und Stempelgebühr nicht mitgerechnet). Welcher Kurs wurde berechnet?

16) Berechne die Zinsvergütung für ein $3\frac{1}{2}$ %iges Wertpapier von 1600 ℳ Nennwert, das am 15. November verkauft wird, wenn die Coupons am 1. Juli und 1. Januar eingelöst werden!

Die Stempelgebühr beträgt **20 ₰ vom Tausend** bei deutschen Wertpapieren, ausländischen Staatspapieren und Eisenbahnobligationen, deutschen und ausl. Staats- und Serienlosen; **30 ₰ vom Tausend** bei in- und ausländischen Aktien, außerdeutschen Städte- und Provinzobligationen, ausl. Hypothekenbank- und Industrieobligationen, Losen und Serienlosen (außer Staatslosen).

17) Ein Wertpapier von 2400 ℳ, zu 4 % verzinst, wird am 18. Mai zu dem Kurswert von 102,60 angekauft. Wieviel an Kapital und Zinsvergütung ist zu bezahlen, wenn die Zinsen am 1. April und 1. Oktober fällig sind?

18) Wieviel ist zu bezahlen für eine $3\frac{1}{2}$ %ige Staatsobligation von 1200 ℳ zum Kurs von 96,20, wenn das Papier, dessen Coupons auf 1. Januar und 1. Juli lauten, am 20. März gekauft wird, der Bankier für seine Bemühungen $\frac{1}{4}$ % und für Stempelgebühr 20 ₰ in Anrechnung bringt?

19) Die Bank D. besitzt ein $4\frac{1}{2}$ %iges Wertpapier im Betrag von 5000 ℳ, das sie zum Kurs von 103,60 angekauft hat. Wieviel verliert sie an Kapital, wenn die Anleihe in eine $3\frac{1}{2}$ %ige umgewandelt und zum Nennwert zurückbezahlt wird?

20) Wieviel war am 16. Januar 1902 für 1800 ℳ $3\frac{1}{2}$ %ige hessische Staatsobligationen zum Kurs von 93,20 mit Zinstermin 1. IV und 1. X zu bezahlen, wenn der Bankier $\frac{1}{5}$ % Provision und 20 ₰ für die Stempelmarke anrechnet?

10. Einfache Zinsrechnungen zur Wiederholung.

Eine ausgeliehene Geldsumme wird **Kapital** genannt, die Vergütung für die Benutzung des Kapitals heißt **Zins**. Der **Prozentsatz** oder **Zinsfuß** bezeichnet die Höhe des jährlichen Zinses von je 100 ℳ Kapital. Derjenige, der das Kapital ausleiht, wird **Gläubiger** (Kapitalist, Kreditor) genannt; derjenige, der es leiht, heißt **Schuldner** (Debitor). Der Schuldner stellt dem Gläubiger einen sog. **Schuldschein** aus, der die Namen des Gläubigers und des Schuldners, die Höhe des Kapitals in Worten und in Ziffern, den Zinsfuß, die Zeit des Ausleihens und die der Zurückzahlung oder der gesetzlichen Kündigung enthält.

Schuldschein.

Der Unterzeichnete hat heute von Herrn Rentner Rudolf Baumann hier 840 ℳ — achthundert vierzig Mark — geliehen. Er verzinst diese Summe zu $4\frac{1}{2}$ % und trägt sie nach zweimonatlicher Kündigung wieder ab.

Frankfurt a. M., den 1. März 1904. Karl Herbst.

Ein vom **Gericht** ausgefertigter Schuldschein oder Pfandvertrag auf unbewegliche Güter heißt eine **Hypothek**. Solche Schuldscheine oder **Obligationen** werden in das Hypothekenbuch als 1te, 2te, 3te Hypothek eingetragen. Bei Zahlungsunfähigkeit des Schuldners werden die hypothekarischen Schulden zuerst, zunächst die erste, dann die zweite usw. Hypothek gedeckt.

Mündlich.

Bei den Zinsrechnungen gibt es 4 Größen, nämlich Kapital, Zinsfuß, Zinsen und Zeit; im bürgerlichen Leben kommt vorwiegend nur die Berechnung der Zinsen in Betracht. Das Jahr wird zu 360, der Monat zu 30 Tagen gerechnet.

1) Berechne den jährl. Zins von **a)** 365 ℳ Kapital zu 4 % Zins, **b)** 248 ℳ zu 5 %, **c)** 764 ℳ zu 3 %, **d)** 950 ℳ zu $4\frac{1}{2}$ %, **e)** 1240 ℳ zu $3\frac{1}{2}$ %, **f)** 820 ℳ zu $4\frac{1}{2}$ %!

2) Den wievielten Teil des Kapitals beträgt der 1 %ige Jahreszins? Wie berechnet man aus dem 1 %igen Jahreszins den **a)** 3 %igen, **b)** $4\frac{1}{2}$ %igen? Wie aus dem **a)** 4 %igen, **b)** 5 %igen Jahreszins den 1 %igen?

3) Der 1 %ige Jahreszins beträgt 8,36 ℳ, wieviel der 3 %ige, 4 %ige, $3\frac{1}{2}$ %ige, $4\frac{1}{2}$ %ige?

4) Der 5 %ige Jahreszins beträgt **a)** 18,40 ℳ; **b)** 26,50 ℳ; **c)** 35,75 ℳ; wie groß ist der 1 %ige Jahreszins?

5) Der wievielte Teil des Kapitals ist der 2-, $2\frac{1}{2}$-, 3-, $3\frac{1}{3}$-, 4-, 5 %ige Jahreszins? Den wieviel %igen Jahreszins erhält man, wenn man das Kapital durch 20, 25, 30, 40 teilt?

6) Wieviel ₰ Jahreszins erhält man von 1 ℳ, 7 ℳ, 13 ℳ, 49 ℳ Kapital bei **a)** 3 %, **b)** 4 % Zins?

7) Wieviel Zins bringen in 1 Jahre 8 ℳ 60 ₰ Kapital zu 5 %; 19 ℳ 25 ₰ zu 4 %; 36,50 ℳ zu $4\frac{1}{2}$ % Zins?

8) Wie berechnet man aus dem Jahreszins den Zins für mehrere Jahre? Wie für einen Monat? Für 3, 4, 6, 5 Monate? Für 1 Woche? Für 13, 26, 39 Wochen? Für 1 Tag? Für 90, 60, 120, 200 Tage?

9) Der Jahreszins beträgt 45 ℳ; gib den Zins für 1 Monat in Bruchform an! Für 1 Woche! 1 Tag!

10) Wieviel Zins bringen **a)** 720 ℳ Kap. zu 5 % in $1\frac{3}{4}$ Jahren; **b)** 932 ℳ Kap. zu 4 % in 6 Monaten; **c)** 1040 ℳ Kap. zu 3 % in 13 Wochen; **d)** 1326 ℳ Kap. zu 4 % in 120 Tagen?

11) Wievielmal so groß als der 1-, 2-, $2\frac{1}{2}$-, 3-, 4-, 5 %ige Jahreszins ist das Kapital?

12) Welches Kapital bringt **a)** zu 4 %, **b)** zu 5 % jährlich 26 ℳ, 34 ℳ, 53 ℳ Zins?

13) Welches Kapital bringt

a)	in	1 Monat	zu 3 %	8 ℳ	Zins?
b)	„	5 Monaten	„ 4 %	35 ℳ	„
c)	„	1 Woche	„ 5 %	2,50 ℳ	„
d)	„	20 Wochen	„ 4 %	40 ℳ	„
e)	„	1 Tag	„ 3 %	50 ₰	„
f)	„	100 Tagen	„ 4 %	75 ℳ	„

14) Zu welchem Zinsfuß bringen **a)** 450 ℳ Kapital in $2\frac{1}{2}$ Jahren 45 ℳ, **b)** 125 ℳ Kapital in 3 Jahren 15 ℳ Zins?

15) Zu wieviel % bringen 720 ℳ Kapital in 1 Tag 10 ₰ Zins? 375 ℳ Kap. in 1 Monat 1,25 ℳ Zins?

16) Der Landwirt R. leiht auf $\frac{1}{2}$ Jahr 640 ℳ Kap. aus und erhält nach dieser Zeit im ganzen 656 ℳ zurück; wieviel % werden gerechnet?

17) Ein Wucherer leiht 75 ℳ auf 3 Monate aus und läßt sich im ganzen 82,50 ℳ zurückzahlen; wieviel % Zins erhält er?

18) Der Schneider P. verspricht einem Wucherer für 20 ℳ Kap. nach Ablauf von 6 Wochen 23 ℳ zu bezahlen; wie hoch ist der Zinsfuß?

19) In welcher Zeit bringen 760 ℳ Kap. zu 5 % 114 ℳ Zins?

20) In welcher Zeit bringen **a)** 850 ℳ Kap. zu 4 % 17 ℳ Zins; **b)** 345 ℳ Kap. zu 3 % 3,45 ℳ; **c)** 1140 ℳ Kap. zu 5 % 28,50 ℳ?

11. Berechnung der Zinsen nach Zinszahlen, Konto-Korrent.

Schriftlich.

(Zur Wiederholung.) Aufg.: Wieviel Zins bringen 415,20 ℳ Kap. zu $4\frac{1}{2}$ % **a)** in $1\frac{3}{4}$ Jahren, **b)** in 150 Tagen?

Lösung: **a) I.** Der 1 %ige Jahreszins = 4,152 ℳ
„ 4,5 %ige „ = 4,152 ℳ · 4,5
„ 4,5 %ige Zins in 1,75 Jahren = 4,152 · 4,5 · 1,75 ℳ
= 32,70 ℳ

II.

ℳ K.	J.	ℳ Z.
100	1	4,5
415,20	1,75	?

$\frac{4,5 \cdot 415,20 \cdot 1,75}{100} = 32,70$ ℳ

b) I. Zins in 150 Tagen $= \frac{4{,}152 \cdot 4{,}5 \cdot 150}{360}$ ℳ = 7,79 ℳ

II.

ℳ K.	T.	ℳ Z.
100	360	4,5
415,20	150	?

$\frac{4{,}5 \cdot 415{,}20 \cdot 150}{100 \cdot 360} = 7{,}79$ ℳ

1) Berechne die Zinsen von folgenden Kapitalien:
   a) 765 ℳ zu 4 % in $2\frac{3}{4}$ Jahren;
   b) 936 ℳ „ $4\frac{1}{2}$ % „ 5 Monaten;
   c) 1124,60 ℳ „ 5 % „ 1 Jahr 7 Monaten;
   d) 2450,20 ℳ „ $3\frac{3}{4}$ % „ 25 Wochen;
   e) 3518,40 ℳ „ $3\frac{1}{2}$ % „ 1 Jahr 15 Wochen!

2) Wieviel Zinsen bringen a) 216 ℳ Kapital zu 5 % in 48 Tagen; b) 317,20 ℳ zu $3\frac{1}{4}$ % in 124 Tg.; c) 429 ℳ zu $4\frac{1}{2}$ % in 236 Tg.; d) 1547,20 ℳ zu $3\frac{1}{2}$ % in 87 Tg.?

3) Berechne die Zinsen von a) 516 ℳ Kap. zu 4 % vom 15. Juni bis zum 30. Dezember desselben Jahres; b) 319 ℳ Kap. zu $3\frac{3}{4}$ % vom 3. März 1901 bis zum 5. September 1902; c) 815,60 ℳ Kap. zu $4\frac{1}{2}$ % vom 18. Januar 1900 bis zum 29. Juni 1902; d) 1234,50 ℳ Kap. zu $3\frac{1}{4}$ % vom 24. April 1899 bis zum 17. Oktober 1901!

Kaufleute berechnen in der Regel die Zinsen für mehrere Tage, indem sie die Zinszahl durch den Zinsdivisor teilen. Als **Zinszahl** gilt die Zahl, die man erhält, wenn man das Kapital mit der Anzahl der Tage multipliziert. Der **Zinsdivisor** als ganze Zahl betrachtet ist gleich dem Nenner desjenigen Bruches, der den Zins von 1 ℳ Kapital für 1 Tag bezeichnet.

1 ℳ Kap. bringt zu 1 % in 1 Tg. $= \frac{1}{100 \cdot 360}$ ℳ $= \frac{1}{36000}$ ℳ
1 ℳ „ „ „ 2 % „ 1 „ $= \frac{2}{100 \cdot 360}$ ℳ $= \frac{1}{18000}$ ℳ
1 ℳ „ „ „ 3 % „ 1 „ $= \frac{3}{100 \cdot 360}$ ℳ $= \frac{1}{12000}$ ℳ
1 ℳ „ „ „ 4 % „ 1 „ $= \frac{4}{100 \cdot 360}$ ℳ $= \frac{1}{9000}$ ℳ
1 ℳ „ „ „ 5 % „ 1 „ $= \frac{5}{100 \cdot 360}$ ℳ $= \frac{1}{7200}$ ℳ
1 ℳ „ „ „ $\frac{1}{2}$ % „ 1 „ $= \frac{1}{2}$ von $\frac{1}{36000}$ ℳ $= \frac{1}{72000}$ ℳ
1 ℳ „ „ „ $3\frac{1}{2}$ % „ 1 „ $= 3\,\% + \frac{1}{2}\,\% = \frac{1}{12000}$ ℳ $+ \frac{1}{72000}$ ℳ
1 ℳ „ „ „ $\frac{1}{4}$ % „ 1 „ $= \frac{1}{2}$ von $\frac{1}{72000}$ ℳ $= \frac{1}{144000}$ ℳ
1 ℳ „ „ „ $4\frac{3}{4}$ % „ 1 „ $= 4\,\% + \frac{3}{4}\,\% = \frac{1}{9000}$ ℳ $+ \frac{3}{144000}$ ℳ

Aufg.: Wieviel Zinsen bringen 1500 ℳ Kap. zu 4 % in 45 Tagen?

Lösung: 1500 ℳ Kap. bringen in 45 Tagen soviel Zins wie 67500 ℳ Kap. in 1 Tag; bei 4 % beträgt der Zins von 1 ℳ in 1 Tag $\frac{1}{9000}$ ℳ. Von 67500 ℳ Kap. beträgt also der Zins $\frac{67500 \cdot 1}{9000}$ ℳ $= \frac{67500}{9000}$ ℳ $= 7{,}50$ ℳ

Die Zinszahl heißt hier 67500, der Zinsdivisor 9000.

Aufg.: Wieviel Zinsen bringen 960 ℳ Kap. zu $3\frac{1}{2}$ % in 80 Tagen?
Zinszahl = 76800; Zinsdivisor bei 3 % = 12000, bei $\frac{1}{2}$ % = 72000
Lösung: Der 3 %ige Zins = 76800 ℳ : 12000 = 6,40 ℳ
„ $\frac{1}{2}$ %ige „ = 76800 ℳ : 72000 = 1,066 ·· ℳ = 1,07 ℳ
($\frac{1}{2}$ % = $\frac{1}{6}$ von 3 % = 6,40 ℳ : 6 = 1,066 ·· ℳ = 1,07 ℳ)
Der $3\frac{1}{2}$ %ige Zins = 6,40 ℳ + 1,07 ℳ = 7,47 ℳ

Aufg.: Wieviel Zinsen bringen 824 ℳ Kap. zu $4\frac{1}{4}\%$ in 56 Tagen?
Lösung: Der 4%ige Zins = 46144 ℳ : 9000 = 5,127 ℳ = 5,13 ℳ
„ $\frac{1}{4}\%$ige „ = 46144 ℳ : 144000 = 0,32 ℳ
($\frac{1}{4}\% = \frac{1}{16}$ von 4% = 5,13 ℳ : 16 = 0,32 ℳ)
Der $4\frac{1}{4}\%$ige Zins = 5,13 ℳ + 0,32 ℳ = 5,45 ℳ

Um kleinere Zahlen zur Ausrechnung zu bekommen, kürzt der Kaufmann in der Regel Zinszahl und Zinsdivisor durch 100; heißt die Zinszahl z. B. 52167 und der Zinsdivisor 7200, so lautet dann die Division 522 : 72. Bei 50 und mehr Einern werden die Hunderter um 1 erhöht, weniger Einer bleiben dagegen unberücksichtigt; das Resultat wird doch richtig.

4) Bestimme die Zinszahlen bei folgenden Kapitalien und berechne in gleicher Weise die Zinsen:

a) 765 ℳ zu 4% in 85 Tagen!
b) 1130 ℳ „ 5% „ 136 „
c) 1506 ℳ „ 3% „ 208 „
d) 2472 ℳ „ $3\frac{1}{2}\%$ „ 74 „
e) 3140 ℳ „ $4\frac{1}{4}\%$ „ 320 „

5) Berechne ebenso die Zinsen von nachstehenden Kapitalien:

a) 248 ℳ zu 3% vom 4. März 1901 bis zum 15. Juni 1902;
b) 536 ℳ „ 4% „ 12. Nov. 1899 „ „ 3. Febr. 1900;
c) 971 ℳ „ 5% „ 16. Dez. 1900 „ „ 8. Juli 1901;
d) 1230 ℳ „ $3\frac{1}{4}\%$ „ 25. August 1901 „ „ 3. Sept. 1902!

6) A. legte am 16. Januar 1901 ein Kapital von 345 ℳ zu $3\frac{1}{2}\%$ in eine Sparkasse ein; wieviel erhielt er am 1. Juli 1902 mit den Zinsen zurück?

(Die Sparkasse verzinst nur volle Mark und berechnet die Zinsen der neuen Einlagen vom ersten Tage des nächsten Monats an).

7) Der Beamte S. legte im Laufe eines Jahres in eine Sparkasse ein: 87 ℳ am 16. Januar, 95 ℳ am 13. März, 136 ℳ am 25. Juni, 154 ℳ am 8. August und 204 ℳ am 23. Oktober; wieviel betrug am 1. Januar folgenden Jahres sein Guthaben mit den 4%igen Zinsen?

Bei mehreren zu gleichem Zinsfuß ausgeliehenen Kapitalien addiert man ihre Zinszahlen und dividiert die Summe durch den gemeinschaftlichen Zinsdivisor, z. B.: 630 ℳ Kap. stehen zu 4% 52 Tage, 740 ℳ 65 Tage und 350 ℳ 120 Tage aus.

Zinszahlen; 630 ℳ · 52 = 32760 ℳ
740 ℳ · 65 = 48100 ℳ
350 ℳ · 120 = 42000 ℳ
122860 ℳ

Der 4%ige Zins beträgt 122860 ℳ : 9000 = 13,65 ℳ

8) Der Gutsbesitzer B. verkaufte am 15. März 1900 einen Teil seines Gutes für 36600 ℳ unter der Bedingung, daß ihm die Hälfte des Kapitals mit den 5%igen Zinsen nach Ablauf von 3 Monaten, $\frac{1}{3}$ des Restes nach weiteren 4 Monaten und das übrige 1 Jahr nach dem Verkaufsabschluß bezahlt wurden. Welche Summe war nach jedem Termin zu bezahlen? Wieviel betrugen die Gesamtzinsen?

9) Ein Kapitalist hatte zu $4\frac{1}{2}\%$ ausgeliehen: 940 ℳ 120 Tage lang, 725 ℳ 174 Tage, 1130 ℳ 210 Tage, 1780 ℳ 85 Tage; wieviel betrugen die Zinsen?

10) Der Landwirt U. legte in eine landwirtschaftliche Kasse am 16. Januar 150 ℳ, am 20. März 270 ℳ, am 3. Juli 120 ℳ, am 18. Oktober 310 ℳ und am 25. November 260 ℳ ein; wie stellte sich sein Guthaben am Jahresschluß, wenn das Kapital vom nächsten Tage der Einlage an mit $3\frac{1}{4}$% verzinst wurde?

11) Der Glaser L. legte am 16. Dezember 1895 ein Kapital von 1438 ℳ in eine Sparkasse ein und erhob jeweils nach Ablauf eines Jahres die $4\frac{1}{4}$%igen Zinsen; vom 1. Januar 1900 an wurden nur noch $3\frac{3}{4}$% Zinsen bezahlt. Wieviel betrugen seine Jahreszinsen vor dem Jahre 1900? Wieviel nach 1900?

12) Ein Haus wird zu 60450 ℳ verkauft, und zwar so, daß 20450 ℳ gleich und das übrige nebst den $4\frac{1}{2}$%igen Zinsen in vier gleichen Teilen jeweils nach Ablauf eines Jahres bezahlt werden; wieviel ist nach jedem Termin zu bezahlen?

13) B. legte 2540 ℳ am 1. April 1900 in eine Sparkasse ein; in demselben Jahre holte er am 4. Juni 150 ℳ, am 1. August 270 ℳ, am 7. Oktober 340 ℳ und am 15. Dezember 190 ℳ. Wieviel betrug sein Guthaben am 1. Januar 1901, wenn $3\frac{3}{4}$% Zinsen gerechnet wurden?

14) Ein neues Haus, das zu 64000 ℳ angekauft wurde, brachte jährlich 4150 ℳ an Miete ein. Die auf dem Hause ruhenden Unkosten betrugen in den ersten 10 Jahren durchschnittlich 560 ℳ. Um wieviel waren in dieser Zeit die Einnahmen höher als die $4\frac{1}{2}$%igen Zinsen des Kapitals?

Kaufleute und Handwerker mit größerem Geschäftsbetrieb, vielfach auch Landwirte und Beamte setzen sich mit einem Bankier in Verbindung, bei dem sie jederzeit größere oder kleinere Summen einzahlen und, sobald sie wieder Geld nötig haben, es sofort erhalten können. Der Bankier gewährt diesen Gläubigern für die zu seiner Verfügung gestellten Kapitalien 3—4% Zins, belastet jene aber als Schuldner mit einem höheren Zinsfuß. Er führt darüber eine laufende Rechnung, ein sog. **Konto-Korrent** und sendet gewöhnlich 2mal im Jahre die Abrechnung. Ein Konto-Korrent enthält als Überschrift den Namen desjenigen, der mit dem Bankgeschäft in Verbindung getreten ist, ferner links auf der Doppelseite das Wort **Soll** (Debet, Schuld), rechts das Wert **Haben** (Credit, Guthaben). Auf der Sollseite werden alle Summen mit genauer Angabe der Zeit angeführt, die der Bankier dem Geschäftsmann im Laufe des verflossenen halben Jahres gegeben hat (weiter noch die dazugehörigen Zinsen, Provision, Portoauslagen), auf der Habenseite diejenigen Summen, die er von ihm empfangen hat. Auf die Seite der Abrechnung, also auf diejenige, welche die kleinere Summe ergibt, wird der Unterschied zwischen Soll und Haben als **Saldo** geschrieben; dadurch ergibt sich auf beiden Seiten die gleiche Summe. Als **Zahlenbilanz** bezeichnet man den Unterschied der beiden Zinszahlen.

Kaufmann K. Schröder aus Frankfurt a. M. erhält z. B. vom Bankier A. Böhm daselbst am 16. Januar 300 ℳ, am 20. Februar 300 ℳ, am 4. April 900 ℳ und

Soll — Herr Kaufmann K. Schröder, Hier — **Haben**

1902			Tage	Zins-zahlen	Betrag ℳ	₰	1902			Tage	Zins-zahlen	Betrag ℳ	₰
Januar	16	An unsere Zahlung	164	82 000	500	—	März	1	Per Ihrer Zahlung	119	47 600	400	—
Februar	20	Ditto	130	39 000	300	—	Mai	20	Ditto	40	32 000	800	—
April	4	Ditto	86	77 400	900	—	Juni	30	Per Zahlenbilanz		123 050		
Juni	13	Ditto	17	4250	250	—	Juni	30	Per Saldo-Vortrag			771	97
Juni	30	An Zins aus 123 050 Zinszahlen zu 5 %			17	09							
		An 1/4 % Provision aus 1950 ℳ			4	88							
				202 650	1971	97					202 650	1971	97
1902 Juli	1	An Saldo-Vortrag			771	97							

Frankfurt a. M., den 30. Juni 1902.

A. Böhm.

am 15. Juni 250 ℳ; er zahlt dagegen ein am 1. März 400 ℳ und am 20. Mai 800 ℳ. Wie stellt sich am 1. Juli die Abrechnung, wenn 5% Zinsen und ¼% Provision in Abrechnung kommen?

(Die Aufstellung umfaßt 3 Teile: 1. das Eintragen der Posten, 2. die Zinsberechnung nach Zinszahlen, 3. den Abschluß.)

15) Der Händler E. hat bei einem Bankier ein Konto-Korrent. Er zahlte 350 ℳ am 15. Juli, 270 ℳ am 26. August, 380 ℳ am 4. Oktober und 500 ℳ am 6. November ein; er empfing 420 ℳ am 1. August, 280 ℳ am 16. September, 390 ℳ am 1. Dezember. Wie stellte sich am Ende des Jahres die Abrechnung, wenn für Einlagen 3½%, für empfangenes Geld 5% in Anrechnung gebracht wurden?

16) Der Bäcker S. hatte am Anfange des Jahres ein Guthaben von 1260,50 ℳ in einer Vorschußkasse. Er entnahm aus der Kasse 160 ℳ am 3. Februar, 230 ℳ am 15. März, 250 ℳ am 16. Mai und 120 ℳ am 2. Juni. Wie groß ist sein Guthaben bei der Abrechnung am 30. Juni, wenn die Kasse 4% Zinsen anrechnet?

17) A. und B. stehen in Geschäftsverbindung und rechnen am Ende des Jahres ab. A. erhielt von B. 200 ℳ am 3. März, 310 ℳ am 15. Mai, 460 ℳ am 27. Juli und 530 ℳ am 12. Oktober. B. empfing von A. 150 ℳ am 1. Mai, 230 ℳ am 16. Juni und 370 ℳ am 15. September. Wie stellte sich am Schlusse des Jahres die Rechnung, wenn beide 3% Zinsen ansetzten?

18) Der Landwirt A. erhielt am 1. Februar 1902 aus einer Vorschußkasse 2400 ℳ und versprach, diese Schuld mit 5% Zinsen im Laufe des Jahres abzutragen. Am 6. Mai bezahlte er 340 ℳ, am 15. Juni 450 ℳ, am 1. August 520 ℳ, am 12. Oktober 380 ℳ und am 30. Dezember den Rest. Wie lautete der Rechnungsabschluß am 30. Juni? Wieviel bezahlte er am Ende des Jahres?

19) Der Obsthändler K. entlieh am 1. August von einem Wirt 860 ℳ zu 5% verzinslich. Er lieferte dem Wirt am 20. September 4½ z Frühobst für 112,50 ℳ, am 15. Oktober 32,60 z Zwetschen zur Herstellung von Zwetschenbranntwein, den z zu 3,20 ℳ, und am 20. Oktober 12¾ z Tafelobst, das Pfund zu 18 ₰. Wieviel war der Händler am Ende des Jahres mit den Zinsen noch schuldig?

20) Der Schreiner Sch. erhielt am 6. Februar aus einer Darlehenskasse 450 ℳ, am 15. März 360 ℳ, am 24. Mai 520 ℳ und am 16. Oktober 640 ℳ; er zahlte zurück am 1. April 370 ℳ, am 12. Juni 400 ℳ, am 20. November 500 ℳ. Wieviel war er am Ende des Jahres noch schuldig, wenn 4% Zinsen berechnet wurden?

21) Das Guthaben des Beamten O., der bei einem Bankier ein Konto-Korrent hat, betrug am 1. Januar 1902 die Summe von 2450,22 ℳ. Am 15. März und 1. April zahlte O. je 250 ℳ ein, am 20. April empfing er 470 ℳ und am 12. Juni 540 ℳ; wie stellte sich sein Guthaben am 30. Juni, wenn 4% Zinsen und ⅓% Provision angesetzt wurden?

12. Zinseszinsrechnung.

Die Zinsen eines ausgeliehenen Kapitals, die alljährlich bezahlt werden, nennt man einfache Zinsen. Werden aber diese Zinsen zum Kapital geschlagen und mitverzinst, so entstehen Zinsen von Zinsen oder **Zinseszinsen**; die einschlägigen Rechnungen heißen Zinseszinsrechnungen. Bei Sparkassen, Banken, Versorgungs- und Lebensversicherungsanstalten ꝛc. werden Kapitalien auf Zinseszinsen angelegt, bei einfachen Darlehen ist jedoch die Anrechnung von Zinseszinsen ohne vorhergegangene Vereinbarung mit dem Schuldner gesetzlich nicht gestattet.

Aufg.: Zu welcher Summe wachsen 3000 ℳ Kapital zu 4 % mit den Zinseszinsen in 3 Jahren an?

Lösung:

	Kapital	= 3000 ℳ
a)	Zins Ende des I. Jahres	= 120 ℳ
	Kapital samt Zins	= 3120 ℳ
	Zins Ende des II. Jahres	= 124,80 ℳ
	Kapital samt Zins	= 3244,80 ℳ
	Zins Ende des III. Jahres	= 129,79 ℳ
	Kapital samt Zins	= 3374,59 ℳ

b) 1 ℳ Kap. wachs. bis Ende des I. J. zu 1,04 ℳ
1,04 ℳ „ „ „ „ „ II. „ „ $1{,}04 \cdot 1{,}04 = 1{,}0816$ ℳ
1,0816 ℳ „ „ „ „ „ III. „ „ $1{,}04 \cdot 1{,}04 \cdot 1{,}04$ ℳ $= 1{,}124864$ ℳ
3000 ℳ „ „ „ „ „ III. „ „ $1{,}04 \cdot 1{,}04 \cdot 1{,}04 \cdot 3000$ ℳ $= 3374{,}59$ ℳ an.

Der **Endwert des Kapitals** wird gefunden, indem man den Endwert von 1 ℳ Kap. nach Ablauf eines Jahres so oft als Faktor ansetzt, als Jahre angegeben sind, und das daraus erhaltene Produkt mit dem Kapital multipliziert. Soll das Kapital gesucht werden, so dividiert man die Summe, die das Kapital samt Zinseszinsen angibt, durch den Kapital- samt Zinseszinswert von 1 ℳ für die gegebene Anzahl der Jahre.

Aufgaben.

1) Wieviel ℳ bringen auf Zinseszins:
   a) 1600 ℳ Kapital nach 4 Jahren zu 3 %;
   b) 1750 ℳ „ „ 3 „ „ $3\frac{1}{2}$ %;
   c) 2480 ℳ „ „ 5 „ „ 5 %;
   d) 3296 ℳ „ „ 6 „ „ 4 %?

2) Der Landwirt P. legt für seine Tochter 5 Jahre lang am Anfang eines jeden Jahres 300 ℳ in eine Sparkasse ein, welche 4 % Zinseszins gibt; welche Summe erhält er am Ende des 5ten Jahres aus der Sparkasse zurück?

3) Zu welcher Summe wachsen 1650 ℳ Kapital zu 4 % nach $2\frac{1}{2}$ Jahren an, wenn die Zinsen halbjährlich zum Kapital geschlagen werden?

4) Ein Vater legte für seinen Sohn von 14 Jahren 940 ℳ in eine Sparkasse ein, welche $3\frac{1}{2}$ % Zinseszins gewährt. Wieviel hat der Sohn zu fordern, wenn er 21 Jahre alt ist?

5) Wieviel erhält dagegen die Tochter im 20. Lebensjahr, wenn für sie, als sie 10 Jahre alt war, 1600 ℳ auf Zinseszins bei derselben Sparkasse eingelegt worden sind?

6) Ein Staat macht Bankrott und bezahlt für seine 4%igen Obligationen nur noch $\frac{1}{3}$ der Zinsen; wie groß ist der Verlust bei einem Wertpapier über 2000 ℳ Nennwert innerhalb 6 Jahren, wenn man a) einfache Zinsen, b) Zinseszinsen anrechnet?

7) Der Gastwirt T. zahlt jährlich 500 ℳ Prämie für eine Lebensversicherungssumme von 20000 ℳ. Welche Summe ergeben sämtliche Prämien mit den 4%igen Zinseszinsen ohne Dividenden, wenn der Versicherte nach 12 Beitragsjahren stirbt?

8) Ein Großvater legt bei der Geburt eines Enkels 360 ℳ in eine Sparkasse ein, die $3\frac{1}{2}$% Zins gewährt. Welche Summe mit Zinseszinsen erhält dieser im 20. Lebensjahr herausbezahlt? (Benutze nachstehende Tabelle!)

1 ℳ Kapital wächst auf Zinseszinsen an:

nach Jahren	zu 3%	zu $3\frac{1}{2}$%	zu 4%	zu $4\frac{1}{2}$%	zu 5%	nach Jahren	zu 3%	zu $3\frac{1}{2}$%	zu 4%	zu $4\frac{1}{2}$%	zu 5%
1	1,030	1,035	1,040	1,045	1,050	**11**	1,384	1,460	1,540	1,623	1,710
2	1,061	1,071	1,082	1,092	1,103	**12**	1,426	1,511	1,601	1,696	1,796
3	1,093	1,109	1,125	1,141	1,158	**13**	1,469	1,564	1,665	1,772	1,886
4	1,126	1,148	1,170	1,192	1,216	**14**	1,513	1,619	1,732	1,852	1,980
5	1,159	1,188	1,217	1,246	1,276	**15**	1,558	1,675	1,801	1,935	2,079
6	1,194	1,229	1,265	1,302	1,340	**16**	1,605	1,734	1,873	2,022	2,183
7	1,230	1,272	1,316	1,361	1,407	**17**	1,653	1,795	1,948	2,113	2,292
8	1,267	1,317	1,369	1,422	1,478	**18**	1,702	1,858	2,026	2,208	2,407
9	1,305	1,363	1,426	1,486	1,551	**19**	1,754	1,923	2,107	2,308	2,527
10	1,344	1,411	1,480	1,553	1,629	**20**	1,806	1,990	2,191	2,411	2,653

9) Zu welcher Summe wachsen mit Zinseszinsen an:
a) 760 ℳ zu 3 % nach 12 Jahren?
b) 1980 ℳ „ 4 % „ 15 „
c) 2658 ℳ „ $3\frac{1}{2}$% „ 9 „
d) 3284 ℳ „ $4\frac{1}{2}$% „ 16 „

10) Welches Kapital beträgt mit den 5%igen Zinseszinsen a) nach 2 Jahren 2206 ℳ; b) nach 3 Jahren 2316 ℳ?

11) Welches Kapital wächst mit den 4%igen Zinseszinsen in 8 Jahren zu 1040,44 ℳ an?

12) Welche Summe hat ein Pate für sein Patenkind in eine Sparkasse, die $3\frac{1}{2}$% Zinseszinsen gibt, einzuzahlen, wenn dieses nach 20 Jahren 2000 ℳ erhalten soll?

13. Diskont- und Wechselrechnung.

(Anmerkung: Einige Wechselformulare werden vorgezeigt und die nötigen Erläuterungen daran angeschlossen.)

Ein Wechsel (Wechselbrief) ist eine die Bezeichnung **Wechsel** enthaltende Urkunde, durch die mittels bestimmter wechselmäßiger Erklärung der **Aussteller des Wechsels** (Ziehender, Trassant) entweder sich selbst verpflichtet, eine gewisse Summe Geldes an den im Wechsel genannten Berechtigten oder dessen Nachmann zur Verfallzeit zu bezahlen (zahle ich) oder einen anderen zur Zahlung der Wechselsumme auffordert (zahlen Sie). Der Wechsel gilt also als ein schriftliches **Zahlungsversprechen** oder eine **Zahlungsübertragung**, wonach zu einer bestimmten Zeit eine angegebene Geldsumme bezahlt werden muß.

Die erste Art von Wechseln nennt man **eigene** oder **trockene Wechsel**, auch **Solawechsel** (weil Wechsel solcher Art nur in einem Exemplare ausgestellt werden). Sie sind Schuldscheine in Wechselform, werden selten in Umlauf gesetzt und dienen vor allem dazu, die Zahlung der angegebenen Schuld tunlichst zu erleichtern und zu sichern.

Der **gezogene** oder **trassierte Wechsel**, **Tratte**, oft auch **Primawechsel** genannt (weil zur Erhöhung der Sicherheit, besonders wenn der Wechsel weit verschickt wird, mehrere gleichlautende Wechsel ausgestellt werden, die dann Prima, Sekunda usw. heißen), enthält eine Anweisung oder einen Zahlungsauftrag in Wechselform, für dessen Ausführung der Aussteller haftet; der **Bezogene** (Adressat, Trassat, **Akzeptant**) soll an einem bestimmten Tage, dem Verfalltage, die auf dem Wechsel angegebene Summe bezahlen.

Der Wechsel kann lauten: a) auf einen bestimmten Tag (**Tagwechsel, Präzisewechsel**), b) auf einen bestimmten Tag, vom Tage der Ausstellung an gerechnet (**Datowechsel**), c) auf Sicht (**Sicht-Wechsel**), das ist die Zeit, die der Wechsel noch zu laufen hat, oder auf eine bestimmte Zeit nach Sicht (Nach-Sicht-Wechsel), d) auf eine Messe oder einen Markt (**Meß- oder Markt-Wechsel**).

Nur **wechselfähige** Personen, das sind solche, die sich durch Verträge rechtswirksam verpflichten, können Wechsel ausstellen. Die Aussteller sind hinsichtlich der Entrichtung der Schuld dem strengen Verfahren des Wechselrechts unterworfen. Die Vorteile des Wechsels gegenüber anderen Schuldverschreibungen bestehen darin, daß das **Wechselrecht** ein schnelles Prozeßverfahren zuläßt und bei Nichtbezahlung der Wechselsumme die sofortige Beschlagnahme des ganzen Vermögens gestattet.

Die **gesetzlichen Erfordernisse** eines gezogenen Wechsels sind:

1. die Bezeichnung als Wechsel,
2. die Angabe der zu zahlenden Geldsumme,
3. der Name der Person oder der Firma, welche die Zahlung leisten soll,
4. der Name der Person (des Remittenten) oder der Firma, an welche oder an deren Order gezahlt werden soll,
5. die Unterschrift des Ausstellers mit seinem Namen oder seiner Firma,
6. die Angabe des Ortes, Monatstages und Jahres der Ausstellung,
7. die Angabe der Zeit, zu der gezahlt werden soll,
8. die Angabe des Ortes, an dem die Zahlung stattfinden soll.

Eigener Wechsel

Sola-Wechsel

Gießen, den *12. März* 1902.

Für **1500 ℳ**

Am 1. Juni d. J. zahle ich gegen diesen Sola-Wechsel an Herrn ***A. Benner in Frankfurt a. M.*** oder dessen Order die Summe von

Fünfzehnhundert Mark

G. Bachmann.

oder:

Mainz, den *15. Oktober* 1902.

Für **800 ℳ**

Sechs Monate nach heute zahle ich gegen diesen Sola-Wechsel an Herrn ***R. Sommer in Offenbach a. M.*** oder dessen Order die Summe von

Achthundert Mark

Wert in Waren erhalten. ***L. Seitz.***

Gezogener Wechsel

Prima-Wechsel

Angenommen: *Karl Naumann.*

Marburg, den *4. Juli* 1902.

Für **3000 ℳ**

Am 14. November d. J. zahlen Sie gegen diesen Prima-Wechsel an Herrn ***R. Schütz in München*** oder dessen Order die Summe von

Dreitausend Mark

Herrn Karl Naumann in Speier. ***A. Mann.***

oder:

Weinheim a. d. B., den *1. Oktober* 1902.

Für **1000 ℳ**

Drei Monate nach dato zahlen Sie gegen diesen Prima-Wechsel an Herrn ***M. Sauer in Nürnberg*** oder dessen Order die Summe von

Eintausend Mark

Wert empfangen und stellen ihn auf Rechnung laut Bericht.

Herrn Rudolf Bender in Mainz. ***B. Kaufmann.***

Die Bemerkungen **Wert erhalten** (der Aussteller hat vom Wechselnehmer den Wert in Waren oder Geld empfangen) und **stellen ihn auf Rechnung** (der Bezogene soll den Aussteller für diese Summe belasten) **laut Bericht** (derjenige, der den Wechsel bezahlen soll, erhält vom Aussteller eine besondere Nachricht) haben auf die Gültigkeit des Wechsels keinen Einfluß.

Der Aussteller eines Wechsels kann den Wechsel für die Zeit vom Ausstellungstage an bis zum Verfalltage an eine andere Person gegen Einhändigung der Wechselsumme oder auch als Zahlung übergeben. In diesem Falle werden Geldsendungen durch Wechsel, die leicht zu vergeben sind und rasch in Umlauf gesetzt werden können, ausgeglichen; daher kann der gezogene Wechsel als Zahlungsmittel das Papiergeld der Kaufleute genannt werden.

Derjenige, der den Wechsel annimmt **(Wechselnehmer)**, übernimmt zugleich auch alle auf dem Wechsel haftenden Rechte und Verpflichtungen. Er kann ihn wieder einem anderen Wechselnehmer übergeben **(indossieren)**, bis endlich der Wechsel demjenigen zugestellt wird, der sich durch seine Unterschrift **(Akzept)** verpflichtet hat, die Wechselsumme zu bezahlen oder den Wechsel einzulösen.

Als Akzepterklärung werden gewöhnlich die vom Bezogenen unterzeichneten Worte „angenommen" oder „akzeptiert" gewählt.

Der Wechsel geht auf diese Weise von einer Person auf die andere über; diese Übertragung auf andere Wechselnehmer wird auf der Rückseite des Wechsels jeweils durch eine Bemerkung des Inhabers angedeutet, z. B.:

Für mich an die Order des Herrn Bach in Darmstadt. Wert empfangen. Frankfurt a. M., den 30. Juli 1902. R. Sauer.

Rückseite eines Wechsels.

Wechsel-Stempelmarke.

Für mich an die Order des Herrn Karl Schneider in Kassel.
Frankfurt a. M., den 30. Juli 1902.
Adolf Sommer.

Für mich an Herrn Fritz Schön in Berlin.
Kassel, den 15. August 1902.
Karl Schneider.

Für mich an die Order des Herrn Heinrich Dorsch in Mainz.
Berlin, den 1. September 1902.
Fritz Schön.

Betrag empfangen.
Mainz, den 15. September 1902.
Heinrich Dorsch.

Eine derartige Bemerkung, **Giro** genannt, erhöht die Brauchbarkeit und Sicherheit des Wechsels für Handel und Bankwesen; der Wechsel wird dadurch ein Wertpapier von verschiedenartigster Verwendbarkeit auf dem Gebiete der Geldzuweisung. Derjenige, der das Giro oder als solches auch nur seinen Namen oder seine Firma auf den Wechsel schreibt, heißt **Girant**. Dieser haftet für die Zahlung, wenn er nicht die Worte „ohne Gewährleistung" oder „ohne Obligo" (Verbindlichkeit) dazu setzt.

Durch die Worte **nicht an Order** kann der Aussteller des Wechsels die Übertragung desselben an andere untersagen.

Derjenige, der seinen Namen unter den des Ausstellers oder eines Wechselnehmers (Indossanten) geschrieben hat, wird **Ehrenakzeptant**, Ehrenzahler oder Wechselbürge genannt. Sog. Notadressen — im Notfalle (oder nötigenfalls) bei Herrn X. in N. — werden in der Regel unter den Namen des Bezogenen auf die Vorderseite der Tratte gesetzt.

Der Aussteller eines Wechsels muß auf dessen Rückseite die gesetzliche **Stempelmarke** aufkleben, die Anfangsbuchstaben seines Namens oder seiner Firma schreiben und das Datum dazu setzen. Bei ungenügender Markierung werden alle Beteiligten mit dem 50fachen Betrag der für die Wechselsumme vorgeschriebenen Marke bestraft.

Die gesetzliche Stempelabgabe beträgt bei einer Summe bis zu 200 ℳ — 10 ₰, bis 400 ℳ — 20 ₰, bis 600 ℳ — 30 ₰, bis 800 ℳ — 40 ₰, bis 1000 ℳ — 50 ₰. Jedes angefangene weitere Tausend kostet 50 ₰ mehr.

Der Inhaber eines Wechsels hat das Recht, ihn dem Bezogenen sofort zur Annahme vorzulegen und, wenn dieser ihn nicht annimmt, Einspruch (**Protest**) zu erheben. Der Einspruch wird in der Regel dem Aussteller sofort mitgeteilt; denn dieser hat dafür aufzukommen, daß die Wechselsumme wirklich bezahlt wird. Bei einem eigenen Wechsel haftet der Aussteller nur für die Wechselsumme, bei einem gezogenen dagegen für die Wechselsumme samt Zinsen und Kosten (**Regreßsumme**).

Die Kosten entstehen durch den Umweg, den der Inhaber des Wechsels zur Erlangung seines Geldes machen muß.

Verweigert der Bezogene, dem der Wechsel präsentiert wird, die Zahlung der Summe, so wird am Orte des Bezogenen **protestiert**. Ein Notar oder ein Gerichtsbeamter (Gerichtsschreiber bei Amtsgerichten, Gerichtsvollzieher) fertigt eine öffentliche Urkunde (Protesterhebung, Protesturkunde) in einer bestimmten, gesetzlich vorgeschriebenen Form mit genauer Angabe der Tatsache aus. Dieser Protest berechtigt den Inhaber des Wechsels, vom Aussteller desselben oder von einem Giranten (er hat freie Wahl, welchen Wechselverpflichteten er zuerst in Anspruch nehmen will) Sicherheit zu verlangen.

Nach Erhebung des Protestes gibt er seinem Vormann und dieser dem seinigen Nachricht von der Nichtzahlung und leitet die **Wechselklage** bei einem Gericht ein, bei dem einer der Beklagten seinen allgemeinen Gerichtsstand hat.

Die ganze Wechselsumme nebst 6 % Zinsen vom Verfalltage ab, sämtliche durch den Protest entstandenen Auslagen und eine Provision von $\frac{1}{3}$ % der Wechselsumme werden ihm zugesprochen.

Bei Unterlassung der Protestaufnahme verliert der Wechsel seine Wechselkraft. Der Wechsel wird häufig nur teilweise angenommen. **Teilzahlungen** vor der Verfallzeit werden dann auf die Rückseite des Wechsels geschrieben, und dieser hat dann nur noch Gültigkeit für den Rest der Schuld. Hat man z. B. von 1200 ℳ Wechselsumme 800 ℳ bezahlt, so bleibt der Wechsel nur noch für 400 ℳ in Gültigkeit.

Ein auf Sicht gestellter Wechsel muß binnen zwei Jahren nach der Ausstellung zur Annahme präsentiert werden. Der wechselmäßige Anspruch gegen den Akzeptanten **verjährt in 3 Jahren**, vom Verfalltage an gerechnet. Nach der Verjährungszeit wird der Wechsel dem Werte nach nur wie ein Schuldschein betrachtet. Geht ein Wechsel verloren, so muß der Bezogene sofort vom Verlierenden hiervon benachrichtigt werden. Ist eins von mehreren Exemplaren bezahlt, so haben die übrigen keinen Wert mehr.

Gewöhnlich wird das als Prima bezeichnete Exemplar zum Akzept versandt; auf den übrigen muß bemerkt werden, bei wem das zum Akzept versandte Exemplar anzutreffen ist.

Vorsicht bei Bürgschaft und Wechseln!

Aufgaben.

Bei Übernahme eines Wechsels vor der Verfallzeit wird dem Wechselnehmer ein in Prozenten angegebener Abzug (**Diskont**) von der Wechselsumme und eine kleine Provision gewährt. Bei Berechnung des Diskonts, der den Zinsen bis zum Verfalltage entspricht, wird das Jahr zu 360 Tagen, der Monat zu 30 Tagen gerechnet.

Aufg.: Ein Wechsel von 1560 ℳ wird 72 Tage vor der Verfallzeit mit 6% Diskont und $\frac{1}{3}$% Provision verkauft; wieviel ist zu bezahlen?

Lösung: Der 6%ige Diskont für 72 Tage $= \frac{15,60 \cdot 6 \cdot 72}{360}$ ℳ = 18,72 ℳ

$\frac{1}{3}$% Provision $= \frac{15,60}{3}$ ℳ = 5,20 ℳ

Der ganze Abzug beträgt 18,72 ℳ + 5,20 ℳ = 23,92 ℳ

Barzahlung = 1560 ℳ — 23,92 ℳ = 1536,08 ℳ

1) Wieviel beträgt der Diskont für folgende Wechsel: **a)** 2460 ℳ bei 4% Disk., fällig nach 36 Tagen; **b)** 3580 ℳ bei $4\frac{1}{2}$% Disk., fällig nach 85 Tagen; **c)** 4120 ℳ bei 5% Disk., fällig nach 130 Tagen?

2) Berechne die Barzahlung für nachstehende Wechsel:
   - **a)** 398 ℳ mit 6% Disk., fällig nach 45 Tagen;
   - **b)** 1253 ℳ „ 5% „ „ „ 92 „ ;
   - **c)** 2146 ℳ „ $4\frac{1}{2}$% „ „ „ 160 „ ;
   - **d)** 3584 ℳ „ $5\frac{1}{2}$% „ „ „ 108 „ !

3) Wieviel beträgt **a)** der 6%ige Diskont, **b)** die Barzahlung für einen Wechsel von 1435 ℳ, fällig nach 3 Monaten? Für einen Wechsel von 1830,50 ℳ, fällig nach 7 Monaten?

4) Welchen Wert hat ein Wechsel von 960 ℳ, nach $2\frac{1}{2}$ Mon. fällig, wenn er **a)** mit 5%, **b)** mit 6% diskontiert wird?

5) Ein Wechsel von 1240 ℳ, fällig am 8. Juli, wurde am 15. Januar mit $4\frac{1}{2}$% Diskont verkauft; der Wechselnehmer gab ihn wieder am 18. März mit 6% Diskont ab. Wieviel betrug in jedem Falle der Diskont? Wieviel die Barzahlung?

6) Ein Wechsel von 820 ℳ, der nach $5\frac{1}{2}$ Monaten zahlbar ist, wird mit einem Abzug von $\frac{3}{4}$% für jeden Monat verkauft. Wieviel beträgt die Barzahlung?

7) Der 5%ige Diskont eines Wechsels für **a)** 45, **b)** 72 Tage beträgt 18,75 ℳ. Wie groß ist in jedem Falle die Wechselsumme?

8) Berechne die Wechselsumme:
   - **a)** bei 6% Disk. mit 23,20 ℳ Abzug für 160 Tage;
   - **b)** „ 5% „ „ 7,75 ℳ „ „ 3 Monate;
   - **c)** „ $4\frac{1}{2}$% „ „ 10,85 ℳ „ „ 2 Mon. 10 Tage!

9) Für einen Wechsel, der 2 Monate 20 Tage vor der Verfallzeit mit 6% Diskont verkauft wird, werden 888 ℳ bar bezahlt; wieviel beträgt die Wechselsumme?

10) Ein Wechsel, fällig nach 42 Tagen, wird bei 5% Diskont mit 1252,65 ℳ bar bezahlt; wie lautet die Wechselsumme?

11) A. stellte am 1. März 1902 einen Wechsel für empfangene Ware im Werte von 2600 ℳ aus, welche Summe nach 5 Monaten an B. zu bezahlen war. B. verkaufte den Wechsel am 20. April an C. mit 5% Diskont, C. dagegen am 15. Mai an D. mit 6% Diskont. Wieviel bezahlte C. für den Wechsel? Wieviel D.?

12) Kaufmann B. verkauft am 1. März einen am 25. November desselben Jahres einzulösenden Wechsel von 2536 ℳ mit 5% Diskont und $\frac{1}{3}$% Provision; wieviel erhält er?

13) Der Bauunternehmer J. bezahlte bei $\frac{1}{3}$% Provision für einen Wechsel von 1560 ℳ, 6 Monate vor Ablauf der Verfallzeit, 1515,80 ℳ bar; wieviel % Diskont wurden gerechnet?

14) Wieviel beträgt der Diskont in Prozenten, wenn **a)** von 1380 ℳ Wechselsumme für 3 Monate 17,25 ℳ; **b)** von 1524 ℳ Wechselsumme für 4 Monate 30,48 ℳ abgezogen werden?

15) Für eine Wechselsumme von 1500 ℳ, fällig am 20. November, werden am 10. April bei 6% Diskont 1437,50 ℳ bezahlt; wieviel % Provision werden gerechnet?

16) Am 15. Februar wurde ein Wechsel über 3000 ℳ, zahlbar nach 4 Monaten, ausgestellt und nach einiger Zeit bei 5% Diskont und $\frac{1}{2}$% Provision mit 2960 ℳ bar bezahlt. Wann wurde der Wechsel bezahlt?

17) Wie lange vor der Verfallzeit wird ein Wechsel **a)** von 1640 ℳ bei 6% Diskont mit 1615,40 ℳ; **b)** von 1320 ℳ bei 8% Diskont mit 1291,84 ℳ bar bezahlt?

18) Wieviel Franken sind in Paris für einen Wechsel von 4560 ℳ, der $2\frac{1}{2}$ Monate vor der Verfallzeit mit $6\frac{1}{2}$% Diskont und $\frac{1}{3}$% Provision übernommen wird, zu bezahlen, wenn 100 Franken zu 80,25 ℳ angerechnet werden?

14. Vermischte Aufgaben aus Haus- und Landwirtschaft, Handel und Gewerbe.

Steuern. Die Abgaben der Einzelwirtschaften an den Staat und die Kirche oder an eine Gemeinschaft (Gemeinde, Kreis, Provinz) zur Bestreitung der Ausgaben für die Allgemeinheit nennt man Steuern. Man unterscheidet **direkte** und **indirekte** Steuern. Direkte Steuern werden vom Steuerzahler direkt oder unmittelbar an den Steuerempfänger bezahlt, indirekte dagegen durch eine dritte Person erhoben und von dieser als dem eigentlichen Steuerzahler an den Empfänger abgeliefert.

Zu den direkten Steuern gehören alle Ertragssteuern (Einkommen-, Vermögens-, Kapitalrenten-, Grund-, Gebäude-, Gewerbesteuer), zu den indirekten die Zölle, die Gebühren, die Aufwands- und Verbrauchssteuern.

1) Das Einkommen eines Gutsbesitzers aus Grundvermögen beträgt 8720 ℳ; wieviel Steuern sind jährlich zu bezahlen, wenn 2,85% des Einkommens in Anrechnung kommen?

2) Bei einem Einkommen von 4835 ℳ aus Grundbesitz bezahlt der Pächter K. jährlich 125,71 ℳ Steuern; wieviel % werden gerechnet?

3) Der Bauer N. steigerte das Gras einer Gemeindewiese für 120 ℳ und erntete 64 z Heu, den z zu 3,20 ℳ gerechnet; wieviel gewann er, wenn er für das Mähen 6,20 ℳ, für das Dörren 5,10 ℳ und für das Heimfahren 4,70 ℳ anrechnete?

4) 6 Landwirte bezahlen für einen verlorenen Prozeß 283,20 ℳ Kosten, die sich nach dem Quadratinhalt der in Betracht kommenden Grundstücke verteilen. Wieviel bezahlt jeder einzelne, wenn A. 324 a, B. 285 a, C. 490 a, D. 385 a, E. 170 a, F. 234 a besitzt?

5) Ein Acker von 7826 qm trug 530 z Zuckerrüben, die in der Zuckerfabrik mit 80 ₰ für den z bezahlt wurden; wie hoch stellte sich der Reinertrag von 1 a, wenn für Dung 40,60 ℳ, für das Pflügen 9,40 ℳ, für den Samen 6,20 ℳ, für das Samenlegen und Behacken 18,90 ℳ, für das Ernten und Putzen der Rüben 13,40 ℳ, für das Fahren in die Fabrik 28,50 ℳ, außerdem 5 % Zinsen für die Kaufsumme von 1980 ℳ in Anrechnung kamen?

6) A. und B. ernteten je 86,5 dz Gerste; A. verkaufte im Herbst seine Gerste, den dz zu 13,40 ℳ, B. im Frühjahr, den dz zu 14,20 ℳ; welcher von beiden hat am vorteilhaftesten verkauft, wenn 4 % von Herbst bis Frühjahr eingetrocknet sind?

7) Der Landwirt N. besitzt 6 Kühe, deren jede durchschnittlich wöchentlich 32 l Milch gibt; die Hälfte der Milch verkauft er an einen Händler, das l zu 14 ₰, ein Viertel verbraucht er im Haushalt, und aus dem Rest erzielt er wöchentlich etwa $1\frac{3}{5}$ kg Butter, das kg im Durchschnitt zu 2,10 ℳ. Welches ist die Jahreseinnahme aus der Milchwirtschaft?

8) Ein Schwein wiegt lebend 134 kg, wovon auf das Fleisch 55 % und auf den Speck 23 % geschätzt werden; welchen Wert hat das Schwein, wenn das Pfund Fleisch im Laden 58 ₰, das Pfund Speck 95 ₰ kostet?

9) Für Rindvieh ist gutes Wiesenheu das geeignetste Futter. Das zur Erhaltung des Lebens und des Körpergewichts der Tiere notwendige Futter heißt Erhaltungsfutter, das zur Erzeugung von Milch, Fleisch oder Arbeit nötige wird Nutzungsfutter genannt. Ein ausgewachsenes Stück Rindvieh bedarf täglich $1\frac{2}{3}$ % seines Körpergewichts an Nutzungsfutter und ebensoviel Erhaltungsfutter.

Wieviel Erhaltungs- und Nutzungsfutter braucht täglich **a)** eine Kuh von 586 kg, **b)** ein Ochse von 723 kg Gewicht?

10) 50 kg gutes Wiesenheu erzeugen als Nutzungsfutter etwa 40 l Milch oder 10 Pfund Körpergewichtszunahme; wieviel l Milch wird täglich eine Milchkuh geben, wenn sie mit **a)** 25 Pfund, **b)** 30 Pfund gutem Heu gefüttert wird?

Wieviel wird ein Mastochse von 694 kg Gewicht nach einem Monat wiegen, wenn er täglich **a)** 30 Pfund, **b)** 40 Pfund gutes Wiesenheu erhält?

11) Die vorteilhafteste Ernährung für Rindvieh bieten geeignete Futtermischungen aus Heu, Klee, Stroh, Rüben, Dickwurz, Ölkuchen, Rapsmehl usw.

Wie hoch stellt sich monatlich das Futter für Vieh im Gesamtgewicht von 3475 kg, wenn auf 500 kg **a)** 30 kg Klee, 1 z zu 90 ₰; **b)** 5 kg Heu, 1 z zu 2,60 ℳ; **c)** 7 kg Stroh (Häcksel), 1 z zu 1,50 ℳ; **d)** 16 kg Dickwurz, 1 z zu 60 ₰, täglich gerechnet werden?

12) Berechne für den gleichen Viehbestand den jährlichen Futterwert, wenn in demselben Verhältnis täglich **a)** 7 kg Kleeheu, 1 z zu 3,50 ℳ; **b)** 5 kg Haferstroh, 1 z zu 1,80 ℳ; **c)** 30 kg Dickwurz oder Rüben, 1 z zu 1,20 ℳ, und 1 kg Ölkuchen, 1 z zu 6 ℳ, gefüttert werden!

13) Bestimme den wöchentlichen Futterwert für einen Mastochsen von 650 kg Gewicht, wenn auf 500 kg täglich **a)** 6 kg Heu und Grummet, 1 z zu 3,10 ℳ; **b)** 21 kg Rüben oder Kartoffeln, 1 z zu 1,20 ℳ; **c)** 9 Pfund Stroh oder Häcksel zu 35 ₰; **d)** $2\frac{1}{2}$ Pfund Ölkuchen zu 1,30 ℳ; **e)** $1\frac{1}{2}$ Pfund Rapsmehl zu 94 ₰ gerechnet werden!

14) Zur Erreichung des höchsten Ertrags von Wiesen und Äckern sind, wenn der Stalldünger nicht ausreicht, künstliche Düngemittel nötig.

Von 2 gleichgroßen Wiesen in derselben Lage wurde die eine mit $1\frac{1}{2}$ z Guano, 1 z zu 14 ℳ, gedüngt. Die ungedüngte Wiese lieferte 56 z Heu, 1 z zu 2,80 ℳ, und 42 z Grummet, 1 z zu 2,10 ℳ; die gedüngte dagegen gab 75 z Heu und 58 z Grummet. Berechne den Reinertrag jeder Wiese, wenn bei gleichem Ankaufspreis von 3800 ℳ 5 % Zinsen und für Arbeits- und Fuhrlohn 21 ℳ in Anrechnung kommen! (Merke: „**Die Dunggrube ist des Bauern Goldgrube!**")

15) Von 2 gleichgroßen Äckern in derselben Lage und zu gleichem Ankaufspreise wurde der eine mit 10 und der andere mit 15 Fuhren Mist gedüngt. Der eine Acker lieferte 18 z Gerste und 29 z Stroh, der andere 24 z Gerste und 36 z Stroh. Wie groß war der Reinertrag jedes Ackers, wenn der z Gerste zu 7,40 ℳ verkauft wurde, 1 z Stroh 1,60 ℳ galt, 62 ℳ Kapitalzins, für Aussaat, Bebauung und Dreschen 32,20 ℳ und für jede Fuhre Mist 3,80 ℳ gerechnet werden?

16) Metzger H. kauft von einem Landwirt 8 Hämmel, die 124, 128, 132, 115, 112, 125, 118 und 145 Pfund wiegen, den z Lebendgewicht zu 26,40 ℳ; **a)** wieviel zahlt H. im ganzen; **b)** wieviel kann er aus dem geschlachteten Vieh lösen, wenn jeder Hammel durchschnittlich 45 % ausgeschlachtetes Fleisch, 8 % Talg, 6 % Haut und 6 % Eingeweide enthält und 1 Pf. Fleisch mit 56 ₰, 1 Pf. Talg mit 52 ₰, 1 Pf. Haut mit 40 ₰ und 1 Pf. Eingeweide mit 15 ₰ bezahlt werden?

17) Landwirt M. will einen steinigen Acker von 2,70 ha Größe, der für 1362 ℳ gekauft wurde, 70 cm tief umarbeiten (rajolen) lassen. Dazu sind 18 Arbeiter erforderlich, von denen jeder 1,70 ℳ Lohn für den Tag erhält; **a)** wie teuer wird das Rajolen, wenn 1 Arbeiter täglich

10 qm erledigt; **b)** auf welchen Wert wird der Acker gebracht, wenn für einen rajolten 25 a großen Nachbarsacker derselben Bodenart 250 ℳ gezahlt worden sind; **c)** welchen Wert haben die ausgebrochenen Steine, wenn der Steinertrag aus 25 a durchschnittlich auf 28 cbm sich beläuft und die Steine zu 2,60 ℳ für den cbm abgegeben werden können?

18) Zum Düngen von 25 a Ackerland bringt B. 125 z Stalldünger in Anschlag; wieviel Fuhren Dünger erfordert ein 6,50 ha großer Acker, wenn 1 Fuhre durchschnittlich 20 z nimmt?

19) Von 5 Wassergräben ist der längste 75 m, jeder folgende aber 5,50 m kürzer als der vorhergehende; wie hoch stellte sich das Auswerfen der Gräben, wenn 4 Arbeiter zu einem Tagelohn von 1,85 ℳ beschäftigt waren und 1 Arbeiter in einem Tag 25 laufende m Erde aushob?

20) Landwirt E. hat 18 Stück Großvieh von durchschnittlich 9 z Gewicht; wie hoch kann er den Stalldünger dieses Viehes veranschlagen, wenn 1 Stück Vieh jährlich im Durchschnitt 240 z Mist erzeugt und der z desselben zu 25 ₰ gerechnet wird?

21) Ob man Schweine für den Haushalt schlachten oder lebend verkaufen soll? Diese Frage bespricht ein norddeutscher Fachmann im „Deutscher Schlachtviehverkehr" und stellt folgende Berechnung auf:

Ein Schwein von 284 Pf. Lebendgewicht wurde zu 36 ₰ das Pf. gekauft. Zu welchem Preis wurde das ganze Schwein gekauft? Das Schlachtgewicht betrug: Hinterschinken 49,5 Pf., Speck 59,5 Pf., Rücken 31,5 Pf., Rippen und Füße 17,5 Pf., Kehlbraten 6,5 Pf., Vorderschinken 28 Pf., Darmfett 17,5 Pf., Kopf 13,5 Pf., Fleisch- und Dauerwurst 14,5 Pf. Wieviel beträgt das Gesamtschlachtgewicht? Wie hoch stellt sich also 1 Pf. Fleisch im Schlachtgewicht?

1 Schweineleber zugekauft 1,50 ℳ, Semmel 0,35 ℳ, 8 Pf. Salz 0,80 ℳ, Salpeter und Gewürz 1 ℳ, Untersuchung auf Trichinen 0,75 ℳ, Arbeitslohn des Metzgers 5 ℳ, Brennmaterial 1 ℳ. Wieviel wurde für das Schlachten und Zubereiten verausgabt? Wie hoch kommt also das Schwein zu stehen?

22) Es wurden aus diesem Schweine erzielt: 7 Pf. Lachsschinken, das Pf. zu 80 ₰; 48,5 Pf. Hinterschinken, das Pf. zu 60 ₰; 14 Pf. Vorderschinken, das Pf. zu 50 ₰; 22 Pf. frische Blut- und Leberwurst, das Pf. zu 70 ₰; 23 Pf. Semmelwurst, das Pf. zu 35 ₰; 7,5 Pf. Dauer- und Bratwurst, das Pf. zu 90 ₰; 7 Pf. Filet und feines Fleisch, das Pf. zu 70 ₰; 38,5 Pf. Koch- und Pökelfleisch, das Pf. zu 45 ₰; 55 Pf. Speck, das Pf. zu 50 ₰; 17,5 Pf. Darmfett und Wamme, das Pf. zu 45 ₰; Wurstsuppe und Wurstfett 1 ℳ. Wieviel erlöst man aus dem geschlachteten Schwein? Wieviel beträgt die höhere Verwertung durch das Selbstschlachten?

23) Der Geselle R., der wöchentlich durchschnittlich 19,20 ℳ verdient, bringt am Ende jedes Jahres den 4ten Teil seines Lohnes auf die Sparkasse; wie groß ist nach 3 Jahren sein Guthaben bei $3\frac{1}{2}\%$ Zinseszins?

24) K. erhält durch Erbschaft 6000 ℳ, die er auf der Sparkasse zu $3\frac{1}{2}\%$ zinstragend anlegt. Wieviel Vermögen besitzt er nach Ablauf von 5 Jahren, wenn er von seinem ersparten Lohn jährlich noch 100 ℳ einzahlen kann?

25) Von zwei Arbeitern gleichen Alters verdient der eine in einer Zigarrenfabrik wöchentlich 21,60 ℳ, der andere in einer chemischen Fabrik $1\frac{3}{4}$ mal so viel. Wieviel kann sich **a)** der erste in 20 Jahren sparen, wenn er jährlich $\frac{1}{4}$ seines Lohnes auf die Sparkasse bringt, die 3% Zinseszins gewährt; **b)** der zweite, der infolge seiner ungesunden Beschäftigung schon nach 10 Jahren arbeitsunfähig wird und am Ende jedes Arbeitsjahres ein Drittel seines Lohnes in die Sparkasse legt?

26) Dem Beamten D. fällt nach dem Tode seiner Eltern ein Vermögen von 12500 ℳ zu. Mit dem 5ten Teil der Erbschaft deckt er seine Schulden; für den Rest kauft er sich ein Haus, das nach Abzug der jährlichen Reparaturkosten und Steuern zu $5\frac{3}{4}\%$ rentiert. Die jährlichen Hauszinsen bringt er auf eine Sparkasse, die 4% Zinsen gewährt. Wie groß ist nach 6 Jahren sein Vermögen, wenn während dieser Zeit das Haus um zwei Fünftel des Wertes gestiegen ist und bei der Sparkasse Zinseszinsen in Anrechnung kommen?

27) Der Schreinermeister P. verkauft sein Anwesen, das er durch Fleiß und Sparsamkeit allmählich erworben hatte, für 9360 ℳ, die er zu 4% bei einer Kasse anlegt. Er sucht nun Arbeit in einer Fabrik, gerät in böse Gesellschaft und verbraucht nebst den jährlichen Zinsen wöchentlich durchschnittlich 20 ℳ mehr, als er verdient; nach wieviel Jahren wird er sein Vermögen durchgebracht haben?

28) Der Fabrikarbeiter M. besitzt bei seiner Verheiratung ein Vermögen von 1521 ℳ, die zu $4\frac{1}{2}\%$ ausgeliehen sind; zwei Drittel seines Wochenlohns, der 21 ℳ beträgt, sind zur Führung des Haushalts bestimmt, der Rest und die jährlichen Zinsen aus dem Kapital zur Bestreitung der übrigen Ausgaben. Seine Frau, die nicht sparen gelernt hat, braucht aber wöchentlich 18,50 ℳ im Haushalt; in wieviel Jahren werden die Ersparnisse verbraucht sein?

29) Von 2 Brüdern, die von ihren Eltern je 700 ℳ geerbt haben, welche zu $3\frac{1}{2}\%$ auf Zinseszinsen in der Sparkasse angelegt sind, verdient jeder durchschnittlich in einer Woche 30 ℳ. A. gibt von seinem Verdienst wöchentlich nur 22 ℳ aus und legt am Ende jedes Jahres das Ersparte zur Erbschaft auf die Sparkasse. B. dagegen lebt verschwenderisch und erhebt alljährlich die $3\frac{1}{2}\%$igen Zinsen. Um wieviel ist das Vermögen des A. nach Ablauf von 4 Jahren größer als das des B.?

30) Vier Spieler besitzen zusammen ein Lotterielos und gewinnen damit 250000 ℳ. A. stellt sofort sein Geld zu $4\frac{3}{4}\%$ auf Zinsen aus; B. gibt seinen Teil zur Gründung eines Geschäfts her und erhält

nach Ablauf eines Jahres einen Reingewinn von 1562,50 ℳ; C. kauft für seinen Anteil ein Haus, bezieht eine jährliche Hausmiete von 3650 ℳ und bezahlt für Unterhaltungskosten und Steuern $1\frac{3}{4}$% des angelegten Kapitals; D. überläßt seinen Anteil einem Fabrikanten, der ihm 15% des Reingewinns zusichert. Nach einem halben Jahre wird der Fabrikant zahlungsunfähig; seine Gläubiger erhalten aus der Konkursmasse nur 25% ihres Guthabens. Wieviel beträgt nach Ablauf des Glücksjahres das Vermögen jedes der vier Spieler?

31) Zwei Arbeiter verdienen zusammen in einer Woche bei gleicher Bezahlung 45,60 ℳ; der erste legt jeweils am letzten Tage des Monats 30 ℳ in eine Sparkasse ein, die 4% Zinsen gewährt; der zweite verbraucht täglich durchschnittlich $\frac{3}{5}$ seines ganzen Lohnes für Wohnung, Kost und Kleidung, $\frac{1}{4}$ für andere Ausgaben. Wieviel erübrigt der erste in einem halben Jahre? Wieviel der zweite?

32) Der Möbelhändler G. liefert einer Familie Möbel für 4260 ℳ; $\frac{1}{4}$ der ganzen Summe wird gleich, $\frac{1}{4}$ mit 4% Zinsen nach $\frac{1}{2}$ Jahre und der Rest mit 5% Zinsen nach 1 Jahre bezahlt. Wieviel ist jeweils zu bezahlen? Wie groß wäre die Ersparnis, wenn die ganze Schuld mit 5% Rabatt bar bezahlt würde?

33) Der Rentner P. hatte 43600 ℳ in einer Sparkasse, die $3\frac{3}{4}$% Zinsen bezahlte. Er legte nun sein Geld hypothekarisch an und erzielte dadurch an Zinsen eine jährliche Mehreinnahme von 327 ℳ. Zu welchem Zinsfuß ist jetzt sein Geld angelegt?

34) Der Kaufmann T. hat in einem Jahre an eine Lebensversicherungsgesellschaft, bei der er zu 25000 ℳ versichert ist, für je 1000 ℳ des Kapitals 31,80 ℳ Prämie zu bezahlen und an die Feuerversicherungsgesellschaft eine Prämie von $1\frac{1}{4}$‰ für 52600 ℳ Versicherungssumme. Wieviel beträgt die Summe der beiden Prämien?

Unter **Prämie** versteht man die Summe, die vom Versicherten jährlich an die Versicherungsgesellschaft als Vergütung für die versicherte Summe zu bezahlen ist. Bei einer **Lebensversicherung** ist die Höhe der Prämie abhängig von dem Alter des Versicherten, von der Höhe der **Versicherungssumme** und von der Dauer der Versicherung (bei der abgekürzten Lebensversicherung ist die Prämie höher als bei der einfachen). Der von der Gesellschaft ausgestellte Schein über die geleistete Zahlung und die Höhe der Versicherungssumme heißt Versicherungsschein oder **Police**. Manche Versicherungsgesellschaften lassen den Versicherten einen Teil des Gewinns zukommen. Dieser jährliche Gewinnanteil wird in der Regel in Prozenten angegeben und heißt **Dividende**. Die Dividende wird nach Ablauf einer bestimmten Versicherungszeit alljährlich ausbezahlt, in den meisten Fällen jedoch von der Prämie abgezogen, so daß mit dem zunehmenden Alter des Versicherten die zu zahlende Summe infolge Anwachsens der Dividende immer kleiner wird.

Bei einer **Feuerversicherung** richtet sich die Höhe der Prämie für das Tausend (‰) der Versicherungssumme nach der Feuergefährlichkeit der versicherten Gegenstände. Durch die Feuerversicherung wird dem durch Brand Geschädigten ein voller oder teilweiser Ersatz für die verbrannten oder beschädigten Mobilien und Immobilien gewährt. In den meisten deutschen Staaten besteht eine **Landesbrandkasse**, in der die Gebäude gegen Feuersgefahr gesetzlich versichert sein müssen. Die **Hagelversicherung** schützt den Landwirt gegen Verluste, die durch Hagelschlag entstehen; die **Viehversicherung** ersetzt ihm den Wert der Nutztiere, die durch Krankheit oder Unglück zugrunde gingen. Werden bei gewissen Seuchen auf Anordnung der Behörde Tiere getötet, so entschädigt die Reichskasse; jeder Viehbesitzer muß deshalb jährlich einen kleinen Beitrag leisten. Der nach Ablauf der Versicherungsfrist zur Erneuerung einer Versicherung ausgefertigte Schein heißt Verlängerungsschein (Prolongationsschein).

35) Ein Beamter hat sein Inventar zu 15800 ℳ versichert und bezahlt als jährliche Prämie $1\frac{1}{4}$ ‰. Infolge Umzugs in die Nähe einer Ölfabrik wird die Prämie auf $2\frac{1}{4}$ ‰ erhöht. Wieviel hat er an Prämie jetzt zu bezahlen? Wie groß ist der Mehrbetrag innerhalb 10 Jahren?

36) Viele Feuerversicherungsgesellschaften gewähren bei Vorauszahlung der Prämie für vier Jahre das folgende Jahr als sog. Freijahr. A. bezahlt die Prämie für die Versicherungssumme von 13200 ℳ für vier Jahre mit 79,20 ℳ voraus und erhält dadurch ein Freijahr. Wie hoch berechnet sich im Durchschnitt die jährliche Ausgabe für die Versicherung innerhalb 5 Jahren, wenn 1,80 ℳ für Ausfertigung der Police und 40 ₰ für Porto angerechnet werden?

37) Wie hoch ist die Versicherungssumme, wenn jährlich **a)** bei $1\frac{1}{4}$ ‰ 84,50 ℳ; **b)** bei $2\frac{1}{2}$ ‰ 109,25 ℳ; **c)** bei $3\frac{3}{4}$ ‰ 58,50 ℳ Prämie bezahlt werden?

38) A. tritt im 25. und B. im 29. Lebensjahr mit einer Versicherungssumme von je 25500 ℳ in eine Lebensversicherung ein. Welche Prämie hat jeder jährlich zu bezahlen, wenn bei einem Alter von 25 Jahren 18,50 ℳ und bei 29 Jahren 20,70 ℳ für je 1000 ℳ des versicherten Kapitals bezahlt werden?

39) Wie hoch ist die Versicherungssumme, wenn jemand im 30. Lebensjahr bei 21,50 ℳ Prämie für je 1000 ℳ Kapital eine jährliche Gesamtprämie von 266,60 ℳ bezahlt?

40) Ein Beamter ist im 30. Lebensjahr in eine Lebensversicherung eingetreten und zahlt für je 1000 ℳ Kapital 21,30 ℳ Prämie, welche Summe sich durch Abzug der Dividende alljährlich vermindert. Nach 18 Versicherungsjahren bezahlt er für je 1000 ℳ Kapital nur noch 10,20 ℳ. Wie groß ist die Versicherungssumme, wenn er im 49. Lebensjahr noch eine Prämie von 153 ℳ bezahlt? Um welche Summe hat sich die Prämie während dieser Versicherungszeit vermindert?

41) A. trat in seinem 35. Lebensjahr in eine Lebensversicherung, bei der schon nach dem 1. Versicherungsjahr Dividenden gewährt werden, mit 6000 ℳ Kapital ein und bezahlte eine jährliche Prämie von

150 ℳ. Die Prämie ermäßigte sich innerhalb 10 Jahren durch Abzug der Dividende durchschnittlich um 75 ₰ für je 1000 ℳ Kapital in einem Jahre. Wie hoch belief sich die Prämie, die im 11. Versicherungsjahr im ganzen noch zu bezahlen war?

42) Für ein Waisenkind im Alter von 4 Jahren werden 12800 ℳ auf Zinseszinsen in eine Versicherungsbank eingezahlt. Welche Summe hat es im Alter von 21 Jahren zu beanspruchen, wenn $3\frac{1}{2}$ % Zinsen gewährt werden?

43) Der Landwirt B. versichert seine Gebäude in der Landesbrandkasse für 12460 ℳ mit einer Prämie von $1\frac{1}{4}$ ‰, sein Inventar und die Vorräte bei einer Feuerversicherungsgesellschaft für 8470 ℳ zu $2\frac{1}{2}$ ‰: a) wie hoch beläuft sich die jährliche Prämie; b) wieviel wird entschädigt, wenn bei einem Brand im ganzen $\frac{2}{5}$ der Versicherungssummen bezahlt wird?

44) Der Bauer S. versichert seine Feldfrüchte gegen Hagelschlag mit 2430 ℳ und bezahlt hierfür eine jährliche Prämie von $1\frac{1}{4}$ %; bei einer Viehversicherungsgesellschaft bezahlt er jährlich für sein Vieh $3\frac{3}{4}$ % der Versicherungssumme von 1870 ℳ. Um wieviel übersteigt die gesamte Entschädigung seine Ausgabe, wenn der Schaden, der durch einen Hagelschlag entstanden ist, auf $\frac{4}{10}$ abgeschätzt wird und ein Rind im Wert von 284 ℳ eingegangen ist?

45) Ein Rentner hat monatlich 320,40 ℳ an Staatssteuern zu bezahlen, an Kommunalsteuern dagegen 50 % mehr. Wie groß ist die Summe seiner jährlichen Steuern?

46) Jemand hat bei einem Einkommen von 3450 ℳ jährlich 96,60 ℳ Staatssteuern zu bezahlen; wieviel sind für ein Ziel (2 Monate) zu bezahlen? Wie hoch stellt sich der Prozentsatz der Steuer zum Einkommen?

47) Ein Beamter hat bei einem Einkommen von 4300 ℳ jährlich 103,20 ℳ an Staatssteuern zu bezahlen. Die Kommunalsteuer beträgt 120 % der Staatssteuer. Wieviel ist in jedem Falle für ein Ziel zu bezahlen? In welchem Prozentsatz stehen die Steuern zum Einkommen?

48) In Argentinien, wo vorzüglicher Weizen angebaut wird, betragen die Produktionskosten einer Tonne Weizen durchschnittlich 85 ℳ, in Deutschland dagegen 180 ℳ. Um wieviel % sind die Produktionskosten für Weizen in Deutschland höher als in Argentinien?

49) Im Jahre 1900 führte Argentinien 473000 t Weizen nach Deutschland ein; wieviel war zu bezahlen, wenn in Hamburg für 1 t 165 ℳ gerechnet wurden?

Die zunehmende Ausdehnung des Getreideanbaues in den überseeischen Ländern (vor allem in Amerika und Indien), die geringen Produktionskosten daselbst, der großkapitalistische Betrieb im Getreideanbau und Handel, die beständigen Fortschritte in dem Verkehrswesen und in den Verkehrsmitteln, die Verminderung der Transportkosten infolge des wachsenden Eisenbahn- und Schiffsverkehrs sind die Hauptursache, daß der deutsche Getreidemarkt mit ausländischem Getreide überschwemmt wird. Durch dieses Massenangebot fällt das einheimische Getreide im Preise, die Produktionskosten werden jedoch bei starkem Mangel an Arbeitskräften und bei wachsenden Arbeitslöhnen immer größer. Der Getreideanbau geht infolgedessen in Deutschland zurück, und der deutsche Landwirt ist trotz des erhöhten Zolls genötigt, sich mehr auf Viehzucht zu verlegen.

50) In Amerika wurden in den Jahren 1895 bis 1900 etwa 4 Millionen kg Gold im Werte von 11166 Millionen ℳ gewonnen und zwar 20 % aus Schwemmland und 80 % aus Gangbergbau. Welchen Wert hatte das aus Schwemmland gewonnene Gold? Welchen das durch Bergbau erhaltene? Wieviel Zwanzigmarkstücke könnte man daraus in Deutschland, das Goldwährung hat, herstellen, wenn aus 1 kg reinem Gold 139,5 Doppelkronen geprägt werden?

51) Die Silberproduktion der Welt betrug im Jahre 1880 — 2480 t, im Jahre 1890 — 4144 t, im Jahre 1900 — 6325 t. Um wieviel % hat die Silberproduktion von 1880 bis 1890 zugenommen? Um wieviel von 1890 bis 1900? Wieviel Einmarkstücke ließen sich aus 6325 t Silber prägen, wenn 1 kg reines Silber 200 Einmarkstücke gibt?

Die in einem Lande als allgemein gesetzliches Zahlungsmittel geltende Geldart mit unveränderlichem Wert nennt man **Währung**; die Bestimmungen des Staates über Gewicht und Feinheit der zu prägenden Münzen in Rücksicht auf die Bedürfnisse des Verkehrs heißen **Münzfuß**. (In Deutschland gilt als Einheit des Münzgewichts das Pfund = 500 g) Das Gold ist das **Währungsgeld** (Valuta) der Kulturvölker; als wertbeständiges Zahlungsmittel wird es als **vollwertige** oder feste Valuta bezeichnet. Bei **Goldwährung** (z. B. in Deutschland) können alle größeren Zahlungen in Gold gefordert werden. Die **Silberwährung** in einzelnen Ländern (z. B. in Indien) ist schwankend und minderwertig; der Preis des Silbers ist innerhalb 25 Jahren infolge zu großer Produktion bei geringer Nachfrage um etwa 50 % gesunken. Gold- und Silberwährung (**Doppelwährung**) besitzen z. B. Frankreich und Rußland. Länder mit geringem Kredit und zerrütteten Finanzen haben häufig nur **Papiergeldwährung**. Durch ungünstige wirtschaftliche Verhältnisse wird ihr Papiergeld leicht gefährdet und entwertet. Das eingeführte Metallgeld, das zur Einlösung von Papiergeld dient, steigt dann im Werte. Je höher das **Goldagio** ist (Agio = Aufgeld, der Betrag, um den der Handelswert oder **Kurs** einer Geldsorte ihren Nennwert infolge starker Nachfrage und hohen Preises übersteigt), desto minderwertiger ist die Papiervaluta.

Goldmünzen büßen an ihrer Vollgültigkeit nichts ein, wenn sie auch durch Abnutzung 5 ‰ vom Normalgewicht verloren haben. Dieses um 5 ‰ veränderte Gewicht der Goldstücke heißt **Passiergewicht**. Niemand ist verpflichtet, Münzen unter dem Passiergewicht anzunehmen; die Reichskassen dagegen müssen sie vollwertig einlösen.

52) Das spezifische Gewicht des Quecksilbers beträgt 13,59. Der Druck der atmosphärischen Luft ist gleich dem Gewichte einer Quecksilbersäule von 1 qcm Grundfläche und 76 cm Höhe. Bestimme die Höhe und das Gewicht einer Wassersäule bei 4° C, die denselben

Druck ausübt! (1 cbm Wasser = 1000 cdm oder l = 1000 kg) Mit wieviel kg Gewicht drückt die Luft auf einen erwachsenen Menschen, dessen Oberfläche durchschnittlich $1\frac{2}{5}$ qm oder 14000 qcm umfaßt?

Unter dem **spezifischen Gewicht** eines Körpers versteht man die Zahl, die angibt, wievielmal ein Körper schwerer ist als der gleiche Rauminhalt Wasser von 4° C. Man findet das spezifische Gewicht eines Körpers, indem man sein **absolutes** Gewicht durch das Gewicht des gleichen Volumens Wasser von 4° C dividiert.

53) Mit wieviel Pferdekräften arbeitet eine Maschine, die einen Eisenblock von 262,5 kg in 2 Sek. 4 m hoch hebt? Mit welcher Kraft arbeitet eine Dampfmaschine mit 12 Atmosphären Druck?

Bei mechanischen Arbeiten bezeichnet man die Kraft, die nötig ist, um 1 kg in einer Sekunde 1 m senkrecht in die Höhe zu heben, als ein Meterkilogramm; 75 mkg bilden eine **Pferdekraft**, d. i. die Kraft, die 1 kg in 1 Sek. 75 m oder 75 kg in 1 Sek. 1 m hoch hebt. Der Druck, den das Wasser beim Sieden ausübt, ist gleich dem **Atmosphärendruck**.

54) Ein Landwirt kaufte einen Acker für 1360 ℳ, säete ihn mit Klee ein und pflanzte darauf noch 60 Obstbäumchen an, das Stück zu 1,50 ℳ. An Kleeheu erntete er in einem Jahre durchschnittlich 70 z, den z zu 2,50 ℳ berechnet; im 4ten Jahre konnte er außerdem noch $8\frac{1}{2}$ z und im 5ten Jahre $15\frac{3}{4}$ z Obst, den z zu 8,60 ℳ verkaufen. Um wieviel war in den einzelnen Jahren der Ertrag höher als die 4%igen Zinsen des Kapitals, wenn er jährlich 65 ℳ für Steuer, Anbau- und Erntekosten festsetzte?

55) Ein Schuhmacher braucht in einem Jahre 230 kg Kalbsleder und 350 kg Rindsleder. Bezieht er das Leder im kleinen so, wie er es verarbeitet, so kostet 1 kg Kalbsleder 4,80 ℳ und 1 kg Rindsleder 3,60 ℳ. Bei einmaligem Bezug des ganzen Vorrats wird der z Kalbsleder zu 220 ℳ, der z Rindsleder zu 180 ℳ berechnet; außerdem werden bei Barzahlung 5% Rabatt bewilligt. Welchen Gewinn erzielt er, wenn er im großen einkauft und die Ware bar bezahlt?

56) Ein Gutspächter erntete 780 z Getreide; $\frac{2}{5}$ davon verkaufte er, den z zu 9,40 ℳ, $\frac{3}{4}$ vom Rest, den z zu 8,50 ℳ. Wie groß war seine Einnahme? Welches Kapital brächte zu $4\frac{3}{4}$% jährlich ebensoviel Zinsen?

57) Ein Großhändler kaufte einen Vorrat Ware für 12840 ℳ ein; 8 Tage später schlug die gleiche Ware um $6\frac{1}{2}$% und nach der folgenden Woche nochmals um 2,8% ab. Wieviel hätte er gespart, wenn er **a)** 8 Tage, **b)** 14 Tage später die Ware eingekauft hätte?

58) 1 cbm dürres Buchenholz wiegt 460 kg; 1000 kg Buchenholz geben soviel Wärme wie 540 kg Steinkohlen; wieviel cbm Buchenholz ersetzen 80 z Steinkohlen? Wie groß ist die jährliche Ersparnis für jemanden, der 80 z Steinkohlen braucht, wenn er statt Buchenholz, 1 cbm zu 16 ℳ, nur Steinkohlen, den z zu 1,10 ℳ, brennt?

59) Ein Kaufmann bezieht Zitronen in 3 Kisten mit 780, 690 und 540 Stück, das Stück zu 4 ₰. Durch den Transport werden 260 Stück schadhaft; von diesen verkauft er das Stück zu 5 ₰, von den übrigen das Stück zu 10 ₰. Wieviel gewinnt er, wenn alle Unkosten zusammen 50,40 ℳ betragen?

60) A. bietet für ein Haus 20000 ℳ bar, B. 6000 ℳ bar, 7000 ℳ nach 5 Jahren, 7000 ℳ nach 10 Jahren und 5000 ℳ nach 15 Jahren zahlbar. Welches Angebot ist das beste, wenn man 5 % Zinseszins rechnet?

15. Kostenberechnung.

Der Schreinermeister A., der auf Bestellung einen Tisch zu fertigen hat, wird bei Aufstellung seiner Rechnung in erster Linie sich auszurechnen haben, wieviel ihn die Ausführung der Arbeit selbst kostet, er wird den **Selbstkostenpreis** bestimmen. Dieser hängt von dem Preis des zu verarbeitenden Rohmaterials, von der auf die Herstellung des Tisches zu verwendenden Zeit, d. i. von dem Arbeitslohn, ab. Will A. ohne Verlust arbeiten, so muß er auf den Selbstkostenpreis einer jeden Arbeit außer einem entsprechenden Bruchteil der **Geschäftsunkosten** (Zinsen seines Betriebskapitals, Miete für Werkstätte, Heizung, Licht, Abgaben usw.) einen angemessenen **Gewinn** schlagen, der je nach der Größe der Konkurrenz, nach Lage des Geschäfts in der Stadt oder auf dem Land, nach Lage des Geschäfts am Platze selbst und nach dem Geschäftsgang im allgemeinen verschieden ausfallen wird. Die Berechnung des Preises des Rohmaterials, der gezahlten Löhne, sowie die Aufstellung der Geschäftsunkosten am Ende des Jahres verlangen von dem Geschäftsmann **eine sorgfältige Führung seiner Bücher** (gewerbliche Buchführung).

A. Berechnung des Selbstkostenpreises.

1) Schreiner M. empfängt 80 Stück kieferne Bretter, je 4,50 m lang, 30 cm breit und 24 mm stark, das Stück zu 4,60 ℳ. Der Transport und die übrigen Kosten belaufen sich auf 16 ℳ; **a)** wie teuer kommt das ganze Holz; **b)** wie teuer 1 cbm mit Unkosten?

2) Für 1 cbm Mauerwerk rechnet man 400 Stück Steine und einen Arbeitslohn von 3,80 ℳ; wie teuer kommt 1 cbm im Selbstkostenpreis, wenn das Tausend Steine mit 22 ℳ berechnet wird und $2\frac{1}{2}$ hl Mörtel, das hl zu 6,50 ℳ, erforderlich sind?

3) Eisenhändler K. bezieht 36 Stück Ofen, das Stück zu 21,50 ℳ; für Fuhrlohn und Fracht bezahlt er 40 ℳ, für Abladen und Trinkgelder 3,80 ℳ; **a)** wieviel ist der Selbstkostenpreis für einen Ofen; **b)** wieviel die Gesamtkosten für die ganze Sendung?

4) Schneider N. erhält von seiner Tuchfirma 3 Stücke Tuch von je 48 m, den m zu 6,75 ℳ. Die Verpackung hat er mit 3 ℳ zu bezahlen; die Bahnfracht und das Anfahren einschließlich des Trinkgeldes beträgt 2,20 ℳ. Welches ist der Selbstkostenpreis **a)** der ganzen Ware; **b)** eines Meters?

5) Schneider R. verarbeitet zu einem Anzug 3,10 m Tuch, das m zu 8,40 ℳ; die Zutaten stellen sich auf 5,45 ℳ. Wie hoch kommt der Anzug im Selbstkostenpreis, wenn für Arbeitslohn 22,50 ℳ gerechnet werden?

6) Schuhmacher K. läßt ein Paar Zugstiefel durch einen Gesellen herstellen. Die Schäfte stellen sich auf 4,75 ℳ, die Sohlen auf 1,10 ℳ,

Deutscher Posttarif.

Orts- u. Nachbarorts-Verkehr

Briefe	Postkarten	Drucksachen	Warenproben	Geschäftspapiere	Postanweisungen	Postpakete	Telegramme
bis 250 g 5 Pf. unfrank. 10 Pf.	2 Pf. unfrank. 4 Pf. m. Antw. 4 Pf.	bis 50 g 2 Pf. „ 100 „ 3 „ „ 250 „ 5 „ „ 500 „ 10 „ „ 1000 „ 15 „ Frankozwg.	bis 250 g 5 Pf. „ 350 „ 10 „ Frankozwg.	bis 250 g 5 Pf. „ 500 „ 10 „ „ 1000 „ 15 „ Frankozwg.	bis 5 M. 10 Pf. „ 100 „ 20 „ „ 200 „ 30 „ „ 400 „ 40 „ „ 600 „ 50 „ „ 800 „ 60 „ Frankozwg.	bis 5 kg 25 Pf., jedes weitere kg 5 Pf. bis 50 kg Unfrankiert 10 Pf. mehr. Wertangabe je 300 M. 5 Pf., mindestens 10 Pf. Wertangabe unbeschränkt.	Im Orte selbst: Wort: 3 Pf. mindestens 30 Pf. (Wort: 15 Buchstaben oder 5 Ziffern). Auf 5 teilbare Summe abgerundet nach oben.
		Vereinigt: Sätze, wie Geschäftspapiere.					

Einschreibgebühr: für jede Sendung 20 Pf.
Nachnahme-Vorzeigegebühr: 10 Pf. (bis 800 M.)
Rückschein: 20 Pf.
Postauftrag: bis 800 M. 30 Pf.
Briefe mit Wertangabe, wie Inlandsverkehr.
Eilboten: 25 Pf.

Inlands-Verkehr (Deutschland, Dtsch. Schutzgebiete, Österreich-Ungarn u. Luxemburg)

Briefe	Postkarten	Drucksachen	Warenproben	Geschäftspapiere	Postanweisungen	Postpakete	Telegramme
bis 20 g 10 Pf. bis 250 g 20 Pf. unfrank. 10 Pf. mehr.	5 Pf. unfrank. 10 Pf. m. Antw. 10 Pf.	bis 50 g 3 Pf. „ 100 „ 5 „ „ 250 „ 10 „ „ 500 „ 20 „ „ 1000 „ 30 „ nach dtschn. Schutzgebiet. bis 2000 g 60 Pf. Frankozwg.	bis 250 g 10 Pf. „ 350 „ 20 „ Frankozwg.	bis 250 g 10 Pf. „ 500 „ 20 „ „ 1000 „ 30 „ nach dtschn. Schutzgebiet. bis 2000 g 60 Pf. Frankozwg. Nach Österreich-Ungarn unzulässig.	Frankozwg. bis 5 M. 10 Pf. „ 100 „ 20 „ „ 200 „ 30 „ „ 400 „ 40 „ „ 600 „ 50 „ „ 800 „ 60 „ nach Deutschland und Schutzgebieten. Österreich-Ungarn je 20 M. 10 Pf., mind. 20 Pf. Luxemburg wie Deutschland, mind. 20 Pf.	bis 5 kg 1. Zone (bis 10 geogr. Meilen) 25 Pf., 2.—6. Zone 50 Pf., über 5 kg jedes weitere kg 1. Zone (bis 10 Meil.) 5 Pf. 2. „ („ 20 „) 10 „ 3. „ („ 50 „) 20 „ 4. „ („ 100 „) 30 „ 5. „ („ 150 „) 40 „ 6. „ (über 150 „) 50 „ unfrankiert 10 Pf. mehr, bis 50 kg zulässig. Österreich-Ungarn 3 Zoll-Inhaltserklärungen in deutscher Sprache. Wertangabe, wie Ortsverkehr. Eilbote bis 5 kg 40 Pf., über 5 kg 25 Pf. (wird nur die Adresse bestellt).	Wort: 5 Pf. (15 Buchstaben oder 5 Ziffern) mindestens 50 Pf., dringende Tel. (D.) 3 fache Taxe. Vorausbez. Antwort (Rp.) Wort 5 Pf., mind. 50 Pf., telegr. Empfangsanzeige (PC.) 50 Pf. briefl. (PCP.) 20 Pf., außerhalb Deutschlands 40 Pf.
		Vereinigt: Sätze wie Geschäftspapiere.					

Einschreibgebühr: für jede Sendung 20 Pf.
Nachnahme-Vorzeigegebühr: 10 Pf. (bis 800 M.)
Rückschein: 20 Pf.
Postauftrag: bis 800 M. 30 Pf. (Österreich in Kr. u. h.)
Briefe mit Wertangabe: bis 250 g 1. Zone 20 Pf., weiter 30 Pf., unfrankiert 10 Pf. mehr; außerdem Versicherungsgebühr für je 300 M. 5 Pf., mindestens 10 Pf. Wertangabe unbeschränkt.
Eilboten: im Orte 25 Pf., Landbestellung vorausbezahlt 60 Pf.

Auslands-Verkehr (Weltpostverein)

Briefe	Postkarten	Drucksachen	Warenproben	Geschäftspapiere	Postanweisungen	Postpakete	Telegramme
je 15 g 20 Pf. ohne Gewichtsbeschränk. Nach der Schweiz je 20 g 20 Pf.	10 Pf. m. Antw. 20 Pf.	je 50 g 5 Pf. bis 2 kg, 45 cm nach keiner Richtung überschreitend; in Rollen 75 cm lang. Frankozwg.	je 50 g 5 Pf. zulässige Größe: 30 : 20 : 10 cm bis 350 g mindestens 10 Pf. Frankozwg.	je 50 g 5 Pf. bis 2 kg mindestens 20 Pf. Frankozwg.	Für alle Länder zumeist besondere Bestimmungen, die am besten am Postschalter erfragt werden.		

Einschreibgebühr: für jede Sendung 20 Pf. Frankozwg.
Nachnahme: in der Währung des Bestimmungslandes bis 800 M. Einschreibgebühr 20 Pf. Nach Russland unzulässig.
Rückschein: 20 Pf.
Postauftrag: wie Einschreibbrief. Frankozwang.
Briefe mit Wertangabe, am Postschalter erfragen.

C. Berechnung des Endpreises von Lieferungen, Arbeiten u. dgl.

12) **Die Vorderseite eines Hauses ist mit Ölfarbe zu streichen!** Die Höhe des Hauses beträgt 18 m, die Breite 12 m; 1 qm Auf- und Abrüsten zusammen 35 ₰; 1 qm Material 42 ₰; Arbeitslohn für 1 qm 40 ₰; Geschäftsunkosten $16\frac{2}{3}$ % des Selbstkostenpreises, Gewinnzuschlag $12\frac{1}{2}$ % des ganzen Betrags.

13) **Lieferung von 5 Dutzend Stühlen!** Frei Bahnhof Offenbach kostet das Dutz. Stühle 42 ℳ; Auf- und Abladen nebst Rollgeld 2,40 ℳ für 1 Dutz.; **a)** wieviel beträgt der Selbstkostenpreis; **b)** der Preis für 1 Dutz. Stühle, wenn $12\frac{1}{2}$ % verdient werden sollen?

14) **Preis eines 2 sitzigen Sofas!** Gestell 14 ℳ; 48 Sprungfedern, das Stück zu 30 ₰; 28 m Gurte, der m zu 15 ₰; 25 kg Werg, das kg zu 35 ₰; 4 kg Roßhaar, 1 kg zu 4,20 ℳ; Federleinwand 3,20 ℳ; 8 m Fassonleinwand, 1 m zu 1,30 ℳ; 9 m Nessel, 1 m zu 40 ₰; 6 m Plüsch, 1 m zu 8,50 ℳ; 14 m Kordel, 1 m zu 20 ₰; Quasten 2,40 ℳ; $2\frac{1}{2}$ m Fransen, 1 m zu 2,10 ℳ; 30 Stunden Arbeitszeit, die Stunde zu 55 ₰; Geschäftsunkosten $8\frac{1}{3}$ %; Reingewinn 20 %.

15) **Das Dielen von 5 Zimmern!** Gesamtfläche 120 qm, 1 qm Bohle zu 1,60 ℳ berechnet; 22 Stück 5 m lange Leisten, 1 m zu 60 ₰; 8 Hundert Stifte, 1 Tausend zu 1,40 ℳ; 5 kg Leim, 1 kg zu 1 ℳ; die Zurichtung des Holzes in der Werkstätte beschäftigt 2 Gesellen 8 Tage, das Legen der Böden 2 Gesellen 6 Tage zu 4,50 ℳ Tagelohn; Geschäftsunkosten 25 %, Gewinn 20 %; **a)** wieviel kostet das Dielen eines qm **(Einheitspreis)**; **b)** ein Zimmer von 4 m Länge und 5,5 m Breite?

16) **Preis eines Anzugs!** 3,30 m Stoff, 1 m zu 8,50 ℳ; 0,90 m Futter, 1 m zu 3,00 ℳ; 0,8 m Ärmelfutter, 1 m zu 0,75 ℳ; 0,6 m Taschenfutter, 1 m zu 0,50 ℳ; Wattierleinwand 0,90 ℳ; sonstige Zutaten 1,75 ℳ; Arbeitslohn 18 ℳ; Geschäftsunkosten 20 %; Gewinn 15 %.

16. Die gewerbliche Buchführung.

1. **Notwendigkeit der Buchführung.** Eine geordnete Führung der Bücher wird durch das **Gesetz** verlangt (Handelsgesetz v. 10. Mai 1897). Sie wird als Pflicht auferlegt einem jeden Gewerbetreibenden, dessen Betrieb über den Umfang eines Handwerks hinausgeht, insbesondere dem, der neben seinem Handwerk noch ein Ladengeschäft betreibt. Die Verabsäumung dieser Pflicht oder die nachlässige Führung der Bücher kann unter Umständen z. B. bei Zahlungseinstellung schwere Strafen im Gefolge haben. Abgesehen von der Verpflichtung durch das Gesetz ist der Handwerker, der Landwirt, welcher seine Bücher sorgfältig führt, jeden Augenblick in der Lage, sich über den **Stand seines Geschäfts** völlig klar zu werden und danach sein weiteres Geschäftsgebaren einzurichten. Schließlich be-

wahrt ihn die geordnete Führung der Bücher bei **Forderungsstreitigkeiten**, bei einem etwaigen **Verkauf des Geschäfts** und bei der gesetzlich geforderten **Steuerselbsteinschätzung** vor Schaden. Vorausgesetzt wird dabei natürlich, daß die Angaben der Bücher aufs genaueste den tatsächlichen Geschäftsverhältnissen entsprechen. Das Gesetz verlangt außerdem die Aufbewahrung aller eingehenden **Geschäftsbriefe in Urschrift** und der abgesandten Geschäftsbriefe in **Abschrift** (Kopierbuch), sowie die Aufbewahrung der Geschäftsbücher für die Dauer von 10 Jahren, und zwar gebunden, ihre Blätter oder Seiten mit fortlaufenden Zahlen versehen. Durchstreichen oder Radieren in Geschäftsbüchern ist nicht erlaubt; auch darf die ursprüngliche Eintragung nicht auf andere Weise unleserlich gemacht werden.

2. **Bücher der gewerblichen Buchführung.** Die unentbehrlichen Bücher sind: a) das Inventarbuch, b) das Tagebuch oder Journal, c) das Kassabuch, d) das Hauptbuch. Als Nebenbücher werden namentlich in größeren Geschäften noch geführt: Kopierbuch, Lohnbuch, Wechselkontobuch, Versandbuch u. a.

3. **In der Buchführung vorkommende Bezeichnungen. Posten** sind die **gebuchten** Geschäftsvorfälle. Herr B., unser **Geschäftsfreund**, erhält ein **Konto** (Konti) oder eine Rechnungsstelle im Hauptbuch; er ist entweder mir schuldig, mein **Débitor** (Debitoren), oder ich bin ihm schuldig, er ist mein **Gläubiger** oder **Kréditor** (Kreditoren). Sein **Guthaben** an mich erscheint auf der mit **Haben** bezeichneten rechten Seite; was er zahlen **soll**, auf der **Sollseite** links. Der Rest nach dem Abschluß des Hauptbuchkontos des Herrn B. heißt **Saldo** (Saldi). Dieser Restbetrag wird, wenn er links, auf der Sollseite steht, mir geschuldet; findet er sich rechts, so schulde ich ihn Herrn B. Meine Vermögensteile bilden in ihrer Gesamtheit meine **Aktiva** (nur Mehrzahl), die Schulden meine **Passiva** (nur Mehrzahl); das Geschäft **liquidiert**, wenn es sich auflösen will; es muß dabei nicht unbedingt **Konkurs** machen, d. h. die Zahlungsunfähigkeit anzeigen.

A. Das Inventarbuch.

Es enthält das Inventar oder das gesetzlich verlangte genaue, geordnete **Verzeichnis des Vermögens und der Schulden.** Aufzustellen ist es bei Eröffnung des Geschäfts und nachher von Jahr zu Jahr am 31. Dezember. In das Verzeichnis der Vermögensteile gehören die Angaben der Grundstücke, des Bargeldes, der Wertpapiere, der Ausstände, der Besitzwechsel (Wechsel, die man in Zahlung erhalten hat), des vorhandenen Materials und des Wertes der Werkzeuge. Das Verzeichnis der Schulden hat aufzuweisen: Hypotheken, geliehenes Geld, Forderungen der Geschäftsfreunde, noch laufende Wechsel oder Schuldwechsel (Wechsel, die von uns noch einzulösen sind). Der vergleichende Abschluß des Inventars heißt **Bilanz**; sie läßt das **Reinvermögen** erkennen. Das Inventar ist von dem Geschäftsinhaber zu unterschreiben.

Inventur des Schneidermeisters Ludwig Will, Gießen
am 31. Dezember 1904.

	ℳ	₰	ℳ	₰
I. Aktiva.				
1. Immobilien.				
Wohnhaus in der Marktstraße	16000	—		
Garten in der Mühlstraße	2000	—	18000	—
2. Mobilien.				
Wohnungseinrichtung	3000	—	3000	—
3. Kassenbestand.				
Bares Geld	860	—	860	—
4. Werkzeuge.				
Werkstätteneinrichtung einschließlich Nähmaschinen	900	—	900	—
5. Materialvorrat.				
Stoffe und angekaufte fertige Waren	375	80	375	80
Summe der Aktiva			23135	80
II. Passiva.				
1. Kapitalschulden.				
Hypothekenschuld auf das Haus	9000	—	9000	—
2. Warenschulden.				
Forderung des A. W. Schmidt, Aachen, für Tuche	480	—		
Wechsel per 15. Mai für gekaufte Ware . . .	200	50	680	50
Summe der Passiva			9680	50
III. Bilanz.				
Summe der Aktiva			23135	80
Summe der Passiva			9680	50
			13455	30

Gießen, den 31. Dezember 1904.

Ludwig Will,
Schneidermeister.

B. Das Tagebuch.

Alle Geschäftsvorfälle, gefertigte Arbeiten, Lieferungen, Barzahlungen, Wechselzahlungen usw. werden der Zeitfolge nach in das Tagebuch eingetragen. Ein Hilfsbuch für das Tagebuch ist das sogenannte Schmierbuch. Der Reineintrag aus diesem in das Tagebuch geschieht nach Geschäftsschluß. Größere Geschäfte buchen die an das Haus oder die von ihm geleisteten Barzahlungen mitunter gleich ins Kassabuch, nicht erst in das Tagebuch.

Zum Eintrag lagen folgende drei Geschäftsvorfälle vor: a) Schneidermeister Will lieferte am 4. Januar 1905 an Herrn Rentner Wilhelm Petri einen Anzug für 70 ℳ und einen Überzieher für 48 ℳ; b) am 5. Januar empfängt Will von der Tuchfabrik L. A. Merz in Kottbus 3 Stück Tuch für 588,80 ℳ mit dem Vermerk „Ziel 3 Monate oder $2\frac{1}{2}$ % Skonto"; c) Will leistete am 7. Januar an seinen Lieferanten in Kottbus eine Abschlagszahlung von 300 ℳ.

Januar 1905. Fol. 1.

	Datum		ℳ	₰
H. B. 1.	4.	Wilhelm Petri, Rentner hier, empfing:		
		einen Anzug	70	—
		einen Winterüberzieher	48	—
			118	—
H. B. 2.	5.	L. A. Merz in Kottbus lieferte:		
		3 Stück Tuch, 128 m à 4,60 ℳ . . .	588	80
H. B. 2. / K. B. 1.	7.	L. A. Merz in Kottbus empfing:		
		durch Postanweisung	300	—

C. Das Kassabuch.

Die beiden gegenüberliegenden Seiten des Kassabuchs führen dieselbe Seitenzahl. In dieses Buch werden bare Einnahmen und Ausgaben aus dem Tagebuch eingetragen. Alle Bareinnahmen kommen links, die Barausgaben rechts zu stehen. Bisweilen bezeichnet man die linke Halbseite auch mit „Soll" (die Kasse „soll"), die rechte mit „Haben" (die Kasse „hat gut"). Die Kassabuch-Einträge sind niemals bis zum Ende des Monats zu verschieben, sondern werden am besten am Schluß der Woche besorgt. Ende des Monats erfolgt der Kassabuch-Abschluß: Einnahmen und Ausgaben werden addiert, die Ausgaben von den Einnahmen abgezogen. Der Rest ist der Kassenbestand; er wird der Ausgabenseite addiert, damit die Endsummen der Einnahme- und Ausgabeseite, wie es verlangt wird, gleich sind. Querstriche sollen den leeren Raum auf der einen der beiden Seiten unbrauchbar machen.

Einzutragen waren: a) die Abschlagszahlung von 300 ℳ an die Firma L. A. Merz in Kottbus am 7. Januar; b) eine am 9. Jan. von Rentner Petri hier auf seine Rechnung geleistete Abschlagszahlung im

Betrage von 80 ℳ; c) 48 ℳ Haushaltungsgeld, an die Frau am 15. Jan. ausgehändigt; d) am 24. Jan. ausgezahlte 32,40 ℳ Arbeitslöhne; e) am 27. Jan. eingelöster Wechsel von 150 ℳ; f) am 31. Jan. ausgezahlte 32,40 ℳ Arbeitslöhne.

Fol. 1. Monat Januar 1905. Fol. 1.

Einnahme. **Kassa-Konto.** Ausgabe.

	Dat.		ℳ	₰		Dat.		ℳ	₰
H.B.1.	1.	Kassenbestand lt. Inventar	860	50	H.B.2.	7.	An L. A. Merz in Kottbus	300	—
	9.	Wilhelm Petri, Rentner hier, zahlte	80	—		15.	Haushaltungsgeld . . .	48	—
						24.	Arbeitslöhne	32	40
						27.	Wechsel	150	—
						31.	Arbeitslöhne	32	40
							Kassenbestand	377	70
			940	50				940	50
		Monat Februar 1905.							
	1.	Kassenbestand v. letzt. Mon.	377	70					

D. Das Hauptbuch.

Auch das Hauptbuch wird zweiseitig geführt. Geschäfte gegen bar werden nicht ins Hauptbuch eingetragen, vielmehr wird dem Geschäftsfreund, dem wir eine Rechnung stellen, oder der uns eine Rechnung stellt, im Hauptbuch ein Konto eröffnet. Enthält das Tagebuch die Geschäftsvorfälle zeitlich nach der Reihenfolge geordnet, so stehen im Hauptbuch des Überblicks halber die Geschäftsvorfälle, welche eine und dieselbe Person betreffen, vereinigt beisammen. Die „Soll"-Posten stehen links und bezeichnen unsre Forderung, die „Haben"-Posten rechts und bezeichnen unsre Schuld. Der Abschluß ist dem des Kassabuchs vollständig gleich. Unsere Restforderung erscheint als Saldo der Sollseite, unsre Restschuld als Saldo der Habenseite. Die Einträge werden auch hier wie im Kassabuch zur weiteren Verfolgung nach Tagebuch oder Kassabuch registriert.

Von den Hauptbuch-Konti sei das des Rentners Wilhelm Petri, hier, als Muster eingetragen und abgeschlossen.

Fol. 1. Fol. 1.

Soll. Wilhelm Petri, hier. Haben.

1905				ℳ	₰	1905				ℳ	₰
an.	4.	Anzug und Winterüberzieher . . .	T.1.	118	—	Jan.	9.	Kassa bar	K.1.	80	—
								Mein Guthaben . .		38	—
				118	—					118	—
Juli	1.	Rest mein. Guthabens		38	—						

17. Arbeiterversicherung.

Zum Schutze und zur Linderung der Not arbeitsunfähiger, altersschwacher, durch Krankheit oder Unfälle heimgesuchter Arbeiter und ihrer Angehörigen ist die staatliche Arbeiterfürsorge ins Leben gerufen worden. Im Jahre 1883 traten die Krankenkassengesetze, 1884 die Unfallversicherungsgesetze und 1891 die Invaliditäts- und Altersversicherungsgesetze in Kraft.

A. Krankenversicherung.

Versicherungspflicht. Nach dem Krankenversicherungsgesetz sind alle in der Industrie, dem Handel und dem Handwerk in dauerndem Arbeitsverhältnis stehenden Arbeiter, sowie die unteren Betriebsbeamten mit einem Jahresverdienst bis zu 2000 ℳ versicherungspflichtig. Seit 25. Mai 1903 sind auch Handlungsgehilfen und Lehrlinge dem Versicherungszwange unterworfen. Die Versicherungspflicht beginnt mit dem vollendeten 12. Lebensjahre.

Freiwillige Versicherung. Kleine Unternehmer und Gewerbetreibende mit geringem Jahresverdienst, Dienstboten und andere zur Krankenversicherung nicht verpflichtete Personen können sich freiwillig versichern oder, im Falle sie schon versichert waren, die Versicherung fortsetzen.

Krankenkassen. Die Versicherung erfolgt bei Orts-, Betriebs- oder Fabrikkrankenkassen, bei Bau-, Knappschafts- und Innungskassen, bei eingeschriebenen (bei der Regierung eingeschrieben) Hilfskassen usw. Eine Ortskasse wird gebildet, wenn mindestens 100 versicherungspflichtige Personen in einem oder auch in mehreren Gewerbszweigen eines Ortes oder mehrerer umliegenden Orte zu einer Krankenkasse zusammentreten Bei solchen versicherungspflichtigen Arbeitern und Arbeiterinnen, die keiner der genannten Krankenkassen angehören, tritt die Gemeinde-Krankenversicherung als Zwangsversicherung ein.

Alle Versicherungspflichtigen müssen spätestens am dritten Tage nach Beginn oder nach Beendigung der Beschäftigung vom Arbeitgeber bei der Krankenkasse an- oder abgemeldet werden.

Die **Beiträge** zur Krankenversicherung entfallen zu zwei Dritteln auf die versicherungspflichtigen Personen, zu einem Drittel auf ihre Arbeitgeber. Diese sind verpflichtet, die Beiträge, welche für die von ihnen beschäftigten Personen zu entrichten sind, bei der Krankenkasse einzuzahlen; die auf die Versicherten entfallenden Beträge werden bei den Lohnzahlungen von ihnen wieder eingezogen.

Bei eingeschriebenen Hilfskassen besteht keine Beitragspflicht der Arbeitgeber; der Arbeiter hat hier also den ganzen Beitrag aus eigenen Mitteln zu leisten.

Die Höhe der Beiträge richtet sich nach der Lohnklasse des Arbeiters oder nach dem durchschnittlichen oder ortsüblichen Tagelohn. Die Beiträge zur Gemeindekrankenversicherung betragen in der Regel $1\frac{1}{2}$ % des ortsüblichen Tagelohns, können jedoch bis zu 3 % erhöht werden; in Betriebs-(Fabrik-)Krankenkassen ist eine Erhöhung bis zu 4 % zulässig. Höhere Beiträge zur Deckung der erforderlichen Zuschüsse hat der Betriebsunternehmer aus eigenen Mitteln zu leisten.

Der 300ste Teil des Jahresverdienstes gibt den durchschnittlichen Tagelohn an, der aber bei Berechnung der Unterstützung und der Beiträge den Betrag von 5 ℳ nicht übersteigen darf. Der Betrag des ortsüblichen Tagelohns gewöhnlicher Arbeiter wird nach Anhörung der Gemeindebehörde, und nachdem auch Vertretern der beteiligten Arbeitgeber und der Versicherungspflichtigen Gelegenheit zu einer Äußerung gegeben worden ist, unter gleichzeitiger Berücksichtigung von Wohnung und Kost von der Verwaltungsbehörde festgesetzt und durch das für ihre amtlichen Bekanntmachungen bestimmte Blatt veröffentlicht.

Eine Krankenkasse setzt z. B. für erwachsene Arbeiter als Leistung 3% des Tagelohns von 2,10 ℳ fest; der Wochenlohn beträgt 2,10 ℳ · 6 = 12,60 ℳ.

3% von 12,60 ℳ = 37,80 ₰ = 39 ₰. (Der Betrag wird bis zur nächsten durch 3 ohne Rest teilbaren Zahl ergänzt.)

Der Arbeitgeber bezahlt 13 ₰, der Arbeiter 26 ₰.

Unterstützung. Die Unterstützung der Mitglieder einer Krankenkasse dauert bei nicht vorsätzlich selbstverschuldeter Krankheit in der Regel bis zu 26 Wochen, vom Beginne der Krankheit an gerechnet, kann aber auch auf längere Zeit bis zur Dauer eines Jahres ausgedehnt werden. Eine Unterstützung auf insgesamt 13 Wochen innerhalb 12 Monaten ist zulässig bei Versicherten, welche eine Krankenunterstützung ununterbrochen oder im Laufe des Zeitraums von 12 Monaten für 26 Wochen bezogen haben und innerhalb der nächsten 12 Monate abermals infolge der gleichen noch nicht gehobenen Krankheitsursache unterstützungsbedürftig werden. Die Mitglieder entrichten während der Dauer ihrer Krankheit keine Beiträge, genießen freie ärztliche Behandlung, freien Bezug von Heilmitteln usw. und beziehen vom vierten Tage der Erkrankung an — mit Ausnahme der Sonntage — den halben Tagelohn als Krankengeld. Doch steht den Krankenkassen das Recht zu, das Krankengeld schon vom ersten Tage an, einschließlich der Sonn- und Festtage, bis zu ¾ (75%) des Tagelohns zu gewähren. Wird der Kranke auf Kosten der Kasse in ein Krankenhaus aufgenommen, so kann seiner Familie, deren Unterhalt bisher aus seinem Arbeitsverdienst bestritten wurde, ein Krankengeld bis zur Hälfte des durchschnittlichen Tagelohns bewilligt werden; hat der Versicherte keine Angehörigen zu unterhalten, so wird ihm nebst freier Kur und Verpflegung im Krankenhause ein Krankengeld bis zu einem Viertel des Tagelohns gewährt. Das Krankengeld ist nach Ablauf jeder Woche zu zahlen. Stirbt ein Mitglied, so bewilligt die Kasse in der Regel ein Begräbnisgeld bis zum 20fachen, je nach Umständen aber auch bis zum 40fachen Betrag des ortsüblichen Tagelohns, mindestens aber 50 ℳ. Die Gemeindekrankenkasse bezahlt kein Sterbegeld.

Aufgaben.

1) In einer Gemeinde ist der ortsübliche Tagelohn wie folgt festgesetzt:

I.	Für erwachsene männliche Arbeiter	auf	2,40 ℳ
II.	„ „ weibliche „	„	1,50 ℳ
III.	„ männliche Arbeiter unter 16 Jahren	„	1,20 ℳ
IV.	„ weibliche „ „ 16 „	„	0,80 ℳ

Berechne für die einzelnen Klassen mit 2 % des Tagelohns **a)** die Wochenbeiträge, **b)** die Jahresbeiträge bei 50 Arbeitswochen!

(Der Betrag wird jeweils auf die nächste Zahl, die sich durch 3 ohne Rest teilen läßt, abgerundet.)

2) Wieviel Krankenkassenbeiträge hat ein Arbeitgeber für 25 Arbeiter zu bezahlen, wenn 15 davon je 2,40 ℳ und 10 je 1,20 ℳ täglich verdienen und $2\frac{1}{2}$ % des Tagelohns als Beitrag festgesetzt sind?

3) Wieviel Krankengeld hat ein Fabrikant bei 3 % des Tagelohns **a)** wöchentlich, **b)** jährlich zu entrichten, wenn er 24 Personen mit je 3 ℳ und 20 Personen mit je 2 ℳ Tagelohn beschäftigt?

4) Fabrikant M. bezahlt jährlich für seine Arbeiter an die Ortskrankenkasse die Summe von 673,56 ℳ; wieviel davon trägt er selbst? Wieviel die Arbeiter?

5) Eine Ortskrankenkasse zählte am 1. Januar 1900 — 840 Mitglieder, ein Jahr später 882. Wieviel % betrug die Zunahme an Mitgliedern? Wieviel betrugen für diese 882 Mitglieder die Wochenbeiträge bei Festsetzung von 2 % des Tagelohns, wenn 200 Mitglieder täglich je 2,60 ℳ, 320 je 2 ℳ, 170 je 1,50 ℳ und 192 je 1,20 ℳ verdienten?

6) Eine Ortskrankenkasse bezahlte für ärztliche Behandlung ihrer Mitglieder 1248,30 ℳ, für Arznei und Heilmittel 739,15 ℳ, an Krankengeld 970,74 ℳ, an Sterbegeld 81,81 ℳ. Wie groß war die Gesamtausgabe? Wieviel Mitglieder zählte die Krankenkasse, wenn auf ein Mitglied durchschnittlich 15,20 ℳ kamen?

7) Welche Summe erhält als Krankengeld ein Arbeiter, der 8 Wochen und 4 Tage erwerbsunfähig war, wenn sein Tagelohn 3,60 ℳ betrug und ihm die ersten 3 Tage und 8 Sonntage nicht angerechnet werden?

8) A. und B. gehören einer eingeschriebenen Hilfskasse an, die $2\frac{3}{4}$ % des Tagelohns als Kassenbeitrag fordert. Berechne, was jeder wöchentlich zu bezahlen hat, wenn A. täglich 4,50 ℳ und B. 3,80 ℳ verdient!

9) Ein Mitglied einer eingeschriebenen Hilfskasse war 74 Arbeitstage krank. Wieviel hatte die Kasse zu bezahlen, wenn die Kosten für Arzt und Apotheke 35,60 ℳ betrugen und vom ersten Tage der Krankheit an 75 % des Tagelohns von 2,80 ℳ als Krankengeld gewährt wurden?

10) Ein Fabrikschreiner, der täglich 3,20 ℳ verdiente, lag 12 Wochen 4 Tage, darunter 12 Sonntage, im Krankenhause und starb. Wieviel Krankengeld erhielt während dieser Zeit die Familie? Wieviel Sterbegeld beim 25fachen Betrag des Tagelohns wurden bezahlt?

11) Eine Krankenkasse, die als Beitrag $2\frac{1}{2}$ % des Tagelohns von 3,50 ℳ und 2,80 ℳ erhebt, gewährt ihren Mitgliedern vom 1. Tage der Erkrankung ab als Krankengeld 60 % und als Sterbegeld den 30fachen Betrag des Tagelohns. Berechne **a)** die jährlichen Beiträge für jede Lohnklasse, **b)** das Krankengeld, **c)** das Sterbegeld!

12) Ein Mann und zwei seiner Söhne waren in einer Fabrik beschäftigt; der Mann verdiente wöchentlich 18 ℳ, jeder Sohn 12 ℳ. Wieviel Krankenkassen-Beiträge bei 3 % des Tagelohns hatten sie im Laufe eines Jahres zu bezahlen? Wieviel Krankengeld bekamen sie, wenn der Vater für $15\frac{1}{3}$, der eine Sohn für $8\frac{1}{2}$ und der andere für 6 Arbeitswochen Krankengeld erhielten?

B. Unfallversicherung.

Zweck der Versicherung. Das Unfallversicherungsgesetz hat den Zweck, der arbeitenden Bevölkerung und den Beamten in der Land- und Forstwirtschaft, dem Handel, der Industrie usw. Ersatz des Schadens zu gewähren, der infolge eines Unfalls in Fabriken, in land- und forstwirtschaftlichen, in gewerblichen und anderen Betrieben durch Körperverletzung oder durch Tötung entstanden ist. Nach dem neuen Gesetz ist die Versicherungspflicht auch auf solche Betriebsbeamte ausgedehnt, deren Jahresgehalt die Summe von 3000 ℳ nicht übersteigt.

Beiträge. Die Mittel zur Deckung der Entschädigungen und der Verwaltungskosten werden durch Beiträge aufgebracht, die auf die Mitglieder der Berufsgenossenschaften jährlich umgelegt werden. Diese Genossenschaften werden gebildet durch die Vereinigung von Arbeitgebern und Unternehmern gleicher oder ähnlicher Berufsart in den einzelnen Provinzen und Staaten Deutschlands. Die Berufsgenossenschaft der Unternehmer land- und forstwirtschaftlicher Betriebe im Großherzogtum Hessen, einschließlich der auf Rechnung des Staates verwalteten land- und forstwirtschaftlichen Betriebe, führt den Namen „Land- und forstwirtschaftliche Berufsgenossenschaft für das Großherzogtum Hessen" (Sitz in Darmstadt). Die Höhe der Beiträge richtet sich nach der Anzahl der beschäftigten Arbeiter und Beamten, nach der Höhe der Löhne oder Gehälter der Versicherten und nach der Gefährlichkeit des Betriebes. Übersteigt der Jahresverdienst die Summe von 1500 ℳ, so kommt der Mehrbetrag bei Berechnung der Beiträge und der Rente während der Beitragsperiode nur zu einem Drittel in Anrechnung.

Aufg.: Wieviel hat z. B. ein Fabrikant in die Unfallversicherungskasse bei 1,2 % der Jahreslöhne jährlich zu bezahlen, wenn er 2 Beamte mit 2000 ℳ, 3 mit 1600 ℳ, 1 mit 1200 ℳ Jahresgehalt, außerdem 120 Arbeiter mit je 840 ℳ und 80 Arbeiter mit je 720 ℳ Jahreslohn beschäftigt?

Lösung: 7500 ℳ (1500 ℳ·5) + 1200 ℳ = 8 700,00 ℳ

$\frac{1000\,ℳ + 300\,ℳ}{3}$ = 433,33 ℳ

840 ℳ·120 = 100 800,00 ℳ

720 ℳ· 80 = 57 600,00 ℳ

167 533,33 ℳ

1,2% von 167 533,33 ℳ = 2010,40 ℳ

Entschädigung. Wird bei einem nicht selbst verschuldeten Unfall der Beschädigte ganz erwerbsunfähig, so erhält er nebst den Kosten des Heilverfahrens und der nachher etwa notwendigen Hilfsmittel, wie z. B. Krücken, Stützapparate usw. von der 14. Woche der Erwerbsunfähigkeit an (für die ersten 13 Wochen tritt die Krankenkasse ein) eine Rente bis zu zwei Drittel ($66\frac{2}{3}$ %) des wirklichen Jahresverdienstes. Ist der Verletzte bei völliger Erwerbsunfähigkeit noch derart hilflos geworden, daß er ohne fremde Wartung und Pflege nicht bestehen kann, so ist ihm für die Dauer dieser Hilflosigkeit die Rente bis zu 100 % des Jahresverdienstes zu erhöhen.

Bei jugendlichen Arbeitern mit geringem Lohne und bei solchen Personen, die noch keinen Lohn beziehen, gilt bei Berechnung der Rente ein Jahresverdienst, der gleich ist dem 300 fachen ortsüblichen Tagelohn für Erwachsene.

Tritt nur teilweise Erwerbsunfähigkeit ein, so wird nur eine entsprechende Teilrente bezahlt. Von der Vollrente wird dann der noch mögliche Arbeitsverdienst abgezogen; doch müssen beide zusammen mehr betragen als die volle Rente bei gänzlicher Arbeitsunfähigkeit.

Bei Tötung eines Versicherten durch Unfall erhalten die Erben $\frac{1}{15}$ vom Jahresverdienst des Verunglückten als Beerdigungskosten, jedoch mindestens 50 M. Außerdem erhält die Witwe bis zu ihrem Tode oder bis zur Wiederverheiratung, sowie jedes Kind bis zum zurückgelegten 15. Lebensjahr je 20 % des Jahresverdienstes als Rente. Gleiches gilt von Kindern einer alleinstehenden weiblichen Person, wenn diese durch Unfall im Sinne des Gesetzes getötet wird. Die Gesamtrente der Hinterbliebenen darf jedoch 60 % des Jahresverdienstes nicht übersteigen.

Hinterläßt z. B. ein durch Unfall getöteter Fabrikaufseher, der einen jährlichen Gehalt von 1680 M hatte, eine Witwe und 3 Kinder unter 15 Jahren, so kommen bei Festsetzung der Rente 1500 M + $\frac{180}{3}$ M = 1560 M in Anrechnung.

Die Rente beträgt 60 % von 1560 M = 936 M. Diese Summe vermindert sich um 312 M, sobald das zweite Kind das 15. Lebensjahr zurückgelegt hat, dann wieder um 312 M, wenn das dritte Kind 15 Jahre alt ist.

Hinterläßt der Getötete nur Eltern oder Großeltern oder elternlose Enkel, so erhalten diese, wenn er sie ganz oder teilweise zu ernähren hatte, 20 % des Jahresverdienstes, letztere bis zum vollendeten 15. Lebensjahr.

Bei Wiederverheiratung der Witwe eines Verunglückten wird ihr der dreifache Betrag ihrer Jahresrente = 60 % des jährlichen Verdienstes ihres verstorbenen Mannes als Abfindungssumme gewährt.

Alle Renten, auch die Invaliden- und Altersrente, werden in monatlichen Beträgen, die stets auf volle 5 ₰ nach oben abgerundet sind, auf Anweisung des Genossenschaftsvorstandes vorschußweise durch die Postanstalt, in deren Bezirk die Empfangsberechtigten ihren Wohnsitz haben, vorausbezahlt.

Bei Streitigkeiten entscheiden die Schiedsgerichte.

Aufgaben.

1) In einer Fabrik sind 80 Arbeiter mit je 3,50 M und 50 Arbeiter mit je 2,70 M Tagelohn beschäftigt. Wieviel hat der Fabrikherr jährlich zur Unfallversicherung zu bezahlen, wenn 0,12 % der Jahreslöhne in Anrechnung gebracht werden?

2) Ein Fabrikherr beschäftigt außer seinen Arbeitern noch 6 versicherungspflichtige Beamte, drei davon mit einem Gehalt von 2100 M, zwei mit 1800 M und einen mit 1260 M; wieviel betragen die jährlichen Beiträge für diese Beamten, wenn 0,15 % des Gehalts an die Unfallkasse zu zahlen sind?

3) Ein Schlosser verunglückt in einer Fabrik und wird erwerbsunfähig. Welche Unfallrente erhält er bei 24 ℳ wöchentlichem Arbeitslohn?

4) Ein Forstaufseher, der einen Jahresgehalt von 960 ℳ bezog, wurde durch einen Unfall erwerbslos. Wieviel beträgt **a)** die jährliche, **b)** die monatliche Rente?

5) Ein Tagelöhner wird durch einen Unfall völlig erwerbsunfähig und erhält von der Berufsgenossenschaft, der er angehört, 55 % seines Jahresverdienstes als Rente; wie groß war sein in Anrechnung gebrachter Jahresverdienst, wenn die Rente 429 ℳ betrug?

6) Ein Knecht wurde durch Ausschlagen eines Pferdes so schwer getroffen, daß völlige Erwerbsunfähigkeit eintrat; welche Unfallrente erhielt er, wenn sein täglicher Verdienst durchschnittlich 1,90 ℳ betrug?

7) Der Tagelöhner D. verunglückte beim Betrieb einer Dampfdreschmaschine, so daß er teilweise erwerbsunfähig wurde. Die landwirtschaftliche Berufsgenossenschaft setzte als Rente 28 % seines täglichen Lohnes von 2,60 ℳ fest; auf seine Beschwerde erhielt er jedoch 48 % der vollen Rente zugesprochen. Um wieviel ist die jährliche Rente erhöht worden?

8) Ein Fabrikarbeiter, der wöchentlich 18 ℳ verdiente, verunglückte ohne eigene Schuld. Nach seiner Heilung konnte er wöchentlich nur noch 4 ℳ verdienen. Wieviel beträgt seine jährliche Rente, wenn ihm 70 % der Vollrente zugebilligt werden?

9) Ein Bahnbeamter mit einem jährlichen Gehalt von 1860 ℳ wurde von einem Eisenbahnzug überfahren und verlor dabei ein Bein. Welche Rente mußte ihm monatlich gesichert werden, wenn er nach seiner Heilung wöchentlich noch 12 ℳ als Schreiber verdienen konnte und außerdem $\frac{3}{4}$ seines früheren Gehalts als jährliche Gesamteinnahme festgesetzt wurde?

10) Ein Maurer, der einen Wochenlohn von 24 ℳ bezog, wurde beim Sprengen von Steinen im Steinbruche seines Meisters getötet. Er hinterließ eine Frau und 4 Kinder unter 15 Jahren. Wieviel betrugen die Beerdigungskosten? Wieviel die jährliche Rente **a)** der Mutter, **b)** der Kinder?

11) Eine Frau und 3 Kinder von 4, 6 und 9 Jahren verlieren durch Unfall ihren Ernährer, der als Fabrikangestellter monatlich 150 ℳ bezog. Wie hoch stellt sich der Beitrag zu den Beerdigungskosten? Wieviel erhält die Witwe als Rente für sich und ihre Kinder? Wann und um welche Summe vermindert sich jeweils die Rente?

12) Ein unverheirateter Dachdecker, der seine Eltern zu ernähren hat, verdient wöchentlich 25 ℳ. Wieviel monatliche Rente beziehen die Eltern, wenn er im Berufe getötet wird?

13) Die Witwe eines verunglückten Arbeiters, der täglich 3,60 ℳ verdiente, verheiratet sich wieder und wünscht den 3fachen Betrag ihrer Jahresrente als Abfindungssumme; wieviel beträgt diese?

14) Ein Schlosser verdiente in einer Fabrik wöchentlich 27 ℳ; er verunglückte und hinterließ eine Witwe und ein Kind von 2 Jahren.

Nach 3 Jahren verheiratet sich die Frau wieder; wieviel betrug die Rente während dieser Zeit? Welche Abfindungssumme konnte sie bei ihrer Wiederverheiratung beanspruchen?

C. Invaliditäts- und Altersversicherung.

Zweck der Versicherung. Die Invaliditätsversicherung hat den Zweck, Arbeitern und Arbeiterinnen sämtlicher Berufszweige eine monatlich zu erhebende Rente zu sichern, sobald sie durch Gebrechen, Altersschwäche und solche Unfälle, für die die Unfallversicherung keine Rente gewährt, erwerbsunfähig werden. Den Versicherten wird nach dem vollendeten 70. Lebensjahre ohne Rücksicht darauf, ob sie noch arbeitsfähig sind oder nicht, eine Altersrente durch die Altersversicherung bewilligt.

Versicherungspflicht. Alle 16 Jahre alten, gegen Lohn oder Gehalt beschäftigten Dienstboten, Arbeiter, Gesellen, Gehilfen und Lehrlinge (mit Ausnahme der in Apotheken beschäftigten), Techniker, Werkmeister, Betriebsbeamte, Lehrer und Erzieher an Privatanstalten und sonstige Angestellte, Schiffsführer und Personen der Besatzung auf deutschen Fahrzeugen sind versicherungspflichtig, sofern ihr Jahresverdienst im Hauptberufe die Summe von 2000 ℳ nicht übersteigt.

Nicht versicherungspflichtig sind:

1. pensionsberechtigte Beamte des Deutschen Reichs und der Kommunalverbände;
2. dienstlich als Arbeiter beschäftigte Militärpersonen;
3. Personen, denen eine Invalidenrente bewilligt ist;
4. diejenigen Personen, die infolge von Alter, Krankheit oder Gebrechen nicht mehr imstande sind, ein Drittel des Lohnes zu erwerben, den körperlich oder geistig gesunde Personen mit gleicher oder ähnlicher Bildung in derselben Gegend verdienen können.

Selbstversicherung. Freiwillig in die Versicherung können eintreten: Betriebsbeamte, Lehrer und Erzieher, Werkmeister, Techniker, Handlungsgehilfen und sonstige Angestellte, die noch keine 40 Jahre alt sind, und deren dienstliche Beschäftigung ihren Hauptberuf bildet, sofern ihr Jahresverdienst über 2000 ℳ, aber nicht über 3000 ℳ beträgt, ferner kleine Gewerbetreibende und Unternehmer, die im allgemeinen nicht mehr als 2 versicherungspflichtige Arbeiter regelmäßig beschäftigen. Wer durch Veränderung seiner Stellung oder Beschäftigung nicht mehr versicherungspflichtig ist, kann die Versicherung freiwillig fortsetzen oder erneuern.

Lohnklassen. Zur Feststellung der Höhe der Beiträge und Renten werden die Versicherten nach ihren Jahresverdiensten auf bestimmte Zeiträume, zunächst bis zum 31. Dezember 1910, dann auf weitere 10 Jahre in 5 Lohnklassen eingeteilt.

I.	Klasse	bis zu	350 ℳ	mit	14 ₰	Wochenbeitrag.
II.	„	„ „	550 ℳ	„	20 ₰	„
III.	„	„ „	850 ℳ	„	24 ₰	„
IV.	„	„ „	1150 ℳ	„	30 ₰	„
V.	„	über	1150 ℳ	„	36 ₰	„

Den freiwillig Versicherten bleibt die Wahl der Lohnklasse überlassen. Alle Versicherungspflichtigen können in eine höhere Lohnklasse eintreten, wenn sie die höheren Beitragskosten allein tragen; denn der Arbeitgeber ist, sofern die Versicherung in der höheren Lohnklasse von ihm und dem Versicherten nicht vereinbart ist, nur zum halben Beitrag der gesetzlichen, dem Lohn entsprechenden Lohnklasse verpflichtet.

Als Jahresverdienst gilt der 300fache Betrag des für die Beiträge zur Krankenkasse festgesetzten Tagelohns des Versicherten. Bei Dienstboten und Personen, die keiner Krankenkasse angehören, wird die Höhe des ortsüblichen Jahresverdienstes von der Verwaltungsbehörde bestimmt.

Beiträge. Die wöchentlichen Beiträge, von denen Arbeiter und Arbeitgeber je die Hälfte zu bezahlen haben, werden in Form von Marken (rot in I., blau in II., grün in III., rotbraun in IV., gelb in V. Lohnklasse) von dem Arbeitgeber in die Versicherungs- oder Quittungskarte eingeklebt. Für jede der 5 Lohnklassen gibt es auch Zweiwochenmarken und Dreizehnwochenmarken zur Beitragsleistung für 14 Tage bezw. 13 Wochen. Bei Waschfrauen, Näherinnen und anderen nicht ständigen Arbeitern und Arbeiterinnen hat derjenige Arbeitgeber für Einklebung der Wochenmarke zu sorgen, bei dem jene in der Woche zuerst arbeiten. Die Gültigkeitsdauer der Quittungskarten ist auf 2 Jahre festgesetzt. Nach Ablauf dieser Zeit muß die Karte, wenn die Marken ihre Gültigkeit nicht verlieren sollen, gegen eine neue umgetauscht werden. Der Inhaber der Karte erhält außerdem eine Bescheinigung über die zurückgegebene Karte, aus der ersichtlich ist, wieviel Beitragswochen für die einzelnen Lohnklassen ihm anzurechnen sind. Für die Versicherungspflichtigen sind gelbe, für die Selbstversicherung und deren Fortsetzung graue Quittungskarten eingeführt.

Rückzahlung von Beiträgen. Die Hälfte der eingezahlten Beiträge wird bei mindestens 200 Beitragswochen auf Antrag zurückerstattet:

1. weiblichen Versicherten, die sich verheiraten, bevor sie in den Genuß einer Rente gelangt sind;

   (Dieser Anspruch muß vor Ablauf eines Jahres, von dem Tage der Verheiratung an gerechnet, geltend gemacht werden. Der Betrag ist auf volle Mark nach oben abzurunden.)

2. Witwen von Versicherten und, falls eine solche nicht vorhanden ist, den hinterlassenen ehelichen Kindern unter 15 Jahren, wenn dem Verstorbenen keine Rente bewilligt war;
3. vaterlosen Kindern unter 15 Jahren beim Tode ihrer Mutter, oder wenn sich der Vater seiner Pflicht der Unterhaltung der Kinder entzogen hat;
4. Versicherten, die eine Unfallrente beanspruchen können, welche höher ist als die Invalidenrente.

Ein Versicherter kann z. B. 160 Wochenbeiträge I., 250 II., 375 III. und 400 IV. Klasse nachweisen; er erhält in diesem Falle zurück:

7 ₰ · 160 + 10 ₰ · 250 + 12 ₰ · 375 + 15 ₰ · 400 =
11,20 ℳ + 25 ℳ + 45 ℳ + 60 ℳ = 141,20 ℳ

Anspruch auf Invaliden- und Altersrente. Der Anspruch auf Invaliden- und Altersrente erfordert die Leistung von Beiträgen und die

Zurücklegung der vorgeschriebenen Wartezeit. Der Versicherte kann nach Erfüllung dieser Bedingungen eine Invalidenrente beanspruchen, sobald seine Erwerbsfähigkeit auf weniger als ein Drittel herabgesetzt ist. Auch der nicht dauernd erwerbsunfähige Versicherte erhält, wenn er krankheitshalber 26 Wochen lang ununterbrochen ohne Verdienst gewesen ist, eine Invalidenrente für die Dauer seiner Erwerbsunfähigkeit.

Tritt Invalidität durch Unfall ein, so kann als Invalidenrente nur der Teil der Unterstützung beansprucht werden, der die Unfallrente übersteigt.

Wenn der Empfänger einer Altersrente durch Eintritt vollständiger Erwerbsunfähigkeit eine höhere Invalidenrente beanspruchen kann, so fällt die Altersrente weg. Die höchste Invalidenrente erhält ein Arbeiter, der sich mit 16 Jahren versichert und im 69. Jahre erwerbsunfähig wird. Die zum Empfange einer Rente berechtigten Ausländer erhalten, wenn sie in ihre Heimat zurückkehren, auf Antrag den dreifachen Betrag der Jahresrente als Abfindung.

Der Antrag auf Rentenbewilligung ist unmittelbar bei der unteren Verwaltungsbehörde oder bei der Bürgermeisterei zu stellen.

Statt der Rente kann dem Bezugsberechtigten auch die Aufnahme in ein Invalidenhaus gewährt werden.

Wartezeit. Die Wartezeit beträgt bei der Invalidenrente, wenn mindestens 100 Beiträge auf Grund der Versicherungspflicht geleistet worden sind, **200 Beitragswochen**, andernfalls und bei Selbstversicherten dagegen **500.** Die Wochen einer bescheinigten Krankheit und die Dauer einer militärischen Dienstleistung werden als Beitragswochen II. Klasse gezählt, ohne daß Marken geklebt zu werden brauchen. Vorübergehender Rentenbezug wird ebenfalls als Beitragszeit der II. Klasse angerechnet. Dauert eine Krankheit länger als ein Jahr, so wird die darüber hinausgehende Zeitdauer als Beitragszeit nicht in Anrechnung gebracht.

Die Wartezeit zum Empfang einer Altersrente umfaßt 1200 Beitragswochen. War der Versicherte zur Zeit seiner Versicherung älter als 40 Jahre, so verkürzt sich die Wartezeit von 1200 Wochen um soviel mal 40 Wochen, als sein Alter das 40. Lebensjahr übersteigt.

Berechnung der Invalidenrente. Die Invalidenrente besteht aus dem Grundbetrag der entsprechenden Lohnklasse des Versicherten, den Steigerungssätzen und dem festen Reichszuschuß von 50 ℳ.

I. Kl.	mit	60 ℳ	Grundbetrag	und	3 ₰	Zusatz pro Woche der Vers.
II. „	„	70 ℳ	„	„	6 ₰	„ „ „ „ „
III. „	„	80 ℳ	„	„	8 ₰	„ „ „ „ „
IV. „	„	90 ℳ	„	„	10 ₰	„ „ „ „ „
V. „	„	100 ℳ	„	„	12 ₰	„ „ „ „ „

Bei Berechnung des Grundbetrags werden stets **500 Beitragswochen** angenommen. Sind weniger vorhanden, so werden die an 500 noch fehlenden Wochen als zur I. Klasse gehörig angesetzt, bei mehr dagegen kommen nur 500 Wochen der höchsten Lohnklasse in Betracht.

A. hat z. B. 120 Beiträge der II., 230 der III., 340 der IV. und 110 der V. Lohnklasse nachzuweisen, B. dagegen nur 180 Beiträge der II., 250 der III. und 15 bescheinigte Krankheitswochen.

Der Grundbetrag für eine Beitragswoche beträgt:

in der	I. Lohnklasse	60 ℳ : 500 = 12 ₰
„ „	II. „	70 ℳ : 500 = 14 ₰
„ „	III. „	80 ℳ : 500 = 16 ₰
„ „	IV. „	90 ℳ : 500 = 18 ₰
„ „	V. „	100 ℳ : 500 = 20 ₰

Berechnung der Rente für A.:

20 ₰ · 110 = 22,00 ℳ oder 100 · 110 = 11000
18 ₰ · 340 = 61,20 ℳ   90 · 340 = 30600
16 ₰ · 50 = 8,00 ℳ   80 · 50 = 4000
Grundbetrag = 91,20 ℳ   500   45600

$\frac{45600}{500}$ ℳ = 91,20 ℳ

6 ₰ · 120 = 7,20 ℳ
8 ₰ · 230 = 18,40 ℳ
10 ₰ · 340 = 34,00 ℳ
12 ₰ · 110 = 13,20 ℳ
Steigerung = 72,80 ℳ
Reichszuschuß = 50 ℳ

Die jährliche Invalidenrente für A. beträgt:
91,20 ℳ + 72,80 ℳ + 50 ℳ = 214 ℳ, die monatliche 17,85 ℳ

Berechnung der Rente für B.:

16 ₰ · 250 = 40,00 ℳ oder 80 · 250 = 20000
14 ₰ · 195 = 27,30 ℳ   70 · 195 = 13650
12 ₰ · 55 = 6,60 ℳ   60 · 55 = 3300
Grundbetrag = 73,90 ℳ   500   36950

$\frac{36950}{500}$ ℳ = 73,90 ℳ

8 ₰ · 250 = 20,00 ℳ
6 ₰ · 180 = 10,80 ℳ
6 ₰ · 15 = 0,90 ℳ
Steigerung = 31,70 ℳ
Reichszuschuß = 50 ℳ

Die jährliche Invalidenrente für B. beträgt:
73,90 ℳ + 31,70 ℳ + 50 ℳ = 155,60 ℳ, die monatliche 13 ℳ

Berechnung der Altersrente. Die Altersrente besteht aus einem Beitrag der Versicherungsanstalt (dem Grundbetrag) und dem festen Reichszuschuß von 50 ℳ.

Bei Berechnung des Grundbetrags der Altersrente werden **1200 Beitragswochen** angenommen; bei mehr als 1200 Beitragswochen kommen stets die höchsten Lohnklassen zur Anrechnung.

I. Kl. mit	60 ℳ	Grundbetrag; wöchentlich	60 ℳ : 1200 =	5 ₰
II. „ „	90 ℳ	„ „	90 ℳ : 1200 =	$7\frac{1}{2}$ ₰
III. „ „	120 ℳ	„ „	120 ℳ : 1200 =	10 ₰
IV. „ „	150 ℳ	„ „	150 ℳ : 1200 =	$12\frac{1}{2}$ ₰
V. „ „	180 ℳ	„ „	180 ℳ : 1200 =	15 ₰

A. hat z. B. 300 Wochenbeiträge der I., 400 der II. und 500 der III. Klasse geleistet, B. dagegen 620 der III. und 720 der V. Klasse.

Berechnung der Altersrente für A.:

10 ₰ · 500 = 50 ℳ oder 120 · 500 = 60000
$7\frac{1}{2}$ ₰ · 400 = 30 ℳ   90 · 400 = 36000
5 ₰ · 300 = 15 ℳ   60 · 300 = 18000
Grundbetrag = 95 ℳ   1200   114000

$\frac{114000}{1200}$ ℳ = 95 ℳ

Die jährliche Altersrente besteht aus 95 ℳ als Beitrag der Versicherungskasse und 50 ℳ Reichszuschuß = 145 ℳ, die monatliche beträgt also 12,10 ℳ

Berechnung der Rente für B.:

15 ₰ · 720 = 108 ℳ	oder	180 · 720 = 129600
10 ₰ · 480 = 48 ℳ		120 · 480 = 57600
Grundbetrag = 156 ℳ		1200 187200

$$\frac{187200}{1200}\text{ ℳ} = 156\text{ ℳ}$$

Die jährliche Altersrente beträgt 156 ℳ + 50 ℳ = 206 ℳ, die monatliche 17,20 ℳ.

Übergangsbestimmungen.

Solchen Versicherten, die innerhalb der ersten 5 Jahre nach Inkrafttreten der Versicherungspflicht für ihren Berufszweig erwerbsunfähig werden, wird die Dauer einer früheren Beschäftigung, bei der die Versicherungspflicht bestand oder inzwischen eingeführt worden ist, auf die Wartezeit für die Invalidenrente angerechnet, wenn diese Beschäftigung in die letzten 5 Jahre vor Eintritt der Erwerbsunfähigkeit fällt und wenigstens 40 versicherungspflichtige Arbeitswochen im jetzigen Berufe des Versicherten nachgewiesen werden.

Bei Versicherten, welche zu der Zeit, als die Versicherungspflicht für ihren Berufszweig in Kraft trat, das 40. Lebensjahr vollendet haben, werden auf die Wartezeit für die Altersrente für jedes **volle** Jahr, um welches ihr Lebensalter zu diesem Zeitpunkte das vollendete 40. Jahr überstiegen hat, 40 Wochen und für den überschießenden Teil eines solchen Jahres die weiteren Wochen, jedoch nicht mehr als 40, angerechnet. Die Anrechnung erfolgt jedoch nur dann, wenn der Versicherte während der dem Inkrafttreten unmittelbar vorangegangenen drei Jahre berufsmäßig eine Beschäftigung gehabt hat, für welche die Versicherungspflicht bestand oder während dieser Zeit eingeführt worden ist.

Sind bei den auf Grund vorstehender Bestimmungen zu gewährenden Altersrenten weniger als **400 Beitragswochen** nachgewiesen, so werden für die fehlenden Wochen Beiträge derjenigen Lohnklasse, welche dem durchschnittlichen Jahresarbeitsverdienste während der im vorigen Absatz bezeichneten 3 Jahre entspricht, mindestens aber Beiträge der 1. Lohnklasse eingerechnet. Sind mehr als 400 Beitragswochen nachgewiesen, so wird die Rente nach dem Verhältnis der Beiträge für die verschiedenen Lohnklassen festgesetzt.

A. hat z. B. 115 Beitragswochen in Lohnklasse II, 108 in III, 76 in IV und 18 in V nachzuweisen. Wieviel hat er an Altersrente zu beanspruchen, wenn sein durchschnittlicher Jahresverdienst in den letzten 3 Jahren vor Inkrafttreten des Versicherungsgesetzes 820 ℳ betrug?

Der Grundbetrag für eine Beitragswoche beträgt:

in Lohnklasse	I	60 ℳ : 400 =	15 ₰
„ „	II	90 ℳ : 400 =	22½ ₰
„ „	III	120 ℳ : 400 =	30 ₰
„ „	IV	150 ℳ : 400 =	37½ ₰
„ „	V	180 ℳ : 400 =	45 ₰

Berechnung der Rente:

$22\frac{1}{2}$ ₰ · 115 = 25,88 ℳ	oder	90 · 115 =	10350
30 ₰ · 108 = 32,40 ℳ		120 · 108 =	12960
$37\frac{1}{2}$ ₰ · 76 = 28,50 ℳ		150 · 76 =	11400
45 ₰ · 18 = 8,10 ℳ		180 · 18 =	3240
30 ₰ · 83 = 24,90 ℳ		120 · 83 =	9960
Grundbetrag = 119,78 ℳ		400	47910
Reichszuschuß = 50 ℳ			$\frac{47910}{400}$ ℳ = 119,78 ℳ

Die jährliche Rente beträgt 119,78 ℳ + 50 ℳ = 169,78 ℳ,
die monatliche 14,15 ℳ

B. hat z. B. 168 Beitragswochen in Lohnklasse II, 296 in III, 354 in IV und 118 in V nachzuweisen (zusammen 936); wie berechnet sich seine Altersrente?

Berechnung der Rente:

168 Wochen in Klasse II	$= \frac{168}{936}$	von 90 ℳ =	16,15 ℳ
296 " " " III	$= \frac{296}{936}$	" 120 ℳ =	37,95 ℳ
354 " " " IV	$= \frac{354}{936}$	" 150 ℳ =	56,73 ℳ
118 " " " V	$= \frac{118}{936}$	" 180 ℳ =	22,69 ℳ
		Grundbetrag =	133,52 ℳ

oder	90 . 168 =	15120
	120 . 296 =	35520
	150 . 354 =	53100
	180 . 118 =	21240
	936	124980

$\frac{124980}{936}$ ℳ = 133,52 ℳ

Anteil der Versicherungsanstalt =	133,52 ℳ
Reichszuschuß =	50,00 ℳ
Die jährliche Altersrente beträgt	183,52 ℳ
" monatliche " "	15,30 ℳ

Aufgaben.

1) In welche Lohnklasse gehören Arbeiter mit a) 1,20 ℳ, b) 1,50 ℳ, c) 1,80 ℳ, d) 2,60 ℳ, e) 3 ℳ Tagelohn? Wieviel betragen jeweils die Beiträge in 52 Beitragswochen?

2) Wie groß sind die Beiträge in jeder der 5 Lohnklassen für a) 248, b) 385 Beitragswochen?

3) Der Fabrikschlosser D. verdient in einem Tage durchschnittlich 3,60 ℳ; wieviel hat er an Beiträgen in 50 Arbeitswochen zu bezahlen?

4) In einer Fabrik werden 80 Personen in der I., 90 in der II., 40 in der III. und 30 in der IV. Lohnklasse beschäftigt. Wieviel hat der Fabrikbesitzer a) wöchentlich, b) jährlich an Invaliditäts- und Altersversicherungsbeiträgen zu bezahlen?

5) Eine Gemeindekrankenkasse, die das Kleben der Marken besorgt, zieht von einer Herrschaft für ein Dienstmädchen vierteljährlich 75 ₰ zur Krankenkasse und monatlich 80 ₰ für Invalidenversicherung ein. Wie groß ist der ganze Beitrag in 6 Jahren? Wieviel spart das Mädchen, wenn ihm keine Versicherungsbeiträge von seinem Lohne abgezogen werden?

6) Berechne die Invalidenrente von 4 Arbeitern, die der I., II., III. und IV. Lohnklasse angehören und nach 16 Jahren mit je 48 jährlichen Beitragswochen arbeitsunfähig werden!

7) Der Schreinermeister D. im Alter von 32 Jahren versichert sich freiwillig und bezahlt regelmäßig die Beiträge der V. Lohnklasse. Wieviel betragen diese in 38 Jahren? Welche Altersrente ist ihm dann gesichert? Zu welchem Prozentsatz verzinst sich hernach das angelegte Kapital?

8) Für ein Dienstmädchen werden $14\frac{3}{4}$ Jahre lang, das Jahr zu 52 Wochen gerechnet, die Beiträge der I. Lohnklasse an die Invalidenversicherungskasse gezahlt. Welche Abfindungssumme hat es zu beanspruchen, wenn es sich verheiratet?

9) Der Arbeiter M. starb, ohne in den Genuß einer Rente getreten zu sein. Wieviel erhält die Witwe als Abfindungssumme, wenn ihr Mann 563 Wochenbeiträge zur II. und 435 zur III. Lohnklasse bezahlt hat?

10) Der Schlosser J. mit einem Tagelohn von 4,50 ℳ wird kränklich und verdient wöchentlich nur noch 7,20 ℳ. Wieviel Invalidenrente hat er bei 225 Beitragswochen in der IV. und 347 in der V. Klasse zu beanspruchen?

11) Der Gärtner P. erhielt nebst freier Wohnung und Kost, zu 400 ℳ veranschlagt, einen monatlichen Gehalt von 30 ℳ. Wie groß ist die Invalidenrente nach 1450 Beitragswochen, wenn er sich in der V. Lohnklasse versichert hatte? Welche Rente bekäme er in der seiner Einnahme entsprechenden Lohnklasse? Wieviel betragen seine freiwilligen Mehrbeiträge? Welches Kapital würde zu 4 % ebensoviel Zinsen bringen?

12) Ein Fabrikbeamter mit einem Jahresgehalt von 1860 ℳ wird durch einen Unfall dauernd erwerbsunfähig. Wie groß wäre die Invalidenrente bei 406 Beiträgen zur IV., 720 zur V. Lohnklasse und 28 Wochen bescheinigter Krankheit? Um wieviel übersteigt seine Unfallrente die Invalidenrente? Welche Abfindungssumme hat er bei Aufgabe der Invalidenrente zu beanspruchen?

13) Ein Arbeiter diente 2 Jahre 28 Wochen beim Militär und konnte dann bis zum Eintritt seiner Erwerbsunfähigkeit 280 Beitragswochen zur II., 306 zur III. und 425 zur V. Klasse nachweisen. Berechne seine Invalidenrente!

14) Der Schuhmacher Sch. bezahlte 185 Wochenbeiträge zur II., 376 zur III., 430 zur IV., 582 zur V. Klasse. Wieviel beträgt seine Altersrente? Wie groß wäre die Invalidenrente bei vollständiger Erwerbsunfähigkeit?

15) Ein Unternehmer wird zahlungsunfähig und ist genötigt, sich im 45. Lebensjahr als Arbeiter in einer Fabrik zu versichern. Um wieviel Wochen verkürzt sich seine Wartezeit, wenn er 70 Jahre alt ist? Welche Altersrente erhält er bei 295 Beitragswochen zur III. und 436 zur IV. Lohnklasse?

16) Der Straßenwart St. diente $2\frac{1}{4}$ Jahre beim Militär und bezahlte 8 Jahre lang, das Jahr zu 52 Wochen, die Beiträge der II. Klasse, 12 Jahre die der III., 13 Jahre die der IV. und 14 Jahre die

der V. Klasse. Berechne seine Altersrente! Wieviel beträgt die Invalidenrente, wenn er nach einem Jahre ganz arbeitsunfähig wird?

17) Ein Italiener lebte in Deutschland bis zu seiner Invalidität und hatte als Arbeiter 370 Beiträge der I., 450 der III. und 280 der IV. Klasse entrichtet. Welche Abfindungssumme kann er bei seiner Rückkehr in die Heimat beanspruchen?

18) Welche Altersrente kann ein Arbeiter auf Grund der Übergangsbestimmungen beanspruchen, wenn er 116 Beitragswochen in der III., 161 in der IV. und 95 in der V. Lohnklasse nachweisen kann?

19) A. hat 94 Wochenbeiträge zur II., 105 zur III., 216 zur IV., 328 zur V. Klasse geleistet und kann 25 Wochen bescheinigter Krankheit nachweisen. Welche Altersrente steht ihm nach den Übergangsbestimmungen zu?

20) B. hat in der Übergangszeit 65 Wochenbeiträge in der I., 104 in der II., 136 in der III., 213 in der IV. und 65 in der V. Lohnklasse bezahlt. Welche Altersrente erhält er, wenn ihm 35 Wochen bescheinigter Krankheit mit angerechnet werden?

Abkürzungen.

(Die Abkürzungen in lateinischen Buchstaben haben keinen Schlußpunkt)

ℳ = Mark
₰ = Pfennig

km = Kilometer
m = Meter
cm = Zentimeter
mm = Millimeter

qkm = Quadratkilometer
ha = Hektar
a = Ar
qm = Quadratmeter
qdm = Quadratdezimeter
qcm = Quadratzentimeter

cbm = Kubikmeter
cdm = Kubikdezimeter
ccm = Kubikzentimeter

hl = Hektoliter
l = Liter
Sch. = Schoppen

t = Tonne
dz = Doppelzentner
z = Zentner
kg = Kilogramm
Pf. = Pfund
g = Gramm
mg = Milligramm

Rs. = Ries
Bg. = Bogen

Gr. = Gros
Sch. = Schoppen
Schck. = Schock
Mdl. = Mandel
Dutz. = Dutzend
Stck. = Stück

J. = Jahr
Mon. = Monat
Wo. = Woche
Tg. = Tag
Std. = Stunde
Min. = Minute
Sek. = Sekunde

Deutsche Maße und Gewichte.

Längenmaße: 1 m = 10 dm = 100 cm = 1000 mm; 1 km = 1000 m

Flächenmaße: 1 qm = 100 qdm = 10 000 qcm; 1 a = 100 qm; 1 ha = 100 a; 1 qkm = 1 000 000 qm

Körpermaße: 1 cbm = 1000 cdm = 1 000 000 ccm; 1 ccm = 1000 cmm

Hohl- oder Flüssigkeitsmaße: 1 l = 1 cdm = 1000 ccm; 1 hl = 100 l; 1 cbm = 10 hl = 1000 l

(1 Ohm = 160 l, 1 Stück = 1200 l, 1 Scheffel = 50 l, 1 l = 2 Schoppen)

Gewichtsmaße: 1 kg = 1000 g; 1 g = 1000 mg; 1 t = 1000 kg = 1 000 000 g; 1 dz = 100 kg = 100 000 g

(1 t = 20 z; 1 z = 50 kg = 100 Pf.; 1 kg = 2 Pf.; 1 Pf. = 500 g)

Papiermaße: 1 Rs. = 1000 Bg.

Zählmaße: 1 Dutz. = 12 Stck.; 1 Gr. = 12 Dutz. = 144 Stck.

(1 Schock = 60 Stck., 1 Mandel = 15 Stck., 1 Paar = 2 Stck.)

Zeitmaße: 1 J. = 12 Mon. = 52 Wo. = 365 (366) Tg. = 50 Arbeitswochen = 300 Arbeitstage; 1 Mon. = 30 (31, 28, 29) Tg.; 1 Wo. = 7 Tg. (6 Arbeitstg.); 1 Tg. = 24 Std.; 1 Std. = 60 Min.; 1 Min. = 60 Sek.

Ausländische Münzen.

Österreich . . .	1 Krone = 100 Heller = 0,85 ℳ 1 Gulden (fl) = 100 Kreuzer (Kr.) = 2 ℳ
Italien	1 Lira (L.) = 100 Centesimi = 1 Frank (fr) = 80 ₰
Großbritannien . .	1 Pfund Sterling (Sovereign) = 20 Schilling = 240 Pence = 20,40 ℳ
Rußland	1 Silberrubel = 100 Kopeken = 3,24 ℳ
Dänemark, Schweden und Norwegen .	1 Krone = 100 Öre = 1,125 ℳ
Belgien, Frankreich, Schweiz . . .	1 Frank (fr) = 100 Centimes (c) = 80 ₰
Griechenland . .	1 Drachme = 100 Lepta = 81 ₰
Spanien	1 Peseta = 100 Centimes = 81 ₰
Niederlande . . .	1 Gulden = 100 Cents = 1,70 ℳ
Portugal	1 Milreis = 1000 Reis = 4,54 ℳ
Vereinigte Staaten von Nordamerika	1 Dollar = 100 Cents = 4,19 ℳ
Türkei	1 Piaster = 40 Para = 18 ₰

Der Wert der ausländischen Münzen ist veränderlich, er steigt und fällt.

Erstes Heft.

I. Der Zahlenraum von 1 bis 10.

Das natürlichste und einfachste Anschauungsmittel beim Rechnen im Zahlenraum bis 10 sind die Finger. Doch kommen auch Hölzchen, Kugeln und Striche zur Verwendung. Zahlenbilder müssen in ihrer Zusammensetzung genau besprochen und eingeprägt werden. Mit Zahlenbildern und Hölzchen lassen sich bequem das Zerlegen und das Malnehmen darstellen.

1. Zusammenzählen und Abziehen.

(Abschn. 1—26)

Dem Zifferrechnen geht die Darstellung des Zuzählens im Zahlenraum von 1—5 in Strichen voraus; der zweite Summand tritt dabei in weniger starken Strichen auf. Die Darstellung des Wegnehmens durch Striche ist nicht anschaulich. Mit dem Einüben der Ziffern halte man nicht zu lange zurück; bei der Zahl 6 beginne man das Schreiben der Ziffern. Jede Ziffer erscheint neben oder unter der Anzahl der Stricheinheiten (| 1; || 2; ||| 3; |||| 4; ||||| 5 usw.). Nachher gebe man so bald wie möglich als stille Beschäftigung und häusliche Arbeit eine Aufgabe, und zwar lasse man diese Aufgabe mehrmals untereinander (etwa 5mal) schreiben; erst später bildet jede neue Zeile eine neue Aufgabe. Hierbei wie schon beim Strichrechnen ist strenge darauf zu halten, daß die gleichen Zeichen, also +, —, = und die Ziffern genau untereinander zu stehen kommen. Die schwächeren Schüler stellen sich anfangs ungeschickt an; der Lehrer muß deshalb selbst die ersten Aufgaben auf ihre Tafel vorschreiben, wobei der Schüler angibt, was zu schreiben ist. Man lasse sprechen: 2 Finger und 1 Finger sind 3 Finger, aber 2 und 1 ist 3.

Besondere Mühe macht das Zerlegen der Zahlen (Abschn. 21—26); Zahl für Zahl wird nacheinander behandelt. Hölzchen tun hier gute Dienste, ebenso auch Zahlenbilder. Das Zerlegen erfordert ein recht langsames Fortschreiten des Unterrichts. Um die Schüler nicht zu ermüden, übe man nicht etwa eine ganze Stunde lang das Zerlegen, sondern man wechsele mit anderen Aufgaben ab.

Abschnitt 22 bringt Aufgaben mit drei Zahlen; häufig wird damit zu früh begonnen. Der Lehrer gewöhne die Schüler an das Niederschreiben von diktierten Aufgaben recht bald, ebenso an das mündliche Ausrechnen von Aufgaben mit 3 und 4 Zahlen. Beispiel: Rechnet 3 u. 4! Behaltet, was herauskommt! Und 2! Davon 5 weg! Wieviel? Die wiederholende Betrachtung jeder einzelnen Grundzahl nach Zerlegung, Zu- und Abzählen schließt den ersten Hauptabschnitt ab. Der bisherige Gang ist so recht geeignet, den Stoff zu befestigen. Das Malnehmen, Enthaltensein und Teilen wird grundsätzlich noch zurückgehalten, um nicht zu verwirren.

2. Malnehmen und Enthaltensein.

(Abschn. 27—31)

Zur Veranschaulichung sind Hölzchen vorzüglich geeignet. Das „einmal", „zweimal", „dreimal" wird von den Kleinen nur langsam begriffen. Man übe recht lange Zeit daran, verzichte für den Anfang ganz und gar auf das Ergebnis. Auch der Gehörsinn wird in Anspruch genommen; der Lehrer klopft einmal, zweimal, dreimal, ebenso die Kinder; in einen Kasten legt der Lehrer 3 Hölzchen 1-, 2-, 3mal; drei Striche erscheinen auf der Schultafel recht weit auseinander 1-, 2mal. Diese und ähnliche Übungen müssen in größter Mannigfaltigkeit auftreten. Erst nachdem von den Kleinen verstanden ist, was 1-, 2-, 3-, 4mal heißt, fordere man das Ergebnis; wieviel gibt 2 • 3? Als „Malzeichen" führe man sofort den Punkt ein, der mit dem „Undzeichen" nicht verwechselt werden kann. Der Ausdruck „Enthaltensein" ist unsern Kleinen durchaus fremd. Man nehme als Vorbezeichnung „steckt"; das wird verstanden, erfordert jedoch eine besondere Veranschaulichung. Man nehme beispielsweise 6 Hölzchen, lege sie in einen Behälter, Kasten oder dergl. und überzeuge die Kinder davon, daß 2 Hölzchen in 6 Hölzchen dreimal „stecken", indem man vor ihren Augen jedesmal aus dem Kasten 2 Hölzchen herausnimmt; die Schüler sprechen nach jedem Herausnehmen im Chor mit gedämpfter Stimme: 1mal, 2mal usw. Entsprechende Übungen wiederholen sich nun an der Rechenmaschine.

Abschn. 30 bringt Verbindungen des Malnehmens mit Zu- und Abzählen, Abschn. 31 leichte angewandte Aufgaben über das Malnehmen, die das Interesse der Kinder außerordentlich wecken und eine angenehme Abwechselung zu dem Rechnen mit reinen Zahlen liefern. Solche Aufgaben werden zum Schaden des Unterrichts vielfach versäumt. Der Lehrer spreche die Aufgabe langsam und deutlich vor, frage nach dem Hauptinhalt und lasse sich dann die Lösung angeben. Sachliche Erläuterungen schickt man der Aufgabe am besten fragend-entwickelnd voraus. Zum Ausrechnen lasse man den Kleinen die nötige Zeit, beim Abfragen des Ergebnisses begnüge man sich nicht mit dem eines einzigen Schülers, sondern frage mehrere und lasse weder durch Worte noch durch Zeichen erkennen, welches Ergebnis das richtige ist. Dies erfahren die Kleinen bei der Nachbesprechung und Lösung der Aufgabe; ein zusammenhängendes Vorrechnen verlange man jedoch dabei noch nicht. Der Lehrer lese die angewandten Aufgaben nie aus dem Buche vor; dies lähmt das Interesse der Kinder.

3. Malnehmen und Teilen.

(Abschn. 32—35)

Zur Veranschaulichung dienen Äpfel, Nüsse, Hölzchen, Kugeln.

Der Lehrer teile vor den Augen der Schüler einen Apfel in zwei gleiche Teile. Die Kleinen erkennen sofort, daß die beiden Teile den ganzen Apfel ausmachen; jeder Teil führt den Namen „halber Apfel". Die Schüler stellen fest, daß ein ganzer Apfel zwei halbe Äpfel sind; in gleicher Weise wird eine Nuß geteilt. Merkt: „Ein halb" wird geschrieben: 1, Strich darunter, 2 unter den Strich. Ebenso werden die Begriffe „der

3te Teil oder ein Drittel, der 4te Teil oder ein Viertel" den Schülern klargemacht; die Schreibweise $\frac{1}{3}$, $\frac{1}{4}$ und das Erfassen ihrer Bedeutung fällt ihnen nicht mehr schwer. Hier sei bemerkt, daß die Bezeichnungen „die Hälfte, das Drittel, das Viertel" gebräuchlicher sind und leichter verstanden werden als „1 geteilt durch 2, 3, 4".

Nun werden 2, 4, 6, 8, 10 Nüsse zusammengelegt, die unter zwei Knaben zu gleichen Teilen zu verteilen sind; 1 Knabe bekommt die Hälfte oder $\frac{1}{2}$; 3 Knaben teilen 3, 6, 9 Nüsse; 1 Knabe erhält den 3ten Teil oder $\frac{1}{3}$; 4 Knaben teilen 4 und 8 Nüsse; 5 Knaben teilen 5 und 10 Nüsse. Hat der Schüler einmal die neuen Ausdrücke und die Schreibweise verstanden, so wird er die Ergebnisse rasch angeben können. Der Lehrer hüte sich, von Brüchen zu reden; $\frac{1}{2}$, $\frac{1}{3}$, $\frac{1}{4}$ sollen nur als eine gebräuchliche Schreibweise der Division ganzer Zahlen aufgefaßt werden ($1 : 2 = \frac{1}{2}$; $1 : 3 = \frac{1}{3}$; $1 : 4 = \frac{1}{4}$). Über die angewandten Aufgaben (Abschn. 35) siehe Bemerkungen unter 2!

II. Der Zahlenraum von 10 bis 20.

Fast ausschließlich wird zur Veranschaulichung die Rechenmaschine benützt, deren Kugeln durch ein Brettchen oder einen Vorhang verdeckt werden können. Zunächst wird gezeigt, daß jeder Draht der Maschine 10 Kugeln trägt; die Kugeln auf jedem Draht werden gezählt. Auf dem untersten Draht erscheinen 10 Kugeln, auf dem zweiten eine Kugel. So gelangt man zu 11. Ähnlich werden 12, 13 usw. zunächst bis 15, dann die Zahlen 16 bis 20 aufgebaut.

1. Zu- und Abzählen im Zahlenraum von 1—20.

(Abschn. 38—47)

Einander entsprechende Aufgaben folgen unmittelbar aufeinander ($3 + 2$; $13 + 2$). Diese Aufgaben werden im allgemeinen ohne Schwierigkeit gelöst. Besondere Sorgfalt erfordert das Überschreiten des Zehners beim Zu- wie Abzählen; für den Anfang ist tüchtige unausgesetzte Anschauung nötig. Nach der Veranschaulichung fordere man sogleich selbständiges zusammenhängendes Vorrechnen. Dies wird erzielt, wenn man die „Sätzchen" anfangs vorsagt. Aufg.: $9 + 2$! Der Lehrer schiebt 9 Kugeln vor (in Gruppen von je 3 oder 5 und 4). Wieviel fehlen zu 10? Wieviel schieben wir also zunächst zu? (1) Wieviel sind 9 K. u. 1 K.? (10) Wieviel sind noch vorzuschieben? (1) Wieviel sind $10 + 1$? (11) Wieviel sind also $9 + 2$? (11) Vorrechnen: 1. Sätzchen: $9 + 2$ (Aufg.); 2. Sätzchen: 2 ist $1 + 1$; 3. Sätzchen: $9 + 1 = 10$; 4. Sätzchen: $10 + 1 = 11$; 5. Sätzchen: $9 + 2 = 11$. Diese Sätzchen verlange man für jede Aufgabe. Später kann das 2. Sätzchen wegbleiben, z. B. wieviel sind $9 + 3$?

Schüler: 9 + 3; 9 + 1 s. 10 + 2 s. 12; 9 + 3 = 12. Für den Anfang gilt ein Zweifaches: 1. Veranschaulichung der Rechenarbeit, 2. Vorrechnen.

Ganz ähnlich gestaltet sich die Arbeit des Abzählens: 1. Sätzchen: 11 — 2; 2. Sätzchen: 2 = 1 + 1; 3. Sätzchen: 11 — 1 = 10; 4. Sätzchen: 10 — 1 = 9; 5. Sätzchen: 11 — 2 = 9. Später spricht der Schüler zusammenhängend: 12 — 3; 12 — 2 s. 10 — 1 s. 9; 12 — 3 = 9. Auf die Überschreitung des Zehners verwende man recht viel Zeit. Das Zerlegen der Zahlen 11—18, das Bilden von Reihen, die Aufgaben mit 3 Zahlen helfen den Stoff befestigen; die Einzelbetrachtung der Zahlen 11—18 nur unter dem Gesichtspunkt der Zehnerüberschreitung dringt jedoch tiefer in das Wesen der betr. Zahlen ein, ohne die Kinder zu ermüden. Abschn. 46 und 47 bringen angewandte Aufgaben, führen in das Geldrechnen ein und bereiten das Verständnis des Zehnersystems vor. Über die Behandlung der angewandten Aufgaben siehe I, 2!

2. Malnehmen und Enthaltensein.

(Abschn. 48—54)

Malnehmen und Enthaltensein treten in engster Verbindung miteinander auf. Die Zweierreihe wird an der Rechenmaschine, an Strichen oder Punkten auf der Tafel oder an den zu je zwei an einander gestellten Fingern bis 5 · 2 gezeigt. Die Kinder prägen die Reihe ein. Das 1 · 2 bis 10 · 2 wird nun vorwärts, rückwärts und außer der Reihe geübt. Zur Befestigung empfiehlt sich als Hausaufgabe die Darstellung des Einmalzwei mit Strichen oder Punkten. Wichtig ist die Übung im benannten Einmalzwei: 1 Zweipfennigstück (Zweier) = 2 ₰; 2 Zw. = 4 ₰ usw. Auf die Veranschaulichung des „steckt in", „ist enthalten", sei nochmals besonders aufmerksam gemacht. (Siehe I, 2!) Nachdem die übrigen Reihen im Zahlenraum bis 20 erledigt sind, lasse man das Vervielfachen mit Zu- und Abzählen verbinden.

3. Malnehmen und Teilen.

(Abschn. 55 u. 56)

Messen und Teilen sind getrennt zu behandeln. Eine Vorbereitung für das Teilen ist das Zerlegen der Zahlenprodukte. Man führe wiederholt zur Veranschaulichung eine Teilung vor den Schülern wirklich aus. Zwei Kinder treten vor; unter sie sollen 4, 6, 8, 12, 16, 20 Pfennig geteilt werden. Man lasse die Kinder zunächst ruhig raten, wie groß die Teile werden, dann gehe man näher darauf ein. Später benutze man die Rechenmaschine, schiebe 2 Kugeln vor und trenne sie durch ein Stäbchen; die Schüler sprechen: „Die Hälfte von 2 ist 1"; ebenso bei 4: „Die Hälfte von 4 ist 2" usw. Ebenso bei der Teilung von 9 durch 3: „Ein Drittel von 9 ist 3" usw. (Vergleiche die Bemerkungen zum „Teilen" I, 3!) Angewandte Aufgaben folgen. (Siehe I, 2!) Je nach Umständen können Malnehmen, Messen und Teilen hier noch wegbleiben und erst im zweiten Schuljahr behandelt werden.

III. Der Zahlenraum von 1 bis 100.

A. Nochmals der Zahlenraum von 1—20.

(Abschn. 57 u. 58)

Die Kinder werden mit „Zweier", „Fünfer", „Zehner" und „Einer" bekannt gemacht. Münzen werden also zuerst benutzt; dann tritt die Rechenmaschine in ihr Recht. Ein besonderes Kapitel bildet das Begründen der Schreibung der Zahlen 10—20, die schon bekannt sind.

B. Erweiterung des Zahlenraums bis 30.

(Abschn. 59—62)

An der Rechenmaschine werden die Zahlen von 20—30 gebildet und in Zehner und Einer zerlegt; dann wird die Schreibung der Zahlen gelehrt. Es folgen hernach die Zu- und Abzählübungen ohne und mit Übergang in den nächsten Zehner; dabei treten längere Reihen auf, die gemeinschaftlich von dem Lehrer und den Schülern durchgearbeitet werden.

C. Erweiterung des Zahlenraums bis 50.

(Abschn. 63—66)

Die Behandlung ist der von Abschnitt A und B entsprechend. Angewandte Aufgaben treten hinzu.

D. Erweiterung des Zahlenraums bis 100.

(Abschn. 67 u. 68.)

Bilden, Schreiben, Lesen und Diktieren von Zahlen ist Gegenstand der Behandlung.

1. Zu- und Abzählen.

(Abschn. 69—82)

a) **Zu- und Abzählen reiner Zehnerzahlen.**

Veranschaulichung mit der Rechenmaschine. Vorrechnen ist nicht nötig; nur greife man bei den Übungen auf die Zehnereinheiten öfter zurück. Aufgabe: 30 + 40; wieviel Zehner sind 30 Einer? Wieviel Z. sind 40 E.? Wieviel geben 3 Z. und 4 Z.? Wieviel E.? Ebenso beim Abzählen!

b) **Zu Zehnern werden Einer zu- und wieder abgezählt.**

Nur schwachbefähigte Schüler verlangen hierbei noch die Veranschaulichung an der Rechenmaschine; man biete sie ihnen unverdrossen. Reihen treten auf.

c) **Zu- und Abzählen von Einern zu und von gemischten Zehnerzahlen.**

Siehe Bemerkung zu b!

d) **Zu reinen Zehnerzahlen werden gemischte Zehnerzahlen zu- und wieder abgezählt.**

Die Veranschaulichung tritt wieder häufiger auf. Aufgabe: 10 + 12! Auf dem ersten Draht erscheinen 10 Kugeln; wieviel kommen dazu? Zeige die 10! Die 12! Wieviel Zehner sind 10 E.? 12 E.? Wieviel Zehner sind 1 Z. und 1 Z.? Wieviel Einer? Und noch zwei Einer? Vorrechnen! Schüler: 10 + 12; 10 + 10 s. 20 + 2 s. 22; 10 + 12 = 22. Ähnlich beim Abzählen! Man verlange bald die unmittelbare Lösung ohne Veranschaulichung; nur die schwächsten Schüler dürfen noch die Rechenmaschine benutzen.

e) **Zu- und Abzählen reiner Zehner zu und von gemischten Zehnerzahlen.**

Verfahren wie bei d. Zu den vom Lehrer gegebenen Reihen treten noch solche, die von den Schülern als Hausaufgabe frei zu bilden sind.

Zu- und Abzählen gemischter Zahlen.

Veranschaulichung wie vorher. Für folgende Form des Vorrechnens entscheide man sich: Sch.: 42 + 26; 42 + 20 s. 62 + 6 s. 68; 42 + 26 = 68.

Zehnerergänzung und Zehnerauflösung.

Ein sehr wichtiger Abschnitt; er bereitet die Zehnerüberschreitung vor. Man lasse namentlich Aufgabengruppen des Abschnitts 76 zweimal rechnen. Die Zerlegung der Zehnerzahlen in Zehner und Einer ist hier unbedingt geboten. Sprechweise: 80 — 22; 80 — 20 s. 60 — 2 s. 58; 80 — 22 = 58.

Die Zehnerüberschreitung.

Reihen gehen voraus. Die Neunerzahlen und der Übergang von ihnen aus in den nächstfolgenden Zehner bilden den Anfang. Tüchtige Veranschaulichung vonnöten. Vorrechnen wie früher. Auch hier empfiehlt es sich, gewisse Aufgaben, namentlich aus Abschn. 78 zweimal rechnen zu lassen. Ist die Abzugszahl nicht viel kleiner als die Vollzahl, so rechnet man praktischer, wenn man ergänzt, statt abzuzählen. Ein besonderer Abschnitt ist diesem Verfahren gewidmet.

Schriftliches Zu- und Abzählen.

(Rechnen mit dem Stellenwert der Ziffern.)

Die Zahlen erscheinen untereinander. Die Sprechweise für den Anfang ist angegeben. Nach und nach kann sie gekürzt werden, doch kürze man nicht zu früh. Man lasse recht viel von Kindern an der Schultafel laut vorrechnen. Beim Abzählen unten zu beginnen, stimmt mit dem Zusammenzählen überein, wobei auch gewöhnlich unten angefangen wird; nennt man beim Abzählen die Stelle der Vollzahl zuerst, so verfährt man dem vorangegangenen mündlichen Rechnen entsprechend. Jedenfalls wird die erstere Art im praktischen Leben mehr gebraucht. Besondere Übung erfordert das Abzählen von reinen Zehnerzahlen. Über angewandte Aufgaben (Abschn. 82) siehe I, 2! Einzuführen, d. h. gelegentlich vorzuzeigen sind Mark, Meterstab, Pfund, Liter, und dabei ist auf die Abkürzungen ℳ, ₰, m, cm, Pf., l aufmerksam zu machen. Zentner, Hektoliter, Doppelzentner werden in Verbindung mit Pfund, Liter und Kilogramm erwähnt.

2. Vervielfachen und Messen.

Das kleine Einmaleins und Einsineins.

(Abschn. 83—92)

Die Behandlung wurde unter II, 2 angegeben. Man nehme nicht die Reihen bis 10 auf einmal, sondern mache bei der fünften Reihe einen Ruhepunkt. Das Einprägen überlasse der Lehrer nicht dem Hause, sondern erledige es in der Schule. Das Aufsagen geschieht in der Reihe vor- und rückwärts, außer der Reihe usw. Fleißig übe man auch das benannte Einmaleins: 1 Paar = 2 Stück, 2 Paar = 4 Stück usw. Gründliche, lang andauernde und vielseitige Übung ist dringend anzuempfehlen. Eine Folge mangelhafter Einübung des Einmaleins sind Lücken beim späteren Rechnen. Neben dem Einmaleins lasse man auch gleichzeitig das zugehörige Einsineins **auswendig** lernen. Das Messen mit Resten bedarf besonderer Veranschaulichung mit einem Behälter, Kasten oder an der Rechenmaschine und ist deshalb noch als besonderer Abschnitt behandelt. Man spanne hierbei die Anforderungen nicht zu hoch.

Über angewandte Aufg. siehe I, 2! Man lese die Aufg. nicht aus dem Buche vor! Neuauftretende Maße, Münzen, Gewichte usw. werden, wo möglich, in Wirklichkeit vorgezeigt und kurz besprochen.

3. Teilen.

(Abschn. 93 u. 94)

Über die Art der Veranschaulichung siehe I, 3 und II, 3! Man vergesse nicht, auch das „Einsdurcheins“ **auswendig lernen** zu lassen: die Hälfte von 2 ist 1, denn $2 \cdot 1 = 2$; die Hälfte von 4 ist 2, denn $2 \cdot 2 = 4$; die Hälfte von 6 usw. Oder: $2 : 2 = 1$, denn $2 \cdot 1 = 2$; $4 : 2 = 2$, denn $2 \cdot 2 = 4$; $6 : 2 = 3$ usw.

Drei Sprechweisen übe man ein: $\frac{1}{4}$ v. 12; 12 : 4; der 4. Teil von 12 („von“ nicht „wegnehmen“). Das Teilen mit Resten ist an einigen Beispielen zu veranschaulichen. Man fordere nicht zu viel.

Vervielfachen zweistelliger Zahlen.

(Abschn. 95)

Zur Veranschaulichung wird die Rechenmaschine benutzt. $2 \cdot 11$ ist an 4 Drähten darzustellen. Draht 1 = 10; Draht 2 = 1; Draht 3 = 10; Draht 4 = 1; also $2 \cdot 10 + 2 \cdot 1$. Man greife bei schwierigeren Aufgaben immer wieder zur Veranschaulichung zurück, lasse die Schüler selbst heraustreten und durch Kugeln oder an der Tafel durch Punkte darstellen. Einzelne Reihen werden auch in der Form auswendig gelernt: $11 \cdot 2 = 10 \cdot 2 + 1 \cdot 2 = 22$; $12 \cdot 2 = 10 \cdot 2 + 2 \cdot 2 = 24$; $13 \cdot 2$ usw. Das Anhören und Aussprechen dieser umständlichen Sprechweise ermüdet zwar Lehrer und Kinder, kann aber nicht umgangen werden.

Schriftliches Vervielfachen.

(Rechnen mit dem Stellenwert der Ziffern.)

(Abschn. 96)

Die Zerlegung der zu vervielfachenden Zahl in Zehner und Einer und die Sprechweise sind angegeben. Beim Übergang vom seitherigen mündlichen zum schriftlichen Ausrechnen versäume der Lehrer nicht, die Schüler durch mindestens 3 Beispiele davon zu überzeugen, daß das Ergebnis beim Vervielfachen dasselbe wird, wenn man, anstatt zuerst die reine Zehnerzahl zu vervielfachen, zunächst die Einerzahl vervielfacht; also: $38 \cdot 2 = 30 \cdot 2 + 8 \cdot 2 = 60 + 16 = 76$; oder $38 \cdot 2 = 8 \cdot 2 + 30 \cdot 2 = 16 + 60 = 76$.

Messen und Teilen größerer Zahlen.

(Abschn. 97 u. 98)

Veranschaulichung an der Rechenmaschine ist auch hier erforderlich, sowohl zur Einführung als auch später, wenn Stockungen eintreten. Einzelne Reihen sind **auswendig** zu lernen. Zusammenhängendes Vorrechnen üben: I. 3 in 33 = ; II. 33 = 30 + 3; III. 3 in 30 = 10; IV. 3 in 3 = 1; V. 3 in 33 = 11. Ähnlich beim Teilen: I. 22 : 2 = ; II. 22 = 20 + 2; III. 20 : 2 = 10; IV. 2 : 2 = 1; V. 22 : 2 = 11. Man verlange im Anfang konsequent die gleiche Anzahl von Sätzchen. Einzelne Reihen werden **auswendig** gelernt, auch in folgender Form: $\frac{1}{3}$ v. 60 = 20, denn $3 \cdot 20 = 60$; $\frac{1}{3}$ v. 63 = 21, denn $3 \cdot 21 = 63$; $\frac{1}{3}$ v. 66 usw. Diese Form ist gleichzeitig eine Wiederholung des erweiterten Vervielfachens.

Schriftliches Teilen.

(Rechnen mit dem Stellenwert der Ziffern.)

(Abschn. 99)

Feststellung des Stellenwertes der Ziffern, sowie die Sprechweise sind angegeben. Wo die Verhältnisse ungünstig liegen, verschiebe man das schriftliche Teilen bis zum 3. Schuljahr und verwende die Zeit gehörig auf mündliches Rechnen.

Angewandte Aufgaben.

(Abschn. 100)

Man schrecke vor Aufgaben, wie folgender, nicht zurück: Wieviel Minuten sind $\frac{2}{3}$ Std. (Aufg. 30). Der Schritt von $\frac{1}{3}$ Std. zu $\frac{2}{3}$ Std. ist erfahrungsgemäß auch für den Schüler des 2. Jahres nicht schwerer als rechnerisch von 1 Apfel zu 2 Äpfeln, 1 Pfennig zu 2 Pfennig.

Man lese die angewandten Aufgaben nicht aus dem Buche vor. Dies kann nicht oft genug gesagt werden.

Schlußbemerkung zu Heft 1: Das rasche und sichere Rechnen aller 4 Grundrechnungsarten von 1 bis 100 ist für das spätere Rechnen von größter Wichtigkeit. Der Lehrer verfahre deshalb recht gründlich und verwende namentlich die gehörige Zeit auf das Zerlegen der Zahlen, das Einmaleins, Einsineins und Einsdurcheins.

Zweites Heft.

I. Der Zahlenraum von 1 bis 1000.

1. Erweitern des Zahlenraums.

(Abschn. 1)

Gang der Veranschaulichung: Der Lehrer zeichnet auf die Tafel die Kugelfläche einer Rechenmaschine. 100 Punkte (Kugeln) erscheinen auf 10 Drähten. Die Zeichnung wird nicht zu groß ausgeführt, so daß eine zweite Rechenmaschine daneben gezeichnet werden kann. **Ein** Hundert und **ein** Hundert sind **zwei** Hundert. Ein Hundert und 2 Hundert sind 3 Hundert; ein Hundert und 3 Hundert sind 4 Hundert usw. An der Zeichnung führt der Lehrer vor: 100 + 10 = 110; 100 + 20 = 120; 100 + 30 = 130 usw. Ferner 100 + 1 = 101; 100 + 2 = 102; 100 + 3 = 103 usw., alles mündlich, ohne daß eine der genannten Zahlen geschrieben wird. Nun folgt das Anschreiben der Zahlen: Schreibe die Zahl 8 auf die Schultafel! Wieviel Ziffern wurden geschrieben? Schreibe darunter die Zahl 65! Aus wieviel Zehnern und Einern besteht 65? Auf welcher Seite stehen die Zehner? Die Einer? Schreibe 84 darunter! 97! Wieviel Ziffern müssen wir jedesmal schreiben? Wenn wir nur Einer zu schreiben haben, brauchen wir **eine** Stelle. Wieviel Stellen brauchen wir, wenn eine Zahl aus Zehnern und Einern besteht? Wieviel Stellen hat die Zahl 8? Wieviel Stellen hat die Zahl 65? Deute auf die 5 Einer! Deute auf die Einer der Zahl 84! Der Zahl 97! Die Stelle, in welcher die Einer stehen, nennen wir die **Einerstelle.** Deute auf die Zehner! Wie kann man diese Stelle nennen, weil die Zehner da stehen? Wir wollen nun die Einerstelle die erste Stelle nennen; wie müssen wir dann die Zehnerstelle nennen? Welche Einheiten stehen also **in der ersten Stelle**? Welche in der **zweiten** Stelle? Schreibe die Zahl 80 unter die anderen Zahlen! Was kommt in die erste Stelle? Warum? In die zweite Stelle? Warum?

Wieviel Zehner und Einer hat die Zahl 100? Was muß also in die erste Stelle gesetzt werden? Was kommt in die zweite Stelle? Schreibe die Zahl 100 darunter! Welche größere Einheit geben 10 Zehner? Wieviel Zehner sind 2 Hunderter? Aus wieviel Zehnern und Einern besteht die Zahl 200? Schreibe die Zahl 200 unter die Zahl 100! Schreibe 300 darunter! Wieviel Zehner hat die Zahl 300? Wieviel Hunderter geben 30 Zehner? Deute auf die Ziffer, die die Hunderter angibt! Wieviel Stellen braucht man, wenn man Hunderter zu schreiben hat? Schreibe die Zahl 120! 160! 180! 210! 450! 790! 930! Nun die Zahl 125! 248! 469! 683! 814! Schreibe nun 106! 205! 601! 904!

Alsdann führe man nochmals in den Wert der Hunderter, Zehner und Einer ein, indem man Mark, Zehnpfennigstück und Einpfennigstück in die Besprechung hereinnimmt. Abschn. 1 Aufg. 1—19. Zur weiteren Übung: Welche Zahl folgt auf 9? Auf 99? Auf 999? Schreibe 999 an! Wieviel H., Z. und E. hat die Zahl 1000? Was wird in die erste Stelle geschrieben? In die zweite Stelle? In die dritte Stelle? Wieviel Hunderter hat 1000? Wie nennt man 10 Hunderter auch? In der wievielten Stelle steht der eine Tausender? Wieviel Zehner hat 1000? Wieviel Einer?

2. Zu- und Abzählen.

(Abschn. 2—10)

Für die stille Beschäftigung haben die Schüler das Heft vor sich liegen; sie schreiben das Ergebnis neben die Nummer der Aufgabe auf die Tafel. Für die Aufgaben eines jeden neuen Abschnitts wird die Lösung vorher fragend-entwickelnd besprochen. Vom zusammenhängenden Vorrechnen mache man recht ausgiebigen Gebrauch. Beispiel: Abschn. 3 Aufg. 16: I. 90 + 20 = ; II. 90 + 10 = 100; III. 100 + 10 = 110; IV. 90 + 20 = 110; dann: 90 + 20; 90 + 10 s. 100 + 10 s. 110; 90 + 20 = 110; oder Aufg. 26: I. 83 + 30 = ; II. 80 + 30 = 110; III. 83 + 30 = 113; oder Abschn. 4 Aufg. 12: 442 + 18 = ; 442 + 10 s. 452 + 8 s. 460; 442 + 18 = 460; oder Aufg. 31: I. 106 — 34 = ; II. 106 — 30 = 76; III. 76 — 4 = 72; IV. 106 — 34 = 72; dann: 106 — 34 = ; 106 — 30 s. 76 — 4 s. 72; 106 — 34 = 72.

In Abschnitt 5 werden Meter und Millimeter, Kilogramm und Gramm, Ries und Bogen eingeführt. Selbstverständlich wird man das Metermaß vorzeigen, von seinem Zweck reden, einen Meter anzeichnen, auch die Teilung in 10 Dezimeter vornehmen, einen Dezimeter in Zentimeter teilen und von den 1000 Teilchen, Millimeter genannt, sprechen. (Die Zahl 1000 ist es, auf die es hier, praktisch verwertet, ankommt.) Ebenso werden Kilogramm und Gramm und der Bogen (1000ster Teil eines Ries) vorgezeigt. Die Schüler müssen die Maße, soweit diese in der Schule vorgezeigt werden können, gesehen haben. Die Abkürzungen werden eingeübt. Im übrigen siehe über „Angewandte Aufgaben" I, 2! Benütze die angewandten Aufgaben als häusliche Arbeiten!

Abschn. 7 Aufg. 6. Form des Vorrechnens: I. 276 + 113 = ; II. 276 + 100 = 376; III. 376 + 10 = 386; IV. 386 + 3 = 389; V. 276 + 113 = 389; dann: 276 + 113 = ; 276 + 100 s. 376 + 10 s. 386 + 3 s. 389; 276 + 113 = 389; oder Aufg. 10: I. 553 — 267 = ; II. 553 — 200 = 353; III. 353 — 60 = 293; IV. 293 — 7 = 286; V. 553 — 267 = 286; dann: 553 — 267 = ; 553 — 200 s. 353 — 60 s. 293 — 7 s. 286; 553 — 267 = 286.

Abschn. 8. Vor dem Stellen der Aufgaben ist es, sobald es nötig erscheint, zweckmäßig, nochmals auf die Beziehung des kleineren Maßes zum größeren, der kleineren Münze zur größeren einzugehen.

Abschn. 9. Das schriftliche Zusammenzählen. Zur Einführung: I. In einem Korbe liegen Äpfel, Birnen und Nüsse durcheinander. Was muß man tun, wenn man wissen will, wieviel Äpfel, Birnen und Nüsse sich in dem Korbe befinden? (Man legt die Äpfel auf ein Häufchen und zählt sie, ebenso die Birnen und Nüsse.) II. Jemand hat eine Hand voll Geld, darunter sind 10=Markstücke, Einmarkstücke, 10 ₰ stücke, 5 ₰ stücke und Pfennigstücke. Auf welche Weise wird er sein Geld zählen? (Er legt die 10=Markstücke zusammen, ebenso die Markstücke, die 10 ₰ stücke, die 5 ₰=stücke und die Pfennigstücke und zählt die einzelnen Sorten.) Welche Geldsorten werden dabei zuerst gezählt? Schreibe auf die Schultafel die Zahlen, welche ich angebe und zwar so, daß die gleichen Einheiten genau untereinander stehen!

394
68
257
+ 5

Welche Einheiten stehen untereinander? Lies nochmals die Zahlen und gib an, aus wieviel Hundertern, Zehnern und Einern sie bestehen! Diese Zahlen sollen zunächst mündlich zusammengezählt werden!

Nun wollen wir die einzelnen Einheiten zusammenzählen; wir schreiben dabei die H. Z. und E. so untereinander, daß die gleichen Einheiten weit voneinander entfernt stehen.

H.	Z.	E.
3	9	4
	6	8
2	5	7
		5

Wir zählen hier gerade so zusammen, wie man die gleichen Sorten von Früchten und Geldsorten zusammenzählt. Zähle zuerst die Einer zusammen, indem du unten anfängst! Fange oben an! Wieviel Einer haben wir beidemal erhalten? 24 Einer sind wieviel Z. und E.? Schreibe die 4 E. unter die E. und zähle die 2 Z. zu den Z.! Wieviel Z. hast du erhalten? Wieviel H. und Z. sind es? Wohin schreibst du die 2 Z.? Zähle die 2 H. zu den H.! Wieviel H. gibt es? Wohin schreibst du die 7 H.? Wieviel haben wir im ganzen erhalten?

Siehe Sprechweise im Rechenheft! Solange wird in der dort angegebenen Weise ausführlich gesprochen, bis das volle Verständnis des Wertes der Einheiten auf den einzelnen Stellen erreicht ist und in der Umwandlung der niederen Einheiten in die nächst höheren keine Fehler mehr gemacht werden. Ein 5 oder 10 maliges Rechnen mit ausführlicher Sprechweise genügt nicht auf alle Fälle. Zur Erreichung sicherer Ergebnisse wird längere Zeit auch in der entgegengesetzten Weise addiert. Noch ist von „Posten", „Summe", „addieren" zu reden, die Bezeichnungen sind einzuprägen; selbstverständlich werden die neuen Namen auf die Tafel vorgeschrieben.

Zu Abschn. 10 sei bemerkt, daß die Einführung in das **schriftliche Abzählen** sich ähnlich vollziehen kann. (Hinweis auf verschiedene Sorten von Obst, von Geld usw.)

Besondere Sorgfalt in der Einübung erfordert das sog. „Leihen" oder „Borgen". Der Lehrer legt auf den Tisch 6 Markstücke, 8 Zehner und 7 Einpfennigstücke, zus. 6 ℳ 87 ₰. Von diesen sollen 2 ℳ 49 ₰ weggenommen werden. Wieviel Markstücke, Zehner und Pfennigstücke geben 2 ℳ 49 ₰? Nimm zuerst die größten Geldsorten weg und dann die kleineren! (6 ℳ — 2 ℳ f. 4 ℳ; 8 Z. — 4 Z. f. 4 Z.; 7 ₰ weniger 9 ₰ geht nicht.) Man kann also auf diese Weise nicht abziehen. Ich habe in der einen Hand 1 Zehnpfennigstück und 7 Pfennigstücke; davon soll ich einem von euch 9 ₰ geben. Welches Geldstück muß ich wechseln lassen? Wieviel Pfennigst. bekomme ich für den Zehner? Wieviel bleiben, wenn man 9 ₰ von den 17 ₰ wegnimmt? Ähnlich verfahren wir beim schriftlichen Abziehen. Die Aufgabe lautet: Wieviel gibt 687 — 249? Schreibe die wegzunehmende Zahl unter die größere Zahl! Gib die Einheiten jeder Zahl an! Die kleinsten Einheiten werden zuerst weggenommen. Was hat man zu tun, weil man 9 E. von 7 E. nicht wegnehmen kann? Was für ein Geldstück haben wir vorhin umgewechselt? Was für Einheiten wird man nun jetzt in Einer verwandeln? Wir setzen oben an 8 ein kleines Zeichen und schreiben über 7 ganz klein die Zahl 17, die man erhält, wenn man zu 10 E. noch 7 E. zuzählt. Warum erhält 8 das Zeichen?

Ganz zuletzt erscheinen Aufgaben, zu deren Lösung man Hunderter verwandeln muß. Der Lehrer legt 8 ℳ auf den Tisch. Es sollen davon 2 ℳ, 5 Zehnpfennigstücke und 4 ₰ weggenommen werden. In was für Geldstücke müssen wir von 8 ℳ 1 ℳ umwechseln, wenn Zehnpfennigstücke in Abzug kommen sollen? Wie muß nun wieder ein Zehnpfennigstück umgewechselt werden, wenn noch ₰ weggenommen werden sollen? Wie muß man sprechen, wenn man 254 von 800 wegnehmen soll? Schreibe die kleinere Zahl unter die größere! Das Wenigerzeichen vor die kleinere Zahl! Gib die Einheiten jeder Zahl an! Welche Einheiten fehlen bei 800? Was muß man nun verwandeln? Zunächst 1 H. in wieviel Zehner? In welche Einheiten verwandeln wir dann von den erhaltenen 10 Z. 1 Z.? Welche Ziffer erhält nun das Zeichen des Wegnehmens? Wieviel Zehner schreiben wir über 0 Zehner? Warum erhält auch die Zahl 10 wieder ein kleines Zeichen? Wieviel Einer schreiben wir über die 0 Einer? Führe nun nach der Verwandlung das Abziehen aus!

Die Schreibweise „8$\overset{10}{0}\overset{10}{0}$“ wird so lange beibehalten, bis das Verfahren von allen Schülern verstanden ist; später fallen die Hilfsziffern und -zeichen weg. Dem Abziehen 3stelliger Zahlen geht selbstverständlich das Abzählen 2stelliger voraus. Bei vier- und mehrstelligen Zahlen behalte man auch die ausführliche Sprechweise lange bei. Es ist dann noch von „Vollzahl, Abzugszahl, Rest, Unterschied“ zu reden. In der Volksschule begnüge man sich mit diesen deutschen Bezeichnungen („Rest“ ist zwar auch nicht deutsch, aber doch eingebürgert.) Bei günstigen Schulverhältnissen können auch die lateinischen Namen „Minuend, Subtrahend, Differenz“ Verwendung finden. Die Namen werden angeschrieben und durch recht häufige Anwendung eingeprägt.

3. Vervielfachen.

(Abschn. 11—16)

a) Die Grundzahlen werden vervielfacht.

Die Aufgaben lassen sich beliebig vermehren, indem man die Reihenanfänge und Reihenenden abändert. Wiederholung des kleinen Einmaleins ist erforderlich. Für die schwachen Schüler wird die Rechenmaschine benutzt.

Z. B. Zeige 10 · 2! Zeige 20 · 2! 40 · 2! 50 · 2!

b) Vervielfachen der Zehnerzahlen.

Man lasse einzelne Reihen **auswendig** lernen. Das Zehnereinmaleins ist für das spätere Rechnen äußerst wichtig.

c) Vervielfachen gemischter Zehnerzahlen.

Über Vermehrung der Aufgaben siehe Bemerkung zu a! Das zusammenhängende Vorrechnen ist fleißig zu üben.

d) Vervielfachen dreistelliger Zahlen.

Bemerkungen wie vorher.

Abschn. 15 u. 16 enthalten angewandte Aufgaben. Schock ist ein in manchen Gegenden immer noch viel gebrauchtes Zählmaß; deshalb seine Erwähnung.

4. Teilen und Messen.

(Abschn. 17 u. 18)

Das Teilen tritt von nun an in den Vordergrund. Vorrechnen üben, z. B. (Abschn. 17, Aufg. 13): I. $\frac{1}{8}$ v. 592; II. 592 = 560 + 32; III. $\frac{1}{8}$ v. 560 = 70; IV. $\frac{1}{8}$ v. 32 = 4; V. 70 + 4 = 74; VI. $\frac{1}{8}$ v. 592 = 74. Das Rechnen mit mehrfachen Teilen z. B. $\frac{3}{4}$, $\frac{5}{6}$ usw. macht keine großen Schwierigkeiten und regt zum Nachdenken sehr an. Man schrecke nicht vor entsprechenden Aufgaben zurück.

Einige Vorübungen:

a) 2 : 4 = $\frac{2}{4}$; 3 : 4 = $\frac{3}{4}$; 4 : 5 = $\frac{4}{5}$; 5 : 6 = $\frac{5}{6}$ usw.

b) $\frac{1}{4}$ = 1mal der 4te Teil von 1 — $\frac{2}{5}$ = 2mal der 5te Teil von 1
$\frac{2}{4}$ = 2 " " " " " " — $\frac{3}{5}$ = 3 " " " " " "
$\frac{3}{4}$ = 3 " " " " " " — $\frac{4}{5}$ = 4 " " " " " "

c) $\frac{3}{4}$ v. 12; $\frac{1}{4}$ v. 12 = 3; $\frac{3}{4}$ v. 12 = 9

Das schriftliche Vervielfachen und Teilen.

(Rechnen mit dem Stellenwert der Ziffern.)

(Abschn. 19 u. 20)

Der Übergang vom **mündlichen Vervielfachen** zum schriftlichen ist nicht schwierig. Die Aufgabe heißt: 27 · 8 = . Wir lösen die Aufgabe zunächst mündlich: 20 · 8 = 160; 7 · 8 = 56; 160 + 56 = 216. Nun beginnen wir beim schriftlichen Verfahren mit dem Vervielfachen der 7 Einer. Wieviel gibt 8 · 7 E.? Wieviel Z. u. E. sind 56 E.? Was schreibe ich an? Wozu zähle ich die 5 Z.? Wieviel sind 8 · 2 Z.? Dazu 5 Z.? Wohin schreibe ich die 21 Z.? Welches ist das Ergebnis?

Das **schriftliche Teilen** kann so eingeleitet werden: Wieviel ist der 4te Teil von 24 ℳ? Der 6te Teil von 48 ₰? Der 7te Teil von 21 Einern? Der 9te Teil von 27 Einern? Von 54 Zehnern? Von 72 Hundertern? Aufgabe: 4 Personen sollen 9 ℳ 60 ₰ gleichmäßig unter sich verteilen; wieviel erhält 1 Person? — Was werden sie zuerst teilen? In welche Geldstücke verwandeln sie die eine Mark, die übrig geblieben ist? Wieviel ₰ haben dann die 4 Personen noch zu teilen? Wieviel ist der 4te Teil von 160 ₰? Wieviel erhält eine Person? Löse noch einmal zusammenhängend die Aufgabe!

Denken wir nun, 4 Personen würden 7 Zehnmarkstücke, 5 Markstücke und 20 ₰ teilen. Wie werden sie hier teilen? Wieviel Zehnmarkst. erhält eine Person? Wieviel Zehnmarkst. bleiben übrig? Wieviel Markst. haben sie alsdann zu teilen, wenn die 3 Zehnmarkst. in Markst. umgewandelt werden? Wieviel ℳ erhält eine Person? In was für Geldstücke wechseln sie die übrig gebliebenen 3 ℳ um? Wieviel ₰ sind dann im ganzen zu teilen? Wieviel ₰ erhält eine Person? Wieviel erhält eine Person im ganzen? Gib nochmals zusammenhängend die Lösung an!

Welche Geldsorten wurden hier zuerst geteilt? Dann? Betrachten wir die Markstücke als Hunderter, die Zehnpfennigst. als Zehner, die ₰ als Einer. Welche Einheiten werden zuerst geteilt? Was geschieht dann?

Dasselbe Verfahren beobachten wir, wenn wir gewöhnliche Zahlen teilen sollen. Welche Einheiten werden also zuerst geteilt, wenn man Hunderter, Zehner und Einer teilen soll? In welche Einheiten verwandelt man die übriggebliebenen Hunderter? Die Zehner?

Aufgabe: 385 : 4; Sprechweise siehe Rechenheft, Abschn. 20!

Auch hier behalte man die ausführliche Sprech- und Schreibweise recht lange bei. Die Schüler werden alsdann mit den Namen „Teilungszahl, Teiler, Teil“ bekanntgemacht. Wo es die Verhältnisse gestatten, bringe man auch die lateinischen Bezeichnungen „Dividend, Divisor, Quotient“. (Anschreiben!) Auch hier kann man schon die Probe machen lassen.

Sollten die gebotenen Aufgaben nicht genügen, so kann der Lehrer gar leicht, ohne solche anschreiben zu müssen, neue schaffen, indem er die Divisoren ändert; auch empfiehlt sich gerade beim Teilen ein zweimaliges Durchrechnen des ganzen Abschnitts.

Wiederholungsaufgaben.

Man halte die Schüler an, möglichst viele Aufgaben mündlich zu lösen.

II. Der höhere Zahlenraum.

1. Erweitern des Zahlenraums.

(Abschn. 22—25)

Durch Reihenbildung mit m u. mm, km u. m (km ist einzuführen und an einer den Kindern bekannten Strecke zu merken) findet die Erweiterung des Zahlenraums; zunächst bis 10 000, dann bis 100 000, schließlich bis zu 1 000 000 (einer Million) statt. Von besonderer Wichtigkeit ist hier das Schreiben und Lesen der großen Zahlen; die Schüler müssen die aufeinander folgenden Einheiten in auf- und absteigenden Reihen rasch angeben können. Man übe die Kinder darin so lange, bis vollkommene Sicherheit und Geläufigkeit erreicht ist.

Das Zerlegen der Zahlen ist eine Vorbereitung des Addierens, deshalb nicht zu versäumen.

2. Zusammenzählen.

(Anmerkung: Von hier ab folgen die Ergebnisse der Aufgaben, die zur schriftlichen Lösung bestimmt sind.)

27. Schriftlich.

Man lasse die Schüler fleißig die Zahlen lesen, welche zusammengezählt werden sollen, außerdem viel an der Tafel laut vorrechnen mit ausführlicher Benennung der Einheiten. Beachte die Bemerkungen zu I, 2 (Heft 2)! Je länger mit ausführlicher Sprechweise laut vorgerechnet wird, desto klarer wird die Auffassung und desto tiefer das Verständnis. Mit dem genauen Untereinanderschreiben der gleichen Einheiten hat es am Anfang seine Schwierigkeiten. Zur Erreichung eines sicheren Rechnens beim Zusammenzählen gewöhne man die Schüler gleich daran, die Einheiten der Zahlen zuerst von unten nach oben und dann von oben nach unten zu addieren, so daß jede Aufgabe doppelt ausgerechnet wird.

1) **a)** 3119 **b)** 9880 **c)** 13 173 **d)** 22 464 **e)** 4201 **f)** 12 741

2) (wagrecht) **a)** 8623 **b)** 8814 **c)** 25 464
(senkrecht) 1) 7547 2) 2799 3) 2475 4) 176 5) 9338
6) 7127 7) 1674 8) 11 765

3) **a)** 13 568 ℳ **b)** 9438 kg **c)** 11 942 hl **d)** 10 216 m

4) 9649 ℳ **5)** 10 248 ℳ **6)** **a)** 6423 **b)** 6725 **c)** 13 148

7) 22 520 ℳ **8)** 10 650 ℳ **9)** 5743 ℳ **10)** 4665 kg

11) **a)** 95 034 **b)** 188 986 **c)** 189 618 **d)** 188 167 **e)** 190 126

12) 47 780

13) (wagrecht) **a)** 610 173 **b)** 1 258 656 **c)** 837 166 **d)** 1 735 028
(senkrecht) 1) 882 454 2) 2620 3) 1 133 661 4) 146 605
5) 1 656 644 6) 619 039

14) **a)** 6 048 181 **b)** 5 325 680 **c)** 5 628 389 **d)** 757 791

15) 10 095 ℳ

3. Abzählen.

Bei mündlicher Lösung der Aufgaben unter 28, z. B. 8100—4670, lasse man sprechen: 8 Tausend 1 Hundert weniger 4 Tausend sind 4 Tausend 1 Hundert, weniger 6 Hundert sind 3 Tausend 5 Hundert, weniger 70 sind 3430; 8100—4670 = 3430.

29. Schriftlich.

Man lasse häufig an der Tafel unter Benennung der Stelleneinheiten laut vorrechnen, z. B. 1. Aufg.: 5 Einer von 9 Einern bleiben 4 Einer; 1 Z. von 6 Zehnern bleiben 5 Z.; 3 H. von 4 Hundertern bleibt 1 H.; 2 T. von 7 Tausendern bl. 5 T. usw. Andere Sprechweise: 9 E. weniger 5 E. sind 4 E.; 6 Z. weniger 1 Z. sind 5 Z.; 4 H. weniger 3 H. sind 1 H.; 7 T. weniger 2 T. sind 5 T.; 7469 — 2315 = 5154. Für den

Anfang gestatte man das Anschreiben von Hilfszahlen beim sog. Leihen oder Borgen. Die Aufgaben mit reinen Zahlen können leicht vermehrt werden, je nachdem es nötig ist. Bei der schriftlichen Subtraktion halte man in der ersten Zeit die Schüler an, daß sie zu jeder Aufgabe die Probe machen, indem sie den Rest und die Abzugszahl zusammenzählen und dadurch wieder die Vollzahl erhalten — ein sicherer Prüfstein bei ihren häuslichen Arbeiten.

1) 5154 **2)** 3646 **3)** 4325 **4)** 3307 **5)** 4426 **6)** 6214
7) 3137 **8)** 3572 **9)** 1828 **10)** 1927 **11)** 6146 **12)** 3545
13) 6274 **14)** 6118 **15)** 6268 **16)** 6903 **17)** 12039 **18)** 23138
19) 23446 **20)** 48745 **21)** 71477 **22)** 112812 **23)** 79437
24) a) 4047 b) 6751 c) 14324 **25)** 18895
26) a) 7686 b) 38363 **27)** 7096 **28)** 24572
29) (Summe) a) 359865 b) 169964 c) 845661
30) a) 4481 b) 9832 c) 5351 **31)** 97915 ℳ **32)** 5139 ℳ
33) 38187 **34)** 3554 **35)** 9085 ℳ
36) a) 224345 b) 403269 c) 216265 d) 465029 e) 2105891 f) 1660592
37) a) 2023056 b) 4463756 c) 3713148 d) 2576495 e) 3732153 f) 5765164 g) 123066 h) 1311399
38) a) 2687562 ℳ b) 257803 ℳ c) 499402 ℳ
39) 19071 **40)** a) 6946250 b) 52281901
41) a) 204750 b) 341570 **42)** a) 29417 b) 236763
43) 104035 **44)** a) 19322 b) 4592 **45)** 193723 **46)** 781324

4. Vervielfachen.

a) Der Vielfacher ist einstellig.

Sprechweise zu den Aufgaben 30, z. B. $6 \cdot 365$; Schüler: $6 \cdot 365 = 6 \cdot 300 + 6 \cdot 60 + 6 \cdot 5$; $6 \cdot 300 = 1800$; $6 \cdot 60 = 360$; $6 \cdot 5 = 30$; $1800 + 360$ s. $2160 + 30$ s. 2190; $6 \cdot 365 = 2190$.

31. Schriftlich.

Über die Einführung in das schriftliche Vervielfachen mit einstelligem Vielfacher siehe das entsprechende Kapitel für das 3. Schuljahr! Die abgekürzte Sprechweise wird eingeführt, sobald bei der Umwandlung der niederen Einheiten in die höheren keine Fehler mehr gemacht werden.

1) 1170 **2)** 974 **3)** 3192 **4)** 4928 **5)** 3040

6)	752	1128	1504	1880	2256	2632	3008	3384
	926	1389	1852	2315	2778	3241	3704	4167
	1574	2361	3148	3935	4722	5509	6296	7083
	1218	1827	2436	3045	3654	4263	4872	5481

7)	4696	12)	29224	17)	138552	22)	1137018
8)	22500	13)	34150	18)	552696	23)	1668856
9)	17670	14)	71720	19)	246912	24)	2105901
10)	49420	15)	61730	20)	958581	25)	1080891
11)	81432	16)	125142	21)	1945500	26)	1403612

27) 2080048 935685

28)

a)	b)	c)	d)	e)
9578	79736	148618	361098	559306
14367	119604	222927	541647	838959
19156	159472	297236	722196	1118612
23945	199340	371545	902745	1398265
28734	239208	445854	1083294	1677918
33523	279076	520163	1263843	1957571
38312	318944	594472	1444392	2237224
43101	358812	668781	1624941	2516877

29) 9570 30) 13275 kg 31) 7434 ℳ 32) 1875 ℳ

b) Der Vielfacher ist zweistellig.

33. Schriftlich.

Einführung. Aufgabe: Wieviel gibt 48 • 13? Löse die Aufgabe mündlich! Schüler: 48 • 13 = 48 • 10 + 48 • 3; 48 • 10 = 480; 48 • 3 = 144; 480 + 144 = 624; 48 • 13 = 624. Aus welchen Bestandteilen denken wir uns die Zahl 13 zusammengesetzt? Wir nehmen die Zahl 48 nun zuerst 3mal.

$$\frac{48 \cdot 3}{144}$$

Wievielmal müssen wir jetzt 48 noch nehmen?

$$\frac{48 \cdot 10}{480}$$

Schreibe die beiden Produkte untereinander und addiere sie!

$$\begin{array}{r} 144 \\ +\,480 \\ \hline 624 \end{array}$$

$$\begin{array}{r} 936 \cdot 79 \\ \hline 8424 \\ 65520 \\ \hline 73944 \end{array}$$

Für den Anfang wird diese ausführliche Schreibweise beibehalten, dann kürzer.

Aufgabe: Die Zahl 936 soll mit 79 vervielfacht werden! Wie heißt die Vervielfachungszahl (Multiplikand)? Der Vielfacher (Multiplikator)? Wie vervielfacht man 936 mit 79?

In derselben Weise wird verfahren, wenn die Vervielfachungszahl vier- und mehrstellig ist. Sehr wichtig ist, daß bei jeder Aufgabe der Schüler angibt, wie man zu verfahren hat; er sagt z. B.: eine Zahl wird mit 48 vervielfacht, indem man sie zuerst mit 8, dann mit 40 vervielfacht und hernach die beiden Produkte zusammenzählt.

1)	2)	3)	4)	5)	6)	7)	8)
4900	7480	9780	15920	25120	47780	60940	82180
7350	11220	14670	23880	37680	71670	91410	123270
9800	14960	19560	31840	50240	95560	121880	164360
12250	18700	24450	39800	62800	119450	152350	205450
14700	22440	29340	47760	75360	143340	182820	246540
17150	26180	34230	55720	87920	167230	213290	287630
19600	29920	39120	63680	100480	191120	243760	328720
22050	33660	44010	71640	113040	215010	274230	369810

9)	137900	413700	10)	140180	420540
	206850	482650		210270	490630
	275800	551600		280360	560720
	344750	620550		350450	630810

11)	414	16)	456	21)	1739	26)	1936	31)	4216
12)	504	17)	552	22)	1872	27)	2832	32)	5402
13)	768	18)	1014	23)	1044	28)	4366	33)	7565
14)	1071	19)	2352	24)	2301	29)	5046	34)	8556
15)	912	20)	2813	25)	2448	30)	4235	35)	9306

36)	6536	41)	9291	46)	148140	51)	1474139
37)	16380	42)	15312	47)	401870	52)	4588810
38)	27587	43)	24030	48)	555120	53)	9421920
39)	47082	44)	156607	49)	530670	54)	23806596
40)	3575	45)	609696	50)	1373652	55)	42308928

56) 216; 384; 540; 1032 Mon. **57)** 780; 1872; 7696; 12428 Wo.
58) **a)** 912 Mon.; **b)** 3952 Wo. **59)** 468 ℳ
60) 360; 888; 4272; 5664; 7392 Std. **61)** 936; 1170 ℳ
62) 61320; 205860 **63)** 14428 ℳ 347750

34.

c) Der Vielfacher ist ein reiner Hunderter oder Tausender.

1)	2)	3)	4)	5)	6)	7)	8)
4800	7000	21400	118800	123200	155600	185000	295600
7200	10500	32100	178200	184800	233400	277500	443400
9600	14000	42800	237600	246400	311200	370000	591200
12000	17500	53500	297000	308000	389000	462500	739000
14400	21000	64200	356400	369600	466800	555000	886800
16800	24500	74900	415800	431200	544600	647500	1034600
19200	28000	85600	475200	492800	622400	740000	1182400
21600	31500	96300	534600	554400	700200	832500	1330200

9)	617200	1851600	10)	1001800	3005400
	925800	2160200		1502700	3506300
	1234400	2468800		2003600	4007200
	1543000	2777400		2504500	4508100

11) Das Zehnfache der Ergebnisse der Aufg. Nr. 1 bis 10.
12) a) 1500 ₰, 2300 ₰, 8500 ₰; b) 1625 ₰, 2949 ₰, 6390 ₰
13) a) 1800 l, 5400 l, 9200 l; b) 2516 l, 4552 l, 9580 l
14) a) 7000 g, 15000 g, 36000 g; b) 8040 g, 12380 g, 25760 g
15) a) 2400 cm, 9200 cm, 12500 cm; b) 1245 cm, 3483 cm, 6592 cm
16) a) 9000 mm, 15000 mm, 28000 mm; b) 8030 mm, 16280 mm, 45790 mm
17) a) 9000 Bg., 17000 Bg., 56000 Bg.; b) 7016 Bg., 18070 Bg., 25280 Bg.
18) 1200 ℳ, 2700 ℳ, 8100 ℳ
19) 16000 ℳ, 24000 ℳ, 35000 ℳ, 58000 ℳ

35.

d) Der Vielfacher ist eine beliebige drei- oder vierstellige Zahl.

Schriftlich.

Einführung. Aufgabe: Die Zahl 3764 soll mit 246 vervielfacht werden. Aus welchen Einheiten ist die Zahl 246 zusammengesetzt? Aus welchen Bestandteilen? Wir beginnen die Multiplikation mit der kleinsten Zahl, also mit 6; womit vervielfachen wir dann? (40) Und schließlich? (200) Was geschieht mit den einzelnen Produkten? Schreibweise:

$$\frac{3764 \cdot 6}{22584}; \quad \frac{3764 \cdot 40}{150560}; \quad \frac{3764 \cdot 200}{752800}; \quad \begin{array}{r} 22584 \\ 150560 \\ +\,752800 \\ \hline 925944 \end{array}$$

Wie wird man eine Zahl mit 457 vervielfachen? Mit 864? 936? 985?

Aufgabe: Die Zahl 346 soll mit 180 vervielfacht werden. Aus welchen Bestandteilen denken wir uns 180 zusammengesetzt? (100 + 80) Womit werden wir zuerst vervielfachen? (80) Dann? (100) Schreibe in obiger Weise an!

$$\frac{346 \cdot 80}{27680}; \quad \frac{346 \cdot 100}{34600}; \quad \begin{array}{r} 27680 \\ +\,34600 \\ \hline 62280 \end{array}$$

Wie wird man eine Zahl mit 230 vervielfachen? Wie mit 490? 360? 570? 650? 490?

Aufgabe: Die Zahl 338 soll mit 204 vervielfacht werden. Aus welchen Bestandteilen denken wir uns 204 zusammengesetzt? Wie wird eine Zahl mit 24 vervielfacht? (Zuerst mit 4 und dann mit 20; beide Produkte werden zusammengezählt.) Wie werden wir nun mit 204 vervielfachen? Schreibe in ausführlicher Weise und dann kurz!

$$\frac{338 \cdot 4}{1352}; \quad \frac{338 \cdot 200}{67600}; \quad \begin{array}{r} 1352 \\ +\,67600 \\ \hline 68952 \end{array} \qquad \begin{array}{r} 338 \cdot 204 \\ \hline 1352 \\ 67600 \\ \hline 68952 \end{array}$$

Sobald das Verständnis für die Schreibweise erzielt ist, werden bei allen Aufgaben die Produkte sofort beim Ausrechnen untereinander geschrieben.

338 · 204	oder	338 · 204
1352		1352
67600		676
68952		68952

Wieviel Zahlenreihen hat man nach der Multiplikation der Zahl 338 mit 204 zu addieren? Wie wird man nun eine Zahl mit 206 vervielfachen? Mit 302? 905? 109? 407? 304? In Aufgaben, in denen der Multiplikand, als Multiplikator betrachtet, eine Zahl ist, mit der man weniger Reihen erhalten würde, gestatte man, daß die Faktoren versetzt werden, oder man lasse gerade so sprechen und schreiben, wie wenn der Multiplikand zum Multiplikator geworden wäre, z. B.

76 · 3598	oder	3598 · 76
21588		21588
251860		251860
273448		273448

Auf einige Mängel in der Behandlung der Multiplikation sei hier aufmerksam gemacht. Sehr häufig kommt es vor, daß der Lehrer sprechen läßt: „Man vervielfacht zuerst mit den Einern, dann mit den Zehnern, Hundertern, Tausendern". Diese Sprechweise ist fehlerhaft; man kann ebensowenig mit Einern, Zehnern usw. vervielfachen wie mit ℳ, ₰, Tagen, Stunden usw. Soll eine Zahl z. B. mit 5638 multipliziert werden, so darf nicht gesagt werden: „Man vervielfacht zuerst mit 8 Einern, dann mit 3 Zehnern, hernach mit 6 Hundertern, zuletzt mit 5 Tausendern", sondern es muß heißen: Man multipliziert zuerst mit 8, dann mit 30, hernach mit 600 und zuletzt mit 5000.

Ferner ist es falsch, sagen zu lassen, wenn man mit Zehnern vervielfacht, erhält man Zehner, vervielfacht man mit Hundertern, erhält man Hunderter usw. Dadurch soll nämlich den Schülern klar werden, daß man in der 2ten Reihe unter die Einer eine Null, in der 3ten Reihe unter Einer und Zehner Nullen setzt usw. Ebenso fehlerhaft ist es, diese Nullen in der 2ten, 3ten rc. Reihe gleich bei den ersten Übungen wegzulassen; denn der Schüler weiß, daß, wenn z. B. eine Zahl mit 5000 vervielfacht werden soll, die Zahl zuerst mit 1000 vervielfacht wird, indem man rechts von der Zahl 3 Nullen setzt, und daß dann das Tausendfache mit 5 multipliziert wird. Nur auf diese Weise wird dem Schüler verständlich, warum die Nullen gesetzt werden, und welche Einheiten aus den Einern, Zehnern usw. des Multiplikanden geworden sind.

Zur Erlangung einer größeren Gleichmäßigkeit in der Behandlung der Multiplikation sei noch auf einen Punkt aufmerksam gemacht. Häufig lassen die Lehrer zuerst mit den größten Zahlen und dann mit den nächst kleineren vervielfachen; wenn z. B. der Multiplikator 4852 heißt, so wird zuerst mit 4000, dann mit 800, nachher mit 50 und zuletzt mit 2 vervielfacht. Da dieses Verfahren im Vergleich zum umgekehrten absolut keinen Vorteil bietet, so behalte man den anfänglich eingeschlagenen Weg

— vom Einfachen zum Zusammengesetzten — bei, denn in dieser Aufeinanderfolge der Teilprodukte hat der Schüler die schriftliche Multiplikation gelernt. Er muß zuerst mit 2 und 5 multiplizieren können, bevor er mit 20 und 50 multipliziert; ebenso geht das Vervielfachen mit der Zahl 80 dem mit der Zahl 800 voraus, wie dieses wieder der Multiplikation mit 8000 vorausgehen muß.

Wenn einmal das volle Verständnis der Multiplikation erlangt ist, kann ja auch in der umgekehrten Weise, also mit der größten Zahl beginnend, verfahren werden. Die Hauptsache bleibt immer, daß sich der Schüler der Gründe für das Verfahren bewußt ist.

1)	62280	**12)**	1496136	**23)**	9095829	**34)**	943019
2)	205850	**13)**	4838464	**24)**	21720832	**35)**	1459504
3)	184240	**14)**	2982681	**25)**	7116024	**36)**	216664
4)	282240	**15)**	3291750	**26)**	15946958	**37)**	1557360
5)	542640	**16)**	1249250	**27)**	29157975	**38)**	818000
6)	550550	**17)**	879375	**28)**	21353640	**39)**	1208412
7)	724220	**18)**	2243988	**29)**	68952	**40)**	2826345
8)	1506400	**19)**	3241056	**30)**	95584	**41)**	26989872
9)	91758	**20)**	10067031	**31)**	177576	**42)**	82935540
10)	422229	**21)**	5982620	**32)**	263812	**43)**	123220624
11)	599358	**22)**	4684775	**33)**	209934	**44)**	228439368

45) **a)** 195363 **b)** 195363 **c)** 3658434 **d)** 7823046 **e)** 1017630

46) 52662 389856 1420302 4527360 5888712

47) 1333948 977599 2918384 4625082

48) 132 kg

5. Teilen.

a) Der Teiler ist einstellig.

37. Schriftlich.

Zur Einführung in das schriftliche Teilen siehe I, 4 (3. Schuljahr)! Sollen 9 ℳ 60 ₰ unter vier Personen geteilt werden, so teilt man zuerst 9 ℳ; jede Person erhält 2 ℳ. Die eine Mark, welche übriggeblieben ist, verwandelt man in 100 ₰; dazu kommen 60 ₰ = 160 ₰; der 4te Teil von 160 ₰ sind 40 ₰; es erhält also jede Person 2,40 ℳ. Wie wird man verfahren, wenn 4 Personen gleichmäßig 7 Zehnmarkstücke, 5 Markst. und 20 ₰ teilen wollen? Wieviel Zehnmarkstücke erhält dann eine Person? Wieviel Zehnmarkst. bleiben übrig? Wieviel Markst. haben sie dann noch zu teilen, wenn die 3 Zehnmarkst. in Markst. umgewechselt werden? Wieviel ℳ erhält eine Person? Was geschieht mit den übriggebliebenen 3 ℳ? Wieviel ₰ sind dann im ganzen zu teilen? Wieviel ₰ erhält 1 Person? Was erhält 1 Person im ganzen? Gib nochmals zusammenhängend die Lösung an! Welche Geldsorten werden immer zuerst geteilt? Dann?

Betrachten wir die Markst. als Hunderter, die Zehnpfennigst. als Zehner, die ₰ als Einer. Welche Einheiten werden zuerst geteilt? Dann?

Ähnlich verfahren wir, wenn wir reine Zahlen dividieren sollen. Welche Einheiten werden also zuerst dividiert, wenn man Hunderter, Zehner und Einer dividieren soll? Welche dagegen, wenn Millionen, Hunderttausender, Zehntausender usw. geteilt werden sollen? In was für Einheiten würde man die übriggebliebenen Millionen verwandeln? Die Hunderttausender? Die Zehntausender? Tausender? Hunderter? Zehner?

Aufgabe: 378 : 2 = ; Sprechweise: Die Teilungszahl heißt 378, der Teiler 8; 378 sind 3 Hunderter, 7 Zehner und 8 Einer; der 2te Teil von 3 H. ist 1 H.; wir haben 2 H. verteilt, Rest 1 H.; 1 H. sind 10 Z., dazu 7 Z. = 17 Z.; der 2te Teil von 17 Z. sind 8 Z.; wir haben 16 Z. verteilt, R. 1 Z.; 1 Z. sind 10 E., dazu 8 E. sind 18 E.; der 2te Teil von 18 E. sind 9 E.; wir haben 18 E. verteilt, R. 0 E.; 378 : 2 = 189; wir machen die Probe, indem wir 2mal 189 nehmen.

Ist man genötigt, die 2 größten Einheiten zusammengefaßt durch den Teiler zu dividieren, so ist die Lösungsweise dieselbe; die ausführliche Sprechweise wird lange beibehalten. Die Bezeichnungen „Teilungszahl, Teiler und Teil" werden angeschrieben und bis zur Geläufigkeit geübt.

Die sogenannte kurze Schreibweise wird natürlich erst dann auftreten, wenn das Dividieren schon einigermaßen geläufig und sicher geht.

1) 189	**7)** 2809	**13)** 785	**19)** 266
2) 85 (2)	**8)** 1427	**14)** 922 (1)	**20)** 853 (6)
3) 84 (5)	**9)** 2051 (1)	**15)** 557 (2)	**21)** 4669 (1)
4) 64 (2)	**10)** 2881 (2)	**16)** 648	**22)** 22305
5) 63 (1)	**11)** 666	**17)** 740	**23)** 7016
6) 1248	**12)** 1479 (1)	**18)** 952 (3)	**24)** 18000 (6)

25) 30004 (5)

26) **a)** 187 (1) 1317 (1) 3002 (1) 26700 (1) 277003
b) 125 878 (1) 2001 (2) 17800 (1) 184668 (2)
c) 75 527 1201 10680 (1) 110801 (1)
d) 46 (7) 329 (3) 750 (5) 6675 (1) 69250 (6)

27) **a)** 13751 44000 (2) **b)** 9167 (2) 29333 (4)
c) 7857 (5) 25143 (1) **d)** 6111 (5) 19555 (7)

28) **a)** 1224 **b)** 2448 **c)** 918 **d)** 2754 **e)** 408 **f)** 2040

29) **a)** 3852 **b)** 11556 **c)** 3210 **d)** 16050 **e)** 2140 **f)** 14980

30) **a)** 1377 **b)** 3927 **31)** 9885

32) **a)** 15420 ℳ **b)** 9252 ℳ **c)** 6168 ℳ

b) Der Teiler ist zweistellig.

39. Schriftlich.

Aufgabe: 368 : 20 = ; Sprechweise wie oben! Die Teilungszahl heißt 368, der Teiler 20; 368 sind 36 Z. und 8 E.; der 20ste Teil von 36 Z. ist 1 Z.; wir haben 20 Z. verteilt, Rest 16 Z.; 16 Z. sind 160 E., dazu 8 E. sind 168 E.; der 20ste Teil von 168 E. sind 8 E. usw. Die kurze Schreibweise tritt auf, sobald der Teiler eine reine Zehnerzahl ist;

schwächere Schüler wenden möglichst lange die ausführliche Schreibweise an und machen zu jeder Aufgabe die Probe.

Werden die 3 größten Einheiten zusammengefaßt geteilt, so ist die Sprechweise genau wie vorher.

Vor den Teilungen durch 40, 50 usw. bis 90 empfiehlt es sich, jedesmal die entsprechende Einmaleinsreihe vorauszuschicken, z. B. $1 \cdot 40 = 40$; $2 \cdot 40 = 80$ usw., ebenso nur die Reihen 40, 80, 120 usw.

Sehr oft müssen Divisionen mit ausführlicher und kurzer Sprechweise wiederholt werden, ebenso oft beim Teilen durch zweistellige Zahlen die Division durch einstelligen Divisor!

1)	18 (8)	**7)**	152 (42)	**13)**	18 (28)	**19)**	45 (7)
2)	39 (5)	**8)**	119 (14)	**14)**	22 (26)	**20)**	32 (17)
3)	48 (16)	**9)**	70 (78)	**15)**	15 (31)	**21)**	51 (58)
4)	79 (36)	**10)**	100 (33)	**16)**	31 (4)	**22)**	246 (10)
5)	184 (21)	**11)**	39 (7)	**17)**	38 (55)	**23)**	170 (12)
6)	100 (32)	**12)**	42 (13)	**18)**	38 (20)	**24)**	111 (47)

25)	127 (34)	**27)**	510 (14)	**29)**	557 (64)
26)	109 (75)	**28)**	119 (15)	**30)**	840 (16)

31)	**a)** 1075 (9)	325 (9)	221 (61)	168 (40)	150 (34)
	b) 2831 (11)	1166 (1)	734 (9)	534 (29)	421 (71)
	c) 3842 (8)	1646 (28)	1047 (53)	678 (8)	606 (68)

32)	287 (3)	**37)**	10 443 (4)	**42)**	2532 (48)	**47)**	5745 (15)
33)	303 (66)	**38)**	8788 (20)	**43)**	2314 (76)	**48)**	3287 (69)
34)	408 (39)	**39)**	9609 (19)	**44)**	1314 (40)	**49)**	1216 (42)
35)	470 (47)	**40)**	8997 (1)	**45)**	6464 (14)	**50)**	48 455 (39)
36)	3100 (10)	**41)**	8984 (14)	**46)**	4294 (26)	**51)**	266 941 (19)

52) 16 ℳ **53)** 12 kg **54)** 145 ℳ **55)** 24 ℳ **56)** 441 **57)** 130 ℳ

c) Der Teiler ist drei- oder vierstellig.

41. Schriftlich.

Hier ist es ganz besonders zweckmäßig, wenn dem Schüler feste Anhaltspunkte bezüglich der Zahl im Divisor gegeben werden, so daß er z. B. bei der Division durch 415 oder 423 an die Division durch 400 denkt, während bei Divisionen durch 486, 497 an die Zahl 500 gedacht werden muß.

Aufg. $26\,400 : 200 =$; Sprechweise: Die Teilungszahl heißt 26 400, der Teiler 200; 26 400 besteht aus 264 H., 0 Z. und 0 E.; der 200 ste Teil von 264 H. ist 1 H.; wir haben 200 H. verteilt, Rest 64 H.; 64 H. sind 640 Z.; der 200 ste Teil von 640 Z. sind 3 Z.; wir haben 600 Z. verteilt, Rest 40 Z.; 40 Z. sind 400 E.; der 200 ste Teil von 400 E. sind 2 E.; wir haben 400 E. verteilt, Rest 0 E.; $26\,400 : 200 = 132$. Probe dazu!

Die kurze Schreibweise tritt zeitig auf; die Teilungen durch vierstellige Zahlen sind möglichst einzuschränken.

*

1)	132	**9)**	45 (9)	**17)**	193 (115)	**25)**	74 (654)
2)	115 (12)	**10)**	40 (16)	**18)**	352 (784)	**26)**	19 (1752)
3)	219 (90)	**11)**	23 (1)	**19)**	476 (523)	**27)**	26 (1004)
4)	180 (123)	**12)**	32 (35)	**20)**	1219 (141)	**28)**	71 (498)
5)	138 (309)	**13)**	152 (70)	**21)**	48 (1823)	**29)**	352 (1184)
6)	131 (645)	**14)**	124 (139)	**22)**	15 (644)	**30)**	1456 (1380)
7)	137 (34)	**15)**	116 (315)	**23)**	6 (5892)	**31)**	7337 (1333)
8)	257 (321)	**16)**	34 (210)	**24)**	91 (4768)		

32)	**a)**	**b)**	**c)**	**d)**	**e)**
	134 (52)	219 (97)	508 (177)	1130 (4)	839 (265)
	67 (52)	118 (14)	398 (77)	585 (164)	687 (396)
	44 (252)	77 (252)	269 (157)	400 (94)	381 (642)
	33 (252)	58 (246)	203 (267)	301 (371)	581 (246)
	26 (452)	47 (186)	160 (417)	239 (68)	1131 (180)
	22 (252)	39 (295)	132 (537)	188 (42)	480 (369)
	19 (152)	34 (32)	117 (357)	160 (654)	373 (544)
	16 (652)	29 (507)	106 (457)	147 (539)	338 (713)
	14 (852)	26 (438)	94 (437)	140 (154)	322 (491)

33)	**a)**	**b)**	**c)**	**d)**
	379 (615)	133 (212)	216 (1294)	1567 (1363)
	189 (1615)	66 (1682)	119 (1794)	916 (705)
	94 (3615)	44 (1396)	91 (730)	741 (204)
	63 (1615)	33 (626)	60 (4354)	514 (4177)
	54 (1615)	26 (2456)	54 (2914)	439 (1593)
	47 (3615)	22 (516)	44 (1934)	332 (6105)
	42 (1615)	16 (5156)	37 (944)	309 (3630)

34) 16210

Auf einen **Fehler in der Sprechweise** sei hingewiesen. Man hört mitunter in einer Aufgabe wie dieser: 378 : 80 folgendermaßen sprechen: „37 Zehner geteilt durch 8 **Zehner**"; oder in der Aufgabe 3564 : 700 „35 Hunderter geteilt durch 7 **Hunderter**". Man kann ebensowenig durch Zehner, Hunderter usw. teilen, wie man mit Zehnern, Hundertern, ℳ, ₰ usw. vervielfachen kann. Der Teiler ist wie der Multiplikator stets unbenannt.

6. Enthaltensein oder Messen.

43. Schriftlich.

In der Aufgabe „2 in 476" wird gesprochen: 2 Einer sind in 400 Einern 200mal enthalten; 2 Einer sind in 70 Einern 30mal enthalten, Rest 10 Einer; 2 Einer sind in 16 Einern 8mal enthalten. Später wird die Sprechweise kürzer: 2 in 4 = 2 mal (die beiden Nullen werden dazu gedacht, aber nicht angeschrieben); 2 in 7 = 3 mal, Rest 1; 2 in 16 = 8 mal; 2 in 476 = 238 mal.

Durchaus korrekt ist z. B. die Sprechweise: 700 Einer sind in 2500 Einern so oft enthalten, als 7 Hunderter in 25 Hundertern, 80 Einer in 370 Einern so oft, als 8 Zehner in 37 Zehnern; mit kleineren Zahlen kann der Schüler schneller und sicherer rechnen.

1) 195 (1), 238, 284, 396, 175 (1), 291 (1), 884 (1), 1455 (1), 1748, 1376 (1)
2) 93, 133 (2), 194, 304, 78 (1), 203 (2), 617 (2), 985, 1192 (2), 1397 (1)
3) 74 (3), 81, 113, 141, 157 (3), 434 (3), 719 (3), 978 (3), 1243 (1), 1423
4) 93, 128 (1), 161, 159, 86 (2), 309 (3), 727 (2), 1168 (3), 1238 (3), 915 (1)
5) 96, 131 (2), 141, 151, 208, 590, 966 (5), 1041 (2), 1489, 1504 (4)
6) 87 (4), 125, 102, 73, 508 (6), 992 (1), 1236 (1), 1272, 1315 (2), 1342 (6)
7) 32, 84 (4), 94, 124, 190 (4), 295, 2406 (7), 3176 (3), 13323 (4)
8) 27, 73, 79, 95, 378 (5), 661, 3963 (4), 4456 (4), 29266 (8)
9) 44 (2), 49 (4), 73 (1), 83 (3), 513 (5), 788 (2), 1019 (6), 4842 (3), 36366 (10)

10) 341 (2)	14) 1152 (32)	18) 49 (307)	22) 349 (100)
11) 495 (30)	15) 101 (44)	19) 111 (160)	23) 516 (12)
12) 816 (33)	16) 60	20) 141 (281)	24) 675 (325)
13) 815 (35)	17) 48 (390)	21) 128 (3)	25) 16 mal

Wiederholungsaufgaben.

45. Schriftlich.

1) a) 36 J., 252 J.; b) 9 J. 100 Tg., 13 J., 32 J.
2) 6570 Tg., 15695 Tg., 11945 Tg. 3) 215 ℳ
4) A. 180 ℳ, B. 270 ℳ 5) a) 202925; b) 155929
6) 106,40 ℳ 7) 405; 645; 875; 980
8) 7000 Zehnmarkst. = 3500 Zwanzigmarkst. 9) 1242 10) 235
11) 1,30 ℳ; 9,10 ℳ

12) a) 36288	13) a) 1451070	14) a) 139471500
b) 77095	b) 7121200	b) 21484246
c) 21620	c) 6417744	c) 141032640
d) 44640	d) 1432284	d) 314955288
15) a) 470 (16)	16) a) 818 (13)	17) a) 376 (148)
b) 731 (1)	b) 390 (36)	b) 491 (749)
c) 911 (3)	c) 411 (48)	c) 652 (294)
d) 1319 (2)	d) 720 (28)	d) 828 (110)
e) 1839 (15)	e) 2067 (24)	e) 1536 (794)

18) 0,72 ℳ; 14,40 ℳ; 21,60 ℳ; 25,20 ℳ 19) 197,10 ℳ
20) 0,86 ℳ 21) 2544 ℳ 22) 320 mal 23) 16300 ℳ
24) 1035 25) 263957 26) a) 3700 m; b) 14800 m

Multiplikations- und Divisionsaufgaben mit reinen Zahlen lassen sich nach Bedürfnis leicht vermehren; das Anschreiben an die Tafel oder das Diktieren der Aufgaben durch den Lehrer, sowie das Abschreiben durch die Schüler nimmt wenig Zeit in Anspruch. Eine sorgfältige Überwachung erfordert jedoch, namentlich im Anfang, die Richtigkeit der Abschrift.

Drittes Heft.

Das Rechnen mit mehrfach benannten Zahlen.

I. Münzen.

3. Zusammenzählen oder Addieren.

1) a) 1,73 ℳ; b) 200,82 ℳ; c) 1036,29 ℳ
2) 24,80 ℳ 3) a) 48,95 ℳ; b) 35,16 ℳ 4) 59,88 ℳ
5) a) 107,04 ℳ; b) 138,02 ℳ; c) 30,71 ℳ; d) 459,50 ℳ; e) 6655,71 ℳ
6) 32,70 ℳ 7) 817,84 ℳ 8) 1153,70 ℳ 9) 1166,29 ℳ
10) 686,36 ℳ 11) 1906,78 ℳ 12) 717,16 ℳ

4. Abziehen oder Subtrahieren.

1) a) 9,51 ℳ, 123,31 ℳ, 211,26 ℳ; b) 53,74 ℳ, 9,47 ℳ, 7,60 ℳ, 15,72 ℳ, 45,36 ℳ, 67,21 ℳ
2) a) 13,54 ℳ; b) 58,12 ℳ; c) 27,42 ℳ; d) 112,86 ℳ; e) 2908,21 ℳ; f) 276,87 ℳ
3) 765,52 ℳ; 151,78 ℳ 4) 24084,54 ℳ 5) 389,25 ℳ
6) 308,85 ℳ 7) 183,56 ℳ 8) 52,36 ℳ 9) 479,08 ℳ
10) 80,35 ℳ 11) 7690,90 ℳ 12) 604,41 ℳ 13) 9,78 ℳ
14) 16,13 ℳ 15) 1096,75 ℳ 16) 133,93 ℳ
17) S. 70,78 ℳ, Rest 63,15 ℳ

5. Vervielfachen oder Multiplizieren.

1) a) 735,96 ℳ, 1103,94 ℳ, 1471,92 ℳ, 1839,90 ℳ, 2207,88 ℳ, 2575,86 ℳ, 2943,84 ℳ, 3311,82 ℳ
b) 5921,60 ℳ, 8882,40 ℳ, 11843,20 ℳ, 14804 ℳ, 17764,80 ℳ, 20725,60 ℳ, 23686,40 ℳ, 26647,20 ℳ
c) 1152 ℳ, 1728 ℳ, 2304 ℳ, 2880 ℳ, 3456 ℳ, 4032 ℳ, 4608 ℳ, 5184 ℳ
d) 294180 ℳ, 441270 ℳ, 588360 ℳ, 735450 ℳ, 882540 ℳ, 1029630 ℳ, 1176720 ℳ, 1323810 ℳ
2) 308,16 ℳ, 975,84 ℳ, 7190,40 ℳ, 10349,04 ℳ, 24575,76 ℳ

3) a) 78,48 ℳ, 6765,68 ℳ, 14095,10 ℳ
b) 58516,48 ℳ, 159897,92 ℳ
c) 16950,70 ℳ, 29879,28 ℳ, 72111,24 ℳ

4) a) 429,12 ℳ, 224,28 ℳ, zus. 653,40 ℳ
b) 1633,68 ℳ, 3269 ℳ, zus. 4902,68 ℳ
c) 82436,60 ℳ, 379748,25 ℳ, zus. 462184,85 ℳ

5) a) 28858,81 ℳ, 50192,83 ℳ, 63092,47 ℳ
b) 145670,20 ℳ, 235564 ℳ, 293810,60 ℳ
c) 514911,40 ℳ, 359553,72 ℳ; 795697,96 ℳ

6) 1988,88 ℳ 7) 464 ℳ 8) 429 ℳ 9) 2314,80 ℳ

10) 87,60 ℳ; 2190 ℳ 11) 20,92 ℳ

12) a) 289329,46; b) 967673,32; c) 1907386,23; d) 4614683,32

6. Messen und Teilen.

1) 6 mal; 9 mal; 22 mal; 33 mal 2) 25 mal; 130 mal; 215 mal

3) 25 Personen 4) In 12 Monaten 5) In 16 Wochen

6) a) $\frac{170,28\text{ ℳ}}{0,01}$; $\frac{113,52\text{ ℳ}}{0,01}$; $\frac{85,14\text{ ℳ}}{0,01}$; $\frac{68,11\text{ ℳ}}{0,02}$; $\frac{56,76\text{ ℳ}}{0,01}$; $\frac{48,65\text{ ℳ}}{0,02}$; $\frac{42,57\text{ ℳ}}{0,01}$; $\frac{37,84\text{ ℳ}}{0,01}$;

b) 528,49 ℳ; $\frac{264,24\text{ ℳ}}{0,10}$; $\frac{176,16\text{ ℳ}}{0,10}$; $\frac{132,12\text{ ℳ}}{0,10}$; $\frac{105,69\text{ ℳ}}{0,40}$; $\frac{88,08\text{ ℳ}}{0,10}$; $\frac{75,49\text{ ℳ}}{0,60}$; $\frac{66,06\text{ ℳ}}{0,10}$; $\frac{58,72\text{ ℳ}}{0,10}$

c) $\frac{238,47\text{ ℳ}}{0,46}$; $\frac{119,23\text{ ℳ}}{1,46}$; $\frac{79,49\text{ ℳ}}{0,46}$; $\frac{59,61\text{ ℳ}}{3,46}$; $\frac{47,69\text{ ℳ}}{2,46}$; $\frac{39,74\text{ ℳ}}{3,46}$; $\frac{34,06\text{ ℳ}}{5,46}$; $\frac{29,80\text{ ℳ}}{7,46}$; $\frac{26,49\text{ ℳ}}{6,46}$

7) 27 Sparmarken 8) 48 Kinder 9) 4,08 ℳ

10) a) $\frac{199,29\text{ ℳ}}{0,04}$; $\frac{149,46\text{ ℳ}}{0,22}$; $\frac{64,05\text{ ℳ}}{0,46}$; b) $\frac{17,54\text{ ℳ}}{0,02}$; $\frac{6,21\text{ ℳ}}{0,82}$; $\frac{2,99\text{ ℳ}}{5,42}$; c) $\frac{7,78\text{ ℳ}}{8,25}$; $\frac{5,72\text{ ℳ}}{18,25}$; $\frac{3,88\text{ ℳ}}{17,49}$

11) 38,45 ℳ 12) 3245,43 ℳ 13) 3,75 ℳ 14) 54,60 ℳ

15) 1,40 ℳ

II. Längenmaße.

4. Zu- und Abzählen.

1) a) 37,83 m; b) 31,375 m 2) 56,269 km

3) a) 116,24 m; 48,569 m; b) 67,607 km; 197,915 km

4) a) 55,934 m; b) 855,978 m; c) 27,241 km; d) 95,773974 km
5) 133,9 km; 199,7 km
6) a) 5,22 m; b) 21,36 m; c) 3,52 m; d) 3,635 m; e) 9,497 m; f) 7,013 m
7) 5,356 km; 4,522 km; 12,423 km
8) a) 19,55 m; 4,535 m; 4,606 m; b) 4,504 km; 4,736 km; 8,672 km
9) 16,85 m 10) 22,76 m 11) 331,20 m
12) 7,250 km 13) 16,35 m 14) 311,76 m

5. Vervielfachen.

1) a) 330,8 m; b) 138 m; c) 8700 m; d) 360,64 m; e) 227,225 m; f) 56604,8 m
2) a) 1652,4 m; 495,72 m; 2478,6 m; b) 756 m; 226,8 m; 1219,05 m; c) 479,10 km; 598,875 km; 2874,60 km
3) a) 5490 km; b) 44583,436 km; c) 11174,24 km; d) 106039,584 km; e) 68993,736 km
4) a) 3215,42 m; 4919,98 m; 17742,92 m; 19641,18 m; 26846,82 m; b) 370,7625 km; 1050,49375 km; 3448,09125 km; 4313,20375 km; 7390,5325 km
5) 68,328 km; 1106,990 km 6) a) 132,250 km; b) 740,6 km
7) 1423744 km 8) 0,90 m; V. 407 m, H. 540,2 m
9) 7,992 km; 2,664 km

6. Messen und Teilen.

1) 20-, 8-, 24-, 200 mal 2) 30 Stck. 3) 21°
4) a) $\frac{3{,}492}{0{,}001}$ m; $\frac{2{,}328}{0{,}001}$ m; $\frac{1{,}746}{0{,}001}$ m; 1,397 m; $\frac{1{,}164}{0{,}001}$ m; $\frac{0{,}997}{0{,}006}$ m; $\frac{0{,}873}{0{,}001}$ m; $\frac{0{,}776}{0{,}001}$ m

b) $\frac{19{,}921}{0{,}001}$ km; $\frac{13{,}280}{0{,}021}$ km; $\frac{9{,}960}{0{,}021}$ km; $\frac{7{,}968}{0{,}021}$ km; $\frac{6{,}640}{0{,}021}$ km; $\frac{5{,}691}{0{,}051}$ km; $\frac{4{,}980}{0{,}021}$ km; $\frac{4{,}426}{0{,}081}$ km

c) $\frac{7{,}896}{0{,}117}$ km; $\frac{5{,}264}{0{,}117}$ km; $\frac{3{,}948}{0{,}117}$ km; $\frac{3{,}158}{0{,}317}$ km; $\frac{2{,}632}{0{,}117}$ km; $\frac{2{,}256}{0{,}117}$ km; $\frac{1{,}974}{0{,}117}$ km; $\frac{1{,}754}{0{,}717}$ km

5) a) 17,603 m; $\frac{8{,}124}{0{,}018}$ m; $\frac{3{,}444}{0{,}006}$ m; $\frac{1{,}042}{0{,}086}$ m; $\frac{0{,}448}{0{,}566}$ m; $\frac{0{,}348}{0{,}870}$ m

b) $\frac{32{,}932}{0{,}084}$ m; $\frac{22{,}909}{0{,}134}$ m; $\frac{14{,}801}{0{,}048}$ m; $\frac{10{,}931}{0{,}462}$ m; $\frac{5{,}893}{0{,}862}$ m

6) 6 m 7) 8,5 ℳ; 51 ℳ; 204 ℳ 8) 39,410 km; 197,05 km
9) 39,60 m; 48,75 m 10) 18 H. 11) 192,45 ℳ
12) 215 ℳ; 20 Pfosten 13) 1944

III. Flächenmaße.

1) 236,25 qm 2) a) 25,68 ha; b) 28,84 ha
3) a) 56,77 a; b) 15,21 a 4) 441,38 ha
5) 20093000 qkm 6) 53,43 ha
7) a) 2240,5932 qm; b) 884,0976 qkm; c) 13552,50 ha; d) 3121,5924 ha
8) a) 9,65 qm; b) 39,58 ha; c) 13,6836 qm; d) 25,9719 qkm; e) 1,59 ha
9) 1992 ℳ 10) 1,99 ha 11) 2083,20 ℳ 12) 60 Bäumchen

IV. Körpermaße.

1) 51,367 cbm
2) a) 108,483 cbm; b) 146,566 cbm; c) 3918,096 cbm; d) 17586,16 cbm
3) 56,90 cbm; 5,85 cbm 4) 153,60 ℳ; 320 ℳ
5) 34,20 cbm 6) 481,980 cbm
7) a) 8,603 cbm; b) 36,947 cbm 8) 25 ℳ

V. Hohl- oder Flüssigkeitsmaße.

3. Zu- und Abzählen.

1) 48,11 hl
2) a) 150,53 hl; b) 83,70 hl; c) 235,86 hl; d) 1510,92 hl
3) 11,04 hl 4) a) 24,81 hl; b) 553,52 hl
5) a) 16,85 hl; b) 47,63 hl; c) 8,871 cbm; d) 50,437 cbm
6) a) 11,47 hl; b) 77,29 hl 7) 19,29 hl
8) 26,77 hl; 11,99 hl; 14,78 hl

4. Vervielfachen und Teilen.

1) a) 9,54 hl; b) 208,2 hl; c) 259,54 hl; d) 652,58 hl; e) 103,2 hl; f) 355,1 hl; g) 1290,58 hl
2) a) 5905,8 hl; b) 6217,36 hl; c) 26810,5 hl; d) 41731,97 hl
3) 92,40 hl 4) 23,20 ℳ, 65,25 ℳ, 188,50 ℳ
5) a) $\frac{1643{,}17}{0{,}01}$ hl; 1095,45 hl; $\frac{821{,}58}{0{,}03}$ hl; 657,27 hl; $\frac{547{,}72}{0{,}03}$ hl; $\frac{469{,}47}{0{,}06}$ hl; $\frac{410{,}79}{0{,}03}$ hl; 365,15 hl

b) $\underset{0,06}{\underline{286,97}}$ hl; $\underset{0,16}{\underline{191,31}}$ hl; $\underset{0,26}{\underline{143,48}}$ hl; $\underset{0,46}{\underline{114,78}}$ hl; $\underset{0,46}{\underline{95,65}}$ hl; $\underset{0,16}{\underline{81,99}}$ hl; $\underset{0,26}{\underline{71,74}}$ hl; $\underset{0,16}{\underline{63,77}}$ hl

c) $\underset{1,43}{\underline{44,82}}$ hl; $\underset{1,43}{\underline{29,88}}$ hl; $\underset{1,43}{\underline{22,41}}$ hl; $\underset{0,43}{\underline{17,93}}$ hl; $\underset{1,43}{\underline{14,94}}$ hl; $\underset{5,43}{\underline{12,80}}$ hl; $\underset{5,43}{\underline{11,20}}$ hl; $\underset{1,43}{\underline{9,96}}$ hl

6) a) $\underset{0,08}{\underline{22,76}}$ hl; b) $\underset{0,20}{\underline{9,58}}$ hl; c) $\underset{0,28}{\underline{6,74}}$ hl; d) $\underset{0,61}{\underline{5,27}}$ hl; e) $\underset{0,49}{\underline{4,85}}$ hl; f) $\underset{0,52}{\underline{4,33}}$ hl

7) a) $\underset{0,94}{\underline{20,85}}$ hl; b) $\underset{1,59}{\underline{10,55}}$ hl; c) $\underset{2,98}{\underline{7,02}}$ hl; d) $\underset{4,42}{\underline{5,28}}$ hl; e) $\underset{4,04}{\underline{4,34}}$ hl

8) 41 l 9) 106,25 ℳ 10) 3078 hl; 12312 hl 11) 1,35 ℳ

12) a) 357 ℳ; b) 483 ℳ; c) 126 ℳ (Lies in Aufgabe 12 statt 34,20 hl Wein: 4,20 hl!)

5. Vermischte Aufgaben.

1) 55,28 ℳ 2) a) 21 hl; b) 78,75 hl 3) 0,64 hl
4) 46,875 km 5) 323,40 ℳ; 700,70 ℳ 6) 12,40 ℳ
7) 24,05 m 8) 33,80 ℳ 9) 30 Tg.
10) 1131,50 ℳ; 462,50 ℳ 11) 17,85 m; 241,20 ℳ
12) 67,50 m; 168,75 m 13) 15,85 ℳ 14) 20 ₰ 15) 197,10 ℳ
16) a) $\underset{0,09}{\underline{51,92}}$ ℳ; $\underset{0,13}{\underline{49,81}}$ m; $\underset{0,07}{\underline{10,57}}$ ha; $\underset{0,06}{\underline{17,91}}$ hl
b) $\underset{0,115}{\underline{10,859}}$ m; $\underset{0,174}{\underline{1,617}}$ cbm; $\underset{0,070}{\underline{36,490}}$ km
17) a) 425 m; b) 875 m 18) 260 ℳ 19) 14,27 ℳ
20) 25 H. 21) a) 213,10 ℳ; b) 58,4 ₰

VI. Gewichtsmaße.

4. Zu- und Abzählen.

1) 47,541 t 2) 18,457 kg
3) a) 24,665 kg; b) 1018,215 kg; c) 93,027 t; d) 16,413970 t
4) 25,442 t 5) 8,068 t; 13,478 t
6) 5,864 kg; 97,742 kg; 326,118 kg 7) a) 4,628 t; b) 16,516 kg
8) 2309,810 kg 9) 0,676 kg 10) 83,9 kg
11) a) 491,250 kg; b) 1853,75 kg

12) a) A. 19,60 ℳ, B. 22,40 ℳ, C. 28 ℳ; b) 7,50 ℳ
13) 108 kg; 147,12 ℳ 14) 21 kg; 23,10 ℳ

5. Vervielfachen und Teilen.

1) a) 55,470 t; 407,4 t; 2187,808 t; b) 2527,185 kg; 3469,090 kg; 16202,160 kg; c) 0,735539 t; 31,604928 t; 154,118144 t; d) 66343,296 t; 124329,240 kg; 122057,236 kg

2) a) 86,020 kg; 71,825 kg; 1155,660 kg; b) 279,312 kg; 233,220 kg; 3752,496 kg; c) 601,128 kg; 501,930 kg; 8076,024 kg; d) 882,464 kg; 736,840 kg; 12855,712 kg

3) a) 1234,044 t; b) 27232,578 kg; c) 1285,849425 t

4) 359,22 ℳ 5) 2119,68 ℳ 6) a) 422,10 ℳ; b) 65 ₰

7) a) 89,679 t; 59,786 t; $\frac{44,839}{0,002}$ t; $\frac{35,871}{0,003}$ t; 29,893 t; $\frac{25,622}{0,004}$ t; $\frac{22,419}{0,006}$ t; $\frac{19,928}{0,006}$ t

b) $\frac{38,956}{0,003}$ kg; $\frac{19,478}{0,003}$ kg; $\frac{12,985}{0,013}$ kg; $\frac{9,739}{0,003}$ kg; $\frac{7,791}{0,013}$ kg; $\frac{6,492}{0,013}$ kg; $\frac{5,565}{0,013}$ kg; $\frac{4,869}{0,043}$ kg; $\frac{4,328}{0,043}$ kg

c) $\frac{58,962}{0,080}$ kg; $\frac{29,481}{0,080}$ kg; $\frac{19,654}{0,080}$ kg; $\frac{14,740}{0,280}$ kg; $\frac{11,792}{0,280}$ kg; $\frac{9,827}{0,080}$ kg; $\frac{8,423}{0,180}$ kg; $\frac{7,370}{0,280}$ kg; $\frac{6,551}{0,380}$ kg

d) $\frac{17,965}{0,432}$ t; $\frac{8,982}{1,432}$ t; $\frac{5,988}{1,432}$ t; $\frac{4,491}{1,432}$ t; $\frac{3,593}{0,432}$ t; $\frac{2,994}{1,432}$ t; $\frac{2,566}{3,432}$ t; $\frac{2,245}{5,432}$ t; $\frac{1,996}{1,432}$ t

8) a) $\frac{320,218}{0,002}$ t; $\frac{39,478}{0,138}$ t; $\frac{22,340}{0,206}$ t; b) $\frac{13,894}{0,433}$ kg; $\frac{7,079}{1,102}$ kg

9) 542 kg Kaffee, 474 kg Reis, 449 kg Sago; 1029,80 ℳ, 227,52 ℳ, 188,58 ℳ

10) 1,30 ℳ 11) 3,80 ℳ 12) 593 kg 13) 2,60 ℳ

14) 4,59 ℳ 15) 24 ₰; 72 ₰

16) a) 77584,50 kg; b) 674246,25 kg

VII. Papiermaße.

1) 10,065 Rs. 2) 8,786 Rs. 3) a) 323,10 ℳ; b) 346,50 ℳ

4) a) 0,92 Rs.; b) 2,854 Rs. 5) 14,375 Rs. 6) 16,900 Rs.

7) 36 Rs. 8) 2470 Hefte.

VIII. Zählmaße.

1) 89 Dutz. 11 Stck. **2)** 38 Gr. 2 Dutz.

3) a) 72 Gr. 9 Dutz. 7 Stck.; b) 19 Gr. 5 Dutz. 5 Stck.; c) 18 Gr. 7 Dutz. 9 Stck.

4) a) 26 Dutz. 7 Stck.; b) 128 Dutz. 4 Stck.; c) 978 Dutz. 5 Stck.; d) 2093 Dutz.

5) a) 73 Gr. 8 Dutz. 8 Stck.; b) 249 Gr. 10 Dutz. 9 Stck.; c) 825 Gr. 9 Dutz. 4 Stck.

6) a) 148 Gr. 11 Dutz.; b) 429 Gr. **7)** 5 mal; 9 mal

8) 3 Dutz. 4 Stck.; 25 Dutz. 10 Stck. (R. 3 Stck.); 1 Gr. 5 Dutz. 4 Stck. (R. 8 Stck.)

9) a) 17 Dutz. 5 Stck.; b) 5 Gr. 6 Dutz. (R. 38 Stck.); c) 3 Gr. 9 Dutz. 7 Stck.; d) 3 Gr. 6 Dutz. 7 Stck. (R. 119 Stck.)

10) 1 Gr. 4 Dutz. 3 Stck. **11)** 119 Gr. 4 Dutz. 8 Stck.

12) 35100 Stck.; 1755 ℳ **13)** 14105 Eier; 846,30 ℳ

14) 1873 Bl.; 149,84 ℳ

IX. Zeitmaße.

2. Verwandlungen.

1) a) 432 Mon.; b) 1872 Wo.

2) 6570 Tg.; 92710 Tg.; 176295 Tg.

3) 683 Mon.; 1027 Mon.; 1496 Mon.

4) 2521 Wo.; 4146 Wo.; 7067 Wo.

5) a) 2723 Tg.; 4620 Tg.; b) 1695 Tg.; 14034 Tg.

6) 37 J. 291 Tg.; 77 J. 327 Tg.; 108 J. 141 Tg.

7) 26 J. 5 Mon. 24 Tg.; 81 J. 6 Mon. 20 Tg.; 202 J. 8 Mon. 3 Tg.

8) a) 672 Std.; 7584 Std.; b) 5376 Std.; 6840 Std.; c) 318360 Std.; 988512 Std.

9) 63398 Std.; 312546 Std.

10) 5 J. 172 Tg. 20 Std.; 15 J. 180 Tg. 1 Std.; 68 J. 35 Tg. 14 Std.

11) 21 J. 11 Mon. 12 Tg. 6 Std.; 97 J. 5 Mon. 26 Tg. 2 Std.

12) a) 720 Min.; b) 10980 Min.; c) 2119680 Min.; d) 1646700 Min.; e) 4644960 Min.

13) 232 Std. 25 Min.; 1405 Std. 21 Min.; 3926 Std. 59 Min.

14) 8 Tg. 22 Std. 5 Min.; 67 Tg. 12 Std. 14 Min.; 89 Tg. 4 Std. 52 Min.

15) a) 1740 Sek.; b) 82800 Sek.; c) 11836800 Sek.; d) 1198368000 Sek.

16) a) 1328400 Sek.; b) 96040800 Sek.; c) 2088960 Sek.; d) 247657680 Sek.

17) 108 Std. 16 Min. 4 Sek.; 773 Std. 28 Min. 52 Sek.

18) 315360000 Sek.

3. Zu- und Abzählen.

1) 56 J. 94 Tg.
2) a) 36 J. 4 Mon. 26 Tg.; b) 38 J. 11 Wo. 4 Tg.;
c) 47 Tg. 8 Std. 40 Min.; d) 59 Std. 3 Min. 50 Sek.
3) a) 9 J. 4 Mon.; 5 Mon. 12 Tg.; 7 Tg. 9 Std.; 14 Std. 32 Min.; 31 Min. 14 Sek.; b) 21 J. 6 Mon. 28 Tg.; c) 43 J. 7 Mon. 22 Tg.
4) a) 38 Tg. 23 Std. 7 Min.; b) 47 J. 145 Tg. 11 Std. 18 Min.;
c) 4 Std. 7 Min. 35 Sek.; d) 101 Tg. 9 Std. 46 Min. 46 Sek.
5) 8 Std. 46 Min.; a) 16 Std. 12 Min.; b) 7 Std. 26 Min.
6) 43 J. 9 Mon. 29 Tg.; 33 J. 10 Mon. 24 Tg.
7) 17 J. 8 Mon. 12 Tg.
8) 64 J. 2 Mon. 8 Tg. 4 Std.
9) 13 J. 9 Mon. 1 Tg.; 3 J. 1 Mon. 10 Tg.
10) 67 J. 8 Mon. 9 Tg. 4 Std.

4. Vervielfachen und Teilen.

1) a) 62 J. 8 Mon.; b) 153 J. 139 Tg.; c) 1211 J. 8 Wo.;
d) 5940 Tg.
2) a) 29 J.; 50 J. 9 Mon.; 126 J. 10 Mon. 15 Tg.;
b) 241 J. 2 Tg. 6 Std.; 998 J. 165 Tg. 18 Std.; 1618 J. 67 Tg. 6 Std.
c) 154 Tg. 16 Std. 18 Min.; 979 Tg. 15 Std. 14 Min.; 2191 Tg. 6 Std. 55 Min.
3) a) 209 J.; 640 J. 11 Mon. 6 Tg.; 947 J. 5 Mon. 18 Tg.;
b) 1213 J. 29 Wo.; 2105 J. 7 Wo. 6 Tg.; 6414 J. 27 Wo.;
c) 5073 J. 170 Tg. 15 Std.; 6358 J. 272 Tg. 6 Std.; 25367 J. 122 Tg. 27 Std.
4) a) 1095 Tg. 17 Std. 26 Min. 24 Sek.;
b) 2921 J. 22 Std. 30 Min. 24 Sek.
5) a) 51 J. 9 Mon. 28 Tg.; b) 42 J. 9 Mon. 19 Tg.
6) a) 4 J. 10 Mon.; 2 J. 11 Mon. (R. 9 Mon.); 1 J. 6 Mon. (R. 14 Mon.);
b) 9 J. 299 Tg.; 5 J. 81 Tg. (R. 18 Tg.); 2 J. 243 Tg. (R. 84 Tg.);
c) 6 Tg. 16 Std. (R. 42 Std.); 2 Tg. 19 Std. (R. 39 Std.); 1 Tg. 12 Std. (R. 222 Std.)
7) a) 3 J. 7 Wo. 4 Tg. (R. 13 Tg.); 2 J. 11 Wo. 1 Tg. (R. 6 Tg.); 1 J. 11 Wo. 3 Tg. (R. 12 Tg.);
b) 2 J. 141 Tg. 17 Std. (R. 23 Std.); 2 J. 14 Tg. 3 Std. (R. 39 Std.); 1 J. 90 Tg. 9 Std. (R. 15 Std.);
c) 1 Tg. 13 Std. 59 Min. (R. 84 Min.); 1 Tg. 4 Std. 50 Min. (R. 90 Min.); 15 Std. 15 Min. (R. 115 Min.);
d) 5 Min. 14 Sek. (R. 204 Sek.); 3 Min. 27 Sek. (R. 209 Sek.); 2 Min. 38 Sek. (R. 360 Sek.)

8) a) 7 J. 71 Tg. 4 Std. 18 Min. (R. 24 Min.);
b) 23 J. 10 Mon. 13 Tg. 21 Std.

5. Zeitrechnung.

1) a) 50 J. 9 Mon. 6 Tg.; b) 31 J. 5 Mon. 27 Tg.;
c) 20 J. 7 Mon. 11 Tg. 13 Std.

2) 90 J. 11 Mon. 17 Tg.

3) a) 56 J. 7 Mon. 27 Tg.; b) 74 J. 6 Mon. 23 Tg.;
c) 34 J. 4 Mon. 9 Tg.; d) 78 J. 3 Mon. 7 Tg.

4) 82 J. 6 Mon. 24 Tg.

5) a) 16 Std. 35 Min.; b) 7 Std. 25 Min.

6) 10 Uhr 53 Min. morgens 7) 12 Std. 43 Min.

8) Am 21. Juli nachmittags 5 Uhr 30 Min.

9) Am 15. Februar 1763 10) Am 22. April 1891

11) Am 26. Juni 1896 12) Am 12. November 1759

13) Am 19. Juli 1870 14) Am 1. August 1870

15) 56 J. 10 Mon. 14 Tg. 18) 1749; 1904

X. Vermischte Aufgaben.

1) 6920 Bäume
2) 29 ₰
3) 6,30 ℳ
4) Der Bauer M. (für den z
40 ₰ mehr)
5) S. 12,65 ℳ, J. 9,35 ℳ
6) 33,30 m
7) 137,600 km; 4 Std.
8) 9 Hemden
9) 3 kg
10) 1,20 ℳ
11) 1,82 hl; 16,80 ℳ
12) 9,6 l
13) 326,15 ℳ
14) 102 hl
15) 130,65 ℳ
16) 174,72 ℳ
17) 1808,30 ℳ; 372,50 ℳ
18) 5,28 ℳ
19) Am 3. August 1492
20) 83 J. 3 Mon. 29 Tg.

Die Bruchrechnung.

Vorbereitungen.

1. Faktorenzerlegung und Teilbarkeit der Zahlen.

10) a) 14 = 2·7
15 = 3·5
24 = 2·2·2·3
32 = 2·2·2·2·2
36 = 2·2·3·3
48 = 2·2·2·2·3
56 = 2·2·2·7
60 = 2·2·3·5
26 = 2·13
34 = 2·17

b) 120 = 2·2·2·3·5
150 = 2·3·5·5
144 = 2·2·2·2·3·3
280 = 2·2·2·5·7
360 = 2·2·2·3·3·5
810 = 2·3·3·3·3·5
1000 = 2·2·2·5·5·5

17) a) 200 = 2·2·2·5·5
350 = 2·5·5·7
490 = 2·5·7·7
1250 = 2·5·5·5·5

c) 1080 = 2·2·2·3·3·3·5
1860 = 2·2·3·5·31
2790 = 2·3·3·5·31
1224 = 2·2·2·3·3·17
1365 = 3·5·7·13
3468 = 2·2·3·17·17

b) 132 = 2·2·3·11
270 = 2·3·3·3·5
980 = 2·2·5·7·7
144 = 2·2·2·2·3·3
77 = 7·11
154 = 2·7·11
96 = 2·2·2·2·2·3
341 = 11·31
424 = 2·2·2·53
520 = 2·2·2·5·13

2. Aufsuchen des größten gemeinsamen Maßes.

4) a) 12; 34; 13; b) 45; 88; 17; c) 8; 12; 40

3. Das kleinste gemeinschaftliche Vielfache.

11) a) 32; b) 18; c) 20; d) 40; e) 30; f) 231; g) 280
12) a) 270; b) 360; c) 108; d) 480; e) 300

Das Rechnen mit Brüchen.

Es ist von großem Vorteil, die gemeinen und die Dezimal-Brüche eng miteinander verbunden zu behandeln; dadurch werden vor allem die Maße und die Dezimalzahlen viel gründlicher wiederholt. Außerdem erhält der Schüler eine bessere Vorstellung von dem Werte der einzelnen Bruchteile; er wird daran gewöhnt, z. B. bei 10tel an dm oder an Zehnpfennigstücke, bei 100stel an cm oder an Pfennig, bei 12tel an Dutzend oder an Stück usw. zu denken.

Dem Lehrer kann bei dieser Gelegenheit nicht genug empfohlen werden, in allen Abschnitten der Bruchrechnung ausgiebigen Gebrauch der Maße bei Einführung in das Verständnis der verschiedenen Rechenoperationen mit Brüchen zu machen. Ebenso ist die Darstellung an Strecken äußerst anschaulich und wichtig.

Die Anordnung des Stoffes im Heft ist so eingerichtet, daß nach Belieben des Lehrers auch die gemeinen Brüche zuerst für sich und dann die Dezimalbrüche behandelt werden können.

3. Echte und unechte Brüche, gemischte Zahlen.

1) 163, 1475, 5061, 7217 Wo. 2) 103, 423, 769, 6740 Stck.

3) 151, 817, 1483, 8627 Std. 4) $\frac{94}{5}$, $\frac{337}{5}$, $\frac{36848}{5}$, $\frac{184791}{5}$

5) $\frac{163}{6}$, $\frac{897}{6}$, $\frac{5072}{6}$, $\frac{167423}{6}$

6) $\frac{56}{3}$, $\frac{151}{4}$, $\frac{119}{2}$, $\frac{527}{6}$, $\frac{734}{5}$, $\frac{379}{20}$, $\frac{1967}{50}$, $\frac{2755}{6}$, $\frac{6959}{8}$, $\frac{335}{12}$

7) $\frac{71}{4}$, $\frac{259}{9}$, $\frac{291}{8}$, $\frac{213}{5}$, $\frac{986}{11}$, $\frac{469}{2}$, $\frac{1425}{4}$, $\frac{2690}{3}$, $\frac{17499}{20}$, $\frac{3691}{2}$, $\frac{22781}{6}$, $\frac{3107}{12}$, $\frac{11384}{30}$, $\frac{23417}{50}$

8) 1,14 ℳ; 4,26 ℳ; 6,06 ℳ 9) 2,25 ℳ; 6,45 ℳ; 34,05 ℳ

10) $\frac{953}{24}$, $\frac{2363}{52}$, $\frac{17392}{125}$, $\frac{70063}{150}$

4. Das Verwandeln von Brüchen in ganze und in gemischte Zahlen.

1) 6 Dutz. 4 Stck.; 8 Dutz. 1 Stck.; 11 Dutz. 2 Stck.; 16 Dutz. 4 Stck.; 23 Dutz. 9 Stck.

2) 3 Tg. 9 Std.; 4 Tg. 19 Std.; 9 Tg. 20 Std.; 14 Tg. 12 Std.; 33 Tg. 4 Std.

3) 7 J. 9 Mon.; 10 J. 5 Mon.; 15 J. 9 Mon.; 23 J. 2 Mon.

4) 7 Tg. 10 Std.; 16 Tg. 7 Std.; 23 Tg. 5 Std.; 45 Tg. 18 Std.

5) $5\frac{2}{3}$, $7\frac{3}{8}$, $34\frac{2}{4}$, $33\frac{4}{5}$, $39\frac{3}{6}$, $36\frac{6}{7}$, $15\frac{3}{8}$, $38\frac{3}{9}$, $27\frac{6}{10}$, $28\frac{5}{12}$, $22\frac{19}{20}$, $197\frac{3}{4}$, $196\frac{4}{5}$, $260\frac{5}{9}$, $434\frac{4}{8}$, $190\frac{21}{30}$, $134\frac{19}{50}$, $638\frac{45}{100}$

6) $79\frac{3}{4}$, $127\frac{5}{7}$, $261\frac{2}{9}$, $349\frac{3}{9}$, $663\frac{7}{12}$, $779\frac{17}{50}$, $1887\frac{21}{25}$, $613\frac{6}{16}$, $1332\frac{4}{24}$, $1630\frac{1}{52}$

7) $\frac{53}{3}$, $\frac{263}{6}$, $\frac{791}{8}$, $\frac{1255}{9}$, $\frac{3095}{12}$, $\frac{7739}{20}$, $\frac{17893}{24}$

8. Das Verwandeln gemeiner Brüche in Dezimalbrüche.

4) 0,625; 0,728; 0,8125; 0,21875; 0,425; 0,3625; 0,828125

6) 0,666...; 0,777...; 0,4545...; 0,8333...; 0,91666...; 0,59090...

7) 0,2125; 0,1325; 0,2140625; 0,02875; 0,1896; 19,28; 26,38; 38,375

9. Das Kürzen der Brüche.

20) a) 1; b) $\frac{8}{15}$; c) $22\frac{1}{2}$; d) 2; e) $21\frac{1}{3}$; f) 5; g) $3\frac{1}{13}$; h) $26\frac{2}{3}$; i) $9\frac{18}{25}$; k) $1\frac{2}{5}$

11. Zusammenzählen der gemeinen Brüche.

I. Gleichnamige Brüche.

1) a) $3\frac{11}{12}$ Dutz.; b) $2\frac{1}{12}$ Min. 2) a) $4\frac{5}{24}$; b) $50\frac{5}{6}$; c) $174\frac{7}{8}$
3) $1247\frac{4}{5}$ ℳ
4) a) $216\frac{5}{8}$ kg; b) $190\frac{1}{2}$ t; c) $178\frac{2}{5}$ z; d) $354\frac{1}{3}$; e) $277\frac{3}{4}$; f) $124\frac{5}{6}$
5) $32\frac{1}{10}$ m 6) $2357\frac{1}{2}$ ℳ 7) $102\frac{15}{100}$ a

II. Ungleichnamige Brüche.

a) Die kleineren Nenner sind im größten ohne Rest enthalten.

Schriftlich.

2) a) $1\frac{11}{12}$; b) $14\frac{1}{8}$; c) $34\frac{9}{20}$; d) $81\frac{3}{4}$; e) 142; f) $2\frac{5}{16}$; g) $5\frac{5}{6}$; h) $102\frac{7}{20}$; i) $95\frac{3}{10}$; k) $97\frac{3}{10}$
3) $16\frac{4}{5}$ m 4) $98\frac{18}{25}$ km 5) $89\frac{3}{10}$ z 6) $4582\frac{3}{5}$ ℳ
7) a) $182\frac{5}{24}$; b) $208\frac{1}{2}$; c) $142\frac{14}{15}$; d) $179\frac{19}{80}$; e) $1137\frac{11}{12}$; f) $1219\frac{61}{72}$; g) $483\frac{1}{24}$; h) $1826\frac{5}{32}$

b) Die Nenner sind Primzahlen oder solche Zahlen, die keine gemeinsamen Faktoren haben.

2) a) $\frac{23}{24}$ Tg.; b) $1\frac{11}{15}$ Std.; c) $1\frac{13}{20}$ t; d) $45\frac{11}{12}$ Tg.; e) $46\frac{1}{15}$ Mon.; f) $43\frac{11}{20}$ km; g) $23\frac{17}{20}$ kg
3) a) $11\frac{23}{30}$; b) $12\frac{37}{140}$; c) $21\frac{11}{30}$; d) $55\frac{44}{105}$; e) $61\frac{19}{36}$
4) $30\frac{7}{20}$ kg 5) $5\frac{13}{20}$ ℳ
6) a) $93\frac{37}{40}$; b) $137\frac{1}{60}$; c) $207\frac{14}{15}$; d) $216\frac{4}{7}$
7) $121\frac{1}{6}$ J. 8) $93\frac{11}{20}$ ha

c) Die Nenner haben gemeinsame Faktoren.

2) a) $3\frac{15}{24}$ Tg.; b) $14\frac{23}{24}$ Tg.; c) $3\frac{47}{50}$ kg; d) $28\frac{7}{20}$ kg; e) $2\frac{1}{4}$ Gr.; f) $21\frac{7}{12}$ Gr.
3) a) $24\frac{7}{15}$; b) $49\frac{23}{36}$; c) $33\frac{17}{60}$; d) $136\frac{7}{24}$; e) $216\frac{13}{20}$
4) $88\frac{19}{20}$ dz 5) $20\frac{7}{50}$ ℳ 6) $50\frac{13}{20}$ kg 7) $259\frac{2}{5}$ a
8) $125\frac{1}{100}$ km 9) $563\frac{47}{100}$ kg

12. Zusammenzählen der Dezimalbrüche.

1) a) 29,08 m; 10,006 m; b) 10,70 hl; c) 6,145 km; d) 6,948597 t
2) 23,534 m 3) 27,724383 km 4) 22,815 t
5) a) 21,3566; b) 7,623289
6) a) 24,25; b) 61,65; c) 53,3222
7) a) 37,004; b) 62,51511; c) 463,696736
8) 2075 ℳ 9) 198,05 km 10) 128,430 cbm

13. Abzählen der gemeinen Brüche.

1) a) $26\frac{2}{5}$ ℳ; b) $45\frac{4}{15}$ Std.; c) $76\frac{3}{4}$ Tg.; d) $66\frac{16}{25}$ ℳ; e) $157\frac{9}{20}$ m; f) $44\frac{12}{25}$ km; g) $4\frac{7}{10}$; h) $7\frac{14}{15}$; i) $16\frac{2}{3}$; k) $24\frac{11}{25}$; l) $15\frac{3}{10}$; m) $55\frac{18}{25}$

2) a) $2\frac{79}{100}$ hl; b) $5\frac{7}{20}$ hl 3) a) $5\frac{11}{12}$ Gr.; b) $6\frac{1}{3}$ Gr.

4) a) $4\frac{19}{24}$ Tg.; b) $6\frac{17}{24}$ Tg.; c) $10\frac{29}{30}$ Std.; d) $1\frac{7}{12}$ Std.

5) a) $10\frac{11}{12}$; b) $23\frac{13}{40}$; c) $42\frac{1}{36}$; d) $151\frac{4}{21}$; e) $332\frac{7}{24}$; f) $404\frac{5}{8}$; g) $141\frac{47}{50}$; h) $325\frac{7}{18}$; i) $125\frac{47}{100}$; k) $2842\frac{19}{20}$

6) $5\frac{19}{20}$; $10\frac{17}{24}$ 7) $41\frac{1}{12}$ J. 8) a) $16\frac{3}{40}$; b) $50\frac{3}{5}$; c) $211\frac{17}{24}$

9) $787\frac{3}{5}$ z 10) $20\frac{13}{20}$ ℳ

11) $1331\frac{3}{4}$ ℳ; $89\frac{9}{10}$ ℳ; $69\frac{17}{20}$ ℳ; $290\frac{17}{20}$ ℳ 12) $68\frac{11}{50}$ ℳ

14. Abzählen der Dezimalbrüche.

1) a) 15,52; b) 22,88; c) 4,84; d) 142,45; e) 1,429; f) 425,575; g) 3,559; h) 263,574

2) 5,85 kg 3) 12,05 hl 4) 46,85 z 5) 1,48 hl

6) a) 21,5353; b) 27,27175; c) 126,879045; d) 465,463848; e) 4892,470372; f) 7658,832062

15. Vervielfachen der gemeinen Brüche.

a) Ein Bruch wird mit einer ganzen Zahl vervielfacht.

2) a) $13\frac{1}{8}$; $21\frac{1}{3}$; $30\frac{3}{5}$; b) $61\frac{5}{6}$; 44; $133\frac{1}{3}$; c) $142\frac{1}{2}$; $136\frac{1}{2}$; 154; d) 556; $1291\frac{1}{2}$; 2211

3) a) 330; b) $683\frac{1}{5}$; c) $1096\frac{2}{3}$; d) $4427\frac{1}{2}$

4) $154\frac{1}{2}$; $302\frac{2}{5}$ 5) 18,125 m 6) $89\frac{3}{5}$ ℳ; 256 ℳ

7) 630 kg 8) $37\frac{1}{2}$ m; $62\frac{1}{2}$ m

9) a) $599\frac{9}{10}$ kg; b) 1371,2 kg

10) $8\frac{3}{5}$ ℳ; $12\frac{9}{10}$ ℳ; $19\frac{7}{20}$ ℳ; $25\frac{4}{5}$ ℳ

11) a) $928\frac{4}{5}$ ℳ; b) $97\frac{1}{5}$ ℳ

12) a) 21 ℳ; b) $31\frac{1}{2}$ ℳ; c) $52\frac{1}{2}$ ℳ

b) Eine ganze Zahl wird mit einem Bruch vervielfacht.

2) 9, $14\frac{2}{5}$, $17\frac{1}{3}$, $34\frac{1}{8}$, $23\frac{1}{9}$

3) a) $8\frac{1}{4}$, $4\frac{3}{4}$, $2\frac{11}{50}$; b) $10\frac{1}{2}$, $21\frac{7}{8}$, 26; c) 172, 306, $103\frac{1}{2}$; d) 324, $111\frac{4}{5}$, $159\frac{21}{25}$; e) $108\frac{4}{5}$, 145, 110; f) 440, $1082\frac{2}{5}$, $2222\frac{1}{2}$

4) $70\frac{1}{2}$ ℳ 5) $122\frac{1}{2}$; $356\frac{1}{4}$ 6) 666 ℳ; 783 ℳ; 1392 ℳ

7) $6\frac{1}{2}$ ℳ; $15\frac{3}{5}$ ℳ; $25\frac{4}{5}$ ℳ 8) 6324 kg 9) $2065\frac{1}{5}$ ℳ

c) Ein Bruch wird mit einem Bruch vervielfacht.

2) a) $7\frac{7}{10}$ ℳ; b) $14\frac{1}{6}$ J.; c) $8\frac{1}{6}$ J.; d) $14\frac{7}{12}$ Dutz.; e) $21\frac{7}{8}$ Gr.; f) $26\frac{3}{5}$ t; g) $62\frac{9}{10}$ kg

3) a) $\frac{19}{100}$, $\frac{5}{8}$, $\frac{1}{4}$; b) $4\frac{2}{5}$, $7\frac{23}{32}$, $5\frac{1}{5}$; c) $9\frac{4}{9}$, $59\frac{1}{2}$, $150\frac{4}{7}$; d) $36\frac{7}{8}$, $67\frac{16}{25}$, $165\frac{5}{8}$; e) 26, $29\frac{2}{5}$, $7\frac{4}{5}$

4) $43\frac{2}{5}$ ℳ; $60\frac{19}{25}$ ℳ; $71\frac{3}{10}$ ℳ

5) $204\frac{3}{10}$ ℳ; $317\frac{4}{5}$ ℳ; $426\frac{19}{25}$ ℳ; $508\frac{12}{25}$ ℳ

6) $3\frac{1}{5}$ ℳ, $4\frac{4}{25}$ ℳ, $7\frac{9}{25}$ ℳ, $8\frac{8}{25}$ ℳ

7) a) $1090\frac{4}{5}$ ℳ; b) $121\frac{1}{5}$ ℳ 8) $233\frac{3}{4}$ z

9) $22\frac{1}{2}$ km; $103\frac{19}{20}$ km, $165\frac{33}{40}$ km 10) $242\frac{1}{2}$ ℳ

11) $6\frac{3}{25}$ ℳ 12) 40 ℳ 13) $1\frac{31}{50}$ ℳ; $2\frac{13}{25}$ ℳ; $6\frac{3}{10}$ ℳ

14) 1,25 ℳ 15) 36,09 ℳ

16. Vervielfachen von Dezimalbrüchen mit ganzen Zahlen und mit Dezimalbrüchen.

1) a) 116,10 ℳ; 458,16 ℳ; 311,70 hl; 1404,15 m;
b) 3,794; 8,809; 410,778; 258,792;
c) 43,20; 33,93; 71,25; 90,72;
d) 0,304; 3,465; 47,386; 69,445;
e) 0,0153; 0,5355; 2,7264; 8,775;
f) 2,898; 3,38982; 5,10198; 2,405925

2) a) 0,1786 km; 10,0108 km; b) 4,296 t; 1,87884 t;
c) 231,84 m; 362,849 m; d) 70,5948 kg; 200,43 kg

3) 742,50 hl 4) a) 345,80 ℳ; 568,10 ℳ 5) 1006,72 ℳ

6) 2228,85 ℳ 7) 49,61 ℳ 8) 231,10 ℳ 9) 282 ℳ

10) 30,66 ℳ 11) 10,50 ℳ; 47,25 ℳ 12) 773,50 ℳ

13) 44,40 ℳ 14) 75,60 ℳ; 163,80 ℳ; 302,40 ℳ

15) 3,20 ℳ 16) a) 83,72 ℳ; 134,68 ℳ

17. Teilen der gemeinen Brüche.

a) Teilen eines Bruches durch eine ganze Zahl.

2) a) $\frac{2}{75}$, $\frac{3}{80}$, $\frac{1}{72}$; b) $\frac{3}{40}$, $\frac{26}{125}$, $\frac{31}{180}$; c) $\frac{19}{30}$, $1\frac{5}{24}$, $1\frac{1}{2}$;
d) $3\frac{1}{12}$, $9\frac{11}{12}$, $17\frac{7}{10}$; e) $2\frac{7}{48}$, $2\frac{2}{15}$, $\frac{99}{100}$

3) $3\frac{3}{4}$ m 4) $169\frac{4}{5}$ ℳ 5) a) $1\frac{1}{5}$ ℳ; b) 1,46 ℳ

6) $25\frac{7}{25}$ ℳ 7) $65\frac{2}{5}$ kg 8) 45,55 ℳ 9) $1\frac{3}{4}$ kg 10) $9\frac{4}{5}$ ℳ

b) Teilen einer ganzen Zahl und eines Bruches durch einen Bruch.

2) a) $10\frac{4}{5}$, $8\frac{8}{11}$, $10\frac{10}{13}$; b) $21\frac{1}{3}$, $36\frac{1}{4}$, $70\frac{1}{2}$; c) $2\frac{4}{5}$, $2\frac{11}{17}$, 3;
d) $37\frac{1}{2}$, $48\frac{3}{4}$, $107\frac{1}{5}$; e) $9\frac{1}{7}$, $7\frac{1}{2}$, $11\frac{1}{7}$; f) $163\frac{1}{5}$, $451\frac{1}{2}$, 441;
g) $59\frac{3}{5}$, $84\frac{8}{15}$, $118\frac{4}{5}$; h) $7\frac{1}{5}$, $9\frac{4}{9}$, $10\frac{4}{7}$

3) 10 kg 4) 20 Pf. = 10 kg 5) 20 l 6) 8 Std.

7) 25 hl 8) $12\frac{3}{20}$ ℳ 9) 96000 Schienen

11) a) $10\frac{1}{3}$; b) 5; c) $24\frac{5}{7}$; d) $3\frac{4}{5}$; e) $2\frac{8}{9}$; f) $3\frac{4}{13}$

12) a) $2\frac{1}{3}$, $3\frac{6}{11}$, $2\frac{5}{9}$; b) 3, $9\frac{1}{2}$, $9\frac{4}{7}$; c) $4\frac{5}{23}$, $5\frac{18}{19}$, $5\frac{27}{41}$;
d) $3\frac{4}{15}$, $4\frac{31}{42}$, $4\frac{37}{39}$; e) $5\frac{2}{5}$, $6\frac{17}{44}$, $6\frac{11}{63}$; f) $50\frac{3}{23}$, $272\frac{3}{7}$, $458\frac{27}{32}$;
g) $5\frac{96}{203}$, $5\frac{149}{221}$, $5\frac{196}{467}$

13) 8 mal 15) 10-, 12-, 13-, $4\frac{2}{5}$-, $2\frac{1}{4}$-, $2\frac{1}{2}$ mal

16) a) $1\frac{1}{9}$, $1\frac{2}{25}$, $\frac{7}{9}$; b) $1\frac{31}{50}$, $2\frac{22}{35}$, $4\frac{2}{5}$; c) $2\frac{1}{16}$, $1\frac{17}{40}$, $2\frac{1}{12}$;
d) $\frac{27}{35}$, $1\frac{5}{33}$, $5\frac{5}{6}$

17) $1\frac{3}{5}$ ℳ 18) 15 Tg. 19) $14\frac{1}{5}$ ℳ 20) $7\frac{1}{2}$ kg

18. Teilen der Dezimalbrüche.

a) Teilen von Dezimalbrüchen durch ganze Zahlen.

1) a) $\frac{35672{,}9}{0{,}1}$; $\frac{23781{,}9}{0{,}2}$; $\frac{17836{,}4}{0{,}3}$; $\frac{14269{,}1}{0{,}4}$; $\frac{11890{,}9}{0{,}5}$; $\frac{10192{,}2}{0{,}5}$; $\frac{8918{,}2}{0{,}3}$; $\frac{7927{,}3}{0{,}2}$;

b) $\frac{275{,}86}{0{,}05}$; $\frac{137{,}93}{0{,}05}$; $\frac{91{,}95}{0{,}15}$; $\frac{68{,}96}{0{,}25}$; $\frac{55{,}17}{0{,}15}$; $\frac{45{,}97}{0{,}45}$; $\frac{39{,}40}{0{,}65}$; $\frac{34{,}48}{0{,}25}$; $\frac{30{,}65}{0{,}15}$;

c) $\frac{631{,}527}{0{,}098}$; $\frac{315{,}763}{0{,}198}$; $\frac{210{,}509}{0{,}098}$; $\frac{157{,}881}{0{,}398}$; $\frac{126{,}305}{0{,}298}$; $\frac{105{,}254}{0{,}398}$; $\frac{90{,}218}{0{,}198}$; $\frac{78{,}940}{0{,}798}$; $\frac{70{,}169}{0{,}698}$

2) $\frac{4{,}782}{0{,}018}$; $\frac{2{,}596}{0{,}016}$; $\frac{1{,}336}{0{,}028}$

3) a) $\frac{5{,}1773}{0{,}0018}$; $\frac{1{,}8365}{0{,}0025}$; $\frac{6{,}1924}{0{,}0008}$; $\frac{2{,}1823}{0{,}0009}$; $\frac{5{,}9430}{0{,}0030}$;

b) $\frac{17{,}4321}{0{,}0074}$; $\frac{5{,}1327}{0{,}0267}$; $\frac{1{,}9781}{0{,}0108}$ c) $\frac{2{,}5846}{0{,}0921}$; $\frac{2{,}6232}{0{,}1920}$; $\frac{18{,}8694}{0{,}3722}$

4) 1,64 ℳ 5) 7 ₰ 6) 1,650 kg

7) a) $\frac{387{,}29}{0{,}06}$ ℳ; b) $\frac{218{,}54}{0{,}40}$ dz; c) $\frac{5{,}03}{0{,}65}$ hl; d) $\frac{108{,}12}{0{,}73}$ ha

8) a) $\frac{4{,}115}{0{,}202}$ m; b) $\frac{20{,}985}{0{,}033}$ km; c) $\frac{13{,}657}{0{,}082}$ t; d) $\frac{10{,}767}{3{,}157}$ kg

b) Teilen von ganzen Zahlen und von Dezimalbrüchen durch Dezimalbrüche.

1) a) $\frac{609{,}41}{0{,}03}$; $\frac{3780{,}43}{0{,}11}$; $\frac{24{,}01}{0{,}33}$; $\frac{3{,}72}{0{,}024}$;

b) $\frac{114{,}03}{0{,}04}$; $\frac{821{,}54}{0{,}04}$; $\frac{20{,}69}{1{,}75}$; $\frac{26{,}51}{0{,}64}$;

c) $\frac{41{,}55}{1{,}65}$; $\frac{75{,}21}{2{,}42}$; $\frac{704{,}17}{1{,}22}$; $\frac{58{,}01}{2{,}21}$

2) a) $\frac{203{,}782}{0{,}008}$; $\frac{275{,}970}{0{,}190}$; $\frac{264{,}916}{0{,}316}$; $\frac{129{,}752}{0{,}828}$;

b) $\frac{174{,}647}{1{,}008}$; $\frac{219{,}110}{1{,}190}$; $\frac{1{,}301}{5{,}047}$; $\frac{3{,}927}{0{,}371}$;

c) $\frac{7{,}690}{2{,}270}$; $\frac{173{,}606}{4{,}726}$; $\frac{15{,}751}{9{,}444}$; $\frac{177{,}465}{4{,}100}$

3) 136 Personen 4) 1,2 kg 5) 22 Hemden 6) $10\frac{1}{2}$ m
7) $\frac{1}{24}$ 8) 0,75 ℳ 9) 11 mal 10) 12 Pakete 11) 3,85 ℳ
12) 0,54 ℳ 13) 7,5 14) 21,06

19. Vermischte Aufgaben.

1) 63,2 m; 227,52 ℳ 2) a) 527 kg; b) 870,4 kg; 8,16 ℳ
3) 9814,75 ℳ 4) 1,75 ℳ 5) 1,15 ℳ 6) a) 6 kg; b) 5 kg
7) 30 m 8) 105,70 ℳ; 9,40 ℳ; 16,40 ℳ 9) 24,30 ℳ
10) 2260,44 ℳ 11) 25,75 ℳ 12) 1,20 ℳ; 60 ₰
13) 960 Millionen, 420 Millionen 14) 338,225 kg
15) 250 m; A. in 20 Std., B. in $20\frac{4}{5}$ Std. 16) 49,50 ℳ
17) 18,75 ℳ Gewinn; a) 8,50 ℳ; b) 9,75 ℳ 18) 724,84 ℳ
19) 57 kg Hafer, 80,4 kg Heu; 95 kg Hafer, 134 kg Heu
20) 3,49 ℳ 21) 55,10 ℳ 22) 26 Gesellen 23) 200 hl
24) 607,50 ℳ; 810 ℳ; 1012,50 ℳ 25) 3,25 m
26) 175 g; 10,5 kg; 56 kg 27) 1,72 ℳ; 2,02 ℳ 28) 41 m
29) 158,82 ℳ 30) A. 32,20 ℳ; B. 30,90 ℳ; C. 30,45 ℳ; D. 26,30 ℳ
31) 75,81 ℳ 32) 102 ℳ; 1,60 ℳ; 2,80 ℳ; Summe 440,60 ℳ

Sollte noch Zeit zu weiteren schriftlichen Übungen vorhanden sein, so lassen sich die Aufgaben nach jedem Abschnitt leicht vermehren, z. B. **a)** verwandle 78 Ganze in Halbe, 3 tel, 4 tel usw. bis 20 stel; **b)** suche die Ganzen aus 3159 Drittel, 4 tel, 5 tel usw. bis 20 stel; **c)** vervielfache a) $\frac{5}{6}$, b) $3\frac{4}{5}$ mit 2, 3 usw. bis 10; **d)** vervielfache 2, 3, 4 usw. bis 10 mit a) $\frac{7}{8}$, b) $2\frac{3}{4}$; **e)** vervielfache 26,48 mit a) 2, 3 usw. bis 10, b) 11, 12 usw. bis 20; **f)** teile a) $32\frac{1}{2}$, b) $146\frac{4}{5}$ durch 2, 3 usw. bis 10; **g)** teile 9376,24 durch a) 2, 3 usw. bis 9, b) 10, 20, 30 usw. bis 90, c) 100, 200 usw. bis 900!

Es sei hier nochmals darauf hingewiesen, daß die Divisionen mit Anwendung der kurzen Schreibweise bei ganzen Zahlen und bei Dezimalbrüchen nicht oft genug wiederholt werden können.

Viertes Heft.

Das bürgerliche Rechnen.

1. Dreisatz.

I. Gerades Verhältnis.

a) Schluß von der Einheit auf die Mehrheit.

1) a) 28 ℳ; b) 43,75 ℳ 2) a) 5,04 ℳ; b) 6,72 ℳ
3) a) 43,20 ℳ; b) 67,20 ℳ 4) a) 780 km; b) 1170 km
5) a) 446,40 ℳ; b) 1488 ℳ 6) 46 ℳ
7) a) 7,92 ℳ; b) 12,24 ℳ 8) a) 6,30 ℳ; b) 8,70 ℳ
9) a) 5,52 m; b) 9,48 m 10) 94,90 ℳ 11) 2458,50 ℳ
12) 85 ℳ 13) 2,79 ℳ 14) 210,50 ℳ
15) a) 191,80 ℳ; b) 411 ℳ 16) 1008 ℳ 17) 159,02 ℳ
18) 20,85 ℳ 19) 340,40 ℳ 20) a) 72,96 ℳ; b) 94,24 ℳ
21) 110,11 ℳ 22) 28,88 ℳ

b) Schluß von der Mehrheit auf die Einheit.

1) a) 17 ₰, b) 21 ₰ 2) 2,47 ℳ
3) a) 7,70 ℳ; b) 1,85 ℳ; c) 21 ₰ 4) 128,55 ℳ
5) 2,25 ℳ 6) 1,75 ℳ 7) 0,48 ℳ 8) 0,55 ℳ
9) 8,40 ℳ 10) 7,25 ℳ

c) Schluß von der Mehrheit auf die Mehrheit.

1) a) 4,32 ℳ; b) 7,20 ℳ 2) a) 5,20 ℳ; b) 8,13 ℳ
3) a) 264 ℳ; b) 462 ℳ
4) a) 329 ℳ; b) 1330 ℳ; c) 1792 ℳ
5) a) 21 ℳ; b) 30 ℳ 6) a) 2,25 m; b) 11,25 m
7) 5550 Bäumchen 8) a) 9 ℳ; b) 23,04 ℳ
9) 115,82 ℳ 10) 62,5 kg
11) a) 180,40 ℳ; b) 389,50 ℳ 12) a) 78 ℳ; b) 166,40 ℳ
13) a) 42,25 ℳ; b) 74,75 ℳ 14) 7,20 m
15) a) 72,20 ℳ; b) 154,38 ℳ 16) 87,5 kg

17) **a)** 1170 kg M., 162,24 kg Kl.; **b)** 1837,5 kg M., 254,8 kg Kl.
18) **a)** 85 ℳ; **b)** 170 ℳ **19)** 273,24 ℳ — 261 ℳ = 12,24 ℳ
20) **a)** 11,96 ℳ; **b)** 552 ℳ

Bei den **Waren- und Preisberechnungen** muß dem Schüler klar sein, daß 2-, 3-, 4mal soviel Ware gleicher Art auch 2-, 3-, 4mal soviel, dagegen der 2-, 3-, 4te Teil der Ware auch nur den 2-, 3-, 4ten Teil des Kaufpreises kostet. In gleichem Verhältnis steht die **Anzahl der Arbeiter zur Höhe des Lohnes**: je größer die Anzahl der Arbeiter, desto größer ihr Gesamtlohn; ferner **Zeit und Lohn**: für eine Arbeit, die 2mal soviel Zeit in Anspruch nimmt, muß der doppelte Lohn bezahlt werden, für die halbe Arbeitszeit wird nur die Hälfte des Lohnes bezahlt.

Sehr wichtig ist tüchtige Übung im Schließen; auch schwache Schüler müssen z. B. folgende Fragen richtig beantworten können:

Wie schließt man von 1 auf 3, 5, 12? Von 4, 6, 8 auf 1? Von 2 auf 6, 10, 16? Von 3 auf 9, 15, 21? Von 24 auf 12, 6, 4, 3, 8? Von 5 auf 9? Von $\frac{1}{2}$ auf $2\frac{1}{2}$, $6\frac{1}{2}$? Von $3\frac{1}{2}$ auf $\frac{1}{2}$? Von $\frac{1}{4}$ auf 3, 7, $5\frac{1}{2}$? Von $3\frac{1}{3}$ auf $4\frac{2}{3}$? Von $\frac{1}{2}$ auf $\frac{1}{4}$, $\frac{1}{6}$, $\frac{1}{10}$, $\frac{1}{20}$, $\frac{3}{4}$, $\frac{5}{8}$, $\frac{9}{10}$, $\frac{13}{20}$? Von $\frac{1}{10}$, $\frac{1}{8}$, $\frac{1}{20}$ auf $\frac{1}{2}$? Von $\frac{2}{3}$ auf $\frac{3}{4}$? Von $\frac{4}{5}$ auf $\frac{5}{6}$? Von $3\frac{1}{2}$ auf $9\frac{1}{4}$, $7\frac{3}{10}$, $6\frac{7}{8}$? Von $2\frac{1}{5}$ auf $5\frac{1}{3}$? Von $3\frac{3}{4}$ auf $1\frac{2}{3}$? Von 1 auf 2,5? Von 1 auf 6,24? Von 3,2 auf 1? Von 0,36 auf 1? Von 0,4 auf 0,9? Von 1,25 auf 3,6? Von 5,2 auf 16,25? Von $\frac{1}{2}$ kg auf 3, $7\frac{1}{2}$, $5\frac{1}{4}$ kg? Von $\frac{3}{4}$ t auf 12 kg? Von 1 cm auf 3 m, $4\frac{1}{2}$ m? Von 6 l auf 1 hl? Von 8 hl auf 24 l? Von 3 m auf $\frac{3}{5}$, $2\frac{1}{2}$, $4\frac{7}{10}$ km? Von 20 ₰ auf 70 ₰, 1 ℳ 50 ₰, 3,60 ℳ? Von 0,,36 ℳ auf 7 ℳ, 2 ℳ 28 ₰, 19,50 ℳ?

Bei der schriftlichen Lösung der Regeldetriaufgaben muß die ausführliche Schreibweise mit Ansatz so lange beibehalten werden, bis bei fast allen Schülern ein sicheres Verständnis der Verfahrungsweise erzielt ist; erst dann treten Abkürzungen in der Schreibweise ein, so daß gute Schüler schließlich nur noch mit Anwendung des Bruchstrichs rechnen. (Siehe S. 5 des Rechenbuchs!)

II. Umgekehrtes Verhältnis.

1) 7,65 m **2)** 2,55 m **3)** 60 ₰ **4)** 2,04 ℳ
5) **a)** 12 Wo.; **b)** 9 Wo. **6)** 756 Br. **7)** 3,15 kg
8) 20 cm **9)** **a)** 1,76 m; **b)** 52,80 m **10)** 2300 L.
11) 48 ₰ **12)** $6\frac{1}{4}$ Wo.

Zur Erreichung eines klaren Verständnisses bei Lösung aller Aufgaben mit umgekehrten Verhältnissen muß auf eine durchaus korrekte Sprechweise streng gehalten werden. Der Schüler spricht z. B.: 4 Arbeiter vollenden (verrichten) eine Arbeit in 6 Tagen, 1 Arbeiter braucht zu derselben Arbeit 4mal so lange Zeit, 3 Arbeiter brauchen dazu nur den dritten Teil dieser Zeit. Vorstellung der Dinge, die in Betracht kommen, Darstellung durch Zeichnungen fördern wesentlich das Verständnis.

2. Prozentrechnung.

a) Prozentsatz gesucht.

1) a) 3 %; b) 3,5 %; c) 5,5 % 2) a) 1,5 %; b) 2 %
3) 1,82 % 4) a) 133$\frac{1}{3}$ %; b) 50 % 5) 9,5 % 6) 3,4 %
7) 0,4 % 8) 13 % 9) 12,5 % 10) 44 % 11) 2 ‰ 12) 2,5 ‰

b) Prozentsatz gegeben.

1) a) 13,12 ℳ; 21,44 ℳ; 50,16 ℳ; b) 25,90 ℳ; 32,83 ℳ; 46,34 ℳ; c) 4,23 ℳ; 11,52 ℳ; 32,51 ℳ; d) 10,69 ℳ; 16,53 ℳ
2) 79,65 ℳ 3) a) 137 700 000 qkm; b) 372 300 000 qkm
4) 551,25 m 5) 48,90 m
6) a) 13,5 l; b) 310 l 7) a) 1370 kg St.; b) 205,5 kg E.
8) a) 1,875 kg E.; b) 3,5 kg F. 9) 7302,40 ℳ 10) 3,485 kg
11) 313,65 kg 12) a) 8,45 kg E.; b) 7,8 kg F. 13) 50,995 kg
14) a) 15,36 ℳ; b) 7,74 ℳ
15) a) 428 571; b) 426 666; c) 337 500 Mann

3. Vermischte Aufgaben.

1) 27,826 km 2) 1,50 ℳ 3) a) 182,5 kg; b) 24$\frac{1}{3}$ l
4) 24 Tg. 5) a) 10,01 kg E.; b) 24,570 kg St. 6) 189 ℳ
7) 9,60 ℳ 8) 126,80 ℳ 9) 2,58 ℳ 10) 61,41 ℳ
11) 46,80 ℳ 12) 38 m 13) 7440 kg 14) 26,81 kg
15) 15 ₰ 16) 3,40 ℳ 17) N. gewann 37,20 ℳ
18) a) Eiweiß und Fett je 5 l, Zucker 6,25 l; b) Eiweiß und Fett je 11,2 l; Zucker 14 l

4. Der Vielsatz.

1) 168 ℳ 2) 3,2 kg 3) 84 Dielen 4) 1260 ℳ
5) 39 m breit 6) 30 Wo. 7) 85,40 ℳ 8) 180 ℳ 9) 12 Tg.

5. Zinsrechnung.

I. Berechnung der Zinsen.

a) Jahreszinsen.

1) a) 14,35 ℳ; b) 15,80 ℳ; c) 21,84 ℳ; d) 24,68 ℳ; e) 13,46 ℳ; f) 18,27 ℳ; g) 40,58 ℳ
2) a) 14,63 ℳ; b) 27,69 ℳ; c) 60,04 ℳ; d) 69,44 ℳ
3) a) 12,25 ℳ; b) 21,85 ℳ; c) 20,96 ℳ; d) 67,54 ℳ; e) 65,82 ℳ; f) 87,69 ℳ; zusammen 276,11 ℳ
4) 2318,40 ℳ 5) 96,30 ℳ 6) 157,76 ℳ 7) 23,20 ℳ

8) 9,25 ℳ   9) 13,20 ℳ

10) a) 3,12 ℳ; b) 7,72 ℳ; c) 11,24 ℳ; d) 47,25 ℳ; e) 108,99 ℳ; f) 128,23 ℳ

b) Zinsen für mehrere Jahre, Monate und Tage.

1) a) 53,40 ℳ; b) 46,44 ℳ; c) 66,41 ℳ

2) a) 84,28 ℳ; b) 42,09 ℳ; c) 116,31 ℳ; d) 73,15 ℳ; e) 70,95 ℳ; f) 203,94 ℳ

3) a) 2,57 ℳ; b) 13,95 ℳ; c) 19,11 ℳ; d) 83,75 ℳ; e) 131,58 ℳ

4) a) 14,09 ℳ; b) 19,67 ℳ; c) 11,91 ℳ

5) a) 14,95 ℳ; b) 45,09 ℳ; c) 142,40 ℳ

6) a) 5,95 ℳ; b) 14,73 ℳ; c) 32,51 ℳ; d) 21 ℳ; e) 12,19 ℳ

7) 720,38 ℳ   8) a) 147,90 ℳ; b) 485,42 ℳ   9) 378,25 ℳ

10) I. 108,80 ℳ; II. 87,04 ℳ; III. 65,28 ℳ; IV. 43,52 ℳ; V. 21,76 ℳ

Bei Berechnung der Zinsen für mehrere Jahre, Monate, Wochen und Tage sind folgende Übungen ohne Ausrechnung des Resultats sehr wichtig:

I. Der Jahreszins beträgt 16 ℳ, wieviel der Z. für a) $2\frac{1}{2}$ J., b) 3 Mon., c) 20 Wo., d) 100 Tg.?

a) Z. für $2\frac{1}{2}$ J. = 16 ℳ · 2,5; b) Z. für 3 Mon. = $\frac{16 \cdot 3}{12}$ ℳ oder $\frac{16}{4}$ ℳ; c) Z. für 20 Wo. = $\frac{16 \cdot 20}{52}$ ℳ oder $\frac{16 \cdot 5}{13}$ ℳ; d) Z. für 100 Tg. = $\frac{16 \cdot 100}{360}$ ℳ oder $\frac{16 \cdot 5}{18}$ ℳ

II. Wie groß ist der Jahreszins, wenn der Z. in a) $1\frac{1}{2}$ J., b) 8 Mon., c) 25 Wo., d) 160 Tg. 50 ℳ beträgt?

a) Jz. = $\frac{50}{1,5}$ ℳ oder $\frac{50 \cdot 2}{3}$ ℳ; b) Jz. = $\frac{50 \cdot 12}{8}$ ℳ oder $\frac{50 \cdot 3}{2}$ ℳ; c) Jz. = $\frac{50 \cdot 52}{25}$ ℳ; d) Jz. = $\frac{50 \cdot 360}{160}$ ℳ oder $\frac{50 \cdot 36}{16}$ ℳ

Diese Schreibweise ohne Ausrechnung im Ansatz findet erst dann Anwendung, wenn bei den Schülern ein volles Verständnis der Lösungsweise erzielt ist. (Siehe S. 22 des Rechenbuchs!) Zur Erreichung eines sicheren Rechnens bei vorwiegend schwach befähigten Schülern einer Klasse ist der Ansatz mit **Schluß auf die Einheit** immer vorzuziehen. Es bleibt daher dem Ermessen des Lehrers anheimgestellt, eine von den im Buch angegebenen Lösungsarten auszuwählen und danach rechnen zu lassen. Die Benutzung des dreigliedrigen Zweisatzes ist weniger zu empfehlen, da er sich nicht eng an das mündliche Verfahren anschließt, und weil auch der schwache Schüler, sobald ungerade Verhältnisse vorliegen, leicht falsche Schlüsse zieht.

II. Berechnung des Kapitals samt Zins.

1) a) 388,35 ℳ; b) 189,20 ℳ; c) 258,12 ℳ; d) 946,04 ℳ; e) 1336,40 ℳ

2) 181,53 ℳ   3) 1327,75 ℳ   4) a) 7242 ℳ; b) 7739 ℳ

5) I. 958,16 ℳ; II. 921,62 ℳ; III. 885,08 ℳ; IV. 848,54 ℳ

6) a) 107,50 ℳ; b) 1505,50 ℳ

III. Berechnung des Kapitals.

1) a) 2385 ℳ; b) 1364 ℳ; c) 870 ℳ; d) 960 ℳ
2) a) 650 ℳ; b) 365 ℳ; c) 1236 ℳ; d) 256 ℳ
3) a) 1200 ℳ; b) 1752 ℳ; c) 9750 ℳ; d) 3712,80 ℳ; e) 28800 ℳ; f) 3856 ℳ
4) 59312,50 ℳ 5) 22140 ℳ 6) 3535 ℳ 7) 15600 ℳ
8) 24300 ℳ 9) 57600 ℳ 10) 1285,71 ℳ
11) a) 2300 ℳ; b) 750 ℳ; c) 840 ℳ 12) a) 870 ℳ; b) 1250 ℳ

IV. Berechnung des Zinsfußes und der Zeit.

1) a) 4 %; b) 4,5 %; c) 5 %; d) 4 %
2) a) 3 %; b) $4\frac{1}{2}$ %; c) 3,5 % 3) a) 9 %; b) 13 %
4) 5,5 % 5) 4,5 % 6) 6,5 % 7) 6,2 %
8) a) $4\frac{1}{2}$ J.; b) $3\frac{1}{4}$ J.; c) 3 J. 9) 3 J.

6. Rabattrechnung.

a) Rabatt und Barzahlung werden gesucht.

1) a) 14,85 ℳ; b) 22,51 ℳ 2) a) 17,18 ℳ; b) 28,10 ℳ
3) a) 93,03 ℳ; b) 120,26 ℳ; c) 226,65 ℳ 4) 438,70 ℳ
5) 1014,43 ℳ 6) 1377,92 ℳ 7) 1347,84 ℳ 8) 3100,50 ℳ
9) 303,16 ℳ 10) 81,68 ℳ 11) 200,94 ℳ
12) a) 945,70 ℳ; b) 334,97 ℳ; c) 138,15 ℳ

b) Die Schuldsumme und die Rabattprozente werden gesucht.

1) a) 468 ℳ; b) 487 ℳ; c) 1070 ℳ 2) 900 ℳ
3) a) 346 ℳ; b) 96 ℳ; c) 273 ℳ; d) 396,75 ℳ
4) a) 6 %; b) 4 %; c) 4,5 % 5) a) 6 %; b) 5 %; c) 3,5 %
6) 3,5 % 7) 5 % 8) 4 % 9) 3 %

Rabatt auf 100.

1) a) 700 ℳ; b) 240 ℳ; c) 400 ℳ 2) N. bietet 357,14 ℳ mehr als B.
3) 14525,86 ℳ

Die Rabattrechnungen auf 100 finden im bürgerlichen Leben selten Anwendung und können daher bei einfachen Schulverhältnissen in Wegfall kommen.

7. Gewinn- und Verlustrechnung.

a) Die Prozente werden gesucht.

1) a) 6 %; b) 13,5 %; c) 8,5 %
2) a) 1,5 %; b) 4 %; c) 2 % 3) 5 % 4) 25 % 5) 50 %
6) 20 % 7) 5 % 8) 20 % 9) 16 % 10) $8\frac{1}{3}$ %
11) 3,75 % 12) $22\frac{2}{3}$ %

b) Die Prozente sind gegeben.

1) a) 51,41 ℳ; b) 92 ℳ; c) 102,38 ℳ; d) 58,19 ℳ; e) 431,04 ℳ; f) 27,68 ℳ; g) 84,65 ℳ
2) a) 526,40 ℳ; b) 802,90 ℳ; c) 991,30 ℳ
3) a) 2554,55 ℳ; b) 804,11 ℳ; c) 1843,15 ℳ
4) a) 320 ℳ; b) 220 ℳ; c) 501 ℳ 5) a) 3240 ℳ; b) 300 ℳ
6) 348,13 ℳ 7) a) 736 ℳ; b) 800,40 ℳ
8) a) 84 ℳ; b) 94,50 ℳ 9) 375,25 ℳ 10) 6383 ℳ
11) a) 142,50 ℳ; b) 1,41 ℳ 12) 3,25 ℳ 13) 27,20 ℳ
14) a) 462,40 ℳ; b) 241,41 ℳ
15) a) 3,08 ℳ; b) 31680 ℳ; c) 1 Jahr

8. Vermischte Aufgaben.

1) 23,45 ℳ 2) 3,003 kg Eiweiß, 0,447 kg Fett 3) 4,4 %
4) a) 140,05 dz; b) 2065,27 ℳ 5) a) 94,08 ℳ; b) 2822,40 ℳ
6) a) $16\frac{2}{3}$ %; b) 90 ₰ 7) 1274 ℳ 8) 5230,32 ℳ
9) 18,20 ℳ 10) 1251,43 ℳ 11) 32,19 ℳ
12) a) 34,49 ℳ; b) $18\frac{1}{4}$ % 13) 577,5 kg 14) 303,8 z
15) 558,72 ℳ 16) a) 94,05 ℳ; b) 21,88 ℳ; c) 1313,25 ℳ
17) 1,10 ℳ 18) 18 % 19) 193,55 Pf.
20) a) 3,75 %; b) 821,25 ℳ

9. Teilungs- und Gesellschaftsrechnung.

1) A. 400 ℳ; B. 500 ℳ; C. 300 ℳ; D. 800 ℳ
2) A. 200 ℳ; B. 250 ℳ; C. 300 ℳ; D. 350 ℳ
3) A. 400 ℳ; B. 1200 ℳ; C. 200 ℳ
4) a) A. 48 ℳ; B. 36 ℳ; C. 60 ℳ; b) 144 ℳ
5) A. 39 ℳ; B. 52 ℳ; C. 65 ℳ 6) R. 18 ℳ; S. 22,50 ℳ
7) A. 33,60 ℳ; B. 42 ℳ; C. 44,80 ℳ
8) A. 24,75 ℳ; B. 30,25 ℳ; C. 41,25 ℳ; D. 55 ℳ
9) A. 160 ℳ; B. 90 ℳ 10) A. 60 ℳ; B. 100 ℳ
11) A. 170 ℳ; B. 170 ℳ; C. 110 ℳ
12) Schw. 6300 ℳ; jeder Br. 3150 ℳ
13) I. 150 kg; II. 180 kg; III. 190 kg
14) A. 147 ℳ; B. 115,50 ℳ; C. 105 ℳ
15) A. 2800 ℳ; B. 2100 ℳ
16) A. 900 ℳ; B. 1200 ℳ; C. 1350 ℳ
17) A. 500 ℳ; B. 400 ℳ; C. 600 ℳ; D. 500 ℳ
18) A. 56 ℳ; B. 28 ℳ

19) A. 1628 ℳ; B. 1894,40 ℳ; C. 2009,60 ℳ
20) A. 4000 ℳ; B. 3000 ℳ; C. 4800 ℳ; D. 3200 ℳ
21) A. 1600 ℳ; B. 1800 ℳ; C. 2000 ℳ; D. 2400 ℳ; E. 3000 ℳ
22) I. 921,60 ℳ; II. 1656 ℳ; III. 2203,20 ℳ
23) I. 464 ℳ; II. 252 ℳ; III. 250 ℳ; IV. 144 ℳ; 2 Jahre
24) I. 48 ℳ; II. 32 ℳ; III. 100 ℳ; 4%
25) I. 63 ℳ; II. 64 ℳ; III. 90 ℳ; 2400 ℳ K.

10. Mischungs- und Durchschnittsrechnung.

1) a) 35 kg K., 21 kg G.; b) 75 kg K., 45 kg G.;
c) 100 kg K., 60 kg G.
2) a) 13,5 kg S., $1\frac{1}{2}$ kg K.; b) 18 kg S., 2 kg K.
3) a) 1440 g S., 360 g K.; b) 1920 g S., 480 g K.
4) a) 21 kg R., 7 kg K.; b) 37,5 kg R., 12,5 kg K.
5) a) 85,5 kg K., 3,6 kg Zinn, 0,9 kg Zink;
b) 114 kg K., 4,8 kg Zinn, 1,2 kg Zink
6) 114 kg O., 38 kg P., 7,6 kg Kr. 7) a) 48 l; b) 105 l
8) a) 40 l I., 20 l II. Sorte; b) 96 l I., 48 l II. S.
9) 80 ₰ 10) a) 1 ℳ; b) 96 ₰ 11) 2,15 ℳ
12) 1760 l 13) 16 ₰
14) 11,25 kg Zucker, 135 g Zimt, 67,5 g Nelken, 5,4 l Essig
15) 5,4 ₰ 16) 18 ₰ 17) 13 ℳ 18) 15 ℳ
19) 3,95 ℳ 20) 4,75% 21) 1,04 ℳ 22) 1,08 ℳ
23) 14,36 ℳ 24) 2,75 ℳ 25) 16,80 ℳ

11. Vermischte Aufgaben.

1) 37,5% 2) 63 ℳ 3) a) 816,91 ℳ; b) 1622,85 ℳ
4) 39,22 ℳ Gew. 5) 1260 ℳ 6) 203,33 ℳ 7) 85,40 ℳ
8) Wert 1820 ℳ; 122,85 ℳ Pachtſ.
9) A. 60 ℳ; B. 36 ℳ; C. 72 ℳ 10) $33\frac{1}{3}$% 11) 22 Tg.
12) a) 100,80 ℳ; b) 21 ℳ G. 13) 21,59 ℳ
14) a) 1256,20 ℳ; b) 1,20 ℳ 15) 23,55 ℳ
16) 155,87 ℳ; 222,40 ℳ

Raumlehre.

I. Formenlehre.

Es empfiehlt sich, schon bei der Formenlehre die einfachsten geometrischen Körper als Anschauungsmittel zu benutzen und davon auszugehen.

Kreislinie und Ellipse.

81) **a)** 6,28 m; **b)** 12,56 m; **c)** 17,584 m; **d)** 24,335 m
82) **a)** 0,8 m; **b)** 1,5 m **83)** 12761,114 km **89)** 4,396 m

II. Flächenberechnung.

18. Quadrat. ($I = g^2$)

10) **a)** 3,2 m; **b)** 6,4 m; **c)** 9,40 m **11)** 256 Br.
14) **a)** 0,25 qm; **b)** 0,81 qm; **c)** 1,44 qm; **d)** 2,56 qm; **e)** 7,84 qm; **f)** 18,0625 qm
15) 1,1025 qm **16)** **a)** 40,8 m; **b)** 104,04 qm
17) 11,0592 qm **18)** 9331,20 ℳ

19. Rechteck. ($I = g \cdot h$; $g = \frac{I}{h}$; $h = \frac{I}{g}$)

24) 40 Br. **25)** 15,99 ℳ **26)** 4,95 ℳ
27) **a)** 80,5 qm; **b)** 65 qm **28)** 7,04 ℳ
29) **a)** 833,28 ℳ; **b)** 7,44 hl **30)** 240 Pf.
31) **a)** 565 L.; **b)** 738 qm **32)** **a)** 93 R.; **b)** 148 K.; **c)** 0,2 qm

20. Schiefwinklige Parallelogramme. ($I = g \cdot h$)

37) **a)** 0,40 qm; **b)** 1,44 qm; **c)** 3,92 qm **38)** 0,64 qm
39) 5,9 m **40)** 7,4 m **41)** 7360 Z.
42) 384,4 a; 28830 kg; 1210,86 ℳ

21. Dreieck. ($I = \frac{g \cdot h}{2}$; $g = \frac{2I}{h}$; $h = \frac{2I}{g}$)

45) **a)** 0,1 qm; **b)** 3 qm; **c)** 0,56 qm
46) **a)** 2,16 qm; **b)** 4,35 qm; **c)** 11,43 qm **47)** 8,2 m **48)** 2,8 m
49) 47,60 qm **50)** 2550 ℳ **51)** 213,75 qm; 342 ℳ

22. Trapez. ($I = \frac{g^1 + g^2}{2} \cdot h$)

56) **a)** 26 qdm; **b)** 21,6 qdm; **c)** 0,7 qm
57) **a)** 29550 qm; **b)** 2807,25 ℳ **58)** 147,6 qm; 915,12 ℳ

23. Unregelmäßiges Viereck.

61) 96,20 qm 62) 43 400 qm; 234 360 ℳ 63) 240,7 qm; 67,40 ℳ

25. Kreisfläche, Kreisring. (I = r². 3,14)

69) a) 25,12 cm; 50,24 qcm; b) 3,768 m; 1,1304 qm; c) 6,28 m; 3,14 qm; d) 15,70 m; 19,625 qm
70) a) 3,14 qdm; b) 63,5850 qdm; c) 3,14 qm; d) 9,0746 qm; e) 15,896250 qm
71) 36,295 qm
72) a) 7,85 m; b) 4,90625 qm; 31 Pfl.
73) a) 1,1304 qm; b) 45,216 kg; c) 5000
74) a) 2,5 m; b) 4,906250 qm 76) 202,38085 qm 77) 904,32 qm

26. Kreisausschnitt und Kreisabschnitt.

80) 0,18 qm 81) Umf. 40,192 m; Bg. 8,0384 m; J. 25,72288 qm
82) 0,1175 qm

27. Ellipse. $(I = \frac{A}{2} \cdot \frac{a}{2} \cdot 3{,}14)$

84) a) 0,1884 qm; b) 4,710 qm 85) 2,6376 qm 86) 11,5552 qm
87) 0,6594 qm 88) a) 127,17 m; b) 1236,0924 qm

III. Oberflächeninhalt der Körper.

28. Würfel, Prisma.

6) 4,2336 qm 8) a) 1,28 qdm; b) 8 qdm
10) 7,6 qm; 5,28 ℳ 11) 225,8 qm 12) 100,8 qm; 141,12 ℳ

29. Walze.

16) 4,3332 qm 17) 1,20576 qm

30. Pyramide.

21) 0,51 qm 22) 434,70 qm

31. Kegel.

25) 3,5168 qm 26) 69,237 qm; 100,39 ℳ

32. Pyramiden- und Kegelstumpf.

30) 32 qdm 31) 63,2 qm 32) 5,024 qm 33) 1,89185 qm

33. Kugel. (O = r² . 3,14 . 4)

36) a) 78,50 qcm; b) 2,0096 qdm 37) 1,76625 qm; 14,83 ℳ
38) 151 542 994 qkm 40) 507 408 124,16 qkm

IV. Kubikinhalt der Körper.

34. Würfel. ($I = G \cdot h = g^3$)

8) a) 8 cdm; b) 125 cdm; c) 512 cdm
9) a) 343 ccm; b) 729 ccm; c) 1728 ccm
10) a) 0,064 cbm; b) 1,728 cbm; c) 6,331625 cbm 11) 216 l
12) 3,375 qm; 421,875 cdm 13) 242,27 ℳ

35. Prisma. ($I = G \cdot h$)

14) 24 cdm 15) 240 ccm 16) a) 0,24 cbm; b) 16 cdm
17) 767,52 ℳ 18) 192 cbm; 3,84 cbm 19) 3,8 qm
20) 8,6 m 21) 1,2 cbm 22) a) 192000 hl; b) 588 hl
23) 7560 St.; 201,60 ℳ 24) 368,9 hl 25) 4,608 cbm
26) 8 m 27) 1,2 m

36. Walze. ($I = G \cdot h$)

30) a) 565,2 cdm; b) 847,8 cdm; c) 706,5 cdm 31) 171,8208 hl
32) 31,792 cdm 33) 10449,92 cdm = 104,4992 hl; 23,745 cbm
34) 753,6 l 35) 3,151 cbm; 75,62 ℳ

37. Pyramide und Kegel. ($I = \frac{G \cdot h}{3}$)

39) a) $5\frac{1}{3}$ cbm; b) 12 cbm 40) $170\frac{2}{3}$ cbm 41) 2,048 cbm
42) 24 l 43) 276,320 cdm

38. Abgestumpfte Pyramide und Kegelstumpf. ($I = \frac{G+g}{2} \cdot h$)

45) 10,212 cbm 46) 44,64 cbm; 26 F. 47) 2,355 cbm; 193,11 ℳ
48) 239,425 cdm 49) 509,622 l 50) 5,4 m

39. Kugel. ($I = \frac{4 r^3 \cdot 3,14}{3}$)

52) a) 65,416 ccm; b) 267,946 ccm 53) 4,186 cdm
54) 452,16 ccm 55) 904,32 cbm 56) 97,666 l

40. Gewicht der Körper.

58) a) 7,25 kg; b) 29 kg; c) 50,75 kg
59) 260 cdm; 244,4 kg 60) 1,52 cbm
61) 567 cdm; 368,55 kg 62) 2997 kg 63) 13,8 cbm; 4,6 m
64) 6,7824 cdm; 4,88 ℳ
65) 83,733 ccm; 0,95 kg; a) 63,12 ℳ; b) 225,68 ℳ
66) 474,271 kg

Heft für Fortbildungsschulen.

---

1. Die vier Grundrechnungsarten mit ganzen Zahlen.

6) 338 ha 7) 56 l 8) 305 9) 177 qm
10) 3182 ℳ Einn.; 2923 ℳ Ausg.; 259 ℳ R.
11) 17195 ℳ Einn.; 12701 ℳ Ausg.; 4494 ℳ R.
12) 27964 ℳ 22) 312 dz 23) 29,65 ℳ 24) 53,76 ℳ
25) 32 kg 26) 1190 kg; 3060 kg; 3570 kg 27) 33,60 ℳ
28) 131 ℳ 29) 15 Pf. 30) 23,50 ℳ 31) 12 ₰
32) 0,25 cbm 33) 78 fach 34) 26 ℳ
35) 576 Tg.; 2,75 ℳ L. 36) 83,07 ℳ; 11,075 cbm

2. Das Rechnen mit Bruchzahlen.

3) a) $1\frac{9}{20}$ m; b) $35\frac{4}{5}$ ℳ; c) $2\frac{13}{20}$ m; d) $10\frac{1}{10}$ kg; e) $43\frac{9}{100}$ ℳ; f) $34\frac{39}{50}$ hl
4) 65 kg 90 g 5) a) $1\frac{4}{5}$ ℳ; b) $4\frac{3}{10}$ ℳ; c) $15\frac{13}{20}$ ℳ; d) $25\frac{37}{50}$ ℳ
6) a) $1\frac{4}{5}$ ℳ; b) $5\frac{6}{10}$ ℳ; c) $5\frac{7}{10}$ ℳ; d) $7\frac{1}{20}$ ℳ
7) a) $35\frac{4}{50}$ hl; b) $8\frac{1}{2}$ hl
8) a) $2\frac{1}{10}$ ℳ; $6\frac{2}{5}$ ℳ; $22\frac{19}{20}$ ℳ; b) $1\frac{1}{5}$ ℳ; $2\frac{13}{25}$ ℳ; $13\frac{1}{5}$ ℳ; c) $\frac{3}{20}$ ℳ; $4\frac{19}{25}$ ℳ
9) a) $26\frac{3}{5}$ kg; $59\frac{7}{10}$ kg; $69\frac{3}{5}$ kg; b) $11\frac{3}{5}$ hl; $19\frac{1}{4}$ hl; $39\frac{17}{25}$ hl
10) 7, $9\frac{2}{3}$, $10\frac{1}{7}$, $1\frac{3}{4}$, $2\frac{8}{15}$ mal
11) a) $2\frac{1}{3}$; $4\frac{3}{5}$; $2\frac{21}{23}$; b) $1\frac{4}{5}$; $2\frac{2}{3}$; $3\frac{7}{16}$; $15\frac{9}{11}$; c) $2\frac{8}{15}$; $2\frac{8}{47}$; $3\frac{173}{214}$
12) $686\frac{7}{10}$ a; 27068,40 ℳ 13) 28 ₰, 35 ₰, 69 ₰, 76 ₰, 93 ₰
14) 73,5 ℳ; 122,5 ℳ; 171,5 ℳ; 220,5 ℳ
15) 72 ℳ; 144 ℳ; 216 ℳ; 288 ℳ
16) a) 25,95 ℳ; 34,60 ℳ; 51,90 ℳ; 77,85 ℳ;
b) 62,40 ℳ; 124,80 ℳ; 187,20 ℳ; 374,40 ℳ; 499,20 ℳ
c) 234 ℳ; 936 ℳ; 1638 ℳ; 2106 ℳ
17) 720 ℳ; 1200 ℳ; 1680 ℳ; 2160 ℳ
18) 560 ℳ; 1120 ℳ; 1680 ℳ; 2240 ℳ; 2800 ℳ; 3360 ℳ; 3920 ℳ; 4480 ℳ; 4940 ℳ
19) a) 1,3; 5,1; 54,08; b) 0,425; 7,5768; 8,2164
20) 0,8 ℳ; 0,4 ℳ; 0,2 ℳ 21) 10 ₰; 6 ₰; 5 ₰
22) 7 ₰; 4 ₰; 5 ₰
23) a) 9,68 ℳ; 4,84 ℳ; 2,42 ℳ; b) 2,56 ℳ; 1,28 ℳ; 0,64 ℳ; 0,32 ℳ; c) 3,56 ℳ; 1,78 ℳ; 0,89 ℳ; d) 6,3 ℳ; 2,1 ℳ; 0,9 ℳ; 0,7 ℳ

3. Dreisatz. Geometrische Berechnungen.

1) 495 ℳ 2) 51 ℳ 3) 312,5 m 4) 3 Arbeiter

5) 3568 ℳ 6) 2960 ℳ 7) 403,2 z 8) 39,38 ℳ

9) Gew. 66,85 ℳ 10) 302,75 hl 11) 6 Std. 12) 10000

13) 1157,25 ℳ 14) 19 hl 15) 114,45 ℳ 16) 0,813888 cbm

17) 1537 ℳ 18) 84,24 ℳ 19) 1890 ℳ 20) 187,50 ℳ

21) $\frac{1}{4} = 90$ ₰ $+ 15$ ₰ $= 1{,}05$ ℳ; Tagelohn 4,20 ℳ

22) 585 qm 23) 528,45 qm 24) 722,7 cbm

25) 481,8 mal 26) 14 Arb. 27) 31,68 cbm; 411,84 ℳ

28) 10 Tg.; 12 Tg. 29) 70 cdm 30) a) 198 kg; b) 6,84 ℳ

31) 1,452 cbm 32) 47 t 33) 238,14 ℳ 34) 1079,12 ℳ

35) 212,80 ℳ 36) 196,56 ℳ 37) a) 4,41 ℳ; b) 24,57 ℳ

38) 90 Tg. 39) 11 ℳ 40) 16,65 ℳ 41) 659,40 ℳ

42) 99,18 ℳ 43) 40,5 ₰ 44) 84 ℳ 45) 405 ℳ

46) 247,64 ℳ 47) 2 Std.

4. Allgemeine Prozentrechnung.

3) 3,5 l; 6 kg; 0,6 kg; 54 hl; 1,1 t; 1,5 t; 9 ℳ; 1540 m; 38,4 hl

4) 25,20 ℳ; 27 ℳ; 31,20 ℳ; 33,60 ℳ

5) 2,94 kg; 2,7 kg; 2,5 kg; 1 kg 6) 3500 kg

7) 72 ℳ 8) 13608 ℳ 9) 354,64 z 10) 72,25 kg

11) 3097,55 ℳ 12) 318,20 ℳ 13) 1222,23 ℳ 14) 579,10 ℳ

15) 4,20 ℳ 16) 2912 ℳ 17) 390 ℳ

18) a) $6\frac{1}{4}$%; b) $6\frac{2}{3}$%; c) $9\frac{1}{11}$% 19) 1218,58 ℳ

20) a) 20%; b) 25%; c) $16\frac{2}{3}$%; d) 10%; e) $33\frac{1}{3}$%

21) 2064 ℳ 22) 533 ℳ 23) 1765,69 ℳ 24) 1575 ℳ

25) $6\frac{2}{3}$% 26) 10% 27) 2640 ℳ 28) 25% 29) $16\frac{2}{3}$%

30) $6\frac{1}{4}$% 31) 1,05 ℳ 32) 5,88% 33) 68,98 ℳ

34) 4380,74 ℳ 35) a) 10,22 ℳ; b) 573,78 ℳ

36) 10% 37) 12,5%

5. Vielsatzrechnung.

1) 3,6 ha 2) 105 ℳ 3) 12,5 dz 4) 4 Wo. 5) 1000 z

6) 1450 ℳ 7) 40 m 8) 104 Fuhren 9) 105 ℳ

10) 288 ℳ 11) $49\frac{1}{4}$ Tg. 12) 12 Arbeiter 13) 144 ℳ 14) 450 ℳ

6. Teilungs- und Gesellschaftsrechnung.

1) 232 ℳ; 290 ℳ; 348 ℳ 2) 776 ℳ; 1319,2 ℳ; 911,8 ℳ

3) 41,60 ℳ; 52 ℳ 4) 36,24 ℳ; 42,28 ℳ; 48,32 ℳ; 54,36 ℳ

5) 135 ℳ; 337,50 ℳ; 472,50 ℳ; 270 ℳ; 607,5 ℳ; 877,5 ℳ
6) 20080 ℳ; 14960 ℳ; 16368 ℳ 7) 960 ℳ; 800 ℳ; 640 ℳ
8) 30 ℳ; 37,50 ℳ; 45 ℳ; 50 ℳ 9) 20 z; 26$\frac{2}{3}$ z; 33$\frac{1}{3}$ z
10) 77 a; 58 a 11) 1235 ℳ; 1430 ℳ; 1625 ℳ; 1950 ℳ
12) 1950 ℳ; 2340 ℳ 13) 780 ℳ; 975 ℳ; 1170 ℳ
14) 32,4 ℳ; 21,6 ℳ 15) 73,50 ℳ; 42 ℳ; 68,25 ℳ
16) 1344 ℳ; 2150,40 ℳ; 2721,60 ℳ

7. Mischungsrechnung.

2) 14,20 ℳ 3) 61,8 hl 4) 22 ₰ 5) 10,40 ℳ 6) 15,30 ℳ
7) 8,05 ℳ 8) 7$\frac{1}{2}$ ₰ 9) 1,02 ℳ 10) a) 1,17 ℳ; b) 1344,40 ℳ
11) 11,93 ℳ 12) 2,59 ℳ 13) 16,80 ℳ
14) 140,20 ℳ; 182,20 ℳ 15) a) 1,066 ℳ = 1,07 ℳ; b) 0,96 ℳ
16) 4,166.. % 17) a) 15 l; b) 50 l 18) 188 l
19) 45 kg Z., 720 g Zimt, 360 g Nelken, 21,6 l W.
20) a) 72 l; b) 90 l 21) 144 kg Qu., 48 kg P., 9,6 kg Kr.
22) 147 kg W., 84 kg E., 63 kg H.; 39,14 ℳ
23) a) 1950 g Feins.; b) 2925 g Feins.
24) a) 22,5 kg S. + 2,5 kg K. b) 27 kg S. + 3 kg K.
25) a) 24 kg N. + 8 kg K.; b) 30 kg N. + 10 kg K.
26) a) 91,20 kg K. + 3,84 kg Zinn + 0,96 kg Zink;
b) 133 kg K. + 5,6 kg Zinn + 1,4 kg Zink

8. Terminrechnung.

1) 104 Tg. 2) 7,4 Mon. 3) 3,9 %
4) 4,2 % mittl. Zinsfuß; 9,05 Mon. mittl. Zahlungstermin.
5) a) 2,43 J.; b) 68845 ℳ Barz. 6) a) 3 Mon.; b) 3144 ℳ
7) a) nach 1 J. 236 Tg.; b) 22592,50 ℳ Barz.

9. Berechnung von Wertpapieren.

1) I. a) 388 ℳ; b) 394,40 ℳ; c) 404,80 ℳ; d) 414 ℳ
II. a) 1164 ℳ; b) 1183,20 ℳ; c) 1214,40 ℳ; d) 1242 ℳ
2) a) 1517,60 ℳ; b) 1539,20 ℳ 3) a) 1755 ℳ; b) 1831,50 ℳ
4) 66 ℳ 5) a) 66,40 ℳ; b) 86,80 ℳ 6) 223,20 ℳ
7) 167,40 ℳ 8) 63 ℳ
9) 102,50 (24000 ℳ K. br. 960 ℳ Z.; 600 : 240 = 2,5. Kurs 100 + 2,5 = 102,5)
10) 6,4 % 11) 7,88.. % 12) a) 6 %; b) 4,78 %
13) a) 3,47 %; b) 4 % 14) a) 10908,10 ℳ; b) 3,69 %
15) 97,50 Kurs 16) 21 ℳ Z. 17) 2497,60 ℳ
18) 1169,16 ℳ 19) 180 ℳ 20) 1694,11 ℳ

11. Die Berechnung der Zinsen nach Zinszahlen.

1) a) 84,15 ℳ; b) 17,55 ℳ; c) 89,03 ℳ; d) 44,17 ℳ; e) 158,67 ℳ
2) a) 1,44 ℳ; b) 3,55 ℳ; c) 12,66 ℳ; d) 13,10 ℳ
3) a) 11,18 ℳ; b) 17,94 ℳ; c) 89,82 ℳ; d) 99,52 ℳ
4) a) 7,23 ℳ; b) 21,34 ℳ; c) 26,10 ℳ d) 17,78 ℳ; e) 118,62 ℳ
5) a) 9,53 ℳ; b) 4,82 ℳ; c) 27,24 ℳ; d) 40,86 ℳ
6) 360,10 ℳ 7) 688,17 ℳ
8) I. 18528,75 ℳ; II. 6277,92 ℳ; III. 12810 ℳ; Gesamtz. 1016,67 ℳ
9) 78,44 ℳ 10) 1125,72 ℳ 11) a) 61,12 ℳ; b) 53,93 ℳ
12) I. 11800 ℳ; II. 11350 ℳ; III. 10900 ℳ; IV. 10450 ℳ
13) Einlage 2540 ℳ; $3\frac{3}{4}$% Z. in 9 Mon. 71,43 ℳ; zus. 2611,43 ℳ
Auszahlung 950 ℳ; $3\frac{3}{4}$% Z. = 9,16 ℳ; zus. 959,16 ℳ
Guthaben 1652,27 ℳ
14) In 1 Jahre 710 ℳ mehr, in 10 J. 7100 ℳ
15) Einlage 1500 ℳ; $3\frac{1}{2}$% Z. = 14,68 ℳ
Auszahlung 1090 ℳ; 5% Z. = 23,17 ℳ
Guthaben des Händlers 401,51 ℳ
16) Einlage 1260,50 ℳ; Zinszahl 226890
Ausz. 760 ℳ; Zinsz. 61830; Unterschied d. Zinsz. 165060; Z. zu 4% aus 165060 Zinsz. = 18,34 ℳ
Guthaben 1260,50 ℳ + 18,34 ℳ — 760 ℳ = 518,84 ℳ
17) Zinsz. von A. 240870, von B. 119470; Unterschied 121400
Z. zu 3% aus 121400 Zinsz. = 10,12 ℳ
A. hat 1500 ℳ + 10,12 ℳ zu fordern, B. 750 ℳ
Guthaben des A. 760,12 ℳ
18) Am 30. Juni Guthaben der Kasse 2400 ℳ K. + 46,51 ℳ Z. — 790 ℳ K. = 1656,51 ℳ
Zahlung 1656,51 ℳ K. + 26,49 ℳ Z. — 900 ℳ K. = 783 ℳ
19) Zinsz. 129000 — 35139 = 93861
5% Z. aus 93861 Zinsz. = 13,04 ℳ
Guthaben des Wirts 860 ℳ + 13,04 ℳ — 446,32 ℳ = 426,62 ℳ
20) Zinsz. 408080 — 199100 = 208980
4% Z. aus 208980 Zinsz. = 23,22 ℳ
Schuld 1970 ℳ + 23,22 ℳ — 1270 ℳ = 723,22 ℳ
21) Zinsz. 489789 — 42620 = 447169
4% Z. aus 447169 Zinsz. = 49,69 ℳ
Guth. 2450,22 ℳ + 49,69 ℳ — 1013,37 ℳ (1010 ℳ + $\frac{1}{3}$% Pr.) = 1486,54 ℳ

12. Zinseszinsrechnungen.

1) a) 1801,60 ℳ; b) 1940,75 ℳ; c) 3164,48 ℳ; d) 4169,44 ℳ
2) 1689,90 ℳ 3) 1821,73 ℳ 4) 1195,68 ℳ

5) 2257,60 ℳ 6) a) 320 ℳ; b) 404,80 ℳ 7) 7815,50 ℳ
8) 716,40 ℳ
9) a) 1083,76 ℳ; b) 3565,98 ℳ; c) 3622,85 ℳ; d) 6640,25 ℳ
10) a) 2000 ℳ; b) 2000 ℳ 11) 760 ℳ 12) 1005,03 ℳ

13. Diskont- und Wechselrechnungen.

1) a) 9,84 ℳ; b) 38,04 ℳ; c) 74,39 ℳ
2) a) 395,01 ℳ; b) 1236,99 ℳ; c) 2103,08 ℳ; d) 3524,86 ℳ
3) a) Disk. 21,53 ℳ, Barz. 1413,47 ℳ
b) Disk. 64,07 ℳ, Barz. 1766,43 ℳ
4) a) 950 ℳ; b) 948 ℳ
5) a) Disk. 26,66 ℳ, Barz. 1213,34 ℳ
b) Disk. 22,53 ℳ, Barz. 1217,47 ℳ
6) 786,17 ℳ 7) a) 3000 ℳ; b) 1875 ℳ
8) a) 870 ℳ; b) 620 ℳ; c) 1240 ℳ 9) 900 ℳ 10) 1260 ℳ
11) C. 2563,89 ℳ; D. 2567,50 ℳ
12) 91,58 ℳ + $\frac{25{,}26}{3}$ ℳ = 91,58 ℳ + 8,42 ℳ = 100 ℳ
Barz. 2536 ℳ — 100 ℳ = 2436 ℳ
13) $\frac{1}{3}$% von 1560 ℳ = 5,20 ℳ; 1560 ℳ — 5,20 ℳ = 1554,80 ℳ
1554,80 ℳ — 1515,80 ℳ = 39 ℳ Disk., in 1 J. 78 ℳ
78 ℳ : 15,60 = 7800 ℳ : 1560 = 5 ℳ = 5% Disk.
14) a) 5%, b) 6% 15) Disk. 55 ℳ, Prov. 7,50 ℳ = $\frac{1}{2}$%
16) $\frac{1}{2}$% Prov. = 15 ℳ; 40 ℳ — 15 ℳ = 25 ℳ Disk.
2 Mon. vor der Verfallzeit, also am 15. April
17) a) 3 Mon.; b) $3\frac{1}{5}$ Mon. 18) 5586,35 Franken

14. Vermischte Aufgaben aus Haus- und Landwirtschaft, Handel und Gewerbe.

1) 248,52 ℳ 2) 2,6% 3) 68,80 ℳ
4) A. 48,60 ℳ; B. 42,75 ℳ; C. 73,50 ℳ; D. 57,75 ℳ; E. 25,50 ℳ; F. 35,10 ℳ
5) 2,53 ℳ 6) A. hat mehr 20,06 ℳ 7) 873,60 ℳ 8) 144,05 ℳ
9) a) 19,5 kg; b) 24,1 kg
10) a) 10 l; b) 12 l; a) 739 kg; b) 754 kg 11) 250,20 ℳ
12) 3823,45 ℳ 13) 11,36 ℳ 14) a) 34 ℳ; b) 120,80 ℳ
15) a) 47,40 ℳ; b) 84 ℳ 16) a) 263,74 ℳ; b) 346,28 ℳ
17) a) 4440 ℳ; b) 2700 ℳ; c) 786,24 ℳ 18) 162,5
19) 23,68 ℳ 20) 1080 ℳ
21) 238 Pf.; 43 ₰; 10,40 ℳ; 102,24 ℳ + 10,40 ℳ = 112,64 ℳ
22) 127,50 ℳ; 14,86 ℳ 23) 772,60 ℳ 24) 7564,24 ℳ

25) a) nach 20 Jahren 7463,33 ℳ; b) nach 10 Jahren 7441,67 ℳ
26) 17813,97 ℳ 27) 9 Jahre 28) $6\frac{1}{2}$ J. 29) 2766 ℳ größer
30) A. 65468,75 ℳ; B. 64062,50 ℳ; C. 65056,25 ℳ; D. 15625 ℳ
31) 182,10 ℳ; 41,04 ℳ
32) bar 1065 ℳ; nach $\frac{1}{2}$ J. 1086,30 ℳ; nach 1 J. 2236,50 ℳ; 256,60 ℳ
33) $4\frac{1}{2}$% 34) 860,75 ℳ 35) a) 35,55 ℳ; b) 15,80 ℳ
36) 16,28 ℳ 37) a) 67600 ℳ; b) 43700 ℳ; c) 15600 ℳ
38) A. 471,75 ℳ; B. 527,85 ℳ 39) 12400 ℳ
40) a) 15000 ℳ; b) 166,50 ℳ 41) 105 ℳ 42) 22976 ℳ
43) a) 36,75 ℳ; b) 8372 ℳ 44) 1155,50 ℳ 45) 801 ℳ
46) a) 16,10 ℳ; b) 2,8%
47) a) Staatsst. 17,20 ℳ; b) Kommunalst. 20,64 ℳ; a) 2,4%; b) 2,88%
48) 111,764% 49) 78045000 ℳ
50) a) 2233200000 ℳ; b) 8932800000 ℳ; c) 558000000 Doppelkr.
51) a) 67,1%; b) 52,4%; c) 1265000000 Einmarkst.
52) a) Die Höhe der Wassersäule bei 1 qcm Grundfläche beträgt 0,76 m · 13,59 = 10,3284 m
b) Das Gewicht = 0,01 · 0,01 · 10,3284 cbm = 1,03284 cdm = 1,03284 kg
c) Druck auf einen Menschen 1,03284 kg · 14000 = 14459,76 kg
53) a) 75 kg werden in 1 Sek. 1 m hoch gehoben von 1 Pferdekr.;
262,5 kg „ „ 2 „ 4 m „ „ „ 7 „
b) 12 Atmosphären üben auf 1 qcm einen Druck von 12,39408 kg aus, auf 1 qm = 123940,8 kg aus.
54) Kap. 1360 ℳ + 90 ℳ = 1450 ℳ; 4%iger Z. = 58 ℳ. Im I., II., III. Jahr ist der Ertrag je 52 ℳ höher, im IV. 125,10 ℳ, im V. 187,45 ℳ
55) 205,60 ℳ 56) 5916,30 ℳ; 124553,69 ℳ K. 57) a) 834,60 ℳ; b) 1194,12 ℳ 58) a) 16,103 cbm; b) 169,65 ℳ 59) 57,20 ℳ
60) 20000 ℳ wachsen in 15 J. zu 41580 ℳ an
6000 ℳ „ „ 15 „ „ 12474 ℳ „
7000 ℳ „ „ 10 „ „ 11403 ℳ „
7000 ℳ „ „ 5 „ „ 8932 ℳ „
12474 ℳ + 11403 ℳ + 8932 ℳ + 5000 ℳ = 37809 ℳ, also ist das I. Angebot besser.

15. Kostenberechnungen.

A. 1) a) 384 ℳ; b) 148,15 ℳ 2) 28,80 ℳ
3) a) 22,72 ℳ; b) 817,80 ℳ 4) a) 977,20 ℳ; b) 6,79 ℳ
5) 53,99 ℳ 6) 11,90 ℳ 7) 20,20 ℳ
B. 8) a) 8,9%; b) 11,12% 9) a) 38,2%; b) 34,4%; c) 17,2 ₰
10) a) 60000; b) 2 ₰; c) 6 ℳ 11) a) 7000 ℳ; b) $4\frac{2}{3}$ ℳ; c) $6\frac{1}{6}$%

C. **12)** 331,69 ℳ **13)** a) 222 ℳ; b) 49,95 ℳ **14)** 200,30 ℳ
15) a) 4,71 ℳ; b) 103,62 ℳ **16)** 79,63 ℳ

17. Arbeiterversicherung.

A. Krankenversicherung.

1) a) I. 30 ₰, II. 18 ₰, III. 15 ₰, IV. 12 ₰
b) I. 15 ℳ, II. 9 ℳ, III. 7,50 ℳ, IV. 6 ℳ

2) Wöchentlich 2,40 ℳ **3)** a) 6,72 ℳ; b) 336 ℳ

4) a) 224,52 ℳ; b) 449,04 ℳ **5)** a) 5 %; b) 197,45 ℳ

6) a) 3040 ℳ; b) 200 Mitglieder **7)** 88,20 ℳ

8) A. 75 ₰, B. 63 ₰ **9)** 191 ℳ **10)** a) 121,60 ℳ; b) 80 ℳ

11) Beiträge a) in Lohnkl. I. 27 ℳ, II. 21 ℳ; b) Krankengeld täglich I. 2,10 ℳ, II. 1,68 ℳ; c) I. 105 ℳ, II. 84 ℳ

12) Bei 3 % des Tagelohns bezahlte der Vater jährlich 18 ℳ, jeder Sohn 12 ℳ. Krankengeld: A. 138 ℳ, B. 51 ℳ, C. 36 ℳ

B. Unfallversicherung.

1) 149,40 ℳ **2)** 14,34 ℳ **3)** 800 ℳ jährlich

4) a) 640 ℳ; b) 53,35 ℳ **5)** 780 ℳ **6)** 380 ℳ **7)** 31,20 ℳ

8) 430 ℳ **9)** 66,25 ℳ

10) 80 ℳ Beerdigungskosten; Rente a) 240 ℳ; b) 480 ℳ

11) 120 ℳ Beerdigungskosten; Gesamtrente 960 ℳ. Nach 9 Jahren vermindert sich die Rente um 320 ℳ, nach 11 Jahren wieder um 320 ℳ

12) 20,85 ℳ **13)** 648 ℳ

14) 540 ℳ jährl. Rente; 810 ℳ Abfindungssumme.

C. Invaliditäts- und Altersversicherung.

1) a) II. Kl., 360 ℳ; b) II. Kl., 450 ℳ; c) II. Kl., 540 ℳ
d) III. Kl., 780 ℳ; e) IV. Kl., 900 ℳ
Beiträge a) b) c) je 10,40 ℳ; d) 12,48 ℳ; e) 15,60 ℳ

2) a) I. 34,72 ℳ; II. 49,60 ℳ; III. 59,52 ℳ; IV. 74,40 ℳ; V. 89,28 ℳ
b) I. 53,90 ℳ; II. 77 ℳ; III. 92,40 ℳ; IV. 115,50 ℳ; V. 138,60 ℳ

3) 7,50 ℳ **4)** a) 23,90 ℳ; b) 1195 ℳ

5) a) 75,60 ℳ; b) 40,80 ℳ

6) Die monatliche Rente I. Kl. beträgt 11,10 ℳ, II. Kl. 13,85 ℳ, III. Kl. 15,95 ℳ, IV. Kl. 18,10 ℳ

7) a) 711,36 ℳ; b) monatl. Rente 19,20 ℳ; c) 32,3 %

8) 7 ₰ · 767 = 53,69 ℳ = 54 ℳ

9) 10 ₰ · 563 + 12 ₰ · 435 = 56,30 ℳ + 52,20 ℳ = 108,50 ℳ = 109 ℳ

10) Grundbetrag:
20 ₰ · 347 + 18 ₰ · 153 = 69,40 ℳ + 27,54 ℳ = 96,94 ℳ
Steigerung:
12 ₰ · 347 + 10 ₰ · 295 = 41,64 ℳ + 29,50 ℳ = 71,14 ℳ
Reichszuschuß . . . . = 50,00 ℳ
Jahresrente 218,08 ℳ
monatliche 18,20 ℳ

11) a) 100 ℳ (20 ₰ · 500) + 174 ℳ (12 ₰ · 1450) + 50 ℳ = 324 ℳ
b) 80 ℳ (16 ₰ · 500) + 116 ℳ (8 ₰ · 1450) + 50 ℳ = 246 ℳ
c) 174 ℳ (12 ₰ · 1450)
d) 4350 ℳ Kapital

12) a) 100 ℳ (20 ₰ · 500) + 128,68 ℳ (12 ₰ · 720 + 10 ₰ · 406 + 6 ₰ · 28) + 50 ℳ = 278,68 ℳ
b) 1080 ℳ (1620 ℳ · $\frac{2}{3}$) — 278,68 ℳ = 801,32 ℳ
c) 193,30 ℳ (15 ₰ · 406 + 18 ₰ · 720 + 10 ₰ · 28)

13) 248,70 ℳ, monatlich 20,75 ℳ

14) a) 87,30 ℳ (15 ₰ · 582) + 53,75 ℳ (12,5 ₰ · 430) + 18,80 ℳ (10 ₰ · 188) + 50 ℳ = 209,85 ℳ, monatl. 17,50 ℳ
b) 100 ℳ + 69,84 ℳ (12 ₰ · 582) + 43 ℳ (10 ₰ · 430) + 30,08 ℳ (8 ₰ · 376) + 11,10 ℳ (6 ₰ · 185) + 50 ℳ = 304,02 ℳ

15) a) 200 Wochen; b) 54,50 ℳ (12,5 ₰ · 436) + 29,50 ℳ (10 ₰ · 295) + 50 ℳ = 134 ℳ, monatlich 12,20 ℳ

16) a) 109,20 ℳ (15 ₰ · 728) + 59 ℳ (12,5 ₰ · 472) + 50 ℳ = 218,20 ℳ, monatl. 18,20 ℳ
b) 100 ℳ + 87,36 ℳ (12 ₰ · 728) + 67,60 ℳ (10 ₰ · 676) + 49,92 ℳ (8 ₰ · 624) + 31,98 ℳ (6 ₰ · 533) + 50 ℳ = 386,86 ℳ, monatlich 32,25 ℳ

17) 50,40 ℳ (18 ₰ · 280) + 35,20 ℳ (16 ₰ · 220) + 28 ℳ (10 ₰ · 280) + 36 ℳ (8 ₰ · 450) + 11,10 ℳ (3 ₰ · 370) + 50 ℳ = 210,70 ℳ; 210,70 ℳ · 3 = 632,10 ℳ

18) 42,75 ℳ (45 ₰ · 95) + 34,80 ℳ (30 ₰ · 116) + 60,38 ℳ (37,5 ₰ · 161) + 10,50 ℳ (37,5 ₰ · 28) + 50 ℳ = 198,43 ℳ, monatlich 16,55 ℳ

19) 13,95 ℳ (90 ℳ · $\frac{119}{768}$) + 16,41 ℳ (120 ℳ · $\frac{105}{768}$) + 42,19 ℳ (150 ℳ · $\frac{216}{768}$) + 76,88 ℳ (180 ℳ · $\frac{328}{768}$) + 50 ℳ = 199,43 ℳ, monatlich 16,65 ℳ

20) 6,36 ℳ (60 ℳ · $\frac{65}{618}$) + 20,24 ℳ (90 ℳ · $\frac{139}{618}$) + 26,41 ℳ (120 ℳ · $\frac{136}{618}$) + 51,70 ℳ (150 ℳ · $\frac{213}{618}$) + 18,93 ℳ (180 ℳ · $\frac{65}{618}$) + 50 ℳ = 173,64 ℳ, monatlich 14,50 ℳ

Deutsche Maße und Gewichte.

Längenmaße: 1 m = 10 dm = 100 cm = 1000 mm; 1 km = 1000 m

Flächenmaße: 1 qm = 100 qdm = 10 000 qcm; 1 a = 100 qm; 1 ha = 100 a; 1 qkm = 1 000 000 qm

Körpermaße: 1 cbm = 1000 cdm = 1 000 000 ccm; 1 ccm = 1000 cmm

Hohl- oder Flüssigkeitsmaße: 1 l = 1 cdm = 1000 ccm; 1 hl = 100 l; 1 cbm = 10 hl = 1000 l

(1 Ohm = 160 l, 1 Stück = 1200 l, 1 Scheffel = 50 l, 1 l = 2 Schoppen)

Gewichtsmaße: 1 kg = 1000 g; 1 g = 1000 mg; 1 t = 1000 kg = 1 000 000 g; 1 dz = 100 kg = 100 000 g

(1 t = 20 z; 1 z = 50 kg = 100 Pf.; 1 kg = 2 Pf.; 1 Pf. = 500 g)

Papiermaße: 1 Rs. = 1000 Bg.

Zählmaße: 1 Dtz. = 12 Stck.; 1 Gr. = 12 Dtz. = 144 Stck.

(1 Schock = 60 Stck., 1 Mandel = 15 Stck., 1 Paar = 2 Stck.)

Zeitmaße: 1 J. = 12 Mon. = 52 Wo. = 365 (366) Tg. = 50 Arbeitswochen = 300 Arbeitstage; 1 Mon. = 30 (31, 28, 29) Tg.; 1 Wo. = 7 Tg. (6 Arbeitstg.); 1 Tg. = 24 Std.; 1 Std. = 60 Min.; 1 Min. = 60 Sek.

Ausländische Münzen.

Österreich . . .	1 Krone = 100 Heller = 0,85 ℳ 1 Gulden (fl) = 100 Kreuzer (Kr.) = 2 ℳ
Italien	1 Lira (L.) = 100 Centesimi = 1 Frank (fr) = 80 ₰
Großbritannien . .	1 Pfund Sterling (Sovereign) = 20 Schilling = 240 Pence = 20,40 ℳ
Rußland	1 Silberrubel = 100 Kopeken = 3,24 ℳ
Dänemark, Schweden und Norwegen .	1 Krone = 100 Öre = 1,125 ℳ
Belgien, Frankreich, Schweiz . . .	1 Frank (fr) = 100 Centimes (c) = 80 ₰
Griechenland . .	1 Drachme = 100 Lepta = 81 ₰
Spanien	1 Peseta = 100 Centimes = 81 ₰
Niederlande . . .	1 Gulden = 100 Cents = 1,70 ℳ
Portugal	1 Milreis = 1000 Reis = 4,54 ℳ
Vereinigte Staaten von Nordamerika	1 Dollar = 100 Cents = 4,19 ℳ
Türkei	1 Piaster = 40 Para = 18 ₰

Der Wert der ausländischen Münzen ist veränderlich, er steigt und fällt.

Kolibri 360 GmbH
Ferdinand-Jühlke-Straße 7
99095 Erfurt, Deutschland
produktsicherheit@kolibri360.de